现代食用菌生产技术

（第二版）

主　　编　王德芝（信阳农林学院）

　　　　　林向群（云南林业职业技术学院）

副 主 编　刘　敏（聊城职业技术学院）

　　　　　杨鸿森（云南林业职业技术学院）

　　　　　谢春芹（江苏农林职业技术学院）

　　　　　刘明广（阜阳职业技术学院）

编写人员　（以姓氏笔画为序）

　　　　　王德芝（信阳农林学院）

　　　　　王增池（沧州职业技术学院）

　　　　　代彦满（三门峡职业技术学院）

　　　　　刘明广（阜阳职业技术学院）

　　　　　刘　敏（聊城职业技术学院）

　　　　　汪金萍（信阳农林学院）

　　　　　林向群（云南林业职业技术学院）

　　　　　杨鸿森（云南林业职业技术学院）

　　　　　杨俊峰（内蒙古农业大学职业技术学院）

　　　　　谢春芹（江苏农林职业技术学院）

华中科技大学出版社

中国·武汉

内 容 提 要

本书介绍食用菌的生物学特性、菌种生产、优良品种栽培、病虫害防治、产品加工及市场营销等基础知识，重点介绍菌种制作和选育，常规和新、优、特品种的无公害栽培及工厂化生产，珍稀品种驯化，产品无公害加工等技术。

本书在不同章节附有与之配套的实训音像资料，读者可以通过移动终端扫描与之对应的二维码，感受时效性较强的实训视频等多媒体素材。

本书可以作为生物类、食品类、环境类、医药类相关专业教学用书，也可以作为相关企业进行职业技能培训、食用菌从业人员和爱好者的参考用书。

图书在版编目(CIP)数据

现代食用菌生产技术/王德芝，林向群主编. —2 版.—武汉：华中科技大学出版社，2022.8
ISBN 978-7-5680-8512-0

Ⅰ. ①现… Ⅱ. ①王… ②林… Ⅲ. ①食用菌-蔬菜园艺-高等职业教育-教材 Ⅳ. ①S646

中国版本图书馆 CIP 数据核字(2022)第 131273 号

现代食用菌生产技术（第二版） 王德芝 林向群 主编
Xiandai Shiyongjun Shengchan Jishu(Di-er Ban)

策划编辑：王新华
责任编辑：孙基寿
封面设计：刘 卉
责任校对：曾 婷
责任监印：周治超
出版发行：华中科技大学出版社（中国·武汉）　　电话：(027)81321913
　　　　　武汉市东湖新技术开发区华工科技园　　邮编：430223
录　排：华中科技大学惠友文印中心
印　刷：武汉科源印刷设计有限公司
开　本：787mm×1092mm　1/16
印　张：22.5　插页：1
字　数：592 千字
版　次：2022 年 8 月第 2 版第 1 次印刷
定　价：59.80 元

第二版前言

《现代食用菌生产技术》自 2016 年出版以来,承蒙用书高校及广大读者的厚爱,已重印多次,编者结合几年来用书单位的反馈及教育教学改革创新的发展实践,决定修订为第二版。

我们在教育教学实践中主动适应并有效实施课程、教材育人的有效途径,将"立德树人""五育并举"的育人价值观融入"课程思政"中,将"科技创新、绿色环保"的理念融入教材内容中,发挥新时代教材引导和帮助学生学习成长成才的重要作用。

在教材修订中,以详略得当、深入浅出为原则再次优化教材布局和内容,具体思路如下。

(1)结合食用菌产业快速发展及转型升级的工厂化、智能化栽培管理,及时融入创新技术。

(2)增加一些优良品种的栽培技术。例如学习情景九"传统珍贵药用菌栽培"由原来的 4 个品种增补为 8 个品种。

(3)体现"互联网＋现代信息技术"新时代教材特色。在不同章节中附有与之配套的实训音像资料,读者可以通过使用移动终端扫描与之对应的二维码,感受时效性较强的实训视频等多媒体素材,更加突出该教材的图文并茂、重点突出及实用的特色。

通过本书的学习,读者可增强对食用菌产业的绿色环保理念的认知,掌握高产稳产的管理新技术,获得创业发展的能力和综合素质。

本书由王德芝、林向群担任主编,刘敏、杨鸿森、谢春芹、刘明广担任副主编。新吸纳沧州职业技术学院王增池,三门峡职业技术学院代彦满参加修订编写。具体完成的修订编写任务如下:学习情境一、学习情境二、学习情境十五共 5 万字由林向群修订;学习情境四、学习情境五、学习情境六共 5.5 万字由刘敏修订;学习情境八中项目一至项目五共 5.92 万字由杨鸿森修订;学习情境三、学习情境八中的项目六至项目八共 5 万字由代彦满修订;学习情境七、学习情境九中的项目五至项目六共 5.1 万字由杨俊峰修订;学习情境九中的项目一至项目四、项目七至项目八共 5.1 万字由王德芝修订;学习情境十中的项目一至项目七、参考文献共 5 万字由谢春芹修订;学习情境十中的项目八至项目十三共 5.33 万字由王增池修订;学习情境十一、学习情境十二共 5.63 万字由刘明广修订;学习情境十三、学习情境十四共 5.2 万字由汪金萍修订。全书由王德芝统稿、定稿。在此对第一版作者表示感谢。

由于时间仓促和编者学术水平有限,书中难免有不足之处,欢迎同仁和广大读者批评指正。在修订过程中,华中科技大学出版社编辑积极帮助,在此表示衷心感谢!

编　者

2022 年 5 月

第一版前言

食用菌(除野生毒菌外)形态优美,营养丰富,味道鲜美,具有极高的食用及药用价值,历来被美誉为"山珍"。食用菌可成为美味菜肴,药用菌可成为济世良药,它们因"营养、保健、食疗"而备受青睐。

发展食用菌产业能充分利用农业资源,使之"变废为宝",已成为"资源再循环""绿色环保"农业的可持续发展的朝阳产业。

"食用菌生产技术"课程包括理论讲授和实训、实习等教学内容。本书介绍食用菌的生物学特性、菌种生产、优良品种栽培、病虫害防治、产品加工及市场营销等基础知识,并重点介绍菌种制作和选育,常规和新、优、特品种的无公害栽培及工厂化生产,珍稀品种驯化,产品无公害加工等技术。

我们根据行业生产形势的发展及时优化改革教学内容,将最新成果及时编入教材中。信阳农业高等专科学校生物技术及应用、微生物技术及应用专业的核心课程"应用真菌生产技术"2008年被评为河南省省级精品课程。本书融合了河南省教育厅"食用菌新品种的引进、开发及标准化生产技术示范研究"项目(2009A180001)的一部分研究成果。

本书及时吸收食用菌产业现代最新研究成果及行业生产形势发展的新理念,充分考虑学生的认知起点与思维理念,在概念学习、技能获得、问题解决、思维发展等方面与学生的心理特点相适应,"图文并茂,寓教于乐,深入浅出"。全书分为十五个学习情境,每个情境又以项目为单元,以食用菌生产所必需的基础知识、菌种生产技术、栽培技术、病虫害防治、产品加工及市场营销为主要内容,具有显著的职业教育教材的特点,实践教学内容包括十八个技能实训项目及七个拓展技能实训项目,推陈出新,特色鲜明。

本书由王德芝、刘瑞芳、马兰、林向群、张淑霞担任主编,周颖、刘敏、杨鸿森、谢春芹担任副主编。具体编写分工如下:学习情境一、学习情境八(3万字)由刘瑞芳编写;学习情境二、技能实训项目(4万字)由康瑞姣编写;学习情境三、学习情境十二、学习情境十四部分(4万字)由张红娟编写;学习情境四、学习情境十二部分(4万字)由刘敏编写;学习情境五(4万字)由张淑霞编写;学习情境六、学习情境十二部分(4

万字)由谷延泽编写;学习情境六及技能实训项目部分(4 万字)由王爱武编写;学习情境七、学习情境九部分(3.5 万字)由杨鸿森编写;学习情境八、学习情境十五部分(4 万字)由肖付才编写;学习情境八、学习情境十部分(4.5 万字)由周颖编写;学习情境六、学习情境九部分(3.5 万字)由韩文清编写;学习情境十部分(2 万字)由刘明广编写;学习情境十部分(2 万字)由马兰编写;学习情境十部分(2 万字)由谢春芹编写;学习情境十一部分(2 万字)由林向群编写;学习情境十一部分(2 万字)由杨俊峰编写;学习情境十二及拓展技能实训项目(3 万字)由王德芝编写;学习情境十三、学习情境十四部分(5 万字)由汪金萍编写。全书由王德芝和刘瑞芳统稿、定稿。

本书可以作为生物类、食品类、环境类、医药类相关专业教学用书,也可以作为相关企业进行职业技能培训、食用菌从业人员和爱好者参考用书。

在编写过程中,华中科技大学出版社积极提供帮助,在此表示衷心感谢。并对引用内容和图片的公开出版书籍的作者表示感谢。

由于时间仓促和编者水平有限,书中不足之处在所难免,欢迎广大同仁和读者批评指正。

编 者

2012 年 5 月

目 录

学习情境一

认知食用菌

在广阔的世界里,有一种美丽的生物——食用菌,俗称蘑菇,是一种营养丰富,兼具食疗保健作用的大型真菌。它们在西方《圣经》中被记载为"来自上帝的食品",在我国古代,只为王公贵族所享用,现在,随着人们生活水平的提高,餐桌上已经不再只有萝卜、白菜,更多的人享用到了美味的食用菌,认可了它们的营养价值、药用价值和经济价值。食用菌产业被誉为"朝阳产业",成为农民致富的新门路。

我们在餐桌上吃到的香菇、草菇、蘑菇、木耳、银耳是食用菌,在药店里看到的冬虫夏草、茯苓、马勃、竹荪、天麻也是食用菌,可见,食用菌就是具有显著子实体并可以鉴别的大型真菌。由于食用菌具有动物、植物不可替代的营养价值和药用价值,世界粮农组织也将食用菌纳入健康饮食必不可少的成分,推荐每日食谱为"一荤一菌一素"。以下介绍食用菌的概念、重要价值,我国生产食用菌的优势,产业的现状和未来前景。

一、食用菌的概念及重要价值

(一) 食用菌的概念

食用菌(edible fungi)是可供人类食用和药用的大型真菌。

具体地说,食用菌是可供食用和药用的蕈菌,蕈菌是能形成大型的肉质(或胶质)子实体或菌核组织的高等真菌的总称。

常见的食用菌如香菇、平菇、黑木耳、银耳、猴头菇、松口蘑(松茸)、口蘑、鸡腿菇、白灵菇、茶薪菇等,都具有较高的营养价值,是餐桌上的美味佳肴。

常见的药用菌如冬虫夏草、茯苓、马勃、竹荪、天麻、羊肚菌、灵芝等,都有一定的药用价值,是我国中药宝库中的奇葩。

目前,世界上已被描述的真菌有 120000 余种,能形成大型子实体或菌核组织的有 6000 余种,可供食用的有 2000 余种,能大面积人工栽培的只有 50~200 种。食用菌在分类上属于真菌界,绝大多数属于担子菌纲,如平菇、香菇;少数属于子囊菌纲,如羊肚菌、蛹虫草等。

(二) 食用菌的重要价值

食用菌味道鲜美,质地脆嫩,不仅含有丰富的营养物质,而且含有许多药用和对人体有益的保健成分,被世界公认为"健康食品",长期以来深受人们的喜爱(见图 1-1)。

1. 食用菌的营养价值

(1) 蛋白质含量高,氨基酸种类全。蛋白质是食物营养中最重要的成分。食用菌中蛋白

(a)

(b)

图 1-1　美味杏鲍菇和茶薪菇

质的含量约占可食部分鲜重的 4%，占干物质总量的 20%～30%。双孢蘑菇的某些品种中蛋白质的含量甚至达 40%以上。食用菌蛋白质中的氨基酸组成较全面，由 20 多种氨基酸组成，人体必需的 8 种氨基酸全部具备，并且所含的必需氨基酸的比例接近于人体需要，极易被人体吸收利用。因此，食用菌是一种较理想的蛋白质来源。金针菇中赖氨酸的含量很高，是儿童的良好营养品，有"增智菇"之称。

（2）维生素含量丰富。食用菌富含多种维生素，是人体维生素的重要来源。食用菌含有丰富的维生素 B_1、维生素 B_2、烟酸、生物素、维生素 C、麦角甾醇（维生素 D 源）、叶酸等，含量比植物性食品都高。此外，还含有植物体中稀有的维生素 B_{12}，含量高于肉类食品。因此，食用菌赢得"植物肉"的称誉。

（3）低脂肪、低热能。食用菌是低脂肪、低热能食物，一般脂肪含量为干重的 4%，其热容量比猪肉、鸡肉、大米、苹果、香蕉都低。食用菌的脂肪性质类似于植物油，含有较多的不饱和脂肪酸（如油酸、亚油酸等），其中又以亚油酸的含量为最高，占脂肪酸的 40.4%～76.3%，如香菇 76%、草菇 70%、双孢蘑菇 69%。食用菌中不饱和脂肪酸含量高，是其作为健康食品的重要因素。

（4）富含多种矿质元素。人体需要从食物中补充一定量的矿质元素，以保持体内矿质元素的平衡。食用菌含有人体必需的多种矿质元素，如钙、镁、磷、钾、钠、铁、锰、锌、铜、硒等。其中钾、磷的含量较多，钙的含量次之，铁的含量较少。如银耳含有较多的磷，有助于恢复和提高大脑功能。香菇、木耳含铁量高。香菇的灰分元素中钾占 64%，是碱性食物中的高级食品，可中和肉类食品产生的酸。

2. 食用菌的药用、保健价值

药用真菌如茯苓、冬虫夏草、马勃、猪苓、天麻、羊肚菌、灵芝等，都是我国中药宝库中最珍贵的良药。茯苓可利水渗湿、健脾补中和宁心安神，猪苓常用于治疗小便不利、淋浊带下等症，冬虫夏草可滋肺补肾、止血化痰，马勃散邪消肿、清咽利喉。

食用菌多糖能够清除自由基，提高抗氧化酶活性并抑制脂质过氧化的活性，起到保护生物膜和延缓衰老的作用。有实验表明：云芝多糖、香菇多糖、虫草多糖、短裙竹荪多糖、猴头多糖、木耳多糖等均有抗氧化、清除自由基和抗衰老作用。

食用菌含有多种生理活性物质，具有免疫抗癌、调节血脂、降低血糖、保肝健胃、抗衰老等保健作用，是生活中不可缺少的食物来源。

二、我国发展食用菌生产的优势及意义

我国是世界上认识和利用食用菌最早的国家之一,同时也是栽培食用菌最早的国家。据记载,人类最早栽培的食用菌——木耳,其栽培大约于公元 600 年起源于中国,另外,金针菇、香菇、草菇等栽培也起源于中国。近年来,栽培经验加技术创新为我国发展食用菌生产奠定了优势。

(一) 我国发展食用菌生产的优势

1. 我国食用菌种质资源丰富

据统计,自然界约有食用菌 2000 种,我国已知食用菌约有 938 种,隶属于 14 目 54 科 166 属。在我国已知食用菌中,100 多种可培养出子实体,其中 80 余种可大量生产。随着生产的不断发展,我国食用菌栽培的种类不断增多,除常规的栽培种类外,珍稀食用菌、野生菌驯化开发迅速。目前,国内人工栽培的食用菌中常规种类有双孢蘑菇、香菇、平菇(包括凤尾菇、白平菇、红平菇、糙皮侧耳、佛罗里达侧耳、黄白侧耳)、草菇、金针菇、滑菇、银耳、黑木耳、毛木耳、猴头菇、竹荪等。近年来,人工驯化开发了大量的珍稀菇类,如姬松茸、杏鲍菇、阿魏蘑、鸡腿菇、榆黄蘑、白金针菇、大球盖菇、白灵菇、茶薪菇、杨树菇等。此外,还有野生菌种类(如羊肚菌、牛肝菌、鸡油菌、松茸),以其天然无污染、不能人工栽培的特点畅销市场,在国际市场上价格昂贵,具有较高的开发价值。

2. 自然条件优越

我国由南向北地跨 5 个气候带,山林较多,气候各异,从而形成了海拔、植被、土壤、降雨量、温度等自然和生态的多样性,为栽培多种食用菌提供了良好的自然条件。

3. 农业资源丰富

我国是一个农业大国,农村有大量的农作物秸秆和农产品下脚料,同时我国也是一个多山国家,山区有大量的栎树等阔叶树种,可利用的林业下脚料资源也很可观,为发展木生食用菌提供了丰富的原料。利用动植物生产的废弃物或副产物进行食用菌生产发展空间很大。据测算,我国每年动植物生产过程中约产生 30 亿吨的废弃物,只将其中 5% 用于食用菌生产,至少可生产 1000 万吨干食用菌。

4. 人力资源丰富

在农村本来就人多地少,现在随着农业机械化水平提高,需要人力更少,因而出现了大量的剩余劳动力。这些剩余劳动力为食用菌生产提供了充足的人力资源。结合我国乡村振兴发展战略,更多返乡创业人员可从事食用菌生产。

5. 技术力量雄厚

我国栽培食用菌的历史悠久,广大菇农有丰富的种植经验。20 世纪 80 年代以后,国家、省、市、县农科院陆续成立了食用菌研究所,很多大专院校(如华中农业大学、吉林农业大学、南京农业大学、福建农林大学等)也成立食用菌研究机构,这些机构的建立为食用菌的发展提供了技术支撑。

(二) 我国发展食用菌生产的意义

(1) 发展食用菌生产可改变人类的食物结构,增进身体健康。

食用菌具有高蛋白质、低脂肪,含人体所需多种氨基酸和微量元素,是兼有荤素两者之长的高档食品,被称为"植物性食品的顶峰",具有许多食品所无法取代的保健作用,被世界营养

学家推荐为世界十大健康食品之一。如果说,作物生产解决人类吃得"饱"的问题,畜禽生产解决人类吃得"好"的问题,那么,食用菌生产则解决了人类吃得"健康"的问题。

(2)发展食用菌生产可变废为宝。

传统农业产业模式由"作物生产+动物生产"二维要素构成,这是一种极不平衡的消耗性产业模式。农业生态环境破坏严重,农业废弃物(稻草、麦秸、豆秆、玉米芯等)和畜禽粪便(猪粪、鸡粪、牛粪等)对农村环境造成极大压力,是目前我国农业立体病虫害难以根治的原因所在。由"作物生产+动物生产+食用菌生产"三维要素构成的农业经济,表现出"资源—生产—消费—再生资源(废弃物回收再利用)"的物质和能量循环流动的循环经济产业模式,形成了一个多物种的物质和能量体系。这一体系不仅加速了自然的物质循环、能量循环,更有利于形成符合"3R"(Reduce(减量化)、Reuse(再利用)、Recycle(再循环))指标体系的真正意义上的循环经济产业群的建设,构成农业生态系统的良性循环,并促进生态环境的持续、和谐、健康发展,符合党中央提出的科学发展观,符合目前倡导的可治理、零排放的循环经济模式。

因此,大力发展并真正引入食用菌这一重要环节,构建"作物生产+动物生产+食用菌生产"农业循环经济模式是食用菌发展的根本所在,也是我国农业可持续发展的最佳选择。而且随着资源短缺和食物短缺的矛盾日益加剧,食用菌产业将在食品安全体系中承担重任。

(3)发展食用菌生产可实现经济效益和社会效益。

食用菌产业是实现农民增收、农业增效的一条不可多得的"短、平、快"有效捷径,投入产出比在1∶(3~5)。同时,食用菌产业的发展进一步促进了多行业(贮藏、保藏加工、运输、销售和中介组织等)的发展。食用菌生产是劳动密集型产业,有效解决了大量的农村劳动力就业问题,对于增加产区农民和地方财政收入、维护农村稳定具有现实意义。

总之,食用菌产业已成为我国很多地方的"再就业工程""奔小康工程""富民强县工程"的首选项目,被誉为21世纪新型的"白色农业"和"生物农业"。

三、食用菌产业的现状与发展前景

(一)食用菌产业的现状

1. 栽培产量增量化

1978年我国食用菌产量还不足10万吨,产值不足1亿元;1990年我国食用菌产量达108.3万吨,占世界总产量的28.8%;1994年我国食用菌产量为264万吨,占世界总产量的52.8%;2002年我国食用菌总产量已达865万吨,占世界总产量的70.6%;2007年我国食用菌总产量为1400多万吨,总产值600多亿元,出口创汇11.2亿美元;2009年我国食用菌总产量达到1800多万吨。可以看出,我国食用菌产量在逐年增加。而且在我国农业经济中,食用菌仅次于粮、棉、油、菜、果,居第6位。

据中国食用菌协会统计,近两年,中国食用菌年总产量已超过2000万吨,占世界食用菌总产量的75%以上,产值1100多亿元。全国已有数千个食用菌种植村,数百个食用菌种植县,食用菌生产加工企业达2000多家,专业市场及营销网点200多家。全国食用菌从业人员有2000多万。

但我国食用菌生产的大规模发展是以牺牲环境为代价的,以数量型发展为主,忽视质量,总体上是大而不强。

2. 栽培品种多样化

据统计,目前我国驯化栽培的食用菌超过100种,已商品化的约为60种,除了占食用菌主要市场份额的香菇、木耳、平菇、双孢蘑菇、草菇、金针菇等 10 余个品种外,一系列的珍稀品种也相继驯化栽培成功。目前,杏鲍菇、白灵菇、真姬菇、蛹虫草、大球盖菇、茶薪菇、灰树花等广泛栽培,极大地丰富了食用菌市场,我国成为世界上食用菌栽培种类最多的国家。

但是,这与我国极为丰富的食用菌资源相比,能进入产业化、规模化生产的种类还很少,还有巨大的挖掘潜力。

3. 栽培模式多元化

中国的食用菌栽培模式形形色色,同一菇类栽培模式多样,不同菌类栽培模式各异,总体上可根据腐生类型分为草腐菌(草菇、双孢蘑菇、球盖菇、巴氏蘑菇等)、木腐菌(木耳、香菇、银耳)等。按规模大小分为工厂化、半工厂化、规模化、一家一户家庭化。按栽培容器分为瓶栽、袋栽、盆栽等,袋栽也有不同模式,包括半袋一头出菇模式、小袋两头墙式出菇模式、大袋两头墙式出菇模式等。按培养料处理方法分为生料、熟料、发酵料、半熟料等。平菇栽培模式更是一家一个样,栽培模式超过百种。

4. 生产人员复杂化

据调查,我国与食用菌有关的科研、教育、生产、加工、销售人员超过 2500 万人,但水平参差不齐,构成复杂。食用菌产业属于劳动密集型产业,操作技术简单,"一学就会,一看就懂,一懂就干,一干就赚",门槛较低,所以目前从事食用菌产业的人员从目不识丁的农民专家到博士以上学历的教授学者都有。这也恰恰是世界上最为宏大的食用菌产业队伍极具生命力的原因所在。正是这种从业人员的复杂化形成了食用菌品种、技术上的短期泛化,产业上的瓶颈显现较快,解决则慢。

5. 品种保护法制化

食用菌新品种的逐年增多,相关的品种审定、品种保护方面的政策法规相继出台,像《全国食用菌菌种暂行管理办法》《食用菌菌种管理办法》等法律法规的制定,强化了人们对食用菌品种保护的意识。同时,我国相继建成多个食用菌菌种保藏、研究、管理机构,如中国微生物菌种保藏管理委员会微生物菌种保藏管理中心、教育部食药用菌产业化工程中心等。品种的申报、区域试验、审定等程序约束了一些隐性的,甚至是违规的操作。随着这些法规的相继出台,品种市场和生产中品种的应用会逐步走向法制化、规范化,也更容易调动育种工作的积极性,并与国际接轨,同时也为我国食用菌品种保护进一步法制化奠定了坚实的基础。

但是,品种的审定机构与保藏机构应分开分立,原始菌种的保藏机构应该是独立、公正、不受任何一方约束的公益性机构。同时对品种管理的法则、办法等应有执法监督监察机构,以避免有法不依、执法不严或法不责众,甚至放任自流的现象发生。

6. 栽培质量标准化

我国食用菌产量大部分来源于一家一户的作坊式生产,缺乏精细、科学的栽培管理,食用菌的产品质量参差不齐,对内、对外贸易都受到了较大影响。而解决这一矛盾的唯一选择就是提高产品质量,最佳途径是实施全生产过程的标准化。只有实施了标准化生产,产品在国际市场上的竞争能力才能提高,质量问题才能不再成为出口的障碍。正是由于越来越多的有识之士认识到质量上存在着不足之处,中国的食用菌产业正在由数量型向质量型转化。目前我国已成立多个食用菌产品质量检测机构,如北京、上海食用菌产品质量监督检测测试中心等。这些机构是质量监督检测的"利刃",但更重要的是需要全体从业人员质量意识的提高和所有企业有效的质量管理。一些标准化的栽培基地也相继建成,如河南西峡的香菇生产标准化基地,它有相应的组织机构、专家咨询机构和具体运行规则,这为今后在不同省区推广积累了经验,作出了榜样。

7. 保鲜加工精细化

随着食用菌产业的发展,食用菌产量逐年增加,保鲜加工技术显得尤为重要。除了传统食用菌干鲜菇加工的改进,残次菇以及下脚料的综合利用外,推广有效的保鲜技术延长货架期、扩大鲜品供应的品种和区域已越来越受到重视,与此同时,限制落后的,甚至非法的保鲜剂混入市场也是关键。食用菌具有独特的营养和保健作用,开发其功能性食品也成为企业的兴奋点,如防治贫血、冠心病、气管炎、神经衰弱、糖尿病等,都有相应的食用菌作为特效原料,加工成不同剂型的功能性食品。对食用菌中有效成分进行提取和利用,将之加工成保健食品、化妆品甚至药品等。目前,从事这一领域的人员队伍还不够庞大,技术及成果贮备也嫌不足,与消费者的期望值尚有一定差距。

8. 国内消费健康化

联合国粮农组织倡导最科学的饮食营养搭配:(一荤)+(一素)+(一菇)。随着人们生活水平的提高,我国食用菌消费量在以每年7%的速度持续增长。在拥有14亿多人口的中国,其市场潜力十分巨大。按照药食同源的中医理论,中国在这一领域有着独特的优势,国际药用菌组织也已在宣传并肯定中国在这方面所发挥的作用和作出的贡献。

9. 人才培养专业化

由于过去我国高校没有开设食用菌专业,目前食用菌从业人员专业素质良莠不齐。近年来,华中农业大学、吉林农业大学、南京农业大学、福建农林大学等高校为我国食用菌不同层次人才培养作出了巨大贡献。2002年吉林农业大学率先开展了以食用菌作为专业名称、全日制培养食用药用菌专业方面人才的专业教育。这与业已形成的菌类作物博士、硕士培养配套形成了较为完整的教育体系,为培养不同层次食用菌研究与生产人才搭建了平台。

但是,许多院校培养这一领域人才的专业仍挂靠在植物学、作物学、园艺学、林学、土壤学或微生物学等学科。

10. 发展生产理性化

食用菌产业作为"脱贫致富工程""菜篮子工程"曾经名噪一时,确实为地方经济建设发挥了巨大作用。但是也有个别地区领导为获得政绩,加上农民致富心切,不加思考轻易上马而造成血本无归的。随着社会的发展,食用菌的发展也日趋理性,例如结合菌类特点和气候资源状况提出"南菇北移"战略构想,以及在不同省区根据自身特点发展食用菌,如吉林省倡导的"东木西草"生产布局,都显现了食用菌发展的理性化。

(二) 食用菌产业的发展前景

食用菌产业的发展首先以产业集群发展理念为指导,加强食用菌产业区划和规划,以提高产业发展的综合效益和产业发展的持续性,避免盲目性发展,同时注重食用菌种质资源保护区建设和保护,确保食用菌产业发展的潜在创新能力。

其次,进一步强化标准化生产,推进从餐桌—产品—产地—农户的溯源体系建设,确保食品质量安全,提高产品的国际竞争力。

第三,加大宣传,提高公众对食用菌产业的认识,形成以需求为导向的全民拉动和保护的主导产业。

第四,提高技术创新能力,以科技研究为先导,实现研究与应用的协同发展。

第五,根据国情,国家给予"惠菌"政策支持,推进食用菌产业机械化、规模化、产业化、规范化进程,快速提升我国食用菌产业的国际竞争力。

总之,随着人们对食用菌的食用价值、药用价值和保健价值的认识和生活水平的不断提高,食用菌作为健康食品在国内外市场销量逐年增加,食用菌产业在我国具有广阔的发展前景。

思 考 题

1. 什么是食用菌?
2. 食用菌有哪些营养价值?
3. 我国发展食用菌产业有哪些优势?
4. 怎样推动我国食用菌产业快速发展?

码 1-1　香菇栽培 1　　　码 1-2　香菇栽培 2　　　码 1-3　羊肚菌栽培 1　　　码 1-4　羊肚菌栽培 2

学习情境二
食用菌形态及生长特征

项目一　食用菌的形态结构

食用菌的种类繁多，千姿百态，大小不一。不同种类的食用菌及不同环境中生长的同种食用菌有着不同的形态特征。虽然它们外表差异很大，但都由菌丝体和子实体两部分组成。

一、菌丝体

菌丝体是由许多纤细的丝状物（菌丝）交织而成的丝状体或网状体，用肉眼观察绝大多数呈白色。菌丝是孢子在适宜条件下萌发形成的管状细丝，菌丝以顶端部分进行生长，但是菌丝的每一个细胞都有潜在的生长能力。食用菌的菌丝体是食用菌的营养器官，相当于绿色植物的根、茎、叶，但食用菌是异养生物，菌丝细胞不含叶绿素，不能进行光合作用，没有根、茎、叶的分化。食用菌多数营腐生、共生生活，少数以寄生的方式生活。食用菌生长在土壤、草地、林木或者其他基质内，是通过菌丝表面的渗透作用，分解基质，从周围基质中吸收水分、无机盐和有机物质，以满足生长发育需要的。

（一）菌丝体的形态

食用菌的菌丝是由硬壁包围的管状细丝，有横隔，将菌丝隔成多个细胞（见图 2-1）。食用菌属于真核生物，细胞内有完整的细胞核，细胞质内的细胞器和其他真核生物相似。食用菌菌丝内细胞核的数目不一，有单核、双核和多核。一般子囊菌的菌丝细胞含有一个或者多个核，而担子菌的菌丝细胞大多含有两个核。含有两个核的菌丝叫作双核菌丝，双核菌丝是大多数担子菌的基本菌丝形态。

菌丝几乎沿着它的长度的任何一点都能发生分支，由于分支的不断产生而形成一个特征性的圆形轮廓的菌落（见图 2-2）。在菌落发育的后期，菌丝之间相互接触，在菌丝接触点相近的壁局部降解而发生菌丝网结现象（见图 2-3），使菌落形成一个完整的网状结构。食用菌的菌丝在培养料里会形成立体的网状结构。

根据菌丝发育的顺序和细胞中细胞核的数目，食用菌在其生活史中的菌丝可分为初生菌丝、次生菌丝和三生菌丝。

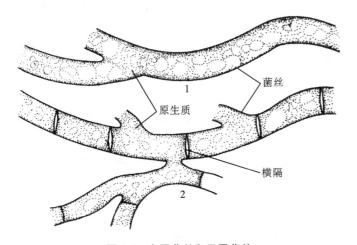

图 2-1 有隔菌丝和无隔菌丝
1—无隔菌丝;2—有隔菌丝

图 2-2 菌丝菌落

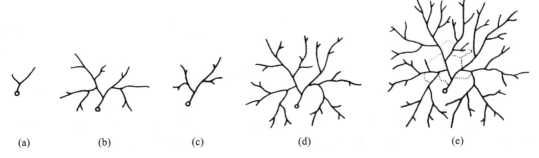

(a)　　　　(b)　　　　(c)　　　　(d)　　　　(e)

图 2-3 从一个孢子的萌发而形成菌落的示意图(虚线表示菌落中央的网结现象)

1. 初生菌丝(单倍体 n)

单核的担孢子萌发形成菌丝。担孢子芽管形成时,核经过多次分裂,因而初期的菌丝是多核的,但横隔迅速形成,将菌丝分隔,形成许多单核细胞。这种每个细胞只含有一个细胞核的菌丝即为初生菌丝,也称为单核菌丝或一次菌丝。子囊菌的单核菌丝发达且生活期较长,而担子菌的单核菌丝较纤细、不发达,且生长慢、生长期短。初生菌丝无论怎样繁殖一般不会形成子实体,只有一条可亲和的单核菌丝质配之后变成双核菌丝,才会产生子实体。

2. 次生菌丝(双核体 $n+n$)

由两条初生菌丝经过质配而形成的菌丝称为次生菌丝。形成过程中两个单核菌丝结合,细胞原生质融合在一起,但细胞核并没有发生融合,以致每个细胞中均有两个核,因此次生菌丝又称为二次菌丝或双核菌丝。次生菌丝较初生菌丝粗壮,分支繁茂,生长速度快。它是食用菌菌丝存在的主要形式,通常我们所见到的菌丝多是双核菌丝。食用菌生产上使用的菌种都是双核菌丝,双核菌丝可以形成子实体。

双核菌丝经常以锁状联合的方式来增加细胞的个体。双核菌丝的顶端细胞常发生锁状联合,这是鉴别菌种的主要依据之一。锁状联合主要存在于担子菌中(子囊菌只有某些块菌的菌丝细胞上能发生锁状联合),是双核菌丝细胞分裂的一种特殊方式。但不是所有的担子菌的菌丝都能产生锁状联合。一般来说,菌丝较细的种类,如香菇、木耳、银耳、牛肝菌、灵芝等的双核菌丝上有锁状联合;菌丝较粗的种类,如蘑菇、草菇、蜜环菌、红菇、乳菇等的菌丝上则没有锁状联合。

锁状联合的形成过程(见图2-4)如下：

（1）双核菌丝顶端即将分裂，在 a 核和 b 核之间生一个短小弯曲的钩状分支；

（2）细胞中一个核 b 进入钩中，一个核 a 留在菌丝内；

（3）两个核 a、b 同时分裂，形成四个核 a、a′、b、b′；

（4）新产生的两个核 a′、b′移动到细胞的顶端，钩中保留一个核 b，核 a 在菌丝基部；

（5）钩状突起向下弯曲与细胞壁接触融合，同时在钩的基部生一个横隔；

（6）最后钩中的核 b 向下移，在钩的垂直方向形成一个横隔，将母细胞分隔成两个子细胞，使 a、b 在一个子细胞中，a′、b′在另一个子细胞中。

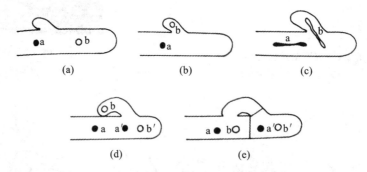

(a)　　　　　　(b)　　　　　　(c)

(d)　　　　　　(e)

图 2-4　锁状联合的形成过程

3. 三生菌丝(双核体 $n+n$)

次生菌丝进一步发育，达到生理成熟时扭结形成特殊的菌丝组织体，这种组织化了的双核菌丝称为三生菌丝或结实性双核菌丝，如菌核、菌索、子实体中的菌丝等。

（二）菌丝的组织体

1. 菌丝束和菌索

在食用菌中，正常营养菌丝营养物质的运输是借助于细胞质流动的方式进行的。然而有些种类的菌体出现集群现象而形成特殊的运输结构，如菌丝束和菌索(见图2-5)，这些结构能在缺少营养的环境中为菌体提供基本的营养来源。

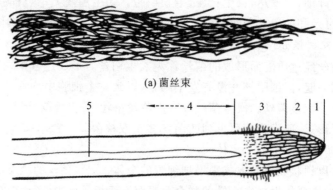

(a)菌丝束

(b) 示假蜜环菌(*Armillariella mellea*)的菌索

图 2-5　菌丝束和菌索

1—顶端；2—伸长区；3—营养吸收区；4—成熟变黑的菌丝区；5—菌髓

菌丝束是由正常菌丝发育而来的简单结构,正常菌丝的分支菌丝快速平行生长且紧贴母体菌丝而不分散开,次生的菌丝分支也照这种规律生长,使得菌丝束变得浓密而集群(合生),而且借助分支间大量的连接而成统一体。简单的菌丝束只是大量菌丝和分支密集排列在一起。

菌丝束一般肉眼可见,如在双孢蘑菇子实体基部的一些白色粗壮丝状物即为菌丝束(见图2-6)。它能将基质中的养分和水分及时输送给子实体。

菌索是由菌丝缠结组成的绳索状结构(见图 2-7)。在菌索中菌丝失去了它们的独立性而构成了复杂的组织,显示出功能的分化(见图2-5)。菌索有厚而硬的外层(皮层)和一个

图 2-6　双孢蘑菇的菌丝束

生长的尖端,皮层菌丝排列紧密,角质化,条件恶劣时能够抵抗不良环境,内部菌丝成束排列,具有输导作用,前端类似于植物的根尖,遇到适宜的条件又可以恢复生长,生长点可形成子实体。典型的如蜜环菌、药用天麻(兰科植物)的发育就是依靠蜜环菌的根状菌索输送养分的。蜜环菌、假蜜环菌的幼嫩菌索可以发出波长为 530 nm 的蓝绿色荧光,其生活力与发光强弱成正比,因此,常取发光强的部分作为分离材料。

2. 菌核

菌核是由菌丝密集而成的块状或颗粒状的休眠体(见图2-8)。菌核质地坚硬,表面多凸凹不平,初形成时往往为白色或者颜色较淡,近似于菌丝的颜色,成熟后多为深褐色或黑色,大小不一,小的如鼠粪,大的如头颅。菌核外层细胞较小,细胞壁厚;内部细胞较大,细胞壁薄,大多为白色粉状肉质。菌核既是食用菌的贮藏器官,又是度过不良环境时期的菌丝组织。我国常见的药材茯苓、猪苓、雷丸的药用部分都是它们的菌核。

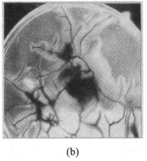

(a)　　　　　　　　(b)

图 2-7　菌索的结构

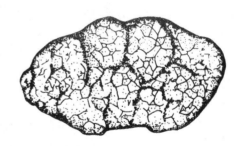

图 2-8　茯苓的菌核

菌核有很强的再生能力,在条件适宜时,菌核可以萌发产生菌丝,或由菌核上直接产生子实体,释放孢子,繁衍后代,因此,可以作为菌种分离的材料或作菌种使用。

3. 菌膜

菌膜是由食用菌菌丝紧密交织而形成的一层薄膜。如香菇的栽培种或者栽培料表面就有一层初期为白色、后期转为褐色的菌膜。在段木栽培各种食用菌的过程中,老树皮的木质层上也往往形成菌膜。

4. 子座

子座是由菌丝组织构成的容纳子实体的褥座状结构。子座是真菌从营养阶段发育到繁殖

阶段的一种过渡形式。子座可以纯粹由菌丝体组成,也可以由菌丝体和部分营养基质相结合而形成。子座形态不一,食用菌的子座多为棒状,如名贵中药冬虫夏草、蝉花、蛹虫草等的子座均呈棒状,子囊孢子生于棒状子座的顶端(见图 2-9)。

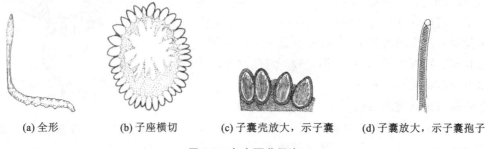

| (a) 全形 | (b) 子座横切 | (c) 子囊壳放大,示子囊 | (d) 子囊放大,示子囊孢子 |

图 2-9　冬虫夏草子座

二、子实体

子实体是食用菌产生孢子并繁殖后代的繁殖器官,具体来说,子囊菌的子实体称为子囊果,担子菌的子实体称为担子果。子实体通常是供人们食用的主体部分,也就是人们通常称为菇、菌、蘑、耳、蕈的那部分。子实体一般生长于基质的表面,如土壤、腐殖质、朽木或者活的立木表面上,只有极少数的食用菌子实体生长于地下土壤中,如子囊菌中的块菌,担子菌中的黑腹菌、层腹菌等。

子实体的形态、大小、质地等因种类不同而异。其大小从几厘米到几十厘米,常呈伞形、喇叭状、珊瑚状、球状、块状、耳状、片状等。食用菌的大多数种类则属于蘑菇类,子实体像一把小伞,主要由菌盖、菌褶、菌柄、菌环、菌托等几部分组成(见图 2-10),但种类不同,子实体形态结构和微观特征都有差异。下面以伞菌子实体为例,介绍子实体的形态。

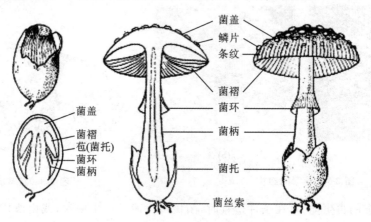

图 2-10　伞菌的形态结构示意图

(一) 菌盖

菌盖是食用菌子实体的帽状部分,多位于菌柄之上。它是食用菌最明显的部分,是食用菌的主要繁殖器官,也是人们食用的主要部分。菌盖由表皮、菌肉和菌褶或菌管组成。

菌盖的形态、大小、颜色等因食用菌种类、发育时期和生长环境不同而异。大致有圆形、半球形、圆锥形、钟形或漏斗形、喇叭形或马鞍形等(见图 2-11);中央多平展,也有下凹、凸起或呈脐状。菌盖边缘多全缘,或开裂或呈花瓣状,内卷或上翘、反卷。菌盖的特征是食用菌分类的重要依据。

不同的食用菌菌盖大小差异也很大,小的仅几毫米,大的达几十厘米,通常将菌盖直径小于 6 cm 的称为小型菇,菌盖直径在 6~10 cm 的称为中型菇,菌盖直径超过 10 cm 的称为大型菇。

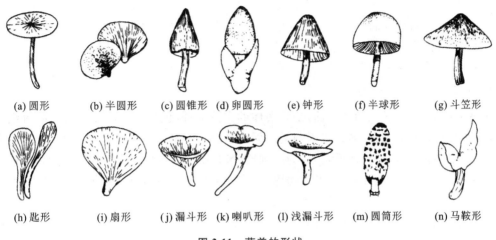

(a) 圆形 (b) 半圆形 (c) 圆锥形 (d) 卵圆形 (e) 钟形 (f) 半球形 (g) 斗笠形

(h) 匙形 (i) 扇形 (j) 漏斗形 (k) 喇叭形 (l) 浅漏斗形 (m) 圆筒形 (n) 马鞍形

图 2-11　菌盖的形状

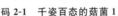

码 2-1　千姿百态的菇菌 1　　码 2-2　千姿百态的菇菌 2

1. 表皮

菌盖表皮含有不同的色素,从而使食用菌的菌盖颜色各异,如白蘑菇和口蘑为白色,灰蘑、草菇为灰色,紫陀螺菌为紫色,香菇为棕褐色或黄褐色,鸡油菌、金针菇为黄色等。菌盖的颜色与发育阶段、环境条件特别是阳光有关,例如平菇的菌盖,幼年时呈蓝灰色,逐渐变浅,最后变灰白色。许多食用菌的菌盖颜色在光线不足时较浅。菌盖表面光滑或粗糙,湿润、黏滑或龟裂干燥,有的具有绒毛、鳞片或晶粒状小片等。

2. 菌肉

菌肉是食用菌最具有食用价值的部分。菌肉绝大多数为肉质,少数为蜡质、胶质或革质。大多数食用菌菌肉为白色,有些食用菌菌肉受伤后变色。菌肉的构造可以分为两种类型:一类全部由丝状的菌丝体组成,大多数食用菌属于此类;另一类由泡囊状菌丝组成,菌肉内除了少量的菌丝外,其他全是由菌丝膨大而成的泡囊,如红菇、乳菇。这些泡囊虽源于菌丝,但已失去了再生能力,所以用其菌肉做组织分离时往往很难获得成功。

3. 菌褶和菌管

菌褶和菌管生长于菌盖的下方,上面连接菌肉。菌褶常呈刀片状,少数为叉状。菌褶等长或不等长,排列有疏有密。菌褶一般为白色,也有黄、红等其他颜色,并随着子实体的成熟而表现出孢子的各种颜色,如褐色、黑色、粉红色以及白色等。菌褶边缘一般光滑,也有波浪状或锯齿状的。菌管就是管状的子实层,子实层分布于菌管的内壁。菌管在菌盖下面,多呈辐射状排列。

菌褶和菌管由子实层、子实下层和菌髓三部分组成。菌肉菌丝向下延伸形成菌髓,靠近菌髓两侧的菌丝生长形成的下层分支的紧密区称为子实下层,即子实层下面的菌丝薄层。子实下层向外产生子实层,子实层是着生有性孢子的栅栏组织,是真菌产生子囊孢子或担孢子的地方。它由平行排列的子囊或担子以及囊状体、侧丝组成。

菌褶与菌柄之间的连接方式有离生、直生、弯生、延生等,是伞菌重要的分类依据。

（1）离生：菌褶与菌柄不直接相连且有一段距离,如双孢蘑菇和草菇等。

（2）弯生：菌褶与菌柄呈凹陷弯曲状连接,也称凹生,如香菇和口蘑等。

（3）直生：菌褶与菌柄呈直角状连接,如蜜环菌、滑菇等。

（4）延生：菌褶向菌柄下延,如平菇和凤尾菇等。

（二）菌柄

菌柄又叫菇柄,生长在菌盖下面,是子实体的支持部分,也是输送营养和水分的组织。菌柄的形状、长短、粗细、颜色、质地等因种类不同而各异。菌柄一般生于菌盖中部,有的偏生或侧生。多数食用菌的菌柄为肉质,少数为纤维质、脆骨质。有些种类的柄较长,有的较短,有的甚至无菌柄。菌柄常呈圆柱形、棒形或纺锤形,实心或空心。其表面一般光滑,少数种类的菌柄上有网纹、棱纹、鳞片、茸毛或纤毛等。菌柄的颜色各异,有的与菌盖同色,有的则不同。有些种类的菌柄上部有菌环,菌柄基部有菌托。

（三）菌幕、菌环和菌托

菌幕是指包裹在幼小子实体外面或者连接在菌盖与菌柄间的那层膜状结构。前者称为外菌幕,后者称为内菌幕。子实体成熟时,菌幕就会破裂、消失,但在伞菌的有些种类中残留。

在子实体生长发育过程中,随着子实体的长大,外菌幕被撕裂,其余大部分或全部留在菌柄基部,形成一个杯状、苞状或者环圈状的构造,称为菌托(或脚苞)。其形状有鞘状、杯状、苞状、鳞茎状等,有的由数圈颗粒组成。由于外菌幕的撕裂方式不同,菌托的形状各异。随着子实体的生长,内菌幕被撕裂,就会在菌柄处残留一部分环状的结构,称为菌环。菌环的大小、厚薄、单层或双层以及在菌柄上着生的位置因种类不同而异。

三、孢子

孢子是真菌繁殖的基本单位,就像高等植物的种子一样。孢子可分为有性孢子和无性孢子两大类。有性孢子如担孢子、子囊孢子、结合孢子等,无性孢子如分生孢子、厚垣孢子、粉孢子等。

在食用菌子实体的子实层上会产生有性孢子,子囊的有性孢子称为子囊孢子,担子菌的有性孢子称为担孢子。子实层是食用菌由子囊或担子等组成的一个能育层,整齐排列成栅栏状。子囊菌中,它是由子囊和侧丝组成的,担子菌中,它是由担子和囊状体组成的,其中侧丝和囊状体是不孕细胞。担孢子产生在担子上,子囊孢子产生在子囊内(见图 2-12)。

子囊孢子的形成过程包括质配、核配、减数分裂和有丝分裂,一般在一个子囊内形成 8 个子囊孢子。担孢子的形成过程包括质配、核配和减数分裂,一般在一个担子上形成 4 个担孢子。子囊孢子和担孢子均为单细胞、单倍体的有性孢子。

不同种类的食用菌,其孢子的大小、形状、颜色以及孢子外表饰纹都有较大的差异,这也是进行分类的重要特征和依据。孢子多为球形、卵形、腊肠形等。孢子表面常有小疣、小刺、网纹、条棱、沟槽等多种饰纹(见图 2-13)。孢子一般为无色,少数有色,但当孢子成堆时则常呈现

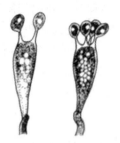 

(a) 担子及担孢子 　　　　　(b) 子囊及子囊孢子、隔丝

图 2-12 担子和子囊

出白色、褐色、粉红色或黑色。孢子的传播十分复杂,有的主动弹射传播,有的靠风、雨水、昆虫等被动传播,还有少数种类(如黑孢块菌)靠动物来传播。

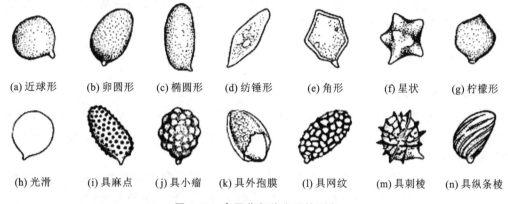

(a) 近球形　　(b) 卵圆形　　(c) 椭圆形　　(d) 纺锤形　　(e) 角形　　(f) 星状　　(g) 柠檬形

(h) 光滑　　(i) 具麻点　　(j) 具小瘤　　(k) 具外孢膜　　(l) 具网纹　　(m) 具刺棱　　(n) 具纵条棱

图 2-13 食用菌各种孢子的形态

项目二　食用菌的生长特征、繁殖及生活史

在适宜的环境条件下,食用菌不断地吸收营养物质,按照自己的代谢方式进行新陈代谢,当同化作用超过异化作用时,个体的重量和体积不断增加,这就是生长。当个体增长到一定程度时,会产生子代个体,这就是繁殖。从生长到繁殖,食用菌的结构和功能从简单到复杂的过程称为发育。

一、食用菌的生长发育

食用菌的生长发育包括营养生长和生殖生长两个阶段。

(一) 营养生长阶段

营养生长阶段是指从孢子萌发或者菌种接到培养料上开始,到菌丝在基质内不断生长蔓延,直至扭结为止的过程。营养生长是子实体分化、生长发育的基础。

食用菌的菌丝顶端 $2\sim10~\mu m$ 处为生长点,是菌丝旺盛生长的部位。此区域的细胞生长增殖很快,没有分支现象。生长点后面的较老的菌丝可产生分支,每个分支的顶端同样也具有生长点。菌丝的生长主要是靠生长点不断伸展来实现的。菌丝顶端存在泡囊,泡囊中含有丰富的糖和多种酶,在菌丝生长中起重要作用,如输送各种酶和新的细胞壁的成分、使原细胞壁各种成分之间的连接键断裂并插入新的成分、增加原生质膜的面积等。所以只有泡囊在顶端聚集时,菌丝才能生长。菌丝生长可以划分为三个时期:①生长迟缓期,此时期菌种适应新的环境;②快速生长期,菌丝适应了生活条件,开始快速生长;③生长停止期,菌丝停止生长,老化的菌丝开始自溶,菌丝细胞中的有机物被分解,菌丝干重逐渐减少。

(二)生殖生长阶段

菌丝体在养分和其他条件适宜的环境下,逐渐达到生理成熟,菌丝开始扭转,形成子实体原基,并进一步发育成子实体,产生有性孢子,这一过程称为生殖生长阶段。从双核菌丝到形成扭转的子实体原基这一过程称为子实体分化。子实体的分化标志着菌丝体从营养生长阶段到生殖生长阶段的转化,标志着由营养器官的生长到生殖器官的产生。人们栽培食用菌的目的在于获取大量的子实体。所以,尽量促使子实体分化是人们栽培食用菌成功的关键。

子实体生长发育期是子实体从分化到成熟的时期,大致可划分为原基形成、原基发育、菇蕾生长、子实体成熟、孢子释放并传播等几个阶段。

二、食用菌的繁殖

(一)食用菌的无性繁殖

无性繁殖是指不经过两性生殖细胞的结合,由母体直接产生后代的生殖方式。无性繁殖过程中细胞进行的是有丝分裂而没有进行减数分裂,所以无性生殖产生的后代能很好地保持亲本原有的性状。

(1)孢子生殖:由无性孢子进行的繁殖是一种无性繁殖,食用菌的无性孢子有分生孢子、粉孢子、节孢子、芽生孢子、厚垣孢子。无性孢子单核或者双核。单核的无性孢子双核化可以完成其生活史。

(2)组织培养:在菌种分离时,从子实体上取一块菌组织进行组织培养,称为组织分离,也是一种无性繁殖。这种方法获得的菌种有利于保持该菌种原有性状的稳定,常用来保存发生变异的优良菌种。

(3)其他:菌种的扩大、原生质体再生菌株都属于无性繁殖的方式。

(二)食用菌的有性繁殖

有性繁殖是通过两性生殖细胞结合而形成新个体的一种繁殖方式,其后代具备双亲的遗传特性。食用菌的有性生殖包括质配、核配、减数分裂三个不同时期。质配是两性细胞原生质的结合。在担子菌中,由两种菌丝进行融合,质配后形成一个双核细胞,进入食用菌的双核时期。核配和减数分裂在子实体的担子内进行,在担子内不同交配型的核相互融合,再经减数分裂形成四个单倍体子核,发育成担孢子。

食用菌有性生殖交配类型可分为同宗配合和异宗配合两大类。

1. 同宗配合

同宗配合也叫同宗结合,是指质配发生在同一个担孢子萌发的两条单核菌丝之间,又称自交亲和。同宗配合的担孢子萌发成菌丝后,不需要经过两个菌丝的结合就能完成生活史。

同宗配合又可分初级同宗配合和次级同宗配合两种类型。

(1)初级同宗配合:担孢子只含有 1 个经减数分裂产生的细胞核,萌发后通过异核化可以完成性生活史。例如草菇,担子内减数分裂产生 4 个核,在担子上形成 4 个担孢子,每个担孢子只有 1 个核。一般认为,初级同宗配合的食用菌没有不亲和因子,或者控制不亲和的因子位于同一条染色体上,其作用相互抵消。

(2)次级同宗配合:每个担子产生 2 个担孢子,且都是异核的,担孢子萌发时形成双核,能产生子实体的菌丝体。例如双孢蘑菇,每个担子产生 2 个担孢子,每个担孢子内含有"＋""－"两个核,萌发后的菌丝为多核异核体,这种菌丝体不需要与其他菌丝体交配就可完成其有性生活史。

2. 异宗配合

异宗配合也称异宗结合,是指单个的担孢子萌发的菌丝自身不孕,必须经过"＋""－"两种性细胞的结合才能完成有性生殖过程,相当于高等植物的雌雄异株。食用菌"＋""－"两种菌丝细胞在形态上一般无差别,但在遗传特性上不同,单一的"＋"菌丝或"－"菌丝都不能出菇,只有两个不同交配型的担孢子萌发成的初生菌丝之间交配才能完成有性生活史。已知担子菌中约有 90% 为异宗配合,现在人类栽培的食用菌绝大多数也属于异宗配合类型。

异宗配合受遗传非亲和性因子控制,具有不同结合型的真菌存在三种不同类型的非亲和系统。非亲和系在所含的遗传位点数和每一位点的等位基因数是不同的。

了解食用菌的性特征在遗传育种上很有意义。属于同宗配合的菌类,单孢子萌发的菌丝可形成子实体;属于异宗配合的菌类,采用单孢育种时必须注意单核菌丝之间是否亲和,即使菌落及菌丝表现出亲和性,也必须进行结实出菇试验才可用于生产。

三、食用菌的生活史

食用菌的生活史就是食用菌一生所经历的生活周期,即从孢子萌发开始,经菌丝体生长发育,然后形成子实体,再产生新一代孢子的整个发育过程(见图 2-14、图 2-15)。

担子菌中食用菌的生活史是由以下几个阶段组成的。

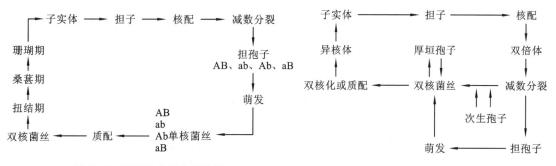

图 2-14　平菇的生活史示意图　　　　图 2-15　双孢蘑菇的生活史示意图

(一)担孢子萌发成单核菌丝体

担孢子萌发即生活史的开始。孢子萌发要有充分的水分、一定的营养、适宜的温度、合适的酸碱度、充足的氧气等。孢子萌发形成单核菌丝,单核菌丝能独立进行繁殖,但一般不会形成子实体。有些食用菌的单核菌丝还会产生粉孢子或者厚垣孢子来完成无性生活史。

(二)双核菌丝的形成

两条交配的单核菌丝在有性生殖上是可亲和的,而在遗传性质上是不同的。两个单核菌丝在进行质配后,形成新的菌丝,每个细胞都有两个核,称为双核菌丝,双核菌丝的横隔通常产生锁状联合。双核菌丝能独立无限地进行繁殖,具有产生子实体的能力,有的食用菌的双核菌丝还可形成无性孢子,如银耳能形成芽孢子、节孢子,香菇、草菇能形成厚垣孢子,毛柄金钱菌能形成分生孢子。这些无性孢子在环境条件适宜时,又能萌发成双核菌丝或单核菌丝。

(三) 子实体的形成

在适宜的条件下,双核菌丝体进一步分化、发育形成组织化的双核菌丝体(称为三次菌丝或结实性菌丝体),再互相扭结形成极小的子实体原基。原基一般呈颗粒状、针头状或团块状,内部没有器官分化。原基进一步发育成菇蕾,菇蕾有菌盖、菌柄、产孢组织等器官的分化,菌蕾再进一步发育为成熟的子实体。

(四) 有性孢子的形成

在子实体发育成熟时,在菌褶或菌管处形成子实层,子实层中的部分细胞在双核菌丝末端发育成棍棒状的担子细胞,进一步产生有性的担孢子。其发育过程如下:担子细胞中的两个单倍体核发生融合,进行核配,形成一个双倍核;双倍核随即进行减数分裂,结果是染色体减半,双方的遗传物质重组和分离形成四个单倍体核;四个单倍体核分别形成担孢子。当环境条件适宜时担孢子弹射萌发,又开始新的生活周期。

思 考 题

1. 怎样根据食用菌的形态结构初步识别不同的种类?
2. 食用菌的菌丝体是怎样变化的? 什么样的菌丝体可以做菌种?
3. 食用菌的子实体由哪些部分构成?
4. 食用菌的孢子起什么作用? 是繁殖的"种子"吗?
5. 不同食用菌的孢子都相同吗?
6. 食用菌的生长经历哪些阶段?
7. 什么叫生活史? 不同食用菌的生活史都相同吗?
8. 食用菌的繁殖方式有哪些?
9. 担子菌与子囊菌的繁殖方式相同吗? 怎样区别担子菌与子囊菌?
10. 根据食用菌的生活史,设计两个母种分离的操作流程方案。

码 2-3 幼嫩羊肚菌

码 2-4 成熟羊肚菌

学习情境三

食用菌的生长条件

项目一　食用菌的分类及生态类型

一、食用菌的分类

食用菌的分类主要是以食用菌菌丝形态、子实体形态、孢子形态、结构、生理生化、遗传特性等为主要依据进行的。了解食用菌的分类关系，对于识别采集、驯化鉴别、菌种选育和开发利用食用菌资源有重要作用。因此，对食用菌进行分类是人们认识食用菌、利用和研究食用菌的基础。

在分类学上常将生物划分为界、门、纲、目、科、属、种七个分类等级，其中种是食用菌基本的分类单位。

现代很多学者把生物分为植物界、动物界和菌物界。食用菌划归菌物界，属于真菌门中的子囊菌亚门和担子菌亚门，如图 3-1 所示。

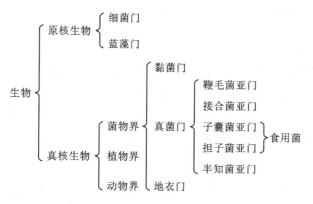

图 3-1　食用菌的分类地位

地球上真菌约有 150 万种，其中约 14 万种可以认为是具有食用和药用价值的大型真菌，目前已知的有 14000 种左右，其中可直接食用或药用的约有 3000 种，但只有 200 种可以试验性栽培，100 种可以经济性种植，大概 60 种已进行商业化栽培，20 多种在许多国家实现了工厂化大规模栽培。

二、食用菌的生态类型

食用菌的生态是指食用菌生活习性与生活环境之间的关系。绝大部分食用菌都能产生大量有性孢子,可借助气流、水流、昆虫等传播、繁殖后代。因此,食用菌的分布极广,凡是有生物残体存在的地方(高山、湖泊、森林、草原、沙漠等)都有它们的踪迹。按大型真菌的生态环境,可将其分为林地真菌、草原真菌、土壤真菌、菌根真菌、粪生真菌、木材腐生菌等。

1. 林地真菌

植被种类和成分是森林真菌生态的首要影响因素。林地植物群落不仅为林地真菌提供营养基质,而且为林地真菌创造适宜的小气候环境。

林地真菌的种类及分布与林地植被有关。在不同的树种下,产生不同的真菌。例如,在针叶林中,经常产生松乳菇、灰口蘑、红柳钉菇;混交林地常产生蜜环菌、豹斑鹅膏、银耳、木耳等;在山毛榉和栎属林地,常有美味牛肝菌、鸡油菌、毒鹅膏等;在阔叶林内,通常出现皂味口蘑、褐黑口蘑、硫色口蘑等。

除此之外,林地落叶层由于含有大量的营养物质,形成的腐殖层具有保温、蓄水能力,可为食用菌生长繁殖创造优越的生态环境;林地类型及林地土壤类型等也会影响林地中食用菌的种类及分布。

总之,林地一年内,落叶树树冠的覆盖程度是从发芽至枯黄凋落有节奏地循序变化的。树冠覆盖的密度显然影响到雨水渗透到落叶层的程度、荫蔽程度、空气流动的速度、温度的保持。这些因素又和真菌菌丝蔓延、子实体的形成密切相关。绝大部分真菌都具有多年生菌丝体,这样在一年当中除了较干燥、寒冷季节之外,菌丝体在大部分时间都能在较适宜的环境中蔓延、积累营养物质,一旦条件适宜就能顺利形成子实体。

2. 草原真菌

草原上的真菌大致可分为两个类群:一类是草本植物的地下部寄生菌,这类菌往往能够形成蘑菇圈;另一类是以草原动物的粪便为主要营养物质的腐生性粪生真菌。

一般草原牧场上可能出现的大型真菌有杯伞、斜盖伞、粉褶菌、蜡伞、高环柄菇、马勃、蘑菇、口蘑等。在粪草较多较肥的草场中,则常出现下列种属:毛头鬼伞、粗柄白鬼伞、脆伞、硬柄斑褶伞、小脆柄菇、半球盖菇等。

我国北方的草原盛产口蘑,以张家口口蘑最为著名。口蘑盛产于富含腐殖质的草原牧场,形成美丽的"仙人环",即蘑菇圈。蘑菇圈是由于菌丝体向四周辐射扩散,一旦生态条件适宜,形成圈状分布的子实体,子实体腐烂后,菌丝仍在草地下蔓延、扩展,来年又重新形成一圈子实体。大约有50种大型真菌可以形成蘑菇圈,分类上包括伞菌、牛肝菌和马勃菌等某些种。

3. 毒菌

我国疆域辽阔,地形复杂,气候及植被类型多样,有利于各类菌类繁殖生长,是世界上食用菌资源最丰富的国家之一,但种类繁多的大型真菌中有一小部分是有毒的,不能食用。目前中毒死亡概率最高的是鹅膏属的种类,并非所有的鹅膏属的真菌都有毒,其中也有一部分是可食用的。鹅膏菌属真菌子实体的特点是菌柄中生,易与菌盖分离,有菌托与菌环,但有些种菌环早期消失,菌托因埋没土中而不易被发现,菌褶离生,孢子印白色。其中可食用菌的菌类有橙盖鹅膏菌(见图3-2),又名鸡蛋黄伞、黄蜡伞,国外称为恺撒蘑菇,生于林地,菌盖宽4～13 cm,

初时球形、卵形至钟形,后渐平展,中部稍凸,鲜橙黄色至橘红色,湿时光滑稍黏,菌褶黄色,离生;菌环大,黄色,生于菌柄上部,膜质下垂;菌托白色。

图 3-2　橙盖鹅膏菌

图 3-3　毒鹅膏菌

具有剧毒的种类如下。

(1) 毒鹅膏菌(见图 3-3):毒鹅膏菌又称绿帽菌、鬼笔鹅膏、蒜叶菌、高把菌、毒伞,在国外还被称为"死亡帽"。子实体一般中等大。菌盖表面光滑,菌盖初期近卵圆形至钟形,表面灰褐绿色、烟灰褐色至暗绿灰色。菌肉白色。菌褶白色,菌柄白色,细长,圆柱形,基部膨大成球形,内部松软至空心。菌托较大而厚,呈苞状,白色。菌环白色,生于菌柄之上部。夏秋季在阔叶林中地上单生或群生。分布于我国江苏、江西、湖北、安徽、福建、湖南、广东、广西、四川、贵州、云南等地。此菌极毒(据记载,幼小菌体的毒性会更大)。

(2) 白毒伞(见图 3-4):白毒伞又名春生鹅膏、致命鹅膏菌。菌体幼时卵形,后菌盖展开成伞状,菌盖直径 4～7 cm,凸面镜形至平展形,白色,但中部奶油色。菌肉白色。菌褶白色至近白色,较密。菌柄长 7～9 cm,粗 0.5～1 cm,近圆柱形或略向上收细,白至近白色,基部膨大,近球形。菌环生于菌柄顶部或近顶部,薄、膜质、白色,不活动或在菌盖张开时从菌柄撕离。菌托肥厚,呈苞状。菌托薄,膜质,内外表面白色。常在鳌葜树的树荫下群生或散生,为菌根真菌,大量发生于广东春季温暖多雨的三、四月,五至七月也有少量出现。

(3) 鳞柄白毒鹅膏菌(见图 3-5):鳞柄白毒鹅膏菌也称为"毁灭的天使"。子实体中等大,纯白色。菌盖边缘无条纹,中部凸起略带黄色,直径 6～15 cm。菌肉白色,遇 KOH 变金黄色。菌褶白色,离生,较密,不等长。菌柄有显著的纤毛状鳞片,细长圆柱形,长 8～4 cm,粗 1～1.2 cm,基部膨大呈球形。菌托较厚,呈苞叶状。菌环生于菌柄之上部或顶部。孢子印白色。孢子无色,光滑,近球形,直径 7～10 μm。夏秋季在阔叶林地上单生或散生。

(4) 残托斑毒伞:子实体中等大,菌盖直径可达 3～9.5 cm,初期扁半球形,后平展,菌盖表面浅褐色至棕褐色,中央色更深,散布有白色至污白色角锥状鳞片,边缘稍有内卷而具有较明显的条纹,甚至开裂(见图 3-6)。菌肉白色。菌褶白色,离生,较密,不等长。菌柄白色,表面光滑,长 3～11 cm,粗 1～1.7 cm,圆柱形,内部实心,基部膨大,菌托只残痕迹或小数角形颗粒。菌环膜质,生于柄的中下部。孢子印白色。光滑,近球形,含一油滴,6.2～7.5 μm×7.5～8.8 μm。夏季在马尾松林地上成群生长。此菌首次发现于广西平乐地区,后来在贵州、云南、福建等地也有发现。

图 3-4　白毒伞

图 3-5　鳞柄白毒鹅膏菌

图 3-6　残托斑毒伞

项目二　食用菌生长的营养条件

一、营养类型

食用菌属于异养型真菌,根据生活方式的不同,可以将食用菌分为腐生类型、寄生类型和共生类型等三种类型。

1. 腐生类型

依靠菌丝体分泌各种胞内酶和胞外酶,将死亡的有机残体分解、同化,从中获得营养物质的食用菌称为腐生类型食用菌。人工栽培的绝大多数食用菌都营腐生生活,在自然界有机物质的分解和转化中起重要作用。根据腐生对象的不同,可将腐生类型食用菌分为木生菌和粪草生菌。

木生菌也称为木腐菌,在自然界主要生长在死亡的树木、树桩、断枝或活立木上的死亡部分,从中吸取营养,破坏其结构,导致木材腐朽,但一般不会侵害活立木。有的木腐菌对树种适应性较广,能在多种树木上生长,如香菇能在 200 余种阔叶树上生长;有的木腐菌适应范围较窄,如茶薪菇主要生长在茶树等阔叶树上。

粪草生菌也称为草腐菌,主要生长在腐熟的堆肥、厩肥、腐烂草堆或有机废料上,如草菇、双孢蘑菇、鸡腿菇等。

2. 寄生类型

生活于寄主体内或体表,从活着的寄生细胞中吸取养分而进行生长繁殖的食用菌称为寄生菌。在食用菌中,专性寄生的十分罕见,多为兼性寄生或兼性腐生。如蜜环菌可以在树木的死亡部分营腐生生活,一旦进入木质部的活细胞后就转为寄生生活,常生长在针叶或阔叶树杆的基部和根部,造成根腐病。金针菇、猴头菇、灵芝、糙皮侧耳等都是腐生性菌类,但都能在一定条件下侵染活立木,在林地栽培时应采取一定的防护措施。又如虫草菌从寄主身体上吸收营养,并在寄主体内生长繁殖使寄主僵化,在一定条件下从虫体上长出子座。

3. 共生类型

食用菌中不少种类不能独立生活,必须与相应生物生活在一起,形成互惠互利、相互依存的共生关系。食用菌与某些植物、动物及真菌之间都存在着共生现象。

菌根真菌是真菌与高等植物共生的代表,大多数森林食用菌为菌根真菌,如牛肝菌、口蘑、松乳菇、大红菇等。菌根真菌不仅从共生植物中摄取营养,而且能提高矿物质的溶解度,促进植物根系对水分和养分的吸收,还可保护植物根系免受病原菌侵害,分泌生长激素类物质促进植物生长。蚂蚁"栽菌"是昆虫与真菌共生的一种奇异自然现象,以巴西叶蚁最为有名,它们能采集树叶在蚁巢内建筑菌圃,最大菌圃面积可达 $100\ m^2$。味道鲜美的鸡枞菌是与白蚁共生的食用菌,鸡枞菌的菌柄连接在土层中白蚁的蚁巢上,而鸡枞菌的菌丝又可为白蚁提供养料。

二、营养物质

食用菌生长所需的营养物质种类繁多,根据其性质和作用,可分为碳源、氮源、无机盐和生长因子等。

1. 碳源

凡用于构成细胞物质或代谢产物中碳素来源的营养物质,统称为碳源。碳源的主要作用是构成细胞物质和提供生长发育所需的能量。食用菌吸收的碳素仅有 20％用于合成细胞物质,其余均用于维持生命活动所需的能量而被氧化分解。碳源是食用菌最重要的,也是需求量最大的营养源。

食用菌在营养类型上属于异养型生物,所以不能利用二氧化碳、碳酸盐等无机碳为碳源,只能从现成的有机碳化物中吸取碳素营养。单糖、双糖、低分子醇类和有机酸均可被直接吸收利用。淀粉、纤维素、半纤维素、果胶质、木质素等高分子碳源必须经菌丝分泌相应的胞外酶,将其降解为简单碳化物后才能被吸收利用。

葡萄糖是利用最广泛的碳源,但并不一定是所有食用菌最好的碳源,不同食用菌对碳源有不同的选择。如多数食用菌利用较差的果胶,却是松口蘑的良好碳源。食用菌生产中所需的碳源,除葡萄糖、蔗糖等简单糖类外,主要来源于各种植物性原料,如木屑、玉米芯、棉籽壳、稻草、马铃薯等。这些原料多为农产品下脚料,具有来源广泛、价格低廉等优点。

2. 氮源

凡用于构成细胞物质或代谢产物中氮素来源的营养物质,统称为氮源。氮源是食用菌合成核酸、蛋白质和酶类的主要原料,对生长发育有重要作用,一般不提供能量。食用菌主要利用有机氮,如尿素、氨基酸、蛋白胨、蛋白质等。氨基酸、尿素等小分子有机氮可被菌丝直接吸收,而大分子有机氮则必须通过菌丝分泌的胞外酶,将其降解成小分子有机氮才能被吸收利用。生产上常用的有机氮有蛋白胨、酵母膏、尿素、豆饼、麦麸、米糠、黄豆浆和畜禽粪等。尿素经高温处理后易分解,释放出氨和氢氰酸,易使培养料的碱性增强和产生氨味而有害于菌丝生长。因此,若栽培时需加尿素,其用量应控制在 0.1％～0.2％,用量不能过大。

食用菌在不同生长阶段对氮的需求量不同。在菌丝体生长阶段对氮的需求量偏高,培养基中的含氮量以 0.016％～0.064％为宜,当含氮量低于 0.016％时,菌丝生长就会受阻;在子实体发育阶段,培养基的适宜含氮量在 0.016％～0.032％,含氮量过高会导致菌丝徒长,抑制子实体的发生和生长,推迟出菇。

碳源和氮源是食用菌的主要营养。营养基质中的碳、氮浓度要有适当比值,称为碳氮比。一般认为,食用菌在菌丝体生长阶段所需要的碳氮比较小,以 20：1 为好,而在子实体生长阶段所需的碳氮比较大,以(30～40)：1 为宜。不同菌类对最适碳氮比的需求不同,如草菇的碳氮比是(40～60)：1,而一般香菇的碳氮比是(20～25)：1。若碳氮比过大,则菌丝生长慢而弱,难以高产;若碳氮比太小,则菌丝因徒长而不易转入生殖生长。

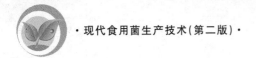

3. 无机盐

无机盐是食用菌生长发育不可缺少的矿质营养。按无机盐在菌丝中的含量,可将其分为大量元素和微量元素。大量元素有磷、钙、镁、钾等,其主要功能是参与细胞物质的合成及酶的合成、维持酶的作用、控制原生质胶态和调节细胞渗透压等。实验室配制营养基质时,常用磷酸二氢钾、磷酸氢二钾、硫酸镁、石膏粉(硫酸钙)、过磷酸钙等。其中以磷、钙、镁、钾最为重要,每升培养基的添加量一般以 0.1~0.5 g 为宜。微量元素有铁、铜、锌、锰等,它们是酶活性基的成分或酶的激活剂,但因需求量极微,营养基质和天然水中的含量就可满足,一般无需添加。

食用菌栽培原料秸秆、木屑、畜粪等中均含有各种矿质元素,只酌情补充少量过磷酸钙或钙镁磷肥、石膏粉、草木灰、熟石灰等,就可满足食用菌的生长发育。

4. 生长因子

食用菌生长必不可少的微量有机物,称为生长因子,主要为维生素、氨基酸、核酸、碱基类等物质,如维生素 B_1、维生素 B_2、维生素 B_6、维生素 H、烟酸等。生长因子的主要功能是参与酶的合成和菌体代谢,具有刺激和调节生长的作用,当严重缺乏时,食用菌就会停止生长发育。有的食用菌自身有合成某些生长因子的能力,若无合成能力,则必须添加。马铃薯、麦麸、玉米粉等材料中含有丰富的生长因子,用其配制培养基时可不必添加。但由于大多数维生素在 120 ℃以上易分解,因此,对含维生素的培养基进行灭菌时,应防止灭菌温度太高和灭菌时间过长。

项目三　食用菌生长的环境条件

自然界中任何生物都是在特定的环境条件下生存的,不同种类的食用菌由于原产地的差异,对生活环境的要求也不尽一致,如金针菇喜寒,草菇习暑,口蘑产于草原,而猴头菇则出现在枯枝上。同一种菌在不同发育阶段,也需要不同的环境条件。影响食用菌生长发育的环境条件,除水分、湿度、温度、通气、酸碱度、光照等因素外,还包括生物因子及化学的杀菌剂及消毒剂。

一、温度

温度是影响食用菌生长发育和自然分布的最重要因素。只有具备某种食用菌菌丝体生长的温度,又在一定时期内具有食用菌子实体形成所需温度的地方,才能使该食用菌在此地生存下来。在人工栽培中,温度直接影响各阶段的进程,决定生产周期的长短,也是食用菌产品质量和产量的决定性因素之一。不同种类的食用菌或同一种食用菌的不同菌株及不同的生长发育阶段,对温度的要求不尽相同。

1. 菌丝体生长对温度的要求

在食用菌的菌丝生长期,一般适宜温度范围为 20~30 ℃,温度对菌丝生长速度有重要的影响。如金针菇菌丝在 4~32 ℃均可生长,低于 3 ℃则停止生长,22~26 ℃时生长最快,28 ℃时生长受到抑制,34 ℃时停止生长。再如香菇菌丝体在 5 ℃下,每天菌丝生长量为 6.4 mm,10 ℃时为 13 mm,15 ℃时为 40 mm,20 ℃时为 61 mm,25 ℃时为 85.5 mm,30 ℃时为 41.5 mm。由此可见,香菇菌丝体生长的最适温度为 25 ℃,若将温度升高 5 ℃或降低 10 ℃,则菌丝的生长量只有 25 ℃时的一半。食用菌的菌丝对低温有较强的抵抗力,0 ℃左右只是停止生长,并不死亡,如香菇菌丝在菇木内能耐－20 ℃的低温。但草菇是个例外,其菌丝在 5 ℃以下很快死亡。

根据各种食用菌菌丝适温情况,可将其大致分为三大类:①低温群,菌丝生长最高温度为 30 ℃,最适温度为 21～23 ℃,如金针菇、滑菇;②中温群,菌丝生长最高温度为 32 ℃,最适温度在 24～28 ℃,如香菇、平菇等;③高温群,菌丝生长最高温度为 45 ℃,最适温度在 29～32 ℃,如草菇。有些种类如平菇,其不同品种对温度适应性也有差别,可分为低温种、中温种、高温种及广温种等。

2. 子实体分化期对温度的要求

食用菌子实体分化期对温度的要求与菌丝体生长期不同,一般是食用菌生长期最低的。如香菇菌丝生长的最适温度为 25 ℃,而子实体分化要求的温度在 15 ℃左右。根据食用菌子实体分化时温度要求,可将其分为三类:①低温型,子实体分化最高温度在 24 ℃以下,最适温度在 20 ℃以下,如香菇、金针菇、平菇、猴头菇、蘑菇等;②中温型,子实体分化最高温度在 28 ℃以下,最适温度在 20～24 ℃,如银耳、木耳等;③高温型,子实体分化最高温度在 30 ℃以上,最适温度在 24 ℃以上,如草菇、灵芝等。

另外,根据食用菌对变温的反应,又可将其分为两类:①恒温结实性菌,如草菇、灵芝、猴头菇、木耳等;②变温结实性菌,即变温对子实体分化有促进作用,如香菇、金针菇、平菇等。

3. 子实体发育期对温度的要求

不同种类食用菌子实体的发育温度也不相同。一般来说,子实体发育的最适温度比菌丝体生长的最适温度低,但比子实体分化时的温度略高一些(见表 3-1)。

表 3-1　几种食用菌对温度的需求　　　　　　　　　　(单位:℃)

种　类	菌丝体生长温度		子实体分化与子实体发育的最适温度	
	生长范围	最适温度	子实体分化温度	子实体发育温度
蘑菇	6～33	24	8～18	13～16
香菇	3～33	25	7～21	12～18
木耳	4～39	30	15～27	24～27
草菇	12～45	35	22～35	30～32
平菇	10～35	24～27	7～22	12～17
银耳	12～36	25	18～26	20～24
猴头菇	12～33	21～24	12～24	15～22
金针菇	7～30	23	5～19	8～14

二、水分和湿度

水不仅是食用菌细胞的重要成分,而且是菌丝吸收营养物质和代谢过程的基本溶剂。食用菌在整个生命周期都需要水分,在子实体发育阶段需大量水分。各种食用菌鲜菇(耳)的含水量都在 90% 左右,子实体的长大主要是细胞贮藏养料和水分的过程。

食用菌生长发育所需要的水分绝大多数来自培养料。培养料含水量是影响菌丝生长和出菇的重要因素,培养料的含水量可用水分在湿料中的质量分数(%)表示。一般适合食用菌菌丝生长的培养料的含水量在 60% 左右,出菇期间则要求含水量增至 70% 左右。

培养料中的水分常因蒸发或出菇而逐渐减少,因此栽培期间必须经常喷水。此外,菇场或菇房中如能经常保持一定的空气相对湿度,也能防止培养料或幼嫩子实体水分的过度蒸发。

食用菌在子实体发育阶段要求较高的空气湿度,适宜的空气湿度是 80%～95%。据研究,如果菇房的相对湿度低于 60%,平菇等子实体的生长就会停止;当菇房的相对湿度降至 40%～45% 时,子实体不再分化,已分化的幼菇也会干枯死亡。但菇房的相对湿度也不宜超过 96%,菇房空气过于潮湿,易导致病菌滋生,也有碍菇体的正常蒸腾作用,而菇体的蒸腾作用是细胞内原生质流动和营养物质运转的促进因素。因此,若菇房过湿,菇体也就发育不良。据报道,金针菇长期处于过于潮湿的空气中,只长菌柄,不长菌盖或菌盖小而肉薄。不过,这对于金针菇栽培者来说,反倒是好事,因为金针菇的主要食用部分是菌柄而不是菌盖。所以金针菇栽培中常利用这一原理来获得更多、更好的金针菇。

食用菌不同生长发育时期所需的空气湿度略有区别。一般来说,子实体发生时期的空气湿度应比菌丝体生长期的空气湿度高 10%～20%。

三、酸碱度

不同种类的食用菌菌丝体生长所需要的基质的酸碱度不同,但大多数食用菌喜偏酸性环境,适宜菌丝生长的 pH 在 3.0～6.5,最适 pH 为 5.0～5.5(见表 3-2)。大部分食用菌在 pH >7.0 时生长受阻,pH>8.0 时生长停止。食用菌利用的大多数有机物在分解时常产生一些有机酸,如糖类分解后常产生柠檬酸、延胡索酸、琥珀酸等,蛋白质常被分解为氨基酸,有些有机酸的产生与积累可使基质 pH 降低。同时,培养基灭菌后 pH 也略有降低。因此在配制培养基时应将 pH 适当调高,或者在配制培养基时添加 0.2% 磷酸二氢钾和磷酸氢二钾作为缓冲剂。如果所培养的食用菌产酸过多,也可添加少许中和剂——碳酸钙,从而使菌丝稳定生长在最适 pH 的培养基内。

表 3-2 几种食用菌对 pH 的需求

种类	适宜生长 pH	最适生长 pH
蘑菇	6.0～8.0	6.8～7.2
香菇	4.0～7.5	4.0～6.5
草菇	6.8～7.8	6.8～7.2
平菇	5.0～6.5	5.4～6.0
金针菇	3.0～8.4	4.0～7.0
木耳	4.0～7.0	5.5～6.5
猴头菇	4.5～6.5	4.0～5.0
银耳	5.2～7.2	5.2～5.8
灵芝	4.0～6.0	4.0～5.0

四、空气

氧气与二氧化碳也是影响食用菌生长发育的重要因素。食用菌不能直接利用二氧化碳,其呼吸作用是吸收氧气,排出二氧化碳。

大气中氧气的含量约为 21%，二氧化碳的含量是 0.03%。当空气中二氧化碳的含量增加时，氧分压必定减小。过高的二氧化碳浓度必然影响食用菌的呼吸活动。当然不同种类的食用菌对氧气的需求量是有差异的。如平菇在二氧化碳浓度为 20% 时能正常生长，只有当二氧化碳浓度积累到大于 30% 时，菌丝的生长量才骤然下降。

在食用菌的子实体分化阶段，即从菌丝体生长转到出菇时，对氧气的需求量略低于菌丝体生长阶段的需求量。但是，一旦子实体形成，由于子实体的旺盛呼吸，对氧气的需求也急剧增加，这时 0.1% 以上的二氧化碳对子实体就有毒害作用。

五、光照

食用菌不含叶绿素，不能进行光合作用，不需要直射光。但是大部分食用菌在子实体分化和发育阶段都需要一定的散射光。如香菇、草菇、滑菇等食用菌，在完全黑暗条件下不形成子实体；金针菇、侧耳、灵芝等食用菌在无光条件下虽能形成子实体，但菇体畸形，常只长菌柄，不长菌盖，不产生孢子。

六、生物因子

食用菌在其生长发育过程中，与周围环境中的植物、动物及微生物有着密切的利害关系。

（一）食用菌与植物

食用菌与植物之间的关系比较复杂，植物是食用菌赖以生存的物质基础，同时也为食用菌的生长发育创造了适宜的生态环境。如大部分食用菌依靠植物类原料为其提供营养物质，部分食用菌与植物之间存在共生关系。另外，有些食用菌可寄生在植物上引起植物病害。

（二）食用菌与动物

动物对食用菌的生长发育会产生有益作用。如竹荪孢子成熟后需要借助蝇类传播；块菌子囊果因生长在地上，其子囊孢子只有借助啮齿类动物取食才能得以传播。

但有些动物会对食用菌的产生不利影响，如一些节肢动物和软体动物（如有害昆虫、螨类、线虫、蛞蝓等）会咬食食用菌的菌丝体及子实体，还会传播一些病原菌。

（三）食用菌与微生物

食用菌与各种微生物类群之间存在着比较复杂的关系。有些微生物对食用菌的生长发育是有益的，称为有益微生物。有些微生物对食用菌的生长发育是有害的，称为有害微生物。

1. 有益微生物的作用

（1）为食用菌提供必需的营养物质。有些微生物能分解大分子的有机物质，为食用菌生长提供氨基酸、维生素、小分子糖等食用菌可吸收的物质。例如银耳菌丝不能分解纤维素、半纤维素，它必须依赖其伴生菌——香灰菌才能从复杂的有机物中摄取养料，完成它的生活史。

（2）刺激子实体的形成。如土壤中的臭味假单孢杆菌、芽孢杆菌可以刺激子实体的分化。

（3）制作发酵料。在发酵料制作过程中，嗜热放线菌等有益微生物的发酵所产生的高温可以杀灭虫卵和杂菌，并为食用菌提供可溶性养料，其死亡的菌体成分还可为食用菌提供营养物质。

2. 有害微生物的作用

对食用菌有害的微生物主要有真菌、细菌、病毒等，它们可侵染食用菌生产的各个环节。有的寄生在食用菌体内，吸收食用菌体内的营养，分泌毒素，引起食用菌病害。有的生长在培养料中,与食用菌争夺培养料中的水分、营养,使食用菌生长不良甚至不能生长,造成食用菌严重减产或绝产。

思 考 题

1. 食用菌需要哪些营养?各类营养的生理功能是什么?
2. 食用菌对温度、湿度、空气及光照的需求有何规律?
3. 哪些因素有利于食用菌子实体的分化?
4. 导致子实体畸形的主要因素有哪些?

码 3-1　香菇发菌期管理 1

码 3-2　香菇发菌期管理 2

学习情境四

认知菌种

项目一　菌种的类型

野生食用菌的菌种一般称为"种子"，它实质上是食用菌的孢子。人工栽培时都不用孢子直接播种，而是经过人工培养并进一步繁殖获得食用菌纯菌丝体，相当于高等植物的苗期生长状态。菌丝体生命力强，一般用试管、三角瓶或其他玻璃瓶、塑料袋等容器包装培养成生产科研实验室菌种。在自然界中，食用菌的子实体成熟后，弹射出孢子，遇适宜的外界环境条件繁殖子代而在自然界中蔓延生长。

在生产上，菌种质量直接关系到产量的高低和栽培的成败。

一、菌种的类型

（一）根据生产程序分类

根据菌种生产、科研使用的目的和用途不同，分别称为一级菌种、二级菌种和三级栽培种（也称生产种）。一般食用菌菌种生产程序如图 4-1 所示。

（1）一级菌种：一级菌种是接种在试管斜面琼脂固体培养基上生长的绒毛状菌丝，菌丝生命力强，是经鉴定遗传性能相对稳定的纯菌丝体。一级菌种的来源包括：用育种手段得到，例如通过杂交育种、紫外线诱变或化学诱变剂进行处理使食用菌菌丝的遗传基因改变性状而得到；从肉质的食用菌子实体本身直接通过菌组织分离及孢子采集或胶质耳木分离得到；从国内外引进优良的菌种。食用菌生产及科研用的菌种一般用玻璃试管培养，便于观察、鉴别、保藏，称为试管种或一级菌种。

（2）二级菌种：将培养好的一级菌种在无菌的条件下转接到提前按配方配制好的以棉籽壳、木屑、稻草、谷粒等为主的培养基中，经扩大培养所得到的菌种，称为二级菌种或瓶装种。如直接出菇成本高，则再扩大成栽培种降低成本。

（3）三级栽培种（生产种）：批量生产时为降低成本，把二级菌种再扩大转接到灭过菌的袋中或瓶中的培养基内，经适宜的条件培养而得到的菌种，称为三级菌种或袋装种（生产种）。三级菌种只用于生产，不再扩大繁殖成菌种，因为连续转接会导致出菇率下降，造成菌种退化，不利于生产。

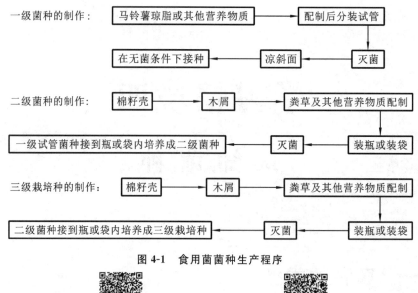

图 4-1　食用菌菌种生产程序

码 4-1　三级菌种制作

码 4-2　麦粒菌种制作

(二) 根据培养基的物理状态分类

根据培养基配制后的物理状态,可以将菌种分为固体菌种、液体菌种及半固体菌种。

1. 固体菌种

配制培养基时在液体培养基中加入 1.5%～2% 的琼脂制作成固体斜面培养基(狭义上的)。固体培养基很多,在固体斜面培养基上接种培养得到的菌种称为固体菌种。根据培养原料的不同,又可分为下面几种。

(1) 固体培养基菌种:常用的培养基有琼脂、马铃薯、葡萄糖培养基(简称 PDA 培养基),红薯片培养基等。

(2) 木屑培养基菌种:以木屑为主要原料制作而成的培养基菌种。木耳、银耳、猴头菇、灵芝、香菇等菇类常用木屑菌种作为二级菌种和三级栽培种。

(3) 谷粒培养基菌种:以大麦、小麦、燕麦、黑麦、玉米、高粱、谷子等禾谷类为主要原料制备而成的培养基菌种,在生产中以小麦最为常用。麦粒培养基营养丰富,适合于食用菌菌丝的生长。麦粒菌种具有菌丝生长快、生命力强、出菇多、产量高等优点。

(4) 粪草培养基菌种:以粪、草为主要原料制作而成的培养基菌种。粪草先经过发酵然后配制成培养基,常用于草菇菌种。

(5) 木楔培养基菌种:以木楔形小木块或锥形小木块为主要原料制备的培养基经过常规灭菌接种培养成的菌种。用于银耳、木耳、香菇等的段木生产和代料人造菇木生产。

2. 液体菌种

不加琼脂配制而成的液态的培养基称为液体培养基。液体培养基采用常规灭菌,在无菌的条件下接种培养成液体菌种。液体菌种的培养特点是食用菌的菌丝体在液体培养基中呈絮状或球状。液体菌种采用摇瓶培养和深层发酵技术培养,经过适应阶段的培养后,具有发菌快、周期短、菌丝洁白健壮、菌龄一致等优点,目前用于科研栽培和小面积生产,尚未在生产上大面积推广应用。

3. 半固体菌种

配制培养基时，在液体培养基中加入 0.3%～0.6% 的琼脂制作成半凝固培养基，称为半固体培养基。一般用于观察细菌有无鞭毛，在食用菌菌丝培养中应用较少。

二、菌种培养基的配制

（一）培养基根据营养物质的分类

根据营养物质的种类不同，可将培养基分为三种类型：天然培养基、合成培养基和半合成培养基。

（1）天然培养基：利用天然物质配制而成的培养基称为天然培养基。各种农副产品及其下脚料（如小麦、玉米、马铃薯、胡萝卜、麦麸、木屑等）以及动植物组织浸出液（如牛肉膏、麦芽汁、肉汤等）均可做原料。这些有机物质来源广，价格便宜，营养丰富，是食用菌生产中最常用的培养基。

（2）合成培养基：利用已知成分和已知数量的化学试剂（无机盐类）配制而成的培养基称为合成培养基。这种培养基成分清楚，重复性强，但价格较贵，一般只用于食用菌研究。

（3）半合成培养基：利用有机物质和无机盐类配制而成的培养基称为半合成培养基。这种培养基种类多，应用广，是食用菌菌种生产和实验室中常用的培养基。

（二）配制培养基的一般原则

配制培养基的一般原则如下。

（1）具备所需的各种营养物质。

（2）注意各种物质的比例，如碳氮比。

（3）调整至适宜的酸碱度。

（4）取材合理，原料经济实用。

（三）一级菌种培养基的种类及配制步骤

1. 一级菌种培养基的种类

食用菌菌种和分离菌种及担孢子采集时用的培养基一般制成斜面试管培养基，一级菌种又称为试管斜面菌种。菌种培养基的种类如下。

（1）马铃薯葡萄糖培养基（PDA 培养基）：马铃薯（去皮去芽眼）200 g、葡萄糖 20 g、琼脂 18～20 g、水 1000 mL。也可用蔗糖取代葡萄糖，即为 PSA 培养基。

（2）综合马铃薯培养基：马铃薯（去皮去芽眼）200 g、葡萄糖 20%、磷酸二氢钾 3 g、B 族维生素 110 mg、硫酸镁 1.5 g、琼脂 18～20 g、水 1000 mL，pH 5.8～6.2。广泛适用于多种食用菌菌种的分离、培养和保藏。

（3）马铃薯玉米粉培养基：马铃薯 200 g、蔗糖 20 g、玉米粉 50 g、琼脂 20 g、磷酸二氢钾 1 g、硫酸镁 0.5 g、水 1000 mL。适用于香菇、黑木耳、猴头菇的培养。

（4）马铃薯黄豆粉培养基：马铃薯 200 g、蔗糖 20 g、琼脂 20 g、黄豆粉 20 g、碳酸钙 10 g、磷酸二氢钾 1 g、硫酸镁 0.5 g、水 1000 mL。适用于蘑菇、草菇。

（5）葡萄糖蛋白胨琼脂培养基：葡萄糖 20 g、蛋白胨 20 g、琼脂 20 g、水 1000 mL。

（6）蛋白胨酵母葡萄糖琼脂培养基：蛋白胨 2 g、酵母膏 2 g、硫酸镁 0.5 g、磷酸二氢钾 0.5 g、磷酸氢二钾 1 g、葡萄糖 20 g、B 族维生素 120 mg、琼脂 20 g、水 1000 mL。适用于培养冬虫夏草、蛹虫草、平菇、白灵菇、杏鲍菇等。

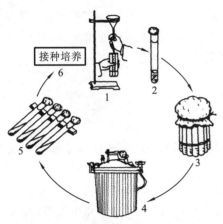

图 4-2 一级菌种培养基制作流程
1—分装；2—塞棉塞；3—打捆；
4—灭菌；5—摆斜面；6—接种培养

2. 一级菌种培养基制作方法（以 PDA 培养基为例）

一级菌种培养基的配制过程（见图 4-2）及注意事项如下。

（1）计算。按照选定的培养基配方，计算各种成分的用量。

（2）称量。将马铃薯洗净去皮，去芽眼，按配方准确称量。

（3）煮汁。首先要选择合适的浸煮容器，一般选用铝锅、搪瓷缸或玻璃烧杯等，不能用铜、铁器皿，以免铜锈或铁锈混进培养基中。将称量好的马铃薯切成小块，加水约 1200 mL，煮沸，计时，再用文火保持沸腾 20～30 分钟，并适当搅拌，使营养物质充分溶解出来，用 2～4 层纱布预湿后过滤，如过滤的土豆汁不足，可用水补充到 1000 mL，倒回干净的小锅内，加入琼脂 20 g，温火加热使其完全熔化，再加入葡萄糖和其他营养物质，溶解后，用 pH 试纸检测其 pH，可根据需要用 1 mol/L 氢氧化钠溶液或 1 mol/L 盐酸调整至适宜的酸碱度，再分装试管。

（4）分装试管。将配制好的培养基趁热分装试管，常用的试管为 ϕ18 mm×180 mm 或 ϕ20 mm×200 mm 的玻璃试管。分装试管的量掌握在试管长度的 1/6～1/5。注意分装时，培养基不要粘在试管口壁上，如粘上则用纱布擦干净后再塞棉塞，否则棉塞上容易滋生杂菌。

（5）塞棉塞。分装完毕，塞上棉塞，注意棉塞要松紧适度，以用手提起棉塞而试管不脱落为度。棉塞的长度为 3～5 cm，塞入试管中的长度约占总长的 2/3。制作棉塞时宜选用质量好的普通棉花或用透气胶塞代替棉塞，不用脱脂棉（成本高）。

（6）灭菌和摆斜面。将塞上棉塞的试管按 5～6 支一捆，用两层报纸或一层牛皮纸捆好，放入高压锅内灭菌。在 0.1～0.12 MPa 压力下，灭菌 30 分钟，待其压力降至零时，拧松螺旋，打开压力锅盖，取出试管摆放斜面，斜面的长度为试管长度的 1/2 为宜，培养基凝固后备用。

（四）二级菌种及三级栽培种培养基的种类及配制步骤

1. 二级菌种和三级栽培种培养基的配方

（1）麦粒或玉米粒 66%、木屑 30%、碳酸钙 2%、石灰粉 1%、白糖 1%、含水量 55%。

（2）木屑 78%、麸皮 20%、石膏粉 1%、蔗糖 1%、含水量 55%。

（3）棉籽壳 78%、麦麸 20%、石膏粉 1%、蔗糖 1%、含水量 60%。

（4）木屑和短枝条或小木片各 40%、麸皮 20%、含水量 60%，制作栽培种培养基。

（5）麦粒或玉米粒 66%、小麦秆或裸麦秆（切碎，长 2～3 cm）30%、石膏 2%、石灰粉 1%、白糖 1%、含水量 55%。小麦秆或裸麦秆泡湿，装瓶，高压灭菌后备用。小麦、裸麦、高粱、玉米、小米等谷粒浸泡，煮至"无白心但表皮不开裂"，捞出沥水至表面无水汽后再加其他成分，装瓶，高压灭菌后备用。

2. 接种

可以用培养 3～4 天的液体菌种转接二级菌种和栽培种。若用固体斜面菌种，必须加大接种量，接种量最好为 2～3 块。

3. 培养

接种后，把菌种瓶或袋放在适宜的培养箱或培养室中培养。用液体菌种接种的无菌麦粒培养基,每隔 3～7 天摇瓶一次,把菌丝摇断,可以刺激菌丝再生,能保证菌丝生长旺盛。

二级菌种和栽培种的袋选择 17 cm×35 cm×0.005 cm 的低压聚乙烯或高压聚丙烯塑料袋均可。拌料装袋,灭菌,按常规接种。一般二级菌种、三级栽培种在适宜温度下培养 30～35 天可以长满瓶。二级菌种和栽培种的瓶或袋长满后即可用于栽培。

三级栽培种与二级菌种制作的配方和操作步骤类似,只要重复配料和操作即可。

项目二 菌种的特征

食用菌菌种质量的好坏关系到栽培成功与失败,选择优质的菌种是食用菌栽培生产中的关键。菌种的鉴定主要包括两个方面的内容:一是鉴定未知的菌种,减少菌种混乱而造成经济损失;二是鉴定已知菌种质量的好坏,从而选择优良品种,以获得高产。

一、优质菌种的特征

不同种类食用菌的鉴别有其共同点,食用菌优良品种的菌丝有"纯正、健壮、湿润、有蘑菇香味、爬瓶壁或爬袋壁力强"的共性。其具体标准如下:

(1)菌种要纯,为单一菌种的生长,不能有杂菌;

(2)菌丝色泽纯正,多数种类的菌丝纯白、有光泽,二级菌种、三级栽培种菌丝一般结成块,无老化变色现象;

(3)菌丝粗壮,分支多、浓密,接种到培养基上吃料快、生命力强,菌丝生长旺盛;

(4)菌丝体湿润,与试管(瓶或袋)壁紧贴而不干缩,含水量适宜;

(5)具有蘑菇香味,无霉腐气味。

二、菌种感染杂菌

我国食用菌栽培产业中,生产大棚一般设施较简单,菌种厂设备条件都比较简陋。在栽培过程中,要不断改善栽培环境和栽培设施,来逐步减少或避免菌种感染。目前在培养菌种时,尚无法创造全净化环境来控制菌种感染,尤其是病菌的危害,因此,在菌种的培养和栽培过程中一定要每天检查所培养的菌种是否感染了杂菌,如有感染则要及时剔除、清理。食用菌生产栽培时要提前处理好各个环节,杜绝病虫害的发生,采取以防为主、综合防治的措施。

1. 菌种感染杂菌、虫害的原因

菌种感染杂菌、虫害的原因主要有以下几点:

(1)菌种扩大接入新的培养基时将杂菌、虫害一起带入培养基上而被感染;

(2)菌种分离和接种时操作不严格,没有按照无菌操作规程进行;

(3)培养基灭菌不彻底而造成感染;

(4)分装培养基时,培养基粘到试管口上未及时处理,塞上棉塞时将杂菌带入;

(5)试管口上的棉塞松紧不合适,空气中的杂菌孢子落到棉塞上萌发菌丝,菌丝浸入试管内长出杂菌;

(6)菌种保藏时间超过保藏期,培养基干燥,菌种活力退化、抵抗力下降而感染杂菌;

(7)培养室和出菇棚离饲料仓库及畜禽饲养场与圈场太近。

2. 菌种感染杂菌、虫害的鉴别方法

菌种感染杂菌、虫害的鉴别一般从接种后 1～2 天开始,每天检查 1 次,直到菌丝长满封面。其鉴别方法如下。

（1）一级菌种感染杂菌的鉴别。食用菌的菌丝体多为白色丝状体,生长均匀,一般不产生有色孢子(草菇、栎平菇除外),在 25 ℃下培养 7 天能长满试管斜面。在一级菌种培养中的杂菌主要是细菌、酵母菌及各种霉菌。细菌在马铃薯葡萄糖琼脂培养基上表现为圆形或椭圆形;酵母菌则表现为菌落比细菌菌落大,成片的颗粒状,湿润半透明,呈红色、黄色等;霉菌开始为白色、灰白色菌丝,很快产生绿色、黑色、橘黄色、草绿色等不同颜色的粉末状孢子。无论是哪一类杂菌感染,它们的生长速度都很快,在 25 ℃下只需 3～7 天就能长满培养基斜面。如发现菌丝体生长自溶等异常现象,要仔细观察,可借助显微镜或放大镜观看有无虫子侵害及咬食菌丝,菌丝逐渐减少的现象。

（2）二级菌种、三级栽培种感染杂菌的鉴别。二级菌种、三级栽培种培养过程中,危害主要来自各类霉菌与虫(螨),其识别方法如下。

① 从接种的第二天开始检查菌丝的发生情况。如发现接种块以外的部位有浓白色菌丝,判断为杂菌,及时剔除,剔除杂菌后在生长过杂菌处撒上一层石灰粉,使培养料偏碱性,抑制杂菌的生长。

② 从菌丝生长速度看。采用 750 mL 的标准蘑菇瓶制种,菌种接在料的表面,而不是打洞接种,25 ℃下培养,食用菌菌丝长满瓶一般需要 25～35 天,而杂菌只需 1 周左右。

③ 看是否形成有色孢子。在食用菌中,目前发现在菌丝阶段草菇形成铁锈红色厚垣孢子,栎平菇产生黑色分生孢子。其余菌种均不产生有色孢子,能形成有色孢子的即为杂菌感染。

④ 如发现菌丝爬瓶壁能力退化或有细小虫爬动,则要注意是否受螨类或虫类的危害。

三、无菌操作的重要性

在自然界中存在着不同种类的微生物。人们经过长期的生产实践活动,培养有益的微生物,消灭或抑制有害的微生物,逐步完善和发展了消毒灭菌技术。消毒灭菌在食品、农业和医药卫生等方面,起着十分重要的作用。比如人、动物、农作物传染病的防治,食品、饮料、酒、醋、发酵罐、手术器械的无菌处理都离不开消毒灭菌技术。消毒灭菌是食用菌生产中的关键技术之一,食用菌消毒灭菌关系到食用菌栽培的成败。

用于食用菌菌种生产的培养基质材料多种多样,一级菌种培养基所需的材料主要有马铃薯、玉米粉、麦芽汁、琼脂、葡萄糖及无机盐类等,二级菌种与生产种培养基质有木屑、稻草、棉籽壳、玉米芯、甘蔗渣、麸皮、米糠等及加工下脚料,还有畜禽粪等。要使食用菌在科研生产上达到纯培养的目的,必须从培养基质、接种技术与环境、培养条件及所使用的器械物品的灭菌与消毒等几大环节来考虑,严格把关才能培养出纯的菌种,生产栽培才能成功。

思 考 题

1. 名词解释

菌种、一级菌种、二级菌种、三级栽培种、无菌操作、杂菌、优质菌种、菌种感染。

2. 简述菌种的分类及用途。

3. 简述食用菌的生产程序。

4. 简述食用菌菌种培养基的种类。

5. 食用菌菌种培养基的配制原则是什么？

6. 简述优质菌的特征及重要性。

7. 怎样辨认菌种感染杂菌？

8. 怎样做到无菌操作？

码 4-3　香菇菌种规模培养　　　　　码 4-4　液体菌种摇瓶培养

学习情境五

食用菌生产的设施设备条件

项目一　菌种生产的设备条件

　　掌握菌种厂的筹建原则及最优规划设计后,可以根据生产规模,购买必需的菌种生产设备,保证菌种生产原料配料适宜,灭菌彻底,创造无菌接种及适宜的培养条件。了解食用菌生产的设施设备条件,有助于测算投资,节约成本,提高设备利用率和生产效率等。

一、配料设备

1. 原料处理设备

　　(1)切片设备:包括切片机(将木材切成小木片)、粉碎机、过筛机(筛出木屑中的块状木等杂物)。根据栽培品种的不同,切片或粉碎后形成粒径不同的木屑。如图5-1所示。

　　(2)铡草机:可将栽培食用菌的麦秸、稻草及其他菌草铡成3～5 cm的小段。如图5-2所示。

(a) 切片粉碎两用机

(b) 粉碎机

图 5-1　切片设备

图 5-2　铡草机

　　(3)搅拌机:将各原料及水分搅拌、混合均匀,如图5-3所示。

2. 装料设备

　　装瓶机将培养料装于菌种瓶,装袋机将培养料装入塑料膜制的菌种袋,现已有装瓶装袋两用机械。装瓶机、装袋机分别如图5-4、图5-5所示。

图 5-3　拌料机

图 5-4　装瓶机

　　装袋机每台每小时装 800 袋,需以 7 人为一组,其中添料 1 人,套袋装料 1 人,传袋 1 人,捆扎袋口 4 人。

　　菌种袋、颈圈、玻璃菌种瓶分别如图 5-6、图 5-7、图 5-8 所示。

　　不论采用机械或人工装料,都要紧实无空隙,光滑均匀,特别是料与膜之间不能留有空隙,否则袋壁之间易形成原基,消耗养分。

(a)　　　　　　　　　　　　(b)

图 5-5　装袋机

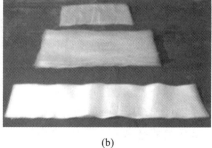

(a)　　　　　　　　　　　　(b)

图 5-6　菌种袋

37

图 5-7　颈圈

图 5-8　玻璃菌种瓶

二、灭菌设备

1. 高压蒸汽灭菌锅(高压锅)

将待灭菌物置于密封的高压锅内,可以利用加压高温蒸汽在较短的时间内达到彻底灭菌的目的。常用的高压锅类型如图 5-9、图 5-10、图 5-11 所示。

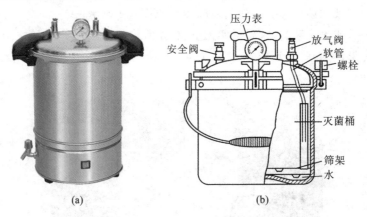

图 5-9　手提式高压锅

图 5-10　立式高压锅

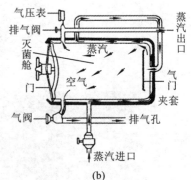

图 5-11　卧式高压锅

一般液体培养基在 0.1 MPa 的压力下处理 20～30 分钟,温度约 121 ℃。对固体培养基,如木屑、棉籽壳、谷粒、粪草等,必须在 0.15 MPa 的压力下处理 1～2 小时,温度约 128 ℃,才能达到满意的效果。

使用高压锅的步骤如下:加水至水位线,装锅,加盖,加热升温;当压力升至 0.05 MPa 时,打开排气阀排除锅内冷空气,压力降至 0;当排气阀有大量热蒸汽冲出时,关闭排气阀继续升温;当压力升至规定指标,温度达到规定指标时,开始调至稳压;到规定时间后,关闭电源、降压、开盖、取物。

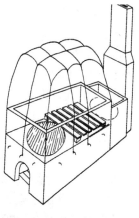

2. 常压蒸汽灭菌锅(常压灭菌锅)

常压蒸汽灭菌是将待灭菌物置于常压灭菌锅内,以自然压力的蒸汽进行灭菌的方法。常压灭菌锅(灶)的建造方法根据各地习惯而异,如图 5-12、图 5-13 所示。

常压蒸汽灭菌的时间通常以大量冒汽(沸腾,100 ℃)开始计算,一般维持 8~10 小时。灭菌时注意不要将待灭菌物排得过密,以保证灭菌锅内的蒸汽流通。开始时以旺火猛攻,使灭菌锅(灶)内的温度尽快上升至 100 ℃,中途不能停火,经常补充热水以防蒸干。此法的优点是建锅(灶)成本低、容量大,缺点是灭菌时间长、能源消耗大。

图 5-12　常压灭菌锅示意图

　(a)

　(b)

图 5-13　常压灭菌锅实物图

三、接种设备

接种设备指用于分离和扩大培养各级菌种的专用设备和工具,主要包括接种室、接种箱、超净工作台、酒精灯,以及接种针、镊子、接种枪等各种接种工具。

1. 接种室

接种室又称无菌室,是分离和移接菌种的小房间,实际上是扩大的接种箱。接种室在构造和设置上的要求如下。

(1)接种室应分里、外两间:里间为接种间,面积为 5~6 m²;外间为缓冲间,面积为 2~3 m²。两间门不宜对开,出入口要求装上推拉门,高度均为 2~2.5 m。接种室不宜过大,否则不易保持无菌状态。

(2)房间里的地板、墙壁、天花板要平整、光滑,以便擦洗消毒。

(3)门窗要紧密,关闭后与外界空气隔绝。

(4)房间最好设有工作台,以便放置酒精灯、常用接种工具。

(5)工作台上方和缓冲间天花板上安装能任意升降的紫外线杀菌灯和日光灯。

接种室的使用规程如下。

(1)在每次使用前半小时,把所需要的器材搬入缓冲室,在接种室和缓冲室用 5‰ 石炭酸溶液喷雾后,开启紫外线灯照射半小时。

（2）进入缓冲室,穿上无菌工作服、鞋,戴好口罩、工作帽,然后用 2%煤酚皂液将手浸洗 2 分钟。

（3）将所需物品移入接种室,按一定位置摆好,检查是否齐全,并用 5%石炭酸溶液在工作台的上方和附近的地面上喷雾,然后退回缓冲室,待几分钟后再进入接种室工作。

（4）接种前,用 70%酒精棉球擦手,然后按常规操作在酒精灯火焰附近的无菌区中进行各项操作。操作时动作要轻捷,尽量减少空气流动,两人操作时要配合默契。用后的火柴梗、废纸不要扔在地上,应放在专用的瓷盆里。

（5）工作结束,及时取出接种材料,然后清理台面,将废物拿出室外,再用 5%石炭酸溶液全面喷洒,或打开紫外线灯照射半小时。

（6）接种时如遇棉塞着火,用手紧握即可熄灭,或用湿布扑灭,切勿用嘴吹。如遇培养物或有菌容器打碎散落,应及时用揩布沾上 5%石炭酸溶液,收拾擦拭,再用酒精棉球擦手后才可继续操作。

2. 接种箱

接种箱是分离、移接菌种的专用木箱。它要求密闭严实,操作方便,易于消毒,以便进行无菌操作。接种箱实际上就是一个缩小的接种室。在有条件的情况下,接种箱内装上一支日光灯用于照明,装上一支紫外线灯用于消毒。

接种箱(见图 5-14)有各种形状和规格,只要操作方便,能达到无菌状态即可。接种箱一般高约 60 cm,宽约 150 cm,长约 50 cm,木质结构,分为单人操作接种箱、双人操作接种箱和多人操作接种箱。双人操作接种箱四个侧面均装玻璃,单人操作接种箱三个侧面装玻璃。接种箱的正面开两个圆洞(双人操作接种箱的正、反面均开两个圆洞),洞口上装上布袖套,双手由此伸入。圆洞外设有推门,不操作时关闭,保持接种箱内清洁。箱内一般放置接种用的酒精灯、点燃物和常用接种工具(如接种针、接种匙等)。菌种和被接瓶、袋接前才放入。由于接种箱的空间小、箱内空气容量少、接种时间长,火焰容易熄灭,因此,可在箱顶两侧开一个直径为 10 cm 左右的圆孔,并用数层纱布覆盖,以利于内外空气交换。

(a) 双人操作接种箱   (b) 多人操作接种箱

图 5-14　接种箱

接种箱的使用规程如下:

（1）每次接种前用 5%石炭酸溶液在接种箱内壁和空间喷雾。

（2）用肥皂洗手后搬进接种物品,关闭箱门,开启紫外线灯照射 20~30 分钟。

（3）用 70%酒精棉球擦手,然后伸进接种箱内操作。

（4）操作完毕要及时清扫掉落在箱内的培养物和火柴梗、棉球等杂物，并用2％来苏儿擦拭，再用5％石炭酸溶液全面喷雾后关闭。

3. 超净工作台

超净工作台（见图5-15）是一种供单人或双人操作的通用型局部净化设备，可形成局部高清洁度空气环境，是科研制药、医疗卫生、电子光学仪器等行业理想的专用设备。超净工作台使用时必须放在比较洁净的房间，一般放于接种室中。超净工作台的优点是操作方便自如，比较舒适，工作效率高，预备时间短，开机10分钟以上即可操作，基本上可随时使用。在工厂化生产中，接种工作量很大，需要经常、长久地工作时，超净工作台是很理想的设备。但在菇农家庭规模栽培时，因为价格昂贵，不必买超净工作台。

(a) 双人式　　　　　　　(b) 单人式

图 5-15　超净工作台

4. 酒精灯

在菌种分离、移接、接种时，一般必须在酒精灯周围进行。当酒精灯点燃时，其火焰附近10 cm范围内会形成一个无菌区。因此为了保证分离、接种的效果，防止杂菌感染，一般应同时点燃两个酒精灯，扩大无菌区，并在其周围进行接种。

5. 接种工具

接种工具（见图5-16）主要有接种针、接种铲、接种匙、接种枪、打孔器，以及大镊子等。

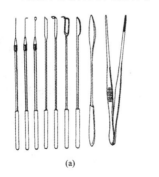 

(a)　　　　　　　　　　(b)

图 5-16　接种工具

四、培养设备

（1）菌种培养室：用来放置接种后的各级菌种，并能为菌种的生长提供较好的生活条件，如能保温、调湿、避光、通风等。房间的大小和数量可根据生产规模而定。

（2）恒温培养箱：用于斜面试管菌种的培养，大型培养箱有时也用于原种的培养。它的温度一般在5～60 ℃范围内可以任意调节。培养箱的作用与培养室相同，实际上只是体积小些，设备更加完善而已。

项目二　栽培生产的设施条件

栽培料处理有多种方法，可以用生料、熟料、半熟料、发酵料等多种方式栽培，其中发酵料较好，因为它易操作，成本低，可在室内栽培，也可在室外栽培，可以袋栽、箱栽、床栽、畦栽。食用菌栽培模式不同，所需的设施也不同。

一、常见的栽培模式及所需的主要栽培设施简介

（一）发酵料地畦或畦床架栽培工艺

工艺流程：配料预湿→建堆发酵(6—4—3—2 天翻堆)→铺地畦或畦床架→播种→覆土调水→搭拱棚保温发菌→再覆土调水→出菇管理。

这种栽培模式所需的设施主要是室外塑料大棚或床架、塑料小拱棚，如图 5-17、图 5-18 所示。

图 5-17　塑料大棚

图 5-18　塑料小拱棚

（二）发酵料菇房畦床栽培工艺

工艺流程：配料预湿→建堆发酵(6—4—3—2 天翻堆)→菇房铺畦床播种→覆土调水→保温发菌→出菇管理。

这种栽培模式所需的设施主要是菇房及室内床架，分别如图 5-19、图 5-20 所示。

（三）发酵料袋料栽培工艺

工艺流程：配料预湿→建堆发酵(6—4—3—2 天翻堆)→装袋播种→发菌管理→搭棚入棚→脱袋覆土→浇水调水→出菇管理。

这种栽培模式所需的主要设施如下。

（1）发菌期：①发菌培养室(见图 5-21)；②发菌塑料棚(见图 5-22)。

（2）出菇期：室外塑料大棚或塑料小拱棚(见图 5-17、图 5-18)。

（四）熟料栽培工艺

工艺流程：备料(备种)→培养料发酵→装袋或瓶→灭菌→接种→发菌期管理→覆土→出

图 5-19　菇房

图 5-20　室内床架

图 5-21　发菌培养室

图 5-22　发菌塑料棚

菇期管理→采收。

（1）前期制栽培袋：如同制原种或栽培种的设备，原料场地及配料设备，灭菌及接种设施，发菌培养室等。

（2）发菌期：①发菌培养室（见图 5-21）；②发菌塑料棚（见图5-22）。

（3）出菇期：室外塑料小拱棚或塑料大棚。

有的室内出菇也需要菇房及床架，如图 5-23 所示。

图 5-23　菇房及床架

二、栽培设施条件要求

（一）环境卫生及消毒

环境卫生是食用菌栽培的重要保障，应该时刻保持环境清洁卫生，做到清洁生产。一潮菇栽培结束时，应及时将废料清理出菇房，要将菇房清洗干净，待床面竹片晾干后，用克霉灵药剂将竹片正反面、地面、墙壁全部消毒，然后用紫外线灯光杀菌，或用气雾消毒剂进行消毒灭菌，最好采用紫外线、生石灰、臭氧消毒方法，此法安全、可靠、彻底。

（二）优化规划

合理安排配料间→灭菌间→接种室→培养室→菇房或大棚，使其形成一条流水作业的生产线，以提高栽培工效和保证产品的质量。

(三) 菇房设施要求

(1) 菇房:可用空闲民房或采用普通的建筑材料建造,墙面用黄沙水泥粉刷,粉刷层要求厚一些,要求抹紧抹光,地面为水泥地坪;菇房地面面积视规模而定,有条件的可用泡沫塑料板保温材料吊平顶,起保温保湿作用。

(2) 床架:一般民房宽度为 3.8 m,只能设置一大一小两排床架,床架可用 33 角钢或木材制作,中间大床架宽 1.2 m,一面边墙的小床架宽 0.8 m,床架面设 4～5 层,可用竹片铺床面,底层床面距地面 30 cm,顶层床面距吊顶 0.5～1.0 m,床面间距为 55～60 cm;走道宽 70 cm 左右。

(3) 控温通风防虫:菇房配置 2 匹家用空调 1 台,安装在中间走道一头的墙上方;中间走道的另一头设置上下通风窗(50 cm×80 cm),下窗底边距地面 10 cm,上、下窗间距为 1 m,另一条走道也需开通气窗;为了便于操作,菇房可对开两个门,要求门窗关闭时密封性好,并设置纱门窗,通风时防止虫害侵入。

(四) 菇房的种类

菇房的建筑形式有地上式、半地下式和地下式三种,常用的是前两种。

1. 地上式菇房

地上式菇房(见图 5-24)有多种,其中单独平房式和多间相通式较为常见。最常用的菇房是单独平房式的砖砌拱形菇房,其优点如下:①造价低,每平方米造价约 60 元,适合农村和城市建造;②保温和保湿性能好,拱形菇房顶可设隔热防寒层,菇房北门和外廊连通,可防寒风直接吹入,冬季有地火,地下烟道连至各菇房,能提高室温,砖砌结构和水泥地面保温性能好;③通风性能好,每间菇房设拔风管,高出屋顶 50 cm 以上,南北墙设窗户,并加窗纱防蝇侵入;④管理和消毒方便,菇房为双间,设外廊,管理方便,一旦有杂菌发生,即可隔离或封闭,不致扩散蔓延,拱形顶或墙面若有冷凝水珠,能从拱形顶内壁或墙壁流至排水沟内,不滴入料面和菇体上,以减少杂菌感染,菇房和地面用砖或水泥构筑,便于冲洗和消毒。菇房的通风设施有门、窗、拔风管等。

图 5-24 地上式菇房
1—拔风管;2—上窗;3—门;4—地窗

2. 半地下式菇房

建造半地下式菇房时,先在地面挖深 2 m 左右(视地下水位而定,可深可浅)的坑,从坑内砖砌墙面直达地面以上 2.5 m 左右,地上墙也可用泥土堆成,但不及砖砌墙坚固。屋顶面可筑成半坡形,与地面角度为 30°左右,屋脊每隔 4～5 m 设一拔风管,直径为 40 cm。地下部分设进风管,新鲜空气由进风管进入菇房,从拔风管排出。由于半地下式菇房一半在地下,能节省造价和保温,并兼有地上式菇房和地下式菇房的优点,因此,在北方地下水位低的地方普遍使用。

(五)菇棚

食用菌栽培除利用空闲房屋做出菇室外,也可搭建简易菇棚。采用室外菇棚可以充分利用休闲地扩大栽培面积,增加产量,节约成本,提高经济效益。菇棚的建造可利用自然温度、适宜的温湿度和充足的光照、氧气等生态优势条件,还可通过揭盖大棚上的薄膜和草帘,调控生态条件,以充分利用太阳光能,节省能源,改善保温、保湿性能,加大昼夜温差,增加光线和氧气,更加有利于食用菌的生长发育。

半地下式菇棚是北方黄土高原地区栽培食用菌常用的设施,它既保证了食用菌在风大、气候干燥、寒冷的北方地区栽培良好,又能使食用菌栽培管理比南方更方便,并达到优质高产的要求。所谓半地下式菇棚,就是在地下挖一个长方形的深沟,沟边地面上打上墙,顶盖塑膜(塑料薄膜)和草帘等而建成的栽培场所。

1. 半地下式菇棚的优点

(1)造价低廉。以建一座 30 m×3.5 m 普通模式半地下式菇棚为例,除投工外,仅需 200～300 元的材料费,而建造一幢同样投料面积的菇房,需投资上万元。

(2)冬暖夏凉。半地下式菇棚用土壤做墙壁,覆塑膜做房顶,保温性能好,冬季夜间加盖草帘保温,白天揭开草帘利用阳光增温,夏季白天盖草帘防热辐射。建造和管理得当的半地下式菇棚,能延长栽培期或基本实现周年栽培。

(3)通风性能好。设有通风管和拔风管(或天窗),关闭方便,可根据需要进行通风换气。

(4)保湿性能好。棚壁和地面皆为湿土,保湿性能好,产菇期隔数天喷水即可满足出菇时子实体对湿度的要求。

(5)光照好。墙上开有排风窗和塑膜顶,根据光照需要揭开和覆盖棚顶草帘即可调节光照强度。

(6)便于消毒。一个栽培周期结束后,可于晴天将棚顶塑膜揭下用药液浸泡、冲洗,晒几天棚沟,铲除一薄层棚壁土,再用石灰乳喷刷消毒。

2. 半地下式菇棚的建造

场地选择在地势高燥、开阔的平地,土质以壤土或黏土为好,有水源。为了便于管理,一般建在庭院和村旁的树荫下。

建造时,挖半地下式菇棚通管、菇室、进出道口,风管底部深度与菇室相等,并在底部挖涵洞相通,涵洞内设置启闭严密的阀门。将棚沟壁削整齐,铲除地面余土,并使地面有倾向进风管的坡度,以利通风。墙高按菇棚类型要求不同而异。在一般情况下,温暖地区墙要高,棚沟要浅;寒冷地区墙要低,棚沟要深。墙上留不留窗或排风口,也是根据菇棚类型要求而定的。若墙上留窗或排风口,每隔 3 m 开一个,大小为 40 cm×40 cm。

在挖成棚沟和做好棚沟地上墙后,即可在棚沟墙上架设水泥或竹、木横梁,覆盖塑膜,塑膜外用竹片或塑料绳压紧固定,棚顶每隔 3～4 m 开一个 40 cm×40 cm 活络天窗。如果菇棚两侧墙上已开排风窗口,则不必开天窗。再在棚顶塑膜上覆盖草帘或麦秆。最后,安装门窗,并根据需要在菇室内设置床架、地面四周挖排水沟即可启用。

3. 菇棚类型

为适应多品种食用菌栽培的需要,在原有普通型菇棚模式的基础上,发展了许多具有各种特性的半地下式菇棚模式。

（1）普通型菇棚。

① 规格要求：菇室长 10～30 m,宽 3～3.5 m,高 2～3 m(含地上墙 0.6～1.4 m)。菇室内一般不设置出菇架。菇室数目可按投料需要确定,建成单列式、双列式和多列式。

② 温度：白天揭开棚顶草帘,让阳光照晒增温,夜间覆盖草帘保温。夏季气温高时,增加草帘厚度防止热辐射,可以降低菇室温度。从栽培的食用菌品种看,春秋两季能满足低、中温型平菇、滑菇、真姬菇和银耳的出菇温度要求,在夏季能满足中、高温型平菇等的出菇温度要求。

③ 湿度：只要每天或隔天喷水一次,即可达到 90% 左右,能满足食用菌子实体生长发育的要求。

④ 光照和氧：普通型菇室光照,一般不需进行管理即可满足子实体生长发育要求,在 4 月和 11 月,为保持菇室温度,可适当关闭或夜间全关闭风管和门窗,但白天气温高时,应适时开启通风,否则会影响子实体的正常生长。

（2）封面型菇棚。

① 规格要求：菇室长 10～20 m,宽 3～4 m,高与普通型菇棚相似,但地下部分加深 0.5～1 m,地面墙高 30～40 cm,密闭无窗。两头有出入道口和密闭的门窗。棚顶可用塑膜和草帘等覆盖(见图 5-25),但须增加草帘的厚度,以降低菇室亮度,菇室内多设置排放架,有单列式和多列式两种。

② 温度：这种菇棚保温性能好,春、秋两季菇棚温度为 15 ℃ 左右,能满足子实体正常生长。例如黄河以北地区,1 月平均气温在 −13～0 ℃ 时,用土暖气稍加温菇室,温度即为 5～20 ℃,可满足生产优质金针菇的温度要求;7 月气温在 24～32 ℃ 时,菇室温度比气温常常低 10 ℃,夜间菇室温度为 10～18 ℃,略低于气温 1～3 ℃,金针菇可以照常出菇。

③ 湿度：子实体生长期,每隔一天或 3～4 天喷水一次,即可达到出菇时子实体生长发育的要求。

④ 光照和通风：发菌期菌丝在封闭、黑暗的菇室内能正常生长,开袋后,启开风管和道口时,有微弱散射光透入菇室,有利于原基形成。密闭菇室长菇后,环境黑暗,有利于优质菇的生长,并能提高室内二氧化碳浓度,有利于菌柄延伸,抑制菌盖生长和开伞。

图 5-25　封面型菇棚

图 5-26　光亮型菇棚

（3）光亮型菇棚。

① 规格要求：菇室规模与普通型菇棚相同,但场地最好设在"七分阳光三分阴"的阔叶树下,棚顶不盖或少盖草帘,让较强的散射光和部分直射光透入菇室,并要求场地地势稍高,菇室通风性能好(见图5-26)。

② 功能：栽培场地设在阔叶树下,能满足子实体生长发育对温度的要求,有利于强光照型食用菌(香菇、黑木耳、灵芝等)生长。例如在黄淮、黄河以北地区,4 月中旬播种袋栽的黑木耳,光亮型菇棚发菌需 50 天左右。6—9 月份出耳,每日上、下午各喷水一次,可达到黑木耳子

实体生长发育对湿度的要求。开启菇室进风管和排风管,子实体生长正常,无不良现象,子实体色深、朵大、肉厚,吸水量较大,质量好。

（4）浅型菇棚。

① 规格要求:菇室规格与普通型菇棚相似,不同之处是地下深度仅有 30～40 cm,地上墙高 1～1.6 m。

② 功能:根据栽培试验,7—8月份,大气的昼夜温度差为 10～14 ℃时,浅型菇棚内则为 2.5～8 ℃,明显小于气温变化,有利于草菇生长,又由于浅型菇棚浅,增温效应明显,栽培草菇时比室外栽培能提前或延长一个月以上。每天喷水一次,即可达到子实体生长发育对湿度的要求,比室外栽培少喷水 1～2 次,经济效益明显。

（5）宽型菇棚。

① 规格要求:菇室宽 4～6 m,其他规格要求与普通型菇棚相同。

② 功能:宽型菇棚昼夜温差大,易满足香菇转色和原基发生的要求。其他性能与普通型菇棚相近似。

（6）窄型菇棚。

① 规格要求:菇室长 10 m、宽 3 m 以下,其他规格要求与普通型菇棚相同。

② 功能:菇室温度和湿度比普通型和宽型菇棚稳定,易满足猴头菇子实体生长的要求。通风系统与普通型菇棚完全相同,在春、秋两季白天开启通风,夜间全关或部分关闭进风管,就可以满足猴头菇生长期对氧气的需要。

（7）注意事项。

各种半地下式菇棚是根据不同食用菌的生物学特性设计的,能满足各类食用菌子实体生长发育的要求,从而提高产量和质量。但各类菇棚模式通过人工管理或调控后又有一定的调节范围,除封闭型是栽培金针菇专用菇棚外,其他模式在类似生物学特性的食用菌中可以相互转化,在某种程度上具有广泛性。如宽型菇棚可用来栽培平菇,普通型菇棚可用来栽培香菇,光亮型菇棚可栽培猴头菇和草菇等。另外,在建造半地下式菇棚时,还应注意以下几点。

① 建造菇棚的土壤不是黏土或壤土而是沙壤时,必须采取防塌措施。菇棚四周排水沟要畅通,防止积水从排水沟透漏入菇室;投料量大的多列式半地下式菇棚的通道要略高于菇室,以防止积水,其宽度以能通行小平车为宜。

② 半地下式菇棚的宽度除栽培香菇的特殊需要外,一般不宜过大,以免造成塌顶事故,跨度大的棚顶,下大雨易积水形成水泡而损坏塑料膜,且温度、湿度不如普通型和窄型菇棚稳定。另外,两幢半地下式菇棚之间的距离一般以 3 m 为好。沟底要有适当的坡度,进风管和排风管有较大高差,以利空气对流。

③ 冬季、夏季进行栽培的半地下式菇棚,须采用相应防寒、防暑措施,如棚顶膜做成双层（两层膜间留一定距离）,有利于保温等。

项目三　工厂化生产设施设备条件

工厂化生产食用菌是集生物工程育种、人工模拟生态环境、智能化控制、自动化机械作业于一体的新型生产方式。我国的食用菌工厂化生产之路是绿色、生态、优质、高效农业的必然要求,也是我国食用菌产业从大到强的必由之路。

一、工厂化菌种生产设备

食用菌工厂化菌种生产设备和食用菌制种设备类似,也包括配料称量设备、灭菌设备、接种设备、培养设备以及菌种保藏设备等。但工厂化、机械化、标准化栽培还需要机械化、自动化设备,例如利用冷房、冷库工厂化栽培白金针菇,工厂化栽培杏鲍菇、白灵菇、鸡腿菇等,需要人工控制温度、湿度、光线、通风等环境条件,这就需要空调、排气扇、自动化拌料机、装袋机、搔菌机、周转车等。下面简单介绍液体菌种的生产设备。

液体菌种具有生产周期短,菌龄短而一致,纯度高、活力强,接种简便快捷,易实行规模化、标准化生产等优点,目前研究和使用的人越来越多。液体制种是利用生物发酵原理,给菌丝体生长提供一个最佳的营养、酸碱度、温度、供氧量条件,使菌丝快速生长,迅速扩繁,在短时间达到一定菌球数量,完成一个发酵周期。

液体菌种生产的主要设备如下。

(一)斜面菌种制备的设备

斜面菌种制备的设备及方法(培养基配方和操作步骤)与试管斜面母种的制备相同。

(二)浅层培养的设备

食用菌液体菌种用小容器培养的量较少,一般称为浅层培养。其主要培养设备如下。

(1)透明玻璃器皿或耐高温高压的聚酯塑料器皿,如 500 mL、1000 mL、2000 mL、3000 mL 等容量的三角瓶(见图 5-27)、烧瓶、箱、盒等,以便观察培养生长状态。

(2)摇床。食用菌为需氧菌,液体菌种培养时需要增加氧气的供应,因此,不断振荡有利于菌丝体的快速生长。摇床是液体菌种生产常用的设备,通常培养 10~50 L 时用摇床振荡。

(三)深层发酵的设备

当液体菌种生产量较大时,一般用自动控制发酵罐(见图 5-28)培养,即深层发酵培养。一级种子罐通常为 50~100 L,二级种子罐为 500~1000 L。液体菌种深层发酵培养时采用自动化或智能化控制。仪表控制的主要参数包括:①液体培养基;②菌龄;③接种量;④温度;⑤通气量;⑥搅拌速度;⑦酸碱度;⑧罐压;⑨泡沫控制;⑩培养时间;⑪产物分离。

图 5-27　装液体菌种的三角瓶

图 5-28　发酵罐

码 5-1
发酵罐培养
液体菌种

二、工厂化栽培设施的结构和设备

食用菌的主要生产过程必须在特定的温度、湿度、光照、氧气条件下进行。因此,食用菌生产不仅取决于菌种、原料配方、栽培方法和管理水平,而且与栽培场所及设施有着密切关系。

食用菌工厂化生产配套设备的发展也十分迅速,目前生产的设备包括全自动灭菌设备、整套生产流水线、液体菌种设备、空气调节设备、加湿设备、净化设备和控制系统,为食用菌工厂化发展奠定了基础。但是我国食用菌生产设备整体上与日本、韩国还有差距,需要不断加以改进和完善。

近年来,工厂化生产食用菌向规模化经营发展,实施高科技含量、高卫生标准,创造世界名牌。一些经济较发达地区,从国外引进先进生产技术及生产线开展了金针菇、杏鲍菇、白灵菇等菌类的工厂化周年栽培。大多采用聚丙烯塑料袋或广口瓶为栽培容器,探索出一套投资少、能耗低、效益高、操作简便的食用菌工厂化袋栽、瓶栽技术。

(一)工艺流程

原料配制→拌料、装袋→灭菌、冷却→接种→培养+催蕾→发育→采收→包装运输。

(二)厂房设施

食用菌工厂化生产需要专门的厂房设施,常见的由砖木或钢结构聚氨酯保温板建成,具备保温、保湿功能。

按照生产工艺,通常将生产厂房分隔为拌料室、装袋室、灭菌室、冷却室、接种室、培养室、出菇室、包装室和冷库等。

(1)拌料室主要放置搅拌机和送料带。因为培养料搅拌时会产生大量粉尘,所以需与其他房间隔离并安装除尘装置,避免杂菌污染。

(2)装袋室是手工装料的主要场所,要求较宽敞,主要放置装袋机、周转筐、周转小车。

(3)灭菌室主要放置灭菌锅,是杀菌的主要场所,要求有良好的通风条件。灭菌完毕后培养料在冷却室内冷却。

(4)冷却室要求密闭性好,除安装制冷设备外,还要配置空气净化系统,安装紫外线杀菌灯等。

(5)接种室主要放置常规单人接种箱,要求室内空气洁净,接种时空气流动小,接种室地面要进行防尘处理,进风口安装空气净化系统,室内安装紫外线杀菌灯、自净器等。接种完毕,菌袋置于培养室内发菌培养。

(6)培养期间不仅需要适宜的温度、氧气、湿度,而且菌丝生长会产生大量呼吸热及二氧化碳,所以培养室内需安装制冷设备及通排风设备。

(7)出菇室是子实体形成、生长的场所,要搭建床架,床架层数依据出菇室高度而定,通常为7~8层,并需有调温、调湿、通排风及光照装置。

(8)包装室是产品采收后计量包装的场所,为保证产品洁净,地面需作防尘处理,并需配置降温设备,以保持产品包装时温度的恒定,避免高温影响产品质量。产品包装后置于冷库保藏,食用菌产品的保藏温度常控制在 2~3 ℃,以延长产品的货架期。

(三)机械设备

工厂化生产各个阶段需要不同的生产设备,生产设备的配置根据生产规模而定。设备配置不足,将影响产量;设备配置过剩,会造成浪费。工厂化生产需配置的主要设备如下。

（1）搅拌机及送料带。搅拌机用于拌匀、拌湿培养料,常用搅拌机为低速、内置螺旋形飞轮的专用搅拌机。因培养料搅拌时需要加水,所以搅拌机上方要排布水管,水管上均匀排布出水孔,各出水孔间隔 10 cm 左右。培养料均匀搅拌至适宜含水量后由送料带送出。

（2）灭菌锅。灭菌锅有高压灭菌锅和常压灭菌锅两种。高压灭菌锅具有灭菌彻底、灭菌时间短的优点,但是造价较高;常压灭菌锅造价低廉,但灭菌时间长,部分耐高温的细菌难以彻底杀灭。工厂化生产大多选用高压灭菌锅。

（3）周转筐。用于盛放制作好的栽培袋。

（4）周转小车。用于存放和转移周转筐。周转小车将盛满栽培袋的周转筐推进灭菌室,灭菌后又将周转筐拉到冷却室冷却。

（5）接种箱。接种箱通常为传统常规木质结构,采用单人式,安装有冷光源(日光灯)。

（6）加湿器。出菇阶段要有相应的湿度,所以出菇室需要安装加湿器。生产上常用超声波加湿器。

（7）包装机。有袋装、盒装、真空及非真空包装机等,根据产品包装要求,选择包装机类型。

（四）注意事项

（1）菇房、菇棚的功能及环境卫生要求如前所述。

（2）工厂化生产的空气调节系统包括温度调节、湿度调节、CO_2 浓度调节及净化控制系统。温度调节、湿度调节和 CO_2 浓度调节三因素是既相互独立又相互联系的。菇房的空调系统要在保证净化控制的前提下,有效调节菇房内的温度、湿度、CO_2 浓度,满足栽培的工艺控制要求。设计出菇房的空调系统时,主要是根据出菇房的大小、保温情况和栽培面积来确定空调系统的制冷量、制热量和通风能力。其中,栽培面积和单位产量是确定出菇房空调系统负荷的重要参数。

① 一般要求出菇房的温度在 15~28 ℃ 范围内可调。

② 相对湿度在 70%~98% 范围内可调。

③ CO_2 浓度在 0.08%~0.5% 范围内可调,培养菌丝阶段一般不用主动控制 CO_2 浓度。

④ 净化控制系统包括净化过滤系统和正压控制系统。空气只能通过装有过滤器的进风口进入出菇房,过滤器的净化等级要保证孢子粉不能通过进风口进入出菇房。在整个栽培过程中,出菇房内应始终保持正压。

⑤ 调光控光:出菇房在出菇阶段,要根据菌类不同调控光照的强弱。

思 考 题

1. 什么叫食用菌菌种?它有哪些类型?

2. 试述工厂化生产应特别注意的关键环节。

3. 常用的化学消毒剂有哪些?它们在食用菌生产中如何使用?

4. 菌种培养期(发菌期)的管理应注意什么?

5. 食用菌制种需要哪些设备?

6. 试述高压蒸汽灭菌和常压蒸汽灭菌的相同和不同之处。

学习情境六
菌种生产技术

项目一　消毒灭菌技术

一、培养基灭菌技术

食用菌菌种生产中最关键的技术就是消毒灭菌技术。每一个环节都要注意控制杂菌污染,做好消毒灭菌,以保障生产优质菌种。

食用菌菌种生产中的消毒灭菌主要是控制有害的微生物。

(一) 消毒灭菌方法概述

消毒灭菌根据其原理不同可以分为物理方法和化学方法两大类。物理方法又分为加热灭菌、辐射灭菌、过滤除菌和干燥灭菌等(见图 6-1)。化学方法主要指利用各种化学药剂进行消毒、灭菌或防腐,常用的化学药剂种类很多,原理也各不相同,这些化学药剂又分别称为灭菌剂、消毒剂、防腐剂,它们之间有时也没有严格的界限。在实际生产中消毒、灭菌或防腐稍微有些差异。

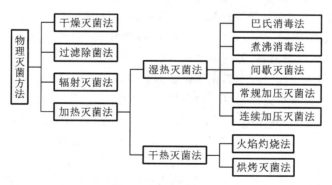

图 6-1　物理灭菌方法

灭菌通常是指采用某种强烈的理化因素杀死所有微生物的过程,包括病原微生物和非病原微生物。灭菌后的物体不再有可存活的微生物。消毒是指利用某种方法杀死所有病原微生物的过程,它一般不能杀死细菌芽孢,而对食用菌生产来说,主要是杀死杂菌。如用化学药剂进行消毒,则将此化学药剂称为消毒剂。

防腐是在某些化学物质或物理因子作用下,能防止或抑制微生物生长繁殖的一种措施。它能防止产品腐败或物质霉变,这是一种抑菌作用。例如日常生活中以干燥、低温、盐腌或糖渍等方法防腐。具有防腐作用的化学物质称为防腐剂。灭菌、消毒与防腐的比较见表6-1。

表6-1 灭菌、消毒与防腐的比较

项目	灭菌	消毒	防腐
处理因素	强理化因素	理化因素	理化因素
处理对象	任何物体内外	生物体表、酒、乳等	有机质物体内外
微生物类型	一切微生物	有关病原菌	一切微生物
对微生物的作用	彻底杀灭	抑制或杀死	抑制或杀死
实例	高压、常压蒸汽灭菌,辐射灭菌	70%酒精消毒,巴氏消毒法	冷藏、干燥、糖渍、盐腌、化学防腐剂

加热灭菌属于物理方法,也是最常用的方法。

微生物细胞的蛋白质、核酸等大分子物质对高温非常敏感。当环境温度超过微生物的最高生长温度时,将会引起微生物死亡,所以加热是最有效的控制微生物的物理方法。不同微生物的最高生长温度不同,不同生长阶段的微生物抗热性也不同,因此根据不同对象,通过控制处理的温度和时间达到灭菌或消毒的目的。

(二) 食用菌培养基常用的消毒灭菌方法

食用菌的菌种分三级,其培养基也分为三级。无论哪一级菌种的培养基,都需要经过消毒灭菌使之成为无菌状态。因菌种培养基多为固体、半固体或液体,所以上述消毒灭菌方法也有所选择,常用的主要是湿热灭菌法和过滤除菌法。当然现在也采用微波、电磁炉、紫外线隧道等先进灭菌技术。

1. 巴氏消毒法

巴氏消毒法最早由法国微生物学家巴斯德采用,是常用于牛奶、啤酒、果酒、酱油、醋与食品等不能进行高温灭菌的液体的一种消毒方法,其主要目的是杀死其中无芽孢的病原菌,而又不影响食品的营养和风味。巴氏消毒法是一种中温消毒法,具体的处理温度和时间各不相同,一般在60~85℃下处理15秒至30分钟。具体的方法可分两类:一类是经典的低温维持法(LTH),将待消毒的物品,在60~63℃下加热30分钟或70℃下加热15分钟,例如在63℃下保持30分钟可进行牛奶消毒;另一类是高温瞬时法(HTST),消毒时只需将待消毒物品(如牛奶)在71.6℃保持15秒。近年来,由于设备的改良,尤其是采用流动连续操作系统后,巴氏消毒法逐渐演化成一种采用更高温度、更短时间的灭菌方法,即超高温巴斯德灭菌法,让牛奶等液体食品在140℃左右(如137℃或143℃)的温度下保持3~4秒,急剧冷却至75℃,然后经均质化后冷却至20℃。这种方法能达到灭菌的目的,而且处理后的牛奶等饮料可存放长达6个月。

食用菌的菌种培养基不常用巴氏消毒法,有时在原料处理时进行发酵,相当于巴氏消毒法。这是利用发酵料堆中的生物热达到60~70℃,杀死原料中的杂菌、害虫及虫卵,并且使原料腐熟,以便接种后菌种的菌丝快速萌发生长。

2. 高压蒸汽灭菌法

高压蒸汽灭菌法也称常规加压灭菌法。本法是目前应用最广、最有效的灭菌方法,适用于一切微生物学实验室、医疗保健机构或发酵工厂中对培养基及多种器材、物料的灭菌。

3. 常压蒸汽灭菌法

常压蒸汽灭菌法用于大规模生产的培养基灭菌。让培养基（料）在常压灭菌锅、灶或炉中连续不断地进行加热，产生 100 ℃蒸汽，维持 8～16 小时，有时制种量大还需延长至 24 小时。这是利用自然压力的蒸汽灭菌的方法。可用土蒸锅、蒸笼等灭菌。由于常压下蒸汽温度较高压下的低，故灭菌时间要长些。此法的优点是设备结构简单、成本低、便于自制，适宜于农村制种推广，缺点是灭菌时间长，耗能多，操作不当会造成灭菌不彻底。

4. 微波灭菌法

微波是指频率在 300～300000 MHz 的电磁波，介于普通的无线电波和红外辐射之间。微波的杀菌作用主要是微波的热效应造成的。微生物在微波的作用下，吸收微波的能量产生热效应，同时，微波造成分子运动加速，使细胞内部受到损害，从而导致微生物死亡。微波产生热效应的特点是加热均匀、热能利用率高、渗透能力强、加热时间短，可以利用微波进行培养基灭菌。

5. 过滤除菌

高压蒸汽灭菌可以除去液体培养基中的微生物，但对于空气和不耐热的液体培养基的灭菌是不适宜的，为此设计了过滤除菌的方法。过滤除菌有三种类型。最早使用的一种是在一个容器的两层滤板中间填充棉花、玻璃纤维或石棉，灭菌后空气通过它就可以达到除菌的目的。为了缩小这种滤器的体积，后来改进为在两层滤板之间放入多层滤纸，灭菌后使用，也可以达到除菌的作用。这种除菌方式主要用于发酵工业。第二种是膜滤器（见图 6-2），这是目前常用的一种方法。膜滤器采用微孔滤膜作材料，通常采用由醋酸纤维素或硝酸纤维素制成的比较坚韧的具有微孔的膜。当含有微生物的液体通过微孔滤膜时，大于滤膜孔径的微生物不能通过滤膜而被阻拦在膜上，与通过的滤液分离开来。微孔滤膜具有孔径小、价格低、可高压灭菌、不易阻塞、滤速快、可处理大容量的液体等优点。但当滤膜孔径小于 0.22 nm 时易引起孔阻塞，且过滤除菌无法滤除病毒、噬菌体和支原体。第三种是核孔滤器，这是聚碳酸酯胶片经核辐射和化学蚀刻制成的滤器。辐射使胶片局部破坏，化学蚀刻使被破坏的部位成孔，而孔的大小由蚀刻溶液的强度和蚀刻的时间来控制。溶液通过这种滤器时就可以将微生物除去。这种滤器主要用于科学研究。

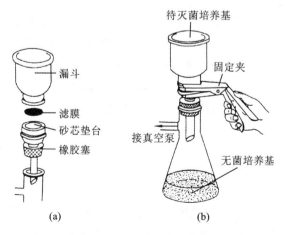

图 6-2 膜滤器装置及其过滤除菌示意图

过滤除菌可用于对热敏感液体的除菌,如含有酶或维生素的溶液、血清等。发酵工业上应用的大量无菌空气也是采用过滤方法获得的,使空气通过铺放多层棉花和活性炭的过滤器或超细玻璃纤维纸,便可滤除空气中的微生物。

二、接种环境、用具的消毒灭菌

食用菌的菌种生产中,接种环境、用具的消毒灭菌也可以分为物理方法和化学方法两大类。有时两类方法都用,做到"双管齐下",达到无菌操作的目的。

(一) 环境的消毒灭菌

1. 设备

接种环境的消毒灭菌方式与设备有关,常见的有接种箱、接种室、超净工作台、负离子发生器。

接种箱、接种室要求安装紫外线灭菌灯及日光灯。

超净工作台是利用过滤除菌的原理,先将空气过滤,得到无菌空气,然后将无菌空气从风洞处打出,使工作台范围内成无菌状态。工作台上顶也安装紫外线灭菌灯及日光灯。

2. 原理

(1) 负离子发生器是采用强电离对空气进行灭菌的一种新方式。通过电离使菌体蛋白质和核酸变性死亡,灭菌效果较理想。

(2) 紫外线灯照射消毒灭菌。

① 原理:紫外线是日光的一部分,波长在 $100 \sim 400$ nm,其中 257 nm 波长的紫外光对微生物最具杀伤力。当微生物被紫外光照射时,细胞的 DNA 吸收能量,形成胸腺嘧啶二聚体,此时腺嘌呤无法正确配对,从而干扰 DNA 的复制和蛋白质的合成,造成微生物的死亡。当照射剂量或时间不足时,可能引起微生物变异。

不同的微生物或微生物的不同生理状态对紫外线的抵抗力是不同的。一般来说,革兰氏阴性菌对紫外线最为敏感,革兰氏阳性菌次之。营养细胞对紫外线的抵抗力弱于芽孢。酵母菌在对数生长期对紫外线的抵抗力最强,而在长期缺氧的情况下抵抗力最弱。

② 使用紫外光照射消毒灭菌的注意事项。

a. 使用时要提前 30 分钟开灯照射,同时设置黑暗环境。

b. 紫外线的穿透力很弱,易被固形物吸收,不能透过较厚的玻璃和纸张。因此,只适用于表面消毒和空气、水的消毒。实际应用时,可以按 1 W/m³ 来计算剂量。若以面积来计算,30 W 紫外线灯用于 15 m² 房间照射 $20 \sim 30$ 分钟即可杀死空气中的微生物,因此紫外线灯广泛应用于接种室、微生物化验室、医院、公共场所的环境空气消毒。

c. 当空气中湿度超过 55% 时,紫外线的杀菌效果迅速下降。

d. 必须防止紫外线对人体的直接照射,以免损伤皮肤和眼结膜。

e. 紫外线可能诱导产生环境中的有害变化而间接影响微生物生长,如使空气中产生臭氧,水中产生过氧化氢,培养基中产生有机的过氧化物等。

(3) 化学药剂消毒法。这是利用化学药剂进行杀菌的方法。选用不同的化学药剂对特定环境进行喷雾、擦洗或熏蒸。杀菌剂的种类及使用浓度如下。

① 重金属盐类:所有的重金属盐类对微生物都有毒害作用,如硝酸银、氯化汞等。

② 氧化剂:常用的氧化剂有高锰酸钾、过氧化氢、漂白粉、漂白精等,常用的高锰酸钾溶液

浓度是0.1％,氯气自来水清洁剂浓度为 1 mg/L,漂白精浓度为 400 mg/L。

③ 有机化合物:5％甲醛溶液用于种子表面消毒,甲醛原液可用于接种箱、培养室、栽培室等空间消毒,熏蒸用量为 6～10 mL/cm³;0.25％新洁尔灭溶液可用于皮肤、种子消毒。

(二)接种用具的消毒灭菌

接种用具主要指金属制的工具、玻璃器皿、耐高温的塑料用具等,具体包括:基本器具,如试管、菌种瓶、塑料袋、孢子收集器、天平、培养皿、漏斗、纱布;接种环、钩、铁铲;刀片、镊子、剪刀等。

菌种瓶一般是容量为 750 mL、口径为 3 cm 的玻璃瓶,也有用普通罐头瓶、广口瓶的,效果以前种规格为好。但均要求能耐高温、高压,并要无色透明,以便检查菌丝生长和杂菌污染情况。

常用的消毒灭菌方法如下。

1. 干热灭菌法

干热灭菌法包括火焰灼烧法和烘烤灭菌法。

(1)火焰灼烧法是直接利用火焰将微生物杀死的方法,它适用于金属制的工具、玻璃器皿口等的灭菌。常用的如酒精灯火焰灭菌,其优点是快捷、彻底,其缺点是有时火焰灼烧对用具有破坏性。

(2)烘烤灭菌法是利用热空气进行灭菌的方法。灭菌温度为 140～170 ℃,灭菌时间为2～3小时,此法只适用于金属及玻璃器皿的灭菌。电热干燥箱是干热灭菌常用的设备。其优点是方便、彻底,其缺点是器皿、工具需要先包装严密再放入进行灭菌。

2. 紫外线灯照射消毒灭菌

方法及注意事项同上。

3. 化学药剂消毒法

这是利用化学药剂进行消毒杀菌的方法。选用不同的化学药剂对工具进行浸泡、擦洗等。杀菌剂的种类及使用浓度如上所述。

4. 沸水消毒法

沸水消毒法主要用于金属制的工具、玻璃器皿、耐高温的塑料用具等器材的消毒,将有关的器材置于沸水中煮一定时间,以杀死微生物的营养体。

项目二 菌种厂设计

一、菌种厂的布局要求及优化设计

菌种厂应根据生产规模、预算投资,本着节约成本,提高设备利用率和生产效率的原则进行筹建。

(一)建厂原则

1. 地理位置要求

菌种厂要选择地形开阔,地势较高,交通运输方便、水电输送方便的地方建造。

2. 环境要求

菌种厂要求环境清洁，空气清新，周围 50 m 以内不要有养殖场和排放"三废"的工厂。

3. 房室要求

各个房间要能密闭、保温、通风且光线充足，内墙壁的四角要砌成半圆形，最好用防水涂料刷白，室内外地面应用水泥或砖石铺设，以便清洗和消毒。

若有条件，各个房间都要安装水电及暖气、空调设施。

（二）菌种生产的设备

在实际生产中，按照制种的主要程序是三级种逐级扩大生产：一级种——母种的生产；二级种——原种的生产；三级种——栽培种的生产。因此，菌种生产的设备也主要分为以下五大类。

（1）配料设备：①拌料设备，如粉碎机、拌料机、装袋机、铁铲、水桶等；②称量设备，如托盘天平、电子天平、台秤、杆秤等。

（2）灭菌设备：干燥灭菌箱、高压蒸汽灭菌锅、常压蒸汽灭菌炉。

（3）接种设备：接种箱、无菌室、超净工作台等。

（4）培养设备：真菌培养箱、振荡培养箱、摇床、培养室、培养床架、暖气或空调等。

（5）菌种保藏设备：冰箱、冰柜、空调培养室等。

（三）建筑布局及要求

1. 建筑布局

菌种厂的厂房应按照配制培养基→蒸汽灭菌→分离或接种→菌丝培养的程序进行平面布局，相应安排配料间→灭菌间→接种室→培养室，使其形成一条流水作业的生产线，以提高制种工效和保证菌种的质量。

每天菌种生产量与冷却室、接种室、培养室的面积相适应。

简易菌种厂的平面布局如图 6-3 所示，要求布局合理，外观整洁，占地面积优化利用，有利于生产，有利于管理，有利于提高生产效率。

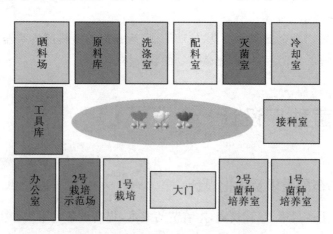

图 6-3 简易菌种厂的平面布局示意图

2. 有关要求

（1）资金使用的重点应放在灭菌、冷却、接种三处的设备上。

（2）冷却室、接种室要求为水磨石或油漆地面，四周墙壁和天花板涂油漆防潮，安装空气过滤装置。冷却室配备除湿和强制冷却装置,接种室配备分离式空调机。

（3）培养室要有足够的空调装置,保证高温季节能正常生产。

（4）工作人员进入无菌区前须沐浴更衣,须有相应设备。冷却室、接种室、培养室均采用拉门结构,减少开关式门扇启动时的空气流通。

（5）保持冷却室、接种室的气压为正值,其中接种室气压又要大于冷却室,冷却室气压大于缓冲室和培养室。培养基制作室和其他仓库实验室为有菌区,冷却室、接种室培养室为高度洁净的无菌区,要求空气净化程度达到 100 级(按国际标准,凡是达到 0.5 μm 以上尘埃的量不超过 3.5 粒/L,即洁净度达到 100 级,表示环境中无尘无菌)。

二、生产成本最优概算及效益预测

成本最优概算及效益预测主要分为成本和利润两大方面,受诸多因素的影响,因地因时因人而异,因此,成本最优概算及效益预测分析仅供实际生产时参考。

菌种生产需要投资的资金包括以下几个方面。

（一）成本最优概算

（1）菌种厂房建筑投资。如果有现成房屋,可不列入。

（2）购买菌种生产所需设备设施。按生产规模不同,投资也不同。

（3）购买生产物料、水电设备及季节性管理用工劳务费等。首先按生产规模确定原料配方备料,按照生产的工艺流程和数量进行生产预算,再预备一定的流动资金。

例如:建设年产菌种 2 万瓶的菌种生产基地一处,不包括厂房建筑费用,项目总投资为 1 万～10 万元;建设年产菌种 10 万～50 万瓶的菌种生产基地一处,不包括厂房建筑费用,项目总投资为 50 万～500 万元,甚至更多。其中固定资产投资占大部分,流动资金占小部分。

有些大型企业还预算有企业产品研发经费,如菌种及原材料补助、开发试验研究、技术服务、培训及项目管理等。

（二）收入及效益预测

利润的获得也受两个方面因素的影响:一方面是生产菌种的品种、产量、质量;另一方面是产品销售、市场营销状况。

按生产规模及当时的市场价格(每袋或每瓶菌种的售价),可以预算出毛收入,即产值,再扣除成本预算出毛利润或纯利润。

在正常情况下,菌种生产的投入与收入之比为 1:(3～5),投入资金回收期为 1～3 年。

以上仅是简单的生产设计优化分析,菌种规模化生产受诸多因素的影响,非常复杂。任何一个企业都必须在生产技术熟练、善于管理、善于经营、所需的设备配套的条件下,才能达到高效益。

项目三　母种制作

食用菌制种就是指在严格的无菌条件下扩大培养繁殖菌种的过程,一般食用菌制种都要经过母种、原种和栽培种三个培养步骤(见表 6-2)。

表 6-2　三级菌种生产流程及扩大量

项　目	母　种	原　种	栽　培　种
其他名称	一级种、试管种、斜面种	二级种、瓶装种	三级种、袋装种、生产种
培养容器	试管	菌种瓶、塑料袋	塑料袋、菌种瓶
培养基	斜面	固体	固体
数量	少	增多	扩大 300 多倍
转接	1 支→10 支(再生母种)	1 支再生母种→8～16 瓶原种	1 瓶→40 袋(瓶)栽培种

母种培养基配方和配制方法在学习情境四中已叙述,这里只介绍母种分离培养(购买引种及组织分离)。

母种的分离方法一般分为三种:组织分离法(最常用的方法);孢子分离法(不常用的方法);基质分离法(适应于段木或野生菌驯化)。这里主要介绍组织分离法。

组织分离法是将食用菌的部分组织移接到斜面培养基上获得纯培养的方法。常用于分离的材料是部分组织:子实体或菌核、菌索的任何一部分组织。

组织分离属于无性繁殖,能保持原有菌株的优良种性。组织分离制取母种的方法简单易行,适用于所有伞菌及猴头菇。但当种菇感染病毒时,不易脱毒,需要多次进行菌丝尖端分离才能脱毒。

1. 子实体组织分离法

这是采用子实体的任何一部分(如菌盖、菌柄、菌褶、菌肉)进行组织培养,而形成菌丝体的方法。尽管子实体的任何一部分都能分离培养出菌种,但是多年的实践经验表明,选用菌柄和菌褶交接处的菌肉最好。

子实体组织分离的流程:种菇的选择→种菇的消毒→切块接种→培养纯化→出菇试验→母种。

具体操作过程(以伞菌类为例)如下。

(1)种菇选择:选择头潮菇、外观典型、大小适中、菌肉肥厚、颜色正常、尚未散孢、无病虫害、长至七八分成熟的优质单朵菇做种菇。

(2)种菇消毒:用 0.1% 升汞溶液或 75% 酒精浸泡或擦拭,用无菌水冲洗,然后用无菌滤纸吸干表面的水分。

(3)切块接种:将分离种菇沿柄中心纵向掰成两半,用解剖刀在菇盖柄交接处划成田字形,取一小块(黄豆大)菌肉组织,接在斜面培养基上。

(4)培养纯化:在 25 ℃下,培养 2～4 天,长出白色绒毛状菌丝体,当菌丝延伸到基质上时,用接种针挑取菌丝顶端部分,接种到新的斜面培养基上,长满管后即为母种。

2. 菌核组织分离法

它是从食用菌菌核组织分离培养获得纯菌丝体的一种方法。如猪苓、茯苓、雷丸等食药用菌。

3. 菌索组织分离法

它是从食用菌菌索组织分离培养得到纯菌丝体的方法。如蜜环菌、假蜜环菌等食用菌。

项目四 原种生产

原种培养基的配方在学习情境四中已叙述,这里只介绍固体原种的生产培养。

1. 拌料与装袋(或瓶)

选定配方之一,使用新鲜无霉变原料,根据生产所需的数量计算配料总量,将麸皮、石膏粉均匀地混合在培养料里,糖和过磷酸钙溶于水后,加入水,拌匀,培养料含水量以手紧握培养料指缝间有水欲滴为宜。闷堆 30 分钟后,装袋(瓶)。用机械或人工装袋稍加压实。在袋口外套入塑料环,然后在袋口内塞松紧适宜的棉塞,或用牛皮纸包扎好。

2. 灭菌

原种灭菌方法有两种,即高压蒸汽灭菌和常压蒸汽灭菌。高压蒸汽灭菌又称加压蒸汽灭菌,在高温(120 ℃)高压(0.1~0.15 MPa)条件下灭菌 2~3 小时,将包括芽孢在内的微生物全部杀死。常压蒸汽灭菌称流通蒸汽灭菌,根据灭菌设备、条件和基本因素的不同,温度为 90~100 ℃,其热力、穿透力不强,在一定温度下维持足够时间达到灭菌目的,通常在 100 ℃下维持 8~16 小时。

3. 接种与培养

不论用接种箱或接种室接种,在接种前,需对接种箱或接种室用 0.2% 的来苏水或漂白粉进行消毒处理,然后将灭菌过的料袋(瓶)放入接种箱或接种室内,用紫外线灯照射 30 分钟后,在无菌条件下进行接种,或在接种前用烟雾剂密闭熏蒸消毒,在烟雾剂点燃消毒时应关闭门窗。接种室消毒时,一间房需点燃 50 g 烟雾剂 3 盒;接种箱消毒时每次仅点燃 4 g。每支母种试管可接 4~6 袋(瓶)原种。将接种后的菌种袋(瓶)放入发菌室培养。培养室温度为 22~26 ℃,相对湿度为 80% 以下,光线为弱散射光,发菌期间应保持良好的通风条件。原种从接种到菌丝长满袋(瓶)需 30~40 天。菌株不同,菌丝的形态也不完全一样。有的菌株起初是线状的,后来逐渐产生气生菌丝;有的菌株起初是棉絮状,后来逐渐变成线状,色泽多数为白色或灰白色,其他颜色多为杂菌的颜色。好的菌种利用培养料的能力强,菌丝生长较快。

项目五 栽培种生产

栽培种培养基配方在学习情境四中已叙述,这里只介绍固体栽培种生产培养。

栽培种的培养容器采用聚丙烯塑料薄膜袋(长 34~36 cm,宽 14~17 cm,厚 0.05~0.06 cm)。

选定培养基配方,按要求把原辅材料备好,加水搅拌均匀,然后装袋。装袋时先抓 2~3 把培养料装进袋中,用手把袋底的边角压入袋内,并压紧培养料使之呈圆柱形,袋底平稳能直立于地面。在袋中插入圆形木棒或直径为 2~2.5 cm 的试管,最好插到底,但应避免刺破袋子,然后继续边装料边用手压实,装至袋长的 2/3(约 500 g 干料),压平表面,拔出木棒或试管。这样先预埋管(棒)再装料,拔出后留下的洞穴坚固,在搬运过程中不易堵塞,灭菌时蒸汽容易穿透培养料,灭菌能更彻底,而且接种时原种落入洞底,可加速菌丝生长,缩短栽培种培养时间。

培养料装好后,将袋口及表面清理干净,在袋口上套上硬塑料套环(内径 3.5 cm,高 3.5 cm),让袋口薄膜从环内通过,并向外顺环壁朝下翻转,然后将袋口整平,塞上棉塞,进锅灭菌。为防止棉塞受潮,进锅后每层塑料袋上方都要盖牛皮纸。以 0.1～0.15 MPa 的蒸汽灭菌 1.5 小时,或常压蒸汽灭菌 8～10 小时。如果制种量大,要适当延长灭菌时间,灭菌后取出冷却。

栽培种也应在无菌箱或无菌室内按无菌操作要求接种,然后与原种同样条件进行培养。采用塑料袋制作菌种比用瓶装灭菌时间长,并且常压锅内没有隔层,那么灭菌的时间也应该适当延长,总的原则是时间宁长勿短。

项目六　菌种质量鉴定

菌种质量的优劣是食用菌栽培成败的关键,菌种必须通过鉴定后方可投入生产。把好菌种质量关是保障食用菌安全顺利生产的前提。食用菌菌种的鉴定主要包括两方面的内容,一是鉴定未知菌种是什么菌种,从而避免因菌种混乱造成的不必要损失;二是鉴定已知菌种质量的好坏,从而指导生产。

菌种质量鉴定必须从形态、生理、栽培和经济效益等方面进行综合评价,评价是依据菌种质量标准进行的。菌种质量标准是指衡量菌种培养特征、生理特性、栽培性状、经济效益所制定的综合检验标准。一般从菌种的纯度、长相、菌龄、出菇快慢等方面进行鉴定。

一、菌种质量鉴定方法

菌种质量鉴定的基本方法主要有感官鉴别、显微镜检验、菌丝萌发、生长速率测定、菌种纯度测定、吃料能力鉴定、耐温性测定和出菇试验等,其中出菇试验是最简单、直观、可靠的鉴定方法。菌种的质量对食用菌的产量和质量影响极大。因此,在培育菌种时,要认真对待,严格把关,选用优良菌株,逐级扩大。在投入生产之前,必须进行菌种质量的鉴定,并通过小面积的栽培试验,证实是优良菌种后,再推广使用。常用鉴别菌种质量的方法,有以下几种。

1. 外观鉴别

没有特殊设备的用户可以通过感官识别菌种优劣,即所谓外观鉴定。优质的菌种应具有纯、正、壮、润、香五个特征。"纯"是指菌种的纯度高,无杂菌感染,无斑块,无抑制线,无"退菌""断菌"现象。"正"是指菌丝无异常,具有亲本正宗的形态特征。例如,菌丝纯白,有光泽,生长均匀整齐,连接成块,具有弹性等。"壮"是指菌丝发育粗壮,长势旺盛,分支多而密,在培养基上恢复萌发快,吃料快。"润"是指菌种含水量适中,培养基湿润,与瓶(或袋)壁紧贴,无干缩、松散和积液现象。"香"是指具有蘑菇香味,无霉腐气味。

2. 抗热性测试

将转管后的母种于适温下培养一周,取出放至 35 ℃下培养,24 小时后再放回最适温度下培养,观察菌丝恢复状况。以恢复萌发快,菌丝倒伏发黄少者为好。

3. 纯度和长势测定

用锥形瓶装流体培养基(如 PDA 培养基不加琼脂即可),灭菌后接入经捣散的被检菌种,25 ℃左右培养约一周观察,如有气泡和菌膜发生,并具有酸败味,说明菌种中混有杂菌,如无上述现象,则菌种纯净。再观察浮在液面的菌种,如果向四周生长较快,菌丝健壮、有力、旺盛、边缘整齐且不断增厚,说明该菌株长势强;如果菌丝生长慢、稀疏、菌丝层薄,则说明该菌株长势弱,不宜用于生产。

4. 栽培试验鉴定

用木箱装培养料,如果播种后1~2天在培养料上可见到针芒状的菌丝,并有规律地向四周生长,3~4天后即向新的培养料中蔓延,而原来菌种上的菌丝继续向四周发展,不萎蔫,这就是新鲜、易于成活的健壮栽培种。

5. 出菇试验

在发育良好的菌丝上,覆盖3.3 cm厚大土粒、1.6 cm厚小土粒,并调节好水分,观察其向土粒中生长情况。如在18~20 ℃的气温下,经15~20天能见到菌丝覆盖层内形成幼小菌蕾,则为正常的出菇情况。如果第一批子实体采收后发生第二批子实体相隔的时间很短,则为高产种。

二、母种质量的鉴定

优良母种应该具备菌丝纯度高、生命力强、菌龄适宜、无病虫害、出菇整齐、高产、稳产、优质、抗逆性强等特征。

(一)鉴定方法

(1)外观直接观察　好的菌种菌丝粗壮、浓白,生长均匀、旺盛;差的菌种菌丝干燥、收缩或萎蔫,菌种颜色不正,过老的菌种会产生大量红褐色液体,打开棉花塞时菌丝有异味。

(2)菌丝长势鉴定　将待鉴定菌种接种到其适宜培养基上,置于最适温度、湿度条件下培养,如果菌丝生长迅速、整齐浓密、健壮,则表明是优良菌种,否则是劣质菌种。

(3)抗性鉴定　待鉴定菌种接种后,在适宜温度下培养一周,提高培养温度至30 ℃,培养数小时,若菌丝仍能正常健壮生长则为优良菌种,若菌丝萎蔫则为劣质菌种。或者改变培养基的干湿度,能在偏干或偏湿培养基上生长健壮的菌种为优良菌种,否则为劣质菌种。

(4)分子生物学鉴定　采集待鉴定菌种的菌丝,用现代生物技术进行同工酶、DNA指纹图谱等比较分析,鉴定菌种的纯正性。

(5)出菇试验　将菌种接种培养料进行出菇生产,观察菌丝生长和出菇情况。优良菌种菌丝生长快且长势强,出菇早且整齐,子实体形态正常,产量高,转潮快且出菇潮数多,抗性强,病虫害发生少。

(二)常见食用菌母种质量鉴定

(1)香菇　菌丝洁白,呈棉絮状,菌丝初期色泽淡、较细,后逐渐变白、粗壮。有气生菌丝,略有爬壁现象。菌丝生长速度中等偏快,在24 ℃下约13天即可长满试管斜面培养基。菌丝老化时不分泌色素。

(2)木耳　菌丝白色至米黄色,呈细羊毛状,菌丝短、整齐,平贴培养基生长,无爬壁现象。菌丝生长速度中等偏慢,在28 ℃下培养,约15天长满斜面培养基。菌丝老化时有红褐色珊瑚状原基出现。菌龄较长的母种,在培养基斜面边缘或底部出现胶质状、琥珀状颗粒原基。

(3)平菇　菌丝白色、浓密、粗壮有力,气生菌丝发达,爬壁能力强,生长速度快,25 ℃约7天就可长满试管培养基斜面。菌丝不分泌色素,低温保存能产生珊瑚状子实体。

(4)双孢蘑菇　菌丝白色,直立、挺拔,纤细、蓬松,分支少,外缘整齐,有光泽。分气生型菌丝和匍匐型菌丝两种,一般用孢子分离法获得的菌丝多呈气生型,菌丝生长旺盛,基内菌丝较发达,生长速度快;用组织分离法获得的菌丝呈匍匐型,菌丝纤细而稀疏,贴在培养基表面呈索状生长,生长速度偏慢。菌丝老化时不分泌色素。

(5)金针菇　菌丝白色、粗壮,呈细棉绒状,有少量气生菌丝,略有爬壁现象,菌丝后期易产生粉孢子,低温保存时,容易产生子实体。菌丝生长速度中等,25 ℃时约 13 天即可长满试管培养基斜面。

(6)草菇　菌丝纤细,灰白色或黄白色,老化时呈浅黄褐色,菌丝粗壮,爬壁能力强,多为气生菌丝,培养后期在培养基边缘出现红褐色厚垣孢子,菌丝生长速度快,33 ℃下培养 4～5 天即可长满试管培养基斜面。

三、原种、栽培种质量的鉴定

(一)优良的原种、栽培种具备的特征

(1)菌种瓶或菌袋完整无破损,棉塞处无杂菌生长,菌种瓶或菌袋上标签填写内容与实际需要菌种一致。

(2)菌丝色泽洁白或符合该菌种的颜色形态特征。

(3)菌丝生长健壮,整齐一致,已经长满整个瓶装或袋装培养基,菌袋富有弹性。

(4)菌种瓶或菌袋内无杂色出现,未被杂菌污染,无黄色或褐色汁液渗出,无拮抗线存在。

(5)菌种未出现培养基干缩与瓶壁或袋壁分离、转色、大量菌瘤等老化现象。

(二)常见食用菌原种、栽培种质量鉴定

常见食用菌原种、栽培种优良菌种特征见表 6-3。

表 6-3　常见食用菌原种、栽培种优良菌种特征

菌种	优良菌种特征
平菇	菌丝洁白、粗壮、密集,尖端整齐,长势均匀,爬壁力强,菌柱断面菌丝浓白,清香,无异味,发菌快,后期有少量珊瑚状小菇蕾出现,菌龄约 25 天
香菇	菌丝洁白,粗壮,生长旺盛,后期见光易分泌出酱油色液体,在菌种瓶或菌袋表面形成一层棕褐色菌皮,有时表面会产生小菇蕾,菌龄约 40 天
木耳	菌丝洁白、密集,棉绒状、短而整齐,菌丝发育均匀一致,培养后期瓶壁或袋壁周围会出现褐色、浅黑色梅花状胶质原基,菌龄约 40 天
双孢蘑菇	菌丝灰白带微蓝色,细绒状、密集,气生菌丝少,贴生菌丝在培养基内呈细绒状分布,发菌均匀,有特殊香味,菌龄约 50 天
金针菇	菌丝白色,健壮,尖端整齐,后期有时呈细粉状,伴有褐色分泌物,菌龄约 45 天
草菇	菌丝密集,呈透明状的白色或黄白色,分布均匀,有金属暗红色的厚垣孢子,菌龄约 25 天

另外,食用菌原种、栽培种质量的鉴定还可从以下三个方面进行。

(1)凡菌种瓶中出现被吞噬的斑块或直接发现有螨类活动,表明菌种已感染螨类;凡菌种瓶中出现红、黄、黑、绿等各色杂菌孢子,瓶壁出现两种或两种以上明显不同菌丝构成的大小不一的分割区,瓶中散发出各种腐败、发臭等异味,都是遭受霉菌或细菌、酵母等杂菌感染的表现。均应予以淘汰,并及时进行妥善处置。

（2）凡菌种表面出现过厚、致密、坚韧的菌皮，菌柱发生萎缩、脱壁，菌丝出现自溶现象，菌种底部积存大量黄褐色液体，菌种表面及四周出现过多的原基或耳芽，都是菌种老化或某种生理状况欠佳的表现，不宜使用。

（3）严格剔除上述两类不合格菌种后，余下菌种中，符合该种食用菌的基本特征，且菌柱吃料彻底，上下长透，生长均匀，富有弹性者，即是合格菌种。

需要指出的是，上述食用菌原种、栽培种的质量鉴定，是针对菌种生产环节本身的质量管理而言的。至于菌种的生产性能，即在高产优质方面的表现如何，不能仅靠上述鉴定结果作出判断，而必须依靠出菇试验和栽培实践来检验和证实。

项目七　菌种的退化、复壮及保藏

一、菌种的退化

菌种在传代过程中，因遗传物质发生变异而使原有的优良性状渐渐消失或变坏，出现长势差、出菇迟、产量不高、质量不好、子实体丛生等现象。这些现象泛称为退化。退化是一个群体概念，即栽培中子实体群体中有少数子实体与亲本不同，不能算退化，只有相当一部分乃至大部分个体的性状都明显变劣，群体生长性能显著下降时，才能视为菌种退化。菌种退化往往是一个渐变的过程，菌种退化只有在发生有害变异的个体在群体中显著增多以至于占据优势时才会显露出来。因此，尽管个体的变异可能是一个瞬时的过程，但菌种呈现退化则需要较长的时间。

菌种发生退化的原因如下。

（1）菌种混杂。在菌种继代培养过程中，不同品种间交叉感染，导致不同品种的菌丝体混杂在一起，菌丝生长发生变异，导致原有品种生产性状的改变，常常表现出产量下降、质量变劣等。

（2）发生有害突变。一般来说，一个正常菌株经过多代移植，不会导致遗传性状的改变。但是如果一个菌株的菌丝细胞中发生有害突变，而且突变体能适应外界环境条件，那么随着移植次数的增加，有害突变体在菌丝细胞群中所占的比例会逐渐增大。这样，该菌株的生产性能就会随之恶化，退化现象就逐渐显现出来。

（3）杂交菌株的双亲核比例失调。杂交菌株的菌丝体在转管过程中，受到外界环境、营养条件等改变的影响，其中一个亲本的核发育正常逐渐占据优势而另一亲本的核可能不适应而逐渐减弱，这样导致双核比例的失调；随着扩管代数的增加，核比例失调逐渐扩大，最终导致在栽培中表现出退化现象。

（4）感染病毒。菌种感染病毒后，病毒不仅会随着菌丝体的扩大繁殖而增加，而且会通过带毒孢子传染下一代。当菌种携带一定浓度的病毒粒子时，在栽培中都会表现出明显减产，质量下降等退化现象。

防止菌种退化的措施如下。

（1）要防止菌种的混杂。在菌种转管、进行出菇试验等工作中，均应加强品种隔离，减少品种间的混杂，以保证优良品种在较长时间内能保持足够的稳定。

（2）控制菌种传代次数。菌种传代次数越多，产生变异的概率就越大，因此菌种发生退化的概率就会越大，生产中应严格控制菌种的移接代数。

（3）采用有效的菌种保藏方法保存菌种。菌种保存应是短期、中期和长期三者相结合，根据不同的要求运用不同的保藏方法进行扩培和移接，确保菌种能长期保持该品种的原有优良性状。

（4）创造良好的菌种生长营养条件和外界环境。菌种培养基的营养条件应适宜，才能使菌种生长健壮，减少退化现象的发生。营养不足和过于丰富对菌种生长均不利。菌种的生长繁殖受到物理、化学、生物等外界条件的影响，如条件适宜，菌种生长正常，不易退化，否则会引起菌种的退化。比如芳香族化合物能诱发绒毛状菌丝体形成扇形菌落，这种菌丝体在料床上易形成致密的白斑，导致产量下降。

（5）对菌种可能遭受病毒的感染应保持足够的警惕。对有疑问的菌种要及时检验。对于确证已感染病毒，尤其是病毒粒子含量大，菌丝体及子实体性状已受到严重影响的菌种，应及时淘汰。

二、菌种的复壮

食用菌菌种在传代、保藏和长期生产栽培过程中，不可避免地会出现菌种退化现象，主要表现在某些原来的优良性状渐渐变弱或消失，造成遗传的变异，出现长势差、抗性差、出菇不整齐、产量低、品质差等，给生产带来巨大损失。保持菌种的优良性状及生命力强的特性是保证食用菌优质高产的重要条件。为了避免食用菌菌种的退化，必须采取复壮措施。常用的菌种复壮措施如下。

（1）系统选育。在生产中选择具有本品种典型性状的幼嫩子实体进行组织分离，重新获得新的纯菌丝，尽可能地保留原始种，并妥善保藏。

（2）更替繁殖方式。菌种反复进行无性繁殖会造成种性退化，定期通过有性孢子分离和筛选，从中优选出具有该品种典型特征的新菌株，代替原始菌株，可不断地使该品种得到恢复。

（3）菌丝尖端分离。挑取健壮菌丝体的顶端部分，进行转管纯化培养，以保持菌种的纯度，使菌种恢复原来的优良种性和生活力，达到复壮的目的。

（4）更换培养基配方。在菌种的分离保藏和继代培养过程中，不断地更换培养基的配方。长期在同一培养基上继代培养的菌种，生活力可能逐渐下降。将碳源、氮源、碳氮比、维生素、矿物质营养作适当调整，对因营养基质不适而衰退的菌种有一定的复壮作用。最好模拟野生环境下的营养状况，比如用木屑保存香菇、木耳等木腐型菌种，可以增强菌种的生活力，促进良种复壮。

（5）选优去劣。在菌种的分离培养和保藏过程中，密切观察菌丝的生长状况，从中选优去劣，及时淘汰生长异常的菌种。

三、菌种的保藏

菌种保藏的目的是防止优良菌种的变异、退化、死亡以及感染，确保菌种的纯正，从而使其能长期应用于生产及研究。菌种保藏的主要原理是通过采用低温、干燥、冷冻及缺氧等手段最大限度地降低菌丝体的生理代谢活动，抑制菌丝的生长和繁殖，尽量使其处于休眠状态，以长期保存其生活力。常用的菌种保藏方法有以下几种。

(一)斜面低温保藏法

斜面低温保藏法是最简单、最普通的菌种保藏法,也是最常用的一种菌种保藏方法,几乎适用于所有食用菌菌种。首先将要保藏的目标菌种接种到新鲜斜面培养基上,在适温下培养,待菌丝长满整个试管斜面后,将其放入 4 ℃冰箱保藏。草菇菌种保藏温度应调至 10～13 ℃。斜面低温保藏菌种的培养基一般采用营养丰富的 PDA 培养基。为了减少培养基水分的蒸发,尽可能地延长菌种保藏时间,在配制培养基的时候可以适当调高琼脂的用量,一般增大到2.5%,同时在培养基中添加 0.2%的磷酸二氢钾以中和菌丝代谢过程中产生的有机酸,也可以延长菌种保藏的时间。

斜面低温保藏法适用于菌种的短期保藏,保藏时间一般为 3～6 个月,临近期限时要及时转管。最好在 2～3 个月时转管一次,转管时一定要做到无菌操作,防止杂菌污染。一批母种转管的次数不宜太多,防止菌龄老化。保藏的菌种在使用时应提前 1～2 天从冰箱中取出,经适温培养后活力恢复方能转管移植。

(二)液体石蜡保藏法

液体石蜡保藏法是用矿物油覆盖斜面试管保藏菌种的方法,又称矿物油保藏。液体石蜡能隔断培养基与外界的空气、水分交流,抑制菌丝代谢,延缓细胞衰老,从而延长菌种的寿命,达到保藏目的。首先将待保藏的菌种接种至 PDA 培养基上,适温培养使其长满试管斜面;然后将液体石蜡装入三角瓶中并加棉塞封口,高压蒸汽灭菌 2～3 次,待灭菌彻底后将其放入 40 ℃烘箱中烘烤 8～10 小时,使其水分蒸发至石蜡液透明为止。冷却后在无菌操作条件下用无菌吸管将液体石蜡注入待保藏的菌种试管内,注入量以淹过斜面 1 cm 为宜,将试管塞上无菌棉塞,在室温下或 4 ℃冰箱中垂直放置保藏。

液体石蜡保藏法适用于菌种的长期保藏,一般可保藏 3 年以上,但最好 1～2 年转接一次。使用矿物油保藏菌种时,不必倒去矿物油,用接种工具从斜面上取一小块菌丝先在无菌水中洗涤,然后移接于斜面培养基上即可。液体石蜡保藏法的缺点是菌种试管必须垂直放置,运输交换不便,长期保藏时棉塞易沾灰,可换用无菌橡皮塞,或将棉塞齐管口剪平,再用石蜡封口。

(三)沙土保藏法

沙土保藏法是利用干燥的无菌沙土保藏食用菌孢子的方法。取河沙过筛,除去较大颗粒,然后用 10%的盐酸浸泡约 3 小时,除去其中有机物质,倒去盐酸,用水冲洗数次至中性,充分烘干;将干沙与土按约 3∶1 的比例均匀混合后装于安瓿管或小试管,量以 0.5～1 cm 为宜,加棉塞,高压蒸汽灭菌 3 次(压力 0.15 MPa,时间 30 分钟),再干热灭菌 1～2 次(160 ℃,2～3 小时),进行无菌检验,合格后使用;用接种工具将孢子接于沙土管中搅拌均匀,将接种后的沙土管置于盛有干燥剂(硅胶、生石灰或氯化钙)的容器内,接上真空泵抽气数小时,至沙土干燥为止,经检测证明无杂菌生长后即可用石蜡封口,低温保藏。此法保藏菌种年限为 2～10 年。

(四)滤纸片保藏法

滤纸片保藏法是将食用菌的孢子吸附在无菌滤纸上,干燥后进行长期保藏的方法。选择滤纸制备滤纸条,白色孢子用黑色滤纸,其他颜色孢子用白色滤纸。将滤纸剪成长 2～3 cm、宽 0.5 cm 的滤纸条,平铺于小试管中,高压蒸汽(0.15 MPa)灭菌 30 分钟;采用整菇插种法收集目标保藏菌种的孢子,并制成孢子悬浮液,用无菌吸管吸取一滴于滤纸上,将小试管放入干燥器中 1～2 天,使滤纸充分干燥,然后低温保藏。滤纸片保藏菌种时间长,菌种不易老化,制种简便,贮运方便。

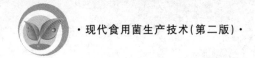

(五) 液氮超低温保藏法

液氮超低温保藏法采用超低温液氮保藏菌种。首先将目标保藏菌种移接到无菌平板上,然后取 10%(体积分数)甘油的蒸馏水溶液 0.8 mL 装入安瓿管,用作保护剂,将安瓿管高压灭菌,冷却备用,将长满无菌平板的目标菌种菌丝体用直径为 0.5 mm 的打孔器在无菌环境打下 2～3 块,放入安瓿管内,用火焰密封安瓿管管口,检验密封性,密封完好后进行降温,以每分钟 1 ℃ 的速度缓慢降温,直至 −35 ℃ 左右,使管内的保护剂和菌丝块冻结,然后置于 −196 ℃ 液氮中保藏。

液氮超低温保藏法适用于所有菌种的保藏,操作简便,保藏期长,被保藏的菌种基本上不发生变异,该法是目前保藏菌种的最好方法。但其保藏设备比较昂贵,仅供一些科研单位和菌种长期保藏单位使用。

除以上几种保藏方法外,还有真空冷冻干燥保藏法、自然基质保藏法、菌丝球生理盐水保藏法等。

思 考 题

1. 什么叫灭菌、消毒和防腐?它们在食用菌生产过程中有何意义?
2. 谷粒种的制作要点是什么?
3. 堆制发酵料的原则和方法是什么?
4. 假如你是技术员,怎样优化食用菌菌种厂的布局?
5. 设计食用菌栽培料配方的主要原则是什么?
6. 菌种厂的筹建有哪些原则及要求?
7. 规范化菌种厂在布局上,哪些房室为有菌区?哪些房室为高度无菌区和一般无菌区?
8. 你认为菌种厂的建场与布局应围绕哪一个中心点?
9. 生产利润与哪些因素有关系?

学习情境七

食用菌遗传育种

项目一　食用菌遗传变异

一、食用菌遗传变异特征

(一) 食用菌的遗传

遗传是指亲代与子代间保持相似的生命特征,这种生命特征不论是通过性细胞进行的有性繁殖,还是通过菌丝体或组织体进行的无性繁殖,都能表现出来。正是有了遗传,才能保持食用菌性状和物种的稳定性,使各种美味珍稀食用菌、药用菌在自然界千百年来稳定地代代相传而延续下来。

(二) 食用菌的变异

遗传并不意味着亲代与子代完全相同,即使同一亲本的子代之间,或亲代与子代之间,总是在形状、大小、色泽、抗病性等方面存在着不同程度的差异,这种差异就是变异的结果。变异可分为两种:一种是由环境条件(如营养、光线、搔菌、栽培管理措施等因素)引起的变异,这些变异只发生在当代,并不遗传给后代,当引起变异的条件不存在时,这种变异就随之消失。因此,把这类由环境条件的差异而产生的变异称为不可遗传的变异。例如:营养不足时,子实体细小;光线不足时,色泽变浅;二氧化碳浓度太高时,会产生各种畸形菇等。由于这种变异不可遗传,所以在食用菌育种中意义不大,但掌握这些变异产生的条件,在食用菌栽培中,对提高食用菌的产量和品质有着积极的意义。另一种变异是由于遗传物质基础的改变而产生的变异,可以通过繁殖传给后代,称为可遗传的变异。

食用菌可遗传的变异来源包括以下几个方面。

(1) 基因的重组:通过有性繁殖或准性繁殖在减数分裂过程中可引起基因的重组,产生具有不同基因型的新个体,表现出不同的性状。基因重组是可遗传变异最普遍的来源,也是杂交育种的理论基础。

(2) 基因突变:由于基因分子结构或化学组成的改变而产生的变异称为基因突变,这是生物变异的最初来源。如香菇、平菇、毛木耳等产生的白色突变株,是控制色素形成的基因发生了改变所致。食用菌的担孢子经诱变剂处理后,产生的营养缺陷型突变菌株,是由于控制合成某种营养物质的基因发生了改变所致。

（3）染色体结构和数量变异：染色体是遗传物质的载体，它的结构和数量的改变必然引起性状的变异。

在进行遗传研究及食用菌育种时，要善于区分和正确处理两类不同性质的变异，明确变异的种类和实质，这样就可以准确地利用在食用菌生长发育过程中产生的有价值的、可遗传的变异，淘汰不可遗传的变异。比如，同一香菇菌株，不同栽培条件，所产生的子实体差异很大，这时就不能简单地认为原有品种遗传物质发生了改变而进行品种选育。确认该菌株是否产生了可遗传的变异，还必须把原菌株与产生变异的菌株在同样的栽培条件下进行多代观察，才能作出结论。

（三）食用菌遗传变异的物质基础

同其他生物一样，核酸是食用菌遗传的物质基础。核酸有两种，即脱氧核糖核酸（DNA）和核糖核酸（RNA），而绝大多数生物的遗传物质是 DNA，通常所谓的基因是 DNA 分子中具有遗传效应的 DNA 片段。DNA 由四种核苷酸组成，每个核苷酸分子有三种组分，即磷酸、脱氧核糖和碱基，这四种核苷酸的差异仅在于含氮碱基种类上的不同，碱基分别是腺嘌呤（A）、鸟嘌呤（G）、胸腺嘧啶（T）、胞嘧啶（C）。

DNA 呈双螺旋结构，即 DNA 分子由两条多聚核苷酸链彼此以一定的空间距离在同一个轴上互相盘旋而成。这两个多聚核苷酸长链的骨架是由脱氧核糖与磷酸基因交替排列，其间以磷酸酯链连接而成，碱基则连接在核糖的 1' 碳位上，两条多聚核苷酸链的碱基间严格配对，并以氢键相连。

DNA 在复制时，双链 DNA 先解旋成两条单链，也称为母链。然后，以母链为模板，按照碱基配对的原则，合成一条与母链互补的新链，这样由原来的一个 DNA 分子形成了两个完全相同的 DNA 分子。这种自我复制也称为半保留复制。生物的遗传信息编码于 DNA 链上，三个碱基对构成一个遗传信息的密码子。在 DNA 分子中，碱基对的排列是随机的，这就为遗传信息的多样性提供了物质基础。但对于某个物种来说，DNA 分子具有特定的碱基排列顺序，并且通常保持不变，由此而保证了物种的稳定性。当生物体受到内、外界因素的影响，碱基排列顺序发生改变时，便会引起遗传信息的改变，产生可遗传的变异，这就是基因突变的分子基础。

二、食用菌繁殖方式与育种技术

食用菌的生长繁殖周期简称生活史，是指从有性孢子萌发开始，经过菌丝生长发育，形成子实体，再产生新一代孢子的整个生长发育过程，也就是食用菌一生所经历的全过程。一般来说，它是由孢子萌发、形成单核菌丝、发育成双核菌丝和结实性双核菌丝，进而分化形成子实体，再产生孢子这样一个有性循环过程。

食用菌的繁殖方式包括无性繁殖和有性繁殖，但在自然条件下，有性繁殖是它的主要繁殖方式。

（一）无性繁殖

无性繁殖是指不经过性细胞的结合而产生后代的生殖方式。无性繁殖过程中细胞进行的是有丝分裂，因此无性繁殖的后代仍能很好地保持亲本原有的性状。食用菌无性繁殖的方式有多种，在食用菌生活史中，无性繁殖的地位不如有性繁殖重要。

食用菌的无性繁殖可以产生无性孢子来完成生活史中的无性小循环,并产生新的个体。食用菌的无性孢子包括分生孢子、粉孢子、节孢子、芽生孢子和厚垣孢子,单核或双核。单核的无性孢子具性孢子功能,双核化后可完成其生活史;双核的无性孢子在萌发后可直接进入生活史循环,完成其生活史。

食用菌的子实体大都由组织化的双核菌丝构成,这种菌丝可再生回到营养生长阶段。在菌种分离时,从子实体上取下一小块菌组织,进行组织培养,也是无性繁殖的一种,又称为组织分离。用这种方法获得菌种,有助于保持原有性状的遗传稳定性。因此,在食用菌育种时,经常要利用组织分离的方法,把已产生变异的优良菌株保存下来。菌种的扩大属于无性繁殖。

(二)有性繁殖

有性繁殖是由一对可亲和的两性细胞经融合形成合子,再形成新个体的繁殖方式。有性繁殖是生物界最普遍的一种生殖方式。食用菌的有性繁殖和其他真菌一样,也包括质配、核配、减数分裂三个不同的时期。质配是两个细胞的原生质在同一个细胞内融合,细胞质配后形成一个双核细胞,进入食用菌的双核时期。在担子菌类食用菌的生活史中,双核期相当长,期间通过有丝分裂实现菌丝的壮大及积累营养物质并形成子实体。核配是由质配所带入同一细胞内的两个核合成为一个双倍体细胞核。减数分裂则在子实体的担子内进行,在担子内不同交配型的核相互融合,使染色体数目变为 $2n$,经减数分裂后,形成四个单倍体子核,发育成担孢子。食用菌有性繁殖可分为同宗配合和异宗配合两大类。

1. 同宗配合

同宗配合是指同一孢子萌发的菌丝间能通过自体结合而产生子代的一种生殖方式。同宗配合是一种自身可孕的有性繁殖类型。也就是说,由单独一个担孢子萌发出来的菌丝,不需要异性细胞的配对就有产生子实体的能力。同宗配合又分为初级同宗配合和次级同宗配合。

(1)初级同宗配合:含有一个核的担孢子萌发产生的同核菌丝,可以通过双核化产生双核菌丝。这种双核菌丝的细胞核在遗传上没有差异,但具结实能力。初级同宗配合的食用菌菌丝,有的有锁状联合,有的无锁状联合。草菇属于初级同宗配合的食用菌,在草菇的生活史中,有性生殖产生四个担孢子,每个担孢子有一个细胞核。目前认为初级同宗配合的食用菌没有不亲和因子,或控制不亲和性的因子位于同一条染色体上,其作用相互抵消。

(2)次级同宗配合:次级同宗配合的食用菌在减数分裂产生担孢子时,两个可亲和的细胞核同时进入一个担孢子中,使每个担孢子中含有"＋""－"两个核,每个担子上产生两个担孢子,担孢子萌发后形成的菌丝体属于双核异核菌丝体,具结实性,能产生子实体。双孢蘑菇属于这种类型。1959 年,Evans 在研究双孢蘑菇时发现,双孢蘑菇在形成担孢子时,由于纺锤丝牵拉的方向不同,最后形成的担孢子的可孕性不同,当两个交配型不同的核进入一个担孢子时,该担孢子萌发而来的菌丝具结实性。当两个交配型相同的核进入同一个担孢子时,该担孢子萌发而来的菌丝不具结实性。一般具结实性的担孢子占 80%,不具结实性的担孢子占 20%。含有相同交配型的担孢子,无论是双孢还是单孢,必须经杂交后才能完成生活史。

2. 异宗配合

异宗配合是必须由不同性别的菌丝细胞结合后才能产生子代的一种生殖方式。异宗配合是担子菌类食用菌有性繁殖的普遍形式,约占 90%。它是一种自交不孕的有性繁殖类型,须在两种不同类型的单核菌丝间进行。单核菌丝间存在着不亲和性,必须经过"＋""－"两种性细胞的结合才能完成有性生殖过程。食用菌"＋""－"两种菌丝细胞在形态上无差别,但在遗传特性上不同。单一的"＋"菌丝或"－"菌丝都不能出菇。平菇、香菇子实体同一个担子上产生的四个担孢子因各不相同,被称为四极性。世界上约有 5000 种担子菌,已研究过有性生殖的 500 种中约有 90％为异宗配合。

食用菌的异宗配合又可以分为单因子控制的二极性异宗配合(占 25％)和双因子控制的四极性异宗配合(占 75％)。

(1) 二极性异宗配合。

有些食用菌,它们的性别只是由一对遗传因子 Aa 所决定,因此,它们产生的孢子或由孢子萌发的初生菌丝不是 A 型便是 a 型。四个担孢子分属两种类型,两两相似,称为二极性(bipolarity)。

属于二极性的初生菌丝只有能组成 Aa 的联合时彼此才是亲和的,其可育率为 50％,如光帽鳞伞、木耳、半球盖菇及齿菌属、鬼伞属中的一些种。

每个子实体产生的孢子有两种自身不孕类群,它由一对交配因子决定,即 A 因子单一系列控制。只有带不同 A 因子的菌丝,即只有 A_1 和 A_2 的交配,才能结合成双核体。随着核配,这两种不同的 A 因子在减数分裂时分离,每一种 A 因子随核进入 1 个担孢子,每个担子上的 4 个担孢子有等量的双亲基因,即 2 个是 A_1,2 个是 A_2,同一交配型配合如 $A_1 \times A_2$ 时不孕,在不同交配型配合时是可孕的。由于同一菇体减数分裂的后代有两种类型的担孢子,其配对结果有 50％是可孕的,其担孢子杂交的后代可孕与不可孕的比例为 1:1。

不亲和因子的单位点结构是指单核菌丝间的亲和性是由一个不亲和性因子(A)控制,A 位点具有多个复等位基因,如 A_1,A_2,…,A_n。在进行有性生殖时,只有 A 位点基因不同的两单核菌丝体交配才能完成整个生活史。例如:具有 A_1 基因的菌丝体就不能和另一具有 A_1 基因的菌丝体配合,但可以和 A_2,A_3,…,A_n 中的任何一个配合。A 因子具有两个作用:一是控制菌丝体融合,二是控制细胞核的迁移。不亲和系统由单因子控制的食用菌称为二极性食用菌,它的担孢子萌发而来的单核菌丝只带有成对不亲和基因中的一个,当不亲和基因分别是 A_1 和 A_2 的两种单核菌丝相遇后,相交处便发生融合,接着发生核的迁移,形成异核双核细胞。再由异核双核细胞发育成异核双核菌丝体。该菌丝体具有结实性,能形成子实体。当子实体产生担孢子时,A 因子发生分离,形成的四个担孢子中两个是 A_1,两个是 A_2。因此,同一品系的担孢子萌发而来的单核菌丝间杂交,杂交可孕率为 50％,如大肥菇。

按生殖模式表示的二极性食用菌的生活史如下:

$$\text{同核体 } A_1 \times A_2 \xrightarrow{\text{质配}} \text{双核体}(A_1 + A_2) \xrightarrow{\text{核融合}} \text{二倍体 } A_1 A_2 \xrightarrow{\text{减数分裂}} \text{形成 } A_1\text{、}A_2 \text{ 二类担孢子。}$$

(2) 四极性异宗配合。

不亲和系统由双因子控制的食用菌称为四极性食用菌。香菇、侧耳、毛木耳、蜜环菌、蘑菇及某些鬼伞等的性别是由两对独立分离的遗传因子 Aa、Bb 决定的,因此,这些食用菌产生的四个担孢子各代表一种基因型,即为 AB、Ab、aB、ab 四种类型,称为四极性(tetrapolarity)。

不亲和因子的双位点结构,即双因子控制的不亲和系统,是指食用菌单核菌丝间的亲和性由 A、B 两个遗传因子控制。在交配过程中,A 因子控制着细胞核的配对和锁状联合的形成,B 因子控制着细胞核的迁移和锁状联合的融合。A、B 两因子位于不同的染色体,是非连锁的遗传因子,A、B 不亲和因子均具有复等位基因。比如,A 位点可用 A_1,A_2,…,A_n,B 位点可以用 B_1,B_2,…,B_n,曾有人报道一个位点可能有 100 多个复等位基因。

四极性食用菌由担孢子萌发而来的单核菌丝,带有成对不亲和基因中的一个,不亲和基因不同,如一条菌丝是 A_1B_1,另一条菌丝是 A_2B_2,它们之间能进行杂交,其结果是产生一个可孕的双核体($A_1B_1 + A_2B_2$),这个双核体能形成子实体,所形成的担孢子有四种基因类型,即 A_1B_1、A_2B_2、A_2B_1、A_1B_2。这四种孢子的数目大致相同,当由这四种孢子萌发而来的单核菌丝杂交时,其结果见表7-1。

表 7-1 双因子控制的异宗配合食用菌的交配反应

	A_1B_1	A_1B_2	A_2B_1	A_2B_2
A_1B_1	−	−	−	+
A_1B_2	−	−	+	−
A_2B_1	−	+	−	−
A_2B_2	+	−	−	−

一个位点或两个位点相同的两种单核菌丝不能正常杂交。因此,四极性食用菌同一品系所产生的担孢子之间进行近亲繁殖时,理论上杂交成功率只有 25%。

按生殖模式表示的四极性食用菌的生活史如下:

同核体 $A_1B_1 \times A_2B_2 \xrightarrow{\text{质配}}$ 双核体($A_1B_1 + A_2B_2$)$\xrightarrow{\text{核配}}$ 二倍体 $A_1A_2B_1B_2 \xrightarrow{\text{减数分裂}}$ 形成 A_1B_1、A_2B_2、A_1B_2、A_2B_1 四类担孢子。

在标准的四级性食用菌(如裂褶菌或香菇)的单核菌丝杂交时,将不同交配型的单核菌丝 A_1B_1、A_2B_2、A_2B_1、A_1B_2 分别培养好,进行对峙培养,结果出现四种反应类型(见表7-2)。

表 7-2 四极性食用菌单核菌丝间杂交反应类型

	A_1B_1	A_2B_2	A_1B_2	A_2B_1
A_1B_1	−	+	F	B
A_2B_2	+	−	B	F
A_1B_2	F	B	−	+
A_2B_1	B	F	+	−

"+"代表 $A_1B_1 \times A_2B_2$ 的反应,即 A、B 两位点等位基因均不相同的两种单核菌丝之间的杂交反应,杂交的结果是形成可结实的具有锁状联合的双核菌丝。两种单核菌丝进行对峙培养时,在两单核菌丝的交界处形成扇形杂交区。"−"代表 $A_1B_1 \times A_1B_1$ 的反应,即 A、B 两位点等位基因完全相同的两种单核菌丝之间的杂交反应,不能杂交。当对峙培养时,两种菌丝生长在一起。"F"代表 $A_1B_1 \times A_1B_2$ 的反应,即 A 位点等位基因相同而 B 位点等位基因不同的类型,这两种单核菌丝体杂交时,表现出半亲和性,横隔溶解,有细胞核迁移,可形成同源 A 异核菌丝体($A_1B_2 + A_1B_1$)。该菌丝体每个细胞中核的数目不定,没有锁状联合,不能形成子实体。同源 A 异核菌丝体在形态上没有气生菌丝,菌丝长势很弱。对峙培养时,两单核菌丝之间形成带状区域,该区域菌丝紧贴着培养基生长,所以称为扁平反应(flat reaction)。

在表 7-2 中可以看出,凡是在一个或两个位点上有相同的等位基因存在的,就不能交配,只有当两个单核体的 A、B 位点上等位基因不同时,才能形成 $A_1B_1 \times A_2B_2$ 或 $A_2B_1 \times A_1B_2$ 型可孕性双核菌丝。

大部分食用菌的性接合属于四极性,约占食用菌总数的 67%;属于二极性的食用菌约占 33%。

了解食用菌的性特征在遗传育种上很有意义。属于同宗配合的菌类,单孢子萌发的菌丝可形成子实体;属于异宗配合的菌类,采用单孢育种时必须注意单核菌丝之间是否亲和,即使菌落及菌丝表现出亲和性,也须进行结实出菇试验才可用于生产。

项目二　人工育种的主要途径

一、菌种选育的意义

食用菌生产中的"种子"即菌种,其质量的好坏直接影响栽培的成败和产量的高低,只有优良的菌种才能获得高产和优质的产品,因此选育生产优良的菌种是食用菌栽培的一个极其重要的环节。

食用菌的菌种选育在生产上有重要意义:①好种结好果,好菌种出好菇;②技能技巧多,技术含量高;③生产周期短,资金回收快;④菌种价格高,经济效益好。

二、菌种分离的常用方法

将有价值的子实体的局部组织、孢子或基内菌丝移接到斜面试管培养基上,获得纯培养菌丝的操作称为菌种分离。分离对象应从当地当家品种,或从外地引进并经大面积栽培后表现出高产、稳产的菌株中选择。种菇要求选用菇形理想、长势健壮、无虫无病的子实体。

经过分离纯化,初步筛选,淘汰大部分表现一般的菌株。经初筛后再做出菇试验进行比较,选出优良菌株。

菌种分离法可以分为组织分离法、孢子分离法和基质分离法三种。

组织分离法是最常用的方法,孢子分离法较为烦琐,基质分离法不常用。

(一) 组织分离法

1. 概念

组织分离法是将食用菌的部分组织移接到斜面培养基上获得纯培养的方法。

常用于分离的部分组织包括:子实体或菌核、菌索的任何一部分组织。

2. 特点

组织分离属于无性繁殖,能保持原有菌株的优良种性。组织分离法简单易行,适用于所有伞菌及猴头菇。若种菇感染病毒,需多次分离纯化才能脱毒。

3. 常用的组织分离法

(1) 子实体组织分离法:它是采用子实体的任何一部分(如菌盖、菌柄、菌褶、菌肉)进行组织培养,而形成菌丝体的方法。尽管子实体的任何一部分都能分离培养出菌种,但是多年的实践经验表明,选用菌柄和菌褶交接处的菌肉最好。

子实体组织分离的步骤包括:种菇选择→种菇消毒→切块接种→培养纯化→出菇试验→母种。

具体的操作过程(以伞菌类为例)如下。

① 种菇选择:选择头潮菇、外观典型、大小适中、菌肉肥厚、颜色正常、尚未散孢、无病虫害、长至七八分成熟的优质单朵菇做种菇。

② 种菇消毒：用 0.1％升汞溶液或 75％酒精浸泡或擦拭，无菌水冲洗，再吸干表面的水分。

③ 切块接种：将分离种菇沿柄中心纵向瓣成两半，用解剖刀在菇盖柄交接处划成游离的 0.5 cm² 的田字形小块，取黄豆大一小块菌肉组织，快速接在斜面培养基上。

④ 培养纯化：在适宜温度下（25 ℃左右），培养 2～4 天，长出白色或特定颜色绒毛状菌丝体，当菌丝延伸到基质上时，用接种针挑取菌丝顶端部分，接种到新的斜面培养基上，长满管后即为母种。

（2）菌核组织分离法：它是从食用菌菌核分离培养获得纯菌丝的一种方法。如猪苓、茯苓、雷丸等食用兼药用菌采用此法。进行组织分离时，采用含浆汁多的菌核，在无菌的条件之下，将菌核剖开，于菌核的附近，剖取蚕豆大小的菌核组织块移入斜面培养基上，在 26～30 ℃下培养，待菌丝长满斜面即为母种。

（3）菌索组织分离法：它是从食用菌菌索分离培养得到纯菌丝的方法。如蜜环菌、假蜜环菌等食用菌采用此法。菌索表面消毒处理后，切取黄豆大小的菌索组织块移入斜面培养基上，在该菌适宜温度下培养。待菌丝长满斜面，挑选健壮无杂菌的作为母种。

（二）孢子分离法

1. 概念

孢子分离法是利用子实体产生的成熟有性孢子分离培养获得纯菌种的方法。

2. 特点

（1）属于有性繁殖，后代易发生变异，可用此法培育出"杂种优势"新品种。

（2）分离过程较复杂，适用于胶质菌类和小型伞菌。

3. 操作过程

种菇选择→种菇消毒→采集孢子→接种→培养→挑菌落→纯化菌种→母种。

4. 常用的几种分离方法

（1）单孢子分离法。

所谓单孢分离，即从收集到的多孢子中将单个孢子分离出来，分别培养，作为育种的材料。

① 划线培养法：用已蘸无菌水的接种针，从孢子印上蘸取孢子，在无菌条件下，插入盛用无菌水的小试管内振荡稀释成适宜浓度的孢子悬浊液。随后在无菌条件下划线培养。用于杂交，选育新的优质菌种。

② 平板浓度梯度稀释法：用同样的方法制成浓度较高的孢子悬浊液。同时取灭菌过的空试管数根，排序编号。按无菌操作规程获得具有浓度梯度的孢子悬浮液。再用毛细管依次在具有浓度梯度的孢子悬浮液中取样培养，单孢萌发后菌丝便长入小培养基块中，再将其转移到试管斜面上培养，获得单孢培养物。

（2）孢子印分离法。

取成熟子实体经表面消毒后，切去菌柄，将菌褶向下放置于灭过菌的有色纸上，外加消毒的玻璃钟罩做成无菌孢子收集器，在 20～24 ℃静置 1～2 天，大量孢子落下形成孢子印，然后在无菌操作下移取少量孢子在试管培养基上培养，获得孢子萌发的菌丝体，从而进行多孢分离或单孢分离。

（3）孢子弹射分离法。

① 钩悬法：在无菌操作的条件下，剪取一小块新鲜的菌褶组织或耳片组织，悬挂或钩吊在

盛有培养基的三角瓶的棉花塞下方(见图 7-1),或贴于培养皿的上盖内倒扣在盛有培养基的凹盘上,放在 25 ℃温箱中或室温下,2~3 天后,组织块上的担孢子会弹射到下面的培养基表面,萌发后形成菌丝菌落,再挑取分离培养。

② 支撑法:这是用整朵成熟食用菌收集孢子,培养萌发成菌丝体而得到菌种的方法。在无菌操作的条件下,利用大三角瓶或玻璃钟罩做成无菌孢子收集器,取整朵成熟新鲜的菇体或耳体,菌褶向下放在支撑架上,再放入盛有固体培养基的无菌孢子收集器中,放在适宜温度(25 ℃左右)或室温下,2~3 天后,菇体或耳体上的担孢子会弹射到下面的培养基表面,萌发后形成菌丝菌落,再挑取分离培养(见图 7-2)。

图 7-1 钩悬法收集孢子

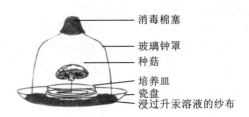

图 7-2 支撑法收集孢子

(三) 基质分离法

1. 概念

基质分离法(菇木分离法)是从生长子实体的基质(段木或土壤)中分离菌丝获得纯培养的方法。

2. 操作流程

菇木选择→菇木消毒→切块接种→培养纯化→母种。

下面以木腐菌基质分离为例,介绍分离操作步骤。

(1) 把分离用菇木的部分或全部的表面在火焰上轻燎。

(2) 取小刀在火焰上灭菌,对准菇木上菇柄(耳基)的着生位置切成两半。

(3) 确定欲分离菌丝在菇木上的位置,再次用火焰灭菌过的小刀在欲分离部位刻划数个井字形游离小块(木屑状)。

(4) 用火焰灭过菌的接种钩钩取 1~2 小块木屑(绿豆大小或更小),移接于斜面培养基。

(5) 接种后将试管在 25~27 ℃下培养,促使其恢复。近风干的种木内菌丝常处于休眠状态。接种后,种木吸湿,菌丝逐渐恢复生长。如果短期内分离物未增发,则可保留至 4 周后,再断定分离是否成功。

3. 特点与适用情况

基质分离法感染率高。

基质分离法适用于以下情况:①子实体已腐烂,但又必须保留该种菌种;②有些子实体小而薄,用组织分离法和孢子分离法较困难;③还有一些菌类如银耳菌丝,只有与香灰菌丝生长在一起才能产生子实体,如果要同时得到这两种菌丝的混合种,只能采用基质分离法进行分离。

（四）菌种分离提纯,控制杂菌感染的方法

（1）利用选择性培养基。

① 抗霉菌培养基:涕必灵(TBZ)、克霉灵或多菌灵(MBC)培养基。在普通培养基中加入一定浓度抗霉菌菌素,抑制霉菌生长。

② 抗细菌培养基:在普通培养基中加入一定浓度抗菌素,如四环素、氯霉素、链霉素、金霉素等,避免细菌感染。

（2）菌丝尖端分离,排除病毒、细菌性感染。

利用某些大型真菌在温度较低(20～25 ℃)时,菌丝生长比细菌要快的特点,用接种针切割菌丝的前端,接种到斜面培养基上(无冷凝水、硬度高),连续操作2～3次,就能获得纯菌丝。

三、人工育种的五大途径

为了使食用菌达到高产、优质、抗逆性强、适应性强以及满足某些特殊要求的育种目的,在食用菌育种中,人们采取了人工选择育种、诱变育种及杂交育种等常规手段,以及原生质体融合、基因工程等新的育种手段。

（一）人工选择育种

人工选择育种是将自然界的优良品种选育出来,保留纯种品系,并进一步繁衍的育种方法。

人工选择育种是目前获得新菌种的一种最常用的方法,其实质是广泛搜集品种资源,积累和利用在自然条件下发生的有益变异。这样通过长期的去劣存优的选择,不断淘汰那些不符合人类需要的菌株,保留那些符合人类需要的菌株,就可逐步形成符合人类需要的新的菌株。

1. 人工选择育种的操作流程

品种资源的收集→纯种分离→生理性能的测定→菌株比较试验→扩大试验→示范推广。

2. 操作步骤简介

（1）品种资源的收集:从自然界现有菌株中选择培育新品种,首先要收集大量的品种资源,以便"优中选优"。目前我国有许多优良品种均是由此方法获得的。如"北京猴头菌1号"新菌株,具有转潮快、朵大、肉实等优点;耐低温型草菇菌株"V20",子实体分化发育温度比一般草菇低3～4 ℃,对外界适应性强,日平均气温为22 ℃时子实体能正常分化发育,使草菇的栽培范围扩大,延长种植季节,提高经济效益;黑木耳"新科",现已成为浙江、安徽、河南、江西、湖北等地区的黑木耳主栽品种。

（2）纯种分离:对收集的品种资源进行菌种分离。如上述介绍的孢子分离、组织分离或基质分离三种方法,选用其中简便、快捷的方法进行操作。

（3）生理性能的测定:包括菌丝生长速度、吃料能力、菌丝形态特征、生理生态特性、出菇速度、菇体形态特征、产量、质量等,经过检测,尤其是出菇试验进一步测定,如有优良性状,才具有人工选择育种的意义。

（4）菌株比较试验:又称品比试验,即将多个品种在同一条件下培养,比较各菌株的优劣,详细记录各菌株的产量、菇形、温性、干鲜比、始菇期、菇潮间隔、形态等。为了保证试验的准确性,菌种的质量、培养基配方、接种、管理措施等可能影响结果的因素应尽可能一致。试验还应按生物统计原理进行安排。

（5）扩大试验:上述品种评比结果仅是阶段性的成果,还应和当地的当家菌株同时进行栽

培,证实它是更优良的菌株,进行扩大试验。

(6)示范推广:经扩大试验后,确定其有稳定性、重现性,将选出的优良品种放到有代表性的试验点进行示范性生产,待试验结果进一步确定之后,再由点到面逐步扩大规模推广示范。

食用菌多是以菌丝的营养繁殖为主要繁殖方式,一个种的性状是通过菌丝体的繁衍来维持和逐代传递的,所以选择应侧重于在不同菌株间进行而不是在同一菌株的后代中进行。此外,由于人工选择不能改变个体的基因型,而只是积累并利用自然条件下发生的有益变异,所以要使选择育种产生效果,除了细心观察现有品种中产生了明显有益变异的个体外,更主要的是要广泛收集不同地域、不同生态型的菌株,以便从大量菌株中弃劣留优,筛选到适合人们需要的菌株。

(二)诱变育种

诱变育种是指人们有意识地利用物理、化学或生物诱变剂处理生物细胞群体,促使细胞遗传物质发生改变,进而从变异群体中筛选优良品种的过程。

1. 诱变育种的操作流程

出发菌株→制备孢子悬浮液→诱变处理→涂布培养皿→挑菌移植→斜面传代→初筛→复筛→试验→示范→推广。

2. 诱变剂和诱变机理

能够使 DNA 分子结构发生改变,提高生物体突变频率的物质称为诱变剂。大多数诱变剂在诱发生物体发生突变的同时还会造成生物细胞的大量死亡,因此,诱变剂具有致癌致畸的特性。

(1)诱变剂的分类。

诱变剂可分为物理诱变剂、化学诱变剂和生物诱变剂三大类型。常见的物理诱变剂有紫外线(UV)、X 射线、γ 射线、快中子等,其中以紫外线应用最为普遍。化学诱变剂可分为四大类:第一类,脱氨基诱变剂,如亚硝酸、羟胺;第二类,烷化剂类化合物,如氮芥(NM)、乙烯亚胺(EI)、硫酸二乙酯(DES)、甲基磺酸乙酯(EMS)、亚硝基胍(NTG)等;第三类,碱基天然类似物,如 5-溴尿嘧啶(5-Bu)、2-氨基嘌呤(AP);第四类,移码诱变剂,如吖啶橙、吖啶黄。生物诱变剂应用得较少,它实际上是一些 DNA 片段,如转座因子、Is、Tn、Mu。此外还有其他诱变因素,如抗生素、除草剂、脱氧核糖核酸等。当这些诱变剂渗入生物细胞时,便可作用于遗传物质DNA,改变细胞遗传物质的正常结构。

(2)诱变剂的作用机理。

不同的诱变剂,其作用机理及引起的生物学效应是不同的。诱变剂的作用机理主要有以下几类。

① 碱基置换。

碱基置换即 DNA 分子中的一对碱基被另一对碱基所置换,如原来是 AT,突变后变为GT。一对碱基被改变称为点突变,多对碱基被改变称为多点突变。点突变对 DNA 来说属微小损伤。能引起碱基对置换的诱变剂主要有亚硝酸、羟胺、硫酸二乙酯、甲基磺酸乙酯、亚硝酸胍、乙烯亚胺、氮芥等。如亚硝酸作用的机理主要是脱去碱基分子中的氨基,使腺嘌呤(A)脱去氨基后变成次黄嘌呤(H),胞嘧啶(C)变成尿嘧啶(U),鸟嘌呤(G)变成黄嘌呤(X)。生物细胞经亚硝酸处理后,在 DNA 复制时,脱去氨基变成次黄嘌呤的腺嘌呤不能按原来的配对原则与胸腺嘧啶(T)配对,而只能与胞嘧啶(C)配对,同理,胞嘧啶脱去氨基转变成尿嘧啶,不能与鸟嘌呤配对,只能与腺嘌呤配对,结果便造成 AT→HC→GC 和 GC→UA→TA 的碱基对转换,从而引起遗传信息的错误而造成突变。此外,碱基类似物也能引起碱基对的转换,但与上述相比,它不是直接作用于碱基使碱基改变,而是通过代谢渗入 DNA 分子中,当 DNA 再次复制时间接引起碱基对转换。

② 移码突变。

移码突变也属于 DNA 分子的微小损伤。它是指 DNA 链上失去或增加一个或几个碱基造成的 mRNA 的译框的改变,无论前译或后译,所翻译出的蛋白质都会出现错误(见表 7-3)。

表 7-3 移码突变对比

正常 mRNA	移读框	AUG	AG*U	UUU	AAA	GAC
	编码氨基酸碱基	Met	Ser	Phe	Lys	Asp
缺失后	移读框	AUG	AUU	UUA	AAG	GAG
	编码氨基酸碱基	Met	Ile	Phe	Lys	Thr

在发生移码突变时,如果加进一个碱基又失去一个碱基,则密码子可恢复正常。如果加进或缺失 3 个或 3 个的倍数,则只会打乱一小段码组,其余的仍为正常的密码子。造成移码突变的诱变剂主要是一些吖啶类物质,如吖啶黄、吖啶橙、2-氨基吖啶等。这类化合物的分子结构为平面三环结构,与核酸中的碱基很相似,能插入 DNA 两相邻碱基之间,使 DNA 链拉长,原来两碱基对距离为 0.34 nm,当加入一个吖啶类化合物后则变为 0.68 nm。吖啶类化合物的插入造成 DNA 碱基对上碱基的添加或缺失,在 DNA 复制时,突变点以下的三联体密码子改变而发生突变。生物诱变剂本身就是一段 DNA,插入后也能引起移码突变。

③ 染色体畸变。

某些强烈的诱变因子(如 X 射线、亚硝酸等)除了引起点突变之外,还会产生 DNA 分子的大损伤,导致染色体数目的变化及结构的改变。染色体结构改变有以下几种类型:a. 缺失,即染色体某一段丢失;b. 重复,即染色体某一段出现重复;c. 倒位,即染色体某一段正常顺序发生颠倒;d. 易位,即一条染色体的片断搭接到另一条同源染色体上去。每种生物的每个细胞都有一定数目的染色体,各个染色体的形状也是恒定的。所以如果它们的数目和结构改变了,就会出现可遗传的变异。各种诱变剂虽然作用机理不同,但大多有多种功能。如甲基磺酸乙酯,既能诱发碱基对的转换,又能诱发染色体的畸变。紫外线作用于 DNA 可引起 DNA 链的断裂、DNA 分子内和分子间的交链、核酸和蛋白质的交链、胞嘧啶的水合作用以及胸腺嘧啶形成二聚体等。诱变剂对 DNA 造成损伤的程度取决于诱变剂量。

从上述诱变剂作用机理看,诱变剂渗入细胞后,接触生物体的遗传物质而使其发生改变。但对生物体来说,它们也有对 DNA 损伤的修复作用。因此,诱变剂所造成的 DNA 分子某一位置的结构改变通常称为前突变,这一突变可以通过 DNA 分子修复而成为真正的突变,也可通过修复变为原结构并不发生突变。常见的一种修复作用就是光复活作用。生物体细胞受损伤后能产生光复合酶,该酶能与受伤的 DNA 结合,行使核酸内切酶作用,切除突变部分,以另一链为母链重新合成 DNA。该酶在黑暗的条件下无活性,光照条件下能激活光复合酶。所以对诱变材料进行诱变处理时,须在暗室红光下进行,处理后还要用黑纸包严,以提高突变概率,防止光修复作用。生物体的修复系统还有许多,如暗室修复、重组修复、SOS 修复等。

3. 基因突变的规律

整个生物界,由于它们的遗传物质相同,因此,基因突变都遵循着相同的规律。

（1）突变的方向与生物所处的环境不对应。例如抗药性突变并非因接触药物而引起。任何一种诱变剂都能诱发任何一种突变型，要想得到特定表型效应的突变，是靠不同的筛选方法实现的。

（2）突变是随机发生的。即突变发生的时间及个体都具有随机性，如图 7-3 所示。

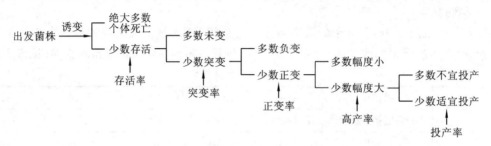

图 7-3　诱变与突变概率示意图

（3）突变仅以很低的概率出现于生物体中。

（4）突变发生后，可以一定的概率发生回复突变，恢复原有性状。

可见，设计和采用效率高的筛选方案和方法极其重要。

4. 诱变育种中应注意的几个方面

（1）诱变剂的选择。

诱变剂选择的依据主要是根据实际操作的方便程度和已成功的经验尽可能地选择简便有效的诱变剂。同时在了解诱变剂作用机理的基础上，可考虑诱变剂复合使用。不同诱变剂对 DNA 分子作用的"热点"（DNA 分子易发生突变的位点）不同，复合使用可防止因一种诱变剂多次使用而产生"热点"饱和。如紫外线主要作用在 DNA 分子中的嘧啶上，而亚硝酸则主要作用在 DNA 的嘌呤上，紫外线和亚硝酸复合作用，使突变谱变宽，提高诱变效果。太空诱变育种是最典型、最成功的诱变育种。

用于诱变育种的诱变剂种类很多，但各种诱变剂对食用菌诱变效果不同，对诱发某一特点性状的概率不同，应根据具体菇类使用。紫外线具有不需特殊设备、成本低、对人体损害作用易于防止等优点，诱变效果也较好，是目前最常见的物理诱变因素之一。太空诱变剂是多因素复合型的，目前灵芝、杏鲍菇、平菇等经过太空诱变，已经筛选出稳产、高产的优良品种。

（2）诱变剂量的选择。

要选用最适的诱变剂量。剂量的大小一般是以诱变后的杀菌率来确定的。剂量大则细胞死亡率大，剂量小则相反。剂量大小的确定应以能够提高正变株变异概率为最适剂量。正变是指诱变处理后，其机体的某个或某一些生物活性有明显增加，负变则是有明显减弱，甚至丧失。近年来，根据对紫外线、X 射线、激光和乙烯亚胺等诱变剂的研究，发现正变多出现在偏低的剂量中，而负变则往往出现在偏高的剂量中。因此，目前都倾向于采用较低诱变剂量来处理。如紫外线过去选用杀菌率为 99.9% 的剂量，而近年来采用的杀菌率为 30%～70%。由于每种诱变材料的最佳剂量差异很大，故在选择合适的剂量时，必须通过大量的预备试验才能找出。一般认为，如果菌株不很稳定，要求其稳定地提高产量或改变品质，宜用缓和一些的因子，剂量低一些为好。如果出发菌株比较稳定，又要求突变幅度大，则应考虑诱变能力强的诱变剂和高的诱变剂量，使其遗传物质受到强烈的冲击而发生大的改变。化学诱变剂的剂量通常通过溶液的浓度（0.01～1 mol/L）、作用时间和处理温度来控制。使用的浓度越高，杀菌率越高。物理诱变剂中常用的是紫外线，紫外线的绝对剂量单位是 erg/cm²，但不易掌握和计量，紫外线的剂量大小取决于灯管的功率、灯和被照射物之间的距离及照射的时间。若灯管的功率、照射距离固定，那么剂量就和照射的时间成正比，也就可以用照射时间作为相对剂量。实践中，常用15 W波长为253.7 nm的紫外灯管，照射距离控制在30 cm以内。

紫外线诱变现在倾向于采用杀菌率70%～75%甚至更低的剂量，一般在30%左右。人工诱变可以提高突变概率，能够创造自然界原来没有的性状，且操作简单，周期短，因而受到食用菌研究者的普遍重视。近年来，食用菌育种发展较快，我国利用诱发突变已选育出平菇、香菇、木耳、猴头菇、双孢蘑菇、金针菇等食用菌的新品种。

（3）选择出发菌株。

出发菌株的选择直接影响诱变结果，出发菌株就是用于诱变的原始菌株，选好出发菌株有助于提高育种效果。实践证明，选择已在生产上应用过的、发生了自然变异的菌株，具有生长速度快、营养要求低、出菇早、适应性强等有利性状的菌株，对诱变因素较为敏感的菌株等，往往能收到较好的效果。

（4）诱变材料的选择。

为使每个细胞均匀接触诱变剂，达到较好的诱变效果，用于诱变的材料应呈单细胞分散状态，这样不仅可以使细胞均匀地接触诱变剂，还避免了多细胞体系中，正常细胞对遗传基因已发生突变细胞的掩蔽作用。

不同食用菌的生活史有差异，在诱变材料选择和育种程序上也有差异。草菇是初级同宗配合的食用菌，由担孢子萌发而来的单核菌丝具结实性。因此，可直接处理担孢子，并能直接筛选那些符合育种目标的菌株。对于异宗配合的担子菌，如香菇、平菇等，以它们的担孢子为诱变材料时，单核菌丝不能结实，不能直接进行菌种选育，还必须通过杂交才能产生结实性菌丝。也就是说，诱变的直接产物是杂交育种的材料。

去壁的原生质体不仅呈单细胞分散状态，而且除去了细胞壁的阻挡，诱变剂更容易接触细胞内的DNA。若处理由双核菌丝体制备的原生质体，它的再生菌株可直接进行菌种的筛选，大大地简化了异宗配合食用菌诱变育种的程序。

诱变材料的生理状态与诱变效应密切相关。各种诱变剂对菌株的诱变效应虽然不尽相同，但有一点是共同的，即诱变剂对DNA处于转录状态或翻译状态的效应要比处于静止状态或休眠状态敏感得多。要使待处理的诱变材料达到转录或翻译的生理状态，对于担孢子，应考虑采用预培养担孢子促其萌发；对于原生质体，应采用幼嫩、处于对数生长期的菌丝体作为制备原生质体的材料。

（5）影响诱变效果的外部条件。

诱变剂的诱变效应同样受到酸碱度、氧气、可见光等外部条件的影响。光对诱变后的影响前面已谈到。在运用亚硝基胍（NTG）进行诱变处理时，不能用中性条件，而应使用酸性或碱性条件，因为NTG在中性条件下的诱变效应很弱。在用碱基类似物进行诱变处理时，必须创造天然碱基贫乏的环境，因此，平板培养基中不应含有机氮源等富含天然碱基的成分，而应使用合成培养基添加碱基类似物来培养，以迫使菌种在生长过程中为了合成DNA而错误地吸收碱基类似物，同时，也可以用孢子进行饥饿萌发处理。

（三）杂交育种

杂交是一种遗传质在细胞水平上的重组过程。由于食用菌能产生有性孢子，因此原则上都可以像高等植物那样通过有性杂交育种，从而获得综合双亲优良性状的新品种。

1. 食用菌杂交育种的特点

食用菌杂交育种的特点包括：①单核菌丝是基因重组的产物，具有丰富的基因型，但单核菌丝的表型性状非常少，因此，用以杂交的单核菌丝不能太少，否则会漏掉携带优良基因的单核菌丝；②单核菌丝可独立地进行无性繁殖，作为育种材料进行保存，可大大减少工作量，缩短育种程序；③食用菌单核菌丝的配对杂交在室内进行，杂交育种不受时间限制；④一旦从杂交子中筛选到具结实性且各方面表现优良的菌株，便可通过无性繁殖保持菌株的优良特性，无须年年制种。

2. 食用菌杂种优势的形成

杂种优势是生物界普遍存在的现象，表现为杂种一代在生长势、生活力、抗逆性、产量和品质上明显超过双亲。杂种优势并不是某一两个性状单独表现突出，而是许多性状综合表现突出。在栽培菇类中，杂种优势通常表现为菌丝生长旺盛、出菇较早、菇体较大、菌盖较厚、菇峰整齐等。杂种优势的大小与以下因素有关。

(1) 取决于双亲性状间差异性的大小和互补性。实践证明，在一定范围内，双亲间的亲缘关系、生态类型和生理特性差异越大，双亲间相对性状的优缺点越能彼此互补，杂种优势就越强。因此要进行杂交育种，必须广泛搜集遗传资源，以期得到相对性状差异较大、种质基因丰富的杂交亲本。我国幅员辽阔，食用菌品种资源异常丰富，为杂交育种提供了坚实的物质基础。

(2) 杂种优势的大小与双亲基因型纯合程度有关。双亲基因型纯合程度越高，F1代基因型杂合化程度也越高，杂种优势就越大。

(3) 杂种优势的大小与环境条件的作用也有密切关系。性状的表现是基因型与环境条件综合作用的结果，不同的环境条件对杂种优势表现的强度有很大影响。在杂交育种中，并非有杂交就有杂种优势，其实杂交子一代有的是集双亲优良基因并能表现出杂种优势，有的则不表现杂种优势。因此，杂交子能否作为品种来推广，还需进一步选择。

3. 杂交育种的操作流程

选择亲本→单孢分离→单孢菌丝培养与选择→孢子单核菌丝配对→将可亲和的组合转管繁殖→杂交菌株初筛→杂交菌株复筛→试验、示范、推广。

(1) 亲本选配。

在杂交育种中，亲本选配是杂种后代出现理想性状组合的关键。长期以来，人们在育种实践中，往往根据地理差异、表现型差异、生境差异来选配亲本。这种选配亲本的方法不能科学地预测杂种优势的大小，带有较大的盲目性。20世纪70年代以来，国外在高等植物的杂交育种中，应用多元分析法测定若干与产量有关的数量性状的遗传距离，进而预测杂种优势，选配强优组合，取得了显著成果。近年来，国内外食用菌工作者也开展了菇类的遗传距离分析。选择亲本应遵守如下原则。

① 至少亲本之一有较好的产量。一般高产种与高产种杂交，所得菌种的产量也较高。

② 所选亲本优点多，缺点少，亲本间优缺点可以互补。例如某一高产菌株质量欠佳，而另一菌株产量不够理想，但质量性状突出，这样的两个菌株杂交往往能够获得综合两者优良性状的杂交种。在这一组合中，高产的菌株是要改造的对象，优质的菌株则是要引入性状的个体。这两个亲本除了性状能互补外，任何一方劣性的性状都不能太多，要集中力量解决一两个主要矛盾。

③ 在亲缘关系较远、生态环境差异大的菌株间杂交，后代中更容易出现超越亲本的优良

性状,成为进一步选育的宝贵材料。

④ 用当地菌株与外来菌株杂交时,应选当地适应性强的菌株。

(2) 单孢分离。

首先采集获得纯净无污染担孢子,进一步进行单孢分离,获得同核菌丝体。单孢分离的方法有稀释平板分离法、单孢挑取法等。稀释平板分离法较为常用,步骤如下:配制孢子悬浮液→稀释至 $300\sim500$ 个/mL→取 0.1 mL 涂布平板→培养→挑取单核菌丝。

当担孢子萌发并长出肉眼可见的单菌落时,就应及时挑取至斜面培养基上,避免两种单核菌丝因相距太近而杂交。挑取时应注意,对那些萌发较迟、生长缓慢的单菌落也应保留,它并不影响杂交后形成的双核菌丝的生长速度。无锁状联合是单核菌丝鉴定常用的标准,除此之外,单核菌丝的生长速度一般比双核菌丝慢且长势弱。

除了从分离担孢子获得单核菌丝外,还可利用原生质体技术,以双核菌丝为原料获得单核菌丝。该单核菌丝非亲本重组的产物,它的遗传组成与亲本异核细胞中的一种细胞核相同。

(3) 配对杂交。

杂交是可亲和的单核菌丝体双核化的过程。在食用菌的杂交育种中,通常采用单核菌丝体间配对杂交,即单×单杂交。把欲杂交的同核菌丝体两两对峙培养,经过一段时间的培养,凡可亲和的两单核菌丝间便发生质配,形成双核菌丝。双核菌丝在两菌落交界处旺盛生长,并迅速生长形成扇形杂交区。把这种双核菌丝挑取出来进一步纯化培养,就得到了杂种菌丝。

除了以单核菌丝为材料进行单×单杂交外,单核菌丝体也可以单方面地接受双核菌丝体中与之配对的核完成双核化,这就是所谓的布勒现象,也称为布勒杂交或单双杂交。日本学者Mori 等以香菇为试验材料,在固体培养基上首先接种单核菌丝体,一周后在单核菌丝体的外围接种双核菌丝体,三周后在单核菌丝体的放射状的边缘可找到新的杂合异核菌丝体。他们用日本 5 个香菇栽培种的单核菌丝与中国等其他国家的野生香菇菌株的双核菌丝杂交,均取得成功。在单×双交配中,亲本之一为双核菌丝体,可省去再进行单孢分离的过程。另外,与单×单杂交相比,单×双杂交可减少杂交配对的数量,加快育种过程。虽然布勒现象可以作为一种杂交育种的手段,但它不能完全代替常规杂交。因为从担子菌遗传的角度看,一个双核体基本上只有两种不同遗传型的核,用同一单核体与之进行布勒杂交时,最多也只能获得两种不同类型的杂种双核体。因此,杂交子基因型的多样性不如单×单杂交。

(4) 杂交子的鉴定与筛选。

异宗配合的食用菌,杂交子应为双核菌丝体,凡双核菌丝具有锁状联合的种类,其杂交后代也应具有锁状联合,可作为鉴别标准。当然,对杂交子进行进一步的出菇试验就更能说明问题,还可作为初筛去劣的依据。

目前,杂交育种多在有性生殖为异宗配合的食用菌中开展,对于有性生殖为同宗配合的食用菌,杂交育种也是一个有效的途径,但困难较大,双孢蘑菇就是一例。双孢蘑菇属次级同宗配合的食用菌,它的担孢子中有含两个交配型的核,属自交可孕型,占 $76\%\sim80\%$;也有含一个交配型的核,属杂交可孕型,占 $20\%\sim24\%$,双孢蘑菇的杂交育种就在这类担孢子萌发的单核菌丝间进行。

在杂交育种的过程中,为了判断杂种的真实性,亲代必须有标记。异宗配合的品种,由于自交不孕,因此亲本的性别本身可作为标记,但对于同宗配合的品种,由于自交可孕,因此必须对亲本加以特殊标记,例如营养缺陷型突变、抗药性突变等。也可通过同工酶差异鉴定是否产生新菌株。另外,杂交优势来源于亲本,取决于亲本的相对差异和互补能力,因此,亲本选择非常重要。希望杂交种的重要性状上有优良表现,很难通过一次杂交就圆满实现,因此可以通过回交,在一次杂交的基础上,继续改进品种性状,同时要考虑到杂种的性状表现是基因和环境综合作用的结果。下面以香菇为例说明单孢杂交育种。香菇是典型的四极性异宗配合菌类,异宗配合指自身不孕,需由不同交配型的单核菌丝杂交完成性生活史。香菇担子上有四个担孢子,通过交配反应,确定孢子的极性后,用可亲和性菌丝共同培养,菌丝接触后,分别从两方取菌丝体移入另一试管。这是因为经过杂交,虽然双方都双核化了,但细胞质是有区别的,因此杂交后代的表现型也是有区别的,应对这两个双核菌株分别比较,全部考核生长性状和出菇能力,最后挑选性状良好的菌株用于生产。以上是指种内杂交而言,种间杂交则几乎所有的单孢菌株都是可亲和的。

(四) 原生质体融合育种

原生质体融合育种技术是通过脱壁后不同遗传类型的原生质体在融合剂的诱导下进行细胞融合而达到整套基因组的交换和重组,产生新的品种和类型。

1. 原生质体融合育种流程

原生质体的制备→遗传标记→原生质体融合→再生培养基上再生→被假定为异核体的融合产物通过营养互补作用而发育→杂交子间及与亲本间的拮抗试验→杂交株与亲本株的酯酶同工酶分析。

20世纪50年代末期,从真菌中分离原生质体获得成功,20世纪60年代即进入了真菌的原生质体时代。现在,真菌的原生质体分离已成为一项常规、程序化的技术,原生质体的应用也日益广泛。

2. 食用菌原生质体的基本特点

和动物细胞不同,食用菌细胞外面包着一层坚硬的细胞壁。这一道天然的“屏障”阻挡着食用菌细胞间的彼此融合,并给各种遗传操作带来极大困难。游离的原生质体是真正的单细胞,在同一时间内能得到大量的遗传上同质的原生质体,为遗传学研究及用原生质体为材料开展食用菌育种提供了可能性。它与组成菌丝的细胞相比具有以下几个特点:①原生质体超越了性细胞的一些不亲和障碍,为种内、种间、属间食用菌细胞杂交提供了融合的亲本;②原生质体能有效地摄取多种外源遗传颗粒,如 DNA 质粒、病毒和其他细胞器,因此,在食用菌基因工程研究及基因工程育种方面具有重要作用;③游离的原生质体除去了细胞壁的阻挡,诱变剂更容易进入细胞,是良好的诱变育种的材料。此外,食用菌原生质体也和食用菌完整细胞一样具有该菌株的全部遗传信息,在合适的培养条件下,能发育成与其亲本相似的菌株。

从食用菌菌丝中分离出有活性的原生质体,经再生后发育成菌落,这种方式称为原生质体无性繁殖。食用菌原生质体无性繁殖过程也是细胞水平的筛选过程,可直接从食用菌原生质体无性繁殖后代中筛选突变菌株进行品种选育。

3. 获得原生质体的材料

能够制备原生质体的材料很多,如各种类型的有性和无性孢子、单核菌丝、双核菌丝和不同发育时期的子实体组织均能获得食用菌的原生质体。但由于材料的结构、性质不同,酶解处理后获得原生质体的数量差异很大。如担孢子具有较厚的细胞壁且成分复杂不易酶解,子实体组织不易分散,不能全面接触溶壁酶,而且组织化的菌丝细胞壁也较厚,不利于原生质体的释放,目前主要用幼龄菌丝体制备原生质体。

从菌丝体制备原生质体主要有以下两个优点:①培养时间短,菌丝体生长均匀一致,进而从菌丝体中释放的原生质体在生理和遗传特性上比较一致;②该材料在液体酶液中易分散,适宜用酶解的方法分离原生质体。由于不同食用菌菌丝生长速度不同,获取幼龄菌丝体的时间也不同。如草菇一般需要 2~3 天,平菇需要 3~4 天,香菇需要 5~6 天,双孢蘑菇需要 7~9 天,木耳则需要 9~11 天。菌丝体培养一般采用液体静置培养法,每瓶放十余粒玻璃珠,培养期间每天用手摇 1~3 次。

4. 原生质体融合育种操作技术

(1) 亲本的准备。

原生质体融合需要两株亲本,亲本必须带有遗传标记,两亲本的遗传标记必须各不相同,以便筛选融合子。目前,食用菌融合常用的遗传标记有营养缺陷型标记、抗药性标记、灭活原生质体标记、自然生态标记及形态标记等。营养缺陷型菌株和抗药性菌株的筛选在前面介绍诱变育种时已介绍过。它们都是由于基因的改变而产生的表现型突变,是比较可靠的遗传标记。灭活原生质体作为标记,在食用菌中采用的也比较多,可采用物理或化学因子来灭活原生质体,使原生质体失去再生能力,仅成为遗传物质的载体,与其他原生质融合。其中化学试剂是较好的灭活因子,它能专一性地抑制原生质体上某些酶的活性,从而影响原生质体的再生能力。在灭活食用菌原生质体时常用的灭活剂有碘代乙酸铵和焦磷酸二乙酯。物理方法灭活原生质体多采用热灭活法。自然生态标记是根据不同种、属之间,甚至种内的生态习性差异作为标记。生物由于生长的地理区域和生态环境不同,经长期的进化选择,都形成了独特的对生态和生活环境的适应性,这些适应性具有明显的特殊种性。如香菇中的豹皮香菇、虎皮香菇和近裸香菇,由于它们起源于热带和亚热带,对高温有较强的抵抗性,菌丝体能在 32~37 ℃的高温范围内正常生长,而栽培香菇在这个温度范围内生长很缓慢或停止生长,这些生态习性的差异可被用来作为亲本菌株的遗传标记。

(2) 原生质体的分离和纯化。

① 菌丝体的收集与洗涤:液体培养后通过离心或过滤收集幼龄菌丝体,然后用无菌水和渗透稳定剂(0.6 mol/L MgSO$_4$ 溶液)分别冲洗菌丝体,用无菌吸水纸吸干多余的水分后备用。

② 酶解处理:按菌丝体(g):酶液(mL)为 1:(2~3),将菌丝体、溶壁酶放入无菌的离心管内,让酶液和菌丝体充分混合后,在合适的温度下保温酶解。溶壁酶用 0.6 mol/L MgSO$_4$ 溶液配制,保持一定的渗透压,以利于质膜的稳定。酶液需预先经细菌过滤器过滤除菌,过滤膜选用 0.2~0.45 μm 为宜。酶解温度一般为 28~35 ℃,酶解时间一般为 4~5 小时,在此期间每 15 分钟轻轻振荡一次。

③ 原生质体的纯化:原生质体纯化的目的是除去酶液及酶解剩余的菌丝体片段。首先用纤维类物质(如脱脂棉)过滤除去菌丝残片,滤液经 4000 r/min 离心 20 分钟,去掉上清酶液,沉淀用渗透稳定剂(0.5 mol/L 蔗糖溶液)离心洗涤 2~3 次,即得到纯净的原生质体。

(3) 原生质体的再生。

原生质体在含有渗透稳定剂的再生培养基上能重新形成细胞壁,并能发育成菌丝体,这称为原生质体的再生。原生质体在固体再生培养基和液体再生培养基上均能再生,为了获得再生单菌落,常采用固体再生培养基。再生培养通常采用双层培养基培养法,底层含琼脂 2%,上层含琼脂 0.7%。原生质体纯化后,要进行适当的稀释,用血球计数板准确计数每毫升原生质体数,然后根据实际再生菌落数,便可计算出再生率。

$$原生质体再生率 = \frac{每皿再生菌落数}{每皿原生质体总数} \times 100\%$$

为了检查原生质体的纯度,纯化后的原生质体用水做系列稀释,然后涂布到不含渗透稳定剂的一般培养基上。若有再生菌落,说明原生质体脱壁不彻底或有菌丝片段。原生质体再生率与再生培养基成分、培养方法、酶解时间及离心条件有关,一般随着酶解时间的延长,原生质体的释放量增多,但由于酶对原生质体膜的破坏作用,再生率有所下降。酶解时应以达到所需原生质体的数量为宜。较高的离心力及较长时间的离心均可引起原生质体的破裂,一般采用2000~5000 r/min、5~10 分钟的离心条件。营养丰富的再生培养基能促进原生质体的再生,提高再生率。适宜原生质体再生的培养基可以查阅相关资料,其中 1%大麦芽浸出液、0.4%葡萄糖、0.4%酵母膏、0.4%蛋白胨、0.5 mol/L 蔗糖就是一个较好的再生培养基配方。研究表明,适当添加细胞壁合成所需的物质能提高再生率,例如,添加 0.1%的水解酪蛋白、0.03%L-谷氨酸能明显提高再生率。再生培养基的渗透稳定剂也是影响再生的因素,有机物质如蔗糖、甘露醇、山梨糖醇,比无机物如 KCl、NaCl、$MgSO_4$ 要好。渗透稳定剂通常采用 0.5 mol/L 蔗糖溶液。

(4)原生质体融合。

原生质体融合就是把两亲本的原生质体混合在一起,在物理的(电融合)或化学的(聚乙二醇)促融作用下,诱导细胞融合。细胞融合现象最初是在动物细胞中发现的,20 世纪 50 年代,日本学者用灭活的仙台病毒成功地诱导动物细胞融合。随后细胞融合技术逐渐扩展到植物及微生物细胞,融合方法也不断地改进和发展。目前在食用菌原生质体融合中,报道最多的是聚乙二醇(PEG)诱导融合,也有一定数量的电场诱导融合。PEG 的分子量因乙二醇聚合数目的不同而不同,在一定范围内,分子量越大,它的促融效率越高,但毒性也越大。真菌融合常采用分子量为 4000~6000 的 PEG,动物细胞融合采用分子量为 1000 的 PEG。融合适宜 pH 为7.0~7.5,钙离子浓度为 0.01~0.05 mol/L,PEG 的使用浓度为 35%,双亲原生质体数量应保证有 10^7 个/毫升。

原生质体融合时将两种原生质体悬液等体积混合,5000 r/min 离心后弃上清液,然后用巴氏吸管使其悬浮,用巴氏吸管滴入 1 mL PEG,边加入边轻轻摇动,1 分钟内加完,30 ℃水浴,静置促融 10 分钟,离心除去 PEG,然后将稀释融合液涂布于再生培养基上进行培养。

(5)重组融合子的检出与鉴定。

重组融合子的检出方法包括直接检出法和间接检出法。①直接检出法:根据亲本菌株的遗传标记,直接筛选出融合子。如果两亲本菌株均为营养缺陷型标记,可将融合液涂布于基本培养基上,直接筛选出融合子。若为抗药性标记,可在补充两种药物的培养基上,筛选出双重抗药性的重组子。②间接检出法:将融合液涂布在营养丰富的再生平板上,使亲本菌株和重组子都能再生,再施加选择因子检出重组子。间接法虽然费时,但它可以克服某些有表型延迟作用的遗传标记因直接选择而产生的干扰作用。

拣出重组融合子后,需对其进行进一步的鉴定。融合子的鉴定通常从以下几个方面进行综合分析。①生物学特性分析:锁状联合是食用菌种内杂交子所具有的特征,可以作为种内是否融合成功的一个标志,但作为种间融合子的标志时不完全可靠。融合子菌株与双亲菌株在遗传物质组成上有差异,因此在对峙培养时,能产生拮抗反应,也是常用的鉴定方法。融合子若能形成子实体,可对子实体特征进行鉴定,对担孢子进行遗传分析。另外,还可对融合子菌丝体进行荧光染色,确认融合子细胞内核的数目。②生化指标分析:主要从氨基酸、DNA 含量及同功酶谱等方面进行分析。

5. 存在的问题

目前，食用菌原生质体融合存在一些尚待解决的问题，主要有融合子遗传性很不稳定、种间融合子难以形成子实体、融合体难以产生优良性状等。

（五）基因工程育种

1. 基因工程育种的意义

基因工程是在基因水平上的遗传操作，它以人为的方法从某一供体生物中提取所需要的基因，在体外条件下用适当的限制性核酸内切酶切割，把它与载体连接起来一并导入受体生物细胞中进行复制和表达，从而选育出新品种。利用基因工程技术可以更方便地对更多基因进行有目的的操纵，打破自然界物种间难以交配的天然屏障，将不同物种的基因按人们的意志重新组合，实现超远缘杂交，培育高产、优质、多抗新品种。基因工程育种是一种前景宽广、正在迅速发展的定向育种新技术。

2. 基因工程的操作流程

获取目的基因→选择载体→目的基因与载体 DNA 的体外重组→DNA 重组体导入受体细胞→受体细胞的繁殖扩增→克隆子的筛选和鉴定→"工程菌"或"工程细胞"的大规模培养。

（1）获取目的基因。取得符合要求的 DNA 片段，这种 DNA 片段被称为目的基因。目的基因可以人工合成，也可以用限制性核酸内切酶从基因组中直接切割得到。目前获取目的基因的方法主要有三种：①从适当的供体生物包括微生物、动物或植物中提取；②通过逆转录酶的作用由 mRNA 合成 cDNA（互补 DNA）；③用化学方法合成特定功能的基因。

（2）选择载体。载体必须具备下列几个条件：①载体是一个有自我复制能力的复制子；②能在受体细胞内大量增殖，有较高的复制率；③载体上最好只有一个限制性核酸内切酶的切口，使目的基因能固定地整合到载体 DNA 的一定位置上；④载体上必须有一种选择性遗传标记，以便及时把极少数"工程菌"选择出来。目前原核受体细胞的载体，主要有细菌质粒（松弛型）和 λ 噬菌体两类。真核细胞受体的载体，动物方面主要有 SV40 病毒，植物方面主要是 Ti 质粒。

（3）目的基因与载体 DNA 的体外重组。即用人工方法，让目的基因与载体相结合形成重组 DNA。首先对目的基因和载体 DNA 采用限制性核酸内切酶处理，获得互补黏性末端或人工合成黏性末端，然后把两者放在较低的温度（5～6 ℃）下混合"退火"，由于每一种限制性核酸内切酶所切断的双链 DNA 片段的黏性末端有相同的核苷酸组分，所以当两者相混时，凡黏性末端上碱基互补的片段，就会因氢键的作用而彼此吸引，重新形成双链。这时，在外加连接酶的作用下，供体的 DNA 片段与质粒 DNA 片段的裂口处被"缝合"，目的基因插入载体内，形成重组 DNA 分子。

（4）DNA 重组体导入受体细胞。上述体外反应生成的重组载体只有被引入受体细胞后，才能使其基因扩增和表达。受体细胞可以是微生物细胞，也可以是动物细胞或植物细胞。把重组载体 DNA 分子引入受体细胞的方法很多。当以重组质粒作为载体时，可以用转化的手段；当以病毒 DNA 作为重组载体时，则用感染的方法。

（5）受体细胞的繁殖扩增。含重组 DNA 的活受体细胞，在适当的培养条件下，能通过自主复制进行繁殖和扩增，使得重组 DNA 分子在受体细胞内的拷贝数大量增加，从而使受体细胞表达出供体基因所提供的部分遗传性状，受体细胞就成了"工程菌"。

（6）克隆子的筛选和鉴定。把目的基因能表达的受体细胞挑选出来，使之表达。受体细胞经转化(传染)或传导处理后,真正获得目的基因并能有效表达的克隆子一般来说只是一小部分,而绝大部分仍是原来的受体细胞,或者是不含目的基因的克隆子。为了从处理后的大量受体细胞中分离出真正的克隆子,需要对克隆子进行筛选和鉴定。

(7)"工程菌"或"工程细胞"的大规模培养。在进行"工程菌"或"工程细胞"的大规模培养以前,还要进行"工程菌"或"工程细胞株"的表达、检测,准备标准实验室工艺流程生产线和进行一系列生产性试验等。

3. 基因工程在食用菌育种中的应用及前景

基因工程在食用菌育种中的应用包括两个方面:一方面,利用食用菌作为新的基因工程受体菌,生产出人们所期望的外源基因编码的产品,由于食用菌也具有很强的分泌蛋白质能力,利用食用菌作为新的受体菌将更为安全,更易为消费者所接受;另一方面,利用基因工程定向培育食用菌新品种,包括抗虫、抗病、优质(富含蛋白质、必需氨基酸)的新品种,以及将编码纤维素降解酶基因导入食用菌体内,以提高食用菌菌丝体对栽培基质的利用率或开拓新的栽培基质,最终提高食用菌产量。这方面主要是转基因技术的应用。

(1)什么是转基因?

通俗地说,转基因就是将一种生物体内的基因转移到另一种生物或同种生物的不同品种中的过程。

(2)自然界里的"转基因"。

一般来说,在自然界中,转基因是通过有性生殖过程来实现的。例如,植物的花粉(含有雄配子)通过不同的媒介由一种植物"跑"到另一种植物,或"跑"到同一种植物的另一个品种花朵里边的雌蕊(含有雌配子)上并与其杂交,这种杂交的过程就产生了基因的转移。又如在猫这种动物中,不同品种和类型的猫进行交配后产生了与父母都不一样的子代,就是由于产生了基因的转移。

(3)人工"转基因"。

转基因是大自然中每天都在发生的事情,只不过在自然界中,基因转移没有目标性,好的和坏的基因可以一块转移到不同的生物个体上。同时,通过自然杂交进行的转基因是严格控制在同一物种内(特别是在动物中),或是亲缘关系很近的植物种类之间。

人工转基因可以实现有目的、远缘化的基因转移。

(4)什么是转基因育种?

转基因育种主要根据育种目标,从供体生物中分离目的基因,经过 DNA 重组与遗传转化或直接运载进入受体,经过筛选获得稳定表达的遗传工程体,并经过检测试验与筛选,育成转基因新品种或种质资源。

(5)转基因育种的优势。

与常规育种技术相比,转基因育种在技术上较为复杂,要求也很高,但是具有常规育种所不具备的优势:①拓宽了可利用的基因资源;②为培育高产、优质、高抗优良品种提供了崭新的育种途径;③可以对动植物、大型真菌的目标性状进行定向变异和定向选择;④可以大大提高选择效率,加快育种进程。

此外,还可将动植物、大型真菌作为生物反应器生产药物等生物制品。

(6)食用菌转基因。

① 食用菌转基因的研究进展。

科学家通过将新的基因植入蘑菇中,可以使蘑菇产生人类需要的药物作用。人们所熟悉的蘑菇可能成为生产人类药物的生物工厂。

美国利用转基因双孢蘑菇生产疫苗。英国科研人员从海藻和蘑菇中分离出制造多不饱和脂肪酸的 3 个基因,并植入水芹中。实验证明,食用这种富含 ω-3 和 ω-6 多不饱和脂肪酸的水芹,能够调节人体血压和免疫反应。

② 食用菌转基因研究方向及意义。

食用菌转基因研究主要在抗霉菌、抗细菌、抗病毒基因方面,这是因为每年因杂菌感染损失惨重。还要研究食用菌抗高温、抗低温基因,抗害虫基因,使食用菌也和抗虫棉那样旺盛生长。

食用菌产量、品质、抗性和耐贮等相关重要基因紧密连锁的分子标记的寻找,基因的克隆、表达与功能验证,适宜载体的构建和高效稳定遗传转化体系的建立等方面,是今后食用菌育种的主要研究课题。

由于食用菌基因工程起步较晚,尚有许多基础性课题需要研究,如适宜载体的构建、转化体系的建立等。随着食用菌分子生物学研究的不断深入,以及基因工程研究技术的发展,人们有理由相信,食用菌基因工程育种一定会取得丰硕的成果。

思 考 题

1. 名词解释

组织分离法、无菌操作、担孢子、孢子分离法。

2. 简述题

(1) 对于下列对象,最优的灭菌或消毒方法分别是什么?

接种针、培养皿、斜面培养基、无菌室、培养料。

(2) 食用菌菌种的分离有哪些方法?生产中最常用的是哪一种?

(3) 优质的母种、原种和栽培种一般应符合哪些要求?

(4) 食用菌菌种选育的途径有哪些?

(5) 食用菌菌种保藏的原理、目的是什么?

(6) 基因工程育种有哪些主要操作步骤?

学习情境八

传统美味食用菌栽培

项目一 香菇栽培

码 8-1　香菇（花菇）　　码 8-2　香菇栽培

一、重要价值

香菇（*Lentinus edodes*（Berk.）Sing.）又名香蕈、冬菇、香菌，属于真菌门担子菌亚门伞菌目口蘑科香菇属，是世界上最著名的食用菌之一。野生香菇在我国分布范围很广，浙江、福建、安徽、江西、湖南、湖北、广东、广西、云南、四川等省（自治区）都有分布。世界上香菇主要以中国、日本、朝鲜、越南等国生产较多。香菇是我国山区传统土特产品和出口商品。我国的人工砍花栽培技术早在 800 多年前就已基本定型，并一直沿用至 20 世纪初。日本在 20 世纪 30 年代创立了人工接种技术。我国在 20 世纪 60 年代中期开始推广纯菌种栽培生产技术，70 年代中期开始用木屑代替椴木生产香菇，80 年代福建创立了香菇生产"古田模式"，以仿天然条件栽培香菇，从而缩短了生产周期，提高了产量。以后香菇半熟料开放式栽培技术、马尾松有害物质简易除去法香菇生产技术等新技术不断产生，使我国香菇产量不断提高。至 2020 年，我国香菇产量已达 1188 万吨，成为世界香菇第一生产大国和出口大国。

香菇肉质肥厚细嫩、味道鲜美、香气独特、营养丰富，并具有一定的药用价值，是不可多得的保健食品。据分析，每 100 g 干香菇中，含有蛋白质 16 g、脂肪 2.2 g、糖类 66.2 g、粗纤维 9.6 g、灰分 5.56 g，此外，还含有十分丰富的维生素和矿物质。其中人体必需的 8 种氨基酸，除色氨酸未测出外，其余 7 种香菇均具备。在 10 种非必需氨基酸中，香菇中谷氨酸含量特别丰富，而谷氨酸就是味精的主要成分，所以食用香菇时显得比其他菇品更为香甜。鲜香菇中的脂肪类似于植物脂肪，所含脂肪酸多为不饱和脂肪酸，对降低血压有明显的好处。干香菇灰分中含有人体必需的矿质元素，磷、钾、钠、铁含量尤多。香菇也是一种著名的药用菌，富含维生素 D，在食用菌中含量最高，具有促进钙吸收的功能，经常食用香菇可促使小孩骨骼和牙齿的形成。香菇含有腺嘌呤，能有效地降低胆固醇及预防肝硬化，能预防流行性感冒，降低血压，清除血毒，预防人体各种黏膜及皮肤炎症，对天花、麻疹有显著疗效和预防作用；香菇中的香菇多糖能提高人体的免疫力，增强人体对疾病的抵抗力，尤其对癌细胞具有强烈的抑制作用。目前，香菇子实体及其深层发酵培养物，不但用于中药制剂生产，也成为保健食品生产中的重要功能性成分。

香菇生产周期短,投入少,售价高,可获得较高的经济效益,深受国内外人们的喜爱。在国际市场上,无论是鲜菇、干菇还是罐头,都享有较高的声誉。

我国香菇的主要产区是福建、湖北、浙江、广东等南方地区。特别是湖北的随州市、福建的古田县、浙江的庆元县,其规模之大、效益之高,全国闻名。在我国北方,香菇业也正在悄然兴起、蓬勃发展。北方有着丰富的菇木资源和棉籽壳、玉米芯、木屑等大量农作物的下脚料,再加上昼夜温差大的特点,更容易产香菇。目前已在河南的西峡县、泌阳县,山西的安泽县,陕西的秦岭山区等地进行了大规模的生产,并已逐步形成当地的支柱产业。多年实践证明,大规模产业化栽培香菇,是活跃农村经济、帮助农民脱贫致富的有效途径,同时对于出口创汇和丰富"菜篮子"工程,有着重要的意义。

二、生物学特性

(一) 形态特征

香菇由菌丝体和子实体两大部分组成,菌丝体生长在基质中,是香菇的营养器官,子实体外露呈伞状,是香菇的繁殖器官。

1. 菌丝体

菌丝体由许多分支丝状菌丝组成,白色绒毛状,有分隔和分支,具锁状联合。它的主要功能是分解基质,吸收、运输、贮藏营养和进行物质代谢,当达到生理成熟时,在适宜的条件下,可分化形成子实体原基,进一步发育成子实体。

2. 子实体

香菇子实体单生、丛生或群生,由菌盖、菌褶、菌柄三部分组成(见图 8-1)。

 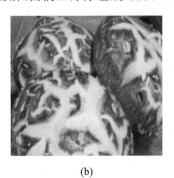

(a)   (b)

图 8-1　香菇形态

(1)菌盖:又称菇盖,圆形,直径为 5～10 cm,有时可达 20 cm。幼时半球形,边缘内卷,有白色或黄色绒毛,随生长而消失;成熟时渐平展,老时反卷、开裂。菌盖表皮呈淡褐色或黑褐色,披有暗色或银灰色鳞片,在缺水、干燥、通风较大的条件下,菌盖表面易形成菊花状或龟甲状裂纹,称为花菇。菌肉白色,肉厚质韧,有香味,是食用的主要部分。

(2)菌褶:位于菌盖下面,呈辐射状排列,白色、刀片状,生长后期呈红褐色。褶片表面的子实层上生有许多担子,担子顶端一般有四个小分支,各着生一个担孢子。

(3)菌柄:位于菌盖下面,中生或偏心生,常侧扁或圆柱形,中实坚韧,常弯曲,纤维质,下部与基质内的菌丝相连,是支撑菌盖和运输养料、水分的器官。直径为 0.5～1.5 cm,长 3～6

cm,幼时菌柄表面披白色绒毛,干燥时呈鳞片毛状。

(二) 生活史

香菇的生活史从担孢子萌发开始,到子实体成熟释放孢子,其过程可分为以下几个阶段。

1. 初生菌丝阶段

由担孢子萌发形成的菌丝称为初生菌丝。孢子吸水后膨胀,体积增大,伸长,产生分支,因其每个细胞只有一个细胞核,又称为单核菌丝。这种菌丝细小,但生长速度慢,分解吸收营养能力和适应环境能力都弱,无形成子实体的能力。

2. 次生菌丝阶段

当初生菌丝生长到一定阶段时,两个遗传基因不同的单核菌丝经过融合后,产生双核菌丝,又称为次生菌丝或二次菌丝。这种双核菌丝粗壮,生命力强,是香菇菌丝的主要存在形式,在适宜的条件下能产生子实体。

3. 三生菌丝阶段

次生菌丝生长发育到一定阶段,在适宜条件下高度分化,形成十分密集的菌丝组织,称为三生菌丝或结实性菌丝。三生菌丝最初互相扭结,形成直径为 0.5～1 mm 的内部疏松的菌丝团,后逐渐变大,内部变得很致密。当菌丝团直径达 1～2 mm 时,成为坚固的菌丝团,称为子实体原基。

子实体原基上半部分组织的生长速度比下半部分组织的生长速度快,逐渐扩展形成菌盖原基,下半部组织形成菌柄原基。菌盖原基继续向下扩展,外缘内卷,最后菌盖外缘和菌柄原基相接触,接触后菌柄和菌盖的菌丝相互交织,形成一个封闭的半球形的腔,即菌蕾。在球形腔的顶壁,菌丝从中央向四周呈放射状水平排列,随后形成幼小的长短不等的菌褶。随着菌盖向外扩展增大和菌柄加粗伸长,菌盖边缘和菌柄之间连接的部分形成覆盖着菌褶腔的菌幕,菌盖胀破菌幕,使菌褶完全裸露出来,形成成熟的子实体。

(三) 生长发育条件

香菇生长发育条件和其他食用菌一样,包括营养、温度、水分、光照、空气和酸碱度等六大因素。

1. 营养

香菇属于木腐菌,其主要的营养来源是糖类和含氮化合物及部分矿质元素、维生素等。

(1)碳源:香菇能利用多种碳源,包括单糖类、双糖类和多糖类。其中以单糖类和双糖类最易利用,其次是多糖类中的淀粉。多糖中纤维素、半纤维素、木质素等不能被菌丝直接吸收利用,菌丝通过分泌纤维素酶、半纤维素酶和木质素水解酶等体外酶,将它们分解成单糖、双糖等还原糖后加以吸收利用。糖类、麸皮、米糠、玉米粉等都是人工代料栽培香菇中很好的碳源。

(2)氮源:氮源用于合成香菇细胞内蛋白质和核酸等,香菇菌丝能利用有机氮和铵态氮,不能利用硝态氮和亚硝态氮。在代料栽培中,常添加麸皮或米糠提高氮的含量。在菌丝生长阶段,碳源和氮源的比例(碳氮比)以 25：1 为宜,在子实体形成阶段以(30～40)：1 为宜。氮源含量过多也会抑制子实体分化,降低产量。

(3)矿质元素和维生素类:矿质元素中的钙、硫、镁、钾、磷、锰、铁、锌、钼、钴等矿质元素可促进香菇菌丝的生长。香菇是维生素 B_1 的营养缺陷型,维生素 B_1 对香菇菌丝糖类的代谢和子实体形成起重要作用,尤其对菌丝的生长影响更大。麸皮、米糠、马铃薯等辅料含有丰富的维生素 B_1。代料栽培中添加这些辅料就可以满足香菇对维生素 B_1 的需求。

2. 温度

香菇是一种低温型变温结实性的食用菌,在整个生长发育过程,温度是一个最活跃、最重要的因子。孢子萌发的温度是 $15\sim30\ ℃$,最适温度是 $22\sim26\ ℃$。菌丝生长温度为 $5\sim32\ ℃$,最适温度是 $24\sim27\ ℃$。$10\ ℃$ 以下和 $30\ ℃$ 以上生长不良,$5\ ℃$ 以下和 $32\ ℃$ 以上停止生长。菌丝抗低温能力强,纯培养的菌丝体,$-15\ ℃$ 经 5 天才死亡,在菇木内的菌丝体,即使在 $-20\ ℃$ 下,经 10 小时也不会死亡。

香菇子实体分化的温度范围为 $5\sim25\ ℃$,适宜温度为 $10\sim20\ ℃$,最适温度为 $15\ ℃$ 左右。由于品系不同,其最适温度有差异。

3. 水分

水分是香菇生命活动中不可缺少的重要因素。香菇对水分的要求,一是培养料中的含水量,二是空气湿度。培养料中含水量过多时,菌丝因缺氧而生长缓慢,甚至腐烂死亡;培养料中含水量太少时,菌丝分泌的酶类不能自由扩散接触培养料,菌丝因得不到充足营养物质而不能正常生长。因此只有在培养料内含水量适中、空气湿度适宜的条件下,香菇子实体才能正常生长。一般木屑的含水量为 60% 左右,段木栽培含水量为 $35\%\sim40\%$。出菇时,要求空气的相对湿度为 $80\%\sim90\%$。空气相对湿度高低是形成花菇与否最关键的因素。

4. 光照

香菇菌丝生长阶段不需要光线,在黑暗条件下菌丝生长较快,强光会抑制菌丝生长。散射光是子实体分化和生长发育阶段不可缺少的因素,在完全黑暗条件下,子实体不能形成和分化,但过强的光线又对子实体的分化有一定的抑制作用。

5. 空气

香菇是好气性菌类,足够的氧气是保证香菇正常生长发育的必要条件。在段木内香菇菌丝的生长速度较慢,就是因为段木内氧气不足。在代料栽培中,要注意刺孔增氧和加强菇房内的通风换气。在香菇子实体生长阶段,一定的风吹有利于花菇的形成。

6. 酸碱度

适宜的酸碱度是香菇进行正常生理代谢的必要条件之一,香菇菌丝生长要求偏酸性的环境,菌丝在 pH $3\sim7$ 时均可生长,以 pH $4.5\sim5.5$ 最为适宜;香菇子实体生长发育的最适 pH 在 $3.5\sim4.5$。当培养料呈碱性时,菌丝很难生长。由于菌丝生长过程中自身产生的有机酸的积累会导致料的 pH 降低,所以在配料时,pH 一般在 $6\sim6.5$ 之间。为了使料中的 pH 变化不大,配料时常加入适量的磷酸二氢钾、石膏、碳酸钙等物质。

香菇生长的六个因子对香菇的生长发育是相辅相成、缺一不可的,相互协调配合,才能使香菇正常生长。

三、栽培管理技术

香菇栽培常见的方法有段木栽培和代料栽培两种。下面重点介绍香菇代料栽培技术。

代料栽培香菇主要是利用杂木屑、棉籽壳、作物秸秆、麸皮等代替段木栽培,代料栽培有畦床栽培、塑料袋栽培、瓶栽、箱栽等方式。香菇袋栽是较新的一种栽培方法,即把发好菌的袋子脱掉后直接在室外荫棚下出菇或不脱袋上架出花菇。两种栽培方法所用的培养料和基本生产工艺相同,只不过发菌后分为脱袋和不脱袋两种工艺流程,脱袋出菇更适合于产业化大规模生产,不脱袋更适合于大量出花菇。

(一)生产过程

1. 香菇袋栽脱袋出菇的主要生产过程

确定栽培季节→菌种制备→菇棚建造→培养料选择→原料处理→拌料→调节 pH→装袋→扎口→装锅灭菌→出锅→打穴→接种→封口→上堆发菌→脱袋排场→转色→催蕾→出菇管理→采收→后期管理。

2. 香菇袋栽不脱袋出菇的主要生产过程

确定栽培季节→菌种制备→菇棚建造→培养料选择→原料处理→拌料→调节 pH→装袋→扎口→装锅灭菌→出锅→打穴→接种→套外袋→上堆发菌→上架排场→转色→割孔催蕾→剔菇催花→采收→后期管理。

(二)出菇前生产环节详解

1. 菌种制备

选择适合于当地栽培的优良代料栽培香菇品种。引种时一定要考虑菌种的出菇特性以及对培养料的适应性,还必须根据市场的需要和当地的气候等自然条件而定。按照常规方法用小袋子或瓶子制成原种。播种时菌龄一定要适宜。1 吨原料约需购买 80 瓶菌种。

2. 确定栽培季节

香菇在中温条件下发菌,24～27 ℃最适于菌丝生长;低温条件下出菇,其中 15 ℃左右最适于出菇。香菇出菇需要变温刺激,一定的温差有利于子实体的分化。因此,在自然栽培条件下一般选择秋季,立秋之后(8—9 月)即可栽培接种。

确定香菇栽培接种期必须以香菇发菌和出菇这两个不同阶段的生理特点和生态条件的要求为依据,因地制宜地掌握"两条杠杆":一是栽培接种期当地旬均气温不超过 26 ℃;二是从接种日算起往后推 60 天为脱袋期,当地旬均气温不低于 12 ℃。只有把握住这"两条杠杆",才能使接种后的菌丝处于最适条件下生长、出菇,子实体才能在十分适宜的温度下发育。

在北方条件好的大棚温室里可以人为地控制生长条件,一年四季均可栽培香菇。

3. 培养料的选择

可用于栽培香菇的代料很多,如棉籽壳、玉米芯、阔叶树木屑、豆秸粉、麦秸粉、花生壳、多种杂草等,但其中仍以棉籽壳、木屑培养料栽培香菇产量较高。辅料主要是麦麸、米糠、石膏粉、过磷酸钙、蔗糖、尿素等。培养料的配方很多,常见的有以下几种。

(1)阔叶树木屑 78%、麸皮或米糠 20%、石膏粉 1%、蔗糖 1%。料与水之比为 1∶1.2。

(2)阔叶树木屑 76%、麸皮 18%、玉米芯 2%、石膏粉 2%、过磷酸钙 0.5%、蔗糖 1.2%、尿素 0.3%。料与水之比为 1∶1.2。

(3)阔叶树木屑 63%、棉籽壳 20%、麸皮 15%、石膏粉 1%、蔗糖 1%。料与水之比为 1∶1.2。

(4)棉籽壳 40%、木屑 35%、麸皮 21%、石膏粉 1.5%、过磷酸钙 1.5%、糖 1%。料与水之比为 1∶1.3。

(5)棉籽壳 40%、木屑 35%、麸皮 20%、玉米粉 2%、石膏粉 1%、过磷酸钙 1%、糖 1%。料与水之比为 1∶(1.2～1.3)。

(6)玉米芯 50%、棉籽壳 25%、麸皮 20%、玉米粉 2%、石膏粉 1%、过磷酸钙 1%、糖 1%。料与水之比为 1∶1.3。

(7)玉米芯 50%、阔叶树木屑 25.5%、麸皮 20%、糖 1.3%、石膏粉 1.5%、过磷酸钙 1%、硫酸镁0.5%、尿素0.2%。料与水之比为1∶1.3。

（8）稻草62%、木屑15%、麸皮19%、糖1%、石膏1.5%、过磷酸钙1%、尿素0.3%、磷酸二氢钾0.2%。料与水之比为1∶1.2。

（9）野草76%、麸皮20%、石膏粉2%、过磷酸钙1%、糖1%。料与水之比为1∶1.3。

4. 原料处理

作物秸秆要切成1～2 cm的小段，并浸泡于水中软化处理。玉米芯要粉碎成玉米粒大小，但不要太细，否则影响透气性。以棉籽壳为主要原料时，最好添加一些木屑，从而使培养基更为结实，富有弹性，有利于香菇菌丝生长和后期补水。木屑要用阔叶树木屑，过筛，剔除料中的木块与有菱角的尖硬物，以防装料时刺破塑料袋，引起杂菌感染。

5. 拌料

拌料就是将培养料的各种成分搅拌均匀。拌料应根据每天的生产进度，将料分批次拌和，当天拌料，当天装袋灭菌。拌料时，先将木屑、棉籽壳、玉米芯等主要原料和不溶于水的麸皮、玉米粉等辅料按比例称好后混匀，再将易溶于水的糖、过磷酸钙、石膏等辅料称好后溶于水中，拌入料内，充分拌匀，调节含水量为60%左右，即手握培养料时，指缝间有水渗出但不下滴，一般pH控制在5.5～6.5为宜。

6. 装袋

拌好料后要及时装袋，一般用规格为15 cm×55 cm，厚0.045～0.050 cm的塑料袋，每袋装干料0.9～1.0 kg，湿重2.1～2.3 kg。装袋的方法有机械装袋和手工装袋两种。

手工装袋是用手一把一把地将料塞进袋内。当装料1/3时，把袋子提起来，将料压实，使料和袋紧实，装至离袋口5～6 cm时，将袋口用棉绳扎紧。装好的合格菌袋，表面光滑无突起，松紧程度一致，培养料紧实无空隙，手指按坚实有弹性，塑料袋无白色裂纹，扎口后，手掂料不散，两端不下垂。一般来说，装料越紧越好。如果装料过松，空隙大，空气含量高，菌丝生长快，呼吸旺盛，消耗大，出菇量少，品质差，易受杂菌感染。

使用装袋机装袋，依据生产规模，可以3～5个装袋机组合，人员合理组合，以提高生产效率。

7. 灭菌

装袋后，应及时灭菌。装锅时，一般料袋呈井字形叠放，常压灭菌过程遵循"攻头、保尾、控中间"的原则。开始旺火猛攻升温，4小时之内灶温达100 ℃，中间小火维持灶温，不低于100 ℃，持续一段时间，最后用旺火烧，要求100 ℃保持14～16小时。

8. 接种

接种时，应预先做好消毒工作，接种环境、接种工具、接种人员都要按常规消毒灭菌。将灭菌后的菌袋移入接种室，待料温降至30 ℃以下时接种。香菇的接种方法很多，但最为常用的是长袋侧面打穴接种的方法（见图8-2）。

接种时可由3～4个人流水作业操作：第一个人用75%酒精棉球擦净料袋，然后用木棍制成的尖形打穴钻或空心打孔器，在料袋正面消过毒的袋面上以等距离打接种孔（每袋打4～5个孔，一面打3个，相对一面错开打2个）；第二个人用接种器或镊子取出菌种块，迅速放入接种孔内，尽量按满接种穴，最好菌种高出料面1～2 mm；第三个人用食用菌专用胶布（或胶片）封口，再把胶布封口顺手向下压一下，使之粘牢穴口，从而减少杂菌感染；第四个人把接种好的料袋递走。也可按一定顺序逐层打孔接种，完成一层所有菌袋接种后，覆盖一层薄膜。整个接

图 8-2　料袋打孔接种

图 8-3　井字形堆放菌袋

种过程动作要敏捷,尽可能减少"病从口入"的机会,接种时忌高温高湿。

9. 上堆发菌

接种后,料袋放入培养室内控温上堆发菌,发菌时多采用井字形堆放(见图 8-3);每层排四袋,依次堆叠 5~10 层,堆高 1 m 左右,接种穴位于两边,以利于通风换气,菌种萌发定植。要注意堆放时若温度高,堆放的层数要少,反之,要多些。发菌时一定要注意防湿遮阳、通风换气和及时翻堆检查。

(1) 通风换气:接种后的菌袋培养时,前 3 天关闭门窗,保持室内空气稳定。48 小时后,菌种开始萌发,慢慢吃料,菌丝呼吸代谢微弱,对环境变化抵抗力差,维持空气相对稳定,有利于菌丝生长,减少杂菌感染。第 4 天起,打开门窗通风,前 10 天之内,早晚通风,每次 1~2 小时,随着菌龄的增长,通风时间应适当加长。遇外界气温超过 28 ℃时应改在凌晨至清晨通风。气温低于 25 ℃时,白天通风。通风的目的在于保持室内空气新鲜,氧气充足,降低室温。外界气温较低时,要注意培养室保温,室温控制在 20~26 ℃。

(2) 翻堆:培养至第 7 天时,菌丝已定植,开始第一次翻堆,以后每隔 7~10 天翻堆一次。翻堆的目的是使菌袋发菌均匀,同时有利于捡出被杂菌感染的菌袋。翻堆时尽量做到上下、内外、左右翻匀,并且轻拿轻放。

(3) 脱去外套袋:接种 15 天后接种穴菌丝呈放射状蔓延,直径达 4~6 cm,可开一角或在周围刺孔透气,或脱去外套袋,以增加供氧量,满足菌丝生长的需要。接种 20 天后菌丝圈可达 8 cm 左右。接种 30 天后,菌丝生长进入旺盛期,新陈代谢旺盛,此时菌袋温度比室温高出 3~4 ℃,应加强通风管理,把室温降到 22~23 ℃。

经过 50~60 天的培养,菌丝即可长满菌袋,在接种穴周围出现菌丝扭结形成的瘤状物。菌袋内出现色素积水,菌丝已生理成熟,准备脱袋出菇。

(三) 脱袋排场出菇

1. 脱袋

脱袋后的菌袋称为菌筒或菌棒。要适时脱袋。脱袋过早,菌丝没有达到生理成熟,难以转色出菇,产量低;过迟,袋内已分化形成子实体,出现大量畸形菇,或菌丝分泌色素积累,使菌膜增厚,影响原基形成和正常出菇。早熟品种,在种穴周围开始转色,形成局部色斑,伴有菇蕾显现,将菌袋移至菇棚脱袋;中晚熟品种,尽可能培养至全部或绝大部分表面转色后再脱袋。脱袋的时期,还应根据时间、气温等因素综合判断。日平均气温在 10 ℃以上时可适当提早脱袋,低于 10 ℃时,应延长室内培养时间至菌袋基本转色后脱袋。脱袋的最适温度为 16~23 ℃。高于 25 ℃时菌丝易受伤,低于 10 ℃时脱袋后转色困难。

脱袋应选无风天气,刮风下雨或气温高于 25 ℃时停止脱袋。脱袋时用刀片沿带面割破,剥掉塑料带使菌筒裸露。菌袋脱袋时要保留两端一小圈塑料袋不脱,以免着地时菌筒沾土。脱袋后要保温保湿,一般边脱袋,边排筒,边盖膜。

2. 排场

脱袋后要及时架排场(也称排筒)。常采用梯形菌筒架为依托,脱袋后的菌筒在畦面上成鱼鳞式排列。架子的长和宽与畦面相同,横杆间相距 20 cm,离地面 25 cm。为了便于覆盖塑料薄膜保湿,还必须用长 2~2.5 m 的竹片弯成拱形,固定在菌筒架上,拱形竹片间相距 1.5 m 左右。菌筒放于排筒的横条架上,立筒斜靠,与平面成 60°~70°夹角。排筒后立即用塑料薄膜罩住。

3. 转色

香菇菌丝生长发育进入生理成熟期,表面白色菌丝在一定条件下逐渐变成棕褐色的一层菌膜,称为菌丝转色。转色的深浅、菌膜的厚薄直接影响到香菇原基的发生和发育,对香菇的产量和质量影响很大,是香菇出菇管理最重要的环节。

常用的转色方法有脱袋转色法和不脱袋转色法。脱袋后进入菌筒转色期,也就是"人造树皮"形成的关键时期。

(1)脱袋转色法:脱袋排场后,3~5 天内,尽量不掀动薄膜,保湿保温,以利于菌丝恢复生长。5~6 天后,菌筒表面形成一层浓白的香菇绒毛状菌丝,开始每天通风 1~2 次,每次 20 分钟,促使菌丝逐渐倒伏形成一层薄薄的菌膜,同时开始分泌色素,吐出黄水。此时应掀膜,往菌筒上喷水,每天 1~2 次,连续 2 天,冲洗菌柱上的黄水。喷完后再覆盖。菌筒开始由白色变为粉红色。通过人工管理,逐步变为棕褐色。正常情况下,脱袋 12 天左右,菌筒表面形成棕褐色的树皮状的菌被,即转色,也就是"人造树皮"的形成。影响菌棒转色的因素很多,科学地处理好温度、湿度、通风、光照之间的关系,是菌筒转色早、转色好的关键。转色后的菌被相当于菇木的树皮,具有调温保湿的作用,有利于菌筒出菇。转色过程中常因气候的变化和管理不善,出现转色太淡或不转色,或转色太深、菌膜增厚等现象,这些都会影响正常出菇和菇的品质。

(2)不脱袋转色法:除了脱袋转色,生产上有的采用针刺微孔通气转色法,待转色后脱袋出菇。还有的不脱袋,待菌袋接种穴周围出现香菇子实体原基时,用刀割破原基周围的塑料袋露出原基,进行出菇管理。出完第一潮菇后,整个菌袋转色结束,再脱袋泡水出第二潮菇。这些转色方法简单,保湿好,在高温季节采用此法转色可减少杂菌感染。

4. 出菇管理

脱袋转色后的菌筒,通过温差、干湿差、光暗差及通风的刺激,就会产生子实体原基和菇蕾。香菇菇期长达 6 个月,有冬、秋、春之分,管理上要根据气候条件,采取相应措施尽量创造适宜的生长发育条件。

(1)秋菇期管理。从出菇至第一次浸水前的这段产菇期均属秋菇期。秋菇期菌棒营养最丰富,菌丝生长势也最为强盛,棒内水分充足,自然温度较高,出菇集中,菇潮猛,生长快,产量高,应抓好以下几个方面的工作。

① 变温刺激,促进子实体形成。香菇属变温结实性真菌,自然状态下,随昼夜温差变化形成子实体。代料栽培时,菌棒转色后,人为拉大菇床温度变幅,白天将塑料薄膜罩严菇床,提高温度,到了晚上,气温回落到低点时,又将薄膜敞开降温,造就 8 ℃以上的温差变幅,连续刺激 3~4 天,菌棒局部增大,表皮裂缝,菇蕾冒出。变温刺激时,也应注意水分管理,按照阴天少喷水、雨天不喷水、晴天多喷水的原则,维持 90% 左右的相对湿度。

② 调控温度,抑制初生菇的生长速度。初生菇蕾长出后,母体处于营养最丰富阶段,加之

气温较高,生长速度较快。应加强通风换气,覆好遮阳物。晴天中午全掀床上薄膜,以降低温度,避免子实体生长过快,也便于及时采收,减少开伞菇、薄片菇的形成。采菇后,停止喷水,增加通风次数,待采菇部位培养基长出菌丝后,再拉大温差刺激催蕾。

③ 香菇采收。不论哪潮菇,严格掌握采收标准,才能提高香菇质量,提高经济效益。采收的标准是菇体生理八分成熟,即菌盖边缘下垂,呈铜锣状,稍内卷,未开伞,无孢子弹射或刚出现孢子弹射。采大留小,菇采后不能有残留,以免引起腐烂。

（2）冬菇期管理。从 11 月下旬至次年 2 月底为冬菇期。这段时期室内温度低,一般在 10 ℃以下,香菇原基形成受阻,子实体生长缓慢,自然情况下,产菇量少。但冬菇质量高,含水量低,烘干率高,价值也高。所以,促进菇蕾形成,提高冬菇产量是冬天管理的主要目标。实践证明,采用保温催蕾、"双覆膜"技术,能获得理想的效果。

① 适时浸水,保温催蕾。秋菇采收后,气温下降,进入冬季,菌棒内水分消耗较多,应及时补充水分。菇已采净,菌棒明显变轻,两头用粗铁丝打 3～5 个 10 cm 深的洞,排放于浸水池中,放满后,先用木板及石块压好后,再向池内注水,将菌棒全部淹到水中。第一次浸水 2～5 小时。将浸好的菌棒捞出,待表面水分晾干后催蕾。催蕾可在室内,也可在菇棚向阳一侧进行,先在地面铺一层稻草或草帘,上铺塑料薄膜,将菌棒如同发菌期一样堆积,用塑料薄膜把整堆周围及顶部覆严,再包盖一层草帘或其他保温材料。这样可以利用室温及菌丝自身代谢产生的热量来提高堆内温度,促使菇蕾产生。催蕾的前 2 天不要动保温材料及薄膜,第 3 天后,每天上午、下午各通风一次,第 5 天要翻堆,把显蕾的菌棒挑出来排床管理,剩余的重新放起,按上述操作循环进行。冬季一般补水 3 次,都可采用保温催蕾来促进子实体形成。

② 菇床管理。冬季要设法采取措施提高或保持菇棚温度。第一,加厚菇棚背光面的围栏材料,白天拉稀棚顶覆盖物,尽量使阳光直射菇床,太阳光照射围栏时,将其拉开,增加棚内光照,提高床温。第二,为保持和提高菇床温度,采用双层塑料薄膜盖菇床。第三,棚内菇床不要积水,降低温度,减少通风次数,减少床内热量散失。

（3）春菇期管理。从 3 月份开始到栽培结束为春菇期。春菇产量占到总产量的 45％左右,香菇的产出主要在 4 月份以前。5 月份以后,气温逐步升高,很快就不适宜代料香菇生长,如果棒内营养物质还未转化完,高温季节将限制下潮出菇期。使菌棒春季多出菇,出好菇,应做好以下管理工作。

① 平抑温度变幅,提高鲜菇质量。早春气温变幅大,原基易形成,生长快,连续采收,菇体变小,肉变薄,质量差。要保证质量,提高产量,必须控制子实体的形成速度与数量,可采用间苗的办法及时去掉弱小的原基,保证营养集中供给。缩小昼夜温差,中午揭膜通风,延长通风时间,加厚荫棚上的遮阳材料,减少透光率。

② 补水补肥。结合浸水,适当加入氮、磷、钾速效肥及微量元素,每 100 kg 水加尿素 0.2 kg、过磷酸钙 0.3 kg、磷酸二氢钾 0.1 kg,补充棒内水分,提高产量与质量。春菇每采完一潮后,让菌棒修养,恢复数日,然后浸水,浸水时间要适当延长。含水量达原重的 90％左右较合适。

③ 勤喷水,喷细水,保持适宜的湿度。随着气温的升高,水分蒸腾加快,床内湿度变化较大,菌棒表面容易失水,要细水多喷。

（四）不脱袋上架出菇——花菇生产管理

1. **建好菇棚**

选择通风良好、光线充足、用水方便的地方建好棚。

2. 催好菇蕾

菌筒经过 70～80 天或者 180～210 天的养菌培养,在菌筒与塑料袋间的交界处出现许多红棕色的黏液,并且逐步出现瘤状突起,说明菌筒已生理成熟,可以进行催蕾。催蕾的方法:一是变温,如果袋内水分充分,可以直接拉大温差,促使出菇;二是补水,如果菌筒水分低于40%,就得补水催菇,打眼浸泡 24 小时或注水,使菌筒达到 3.5～4 kg(大筒)。

(1) 排湿蹲蕾:当菇蕾大部分长到 0.5～2 cm 时,完成最后一次定株。只保留直径为0.8～1.5 cm 的菇蕾。停止喷水,在 1～2 天内逐渐加大通风排湿量,让菇蕾表面的游离水挥发掉,见菇蕾表面稍有亮泽和光滑感,用手指轻轻按压略有弹感时,蹲蕾结束。如果排湿过量,菇蕾表面出现纸板状,不利于催花。

(2) 蹲蕾管理:为了让菇蕾积累更多的营养,缓慢生长,则降低温度(8～12 ℃),降低光照和通风,而加大湿度,幼菇培养 5～7 天。这种操作又称蹲蕾,为后期催花做准备。

3. 催花管理

一是现蕾后,及时破膜;二是适时疏菇;三是优质管理,浸泡后的菌筒,香菇生长期不再喷水,培养厚菇,控制高温,保持低温,加温排潮,拉大温差,形成花菇。在温度适宜的情况下 20天左右可生产一潮菇。

当菌盖直径达 2～3 cm 时,可进行催花。降低湿度至 60% 左右,揭开薄膜,强通风、强光及加大温湿差,促使盖表面开裂。不能喷水,注意防潮湿,以保证花纹呈白色。

菇蕾分化出以后,进入花菇生长发育期。催花期的管理可总结为"两降低、两加强"。

(1) 降低温度。最适温度在 15～20 ℃,该温度条件下子实体生长发育很好。

(2) 降低湿度。空气相对湿度为 65%～70%。依靠菌袋浸水后的保湿供水,不向菇体喷水,以保持花菇表面裂纹的干白状态而不是暗花纹。

(3) 加强通风。随着子实体不断长大,呼吸加强,二氧化碳积累加快,要加强通风,保持空气清新。冬季的晴天上午揭棚膜,傍晚盖棚,让冷风吹拂。

(4) 加强光照。还要有相对较强的光照。上午揭膜全光照"沐浴阳光"。

催花具体措施如下。

白天揭膜降温、降湿,短时间内降到 15 ℃ 以下,让阳光直晒和自然干燥清风流通,傍晚盖膜升温、增湿。常见的升温法是覆盖塑料薄膜采光法、棚外煤炉经导气管向棚内导热法、棚底热管导热法和湿热风机增温法,促使出菇棚内的温度在 8～12 小时内逐渐升到 24～32 ℃(升到 24 ℃ 时放风排潮 15 分钟左右),保持 2～4 小时。增温期间,香菇菌丝耗氧量增加,工作人员要注意防止缺氧窒息。增温全程保持棚内相对湿度 45%～65%,不宜超过 70%。如此大的温差、湿差及强光刺激 3～4 天,即可催出花纹。

上述方法掌握适中,在开棚通风之前就有部分菇蕾已经龟裂开花了,能育出优质花菇。

(五) 采收与加工

(1) 干制菇采摘标准:干制菇的采摘最佳时机为菌盖六至八成开伞,俗称"大卷边"或"铜锣边"。阴雨天前,必须将 3 cm 以上的白花菇全部采摘,并马上烘干。

(2) 采菇技术:一手按住菌筒,一手捏菇柄基部,先左右摇动,再向上轻轻拔起。做到不留根、不带起大块基料、不损坏筒袋膜、不碰伤小菇蕾,采成熟菇留兴旺幼菇。

(3) 脱水技术:为充分利用能源,采取日晒与烘烤结合,每天上午 10 点以后采摘香菇,晴天可先晒半天以上,再进烘烤炉烘烤。为提高质量,必须使用脱水烘干机。

(4)烘烤技术:开始时温度 30～35 ℃;30～45 ℃保持 6 小时以上,大排风,半回风;50 ℃保持 6 小时,大回风;60 ℃±2 ℃,直到烘干,大排风,大回风,不超过 65 ℃。一般厚菇烘烤 18～22 小时,花菇 10～12 小时为宜。

项目二　平菇栽培

一、重要价值

平菇在真菌分类上属于担子菌亚门伞菌目侧耳科侧耳属,学名为糙皮侧耳($Pleurotus$ $ostreatus$(Jacg. Fr.)Kummer.),又称北风菌、青蘑。各地也有不同的名称,如美味侧耳、鲍鱼菇、凤尾菇、金顶蘑、栎蘑等。

平菇除了含有人体必需的 8 种氨基酸外,还含有丰富的维生素 B_1、B_2 和 PP,以及草酸等,是一种味道鲜美、营养丰富的食用菌。经常食用平菇,对降低血压、减少胆固醇有明显作用,对贫血、植物性神经紊乱、肝炎等也具有一定的疗效。平菇含有真菌多糖,对肿瘤细胞有较强的抑制作用,并有提高人体功能、延年益寿的功效。抗癌试验表明,平菇的子实体水提取液对小白鼠肉瘤 180 的抑制率是 75%,对艾氏癌的抑制率为 60%。平菇作为中药还可以用于治腰酸、腿疼痛、手足麻木、筋络不适等病症。

平菇属木腐菌,冬季、春季在阔叶树腐材上呈覆瓦状丛生,在我国绝大部分地区都能很好生长。我国平菇栽培始于 20 世纪 40 年代,当时主要以木屑为培养料,栽培规模小、数量少。自 1972 年河南省的刘纯业用棉籽壳栽培平菇成功后,河南、湖北、河北等省开始进行规模化生产。1978 年,河北省晋州市利用棉籽壳栽培平菇达到大面积高产,此后全国范围内开始进行平菇栽培,现在平菇已成为商品化栽培的主要食用菌品种之一。

平菇适应性强,栽培方法简单,生产周期短,栽培场地灵活多样,具有产量高、成本低、见效快的特点。因此,对于城乡居民和创业者而言,进行平菇生产是一项很好的家庭副业和创业项目。

二、生物学特性

(一)形态特征

菌丝体是平菇的营养器官。菌丝是无色、管状、有分支、有横隔的多细胞丝状物。成千上万条菌丝集结在一起,就形成肉眼可见的白色菌丝体。

子实体是平菇的繁殖器官,也是平菇的食用部分。子实体丛生、叠生,也有单生。子实体由菌盖和菌柄两大部分组成。菌盖直径为 5～21 cm;呈扇形、漏斗状或贝壳状,中部逐渐下陷,下陷处无毛或有棉絮状短绒;菌盖表面一般较光滑、湿润;菌盖颜色除与品种和发育阶段有关外,还与光线强弱有一定的关系,一般幼时白色、青灰色,老熟时灰白色或灰褐色,光线较暗时颜色较浅,光线强时颜色较深;菌盖边缘薄,平坦内曲,有时开裂,老熟时边缘呈波状上翘;菌肉白色、厚;菌褶白色,形如伞骨,长短不等,质脆易断,在菌柄上部呈脉状直纹延生。菌柄一般长 3～5 cm,粗 1～2 cm,白色、中实、上粗下细,基部常有白色绒毛覆盖,侧生或偏生(见图 8-4)。

(a)　　　　　　　　　(b)

图 8-4　平菇子实体形态

（二）繁殖与生活史

平菇的生活史是孢子→初生菌丝体→次生菌丝体→子实体→孢子这一循环过程。在适宜的条件下孢子萌发、伸长、分支,形成单核菌丝,两个不同性别的孢子萌发形成的单核菌丝互相结合形成双核菌丝。双核菌丝吸收大量的水分,分泌酶分解和转化营养物质,生长发育到一定阶段,表面局部膨大,形成子实体。子实体成熟后产生孢子,完成一个生活周期。

在人工栽培条件下,平菇子实体的发育可分为五个时期。

（1）原基形成期:菌丝发育到一定阶段,形成一小堆一小堆肉眼可以看见的米粒状的凸起物,这是子实体的原基。

（2）桑葚期:随着子实体原基的生长,凸起物长成桑葚样的菌蕾。

（3）珊瑚期:在条件适宜时,桑葚期仅 12 小时就转入珊瑚期。珊瑚期为 3～5 天,逐渐发育成珊瑚状的菌蕾,小菌蕾逐渐长大,中间膨大,成为原始菌柄。

（4）成形期:菌柄变粗,顶端出现一黑灰的扁球,并不断长大,这就是原始菌盖。

（5）成熟期:菌盖展开,中部隆起呈半球形;菌盖充分展开,边缘上卷;菌盖开始萎缩,边缘出现裂纹。

平菇菌盖生长很快,菌柄生长较慢。菌盖在生长过程中一部分萎缩,停止生长,另一部分经过 6～7 天发育成为成熟的子实体。平菇适宜采收期应为菌盖充分展开、边缘上卷时,过 1～2 小时即为采集孢子的适宜时间。

（三）对生活条件的要求

1. 营养

平菇是木腐菌,在自然界它生长在朽木、枯枝及死去的树桩上。人工栽培时可用棉籽壳、玉米芯、木屑、甘蔗渣等农副产品的下脚料作为栽培主料,提供碳素营养;用麸皮、米糠、玉米粉、黄豆粉饼、尿素、铵盐、硝酸盐、石膏、石灰等原料作为栽培辅料,提供氮素、无机盐和生长因素等营养。栽培时,营养生长阶段碳氮比以 20∶1 为宜,生殖生长阶段碳氮比以（30～40）∶1为宜。其栽培原料丰富,能够满足其营养需求。

2. 温度

平菇菌丝生长的温度范围为 5～32 ℃,最适温度是 24～26 ℃,15 ℃以下菌丝生长缓慢,26 ℃以上菌丝生长快但质量差。栽培中,发菌过程温度是指料温,但要注意一般料温要比气温略高。子实体形成及生长的温度范围在不同的平菇品种有不同的要求。通常子实体形成及生长温度为 4～28 ℃,最适温度为 10～24 ℃,8 ℃以下子实体生长缓慢,25 ℃以上子实体生长较快,但菌盖薄,易破碎,品质差。平菇属于变温结实性菌类,昼夜温差大有利于子实体分化,产出的平菇质量好,口感好,因而在营养生长阶段转变到生殖生长阶段的栽培过程中,应给予变温的环境条件。

3. 水分和湿度

平菇菌丝体生长阶段培养料含水量控制在 55%～65%,空气相对湿度应在 60%～70%,水分过大或过小均抑制菌丝生长;子实体生长阶段,空气相对湿度应达到 80%～95%,空气相对湿度低于 80%时,培养料面干燥,影响子实体的正常形成和生长,空气相对湿度高于 95%时,菌盖容易变色、翻卷,并且高温下易发生病虫害。

4. 通气

平菇是一种好气性真菌,在生长发育过程中需要足够的氧气。在菌丝体生长阶段,要求周围环境空气新鲜,通风好;在子实体发育阶段同样需要空气新鲜,如果二氧化碳浓度高,会形成畸形菇。

5. 光照

平菇在菌丝生长阶段不需要光照,但在子实体生长发育阶段需要一定的散射光,一般在栽培场所内,以能看清报纸上的字的光线为宜。如果光照不适宜,会形成畸形菇,并影响菌盖的颜色。

6. 酸碱度

平菇生长发育对酸碱度的要求并不严格,pH 为 5.5～6.5 最适宜。在实际栽培过程中为了防止杂菌生长,将培养料的酸碱度控制在 pH 7 以上,这样既能控制滋生杂菌,又能保证菌丝体正常生长。

(四) 平菇的种类

"平菇"一名是我国食用菌栽培者惯用的名称和商品名。严格地讲,"平菇"一名专指糙皮侧耳,但是在日常生活中,平菇属中其他的种和品种也泛称平菇。平菇属中有 40 多种,其中可供食用的有 10 多种。目前国内主要有以下几个品种。

1. 姬菇

姬菇(*P. corucopiae*(Paul. Pers)Roll.),别名小平菇,是与平菇中的糙皮侧耳、美味侧耳、佛罗里达侧耳同属的种类,学名为黄白侧耳。在日本,将姬菇与松茸相媲美。姬菇的菌盖直径为 0.5～15 cm,呈肾形或扇形,中部下陷,表面光滑,下凹部分微有白色绒毛。菌盖颜色初期呈黑色或浅蓝色,后逐渐变浅,呈灰色或灰褐色。菌肉白色,较厚;菌褶白色,不等长,延生。菌柄偏生或接近中生,几乎上下等粗,直径为 1～2 cm,长 3～6 cm,白色,内实,有时菌柄上形成隆起的脉络。

2. 漏斗状侧耳

漏斗状侧耳(*P. sajor-caju*(Fr.)Sing.),又称凤尾菇、环柄侧耳、环柄斗菇等。漏斗状侧耳单生、群生或丛生在阔叶树的腐木上,在稻草、棉籽壳及其他作物秸秆上生长很好。菌盖呈脐状至漏斗状,直径为 3～15 cm,灰褐色,干后呈米黄色至浅土黄色。菌肉白色,有菌香味。菌柄短,呈圆柱状,长 1～4 cm,侧生,内实。常具菌环。孢子圆柱状,无色,光滑,孢子印白色。

3. 糙皮侧耳

糙皮侧耳(*P. ostreatus*(Jacg. Fr.)Quel.),又称平菇、鲍鱼菇、黄冻菌、杨树菇等。糙皮侧耳子实体大型,呈覆瓦状丛生,是一种低温型品种。菌盖呈扁半球形、肾形、喇叭形或扇形至平展,直径为 4～20 cm,初期蓝黑色,后逐渐变淡,成熟时呈白色或灰色,下凹部分微有白色绒毛。菌肉白色,肥厚,有菌香味。菌柄短,长2~6 cm,白色,光滑,基部长有白色绒毛,侧生或偏生,内实,基部常相连,使菌盖重叠。孢子近圆柱形,无色,光滑。

4. 美味侧耳

美味侧耳(*P. sapidus*(Schulz)Sacc.),又称白平菇、冻菌等。美味侧耳子实体覆瓦状丛生,多发生在秋末春初,是低温型品种。菌盖扁平半球形,伸展后基部下凹,直径为3~13 cm,幼时铅灰色,后逐渐变成灰白色至白色,有时稍带浅褐色。肉质,光滑,边缘薄,平滑,幼时内卷,后期呈波浪状,菌肉、菌褶皆白色。菌柄短,显著偏生或侧生,长2~5 cm。孢子长方形,无色至微紫色,孢子印淡紫色。

5. 金顶侧耳

金顶侧耳(*P. citrinopileatus* Sing.),又称玉皇菇、榆黄菇、黄冻菌、杨柳菌等,是一种原产于东北林区的野生食用菌。子实体多丛生,常发生在夏季及秋初,菌丝生长温度范围为10~32 ℃,子实体生长温度为12~28 ℃,最适生长温度为20~25 ℃,是一种高温型菌。菌盖呈漏斗形,直径为3~12 cm,草黄色至金黄色,光滑,肉质。菌肉和菌褶皆白色,有菌香味。菌柄长2~10 cm,偏生,白色至淡黄色,基部常相连。孢子为圆柱形,无色,光滑,孢子印白色。

三、栽培管理技术

平菇有很多种栽培方法,根据栽培场地、栽培容器、对培养料的处理方法和栽培管理的不同,分为室外阳畦栽培、室内菌床栽培、人防工事栽培、塑料大棚栽培、塑料袋栽培、熟料栽培、半生料栽培、生料栽培、菌砖栽培、瓶栽、箱栽、两段栽培等。但是各种方法在实践中不是截然分开的,如熟料袋栽、室外塑料大棚栽培等。

(一)栽培季节

平菇的栽培季节主要取决于温度和栽培方法,根据平菇在菌丝生长和子实体形成时期对温度的要求,在不同的季节播种应选择不同温度类型的品种。各地应以当地气候条件为依据,灵活掌握,首先必须满足子实体形成和生长所需要的温度,再考虑满足菌丝生长所需的温度。一般实行春、秋两季栽培,每年9月中旬至次年3—4月均可进行栽培。如果采用生料栽培,以11月下旬至次年2月为宜,因为这时自然气温通常在20 ℃以下,虽然菌丝生长慢,但不利于各类杂菌的生长,所以这段时间是平菇栽培的安全期,一般不会发生感染。

(二)培养料配方

栽培平菇的培养料配方有很多种,目前常用的有以下几种。

(1)棉籽壳培养料配方:

① 棉籽壳97%、石膏1%、石灰1%、过磷酸钙1%;

② 棉籽壳87%、米糠或麦麸10%、石膏1%、石灰1%、过磷酸钙1%;

③ 棉籽壳96.5%、石膏1%、过磷酸钙1%、石灰1%、尿素0.5%;

④ 棉籽壳97.75%、石膏1%、石灰1%、氮、磷、钾复合肥0.25%。

(2)秸秆培养料的配方:

① 稻草93.85%、石膏1%、玉米粉5%、尿素0.15%;

② 稻草55%、棉籽壳42%、石膏1%、石灰1%、过磷酸钙1%;

③ 麦秸96.5%、石膏1%、过磷酸钙1%、石灰1%、尿素0.5%。

(3)其他培养料的配方:

① 木屑 77%、麦麸或米糠 20%、糖 1%、石膏粉 1%、石灰 1%；

② 玉米芯 77%、棉籽壳 20%、糖 1%、石膏粉 1%、石灰 1%；

③ 玉米秸 88%、麦麸 10%、石膏粉 1%、石灰 1%；

④ 玉米渣 78%、棉籽壳 20%、石膏粉 1%、石灰 1%；

⑤ 粉碎的花生壳 77%、麦麸 20%、糖 1%、石膏粉 1%、石灰 1%；

⑥ 粉碎的花生壳与秸秆 78%、棉籽壳 20%、石膏粉 1%、石灰 1%。

(三) 平菇袋栽技术

塑料袋栽培平菇既省工,又便于管理,还能充分利用空间。它不仅适于室内栽培,而且适于在塑料大棚、人防工事等地方栽培。因其移动方便,更可进行两段栽培。还可放入稻田、玉米地、蔬菜地,与水稻、玉米、蔬菜间作。

1. 熟料袋栽技术

(1) 培养料的选择。栽培平菇的培养料很多,如棉籽壳、稻草、麦秸、玉米芯、甘蔗渣、其他作物秸秆等,可因地制宜选择。但不管选择何种原料,均要求新鲜、干燥、无霉变。除上述主料外,还应根据平菇对营养的需要加入少量的石膏、石灰、米糠或麦麸、磷肥等。

(2) 拌料。配方选好以后,应该选择非雨天时进行拌料。拌料之前将溶于水的物质(如石膏、磷肥等)先溶于水,不溶于水的物质(如麸皮等干料)先混合均匀,然后按料水比 1 : (1.3～1.4)的比例加入上述水溶液拌料。要求拌料均匀,含水量适中。含水量适宜的标准是用手抓一把培养料握紧,指缝中如有 2～3 滴水滴下即为适宜。

(3) 装料。根据灭菌方式不同,可选用不同材料制作的塑料袋:高压灭菌时宜选用聚丙烯塑料袋,常压灭菌时宜选用聚乙烯塑料袋。早秋栽培,栽培袋宽 22～24 cm、长 50～55 cm、厚 0.04～0.05 cm；春季栽培,栽培袋宽 18～20 cm、长 45～50 cm、厚 0.04～0.05 cm。装料时,先将袋的一头在离袋口 8～10 cm 处用绳子(活扣)扎紧,然后装料,边装边按,使料松紧一致,装到离袋口 8～10 cm 处压平表面,再用绳子(活扣)扎紧,最后用干净的布擦去沾在袋上的培养料。

(4) 灭菌。不论采用常压蒸汽灭菌还是高压蒸汽灭菌,装锅时都要留有一定的空隙或者井字形垒在灭菌锅里,这样便于空气流通,灭菌时不宜出现死角。如采用高压蒸汽灭菌,加热升温后,当压力达到 0.049 MPa 时,放净锅内的冷空气;压力达到 0.147 MPa 时,维持压力,开始计时,2 小时后停止加热,自然降温,让压力表指针慢慢回落到"0"位,先打开放气阀,再开盖出锅。采用常压蒸汽灭菌,开始加热升温时,火需旺、猛,从生火到锅内温度达到 100 ℃的时间最好不超过 4 小时,否则会把料蒸酸蒸臭;当温度到 100 ℃时,要用中火维持 8～10 小时,中间不能降温;最后用旺火猛攻一阵,再停火闷一夜后出锅。

(5) 播种。一般采用两头播种:解开一头的袋口,用锥形木棒捣一个洞,洞尽量深一点,放一勺菌种在洞内,再在料表放一薄层菌种,播后袋口套上颈圈,袋口向下翻,使其形状像玻璃瓶口一样,再用 2～3 层报纸盖住颈圈封口。解开另一头的袋口,重复以上操作过程。为降低成本,颈圈可以自制,即将 1 cm 宽的编织带剪成 15～18 cm 的小段,在火上灼烧接成直径为 3～4 cm 的圈。早秋气温高,空气中杂菌活动频繁,播种时稍有疏忽,极易造成杂菌感染。播种时应注意以下几点:①播种要严格按照无菌操作程序进行;②料袋温度在 28 ℃左右播种较好;③灭菌出锅的菌袋要在 1～2 天内及时播种,菌袋久置不播种,会增加杂菌感染率,制袋成品率显著下降;④高温期,接种箱内采用酒精灯火焰杀菌,箱温可达 40～50 ℃,极易灼伤和烫死菌种,因此播种要尽量安排在早晚或夜间进行,有条件的可以安装空调降低接种室温度,这样能有效地减少杂菌感染;⑤适当加大播种量,使平菇菌丝在一周内迅速封住袋口的料面,阻止杂菌入侵,提高播种成功率。

（6）发菌期管理。平菇播种后,温度条件适宜,才能萌发菌丝,进行营养生长。菌袋堆积的层数应根据播种时的气温而定:气温在 10 ℃左右时,可堆 3～4 层高;18～20 ℃时,可堆 2 层;20 ℃以上时,可将袋以井字形排列 6～10 层或平放于地面上,以防袋内培养料温度过高而烧死菌丝。大约 15 天,袋内料温基本稳定后,再堆放 6～7 层或更多层。这个阶段要注意杂菌感染与病虫害的发生,促使菌丝旺盛生长。应根据发菌生长的不同时期,进行针对性的管理。

① 定植期。播种后 2～3 天,温度控制在 20 ℃以上,最适温度为 24～26 ℃,一般 24 小时后菌种块开始萌发,长出绒毛状的白色菌丝,这时开始遮光培养。注意控制料温在 32 ℃以下,料温过高会烧死菌丝。如果发现多数菌袋菌种不萌发,即属于菌种问题,应重新灭菌,重新播种。

② 伸展期。播种后 5～10 天,菌袋两端布满菌丝,并向深层蔓延生长,即菌丝吃料。这时菌丝生长速度较快,代谢较旺盛,呼吸作用加强,需氧量增大。特别是到 15～20 天,要注意通风换气,每天 1～2 次,每次 10～20 分钟,但仍然以保温为主。这时如果发现菌种萌发但不吃料,并且封口层报纸潮湿,是培养料水分太多造成的,可加大通风换气量,以利于水分蒸发;如果是菌种质量的问题,应重新灭菌,更换菌种重新播种。

③ 巩固期。播种后 25～30 天,菌丝生长速度加快,代谢、呼吸作用更加旺盛,应增加通风换气次数和时间,保证发菌场所的空气新鲜。菌袋内的培养料温度（即料温）保持在 20～25 ℃,空气相对湿度提高到 80% 左右,防止阳光直射。这时如果发现感染袋,应将感染袋移出发菌场所。感染不严重的,可继续发菌或用石灰水浸泡 24 小时晒干后掺在新料中重新使用;如感染严重,应远离发菌场所深埋。

总之,发菌期间要加强培养室的温度、光照和通风的管理,经常检查菌袋感染情况。培养室温度最好控制在 18～20 ℃,不要超过 22 ℃。要经常逐层检查菌袋的温度,尤其是排放在中间部位的菌袋,一旦发现菌袋温度过高,要及时疏散,同时采取在门窗外搭遮阳棚、墙内外刷石灰水等措施,降低墙面吸热率,采取此法,可将室温降低 4～5 ℃;整个发菌期间不需要光照;培养室的空气要保持新鲜,每天夜间和清晨开门窗通风;发现被杂菌感染的菌袋及时剔出。

（7）出菇期管理。当见到袋口有子实体原基出现时,立即排袋出菇。两头播种的菌袋,一般垒成墙式两头出菇,即在地面铺一层砖,将袋子在砖上逐层堆放 4～5 层,揭去袋口的报纸。根据子实体发育的五个时期,抓住管理要点。

① 原基形成期。播种 30 天以后,即菌丝发满袋 3～5 天,要求通风良好,有充足的散射光。这时关键是创造一个温差较大的环境,昼夜温差最好在 10 ℃以上,经 3～5 天,袋口可见子实体原基。

② 桑葚期。此期不能把水直接浇在菌蕾上,可向空间喷水,空气相对湿度控制在 85%～90% 为宜,在温度适宜条件下维持 2～3 天。

③ 珊瑚期。必须加强通风换气,温度控制在 7～18 ℃,空气相对湿度控制在 85%～95%。

④ 形成期。此期可根据培养料和空气相对湿度进行喷水,每天喷 2～3 次,以培养料不积水为宜,温度控制在 7～18 ℃,空气相对湿度为 90%～95%,并保持空气新鲜。

⑤ 成熟期。当菌盖直径达 8 cm 左右,颜色由深变浅时就可采收。

总之,出菇阶段要加强出菇场所水分、光照和通风的管理。子实体需要大量水分,气温高时蒸发量大,培养料与子实体极易干燥失水。因此要根据子实体生长的不同时期,采用向空间或向料面直接喷水的方法,保持空气相对湿度在 85%~95%。为减少菌袋水分蒸发,可在菌袋上面覆盖一层遮阳网,向遮阳网上喷水。这样不仅能提高保湿效果,还可以避免喷水对菌丝造成的直接损伤。此外,还要注意给予一定的散射光,并在清晨、晚间通风换气,保持充足的新鲜空气。

(8)采收。气温高时平菇生长快,子实体从现蕾到成熟只需 5~7 天,当菇盖展开度达八成,菌盖边缘没有完全平展时,就要及时采收。采收方法是用左手按住培养料,右手握住菌柄,轻轻旋转扭下,也可用刀在菌柄基部紧贴斜面处割下。一般隔天采收一次,采收前 3~4 小时不要喷水,使菇盖保持新鲜干净,采收时连基部整丛割下,轻拿轻放,防止损伤菇体。

(9)转潮期管理。转潮期是指从一潮菇采摘结束到下一潮菇子实体原基出现的时间。每批菇采收后,要将袋口残菇碎片清扫干净,除去老根,停止喷水 3~4 天,待菌丝恢复生长后,再进行水分、通气管理,经 7~10 天,菌袋表面长出再生菌丝,发生第二批菇蕾。

在出菇期,水分管理是平菇优质高产的第一大管理要素。也就是说,必须千方百计使空气相对湿度在 80%~95%,培养料含水量在 65%~70%。

在出过一至两潮菇后,培养料的水分和营养含量会严重下降,应及时补充水分或营养液。补充水分或营养液的方法很多,如用竹签或粗铁丝插 3~4 个小孔,放入水或营养液中浸泡 12 小时。营养液种类很多,现介绍几种:①100 kg 水加糖 1 kg、维生素 B$_1$ 100 片,制成混合液;②100 kg水加糖 1 kg、过磷酸钙 4 kg、尿素 0.3 kg,制成混合液;③100 kg 水加糖 1 kg、过磷酸钙 4 kg,制成混合液;④淘米水。以上营养液可结合水分管理喷施。由于转潮换茬,基质的 pH 自然下降,影响菌丝的恢复能力,可喷洒 1%~2% 石灰水,使培养料为中性。按以上方法管理,栽培周期一般为 3~4 个月,可采收 4~6 潮菇。

有条件的也可以利用室外大田覆土,这是目前采用的新技术,能很方便地满足空气相对湿度在 80%~95%,培养料含水量在 65%~70% 的要求,可显著提高平菇的产量和质量。有试验证明,产量可提高 30% 左右。下面主要介绍室外大田覆土方法。

平菇覆土对土壤的选择很重要。从土壤的物理性质来讲,选用壤土为好,即选用土粒不太坚硬、不含肥料、新鲜、保水通气性能较好、毛细孔较多、团粒结构好的菜园土、树林表层腐殖土或稻田土。覆土应呈颗粒状,土粒直径约 0.5 cm,土壤的酸碱度以 pH 6.5~7.0 为宜。此外,也可将土壤改良后再覆土,改良土的配制方法为:取地表 20 cm 以下的菜园土或树林内表层腐殖质土过筛后,添加 10% 稻谷壳、10% 草木灰或细煤渣、2% 过磷酸钙、0.2% 尿素、3% 石灰粉、1% 食盐,反复搅匀后,喷洒 1∶500 多菌灵和 1∶1500 敌敌畏药液,再用薄膜密封 2 天,杀死土壤内的杂菌和虫害。利用改良土作覆土,既增加了土壤中的矿质元素,又改变了土壤的物理结构,特别是添加谷壳后,增强了土壤的透气性,还可避免菇体沾上泥土,也能显著提高平菇的产量和质量。

平菇覆土的方法很多,主要有畦床平面覆土出菇法、单墙式泥墙覆土出菇法和双面式填充覆土出菇法等。常用的是畦床平面覆土出菇法,具体操作如下:选择近水源的场地,按宽 1.2 m 开厢整畦,长度不限,畦床挖深 20 cm,畦底挖松整碎,撒少许石灰粉,喷敌敌畏、甲醛药液消毒杀虫;然后将长满菌丝的菌袋(或称菌筒)或出过一至两潮菇的菌袋(菌筒),脱去塑料袋,按间距 10 cm 摆放好,再把经处理的覆土填满菌筒空隙,直至高出菌筒面 1 cm 即可;随即用水或营养液将畦床浇透,使覆土层自上而下全部吸足水分,干后将床面沉落部位再用覆土填平;最后插上竹弓,盖上薄膜、草帘养菌。覆土之后,菌丝会很快长入覆土内,一周左右便可现蕾出菇。整个出菇期的水分管理只要保持土层湿润,表土不发白即可,可大量节省管理用工。

2. 半熟料袋栽

(1)培养料的堆制发酵。堆制发酵的作用:一是在堆制过程中,堆内温度可升到63 ℃以上,能杀死培养料内病菌和虫卵,起到高温杀菌的作用;二是使料内的营养成分由原来不能被菌丝吸收状态变为可吸收利用状态;三是经堆制发酵后的培养料,质地松软,保水通气性能好,适于菌丝的生长发育。

堆制场地要选在地势较高、背风向阳、距水源近而且排水通畅的地方,地面要夯实,打扫干净。一般播种前7~9天进行。堆制材料不同,处理方法也不同:秸秆切成15~23 cm长,浸泡1~2天,然后捞起滤去水分;棉籽壳可直接堆制发酵。

堆制发酵的步骤如下:①建堆。先在地面上铺一些高粱秆或玉米秆,以利于通气。堆的大小要适中,松紧要适宜,堆形要做成馒头状。堆好以后,上盖草席或塑料薄膜,以便保持温度和湿度,但2~3天以后要去掉薄膜,以免通气不良,造成厌气发酵。②翻堆。培养料堆制过程中,要多次翻堆,翻堆的作用是调节堆内的水分和通风条件,促进微生物活动,加速物质的转化。翻堆的方法是把料堆扒开,将料抖松,将堆内外、上下的培养料混合均匀,并喷水调节湿度和酸碱度,添加辅料。正常情况下,建堆后2~3天堆温开始上升,温度可达70~80 ℃。温度达到高峰后,可维持1~2天,然后进行翻堆,翻堆后重新建堆。第一次翻堆后经1~2天,堆温很快就上升到75 ℃左右,可进行第二次翻堆。如此进行2~3次,且每次间隔都比上一次翻堆时间缩短2天。最后一次翻堆要调节好水分、酸碱度,加入0.3%的多菌灵或其他杀虫杀菌剂,将料拌匀待用。

堆制发酵的注意事项:选择晴朗的天气;升温要快,温度要高;翻堆时要认真,不夹带生料。

(2)装袋、播种。选用宽18~22 cm、长40~50 cm、厚0.04~0.05 cm的塑料袋。装袋、播种前,先在离袋口8~10 cm处将袋的一端用绳扎好(活结);培养料装入袋内达1/2时加入菌种一层;再装料至离袋口8~10 cm,加1 cm厚的菌种封面,用绳子扎好口;然后解开另一端的袋口,加1 cm厚的菌种封面后,再用绳子扎好口。如果气温较高,绳子扎口改为套颈圈封口更好。一般视袋子的长度和栽培时的温度,可以2层料3层菌种或3层料4层菌种。装袋时要注意使料松紧一致,每层料的厚度也应尽量一致。

(3)发菌期管理。发菌要求在清洁、干燥、通气良好、无光线的培养室内进行。菌袋不论怎样堆放,都要保证袋内温度在28 ℃以下,若袋温降不下去,应疏散菌袋,分室培养。

发菌期其他管理方法同熟料袋栽。

(4)出菇期管理。出菇期管理方法与熟料袋栽相同。

3. 生料袋栽

生料袋栽只能在自然温度低于20 ℃时进行,并且培养料一定要新鲜、质量好。在常规配方中加入0.3%的多菌灵或其他杀虫杀菌剂拌料,pH调至9~10。料拌好后,要立即装袋、播种,播种量要高于半熟料袋栽,并保证袋内温度在10~20 ℃。在防止烧菌和杂菌感染的基础上,使菌丝尽快萌发、吃料、快速生长。其他同熟料袋栽。

4. 阳畦生料栽培

平菇阳畦生料栽培即利用室外空闲地建造阳畦来栽培平菇,是一项工艺简单、成本低、周期短、产量高的栽培技术。

(1)选择场地。应选择干净、背风向阳、灌排水方便、地势平坦的田块。

(2)作畦。畦的长度不限,宽1~1.2 m,深0.2~0.3 m。在畦面及四周喷洒浓度为2%~

3%的石灰水或其他杀虫杀菌溶液。

（3）拌料。在常规配方中加入0.3%的多菌灵或其他杀虫杀菌剂拌料，调节pH至9～10，拌好的料最好当天用完，不宜过夜。

（4）播种前的准备。菌种量以占干料重的12%～15%为宜；所用工具及器皿应洗净，并用0.1%的高锰酸钾液消毒；将菌种掰成蚕豆大小，放在消毒液清洗过的面盆里，用消过毒的湿纱布覆盖备用。

（5）播种。通常采用层播法，即先在畦面铺1/3培养料，并均匀撒入1/4的菌种；再铺上1/3的培养料，均匀撒入1/4的菌种；最后铺入剩余1/3的培养料，表面均匀撒入1/2的菌种，培养料四周尤其不能遗漏，可适当多撒些。播后将料面稍压实拍平，立即用0.1%的多菌灵或0.1%的高锰酸钾液消过毒的报纸覆盖，再盖上薄膜和草帘，四周压上砖块。

（6）发菌期管理。接种后的5～7天内，切忌揭膜查看，中午前后料温如超过28℃，可掀草帘或掀草帘和薄膜通风降温，等温度下降后盖上薄膜，将料温保持在24℃左右。料温稳定后，就不必掀动薄膜。根据发菌及天气情况，逐层增加早晚揭膜次数和时间。

（7）搭拱棚。当菌丝生理成熟，即将形成子实体原基时，应立即搭拱棚，以便出菇期的管理。

（8）出菇期管理。利用拱棚创造一个具有温差的环境条件，使子实体原基尽快出现；当子实体原基出现时，揭去报纸、薄膜和草帘，在保持湿度的基础上加大通风量；一般每天喷雾状水2～3次，每次喷雾状水量以菇床上料面湿润、不积水、菇体表面有光泽为度。

当子实体长到八成熟（菌盖边缘开始平展）时，应及时采收。每潮菇采收后，要将床面残留的死菇、菌柄清理干净，以防腐烂；停止喷水4～5天后，喷足水或营养液体，盖上薄膜，保湿发菌；待料面再度长出菌蕾，仍按第一潮菇的管理方法管理。出1～2潮菇后可以覆土，覆土后的管理和熟料袋栽覆土管理方法相同。

四、姬菇栽培技术

（一）概述

姬菇是平菇家族中最受消费者青睐的品种之一，抗逆性和适应性都很强，栽培方法简单易行，产品畅销国际市场，经济效益显著。近年来，我国姬菇发展迅速，遍及长江以北10多个省市，主要产于辽宁、河南、山西、山东等省，全国每年出口盐渍姬菇10000余吨。栽培姬菇是劳动密集型和技术密集型的产业，是致富创汇的好途径，可利用的栽培原料也非常广泛，凡能栽培平菇的原料都可以用来栽培姬菇。

（二）生物学特性

姬菇的生物学特性与平菇基本相同，只是子实体发生量较多，也较密，出菇温度和子实体分化温度要求较低。姬菇由于子实体生长阶段较平菇短，采收较早，所以产量较平菇稍低。

（三）栽培技术要点

姬菇栽培的程序和管理方法与平菇几乎相同。但因为姬菇的个体比平菇小，并且姬菇的菇盖直径越小，商品价值越高，因此在子实体刚刚形成而未进入快速生长期之前就要采收。影响姬菇高产的直接因素是每潮菇的产量和出菇潮数。构成每潮菇高产的因素是原基数与成菇率，菇盖厚度与菇体的整齐度；影响潮次的因素是营养因素与环境条件。因此，成功栽培姬菇的关键在于创造使子实体多分化、高成菇率和保证潮次、快速转潮的环境条件。

出菇期管理的原则:前期促原基分化,以实现群体增产;中期使已分化的原基都成熟,以提高成菇率;后期使子实体敦实肥厚,以提高单朵重量,多产优质菇。

具体措施如下:①营养生长转变到生殖生长阶段要创造达到 10 ℃左右昼夜温差、适量散射光的环境条件,促使原基大量出现和分化,达到一定的原基数量;②原基分化后,在桑葚期至成熟期,尽量减少温差。每天要喷雾状水,并适量通风,确保分化的原基成菇;③在成熟期,保持温度在 8~15 ℃,使子实体的菇盖厚度、大小一致;④及时采收分级加工,采收时不论大小,一次采完,清理料面后重喷水一次,盖膜停水 2~3 天,以便及早转潮。转潮期及以后的管理同平菇。

项目三　双孢蘑菇栽培

码 8-3　　　　　码 8-4
双孢蘑菇 1　　　双孢蘑菇 2

一、重要价值

双孢蘑菇(*Agaricus bisporus*(Lang)Imback)在真菌分类中隶属于担子菌亚门伞菌目伞菌科蘑菇属,因其担子上一般着生 2 个担孢子,故名。又因其栽培最早起源于西欧并绝大多数为白色,所以又被称为洋蘑菇或白蘑菇。双孢蘑菇是世界上广泛栽培和消费的菇类,产品既可鲜销,又能罐藏和盐渍。

双孢蘑菇肉质肥厚,鲜美爽口,是一种高蛋白质、低脂肪、低热能的健康食品,并含有丰富的氨基酸和矿质元素等营养成分,具有很高的营养价值。

双孢蘑菇蛋白质含量和牛奶相同,是菠菜、白菜、马铃薯等的 2~4 倍,蛋白质的可消化率高达 70%~90%,被称为"植物肉"。蛋白质中的氨基酸种类丰富,尤其是含有较高的大多数谷物所缺乏的赖氨酸和亮氨酸。另外有多种具有生理活性的物质,如维生素 B_1、B_2、C 以及磷、铁、钙、锌等矿物质营养元素。

双孢蘑菇含有较低的脂肪,仅为牛奶的 1/10,其脂肪主要由不饱和脂肪酸所构成。所含的热量都低于苹果、香蕉、水稻等食品。

双孢蘑菇还有较高的药用价值,经常食用具有强身健体和延年益寿作用;鲜品中的胰蛋白酶、麦芽糖可以帮助消化;所含的大量酪氨酸酶可降血压;双孢蘑菇所含的多糖化合物具有一定的防癌作用;所含的核糖核酸可诱导机体产生能抑制病毒增殖的干扰素。另外,用浓缩的蘑菇浸出液制成的"健康片"是治疗肝炎的辅助药物,用于防治肥胖病和肥胖症等。

双孢蘑菇是世界上栽培最早的食用菌。人工栽培始于法国,距今约有 300 年的历史。我国双孢蘑菇栽培始于 20 世纪 30 年代,当时只有上海、福州等地栽植,规模小,产量低。1958 年以后,由于用猪粪、牛粪、马粪栽培双孢蘑菇获得成功,栽培面积迅速扩大,现已遍及全国各地。现在我国的蘑菇栽培规模已经超过了起始国法国,仅次于美国。我国的罐装蘑菇和冷冻蘑菇的年出口量达 20 万吨以上,占世界第一位,是有名的蘑菇出口大国。目前,我国栽培双孢蘑菇最多的有福建、山东、河南、浙江、江苏、四川、湖北、上海等省(市)。福建省是双孢蘑菇生产大省,占全国生产量的 50% 以上。现在全国各地开展工厂化生产,每年栽培量大、产量高、品质好,双孢蘑菇也是出口创汇的主打品种之一,因此,发展双孢蘑菇具有很大的市场空间。

二、生物学特性

码 8-5
双孢蘑菇栽培

码 8-6
双孢蘑菇栽培

(一)形态特征

1. 菌丝体

菌丝体(见图 8-5)是双孢蘑菇生产的营养体。双孢蘑菇的生活史类型是单孢可育,多核菌丝出菇。菌丝体由担孢子萌发形成,经过出生菌丝生长、次生菌丝生长再到菌丝生理成熟后,形成子实体。

图 8-5 双孢蘑菇菌丝体

图 8-6 双孢蘑菇子实体

2. 子实体

双孢蘑菇子实体(见图 8-6)由典型的菌盖、菌柄、菌褶、菌膜和菌环等组成。子实体幼时半球状,逐渐成熟后菌盖展开呈伞状,直径为 5～15 cm,呈白色、淡黄色或灰色,表面光滑而无黏感。菌盖圆而厚,白色,初呈球状,后发育呈半球形,老熟时展开呈伞形。菌肉白色。菌柄中生,与菌盖同为白色,中实。幼菇的菌柄短粗,表面光滑,不空心。菌膜是菌盖边缘与菌柄相连的一层薄膜,有保护菌褶的作用。子实体成熟前期,菌膜窄紧;成熟后期,菌膜被拉大变薄,并逐渐分裂开,菌膜破裂后便露出片状菌褶。菌褶离生,初为白色,子实体成熟前期呈粉红色,成熟后期呈深褐色。菌环是菌膜破裂后残留于菌柄中上部的一圈环状膜,白色,易脱落。孢子深褐色,椭圆形,光滑,一个担子多生两个孢子。

(二)繁殖和生活史

1. 双孢蘑菇的繁殖方式

双孢蘑菇的繁殖方式包括有性繁殖和无性繁殖两种。其无性繁殖是指由母细胞直接产生子代的繁殖方式。双孢蘑菇有性繁殖是通过两性核在担子中结合,或两性细胞以菌丝方式结合后形成新的个体。

2. 双孢蘑菇的生活史

双孢蘑菇的繁殖是从担孢子萌发开始,经过菌丝体和子实体两个发育阶段,直到新一代孢子产生、成熟而结束。双孢蘑菇的有性繁殖有两个分支:一支是含"＋""－"两个不同交配型细胞核的担孢子,不需要交配就可以完成生活史;另一支仅含有"＋"核的担孢子和仅含有"－"核的担孢子,萌发成菌丝后,需经交配才能完成生活史。通常,双孢蘑菇的担子上仅含有两个担孢子,绝大多数担孢子内含有"＋""－"两个核,这种异核担孢子萌发出的菌丝是异核的菌丝体,它们不产生锁状联合,不需要经过交配就能完成其生活史,因此这种异核担孢子是自体可育的。

（三）对生活条件的要求

双孢蘑菇生长发育的条件包括营养、温度、湿度、酸碱度、通风、光线和土壤等。

1. 营养

双孢蘑菇是一种粪草类腐生型菌类，不能进行光合作用，需从粪草中吸取所需的碳源、氮源、无机盐和生长因素等营养物质来满足其生长发育的需求。栽培双孢蘑菇的原料主要是农作物下脚料、粪肥和添加料。农作物下脚料通常用作碳源，粪肥常用作氮源，饼肥、尿素、硫酸铵、石膏粉、石灰等常用作添加料。

（1）碳源：双孢蘑菇能利用广泛的碳源。玉米秸、麦秸、豆秸、稻草等农作物秸秆和甘蔗渣、玉米芯、棉籽壳等可作为碳源物质用于双孢蘑菇生产。但由于双孢蘑菇菌丝对纤维素、木质素的分解能力很弱，因此各种原料应合理搭配和堆制发酵，依赖嗜热性和中温性微生物以及菌丝本身所分泌的酶，将其分解成简单的糖类才能被双孢蘑菇吸收利用。

（2）氮源：双孢蘑菇需要的氮素营养有蛋白质、氨基酸、尿素、铵盐等。生产上主要是利用菜籽饼、畜禽粪、尿素等作氮源材料。由于蘑菇只能吸收利用化学氮肥中的铵态氮，不能同化硝态氮，所以补充氮源的化肥是尿素、铵盐（硫酸铵、碳酸铵）。蛋白质不能被直接利用，要被水解成氨基酸和肽类小分子化合物才能被利用。堆肥中使用尿素，除促使秸秆软化、促进微生物群体活跃、转化成菌体蛋白及副产物外，对子实体的形成及发育也是必需的营养物质。

双孢蘑菇子实体的形成和发育对培养料碳氮比的要求比其他菇类严格。培养料堆制发酵前的碳氮比以（30～33）∶1 为宜，堆制发酵后，由于发酵过程中微生物的呼吸作用消耗了一定量的碳源和发酵过程中固氮菌的生长，培养料的碳氮比降至 21∶1。子实体生长发育的适宜碳氮比为（17～18）∶1。一般在发酵前培养料含氮量为 1.6%～1.8%，发酵结束后为 2%。

（3）矿质营养：指大量元素和微量元素，一般培养料都能满足其需要。双孢蘑菇生长发育所需要的矿质元素主要有磷、钾、钙、镁、硫、铁、锌、铜等，其中以钙、磷、钾、镁、铁等最为重要。因此，培养料中常加有一定量的石膏、石灰、过磷酸钙、草木灰、硫酸铵等。培养基中氮、磷、钾元素净质量比以 13∶4∶10 为宜。

（4）维生素和生长素：一般可以从培养料发酵期间微生物的代谢中获得，如腐殖质合成 B 族维生素，嗜热性放线菌产生生物素（H）硫胺素等。

2. 温度

目前国内栽培的双孢蘑菇大都属于中温偏低温型菇类。双孢蘑菇不同的菌株和不同的发育阶段对温度的具体要求各有不同。

双孢蘑菇菌丝生长阶段温度范围为 5～30 ℃，适宜生长温度为 20～25 ℃，最适生长温度为 22～24 ℃，超过 33 ℃时停止生长或死亡，低于 5 ℃时生长缓慢。

双孢蘑菇子实体生长阶段的温度范围为 7～25 ℃，适宜温度为 10～18 ℃，以 13～16 ℃为最适宜。在最适宜温度下，菌柄短粗，菌盖肥厚，产量高；在 18～20 ℃下，出菇多，生长快，但质量明显下降，菌柄细长，肉质疏松，易出现薄皮菇和开伞菇；若高于 22 ℃，菌丝徒长，肉质疏松，品质低劣，容易导致菇蕾死亡；低于 12 ℃时，菇生长慢，敦实，菇体大，菇盖厚实，组织紧密，品质好，不易开伞，但产量低；低于 5 ℃时，子实体停止生长。子实体发育期对温度非常敏感，特别是升温。菇蕾形成后至幼菇期遇突发高温会成批死亡。因此，菇蕾形成期需格外注意温度，严防突然升温。幼菇生长期温度不可超过 18 ℃。因此，在子实体生长阶段温度控制在 18 ℃以下，是保证双孢蘑菇高产、优质的关键。

3. 湿度

菌丝体生长阶段,培养料含水量以 60% 左右为宜。空气相对湿度在菌丝体生长阶段应控制在 65%～75%。空气湿度太低易导致培养料和覆土层失水,阻碍菌丝生长;过高则易导致病虫害。

子实体形成和发育阶段,要求培养料含水量保持在 62%～65%,空气相对湿度提高到 85%～95%。空气湿度小时,菇体易生鳞片,柄空心,早开伞;过湿则易长锈斑菇、红根菇等。一般在发菌阶段不宜向培养料直接喷水。喷水应根据菇房的保湿情况、天气变化、不同菌株和不同发育阶段进行灵活控制。

土层应保持经常湿润,含水量保持在 18%～20%,以满足子实体生长对水分的需要。具体的含水量应视不同的覆土材料而定。土层湿度在菌丝体生长阶段应偏干些,为 17%～18%,此时的土层湿度一般以手捏能成团、落地可散开为宜。在出菇阶段,尤其当菇蕾长至黄豆大时,土层应偏湿,其含水量保持在 20% 左右,此时的土层湿度以能将覆土捏扁或搓圆但不粘手为度。

4. 通风

双孢蘑菇为好气性真菌,对氧气的需要量随其生长而不断增加。播种前必须彻底排放发酵料中的二氧化碳和其他废气。菌丝体生长期间二氧化碳会自然积累,一般在其生长阶段,二氧化碳浓度以 0.1%～0.5% 为宜,菇房内空气中的二氧化碳浓度不能超过 0.5%;在子实体分化及生长阶段要求有充足的氧气,二氧化碳浓度不能超过 0.1%。因此,为菇房生长提供新鲜的空气环境,是栽培成功及高产优质的关键性措施。

5. 光线

双孢蘑菇属喜暗性菌类。菌丝和子实体能在完全黑暗的条件下生长和形成,但微弱的光线有利于子实体的分化。一般在较暗环境下,双孢蘑菇长得矮粗健壮,颜色洁白,菇肉肥厚,菇形圆整,品质优良。明室下光线过强,菇体易徒长,且菇盖表面干燥变黄,品质下降。因此,双孢蘑菇栽培的各个阶段都要注意控制光照。

6. 酸碱度

双孢蘑菇属偏碱性菌类。菌丝生长的 pH 范围是 5.0～8.0,以 6.3～7.0 为最适宜。出菇时的 pH 以 6.3 为最好,子实体生长的最适 pH 为 6.5～6.8。菌丝在生长过程中会不断产生碳酸和草酸等酸性物质,致使培养料和覆土层逐渐变酸,因此,生产上在培养料进畦时,应调节 pH 到 7.0～7.5,覆土材料的 pH 为 8.0～8.5。栽培管理中,还应经常向菌床喷洒 1% 石灰水上清液,以防 pH 下降而影响双孢蘑菇生长,还可防止杂菌滋生。

7. 土壤

双孢蘑菇与其他多数食用菌不同,其子实体的形成不但需要适宜的温度、湿度、通风等环境条件,还需要土壤中某些化学和生物因子的刺激,因此,出菇前需覆土,以满足双孢蘑菇生长发育的要求。

三、栽培管理技术

我国双孢蘑菇栽培方式有菇房栽培、大棚架栽培和大棚畦式栽培等。可根据品种、地区、气候条件和季节采取相应的栽培方式。

(一)主要栽培品种

双孢蘑菇根据菌丝表现型可分为三种。

（1）匍匐型（贴生型）：高产、抗性强、出菇快，适于鲜销。

（2）气生型：较低产、质优、出菇慢，适于加工。

（3）半气生型：多为杂交种，兼有上述二者的优点。

另外，根据颜色还可以将双孢蘑菇分为棕色、奶油色和白色品种，其中以白色品种栽培最为广泛。鲜食双孢蘑菇宜选择匍匐型或半气生型，其特点是容易栽培，产量高；加工双孢蘑菇宜选择气生型品种，优点是品质好，成本低。

现将主要品种特性介绍如下。

（1）As2796：半气生型，菌盖厚，不宜开伞，成菇率高，子实体生长适宜温度为 14～20 ℃，耐肥水，转潮快，高产，是国内大面积栽培的主要品种。

（2）F56：匍匐型，耐肥水。菇体圆整，中小型，无鳞片，菇质致密，高产。转潮快，出菇整齐，菇潮均匀，子实体生长最适温度为 15～17 ℃，抗逆性强。

（3）新登 96：高温型，出菇温度为 20～32 ℃，抗高温，耐贮藏。

（4）As1671：气生型，出菇最适温度为 12～18 ℃，较耐肥水，转潮不明显，后劲较强。

（二）栽培季节

应根据蘑菇生长发育对温度条件的要求来安排栽培季节。双孢蘑菇子实体生长最适温度为 13～16 ℃，一般从播种到采集约需 40 天，选择播种期应以当地昼夜平均气温稳定在 20～24 ℃，约 35 天后下降到 15～20 ℃为依据。因双孢蘑菇属偏低温度型，故播种期多选择在秋季，大部分产区一般在 8 月中旬开始播种。配料建堆期为播种期向前推 20～30 天为宜。长江中下游各省区可在 8 月中旬开始堆料，9 月上旬播种，9 月底覆土，10 月上中旬开始采收秋菇，次年 3—4 月还可以采收春菇；黄河流域可在 9 月上旬前后播种，以抢在 10 月下旬开始出菇，10—12 月为产菇的黄金季节；广州、广西等地约在 11 月上旬播种。具体播种时间还应结合当地、当时的天气，培养料的质量，菌株特性，辅料厚度及用种量等因素综合考虑。

（三）栽培场所及设施

自然栽培一年一次。可利用大棚、草房、砖房等进行层架栽培，也可在田间搭小拱棚地栽。但无论采用哪种栽培方式，均需有遮阳设施。设施栽培（有空调设施）一年则可栽培多次。

（四）栽培基本工艺过程

搭建菇房→培养料堆制发酵→播种→发菌→覆土→调水出菇及出菇期管理→采收分级→越冬→春菇管理。

（五）菇房的选建与消毒

1. 菇房的选建

菇房应选建在地势高、排水方便、周围空旷、环境清洁的地方，要求附近无排放"三废"的工厂，土壤、水质都符合国家绿色食品生产的标准，供电、交通方便等。菇房的方向最好坐南朝北，这样冬季可以提高室内温度。也可以利用山洞、半地下室建菇房或塑料大棚。菇房大小以栽培面积在 150～200 m² 为宜，过小则利用率不高，过大则不利于环境条件的控制。菇房应具有保温、保湿、通风性能好和易于控制病虫害等特点。另外，菇房顶部及上、中、下还要设有通风口，地面和墙壁要坚实、光滑，便于消毒和冲洗。

传统的菇房是土木结构，现已逐步被塑料膜菇房或板房所代替。塑料膜菇房容易架设和拆迁，可逐年更换，减少了病虫害，还有利于和农作物轮作及立体栽培。当前我国菇房大致分为地上菇房和地下菇房。地上菇房又分为普通菇房、塑料棚架式菇房、塑料棚畦式菇房和冬暖式菇房。

地上菇房包括旧屋改造的菇房。地上菇房要开上、下两排窗。一般上窗稍低于屋檐,与下窗相对,大小为 40 cm×50 cm;下窗距地面 16 cm,大小同上窗(上、下窗都要钉上窗纱)。屋檐南面或背面设天窗(拔气筒),高 1～1.7 m,下口直径为 50 cm,上口直径为 24 cm。拔气筒上装一"帽",帽缘距筒口 10～15 cm。菇房内地面和墙壁最好用水泥或石灰涂抹光滑。

菇房内床架的设置:为充分利用空间,菇房内要放两排多层床架,中间留一走道(宽 60～70 cm),床架的高度与层数根据菇房的高低而定。一般最下层的床架距地面 20～30 cm,其他层距为 60 cm。床架上可铺竹竿、竹帘、尼龙网等,以便于日后铺料。

2. 菇房的消毒

菇房消毒常用的方法是熏蒸法,即每 1 m² 用甲醛 10 mL、高锰酸钾 5 g 或硫黄 10 g,另加用敌敌畏 2～3 mL,或老菇房每 100 m² 用敌敌畏 0.5 kg,灭螨药 1 kg 和甲醛 4～5 kg,于培养料进房前 5 天密封熏蒸。硫黄、敌敌畏可用燃烧法使其挥发,甲醛可倒入高锰酸钾中使其氧化。放药点可采取上、中、下均匀放置,边放药边退出,密闭熏蒸 24～28 小时,然后开窗排气。当菇房无刺激性气味时,即可将培养料移入菇房。密闭性能较差的菇房可用波尔多液、石硫合剂等喷洒,也可用 20% 过氧乙酸喷洒。菇房必须在进料前 3～4 天进行消毒,以杀灭潜伏的病菌和害虫。

在双孢蘑菇生长后期,如出菇稀少、生产价值不大,就应及时清理废料,以减少感染机会。清理前,最好先用甲醛等熏蒸菇房。将能拆卸下来的床架材料浸泡于石灰水中,然后刷洗干净,晒干,在使用时要经过石灰水或漂白粉或波尔多液的浸泡。不能拆卸的床架、墙壁、屋顶等可涂一层石灰浆。若地面是泥土,可挖取 10 cm 的老土,再用石灰拌新土填补。

(六) 双孢蘑菇培养料配方

国内栽培双孢蘑菇的培养料配方很多,可根据各地情况因地制宜选用 1～2 种。一般配方中以干粪占 55%、干草占 41%、菜籽饼占 2%、石膏和过磷酸钙各占 1%,pH 7.5～8.0 为宜,培养料的含水量为 65% 左右,堆制时间为 25～30 天。

现介绍几种常用配方(按 100 m² 计算)。

1. 粪草培养料

(1) 干稻(麦)草 2000 kg、干牛(猪)粪 700 kg、尿素 30 kg、菜籽饼 100 kg、磷肥 50 kg、石膏 25 kg、石灰 30 kg。

(2) 干牛粪 1500 kg、稻草 750 kg、麦秸 1250 kg、菜籽饼(或棉仁饼、豆饼、花生饼)250 kg、人粪尿 1500 kg、猪尿 2500 kg、过磷酸钙 35 kg、尿素 20 kg、石灰粉 30 kg、石膏粉 30 kg、水适量。

(3) 大麦秸 900 kg、稻草 600 kg、干牛粪 3000 kg、鸡粪 500 kg、饼肥 200 kg、过磷酸钙 40 kg、尿素 20 kg、石灰 50 kg、石膏 70 kg、水适量。

(4) 稻草 1000 kg、大麦草 1500 kg、干牛(马)粪 750 kg、饼肥 250 kg、硫酸铵 25 kg、石灰 30 kg、石膏 40 kg、过磷酸钙 35 kg、水适量。

(5) 稻草 2000 kg、马粪 2000 kg、饼肥 100～120 kg、尿素 10～12 kg、硫酸铵 10～12 kg、过磷酸钙 50 kg、石膏 50～70 kg、石灰 35 kg、水适量。

2. 无粪合成料

(1) 稻草 3000 kg、豆饼粉 180 kg、尿素 9 kg、硫酸铵 30 kg、过磷酸钙 54 kg、石膏 50 kg、石

灰 25 kg、水适量。碳氮比为 32∶6。

（2）稻草 3000 kg、豆饼粉 90 kg、米糠或麦麸 300 kg、尿素 9 kg、硫酸铵 30 kg、过磷酸钙 45 kg、石膏 40 kg、石灰 20～25 kg、水适量。碳氮比为 32∶1。

（3）干稻麦草 2500 kg、尿素 30 kg、复合肥 20 kg、菜籽饼 200 kg、石膏 75 kg、石灰 30～50 kg。

配方中的鸡粪由于潜伏有虫或虫卵，使用前需进行灭虫处理。无粪合成料完全由稻草和各种化肥及其他高含氮量的饼肥组成，称为人工合成堆肥，适用于没有大量厩肥来源的地区。

（七）培养料的堆制发酵

发酵类型有一次发酵、二次发酵和增温发酵剂发酵三种。发酵要求升温快、堆温高、堆期短、腐熟要好。若采用一次发酵，在播种前 25～30 天进行，共翻堆 4～5 次；如采用二次发酵，应在播种前 20 天左右进行，需翻堆 3 次；增温发酵剂发酵约在播种前 16 天进行。

一次发酵技术性差，发酵时间长，劳动强度大；二次发酵技术性高，发酵时间短，可降低劳动强度，有利于获得高产；用增温发酵剂（放线菌活菌剂）发酵，省工、省力、发酵时间短、不损耗培养料中的养分，效果最佳。

堆制发酵一般要经过培养料的预湿、建堆、多次翻堆才能完成。

1. 前发酵（一次发酵）

（1）培养料预湿。堆制前将稻草或麦秸切成 10～25 cm 的段（也可不切），先在清水中预湿 1 天，干厩肥要提前半天预湿。

（2）建堆。先铺一层长 10～15 cm、宽 2.0～2.5 cm、厚 20～30 cm 的散稻草，然后铺一层 4～6 cm 厚的粪肥，如此反复，堆高直至 1.5 m 左右。化肥要求上多下少。为防氮素流失，尿素在建堆时只加入总量的 50%。边建堆边浇水，水也上多下少，压实，四边陡直，堆顶成龟背形，最上面盖一层粪肥。从中间插 2～3 个气孔，堆顶覆盖草帘或草片保温保湿，必要时可加盖塑料薄膜。

（3）翻堆。第一次翻堆：建堆后 48 小时，堆内 50 cm 深处堆温应达 70 ℃ 左右，5～6 天后进行第一次翻堆，要求将料堆下面的培养料翻到上面，四周的翻到中间，其目的是改善堆内空气条件，调节水分，散发废气并促进有益微生物继续生长，有利于进一步发酵，并再次使堆温回升，以达到培养料均匀分解、彻底腐熟的目的。同时进行第一次补水。

第二次翻堆：第一次翻堆建堆后 4～5 天可进行第二次翻堆，翻堆方法与第一次相同。第二次翻堆时要注意继续调节水分。

第三、四次翻堆：第二次翻堆建堆 3 天后进行第三次翻堆，第三次翻堆建堆后第 3 天进行第四次翻堆，方法同上。

整个发酵过程一般需 14～18 天，以麦秸为主要原料时需延时 2～3 天。最后一次翻堆时注意喷洒杀虫剂灭虫。

发酵好的优质培养料为棕褐色，质地松软，手捏成团，一抖即散，草形完整，一拉即断，紧握料时指缝间有一二滴水滴出，且有浓郁的香味，而无氨味、臭味等异味。

2. 后发酵

后发酵也称二次发酵。经过后发酵处理的培养料，栽培中病虫害都会减轻，且有显著的增产效果。具体说来，后发酵的目的是使嗜热高温型放线菌充分生长，进一步改变培养料的理化性质，增加培养料的养分，使料中养分更利于双孢蘑菇的吸收，同时彻底杀死料中的病虫害。

应用后发酵技术,还可有效地缩短外发酵的时间,从而省工省时,降低成本。

后发酵的时间和方法:首先是前发酵,粪草预湿、建堆与第一次发酵相同,区别是化学氮肥在建堆时可全部加入。建堆一般 12 天左右,其后需翻堆 3 次,其间隔天数是 4 天、3 天和 3 天。前发酵进行最后一次翻堆后,再维持 2 天就可拆堆进房,转入后发酵。

第三次翻堆维持 2 天后,当料温升到 70 ℃左右时,应选择晴天午后气温较高时,及时快速地将培养料运入已消毒菇房的床架或菇畦中,堆成小堆;若床架栽培,每堆的量恰能铺一床面,顶层和底层床架不要放料。料堆成垄式,厚度约 50 cm。进料前先封闭拔气筒和上窗,待中窗以上的床架上完料时再封闭中窗,全部上完料时再关闭门和所有的通风口。后发酵的温度控制可分为升温、控温、降温三个阶段。前两个阶段主要通过人工加温来完成,最后一个阶段只需采用通风管理就可完成。

(1)升温:第一个阶段的初期先不要加温,让培养料自然升温(也就是发汗)5~6 小时,或当料温不能再上升时,采用炉子或通入热蒸汽法进行加温。炉子上最好放热水锅,锅内按每平方米加甲醛和敌敌畏各 10 mL,以提高熏蒸效果。要求 1~2 天内尽快使料温升至 60 ℃,维持 6~10 小时,以进一步杀死培养料和菇房中的病菌和害虫。但料温不要超过 70 ℃,以免杀死料中的有益微生物,影响控温阶段的发酵作用。

(2)控温:该阶段是后发酵的主要阶段。升温阶段结束,菇房应适当通风,可每日通风两次,每次 20~30 分钟,并降低加温力度,使料温慢慢降至 50~55 ℃,维持 4~6 天,以促进料内有益菌大量生长繁殖,使培养料继续分解转化,并产生大量有益代谢物。在人工加热时,若培养料偏干,可洒 2%石灰水,并严禁炉烟存积。

(3)降温:控温阶段结束后,应先停止加热,以缓解室温,约 12 小时后料温降低至 45 ℃左右,可打开所有通风孔,料温降低至 30 ℃左右时,后发酵即结束。

经过前发酵和后发酵,培养料质地松软,呈棕褐色,手握成团,一抖即散,无氨味、臭味等异味。

3. 增温剂发酵法

需经过草料软化、拌增温剂、铺料发酵三个步骤。

(1)草料软化:先建长形堆(宽约 2 cm,高 1.3~1.5 cm),铺一层预湿好的草料(20 cm 厚),撒一薄层石灰粉,如此堆制好以后,在四周围膜、顶盖草被。其间翻堆 2 次,7 天堆制结束。料内含水量为 70%,pH 为 8.5~9.0。

(2)拌增温剂:将增温剂(0.9 kg/(100 m²)栽培面积)与粪肥、石膏、磷肥、饼肥等辅料混匀,喷湿至含水量约 60%,覆膜堆闷 8~12 小时,拌入草料中。

(3)铺料发酵:铺蘑菇畦或菇床约 55 cm 厚,增温至 70 ℃发酵,密闭 2~3 天。使温度自然回落至 50~55 ℃,保温 4~5 天。然后通风降温至 30 ℃,即可铺料播种。

4. 堆制发酵注意问题

(1)稻麦草要充分预湿,建堆时堆底宽 2 m,高 1.8 m,一层草一层清料,分十多层完成,以建堆后第 2 天有少量水流出为宜。

(2)在建堆后第 6 天、第 10 天、第 13 天、第 15 天分别翻堆,并加入石膏及石灰粉,pH 为 7.5。

(3)后发酵建堆后第 2 天料温升至 60~65 ℃,保持 8~12 小时再降温至 52~55 ℃维持 2~3 天,以后每天降 1.5~2 ℃,到 48 ℃为止,后发酵时间为 7 天左右。

(4)后发酵结束后,培养料有香味无氨味,有弹性,不粘手,含水量为 62%,用手紧捏有水渗出而不滴为宜,料层长满白色微生物。

(八)播种及发菌管理

1. 播种

发酵结束后,料温降至 28 ℃、料内含水量为 62%～67% 时,即可进行反架铺床,准备播种。播种时先将培养料充分抖松,抖匀后平铺于菇床上,料厚 20 cm 左右,边翻料,边铺平,做到厚薄一致、松紧一致。播种方法有穴播、撒播和条播三种,播种量为每平方米 2～2.5 瓶。目前生产上多用麦粒菌种,播种时先将菌种总量的一半撒播于料面上,然后用手指插入料中,稍抖动料草表层,使麦粒菌种均匀落入料面下约 5 cm 处,再将余下的另一半菌种撒播在料面。播种完毕,轻轻拍平料面,使菌丝与料密切结合。若气温低、空气湿度小,料面应覆盖一层消毒过的报纸或薄膜。

2. 发菌管理

从播种后到覆土前的一段时期称为菌丝培养期,也称发菌期。发菌期的料内温度要求为 22～28 ℃,一般不超过 30 ℃,严防"烧菌";空气相对湿度为 70% 左右;随着菌丝生长,逐渐加强通风换气,每天通风 2～3 次,保持空气新鲜。

具体管理可分为初期通小风、中期多通风、后期打扦等措施。一般播种后 3～4 天以保湿为主,可适当开窗通小风,7 天后可加大通气量。若料面过干可覆盖报纸,向报纸喷水以保持表面湿润。一般不要向料面直接喷水,以免伤害菌丝,诱发杂菌。铺料较厚时,可在菌丝长至料深的 1/2 时,用约 1 cm 粗的木棒自料面每隔 15 cm 打一料孔,要求打到料底。一般播种后 16～20 天,菌丝可长透培养料,即可覆土。

(九)覆土及覆土后的管理

双孢蘑菇不经覆土不会出菇,掌握覆土时机与配制良好的覆土材料是栽培双孢蘑菇的重要环节。

1. 覆土

将覆土材料均匀覆盖于菌床表面的过程称为覆土。覆土前半个月,取耕作层 30 cm 以下的土壤,要求通气好,湿而不黏、干而不散、团粒结构良好,含有少量腐殖质(5%～10%),土粒直径为 0.5～2 cm,没有病虫害等为宜,打碎晒干后粉碎过筛用。覆土前 3 天,将覆土材料堆放在水泥地或砖地上,充分拌匀,用 5% 敌敌畏溶液边喷洒边堆放,堆成高和宽各 0.8 m 的长堆,用塑料薄膜覆盖 2 小时,然后用石灰水预湿,调节 pH 至 7.5～8.0,含水量以手捏成团,落地即散为准。料内菌丝长满 2/3 以上时(14～18 天)覆土最好。覆土过早,会影响菌丝向料内继续生长;覆土过晚,会推迟出菇,影响产量。要求先覆粗土,待菌丝爬土后再覆细土,总覆土厚度约 4 cm,含水量为 18%～20%。传统的覆土材料是制备粗细土,现多采用省工省力的砻糠土或发酵土,有条件的地方可采用草炭土。

菌床必须无病虫害才可覆土;表面搔菌有利于菌丝上土;料面稍干,覆土前勿喷水。覆土时应边覆土边达到一定厚度,使土层厚薄均匀,不要全部堆到面料上再摊开。覆土厚度不均,会导致喷水不均和出菇不整齐。太厚时易出土内菇、畸形菇;太薄时易早开伞,出长柄菇及薄皮菇。覆土后不要拍压,可保持自然松紧度。

2. 覆土后的管理

覆土到出菇约需 20 天。此阶段要加强通风换气,菇房温度控制在 20～22 ℃,湿度为 80%～85%;调整土层湿度及通气状况,及时吊菌丝和定菇位。调水、通风是该阶段的主要管理工作。调水的原则是先湿后干,通风的原则是先少后多。在湿度大、通风少的条件下,有利于吊菌丝;在湿度偏小、通风量大的条件下,有利于定菇位。当覆土层内出现米粒大小白色的小菌蕾时,就要适时喷出菇水,每天喷 4～5 次,连喷 2～3 天。喷水应选择室温低于 25 ℃的时段,并做到轻喷、勤喷、匀喷,菌床每次喷水量为 0.7～0.9 L/m²。

调水结束后,大通风 5～10 小时,再关闭门窗吊菌丝。通常在调水 3 天后,在早、晚适当通小风,每次通风约 30 分钟,以诱导菌丝纵向生长,快速上土。若室温高于 28 ℃,应适当加大通风量。一般经调水 6 天,当菌丝即将长至土层表面时,及时覆盖一层约 1 cm 厚似黄豆大小的湿润小土,然后停止喷水。

覆小土 3～4 天,菌丝已在小土下的土层中长足,此时应加大通风量。迫使菌丝在小土下倒伏,使其横向生长,并加粗呈线状,以备在该位置出菇,这就是定菇。菇位太高或太低,都会严重影响产量和质量。若通风不足,易使菌丝冒土或菇位太高;若菌丝还未长至约距表土 1 cm 就开始通风,菇位就会定得太低。

(十) 出菇管理

覆土后 15～20 天就可出菇,此段时间的菇房管理主要是保湿、调温和通风,保证菇良好生长。覆土后 13 天左右,菌丝爬至细土中层,气温在 22 ℃以下时,立即喷结菇水。结菇水是由发菌期转向产菇期的关键性用水,是以大量水分和大通风条件使菌床环境迅速发生变化,迫使菌丝转入生殖生长。当定好菇位,横向生长的菌丝变成线状,菌丝尖端呈扇状,或有零星白色米粒状原基时是喷结菇水的最适合的时期。喷量为 1 kg/m² 左右,每天喷 4～5 次,连续 2～3 天,并加强通风。然后停水 2～3 天,减少通风,促进原基分化和子实体形成。

双孢蘑菇一次种植出 6～9 潮菇,需历经秋、冬、春三个季节的管理,约在次年 5 月份结束生产。

1. 秋菇的管理

秋季是双孢蘑菇的盛产期,秋菇产量约占总产量的 70%,故秋菇管理是关键。秋季前期温度高,应以通风降温为主;后期温度低,则应以保温、保湿为主,通风为辅。喷水、通风是该期的主要管理工作。此时的空气湿度应维持在 90%左右,室温控制在 12～18 ℃,并避免大温差的出现。

(1) 水分管理:床面喷水时,应勤喷、少喷;菇多时多喷,应加强通风换气;前期多喷,后期少喷。喷水最好在上午或傍晚气温较低时进行。菇房湿度前期要求 90%～95%,后期要求 85%～90%。

(2) 通风管理:秋菇前期气温高、出菇多,菇房的二氧化碳多,应加强通风换气;当菇房温度在 18 ℃以上时,通风可放在夜间和雨天进行;秋菇后期,气温下降,可适当减少菇房通风;当菇房气温在 14 ℃以下时,通风则放在白天,以利于提高菇房内的温度。

(3) 挑根补土:每次采收后,应及时用镊子挑除遗留在床面上的老根和老菇,并及时用较湿润的覆土材料重新补平,保持原来的厚度。

(4) 追肥:在第二批菇采完之后,待小菇蕾长至黄豆大小时进行追肥,喷 0.5%尿素加 1%葡萄糖溶液或蘑菇健壮素等专用肥料。追肥时必须掌握好浓度和用量。

2. 冬季管理

我国北方地区冬季寒冷,菇房温度在 5 ℃以下,不适合双孢蘑菇子实体的生长发育,菌丝体进入休眠状态。此期主要是恢复和保持培养料内与覆土层中的菌丝活力,温度应保持在 4

℃以上,防止土层上冻,7天喷一次水(切忌过湿,以防床面结冰),并适当通风(在中午开南窗,短时间通风一次)。12月下旬以后,还应在培养料底面打洞,加强料内通风,促使有害气体散发,以利于菌丝的生长。

(十一) 采收

当双孢蘑菇的菇盖直径长到 1.8~4 cm,尚未开伞时,即可采收。采菇太早,会影响产量;采菇太迟,会影响质量及下一潮菇的生长。采菇要视品种、气温、菌床养分、菇的销售渠道等情况而定。小而密的菌种应采早、采小;菌床上菇多的高产品种,应采菌盖直径约达 3 cm 的菇;气温高于 16 ℃时,菇生长快,可采小些;低于 14 ℃时,可稍迟采收;菌床养料足时,可让菇长得略大些。若制作蘑菇罐头,优质菇的菌盖直径宜在 2~4 cm;若销售鲜菇,一般在菌盖直径达 2~6 cm 时采收。每天应采菇 2~3 次。

采摘时应轻拿轻放,采大留小。采收前三批菇时采用旋转法,即用拇指、食指、中指捏住菌盖,轻轻旋转采下,对于丛生菇应用小刀小心割下,以免影响周围菇的生长。采收后,及时用锋利的小刀削根,刀口与菇根垂直、平整。采收三批后的菇可采用剥菇法,同时带出一部分老根,采收后削根。采菇后用细土将小坑填平,喷足转潮水。

(十二) 玉米秸双孢蘑菇春菇冬种技术

双孢蘑菇主要营养源来自秸秆和粪肥。多年来双孢蘑菇生产所用秸秆仍以稻草和大麦草为主。而我国地域差别大,主料的变化层出不穷,栽培双孢蘑菇的技术正向多样化方向发展。现已研究出棉籽壳生产双孢蘑菇的新技术,比稻草料栽培产量更高。另外,玉米秸栽培双孢蘑菇技术具有成本低、取料方便、配料简单和生物学效率高的特点,现介绍如下。

1. 栽培季节

豫北地区一般在 10 月份玉米收获后陆续堆料,11 月上旬开始播种,持续到次年 1 月底播种结束。出菇旺季集中在次年 3—4 月,一般 5 月底产菇结束。

2. 培养料及其堆制

培养料配方如下。

(1) 玉米秸 1000 kg、牛粪 1000 kg、硝酸磷肥 20 kg、石灰粉 20 kg、石膏粉 10 kg、蘑菇专用肥 5 kg;

(2) 玉米秸 1000 kg、饼肥 60 kg、尿素 15 kg、硝酸磷肥 20 kg、石灰粉 20 kg、石膏粉 10 kg、蘑菇专用肥 5 kg;

(3) 玉米秸 1000 kg、烘干鸡粪 200 kg、尿素 10 kg、硝酸磷肥 20 kg、石灰粉 20 kg、石膏粉 20 kg、蘑菇专用肥 5 kg。

培养料堆制与其他栽培方法相同。

3. 播种

每平方米下种 1.5 瓶。播种后在菌种上面覆盖 3~4 cm 厚的粪草。

4. 发菌管理

同常规。

5. 覆土

菌丝深入培养料 2/3 时即可开始覆土,覆土后仍透光发菌,但必须保持土壤湿润。当菌丝爬土后,即可覆盖草苦遮光培养,直至出菇结束。

6. 出菇管理

与常规栽培相同。

项目四　黑木耳栽培

一、重要价值

黑木耳是一种黑色、胶质、味美的食用菌,主要产于我国的东北和湖北等地的山区,年产量(干耳)1.5 万吨左右。我国生产的黑木耳品质好,在国际市场上有很强的竞争力,创汇率很高。

黑木耳营养丰富,口感好,历来是我国人民的美味佳肴。黑木耳胶体有极大的吸附力,具有润肺和清洗肠胃的作用,是纺织工人、矿工和理发工良好的保健食品。

二、生物学特性

(一) 黑木耳的形态结构

黑木耳在植物分类学上属于真菌门担子菌纲异担子菌亚纲银耳目木耳科木耳属。学名为 *Auricularia auricula*(L. Hook)underw。

黑木耳是一种大型真菌,由菌丝体和子实体组成。菌丝体无色透明,由许多横隔和分支的管状菌丝组成。子实体由朽木内的菌丝体发育而成,初时呈圆锥形、黑灰色、半透明,逐渐长大呈杯状,然后渐变为叶状或耳状,胶质有弹性,基部狭细,近无柄,直径一般为 4～10 cm,大的可达 12 cm,厚度为 0.8～1.2 mm,干燥后强烈收缩成角质,硬而脆。背面凸起,密生柔软而短的绒毛,腹面一般下凹,表面平滑或有脉络状皱纹,呈深褐色至黑色,这一面有子实层。担子圆筒形,(50～60) μm×(5～6) μm。担孢子为肾形或腊肠形,(9～14) μm×(5～6) μm,无色透明。担孢子多的时候,呈白粉的一层,待子实体干燥后又像一层白霜黏附在子实体的腹面。

(二) 生活史

黑木耳属异宗配合二极性的菌类。担孢子具有"＋"和"－"不同的性别,其性别是受一对遗传因子所控制。担孢子在适宜条件下萌发成单核菌丝或形成镰刀状分生孢子,由镰刀状分生孢子再萌发成单核菌丝。单核菌丝和担孢子的性别是一致的。不同性别的单核菌丝结合之后,形成双核菌丝,并借锁状联合不断增殖。双核菌丝达到生理成熟阶段,就在基质表面形成子实体原基,并不断胶质化,发育成子实体。成熟的子实体产生大量担孢子弹射出去,又开始一个新的世代。这就构成了黑木耳的生活循环。

黑木耳除了上述的有性生活周期外,还有单核菌丝和双核菌丝的无性生活周期。双核菌丝能断裂形成双核分生孢子或脱双核化形成单核分生孢子,它们在条件适宜时,都能分别萌发成单核菌丝或双核菌丝,进入上述有性的生活周期。

(三) 黑木耳的生长条件

黑木耳为木腐型食用菌(见图 8-7),需要的营养物质是从枯死的木本植物中吸收,它生长在死树、断枝上,在制作原种或栽培种时可以用木屑做原料,栽培生产时可以用木屑或段木做材料。黑木耳对理化环境的要求与其他食用菌类似。

温度、湿度、酸碱度、空气、光照和营养为黑木耳生长发育的六大要素,除营养外,其余都为黑木耳生长繁殖的环境条件。

图 8-7　黑木耳的形态

1. 温度

温度是食用菌生长发育和自然分布的重要环境因素。在生长过程中,每一种食用菌对温度的要求都呈现前高后低的现象。

黑木耳在不同生长阶段所需温度也不一样(见表 8-1)。

表 8-1　黑木耳对温度的要求　　　　　　　　　　　　(单位:℃)

品种	菌丝体生长温度		子实体分化与子实体发育最适温度	
	生长温度范围	最适温度	子实体分化温度	子实体发育温度
黑木耳	12~35	22~28	20~24	20~27

2. 湿度

湿度包括培养料中的含水量与空气相对湿度。

(1)培养料含水量:食用菌生长发育所需的水分主要来自培养料。培养料含水量是指水分在湿料中的百分含量。培养料含水量为 50%~75%,适宜含水量一般在 60%~65%(料水比一般掌握在1:1.3)。在生产实践中,常用手握法测定培养料的含水量。一般以紧握培养料的指缝中有水渗出而不易下滴为宜。生长前期培养料含水量靠拌料时加入,但应根据原料、菌株和栽培季节的不同而定。如原料吸水性强,应加大料水比,反之则减少。高海拔地区、干燥季节和气温略低时,含水量应加大;在 30 ℃以上高温期,含水量应减少。生长后期含水量主要靠浸水或注水进行补充。含水量过高,氧气减少,不仅影响其生长,还易滋生病虫害;含水量过低,也影响生长。

(2)空气湿度:黑木耳菌丝体生长阶段,空气相对湿度为 60%~70%;子实体生长阶段,一般品种要求空气相对湿度为 85%~95%(黑木耳要求干与湿的交替状态)。

出耳期间经常向地面和空间喷水,同时结合通风,防止形成闷湿环境,喷水应避开调温或低温时段,干燥天气多喷,阴湿天气少喷。空气湿度过小,会使培养料失水,子实体干缩,影响产量;空气湿度过大,会影响耳体的蒸腾作用,阻碍养分的运转,并能导致病虫害的发生。

3. 酸碱度

黑木耳宜在偏酸性环境中生长,菌丝生长的 pH 为 3.0~8.0,出耳阶段最适 pH 为 5.0~6.5。

4. 空气

食用菌为好气性真菌。在生长中不断吸进氧气,呼出二氧化碳,加之培养料在分解中也不断放出二氧化碳,食用菌生长环境极易造成二氧化碳积累和氧气不足,适时适量通风换气是栽培成功的前提。

黑木耳对氧气需求规律是菌丝体生长期、子实体形成期所需氧气少;子实体生长时,呼吸作用加强,对氧气需求及二氧化碳呼出量急剧增加。通气适当则菌体生长快,健壮,不易发生病虫害;通气差则菌丝弱,烂料,病虫害严重。栽培场地应有良好的通风条件,通气以既感觉不到风的存在,又闻不到异味、不闷气为宜。

5. 光照

菌丝体阶段不需光照,子实体阶段需散射光刺激。黑木耳若光照不足,子实体颜色浅,耳片薄。黑木耳为强光照型,春夏季可以不遮阳,与浇水管理结合形成干湿交替的状态为宜。

三、栽培管理技术

(一) 栽培季节

黑木耳是中温型菌类,广泛分布于温带和亚热带。我国地处北半球,地域辽阔,林木资源丰富,大部分地区气候温暖,雨量充沛,是黑木耳的主产地。

人工栽培主要在春、秋两季进行。确定栽培季节,应根据菌丝体和子实体发育的最适温度,主要预测出耳的最适温度和不允许超出的最低和最高温度范围。要错开伏天,避免高温期,以免高温、高湿造成杂菌感染和流耳。

(二) 主要栽培品种

要选择适应性广、抗逆性强、发菌快、成熟期早,菌龄 30～50 天的菌种。切勿使用老化菌种和感染杂菌的菌种。据试验,适于棉籽壳、木屑代料栽培的有"沪耳 1 号"、湖北房县的"793"、保康县的"Au26"、福建"新科"、福建"G139"、河北"冀诱 1 号""豫早熟 808";适于稻草栽培的有"D-5""G139""G137""双丰 1 号""双丰 2 号";适于棉籽壳、木屑代料室外地栽的有"吉林海兰""东北 916""黑龙江雪梅""豫早熟 808"等。

(三) 栽培原料

黑木耳在我国栽培至少有 800 年的历史。适宜栽培的树木比较多,有 120 余种,以壳斗科树木的槲树、蒙古栎、栓皮栎、青枫栎及桦木科的千金榆(半拉子)为最多。最初是在冬季伐树、去枝,放在黑木耳生长的山场,任其自然感染黑木耳菌。这种自然繁殖的方法产量很低、生产周期长,一般需 5 年的时间。20 世纪 70 年代初,黑木耳生产出现了一次革命,人们仿照日本栽培香菇的纯菌丝段木栽培方法在黑木耳栽培上获得成功,使黑木耳产量上升,生产周期缩短(一般 2～3 年)。但这种方法消耗木材量特别大,20 世纪 80 年代末又出现了节约木材、产量高的代料栽培方法。

近年来,利用农作物秸秆、种壳和工业废料栽培黑木耳,不但能节约木材,也为发展黑木耳栽培开辟了新途径,为农民脱贫致富找到了新的门路。

黑木耳代料栽培,一般采用塑料袋栽、瓶栽、菌砖栽培、覆土栽培等。由于黑木耳菌丝生长速度慢,抗杂菌能力差,生产中多采用塑料袋栽培。

(四) 代料室内栽培管理技术

1. 工艺流程

(1) 菌袋制备:配料→装袋→灭菌→接种。

(2) 菌丝培养:菌丝萌发→适温壮菌→变温增光。

(3) 出耳管理:打洞引耳→耳芽形成→出耳管理→采收加工。

2. 栽培料配方与配制方法

(1) 栽培料配方如下。

① 木屑培养料:阔叶树木屑 78%、麸皮或米糠 20%、石膏或碳酸钙 1%、蔗糖 1%。

② 棉籽壳培养料:阔叶树木屑 90%、麸皮或米糠 8%、石膏或碳酸钙 1%、蔗糖 1%。

③ 木屑、棉籽壳培养料:棉籽壳 43%、杂木屑 40%、麸皮 15%、石膏粉 1%、蔗糖 1%。

④ 木屑、棉籽壳、玉米芯培养料:木屑 30%、棉籽壳 30%、麸皮或米糠 8%、玉米芯 30%、蔗糖 1%、石膏 1%。

⑤ 玉米芯粉培养料:玉米芯粉 75%、麸皮 23%、石膏粉 1%、蔗糖 1%。

⑥ 玉米芯培养料:玉米芯 98%、蔗糖 1%、石膏 1%。

⑦ 稻草培养料:稻草 66%、麸皮或米糠 32%、石膏 1%、蔗糖 1%。

(2)配制方法:用料必须干燥、新鲜、无霉变;拌料力求均匀,按配方比例配好各种主辅料,把不溶于水的代料混合均匀,再把可溶性的蔗糖、尿素、过磷酸钙等溶于水中,分次掺入料中,反复搅拌均匀;严格控制含水量,一般料水比为 1:(1.1~1.4),培养料的含水量在 55% 左右;培养料用石灰或过磷酸钙调节 pH 到 8 左右,灭菌后 pH 下降到 5~6.5。

常用的棉籽壳培养料,在装袋前加水预湿,使其充分吸水,并进行翻拌,使其吸水均匀。稻草培养料切成 2~3 cm 长的小段,浸水 5~6 小时,捞起沥干水。也可放入 1%~2% 的石灰水中浸泡,水为总料重的 4 倍,浸 12 小时,然后用清水洗净,沥去多余的水分,使含水量在 55%~60%,加入辅料拌匀备用。如用稻草粉,可直接拌料、装袋,不用浸泡。

塑料袋通常选用低压聚乙烯或聚丙烯塑料袋。塑料袋质量的好坏直接关系到代料栽培的成品率和产量,要选用厚薄均匀、无折痕、无沙眼的优质塑料袋,凡是次品坚决不用。塑料袋的规格为长 27 cm、宽 14 cm、厚 0.05~0.06 cm。

3. 拌料、装袋和灭菌

装袋时装袋机装料均匀一致。按配方比例拌料,含水量达到 60% 左右。擦去袋口内外的培养料,套上颈圈,再在颈圈外包一层塑料薄膜和牛皮纸灭菌,或装料后直接用橡皮筋或线绳系紧而不系死,或用封口机直接封口。

灭菌通常采用高压蒸汽灭菌,进气和放气的速度要慢。灭菌时在 0.15 MPa 下保持 1.5 小时,再停火闷 6~8 小时。当采用土蒸锅常压灭菌时,开始时要旺火猛攻,4 小时内蒸仓内温度达到 100 ℃,并保持 8~10 小时。

4. 接种

灭菌的料袋,当料温降到 30 ℃ 以下时进行接种,接种室或接种箱要在接种前彻底消毒,接种操作要迅速、准确,严格做到无菌操作。每袋接种量为 5~10 g,将菌种均匀撒在培养料的表面。接种后,最好将塑料袋逐一在 5% 石灰水中浸泡一下,棉塞上可撒以过筛的生石灰粉,然后送往培养室。

5. 发菌期管理

这一时期要做好以下几项工作。

(1)培养室应事前灭菌,即用石灰粉刷墙壁,用甲醛和高锰酸钾混合进行熏蒸消毒;培养过程中,每周用 5% 石炭酸溶液喷洒墙壁、空间和地面,连续喷 2 次,以除虫灭菌。

(2)温度和湿度要适宜。培养室温度要先高后低。菌丝萌发时,温度在 25~28 ℃。10 天后,温度降至 22~24 ℃,不超过 25 ℃。室内空气相对湿度控制在 55%~70%。后期如雨水多,在培养场地撒些石灰,以降低空气相对湿度。

(3)光线要偏暗。在菌丝体生长阶段,培养室的光线要接近黑暗,门窗用黑布遮光或糊上报纸,或瓶(袋)外套上牛皮纸、报纸进行遮光,有利于菌丝生长。当菌丝发满瓶(袋)时,要清除培养室门窗的遮光物,增加光照 3～5 天;如光线不足,可用日光灯照射,以补充光源,来刺激黑木耳原基形成。

(4)空气要新鲜。黑木耳是好气性菌类,在生长发育过程中,要始终保持室内空气新鲜,每天通风换气 1～2 次,每次 30 分钟左右,以促进菌丝的生长。

(5)及时检查,防止感染杂菌。在菌丝培养过程中,料袋常有杂菌侵染,要及时进行检查,如发现有菌斑要用 0.2%多菌灵或 1%甲醛溶液注射菌斑,然后贴上胶布,防止杂菌蔓延。

6.出耳管理

(1)出耳场地的选择。出耳场地要清洁,光线要充足,通风良好,能保温、保湿。最好为砖地或砂石地面。

(2)菌袋消毒,开孔吊袋或扣地栽培。开孔前,去掉棉塞和颈圈,把袋口折回来用橡皮筋或线绳扎好,手提袋子上端放入 0.2%高锰酸钾溶液或 0.1%多菌灵药液中,旋转数次,对菌袋表面进行消毒。消毒后,采用 S 形吊钩把袋子挂在出耳架上,袋与袋之间的距离为 10～15 cm,使袋间的小气候畅通良好,有利于出耳。

(3)出耳管理。无论是菌袋开孔吊袋栽培(见图 8-8)还是扣地栽培,黑木耳从营养生长转向生殖生长,菌丝内部的变化处于最活跃的阶段,对外界条件反应敏感。

① 原基形成期:栽培袋置于强光或散光下经过 5 天,开孔后 5～7 天即可见到幼小米粒状原基发生。该阶段要求空气相对湿度保持在 90%～95%,每天在室内喷雾数次(不要直接喷在袋上),保持环境温度适宜,以防止空气干燥,菌丝失水。

② 幼耳期:从粒状原基发生到生长小耳片,形似猫耳、肉厚、顶尖硬而无弹性,大约需 7 天,此阶段耳片尚小,需水量小,每天喷水 1～2 次,空气相对湿度不低于 85%,保持耳片湿润,可将覆盖的薄膜去掉。

③ 成耳期:由小耳片长大到成熟,约需 10 天。此阶段子实体迅速生长,需吸收大量的养分、水分和氧气,耳片每天延伸 0.5 cm 左右,每天向地面、墙壁、空间和菌袋表面喷水 3～4 次,以保持空气相对湿度不低于 90%。经常打开门窗通风换气,增加光照强度,光照要求达到 1000～2000 lx,同时经常调换和转动菌袋的位置,使菌袋受光均匀。

我国北方(主要是东北)规模化栽培,是菌袋开孔后扣地栽培(见图 8-9),一般是春季 3—6 月,其管理与大棚或室内出耳略有不同。

图 8-8　吊袋栽培黑木耳

图 8-9　扣地栽培黑木耳

7. 采收与干制

成熟后应适时采收,以防生理过熟或喷水过多,造成烂耳、流耳。正在生长的幼耳颜色较深,耳片内卷,富有弹性,耳柄扁宽。当耳色转浅,耳片舒展变软,耳根由粗变细,子实体腹面略见白色孢子粉时,应立即采收。采收前干燥2天,使耳根收缩,耳片收边。采收时,采大留小,尽量不留耳基,耳片、耳根一齐采小,采收切勿连培养料一齐带起,否则会影响黑木耳的商品质量并推迟下一次采收时间。

采摘下来的黑木耳采用晾干法或烘干法进行干燥,干制的黑木耳容易吸湿回潮,应装入塑料袋内密封保存,防止被虫蛀食。采摘后清理料面,继续停水2～3天,使菌丝体恢复,经过10天管理,可采收下一批黑木耳。在正常情况下,可采收3～4批。

(五)黑木耳段木栽培技术

黑木耳段木栽培在山区较多,段木所栽培的黑木耳品质好,耳片色泽黑亮,营养丰富,口感细嫩柔软,很受消费者青睐。

1. 段木准备

实践表明,砍树时间在秋末春初较好。这时树木处于休眠期,树干内贮藏的养分最丰富;砍树后树皮不易脱落;冬季气温低,湿度小,杂菌和害虫较少,砍树后接种黑木耳易成活。

砍树后留下树枝干燥10～15天,这样树干中的水分从树枝蒸发,干燥快。干燥后去枝,将树干锯成1 m左右,即为段木。段木应立即搬入耳场,把所有的伤口、断口用浓石灰水或0.5%波尔多液涂好。堆成井字形或三角形。

2. 段木接种

选择新鲜、生命力强、菌丝为白色绒毛状且刚长满瓶(或袋)7天的菌种。菌膜若过厚,使用前应刮去。

春天接种以2—3月为宜,秋天接种以9—10月为宜。接种的最适气温为5～15 ℃,日均温度以10 ℃左右为好。一般来说,以断木后两周左右,含水量在40%～45%时接种成活率最高。

接种工具一般有电钻、手摇钻、打孔器等。首先在段木上打孔,孔深入木质部1 cm以上,孔距30 cm左右,行距10 cm左右,成梅花形排列。在孔内填上菌种,应填紧填满,再将预先制作的树皮盖在接种口上,用木槌轻轻打平。也可用石蜡封口。接种时应避免阳光直射。

3. 发菌管理

发菌就是把接种后的段木集中堆放在适宜菌丝生长的良好环境中,让菌丝生长。发菌过程中要注意保温、保湿,促使菌丝成活定植。

发菌30～60天要翻动段木一次。把上下、里外的耳木互相调换位置,加强通风换气并调节耳木湿度,使菌丝继续蔓延。发好菌后就进行黑木耳的耳场排放。

一般初春接种的耳木,经过3～5个月的堆放发菌,菌丝可基本发育成熟,已发菌成熟的耳木在气温降至10～20 ℃时,耳基相继出现,至黄豆大时应将堆放的耳木架起,让其出耳,称为起架或架木、立木。

起架应根据发菌和气温情况适时进行,起架前应先补足水分。每天少量多次喷水,使耳木均匀吸水,然后起架。

起架时,在耳场上竖立有叉的木桩两根,高60～70 cm,在叉上放一横木,将耳木细的一端放在横木上,另一端着地,两侧交叉排成人字形,耳木之间相距 10 cm 左右。

4. 出耳期管理

出耳期间应注意保温、保湿,促进子实体分化、生长和发育。

如果管理得当,可出耳 2～3 年,每年出耳季节结束后,应将耳木堆放成井字形或覆瓦状,并遮阳以防止阳光直射。干旱时要洒水保湿。待次年出耳季节到来时,再补足水分,进行催芽和起架管理,可继续出耳、采收。

四、黑木耳的干制

新鲜黑木耳易腐烂,批量生产或大面积培植时,干制加工的好坏,会直接关系到生产者的经济效益。

(一)黑木耳的干制方法

黑木耳的干制方法有自然干制和人工干制两类。在干制过程中,干燥速度对干制品的质量影响大。干燥速度越快,产品质量越好。

自然干制利用太阳光为热源进行干燥,是我国最古老的黑木耳干制加工方法之一。加工时将菌体平铺在向南倾斜的竹制晒帘上,相互不重叠,冬季需加大晒帘倾斜角度以增加阳光的照射。鲜耳摊晒时,宜轻翻轻动,以防破损,一般要 2～3 天才能晒干。这种方法适于小规模培育场的生产加工。有的耳农为了节省费用,晒至半干后,再进行人工烘烤,这需根据天气状况、光照强度、黑木耳水分含量等灵活掌握。

人工干制用烘箱、烘笼、烘房,或用炭火热风、电热以及红外线等热源进行烘烤,使耳体脱水干燥。此法干制速度快,质量好,适用于大规模加工产品。目前人工干制设备的热作用方式可分为热气对流式、热辐射式和电磁感应式。我国现在大量使用的有直线升温式烘房、回火升温式烘房以及热风脱水烘干机、蒸汽脱水烘干机、红外线脱水烘干机等设备。

(二)干木耳分级标准

1. 我国传统的干木耳分级标准

(1)甲级(春耳):春耳以小暑前采收者为主,表面青色,底灰白,有光泽,朵大肉厚,膨胀率大;肉层坚韧,有弹性,无泥沙虫蛀,无卷耳、拳耳(由于成熟过度,久晒不干,粘连在一起的)。

(2)乙级(伏耳):伏耳以小暑到立秋前采收者为主,表面青色,底灰褐色,朵形完整,无泥沙虫蛀。

(3)丙级(秋耳):秋耳以立秋以后采收者为主,色泽暗褐,朵形不一,有部分碎耳、鼠耳(小木耳),无泥沙虫蛀。

(4)丁级:不符合上述规格,不成朵或碎片占多数,但仍新鲜可食者。

2. 全国实施的干木耳收购标准

(1)一级:色泽纯黑,朵大而均匀,足干,体轻质细,无碎屑杂物,无小耳,无僵块,无霉烂。

(2)二级:色泽黑,朵略小,足干,体轻质细,无霉烂,有少许黄瓢,耳根棒皮及灰屑不超过 3%。

(3)三级:色泽黑而稍带灰白色(或褐灰色),朵大而碎,肉薄体重,无霉烂,耳根棒皮和灰屑杂质不超过 3%。

项目五　银耳栽培

一、重要价值

银耳别名白木耳，学名为 *Tremella Fuciformis* Berk。在分类学上隶属于真菌门担子菌纲银耳目银耳科银耳属。在自然界分布于世界各地，是名贵的食用菌和药用菌。

银耳是极著名的"山珍"之一，是一种营养丰富的珍贵滋补品。银耳除食用外，还有很好的药用效果。医学家认为银耳有强精、补肾润肺、生津、止咳、降火、润肠、养胃、补气、和血、强心、壮身、补脑、提神等作用。从我国汉代的《神农本草经》到明代杰出的医学家李时珍的《本草纲目》，以及近代的《中国药学大辞典》，对银耳药用的功效都做过记载。银耳还具有治肺热咳嗽、久咳喉痒、咳痰带血、痰中血丝、妇女月经不调、大便秘结、小便出血，以及滋润皮肤等功效。

1894 年我国开始人工栽培银耳，是世界上栽培银耳最早的国家，以四川通江银耳、福建漳州银耳最为著名。我国食药用菌科学家首先将银耳及其伴生的香灰菌分离培养成功，由此发展了银耳的人工段木及代料栽培技术，并由瓶栽发展至袋栽，产量得以大幅度提高。过去每 100 kg 段木只收干银耳 50～100 g，现在一般为 1.5 kg 左右，高产的达 3.9 kg。代料栽培从瓶栽发展至袋栽，每 100 kg 培养料产干银耳从 5～10 kg 提高到 8～15 kg，甚至更高。当今，我国银耳单产量及总产量都居于世界首位。

二、生物学特性

(一) 银耳的形态结构

银耳的生长由两大部分组成，包括菌丝体(营养器官)和子实体(繁殖器官)。

(1) 菌丝体由担孢子萌发生成，是多细胞、分支分隔的丝状体，呈白色，极细，能在木材或各种代用料培养基上蔓延生长，起着吸收和运送养分的作用。达到生理成熟阶段，条件适宜时，形成子实体。菌丝分为单核菌丝和双核菌丝。

(2) 子实体即食用部分(见图 8-10)，无菌盖、菌褶、菌柄之分。子实体由薄而多皱褶的瓣片组成，常见的有菊花形(福建、云南)和鸡冠形(四川、湖北)两大品系，都呈朵形。子实体白色，表面光滑，有弹性、半透明。干后微黄呈角质，硬而脆，体积强烈收缩，为湿重的 1/13～1/8。用水浸泡可恢复原状。成熟的子实体的瓣片表面有一层白色粉末，即

图 8-10　银耳的子实体

银耳的孢子，孢子成熟后会自动弹射出来，借风力传播，人工分离菌种就是根据这一特点进行的。

(二) 银耳的生活史

银耳的一个生活周期最短只有几天，但整个过程是复杂的。银耳的担孢子在条件适宜的情况下，萌发成单核菌丝(或称为一次菌丝)。银耳担孢子有性的区别，真菌学上称为"＋"或"－"，萌发成单核菌丝后仍然具备各自的性状。同性别的两条菌丝永远不亲和，只有两个不同

性别的单核菌丝相遇才能亲和,进行双核化(这种特性称为异宗配合或自交不孕类),并长成具锁状联合的菌丝体,不断地扭结成块,成为银耳原基;然后长出芽,经过胶质化后,形成新的银耳子实体。子实体瓣片表面可生成担孢子。开始是菌丝的前端细胞膨大,逐渐变成球体,同时两个核融合,进行减数分裂,变成四个核,接着细胞纵向分隔,形成四个单核细胞,称为下担子。随后在下担子产生乳头状突起,并继续向前生长,成为伸出子实体的胶质物,称为上担子。然后上担子上长出一个小梗,小梗的前端逐渐膨大成球形,与此同时,下面的核也逐渐向上移动,直至移到小梗顶端的球状体中,核移后,小梗和球状体之间产生分隔。这样就形成了担孢子。担孢子成熟后,在适宜条件下弹射出去,再生长新的下一代,周而复始。这就是银耳的生活史。

银耳的担孢子在条件不适宜的情况下,会产生次生担孢子或芽殖,产生大量的酵母状分生孢子(芽孢),当条件适宜时,次生担孢子和分生孢子都萌发成单核菌丝。

菌丝生长遇到不利条件时会断裂成许多节孢子。如生长条件扭转,节孢子又会重新萌发成单核菌丝。

银耳属于异宗配合类,四极性。

(三) 银耳的生长条件

银耳能利用简单糖类如单糖(葡萄糖)、双糖(蔗糖)生长,其分解大分子含碳化合物(如纤维素、半纤维素)的能力弱。这些大分子物质需要通过一种称为香灰菌的菌丝分解后才能被银耳菌丝利用。香灰菌是银耳生长发育中不可缺少的生物因子,这也是银耳在营养上的一个特点。香灰菌是一种能分解纤维素、半纤维素、木质素的子囊菌,其菌丝为羽毛状,生长较快,菌丝的颜色由浅黄到浅棕色,直至变为绿黑色或黑色。银耳菌丝与香灰菌菌丝的配合具有一定的专一性。一般认为,二者菌丝的配合应是来自同一块耳木所分离的纯菌丝。

银耳是一种中温型真菌,生长发育在18～23 ℃最好。菌丝(与香灰菌的混合菌丝)的生长温度为8～34 ℃,最适宜温度为25～28 ℃。30～35 ℃易产生酵母状分生孢子。35 ℃以上菌丝停止生长,超过40 ℃菌丝细胞死亡。

银耳菌丝抗旱能力较强,香灰菌菌丝耐干旱能力则较弱。袋栽培养料的含水量一般不超过60%。段木栽培时,段木的含水量以42%～47%为宜。菌丝生长阶段,空气相对湿度控制在60%～70%为宜。在子实体分化发育阶段,空气相对湿度控制在80%～95%,干湿交替的湿度条件有利于银耳子实体的生长发育。

银耳整个生长发育过程始终需要充足的氧气,尤其是在发菌的中后期,以及子实体原基形成后,呼吸旺盛,需要加强通风换气。

银耳在菌丝生长阶段需要暗培养,子实体生长发育需要150～800 lx的散射光,适当的光照可促进子实体的分化。

三、栽培管理技术

(一) 银耳的栽培季节

温度是影响银耳生命活动强度和生长发育速度的重要因素。银耳属中温性真菌,抗寒力较强,银耳子实体分化的温度在16～28 ℃,低于16 ℃生长迟缓,高于28 ℃分化不良,最理想的温度是22～25 ℃。银耳菌种培养最适温度为23～28 ℃。栽培季节主要为春、秋两季。

(二) 主要栽培品种

适宜栽培的品种包括代料种 TR22、TR23、TR05,银丰1号、银丰2号等。

（三）栽培方式

银耳栽培方式主要有段木栽培和代料栽培。段木栽培在山区较多；代料栽培容器主要有瓶子和塑料袋，在山区和平原都可进行。近年来多采用木屑或棉籽壳等为原料的室内代料栽培银耳。

（四）银耳代料栽培原料及配制

室内袋栽银耳的生产技术如下。

木屑要选择适当的树种，以千年桐、山乌桕、盐肤木、法国梧桐、枫、桦、栗、椿、柞、杨、榆、糠椴等林木为宜。但含香、臭、油脂、醇类的树种（如杉、松、柏、樟等）不宜采用。棉籽壳、玉米芯、花生壳、葵花子壳、黄豆秸等均可采用，甘蔗渣、甜菜渣等亦可，原料要求无霉变、虫蛀。用树木枝丫加工时，要先切片，后粉碎成细屑，玉米芯及其他壳、秸均要粉碎成细屑，棉籽壳不必加工。

银耳栽培可以利用住房、简易棚房或空闲房子，有条件的可建造专用栽培室。耳房要求地势较高，近水源，便于清洗场地和管理时用水，通风要好，光线一般。室内要洗净、消毒，内设排放银耳栽培袋的层架（8～10 层），栽培银耳的容器主要是塑料薄膜袋。可选择低压聚乙烯塑料薄膜袋，其规格为宽 12 cm、长 50～55 cm。也可以采用回收的水果罐头瓶栽培。

1. 培养基配方

（1）木屑 80 kg、麦皮 14 kg、石膏粉 2 kg、黄豆粉 2 kg、白糖 1 kg、尿素 0.5 kg、硫酸镁 0.5 kg、水 100～115 kg。

（2）棉籽壳 75 kg、麦皮 20 kg、石膏粉 2 kg、黄豆粉 2 kg、石灰粉 0.5 kg、硫酸镁 0.5 kg、水 100～120 kg。

（3）玉米芯 40 kg、棉籽壳 20 kg、木屑（或高粱秸）20 kg、麦皮 15 kg、石膏粉 4 kg、尿素 0.5 kg、硫酸镁 0.5 kg、水 100～120 kg。

（4）甘蔗渣 80 kg、麦皮 15 kg、过磷酸钙 1.5 kg、石膏粉 3 kg、尿素 0.5 kg、水 100～120 kg。

（5）花生壳 40 kg、玉米芯或高粱秸 26 kg、棉籽壳或木屑 20 kg、麦皮 10 kg、白糖 1 kg、石膏粉 2.5 kg、尿素 0.5 kg、水 100～120 kg。

（6）稻草粉 50 kg、麦草粉 20 kg、麦麸 20 kg、过磷酸钙 5 kg、白糖 1 kg、石膏 2 kg、黄豆粉 2 kg、水 100～120 kg，pH 自然。

（7）玉米芯 45 kg、麦皮 20 kg、棉籽壳 30 kg、石膏粉 2 kg、黄豆粉 2 kg、尿素 0.5 kg、硫酸镁 0.5 kg、水 100～110 kg。

2. 配制操作

配制培养料时，先把能溶解的尿素、糖等溶于水中，按各料比例混合拌匀。培养料含水量以手握料能成团，掷在料堆中会松散为度，不可太湿，以免影响菌丝生长。但拌料以选择晴天为好，阴天不宜。

3. 装袋与灭菌、打穴接种

料拌好后要迅速装袋，因拖延时间会造成培养料发酵变酸，所以要集中人力，抓紧把料装入袋内，装好料的袋子要立即送进灭菌灶上灭菌。把袋料置于灭菌灶木架上，重叠而上，周围用塑料薄膜围住，不让漏气。灭菌要求尽快加温至 100 ℃，并持续 8～10 小时，然后将袋子搬进室内，待冷却到 28 ℃以下时，进行打穴接种。

4. 接种

银耳菌种是银耳菌丝和香灰菌菌丝混合体。获得较纯的银耳菌丝和香灰菌菌丝后,要进行交合,然后才能用于母种及栽培种的生产。交合的方法是先将银耳接种在试管的培养基上,在 23～25 ℃的环境中培养 5～7 天,待银耳菌丝长到黄豆大小时,再接入少许香灰菌菌丝,在同样温度下培养 7～10 天,待香灰菌菌丝蔓延至全试管时即为原种。生产种的培养基制作、灭菌及接菌箱的消毒与原种一样。

接种时要将银耳菌丝和香灰菌菌丝混合均匀,否则会影响银耳生长,甚至不出银耳。

接种室或接种箱要事先用消毒剂(福尔马林和高锰酸钾混合液等)严格消毒。接种时,在每个袋子正面打 4～5 个穴,穴深 2 cm,口径为 1.5 cm。接种后用胶布或胶带贴封穴口,也可以先打穴贴胶布,再将袋子经过灭菌冷却后,搬进无菌室内接种,接种时揭开胶布接种后及时贴紧。如在接种室进行可三人组合,以提高接种效率。

5. 发菌管理

接种后的菌袋要及时置于室内进行发菌培养。开始 1～4 天室内温度控制在 28～30 ℃,最高不超过 34 ℃,袋子在室内采取重叠成堆,与袋料温度相应,5 天后室温调节为 25～26 ℃。袋子要一袋袋地排列于架层的床板上,卧倒排列,室内空气要相对干燥。春秋季节气温适应,若秋末气温低于上述时,可加煤炭火升温,但要注意排出二氧化碳。经过 10 天左右室内培育菌丝后,袋内白色绒毛状的菌丝充满接种穴四周。此时,要把种穴上的胶布掀起一小隙让氧气透进袋料,促进菌丝生长发育,并且将室内温度调节为 20～23 ℃,以防温度过高引起种穴吐黑水,室内相对湿度调节为 80%～85%,加强通风,使空气新鲜。

6. 出耳管理

从接种起,一般 12～15 天,接种穴内就会出现黄色水珠,这是菌丝发育新陈代谢的表现,也是出耳的预兆,要及时把黄色水珠吹散于穴口处,或用棉花擦去。也可把袋子朝着穴口的侧向,让黄水流于袋边。此时要把穴口上的胶布全部撕掉,换上旧的报纸,整张覆盖于袋面,并用喷雾器在纸上喷水加湿,促进出耳。通常到第 16 天就在穴口上出现碎米状晶莹的耳芽,很快生长。1～2 天后要把穴口四周薄膜剪去 1 cm,扩大出耳口,使培养基内增加氧气,18 天全部出耳,室温以 23～25 ℃为好,喷水保持湿润,相对湿度以 85%～95%为好,并保持空气流通、新鲜。若气温达不到上述要求,可将门窗紧闭或加温,但要每天通风 2～3 次,每次 30 分钟。

完全取掉胶布后,要用报纸覆盖(报纸要消毒),每天要洒水 1 次,耳朵长到 4 cm 大小时,就要取掉报纸,罩上用报纸折成的纸船,每天洒水 3 次,通风 3 次,撒完水就要通风,然后就加温。湿度要保持 75%～85%,温度保持在 22～25 ℃,加水时用喷雾器进行,水要加得灵活,耳黄多喷,耳白少喷,天晴多喷,天阴少喷,一次不能加得过多,更不能直接加到耳朵上,以免影响产量。

通风工作对银耳生长影响较大,银耳是好气性真菌,室内闷不但不利于银耳生长,还会引起杂菌感染,造成烂耳及虫害。通风应与保湿相结合,否则四周环境干燥,将不利于菌丝和子实体生长。通风工作从第 7 天就开始进行,每天一次,约半小时,最好在中午进行。20 天后就要增加到每天 3 次。

水是银耳细胞内含物的组分,也是一切营养物质的溶剂和运输工具,营养物质只有在一定的浓度下才能被吸收,因此在管理过程中,既要注意培养基的含水量,又要保持一定的空气相对湿度。

加湿的方法是在墙壁、地面、空间喷雾。随着对湿度要求的增加,还要喷在覆盖银耳的报纸上。

栽培室要保持一定散射光,黑暗、高温、高湿是形成烂耳病虫害的重要原因。

7. 采收与采后管理

银耳长到直径为 12～15 cm 时(一般 35 天)即可采收。若遇阴雨天可延长 5 天收割,但要停止喷水。成熟的银耳子实体形似菊花,个大如碗,色白晶莹,没有小耳蕊,耳片舒展,具有弹性,采收时用利刀从耳基处整条割下,切勿割破朵形,割下的银耳摊于晒帘上晒干。注意防止灰尘,若遇阴雨天可采用微火烘干,温度为 50～60 ℃,烘时先烘蒂头,待稍干后再翻动烘干上部,鲜耳晒干率一般为 15%。干品易潮,用塑料薄膜袋包装,放于干燥仓库贮存。

项目六　金针菇工厂化栽培

码 8-7 金针菇栽培 1　　码 8-8 金针菇栽培 2

一、重要价值

金针菇(*Flammulina velutiper*(Fr.)Sing)又名冬菇、朴菇、构菌、毛柄金钱菌等。金针菇在中国北方针叶林地野生的较多,是食用兼药用的菌类。我国栽培起始于唐代,约有 1400 年的历史。在 20 世纪 80 年代末以前,我国栽培的金针菇品种主要是黄色品种,此后从日本引进众多纯白色品种。现栽培的金针菇有黄色和白色两大类。

日本栽培金针菇已实现了工厂化、机械化和自动化,利用冷气设备进行周年生产。我国现已引入工厂化设备,在广东、北京、上海等地建有生产工厂。

金针菇的主要生产国是日本、中国、韩国等。中国工厂化栽培金针菇规模大,达到了稳产、高产,以鲜售或加工成罐头远销海外,颇受国际市场欢迎。

金针菇子实体色黄或洁白,亭亭玉立,成熟时宛如鲜花竞放,像盛开的金针花,风韵犹如秋菊,是著名观赏菌类,被誉为"彩丝金扣",是一种经济效益好、发展潜力大的食用菌。

金针菇有营养和保健作用,是一种以食菌柄为主的小型伞状菌,菌柄脆嫩,菌盖黏滑,味道鲜美。金针菇内含丰富的蛋白质、维生素、矿物质等营养成分,含有 18 种氨基酸,有 8 种必需氨基酸,赖氨酸和精氨酸含量也高于一般菇类,有促进儿童生长发育、增强记忆、提高智力的作用,被称为"增智菇"。因有一煮就熟,长煮不烂的特点,还是火锅的最佳原料。

金针菇具有较好的药用价值,其菌柄中含有丰富的食物纤维(粗纤维达 7.4%),具有吸附胆酸,增加肠胃蠕动,促进消化,调节胆固醇代谢,降低人体内胆固醇含量,排出重金属离子等作用。金针菇含有的朴菇素是一种高分子量碱性蛋白质,具有显著抗癌作用。据报道,日本用金针菇生产了一种新型抗癌剂,治疗效果良好,副作用小,用于外科手术后的辅助治疗效果也十分显著。金针菇还有抗衰老、降低血压、治疗肝炎及胃溃疡等作用,是一种理想的保健食品。

二、生物学特性

(一)金针菇的形态结构

金针菇由菌丝体(营养器官)和子实体(繁殖器官)两大部分组成。

(1)菌丝体由孢子萌发而成,在人工培养条件下,菌丝通常呈白色绒毛状,有横隔和分支,很多菌丝聚集在一起构成菌丝体。和其他食用菌不同的是,菌丝长到一定阶段会形成大量的单细胞粉孢子(也叫分生孢子),在适宜的条件下可萌发成单核菌丝或双核菌丝。试验发现,金针菇菌丝阶段的粉孢子多少与金针菇的质量有关,粉孢子多的菌株质量都差,菌柄基部颜色较深。

图 8-11　金针菇的子实体形态

(2)子实体的主要功能是产生孢子,繁殖后代。金针菇的子实体由菌盖、菌褶、菌柄三部分组成,多数成束生长,肉质柔软有弹性。菌盖呈球形或扁半球形,直径为1.5～7 cm,幼时球形,逐渐平展,过分成熟时边缘皱褶向上翻卷。菌盖表面有胶质薄层,湿时有黏性,色黄白到黄褐,菌肉白色,中央厚,边缘薄,菌褶白色或象牙色,较稀疏,长短不一,与菌柄离生或弯生。菌柄中央生,中空圆柱状,稍弯曲,长 3.5～15 cm,直径为 0.3～1.5 cm,菌柄基部相连,上部呈肉质,下部为革质,表面密生黑褐色短绒毛。担孢子生于菌褶子实层上,孢子圆柱形,无色。

金针菇的子实体以菌盖小、菌柄长者为优(见图 8-11)。

(二) 金针菇的生活史

金针菇的生活史比较复杂。有性世代产生担孢子,每个担子产生 4 个担孢子,有 4 种交配型(AB、ab、Ab、aB)。性别不同的单核菌丝之间进行结合,产生质配,形成每个细胞有两个细胞核的双核菌丝。双核菌丝经过一个阶段的发育之后,发生扭结,形成原基,并发育成子实体。子实体成熟时,菌褶上形成无数的担子,在担子中进行核配。双倍核经过减数分裂,每个担子尖端着生 4 个担孢子。

金针菇单核菌丝也会形成单核子实体,与双核菌丝形成的子实体相比,单核子实体小而且发育不良,没有实用价值。

金针菇在无性阶段产生大量单核或双核的粉孢子。粉孢子在适宜的条件下,萌发成单核菌丝或双核菌丝,并按双核菌丝的发育方式继续生长发育,直到形成担孢子为止。金针菇的菌丝还可以断裂成节孢子,节孢子按上述方式继续完成它的生活史。

(三) 金针菇的生长条件

金针菇是一种木材腐生菌,易生长在柳、榆、白杨树等阔叶树的枯树干及树桩上。金针菇是秋冬与早春栽培的食用菌,以其菌盖滑嫩、柄脆、营养丰富、味美适口而著称于世。金针菇对环境生长条件的要求与其他食用菌类似,温度、湿度、酸碱度、空气、光照和营养为金针菇生长发育的六大要素。除营养外,其余都为食用菌生长繁殖的环境条件。

1. 温度

金针菇在不同生长阶段所需温度见表 8-2。

表 8-2　金针菇对温度的要求　　　　　　　　　　　　　　　　　(单位:℃)

种类	菌丝体生长温度		子实体分化与子实体发育最适温度	
	温度范围	最适温度	子实体分化	子实体发育
金针菇	3～34	22～24	5～19	8～14

金针菇为低温型食用菌,其菌丝体对低温有较强抵抗力,菌丝体一般不耐高温,原因是温度过高使蛋白质、核酸变性,酶失去活性;适温时酶的活性最大。

在实际生产过程中,子实体对温度有特殊的需求。子实体分化(原基形成)阶段所需的温度在食用菌一生中是最低的。

菌丝体生长和子实体分化主要依赖于料温,子实体生长主要依赖于气温。生产中既要注重料温,又要注意气温。生长前期的料温一般比气温高。若温度与要求相差太大,则难以成功或减产。

2. 湿度

湿度包括培养料中的含水量与空气相对湿度。

(1) 培养料含水量:金针菇生长发育所需的水分主要来自于培养料。培养料含水量在 50%～75%,适宜含水量一般在 60%～65%(料水比一般掌握在 1∶1.3)。

(2) 空气湿度:金针菇菌丝体生长阶段空气相对湿度保持在 60%～70%。子实体生长阶段空气相对湿度保持在 80%～90%(商品菇阶段为 85%左右)。出菇期间经常向地面和空间喷水,同时结合通风,防止形成闷湿环境,喷水应避开调温或低温时段,干燥天气多喷,阴湿天气少喷。

3. 酸碱度

金针菇菌丝生长的 pH 范围为 3.0～8.5,最适 pH 为 4.0～7.5。

4. 空气

金针菇为好气性真菌。对氧气需求的规律是菌丝体生长期、子实体形成期所需氧气少;子实体生长时,呼吸作用加强,对氧气需求量及二氧化碳呼出量急剧增加。一定浓度的二氧化碳有利于金针菇形成菌柄长、菌盖小的商品菇。

5. 光照

菌丝体阶段不需光照,子实体阶段需散射光刺激。金针菇为喜阴型食用菌,需要"八阴二阳"的光照度,一般以离眼 30 cm 能看清书报字体的光照强度为宜。

三、工厂化栽培管理技术

金针菇工厂化生产工艺流程:原料配比→搅拌→装瓶(装袋)→灭菌→冷却→接种→培养→催蕾→抑菇→育菇(吹风套筒)→采收。

(一)栽培品种

(1) 三明 1 号:黄色品种。出菇早,30～50 天出菇。分支多,高产、稳产。抗逆性强,病菇与畸形菇少。菌丝易出现粉孢子,栽培普遍。适温范围宽,3～21 ℃下均可出菇。5～8 ℃品质最好。

(2) 金杂 19:白色品种(日本信农 2 号)与黄色品种(三明 1 号)杂交育成的优良菌株。具有双亲优良特性,菌丝生长快,出菇早,抗逆性强,出菇最适温度为 8～15 ℃。菇体乳白色到淡黄色,菇质佳,适于鲜销和制罐。没有畸形菇,栽培形状稳定,多年来是国内栽培的当家品种之一。

(3) FV088:菇体纯白色,对光线不敏感,不易开伞,商品性能好,符合国际市场需求,但香味淡,不适于内销。子实体形成最适温度在 10 ℃左右。

(二)栽培季节

利用自然温度栽培金针菇,选择适宜的生产季节是获得优质高产的重要环节。先根据当地气候特点,找出气温稳定在 5~15 ℃的具体时间(出菇适温),向前推约 50 天即是适宜的栽培期。

南方一般在晚秋时节(10—11 月)接种,北方在中秋前后(9 月中下旬)接种。可以充分利用自然温度,经过 50 天左右的菌丝培养,到达生理成熟时,天气渐冷,正适合子实体生长发育,一般在 11—12 月进入出菇期。夏季可利用冷库生产金针菇。

(三) 栽培方式

随着代料栽培技术的发展,用段木栽培金针菇已经绝迹了,目前人工栽培多采用瓶栽、袋栽等方式进行。

瓶栽是金针菇栽培的主要方式。日本瓶栽金针菇已实现全年的工厂化、自动化生产模式,使金针菇成为菇类栽培中机械化、自动化水平最高的一种食用菌。我国目前采用的多是普通瓶栽技术。采用 750 mL、800 mL 或 1000 mL 的无色玻璃瓶或塑料瓶,瓶口径以 7 cm 为宜。瓶口大,通气好,菇蕾可大量发生,菇的质量也高。目前,国内多用直径为 3.5 cm 的菌种瓶或罐头瓶代替。菌种瓶口径太小,菇蕾发生的根数少,而罐头瓶装料有限,水分易蒸发,发生的菇蕾细弱,产量不高。

袋栽金针菇,由于袋口直径大,通风性好,菇蕾能大量发生,菇的色泽比较符合商品要求。同时,塑料袋的上端可用来遮光、保湿,能使菌柄整齐生长,免去了套筒的手续。一般袋栽比用 3.5 cm 口径瓶瓶栽的产量高出 30% 左右,是值得推广的栽培工艺。可采用聚丙烯塑料袋。规格为长 40 cm、宽 17 cm 或长 38 cm、宽 16 cm,厚度为 0.05~0.06 mm。若鲜销,可用 42 cm×20 cm 的袋子。塑料袋宽度不宜过大,否则易感染杂菌,菌柄易倒伏。

1. 培养料的配方

金针菇是一种木腐菌,能利用木屑、棉籽壳、玉米芯、甘蔗渣、稻草、麦秸等。凡是富含纤维素和木质素的农副产品下脚料都可以用来栽培金针菇,如棉籽壳、废棉团、甘蔗渣、木屑、稻草、油茶果壳、细米糠、麸皮等,除木屑外,均要求新鲜、无霉变。

阔叶树和针叶树的木屑都可以利用,但以含树脂和单宁少的木屑为好。使用之前必须把木屑堆在室外,长期日晒雨淋,让木屑中的树脂、挥发油及水溶性有害物质完全消失。堆积时间因木屑的种类而异,普通柳杉堆 3 个月,松树、板栗树木屑堆一年为好。

(1) 棉籽壳 78%、白糖 1%、细米糠(或麸皮)20%、碳酸钙 1%。

(2) 棉籽壳 88%、白糖 1%、麸皮 10%、碳酸钙 1%。

(3) 废棉团 78%、白糖 1%、麸皮 20%、碳酸钙 1%。

(4) 木屑 73%、白糖 1%、米糠 25%、碳酸钙 1%。

(5) 甘蔗渣 73%、白糖 1%、米糠 25%、碳酸钙 1%。

(6) 稻草粉 73%、麸皮 25%、白糖 1%、碳酸钙 1%。

(7) 废甜菜丝 78%、过磷酸钙 1%、米糠 20%、碳酸钙 1%。

(8) 麦秸 73%、麸皮 25%、白糖 1%、石膏粉 1%。

麦秸的处理方法:将麦秸截成 0.3 cm 左右,置于 1% 石灰水中浸泡 4~6 小时,待麦秸软化后水洗、沥干。

(9) 谷壳 30%、白糖 1%、碳酸钙 1%、米糠 25%、木屑 43%。

谷壳的处理方法:谷壳经 1% 石灰水浸湿 24 小时,捞起洗净、沥干,然后拌料。

金针菇的原料来源极其丰富,各地只要广开门路,因地制宜,并采取适宜的处理方法,同样能获得和棉籽壳、甘蔗渣、杂木屑栽培金针菇相似的产量。

2. 配料、装瓶(或袋)

将不同配方的培养料拌匀,含水量以 65%~75% 为宜。装瓶时,瓶下部松些,可缩短发菌时间,上部可紧些,否则培养料易干。为了使菇易于长出瓶口,培养料必须装至瓶肩,然后用槌棒在瓶中插一个直通瓶底的接种孔,使菌丝能上、中、下同时生长,最后塞上棉花或包两层报纸,上盖塑料薄膜或瓶盖封口。

装袋机装袋时,边装边压紧。装量以 0.4~0.5 kg 为度。袋子上端必须留 15 cm 以上,供菌柄生长用。装袋后套上塑料环,用牛皮纸或棉塞封口。

3. 灭菌、接种

将料瓶进行常规的高压蒸汽灭菌或常压蒸汽灭菌。

塑料袋的体积大,装料多,灭菌时间比瓶子要长些。高压蒸汽灭菌 1.5~2 小时,常压蒸汽灭菌 100 ℃ 维持 8~10 小时。灭菌时,塑料袋应直立排放于锅内。

待料温降到 25 ℃ 以下进行接种,接种过程均按无菌操作要求进行。接种量以塞满接种孔为宜。接种后立即移至培养室,温度以 20 ℃ 为宜。因为瓶内菌丝生长呼吸发热,瓶内温度一般比室温高 2~4 ℃。气温低时,室内门窗应关闭,每隔 5~6 小时通风换气一次,发菌期间还应定期调换瓶的位置,使之发菌均匀。一般经过 22~25 天菌丝能长满全瓶。

4. 出菇管理

出菇室必须通风、干净、水源方便,并要求室内无光。菇房的管理分以下几个步骤进行。

(1)催蕾:待菌丝长到瓶底或袋底时,及时把它们转移到出菇室,去掉瓶口(或袋口)上的棉塞(或套环、纸等),进行搔菌。搔菌是把老菌种耙掉,去掉白色菌膜。然后用报纸覆盖瓶口,每天在报纸上喷水 2~3 次,保持报纸湿润。几天之后培养基上部就会形成琥珀色的水珠,有时还会形成一层白色棉状物,这是现蕾的前兆,再过 13~15 天就会出现菇蕾。喷水过程中,不能把水喷在菇蕾上,否则菌柄基部就会变成黄棕色至咖啡色,影响出菇的质量,同时会产生根腐病。催蕾期温度控制在 12~13 ℃,相对湿度为 85%~90%,每天通风 3~4 次,每次 15 分钟,并给予微弱的散射光。

(2)抑菇:现蕾后 2~3 天,菌柄伸长到 3~5 mm,菌盖米粒大时,就应抑制生长快的,促使生长慢的赶上来,以便植株整齐一致。在 5~7 天时,减少喷水或停水,相对湿度控制在 75%,温度控制在 5 ℃ 左右。

(3)吹风:又称压风。当菇蕾冒出瓶口时,应轻轻吹风,可使菇蕾长得更好,更整齐。或用蓝光照射促使出菇整齐一致。

(4)瓶栽套筒:套筒是防止金针菇下垂散乱,减少氧气供应,抑制菌盖生长,促进菌柄伸长的措施。可用蜡纸、牛皮纸、塑料薄膜作筒,高 10~12 cm,喇叭形。当金针菇伸出瓶口 2~3 cm 时套筒。套筒后每天向纸筒上喷少量水,保持湿度为 90% 左右,早晚通风 15~20 分钟,温度保持在 6~8 ℃。

近几年袋栽金针菇高产出菇不用套筒。先把棉塞或套环去掉,一端或两端解开袋口,再把塑料袋完全撑开拉直,上架或码垛菌墙出菇。

(5)采收:金针菇菌柄长 13~14 cm,菌盖直径为 1 cm 以内,半球形,边缘内卷,开伞度为三成时,为加工菇的最适采收期,菌盖六七成开伞时,为鲜售菇的采收期。

码 8-9   码 8-10

猴头菇 1   猴头菇 2

项目七　猴头菇栽培

猴头菇又名猴头、猴头菌、刺猬菌、花菜菌、山伏菌,既是珍贵的食用佳肴,又是重要的药用菌。其子实体圆而厚,常悬于树干上,布满针状菌刺,形状似猴子的头并因此得名。近年来,人工栽培尤其代料瓶栽的成功,产区日益广泛,加上可用于栽培的原料种类多,生长周期短,成本低,收益大,猴头菇的生产得到迅速发展。

一、重要价值

猴头菇是我国传统的名贵菜肴,肉嫩味香,鲜美可口,色、香、味上乘,是我国著名的"八大山珍"之一。自古就有"山珍猴头,海味燕窝"之说,并与熊掌、海参一起列为"四大名菜"。其营养价值高,每 100 g 干品中含蛋白质 26.3 g,而且在其蛋白质中含有 16 种氨基酸,包括人体必需的 7 种氨基酸。

猴头菇也是贵重药材,具有滋补健身、助消化利五脏的功能,其菌体所含多肽、多糖和脂肪族的酰胺物质,对消化道肿瘤、胃溃疡和十二指肠溃疡、胃炎、腹胀等有一定疗效。以猴头菇为原料制成的"猴头菌片"就是作为治疗消化道系统溃疡和癌症的一种药物。

二、生物学特性

猴头菇(*Hericium erinaceus*(Bull. ex Fr)Pers)属于真菌门担子菌纲多孔菌目猴头菌科猴头菌属。猴头菇在自然界中寄生在树木的枯枝上,主要产于我国东北、西北各省区,其他各省也有生产,但数量稀少。

(一)猴头菇的形态特征

图 8-12　猴头菇的子实体形态

猴头菇由菌丝体和子实体两部分组成。菌丝体在不同的培养基上略有差异。在试管培养基上,初时稀疏呈散射状,后变浓密粗壮,气生菌丝呈粉白绒毛状;在木屑培养料基质中,浓密,呈白色或乳白色。其菌丝细胞壁薄,有分支和横隔,直径 10～20 μm。子实体肉质,外形头状或倒卵形(见图 8-12),基部着生处较窄,外布有针形肉质菌刺,刺直伸而发达,下垂毛发,刺长 1～5 cm。新鲜子实体洁白或淡黄,干后变淡黄褐色,形似猴子的头,直径为 3.5～10 cm,人工栽培的可达 14 cm 以上。猴头菇子实层能产孢子。孢子椭圆形至圆形,无色,光滑,直径为 5～6 μm,内含油滴,大而明亮。

(二)猴头菇的生活史

猴头菇完成一个正常的生活史,必须经过担孢子、菌丝体、子实体、担孢子几个连续的发育阶段。猴头菇孢子萌发后产生单核菌丝,为单倍体,又称一次菌丝。不同性的两种一次菌丝接触,两个细胞互相融合,形成双核菌丝(即二次菌丝)。二次菌丝达到生理成熟后形成子实体。子实体上长出菌刺,在菌刺上形成担子。担子中的两个细胞核进行核配,很快又进行减数分裂,形成 4 个单倍体的细胞核,然后 4 个单倍体的细胞核进入担子小梗的尖端,形成担孢子。一个猴头菇子实体上可产生数亿个担孢子。在干燥、高温等不良环境条件下产生厚垣孢子。在适宜条件下,厚垣孢子又会萌发菌丝,继续进行生长繁殖。

(三) 猴头菇的生活条件

1. 营养

猴头菇是一种腐生真菌,分解纤维素、木质素的能力相当强,能使朽木变白色,称为白腐。猴头菇在生长发育过程中能利用纤维素、木质素、有机酸、淀粉等作为碳素营养,通过分解蛋白质、氨基酸等有机物质,吸收利用硝酸盐、铵盐等无机氮化物作为氮素营养。同时还需要一定量的钾、镁、钙、铁、铜、锌等矿质营养。目前棉籽壳、甘蔗渣、锯木屑、稻麦秆、酒糟、棉秆等已被用作碳素营养的来源。猴头菇的氮源来自于蛋白质等有机氮化物的分解。锯木屑、棉秆、甘蔗渣等蛋白质含量较低,必须添加含氮量较高的麸皮、米糠等物质。在猴头菇营养生长阶段碳氮比为 25:1,在生殖生长阶段碳氮比以(35~45):1 为宜。

2. 温度

猴头菇属中温型真菌。但适应范围较广,菌丝正常生长的温度为 10~34 ℃,最适生长温度为 20~26 ℃。子实体属低温结实型和恒温结实型,最适温度为 16~20 ℃。菌丝体在 0~4 ℃下保存半年仍能生长旺盛。

3. 水分与湿度

菌丝体和子实体生长时要求培养料的含水量为 60%~70%;子实体生长发育的最适空气相对湿度为 85%~90%。在这种条件下,子实体生长迅速,颜色洁白;如相对湿度低于 60%,子实体很快干缩,颜色变黄,生长停止;如相对湿度长期高于 95%,会生长长刺,很易形成畸形的子实体,产量低。

4. 空气

猴头菇是一种好气性真菌。菌丝体生长阶段对空气的要求并不严格,而子实体的生长对二氧化碳特别敏感,当通气不良,二氧化碳浓度过高时,子实体生长受到抑制,生长缓慢,常出现畸形。在栽培时,子实体生长阶段要特别加强通风换气,空气中二氧化碳含量以不超过 0.1% 为宜。

5. 光照

菌丝体可以在黑暗中正常生长,不需要光线。子实体需要有散射光才能形成和生长。栽培时必须注意控制光照条件,避免阳光直射。

6. 酸碱度

猴头菇是喜偏酸性菌,在酸性条件下菌丝生长良好,最适 pH 为 5~6。所以在人工栽培时,培养料内加入适量的柠檬酸对菌丝的生长有促进作用。

猴头菇菌丝在培养基中生长时,由于分解有机物质而产酸,使培养基变酸,形成了反馈抑制作用而影响自身生长,所以在培养基中加一定量的石膏粉或碳酸钙,不但增加了猴头菇的钙质营养,而且还可调节培养基中的酸碱度。

三、栽培管理技术

人工栽培猴头菇有瓶栽、袋栽、菌砖栽、段木栽等多种方法。但目前应用较多、周期短、管理方便、成功率高的是瓶栽和袋栽。

（一）猴头菇的栽培工艺流程

备料→配制培养基→装瓶→灭菌→冷却接种→发菌管理→出菇管理→采收。

（二）栽培季节及类型品种

1. 栽培季节

目前大多是利用春、秋两季自然气温适宜的时期进行栽培。长江中下游地区，春栽在3—6月，秋季以9月上旬至11月中下旬为适宜；河南省春天在3月，秋天在9月。

2. 品种类型

猴头菇属常见的三种类型如下。

（1）猴头菇（*Hercium erinaceus*（Bull）Pers），著名的山珍之一，可药用，其提取物对癌有一定的抑制作用。分布于云南、贵州、四川、广西、浙江、甘肃、山西、东北等地。

（2）格状猴头菇（*Hericium clathrotdes*（Pall）ex. Fr. Pers），别名假猴头菌、分枝猴头菌。子实体通常比猴头菇要大，味美。分布在云南、四川、吉林等地。

（3）珊瑚状猴头菇（*Hericium coralloides*（Scop. ex Fr.）Pers. ex Gray），别名玉髯、红猴头，子实体分支，刺成丛生。可食，味美，也可药用并有抗癌活性。分布于云南、四川、贵州、新疆等地。

（三）原料的准备

1. 培养基的选择

代料栽培猴头菇选用的培养料以木屑、棉籽壳、玉米芯和麸皮较多，还有稻草、甘蔗渣、米糠、麦秸、废甜菜丝等。最好选用新鲜、无病虫害、不结块的原料。如果原料隔年，应暴晒2~3天，并放在通风阴凉处保存，防止霉变或腐烂。

2. 原料的处理

（1）稻草的处理：选干燥、新鲜、无霉变、无腐烂的稻草，用铡刀切成2~3 cm长，放入1%~2%的石灰水中浸泡12~24小时，除去稻草表面的蜡质并消灭部分病虫害，然后用清水洗至中性，沥干备用。

（2）麦秸的处理：选新鲜、无霉变的干麦秸，用1.5 mm网底的粉碎机粉碎。在2%的石灰水中浸泡24小时，然后用清水洗至中性，沥干备用。

（四）培养基配方及配制

1. 培养基配方

目前生产上常用的培养基配方有以下五种。

（1）棉籽壳78%、谷壳10%、麦麸10%、蔗糖1%、石膏1%。

（2）棉籽壳100%，或另加1%石膏粉。

（3）甘蔗渣78%、麦麸10%、米糠10%、石膏粉2%。

（4）锯木屑78%、米糠10%、麦麸10%、石膏2%。

（5）玉米芯78%、麦麸20%、蔗糖1%、石膏1%。

2. 培养基配制

根据当地资源，选好培养基配方，按比例分别称好各种配料。如果有蔗糖，先把蔗糖溶于水中，将配方的其他料混匀，再将蔗糖水徐徐加入料中，边加水边搅拌，使料与水混合均匀，以用手握料时,手指缝有水渗出但不滴下为宜。其料中含水65%～75%。调节pH至5～6。

（五）袋栽和瓶栽的装料

1. 袋栽的装料

袋栽具有降低生产成本、简化栽培工具的优点。与瓶栽相比,生长周期可缩短15天左右。目前国内袋栽猴头菇有袋口套环栽培法和卧式袋栽法两种方式。

（1）袋口套环栽培法:采用长50 cm、宽17 cm、厚0.6 cm的聚丙烯塑料袋作容器。培养料含水量要比瓶栽低一些。装料时逐渐压实,然后在袋口套上塑料环代替瓶口。再用聚丙烯薄膜或牛皮纸封口,灭菌接种。

（2）卧式袋栽法:将长50 cm的聚丙烯塑料膜做成筒形袋。装料后两头均用线扎口,并在火焰上熔封。用打孔器在袋侧面等距离打4～5个孔,孔径为1.2～1.5 cm,深1.5～2 cm,将胶布贴在接种孔上,然后灭菌接种。

2. 瓶栽的装料

将配好的培养料装入培养瓶(菌种瓶,或用广口瓶代替),边装边用木棒捣实,使料上下松紧一致,料装至瓶肩,再将斜面压平,并在中央用捣木向下打一洞穴,以便接种。装好料后用清水将瓶口内外及瓶身洗干净,塞上棉塞,进行灭菌。

（六）灭菌

培养料装满瓶(或袋)后,按常规进行高压蒸汽灭菌或常压蒸汽灭菌。用高压蒸汽灭菌时,在0.14～0.15 MPa压力下,持续2～3小时;用常压蒸汽灭菌时,在100 ℃条件下,持续8～10小时,再闷一夜。冷却后迅速将袋移入无菌箱或无菌室进行接种。

（七）接种

待料温降到28 ℃时,按无菌操作规程撕开胶布,接入菌种后再将胶布封好,移入培养室培养。瓶装时,拔开棉塞进行操作。

（八）栽培管理

1. 菌丝培养

培养温度为25～28 ℃,瓶栽约20天菌丝可以发到瓶底。袋栽培养15～18天,即两个接种穴菌丝开始接触时,应揭去胶布,以改善通气状况,约1个月后袋内长满菌丝。

2. 出菇管理

当菌丝长至料中2/3时,原基已有蚕豆粒大小时,开始催蕾(瓶要竖立并去掉封口纸)盖上湿报纸或无纺布保持空气相对湿度在80%左右,给予50～400 lx微弱散射光,通风良好,温度调至18～22 ℃。

3. 子实体发育期

当幼菇长出瓶口1～2 cm高时,便进入出菇期管理。室温为18～22 ℃,空气相对湿度为85%～95%。切忌直接向子实体喷水,否则会影响菇的质量。调节适宜的光照和通风供氧,使猴头菇旺盛生长。

（九）采收

在子实体充分长大而菌刺尚未形成,或菌刺虽已形成,长度在0.5～1 cm,但尚未大量弹射孢子时采收。此时子实体洁白,含水量较高,风味纯正,没有苦味或仅有轻微苦味。采收时,用弯形利刀从柄基割下即可。采割时,菌脚不宜留得过长,太长易感染杂菌,而且影响第二潮猴头菇的生长。但也不能损伤菌料,一般以留菌脚 1 cm 左右为宜。

(十) 猴头菇发生畸形的原因与防治

畸形猴头菇的商品价值受到影响,必须尽力防治。

常见的畸形类型有珊瑚丛集型、光秃型和色泽异常型等。出现以上畸形的原因主要是在栽培过程中管理不当。若生长环境中湿度大,通气差,二氧化碳浓度超过 0.1%,就会刺激子实体基部产生分支,形成珊瑚状,使其不能形成球状子实体;若温度高于 25 ℃,加上空气湿度低,会出现不长刺的光秃子实体;若温度低于 14 ℃,子实体即开始变红,并随温度下降而加深。

防治方法:当出现珊瑚状子实体时,应加强通风透气,促进子实体健壮生长;产生光秃型子实体时,要加强水分管理,向空间喷雾状水或地面洒水,以降温补水;当子实体出现红色时,加强温度管理;若因菌种传代次数较多,种性退化而产生畸形猴头菇时,应提纯复壮,培育优良菌种;若因感染菌造成子实体变黄,则应及时连同培养基一并挖除。

项目八　草菇栽培

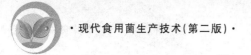

草菇隶属于真菌植物门担子菌纲伞菌目光柄菇科苞脚菇属。别名为稻草菇、秆菇、麻菇、包脚菇、兰花菇、美味草菇、中国蘑菇、南华菇、贡菇、家生菇。

草菇起源于广东韶关的南华寺,200 年前我国已开始人工栽培,大约在 20 世纪 30 年代由华侨传至世界各国,是一种重要的热带亚热带菇类,是世界上第三大栽培食用菌。我国草菇产量居世界之首,主要分布于华南地区。现在逐渐北移,多地都有栽培。

一、重要价值

草菇营养丰富,味道鲜美。每 100 g 鲜菇含 207.7 mg 维生素 C、2.6 g 糖分、2.68 g 粗蛋白、2.24 g 脂肪、0.91 g 灰分。草菇蛋白质含 18 种氨基酸,其中必需氨基酸占 40.47%～44.47%。此外,还含有磷、钾、钙等多种矿质元素。其作用如下。

(1) 草菇的维生素 C 含量高,能促进人体新陈代谢,提高机体免疫力,增强抗病能力。

(2) 具有解毒作用,如铅、砷、苯进入人体时,可与其结合,形成抗坏血酸,随小便排出。

(3) 草菇蛋白质中,人体 8 种必需氨基酸全有且含量高。

(4) 草菇还含有一种异构蛋白质,有消灭人体癌细胞的作用,所含粗蛋白超过香菇,其他营养成分与木质类食用菌也大体相当,同样具有抑制癌细胞生长的作用,特别是对消化道肿瘤有辅助治疗作用,能加强肝肾的活力。

(5) 草菇能够减慢人体对糖类的吸收,是糖尿病患者的良好食品。

二、生物学特性

(一) 草菇的形态结构

草菇分菌丝体和子实体两部分。

1. 菌丝体

菌丝无色透明,细胞长度不一,为 46～400 μm,平均 217 μm,宽 6～18 μm,平均 10 μm,被横隔分隔为多细胞菌丝,不断分支蔓延,互相交织形成疏松网状菌丝体。细胞壁厚薄不一,含有多个核,无孢脐,贮藏许多养分,呈休眠状态,可抵抗干旱、低温等不良环境,待到适宜条件下,在细胞壁较薄的地方突起,形成芽管,由此产生的菌丝可发育成正常子实体。

2. 子实体

子实体由菌盖、菌柄、菌褶、外膜、菌托等构成(见图8-13)。

(1)外膜:又称包被、脚包,顶部灰黑色或灰白色,往下渐淡,基部白色,未成熟子实体被包裹其间,随着子实体增大,外膜遗留在菌柄基部而成菌托,是主要的食用部分。

(2)菌柄:中生,顶部和菌盖相接,基部与菌托相连,圆柱形,直径为 0.8~1.5 cm,长 3~8 cm,充分伸长时可达 8 cm 以上。

(3)菌盖:着生在菌柄之上,展开前呈钟形,展开后呈伞形,最后呈碟状,直径为 5~12 cm,大者达 21 cm;鼠灰色,中央色较深,四周渐浅,具有放射状暗色纤毛,有时具有凸起三角形鳞片。

(a)   (b)

图 8-13 草菇的形态

(4)菌褶:位于菌盖腹面,由 280~450 个长短不一的片状菌褶相间地呈辐射状排列,与菌柄离生,每片菌褶由三层组织构成,最内层是菌髓,为松软斜生细胞,其间有相当大的胞隙;中间层是子实基层,菌丝细胞密集而膨胀;外层是子实层,由菌丝尖端细胞形成狭长侧丝,或膨大而成棒形担子及隔胞。子实体未充分成熟时,菌褶呈白色,成熟过程中渐渐变为粉红色,最后呈深褐色。

(5)担孢子:卵形,长 7~9 μm,宽 5~6 μm,最外层为外壁,内层为周壁,与担子梗相连处为孢脐,是担孢子萌芽时吸收水分的孔点。初期为透明淡黄色,最后为红褐色。一个直径为 5~11 cm 的菌伞可散落 5 亿~48 亿个孢子。

(二)草菇的生活史

1. 菌丝体的形成

担孢子成熟散落,在适宜环境下吸水萌发,突破孢脐长出芽管,多数伸长几微米或几十微米,少数伸长 1.9 μm 后便产生分支,担孢子内含物进入芽管,最后剩下一个空孢子。细胞核在管内进行分裂。孢子萌发后 36 小时左右芽管产生横隔形成初生菌丝,但很快便发育为次生菌丝,并不断分支蔓延,交织成网状体。播种后,形成次生菌丝体,后形成子实体原基,最后形成子实体。

2. 子实体发育的时期

子实体发育过程可分为针头期、钮期、卵形期、伸长期、成熟期。

(1)针头期:部分次生菌丝体进一步分化为短片状,扭结成团,形成针头般的白色或灰白色子实体原基,尚未具有菌柄、菌盖等外部形态。

(2)钮期:专门化菌丝组织继续分化发育形成子实体各个部分,由针头期至钮期为时3～4天。

(3)卵形期:各部分组织迅速生长,外膜开始变薄,子实体顶部由钝而渐尖,呈卵形,从钮期进入卵形期后1～2天是商品采收期。

(4)伸长期(破膜):菌柄、菌盖等继续伸长和增大,把外膜顶破,开始外露于空间,菌膜遗留在菌柄基部成为菌托。

(5)成熟期:菌盖、菌柄充分增大,完全裸露于空间,菌盖渐渐展开呈伞状,后平展为碟状,菌褶由白色转为粉红,最后呈深褐色,担孢子成熟散落。在环境条件适宜时,担孢子又进入一个新的循环。

(三)草菇的生活条件

草菇生长发育对外界环境条件的要求如下。

1. 营养

草菇所需的营养物质主要是糖类、氮素和各种矿物质,还需要一定数量的维生素。一般来说,草菇所需的营养物质可以从棉籽壳、废棉、稻草、牛粪、麸皮、米糠、甘蔗渣、土壤中获取。

研究表明,葡萄糖、果糖、蔗糖、蛋白胨、天冬酰胺、谷氨酰胺等是草菇的良好碳源和氮源,稻草、废棉、甘蔗渣等是栽培草菇的主要材料。分析表明,废棉中天冬酰胺、谷氨酰胺较为丰富,两者含量占其氨基酸总量的1/3,可见,废棉是栽培草菇的理想原料。但废棉的含氮量不一,在0.25%～1.45%之间,而草菇培养料含氮量以0.6%～1%为宜。补充大豆粉可提高产量。

草菇菌丝体生长阶段的碳氮比以20∶1,子实体发育阶段以(30～40)∶1为宜。生产中因培养料种类不同,有时加麦麸、玉米粉、豆饼粉、硝酸铵、尿素等调节其碳氮比。

除了碳、氮之外,矿质元素(如钾、镁、硫、磷、钙等)也是草菇生长发育所必需的。但它们在一些天然的纤维材料中已有足够的含量,一般不必再添加。

2. 温度

草菇属高温型菌类,生长发育温度为10～44℃,对温度的要求因品种、生长发育时期而不同。

担孢子萌芽温度为30～40℃,40℃时萌发率最高,35℃时次之,30℃以下时发芽率最低,高于45℃或低于25℃时均不发芽。

菌丝在10～44℃下均可生长,但低于20℃时生长缓慢,15℃时生长极微,至10℃时几乎停止生长,5℃以下或45℃以上导致菌丝死亡。

子实体发育温度为24～33℃,以28～32℃最适宜,低于20℃或高于35℃时,子实体难以形成。

3. 水分

草菇适宜在较高湿度条件下生长,培养料含水量在70%左右,空气相对湿度以90%～95%为适宜。空气相对湿度低于80%时,子实体生长缓慢,表面粗糙无光泽;高于96%时,菇体容易坏死和发病。

4. 光线

草菇营养生长阶段对光照要求不严,在无光条件下可正常生长,转入生殖生长阶段需要光的诱导,才能产生子实体。但忌强光,适宜光照为 50～100 lx。子实体的色泽与光照强弱有关,强光下草菇颜色深黑,带光泽,弱光下色较暗淡,甚至呈白色。

5. 空气

草菇是好氧性真菌,在进行呼吸时需要充足的氧气。因此,草菇水分含量不能太高,草堆不宜太厚,若用薄膜作临时草堆被,应注意摆上环龙状支撑架以利于通气,保证一定的新鲜空气供应量。

6. 酸碱度

草菇对 pH 的要求在 4～10.3,担孢子萌发率以 pH 为 7.5 时为最高,菌丝和子实体阶段以 pH 为 4.7～6.5 和 8 为适宜,在偏碱性环境条件下生长快。

三、栽培管理技术

草菇的栽培技术比其他食用菌简单些,常用的室内、室外栽培方法如下。

(一) 室外栽培

1. 栽培季节

由于各地的自然气候条件不同,栽培季节也有差异。一般要求平均气温稳定在 23 ℃以上,空气相对湿度要求达到 80% 以上。大面积栽培时,必须选择在适合其生长的气候条件下进行。其中日平均气温达到 26 ℃以上,湿度达 85% 以上的季节是栽培草菇最适宜的季节。我国南方(如广东)在 4—10 月适合草菇的栽培,北方(如河北)在 7—8 月适合草菇的栽培。

2. 栽培场地

广东、广西、福建由于温差小,气温比较高,多在室外稻田中栽培;河北保定多采用冷床(阳畦)上盖薄膜栽培。夏初气温低时,栽培畦应选择阳光充足的地方;夏季气温较高时,须选择较阴凉的地方。中南地区由于 7、8 月份温度高、湿度小,室外栽培产量低,多在室内栽培。

3. 培养料

我国的草菇栽培虽有 200 多年的历史,但过去的草菇栽培均属原始的草堆方法,产量低,操作落后。近十几年来,草菇栽培技术发展很快,从露天草堆栽培发展到室内床架人控温度、湿度等较为先进的栽培方法。不仅把培养料从稻草改为棉籽壳和废棉等,而且采用二次发酵。菌种从过去的稻草种改为棉籽壳种和麦粒种等,使草菇的产量大幅度提高。

培养草菇的原料很多,如稻草、破子棉、棉籽壳、麦秆、甘蔗渣、香蕉秆叶等,各地应就地取材,做到物尽其用,变废为宝。栽培草菇以破子棉为培养料的产量最高,产量稳定,棉籽壳为培养料的次之,稻草与甘蔗渣等最差。不同的栽培方法对培养料的选择和配制应有所区别。

4. 草菇的室外大田栽培技术

室外大田栽培是传统的草菇生产方法。其栽培料以稻草为主,也可用麦草与甘蔗渣、棉籽壳进行栽培。现以稻草栽培为例,介绍生产技术。

(1)选择和整理场地。栽培草菇应选背风向阳、近水源、排水方便、疏松肥沃的砂壤土作为栽培场所。盛夏栽培,宜选通风有遮阳的地方,或搭简易遮阳棚,也可在丝瓜棚下栽培。广东省还有利用早稻收割后种一次草菇,实行早稻—早菇—晚稻的栽培制度,可使经济效益明显提高。场地选好后,栽前 5～7 天要翻犁暴晒。有条件的地方,最好先灌水浸泡 3～5 天(水稻田除外),可淹死地下害虫和杂草,然后排干水晒地,进行耕耙作畦,同时往土内拌入石灰粉或 0.2%敌敌畏驱杀土中害虫。或者先做成 1～1.17 m 宽、20～27 cm 高的畦床。畦沟 67 cm

宽,畦面做成龟背形,东西向,四周挖好排水沟。栽前在早晨用 1% 的茶枯水泼浇畦面,驱除蚯蚓、蝼蛄,用 10% 的石灰水喷洒畦面及四周,进行消毒。

(2)准备培养料:室外大田栽培多以稻草为主要原料,其中以糯稻草最好,晚稻草次之,早稻草最差。种一亩草菇,需稻草 7500～10000 kg。将新鲜、干燥、未发霉的金黄色稻草(未干透和发霉的均不宜用),浸泡在 2% 的石灰水中 12～24 小时,吸足水后取出沥干。

(3)堆草播种:将吸足水沥干的稻草,扎成 1 kg 左右的小把,然后一层一层地堆叠。堆草方式有以下三种可供选择。

① 折尾式堆草法:长稻草适用此方法。把浸好的稻草,用脚踩住根部,一手抓住草拧紧,向回弯到离根约 2/3 处,用几根稻草扎紧,另一头也用稻草扎紧,做成草把,每把 0.75～1 kg。堆叠时,将草把弯头朝外,一把一把紧靠排在畦床上,乱草填在中间。第二层比第一层缩进5～6 cm,使菌堆呈梯形,并踩实。

② 扭把式堆草法:将浸好的稻草,一把一把扭成"8"字形,依序紧密地横摊在畦上,草头和草尾朝内。两边同时进行,叠草的宽度比畦窄 7～10 cm。叠完第一层后,普遍踩一次,一边踩一边淋水,这样易于发热。叠第二层草时向内收缩 5～6 cm,叠法如第一层。如此,直到第四层为止。

③ 斩草式堆草法:将浸好的稻草从中间用轧刀切成两段,齐头放在畦的两边,草头草尾在畦中间,两边对放,一把紧靠一把用脚踩紧。堆中间空低处填乱稻草,一般堆四层,每层周围均比第一层缩进 3 cm 左右,菌堆呈梯形。堆草与播种是交错进行的。在整理好的畦面上,距边缘 6 cm 处,撒上一圈草木灰,然后在草木灰内侧,撒播约 3 cm 宽的草菇菌种。再将经浸泡扭成把的稻草用脚踩实,即为第一层。在第一层的草把距外缘 5～6 cm 处,按上述方法撒草木灰,下种,再堆第二层。按此反复操作,直堆至 4～6 层。堆至最后一层时,在整平踏实撒灰土后,要全面撒上一层(如盛夏气温高,要等草堆高温过后,在播种后 5 天左右,再撒播菌种于堆面)。每 50 kg 干稻草用菌种 3 瓶左右,堆草完毕,应在堆面喷水直至四周有少量水渗出。最后盖上一层草被或塑料薄膜,以保温保湿,防风雨。

(4)菌床管理:

① 复踩草堆:用纯稻草栽培草菇,刚堆好的草较为疏松,不利于菌丝生长。堆草后 3～4天应在堆上踩踏一次。5 天后不再踩草。

② 控制堆温:草菇堆好 3～4 天以后,堆温很快上升,如果堆温超过 45 ℃,要掀开草被或薄膜通风散热,或用喷雾器多次喷水降温,尽量使堆温控制在 32～35 ℃,不超过 40 ℃。正常情况下,1～2 天后堆温逐渐下降,若温度过低,白天可揭开草被晒太阳,夜间加厚草被,也可盖好塑料膜。

③ 调节湿度:若堆温适宜,堆草后 3～4 天不必浇水,从第 5 天起可按照天气和堆内含水量的情况适当浇水,使堆内含水量保持在 60%～70%(检查方法是从草堆内中层抽出少量稻草,用手扭拧,如有水珠出现,表明含水适当;如果水珠连续下滴,说明太湿;无水珠说明太干)。太干时要及时浇水,太湿时可揭去草被、薄膜通风。浇水要用喷雾器进行,不能直接浇灌。并掌握晴天多喷、阴雨天不喷的原则。

④ 适当追肥:草菇生长密集,菇潮集中,消耗养分多,往往有一部分密生菇蕾因得不到养分供养而死亡。因此,在出菇期,用淘米水或 1%～2% 的葡萄糖水喷施,可减少死菇,提高产量。采完一潮菇后,堆温仍保持 33～38 ℃ 时,可用 0.5% 的尿素喷 1～2 次,补充氮素营养,促进下一潮菇蕾的生长。

5. 草菇的室外阳畦栽培技术

室外阳畦栽培技术适用于北方及气温较低的季节栽培。方法简便,生产周期短,产量比传统栽培法提高 2~3 倍。可利用稻草、棉籽壳、废棉絮等原料进行,是近年来推广的一种新的栽培方法。

(1)选地作畦:选择背风向阳的干燥地作畦,土质以富含有机质的壤土为好。在选好的场地上,先挖成东西走向的阳畦,畦长 3~5 m、宽 82 cm、深 33 cm。畦周围筑墙,北墙高于南墙,上面架数根竹竿,便于盖薄膜和草被,控温保湿。播种前畦内灌透水。

(2)堆料与播种:用稻草作培养料时,其培养料的处理方法与大田生产的处理方法相同。把浸好的稻草对腰拧成“8”字形,拧折处朝外,紧密排列在阳畦上,底层四周距畦框 5 cm,中间填散草,距料四周边缘 5 cm 撒播菌种,播幅 5~6 cm,播完一层铺第二层料再播种。依次堆 3~4 层,每层内缩 4~5 cm,使整个料堆呈梯形。最后一层料面全面播上菌种,再盖一薄层稻草。

用棉籽壳、破子棉作培养料的,应选择新鲜的棉籽壳或破子棉,每 500 g 干料加 600~750 g 3% 的石灰水拌和,使其含水量达 60%~65%,然后在畦床内铺料播种,底层四周播一层菌种,铺培养料 14~16 cm,表层全面播上菌种,再盖一薄层料,略压实。最后架上竹竿,盖上薄膜与草帘,保温、保湿。

(3)管理:播种后 4~5 天,可在料面覆盖 1~2 cm 肥沃的土壤。7 天后出现白色粒状原基,适当掀开两端薄膜进行通风。由于畦内湿度大,不需浇水,否则会造成烂菇。第一潮菇采收后,盖上薄膜直至第二潮菇蕾出现。畦内湿度可通过掀盖薄膜口大小和覆盖草帘来进行调节。

(二)室内栽培

草菇室内栽培时,可以人为地提供草菇生长发育所需的温度、湿度、营养和通气条件,避免受台风、暴雨、低温、干旱等不良气候的侵袭,从而有利于延长栽培季节,提高草菇的产量和质量,是目前普遍采用的栽培方法。室内栽培有草堆法和床栽法两种,室内草堆法与室外栽培方法基本相似,故不再赘述,现主要介绍床栽法。

1. 菇房的设置

我国室内草菇栽培始于 20 世纪 70 年代初期,多数利用夏天闲置的塑料大棚、香菇房、蘑菇房,或旧仓库进行栽培,此外,目前南方主要采用泡沫板为材料建立菇房。这些菇房多数设在地势较高、开阔向阳、背北朝南、冬暖夏凉的地段。

每个菇房为 15~20 m²,高 2.5~2.8 m。过大时,加热升温慢,保持恒温较困难;过小时,面积利用率低,通风不良,容易诱发病害。室内设上、中、下窗和床架,下窗高出最低床架 0.1 m,床高 2.3 m,宽 0.7~0.9 m,4~6 层,层距为 0.5~0.6 m,室内装有排气扇和日光灯,光照度为 50 lx,地面铺设管道以便通入蒸汽消毒或加温。

2. 品种选择

草菇菌株按个体大小分大、中、小三种类型,单个重在 20 g 以下属小型,20~30 g 属中型,30 g 以上为大型。色泽有鼠灰、淡灰、灰白等,因菌株而不同。采用哪种类型菌株视栽培季节和用途而定,干制用的适宜选用大、中型,鲜食和罐藏用的适宜采用中、小型。目前选择较多的是 V 系列品种。

主要品种如下。

(1) V20:鼠灰色,易开伞,较耐低温,属小型种。

(2) V23:鼠灰色,不易开伞,产量高,属大型种。但抗逆性弱,在高温或低温下幼菇易死亡。

(3) V37:淡灰色,较易开伞,属中型种。抗逆性强,产量也较高,菌种易退化。

(4) V35:灰白色,品质好,属中型种,产量也较高。但它对温度敏感,当气温稳定在 25 ℃以上时才能正常发育。

(5) V844:属中温、中型种,易开伞,抗低温能力强,抗高温能力弱,24~30 ℃出菇。

(6) V733:灰色或浅灰黑色,属中型种,不易开伞,抗逆性强,较耐低温,22~35 ℃出菇。

(7) V16、V2、Vt:颜色较浅,属中高温、中大型种。抗逆性强,产量高,但包被较薄,不耐高温,易开伞,26~32 ℃下出菇。

(8) GV34:灰黑色,属低温、中型种,不易开伞,产量高,抗逆性强,对温度的适应范围广,23~25 ℃下出菇。

3. 栽培季节

长江以南(如武汉、上海)6—8 月较适宜,长江以北(如石家庄、北京)6 月下旬至 7 月上旬较适宜。广东地处热带亚热带,在自然条件下,春末夏初到秋末均可栽培,即 4—10 月,而以春末时节 4—6 月最适宜,此期间气温回升较慢,波动不大,雨水较多,湿度较恒定。夏季易受高温暴雨影响,产量不如春、秋两季,应特别注意通风降温和控湿,如料温高于 35 ℃,子实体难以形成;空气湿度过大,会影响菇蕾吸收与输送营养,从而生长受到抑制;秋后栽培气温下降较缓慢,但秋高气爽,湿度不易控制,产量比春末低。

一般来说,当地月平均温度 22 ℃以上,日夜温差变化不大,空气相对湿度较大的气候条件下均可栽培。

4. 培养料的配方与配制

(1)培养料配方:室内草菇栽培以废棉、甘蔗渣、稻草为主要原料,常用的培养料配方如下。

① 废棉 69%~79%、稻草 10%、麦皮 5%~15%、石灰 6%~8%,pH 为 8~9,含水量为 68%~70%。

② 废棉 100 kg、稻草粉 12.5~25 kg、麸皮 25 kg、干牛粪 12.5 kg、过磷酸钙 2.5 kg、碳酸钙 2.5 kg,含水量为 65%~68%。

③ 甘蔗渣 100 kg、麸皮 15~20 kg、石灰 3 kg,含水量为 60%;

④ 稻草 100 kg、稻草粉 30 kg、干牛粪 15 kg、石膏粉 1 kg,含水量为 60%~65%。

(2)培养料的配制:夏季栽培时废棉用量为 7~8 kg/m²,麦皮用量为 5%;春、秋两季栽培时废棉用量为 12~15 kg/m²,麦皮用量为 10%;反季节栽培时麦皮用量可达 15%。

培养料堆制时,先把原料淋水湿透,加入 1/3 的石灰,拌匀,将多余水分沥出,含水量控制在 65%~70%(手握料有水滴滴下,不成串),盖上薄膜,堆沤发酵 2 天,然后进行翻堆,再把麦皮等辅助料和 1/3 石灰撒入培养料中,拌匀,再起堆,覆膜发酵 2 天,如此翻堆 2~3 次后,把余下的 1/3 石灰撒入,拌匀即可。

5. 菇房的消毒

前潮菇结束后,用加入 3%~5%漂白粉的石灰乳或是 3%多菌灵喷洒墙壁、地面、床架,干燥后关闭菇房,进料前一天用 40%甲醛熏蒸消毒(15 g/m²),消毒后进行通风换气,甲醛气味消失后即可进料。

6. 培养料进房

(1) 培养料进料的厚度与用量：一般料厚 10～15 cm，用量为 7.5 kg(干料)/m²。

(2) 培养料的后发酵：培养料进房后的再次发酵过程，即培养料进房后让其升温至 60 ℃，维持 2～4 小时，然后降温至 50～52 ℃，保持 4～7 天。

(3) 培养料的翻格：二次发酵结束后翻格一次，使培养料中有毒的气体排出。

7. 播种

待料温降至 35 ℃左右时即可播种。播种方法有点播、条播和撒播。但在实际操作中以点播加撒播效果较好，点播穴距为 10 cm 左右，深 3～5 cm，将约 1/5 的菌种撒在料的表面上，用木板轻轻拍平。也可采用撒播，即进行分层播种，每铺料厚 5 cm 左右撒播种一层，最后用菌种封顶。一般 100 m² 栽培面积需菌种 300～400 瓶(750 mL)。

8. 菇房管理

(1) 盖膜及覆土：接种后在床面盖上塑料薄膜，2～3 天后掀去薄膜，在床面均匀地盖上一层火烧土或细园土，厚约 1 cm，或盖一层事先预湿的长稻草，并喷洒 1％石灰水，保持土面湿润。

(2) 温度、湿度的管理：播种后，关闭门窗，在 4 天内室温维持在 30 ℃左右，料温保持 35 ℃，如白天温度高，可将塑料薄膜掀开，晚上温度降低时再盖上。如果室温太低，应通入蒸汽或采取其他措施加热。菌丝体阶段室温为 30～36 ℃，空气相对湿度通常在播种后头 3 天要求达 95％以上，从第 4 天开始降至 95％左右。

接种后 5～6 天，菌丝体开始扭结，产生子实体原基。子实体发育期最适温度为 28～32 ℃。若高于 35 ℃，菇体长得快，易开伞，产量低，品质差；若低于 25 ℃，则出菇困难。

子实体原基形成时，要及时增加料面的湿度、室内光照，加强通风换气，促进子实体形成。

子实体形成期间的空气湿度以 80％～90％为宜。湿度过高，通气不良，容易导致烂菇；湿度过低，则子实体不易形成。

菇房及培养料的湿度可通过向地面或空中喷水来调节。如果培养料的 pH 低于 8，可用 1％石灰水喷洒。

(3) 通风换气：结菇期间，子实体的呼吸作用增强，放出大量的二氧化碳，积累过多会影响子实体的发育。尤其是高温、高湿环境下，如通风不良，容易产生杂菌，所以在子实体形成期间应及时进行通风换气，以保持菇房有充足的新鲜空气。通风换气要根据气候变化进行，气温低时要在中午前后进行，气温高时要在早晚进行。同时，结合换气，在出菇期间应有一定的散射光，以促进子实体的形成，提高产量和品质。

(4) 严格控制鬼伞发生：在草菇栽培过程中，最常见的竞争杂菌是黑汁鬼伞和膜鬼伞。鬼伞一般是在草菇播种后 7 天左右出现，若不及时摘除，成熟后孢子很快扩散。防治方法是严格对培养料消毒，特别是后发酵要严格控制温度，同时培养料在播种后 5～6 天和出菇后可喷 2.5％石灰澄清液，使培养料的 pH 保持在 8～9，如发现鬼伞应及时摘除。

9. 采收

在适宜的温度、湿度条件下，一般播种后 6～7 天可见少量幼菇，11～12 天开始采收。草菇生长迅速，必须及时采收。采收时用一手按住生长处的培养料，一手持菇体左右旋转，并轻轻摘下。如系丛生，应用小刀逐个割取，或一丛中大部分适合采收时一齐采摘。采菇时切忌拔取，以免牵动菌丝，影响以后出菇。草菇的生物学转化率因培养料而不同，一般以废棉为培养料时生物学转化率为 30%~40%,高的可达 45% 以上。

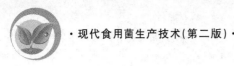

思 考 题

1. 什么叫代料栽培？它有什么优点？

2. 试述熟料袋栽平菇的技术要点。

3. 试述发酵料袋栽平菇的技术要点。

4. 生料栽培平菇应特别注意哪些问题？

5. 香菇段木栽培与代料栽培相比有什么优缺点？

6. 试述香菇袋栽的技术要点。

7. 出花菇的主要管理措施是什么？

8. 双孢蘑菇有何形态特征和生理特征？

9. 堆制发酵料的原则和方法是什么？

10. 优质发酵料的特征有哪些？

11. 双孢蘑菇各生长期的管理要点有哪些？

12. 金针菇生长需要哪些条件？

13. 草菇生长需要哪些条件？如何管理？

14. 草菇的各种栽培方法有何优点？

15. 木耳棚架吊袋栽培及扣地栽培的栽培管理有哪些要点？

16. 银耳纯白菌丝和香灰菌菌丝在形态、生理特性上有何不同之处？它们之间的关系是怎样的？

17. 银耳发菌与出耳管理各时期水分及通风换气管理有哪些要点？

18. 为什么银耳要采用细袋栽培？

19. 猴头菇的子实体与其他食用菌子实体在形态结构上有何区别？

20. 猴头菇在生长发育过程中,对环境条件的要求如何？

21. 袋料黑木耳栽培的生产程序及关键技术是什么？

学习情境九

传统珍贵药用菌栽培

项目一 灵芝栽培

码 9-1   码 9-2   码 9-3

嫩灵芝   灵芝嫁接   灵芝孢子

一、重要价值

灵芝自古以来就被认为是吉祥、富贵、美好、长寿的象征,有"仙草""瑞草"之称,中华传统医学长期以来一直视之为滋补强壮、固本扶正的珍贵中草药。民间传说灵芝有起死回生、长生不老之功效。

东汉时期的《神农本草经》将灵芝列为上品,认为"久食,轻身不老,延年神仙"。明朝李时珍编著的《本草纲目》中记载:灵芝味苦、平,无毒,益心气,活血,入心充血,助心充脉,安神,益肺气,补肝气,补中,增智慧,好颜色,利关节,坚筋骨,祛痰,健胃。

灵芝是名贵中药材,现代医学、药理研究证明:灵芝含有多种生理活性物质,能够调节、增强人体免疫力,对高血压、肝炎、肾炎、糖尿病、肿瘤等有良好的协同治疗作用。最新研究表明:灵芝还具有抗疲劳,美容养颜,延缓衰老,调节机体免疫力,防治艾滋病等功效。

古代神话传说"白娘子采灵芝草救许仙",虽然夸大了灵芝的作用,但灵芝作为名贵中药材,确实可提高机体免疫力,保肝护肝,抗肿瘤等。

二、生物学特性

灵芝由菌丝体和子实体组成。子实体单生、丛生或群生,由菌盖和菌柄组成,成熟后为木质化的木栓质(见图9-1)。菌盖扇形,腹面布满菌孔,盖宽3～20 cm。幼时为黄白色或浅黄色,成熟时变红褐色或紫黑色,皮壳有光泽,但成熟的子实体菌盖上常覆盖孢子,呈棕褐色而无光,有环状轮纹和辐射皱纹。菌柄侧生,紫褐色。孢子褐色,卵形,8.5～11.5 $\mu m \times 6.5 \mu m$,孢子壁双层,中间有小刺状管道,中央有一个大油球。灵芝品种多,其中药用价值最高的为赤灵芝。

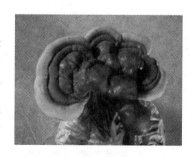

图 9-1   灵芝子实体

(一)灵芝的繁殖方式及生活史

灵芝在自然界是以有性繁殖为主,产生有性孢子——担孢子。

灵芝的生活史是指从有性孢子萌发开始,经过菌丝生长发育,形成子实体,再产生新一代孢子的整个生长发育过程,也就是灵芝的一生所经历的全过程。一般来说,它是由孢子萌发、形成单核菌丝、发育成双核菌丝和结实性双核菌丝,进而分化形成子实体,再产生新孢子这样一个有性循环过程。

(二)灵芝生长的营养条件

灵芝为木腐菌,分解木质素、纤维素的能力比较强,生长的营养物质以含分解木质素、纤维素的基质原料为主,主要是碳素、氮素和无机盐。灵芝在含有葡萄糖、蔗糖、淀粉、纤维素、半纤维素、木质素等基质上生长良好。它也需钾、镁、钙、磷等矿质元素。

(三)灵芝生长的环境条件

与其他真菌类似,灵芝生长需要一定的温度、水分和湿度、光照、空气、酸碱度。

1. 温度

灵芝属中高温型菌类,其温度适应范围较为广泛。温度是影响灵芝生长发育的重要环境因子,它对灵芝的影响较大。温度影响灵芝体扇片的分化和光泽。

灵芝在不同生长阶段的适宜温度不同。菌丝体生长阶段比子实体阶段适宜温度高,一般相差 5～8 ℃。

(1)菌丝体:生长温度范围为 3～40 ℃,正常生长范围为 18～35 ℃,较适宜温度为 24～30 ℃,最适宜温度为 26～28 ℃。

(2)子实体:子实体形成的温度范围为 18～32 ℃。最适宜温度为 26～30 ℃,30 ℃以下发育快,质地、色泽较差,25 ℃以下生长时质地致密,光泽好。温度持续在 35 ℃以上,18 ℃以下时难分化,甚至不分化。

(3)孢子:萌发最适温度为 24～26 ℃。

2. 水分和湿度

灵芝对基质水分含量和环境湿度要求不同,适合灵芝菌丝体生长的培养料的含水量通常在 60% 左右,子实体生长阶段(出菇期)要求环境湿度在 80%～90%,在形成子实体阶段,空气相对湿度要求在 85%～95%,不可超过 95%,否则对子实体发育形成与分化不利。空气相对湿度可用湿度计来测量。

3. 光照

灵芝在菌丝体生长阶段和子实体阶段所需要的光照不同,在菌丝体生长阶段不需要光照,光照对菌丝生长有明显的抑制作用。子实体阶段需要一定光照(散射光)。灵芝为相对强光照型菌类。光照影响灵芝体扇片的分化和颜色光泽的形成。灵芝子实体在形成阶段,若在全黑暗环境下不分化,而过强的光线也将抑制子实体的正常分化,当漫射光在 200～5000 lx 范围内时,子实体正常分化与形成。荫棚遮阴程度达到"四分阳,六分阴"便可。四周不必遮围密闭,棚顶稍加遮阴。

灵芝子实体不仅有趋光性,而且有明显的向地性,即灵芝子实体的菌管生长具有向地性。

4. 空气

灵芝为需氧菌,在菌丝体生长阶段和子实体阶段都需要氧气。通风换气可改变环境中的氧气和二氧化碳的含量,在管理中要注意通风,保持空气新鲜。

5. 酸碱度

灵芝喜欢微酸性环境，菌丝体生长的适宜 pH 为 5.5～6.5，在拌料时注意调节培养料的 pH。

野生灵芝长得好，是因为在野生环境中"聚天地之灵气，积日月之光辉"。

人工栽培灵芝要想长得好，细致管理很重要。温度、湿度、光照、空气四大因子协调，才能长得好。

三、栽培技术

人工栽培灵芝采用段木栽培和代料栽培两种方式。段木栽培历史悠久，是传统的栽培方式，在山区推广较多；代料栽培又可分为瓶栽、地畦栽培和塑料袋栽培。目前广泛采用代料栽培，其生长周期短、工序少、成本低、产量高，根据出芝场所的不同，又分为室内栽培和室外栽培。

（一）灵芝的栽培季节

段木栽培方式一般安排在春季，从立春至立夏这段时间都可进行。代料栽培灵芝时生产季节安排对灵芝的产量、质量产生明显的影响。根据灵芝生长发育对温度的要求，黄河流域一般安排在 4 月下旬至 5 月中下旬。秋季栽培因产量低、子实体形态差而不常采用。

（二）灵芝的栽培品种

灵芝的品种较多，以其颜色不同，主要有赤灵芝、黑灵芝、黄灵芝、密纹薄芝、紫芝、鹿角灵芝、白灵芝等。目前推广的品种主要有泰山赤芝、日本赤芝、韩芝、台湾一号、云南四号、植保六号、801 等。

（三）灵芝代料栽培技术

灵芝代料栽培就是用木屑、秸秆、棉籽壳等原料代替段木进行栽培。目前代料栽培已有多种方法，这里重点介绍瓶栽法和塑料袋栽培法。

栽培季节一般来说以 4 月上中旬接种为宜，5 月制栽培瓶或栽培袋，6—9 月出灵芝。

1. 瓶栽法

瓶栽法一般用罐头瓶或用 750 g 菌种瓶作栽培瓶。培养料以杂木屑、秸秆、米糠、麦麸等为主。

（1）原种与栽培种培养料配方：

① 杂木屑 78%、麦麸或米糠 20%、蔗糖 1%、石膏 1%。

② 杂木屑 74.8%、米糠 25%、硫酸铵 0.2%。

③ 棉籽壳 44%、杂木屑 44%、麦麸或米糠 10%、蔗糖 1%、石膏 1%。

④ 杂木屑 80%、米糠 20%。

（2）培养料配制：根据当地资源，选好培养料，按比例称好，拌匀，加水至手捏培养料只见指缝间有水痕而不滴水为宜。

（3）装瓶、灭菌、接种：将拌匀的培养料及时装入瓶内，边装边适度压实，使瓶内培养料上下松紧一致，料装至瓶肩再压平，并在中间扎一个洞，以利于接种。随即将瓶口内外用清水洗干净，塞好棉塞。进行高压或常压间歇灭菌。灭菌后，温度降至 30 ℃ 以下时，移入接种箱，进行无菌操作接种，然后移入培养室培养。

（4）栽培管理：灵芝在生长发育过程中需要的生活条件主要有营养、温度、水分和湿度、空气、光照和酸碱度等。以上几方面条件细致管理，相互协调，即可长出芝盖扇片大、光泽度明亮的灵芝。

2. 塑料袋栽培法

灵芝塑料袋栽培法是一种人工栽培的新方法。该法具有操作管理方便、运输成本低和效益好等优点，是目前代料栽培灵芝的主要方法。

(1) 塑料袋的规格：要求选用耐高温、韧性强、透明度好、厚度为 0.045～0.055 cm、宽度为 17 cm 的聚乙烯菌袋，长度可采用 30 cm、35 cm 两种规格，短袋每袋可装干料 0.5 kg，长袋每袋装干料 0.75 kg。若采用高压灭菌，应采用(15～18) cm×(30～35) cm 的聚丙烯菌袋。

(2) 培养料配方：

① 杂木屑 78%，米糠或麦麸 20%，蔗糖、石膏粉各 1%。

② 棉籽壳 78%，麸皮 20%，蔗糖、石膏粉各 1%。

③ 玉米芯粉 75%，过磷酸钙 3%，麸皮 20%，白糖、石膏粉各 1%。

④ 玉米芯粉 50%，木屑 30%、麸皮 20%。

⑤ 木屑 40%，棉籽壳 40%，玉米粉(麸皮)18%，石膏粉、蔗糖各 1%。

⑥ 稻草粉 45%，木屑 30%、麸皮 25%。

⑦ 稻草粉 35%、麦草粉 35%、米糠 25%、生石灰 2%、石膏粉 2%、蔗糖 1%。

⑧ 豆秸粉(花生壳、棉秆粉)78%，麸皮 20%，蔗糖、石膏各 1%。

将上述配方中的稻草、麦草、玉米芯、豆秸等去除杂质和霉变部分后晒干粉碎，锯木屑、石灰、过磷酸钙等过筛，按规定比例分别称好，混合均匀。把蔗糖用清水溶解后徐徐加入混合料中，搅拌均匀，使含水量达 60%～65%。用手紧握一把料，手指间有水印即为适宜含水量。

(3) 装袋、灭菌、接种：将拌好的料，检查含水量和 pH 后，即可装袋，袋子一头扎紧，装袋时要注意上下松紧一致。装入培养料至袋长的 3/5。在塑料袋口加上颈圈，用木棒打一个洞孔，塞上棉塞再用牛皮纸或报纸扎好袋口，然后进行灭菌，灭菌后温度降至 30 ℃以下，移入接种箱进行无菌操作接种。

(4) 后期管理：

① 要有一定散射光照。灵芝生长对光照相当敏感，搭荫棚，郁闭度比香菇棚透亮些。如过阴，灵芝子实体柄长盖细小，再加上通气不良和二氧化碳浓度高，则形成"鹿角芝"。光线控制总的原则是前阴后阳，前期光照度低有利于菌丝的恢复和子实体的形成，后期应提高光照度，有利于灵芝菌盖的增厚和干物质的积累。

② 注意温度变化。灵芝子实体为恒温结实型，正常的生长温度为 18～34 ℃，最适范围为 26～28 ℃。菌袋埋土后，如气温在 24～32 ℃，通常 20 天左右即可形成菌芽。当菌柄生长到一定程度时，温度、空间湿度、光照度适宜时，即可分化菌盖。气温较高时，要时常注意观察展开芝盖外缘白边的色泽变化情况，防止变成灰色，否则再增大湿度也不能恢复生长。如中午气温高，还要加强揭膜通风。

③ 重视空气相对湿度。灵芝生产需要较高的湿度，灵芝的子实体分化要经过菌芽—菌柄—菌盖分化—菌盖成熟—孢子飞散过程。从菌芽发生到菌盖分化未成熟前的过程中，要经常保持空气相对湿度 85%～95%，以促进菌芽表面细胞分化，土壤也要保持湿润状态，晴天多喷，阴天少喷，下雨天不喷。但不宜采用香菇菌棒的浸水催芽的做法。

④ 注意通气管理。灵芝属好气性真菌，在良好的通气条件下，可形成正常肾形菌盖，如果空气中二氧化碳浓度增至 0.3% 以上则只长菌柄，不分化菌盖。为减少杂菌危害，在高温、高

湿时要加强通气管理,让畦四周塑料布通气,揭膜高度应与柄高持平。这样有利于分化菌盖,中午高温时,要揭开整个薄膜,但要注意防雨淋。

⑤ 做到"三防",确保菌盖质量。一防连体子实体的发生,排地埋土菌袋要有一定间隔,当发现子实体有相连可能性时,除非有意嫁接,否则不让子实体互相连接,并且要控制袋上灵芝的朵数,一般直径 15 cm 以上的灵芝以 3 朵为宜,15 cm 以下的以 1～2 朵为宜,过多灵芝朵数将使一级品数量减少。二防雨淋或喷水时泥沙溅到菌盖造成伤痕,品质下降。三防冻害,海拔高的地区当年出芝后应于霜降前用稻草覆盖菌木畦面,其厚度为 5～10 cm,清明过后再清除覆盖的稻草。

(5) 采收:灵芝的子实体生长初期为白色,后变为淡黄色,经过 50～60 天,就变成棕黄色或褐色,生长停止。由于种类不同,子实体颜色也不同。当菌盖已经有减色边缘,菌盖不再长大时,子实体已成熟,应立即采收。灵芝不能过老采收,否则会降低药效,且不利于第二次生长。采收方法是用小刀从柄中部切下,不使切口破裂。采收后停止喷水 1～2 天,按上述方法管理,又会长出芽苞。采收后应及时烘干、晒干,烘干时温度不能超过 60 ℃。

(四) 灵芝段木栽培技术

段木栽培灵芝是传统的栽培方法,有生段木栽培和熟段木栽培两种。生段木栽培灵芝是用未经灭菌的段木(长 1～1.2 m)直接接种培养,又称长段木栽培。熟段木栽培又称短段木栽培,是近年来广泛采用的,将段木截成短段(长 30～40 cm),灭菌后再接种培养、覆土的栽培方法,转化率高,质量好,是值得在林区推广的方法。

1. 生段木栽培技术

(1) 段木准备:能够栽培灵芝的树种很多,但以栎、枫香、槐、榆、桑、悬铃木等木质较硬的段木栽培灵芝产量高,材质疏松的杨、枫杨、桐等产芝期短,产量低。一般 2 月份准备段木,要求段木直径为 10～15 cm,长 1～1.2 m,井字形堆起架晒。经 40 天左右当从段木截面看由木质部中心向外有放射状裂纹,树皮和木质部交界处出现深色环带时即可接种。

(2) 接种与发菌:3 月上中旬接种,接种穴深为 1.2～1.5 cm,直径为 1～1.2 cm,穴距为 6～8 cm。接种后用相应大小的树皮块盖于穴面或用溶解的固体石蜡油涂于接种穴表面,以防菌种干萎、死亡。

接种后的段木要堆垅覆盖塑料膜,控制适宜的温度、湿度,使其迅速发菌。堆垛前底部四角应先各用两块砖垫起,上架木棍,然后段木以井字堆放发菌,每根间距 1～2 cm,堆高 1 m,堆后盖塑料膜,上再盖草帘。为保持发菌一致,应每隔一周翻堆一次,上堆半月后将塑料膜留出孔隙,以利于通气。堆内温度应保持在 26～28 ℃,空气相对湿度保持在 80% 左右,塑料膜内有水珠出现为宜。若条件适宜,5～6 周后在段木接种穴口有白色菌丝,菌落直径 7～8 cm 或子实体原基出现时菌棒即可埋于土中出芝。

(3) 室外埋土栽培:生段木栽培灵芝子实体培养方法与室外代料栽培管理方法大致相同。具体方法是选择通风、环境清洁的地方挖一宽 1.2 m、深 0.16 m、长度根据需要而定的浅坑,上面排放发好菌或出现子实体原基的菌棒,段木之间留出一指宽缝隙,中间用细土填实,然后在段木上再覆盖 2～3 cm 厚的土,保持与地面相平或稍高,然后喷水,使土壤保持湿润而不沾手为宜,四周开排水沟,上建 30～40 cm 低荫棚,上盖塑料膜,再盖草帘以遮阳及防雨冲刷。正常情况下 30 天左右可以出芝,生段木栽培灵芝一般可长 2～3 年,其中第二年产量最高,每 100 kg 段木可产干灵芝 3 kg 左右。

2. 熟段木栽培技术

生产工艺流程如下:树木选择→砍伐→切段→包装→灭菌→接种→菌丝培养→场地选择→搭架→开畦→脱袋→覆土→管理(水分、通气、光照)→出芝→子实体发育→孢子散发→采收→晒干→烘干→分级→包装→贮藏。

(1) 段木准备及灭菌:熟段木栽培灵芝时因段木经灭菌后菌丝发育迅速,故接种应比生段木晚20天左右。3月上旬将适宜灵芝生长的、6~15 cm直径的段木截成长12~15 cm的短段,用塑料袋包装,塑料袋一般长85 cm,宽65~75 cm。装袋时先用竹片或铁丝圈成比袋直径稍小的圆圈,将段木塞入圈中,塞紧,将整捆段木装入袋中,两端横断面要平整,每一塑料袋可装两层打捆的段木。装好后将袋口束拢、扎紧,袋口外再用纸包住放入灭菌锅中灭菌。高压灭菌0.15 MPa保持1.5小时,常压灭菌100 ℃保持10小时,不要排气,让其自然降温,待温度降至30 ℃左右时出锅。

(2) 接种及菌材培养:接种按照常规要求无菌操作,接种时两层段木接三层菌种,即袋的两端各一层和两层段木相接触的中间接一层。需要注意的是每根段木上都要接到菌种,每根段木的接种量为5~10 g。接好后袋口仍按原要求束拢、捆扎,然后送培养室发菌。菌材培养的温度、光照、空气湿度与代料栽培相同。培养中当菌丝生长缓慢或菌材表面出现皮状菌膜时,可用针尖在袋口处刺孔来增加袋内的氧气,刺孔后袋上用清洁的报纸覆盖以防止杂菌进入。

菌材接种后30~40天,菌丝已充分长入菌材内部,菌材表面有少量子实体原基出现时即可埋于土中栽培。埋土法栽培管理同室外代料栽培。

(3) 搭棚作畦,排场埋土:

① 栽培场地的选择:应选择在海拔300~700 m,夏、秋最高气温在36 ℃以下,6—9月平均气温在24 ℃左右,排水良好,水源方便,土质疏松,偏酸性砂土,朝东南,坐西北的疏林地或田地里。

② 作畦开沟:栽培场应在晴天翻土20 cm,畦高10~15 cm,畦宽1.5~1.8 m,畦长按地形决定,去除杂草、碎石。畦面四周开好排水沟,沟深30 cm。有山洪之处应开好排洪沟。

③ 搭架建棚:具体操作与古田式普通香菇荫棚相同。

④ 排场埋土:排场时间应选择4—5月天气晴好时进行。场地应事先清理干净,注意白蚁的防治。排场应根据段木菌种不同、生长好坏进行分类。去袋按序排行。间距为5 cm,行距为10 cm。排好菌木后覆土2 cm,以菌木半露或不露为标准。覆土深浅厚薄应视栽培场湿度大小酌情处理。覆土最好用火烧土,既可提高土壤热性又可增加含钾量,有利出芝。

(4) 加强管理,适时采收:

在灵芝子实体达到下列条件时采收:①有大量褐色孢子弹散;②菌盖表面色泽一致,边缘有卷边圈;③菌盖不再增大转为增厚;④菌盖下方色泽鲜黄一致。

采收时,要用果树剪从柄基部剪下,留柄蒂0.5~1 cm,让剪口愈合后,再形成菌盖原基,发育成二潮灵芝。但在收二潮灵芝后准备过冬时,则将柄蒂全部摘下,以便覆土保湿。灵芝收后,过长菌柄剪去,单个排列晒干,最好先晒后烘,达到菌盖碰撞有响声,再烘干至不再减重为止。

(5) 病虫害防治。

① 白蚁防治:采用诱导为妥。即在芝场四围,每隔数米挖坑,坑深0.8 m,宽0.5 m。将芒萁枯枝叶埋于坑中,外加灭蚁药粉,然后覆薄土。投药后5~15天可见白蚁中毒死亡,该方法

应多次采用,以便将周围白蚁群杀灭。

② 害虫防治:用菊酯类或石硫合剂对芝场周围进行多次喷施。如发现蜗牛类可人工捕杀。

③ 杂菌防治:在覆土埋木前如发现有裂褶菌、桦褶菌、树舌、炭团类,应用利器将感染处刮去,涂上波尔多液,并将杂菌菌木灼烧灭菌。

项目二 茯苓栽培

一、重要价值

茯苓(*Poria cocos*(Schw.)Wolf)是一味重要的中药材,又称松茯苓、茯灵、松白芋、松木薯、野苓等。在分类学上属担子菌亚门层菌纲非褶菌目多孔菌科卧孔菌属(又称茯苓属)。它是松树的亲密"伴侣"。它生在土里,紧紧围着松根,形似龟、兔,所以又叫茯龟、茯兔;抱根生的则称为"茯神"。

茯苓多寄生于气候凉爽、干燥、向阳山坡上的马尾松、黄山松、赤松、云南松等针叶树的根部,深入地下 20～30 cm 处生长。

我国茯苓以云南的"云苓"、福建的"闽苓"、安徽的"皖苓"最为著名。目前人工大量栽培茯苓的有湖北、安徽、河南、广西、广东和福建等省(自治区)。我国认识和应用茯苓有着悠久的历史。茯苓(见图 9-2)味甘淡,性平无毒,能入心、脾、肺、肾,有利水渗湿,镇静安神,益脾健胃之功效,常用于治疗小便不利,体虚浮肿,脾胃虚弱,腹胀泄泻,心悸失眠,梦遗白浊等多种疾病,自古以来被誉为"除湿之圣药""仙药之上品",是中药"八珍之一",在我国医药库中有极其重要的地位,《神农本草经》《伤寒论》《汤液本草》《本草纲目》等古医药书中均有详细、确切的记载。

(a)   (b)

图 9-2 茯苓及茯苓片

茯苓不但是可以入药的药用菌,而且是有保健功能的食用菌。《红楼梦》中就有"玫瑰露引出茯苓霜",说是茯苓和人奶,每日早起吃一盅,最补人;美国南部及印第安人将茯苓制作成"红人面包";日本则将它制成颗粒,称之为"兵粮丸",供海军作为保健食品;其他如"茯苓饼""茯苓糕""茯苓粥""茯苓包子",早在明清时期就在民间出现了。

近代医药学研究表明,茯苓具有修正新陈代谢和激素代谢失调的药效,从茯苓中分离得到的茯苓多糖经化学方法再处理,能转变成具有较强抗癌作用的新茯苓多糖,引起医药界的重视。

我国对茯苓的栽培和应用有着悠久的历史,从天然生长发展到人工肉引栽培,纯菌种段木栽培和新近应用的树桩根栽、木屑栽培等,认识不断深入,产量不断提高。茯苓的人工栽培已成为我国某些地区发展地方经济的重要产业。

二、生物学特性

(一) 生态习性

茯苓生态习性特殊,需生于松树根部,故不易发现,采集困难。在松树中,以马尾松和赤松根部最爱生长。一般根据松树的生长年龄、长势好坏以及地表土质的变化来观察地下有无茯苓。

自然界野生的茯苓,直径一般只有 10~20 cm,而经人工栽培的可达 30~50 cm 或更大,最重者近百斤。不少地区由于松林被砍伐,破坏了生态平衡,使茯苓生长受到影响。

茯苓是一种腐生真菌菌核,是由无数菌丝体纠结缠绕在一起,并经过特化后形成的一种休眠体。它的营养菌丝可以分化成特殊的结构和组织,伸入基质吸收营养物质。它生长发育所需要的碳素、氮素和某些矿物质,恰好与死松树根所能提供的营养相近,所以松树的地下部分也就成了茯苓生长的理想场所。

正因如此,要挖取茯苓,就得到干燥、向阳、气候凉爽、有松树生长的山坡上去找。由于长有茯苓的松树周围多不长草或长草易枯萎,所以寻找野生茯苓并不困难。砍伐后的松树横断面呈红色,无松脂气味,不朽不蛀,一敲即碎,其根部就可能有茯苓;树苑四周的土壤有白色膜状物或地面有裂纹,那么下面也可能有茯苓;用探条插入土中不易拔出及拔出后探条槽内有白色粉末者,一定有茯苓。

(二) 生活史

茯苓在人工培育和栽培的过程中往往是由菌丝到菌核,正常情况下不会有有性阶段,这样就不是茯苓完整的生活史。

茯苓在自然界中的完整生活史是从担孢子到担孢子,其过程为担孢子在适宜的条件下萌发形成单核菌丝,单核菌丝相互进行质配,发育成双核菌丝,在条件适宜时形成菌核,并在菌核一定部位上产生子实体,由子实体产生担子。担子先完成核配,接着进行减数分裂,产生新的担孢子。但在某些情况下,也可由双核菌丝直接发育成子实体。

(三) 茯苓的形态结构

图 9-3　茯苓的菌核

子实体生于菌核表面,呈平伏状,一年生,厚 0.3~1 cm,初期为白色,老后或干后变为浅褐色。菌核(见图 9-3)呈球形、椭圆形、卵圆形等,直径 10~30 cm 或更大,重量不等,可达数十斤甚至近百斤。

新鲜时稍软有弹性,干后稍硬,表面粗糙多皱或瘤状,淡棕黄色至褐色,变至黑褐色,内部白色或带粉红色。中医认为形如鸟、兽、龟、鳖,肉带玉色,体糯质重者为佳。

管孔多角形或不规则形,菌管长 2~8 mm,偶有双层,厚可达 1~3 cm,孔径 0.5~2 mm,壁薄,孔口边缘老后呈齿状。孢子为长椭圆形至近圆柱形,6~8 μm×3~

3.5 μm。孢子大量集中时呈灰白色。

(四) 生活条件

1. 营养

茯苓属于木腐菌,营腐生生活,以松属树木(松树的地下部分)作为其营养源。人工栽培时主要的营养成分是糖类、含氮化合物和矿物质。生产过程中,为了提高茯苓产量,弥补松木等栽培材料中营养成分的不足,往往加入一些糖和谷物皮壳类物质。

2. 温度

菌丝生长的温度为 6～32 ℃,最适温度为 22～28 ℃,0～6 ℃菌丝即进入休眠状态,35 ℃以上菌丝易衰老死亡。菌核的形成和生长温度在 25～35 ℃,菌核能耐受 40 ℃高温和－10 ℃低温,昼夜温差大,有利于松木的分解和茯苓聚糖的积累而结苓。在 25 ℃左右,并伴有 70%以上的空气湿度条件下,易产生子实体并产生大量孢子。

3. 湿度

段木下窖时的含水量应在 20%左右,空气相对湿度控制在 70%以下,土壤含水量为50%～60%时最适菌丝的正常生长。为便于土壤水分管理,苓场应排水通畅,干燥、不积水。生产过程中段木茯苓窖要求干燥,否则通气差,影响发菌。

4. 酸碱度

茯苓喜微酸性的培养条件,适宜的 pH 为 3.0～6.5。因为茯苓的生长发育所需要的营养主要靠分解木质素、纤维素而来,而茯苓菌丝分泌的分解木质素、纤维素的酶类,在微酸性的条件下活性最强,所以栽培茯苓时,应选微酸性土壤作为栽培场。

5. 光照

茯苓菌丝生长和菌核的形成不需要光照,在无光的情况下都能正常生长。但是在栽培时要选择少树荫、光照强的地方作苓场。这主要是利用光照提高地温,加大昼夜温差,有利于菌核的形成。

子实体的形成需要一定的光照,所以在人工栽培时,为了控制子实体的产生,在菌核生长过程中,当窖面膨胀露出菌核时,要及时覆土掩盖,避免菌核见光而产生子实体,降低茯苓的产量和质量。

6. 空气

茯苓属好气性真菌,对空气比较敏感。在通气不良时,如覆土过厚、土壤板结或湿度过大,则不易或不能形成菌核。试验表明,含水量 70%左右的土壤,通气性和保水性都比较恰当,是理想的苓场。下窖覆土宜薄,厚度一般为 5～7 cm,为了既保水和又通气,要求覆土为砂壤土。

三、栽培管理技术

(一) 菌种选育

一般供生产用的菌种需每年选育扩制才能达到优质高产,选择种苓时要从好的品系(云苓、皖苓、鄂苓、闽苓等)中选取好的个体,其标准是个体大小适中,以 3～4 kg 为好,质地坚实,苓期短,生长 7～8 个月,皮薄,龟裂多,形态好,肉色白而细润,结苓率高等。

选取种苓后,通过组织分离得到母种,最好通过对菌核的培养使之形成子实体,然后收集孢子进行分离获得母种,这种有性繁殖法分离可以有效地防止菌种的衰退、老化,明显地提高产量和质量。

母种应进行认真的筛选,优良母种的标准是菌丝呈绒毛状,旺盛均匀,分支浓密粗壮,分泌乳白色露珠,平贴,洁白,纯净无杂质。

(二)制种和栽培季节

茯苓栽培分春播和秋播。江南春播一般在5—6月进行,多在夏初(芒种前后)接种栽培;秋播8—9月,往前推1~2个月制原种、栽培种。江淮地区秋播时夏季备的料,多在秋初(8月末至9月初)接种栽培。

(三)人工栽培模式简介

我国人工栽培茯苓的历史已有1500多年,可谓源远流长。古老的栽培方法是用小茯苓做种,把浆液渗入破开的松根中,选择沃土埋藏,经2~3年即可掘取。这种传统的栽培方法至今有些地方仍在使用,但因质量无法保证,产量不稳定,以及做种用的茯苓约占总产量的1/8,成本高,收益低,使茯苓的生产发展受到影响。

近20年来,不少科研单位探索人工栽培茯苓的新方法,取得了可喜的成果。如用组织分离法从优良的茯苓种块上分离菌种,扩大培养,直接接种到松树根上就是一例。采用这种接种方法,茯苓的质量和产量得到大大提高,既节省了种用茯苓,又增加了收益。近年发现,茯苓并非绝对要在松树根下营腐生生活,在其他树木上也可栽种,从而为人工栽培展现了广阔的前景。

1. 段木栽培

(1)选树:马尾松、云南松、赤松、红松、黑松等均可,杉树、枫香等也可种植。树龄以20~40年的中龄树为好,老龄树心材大,松脂多,幼龄树材质疏松不均不宜采用。阴山树比阳山树好,前者高大笔直松脂少,材质适中,茯苓产量高,后者多弯,枝叶茂密,脂多材硬,不利于菌丝生长,产量低。树径10~40 cm。

(2)砍伐:宜早不宜迟,一般大寒前全部砍完,砍倒后即剃去枝条,留下部分尾梢,促使蒸发干燥。

(3)削皮:伐木干后,从基部向梢部削去3~7 cm宽、深达木质部的树皮,间隔3~7 cm再削去1条,如此间隔削皮,称为"去皮留筋",要求成单数,实践中一般先削3~4条,留下1~2条待接种前再削去,这样料面新,有利于菌丝定植生长。去皮的目的是促进松脂和水分外溢挥发和加速树木干燥,留筋则有利于结苓和抵抗不良环境。

(4)截段堆叠:"去皮留筋"后半个月,将松木搬至苓场周围,补削树皮并锯成60~80 cm的段木,锯时应避开节疤,选向阳、通风处,清理场地,铲除杂草,开好排水沟和撒杀白蚁药物,然后以石为枕,将段木井字形叠放在石枕上,上盖薄膜或树皮防雨,让其干燥,播种前翻堆1~2次,使堆内段木干燥均匀。

(5)苓场准备:

① 选场:以海拔700~1000 m山地为佳,不超过1500 m,海拔高时,气温低,应全日有光照,海拔低时,气温高,以半日照为好,坡度以15°~35°最适,选阳山,即方向朝南(或东南、西南),切忌朝北,因为北向阳光不足,土温过低,不利于发菌、结苓,且易滋生白蚁。土壤以土层深厚的砂质酸性土为佳,石灰山和种过庄稼或已种过茯苓的山地均不宜栽培,荒芜三年后才可使用。

② 整理:春节前后,先除场内杂草、灌木、树根、石块等杂物,然后深翻60~65 cm,并结合施撒白蚁药物,沿山势以人字形或个字形开好排水沟。

③ 做畦:接种前10天进行第二次翻土,并沿等高线开沟做畦,畦面宽度根据坡度大小而定,缓坡畦宽2.3～2.6 m,畦内安排两行苓窖,陡坡畦宽1～1.3 m,只安排一行苓窖,畦间及苓场圈内开排水沟。

(6)备种:我国茯苓栽培目前使用的菌种生产技术有三种,即菌引、肉引、木引。

菌引是我国20世纪70年代应用微生物分离培养技术,从优质菌核里分离出的茯苓纯菌丝体菌种。菌引的应用和推广提高了茯苓菌种的质量,节约了大量种用茯苓,使茯苓栽培范围和产量有了大幅度增长,在生产中使用最广。

肉引即用鲜苓做种,一般用采挖后半月内的鲜苓。种龄最好控制在1～2代,最多不要超过3代,以防退化。野生苓或吊式苓的质量更好。

优良苓种的标准如下。

① 个体健壮、皮薄,皮呈紫红色、淡红色,有白裂花纹者为佳。菌核过嫩、过老,外皮粗糙,皮色发黑,干缩者不可做种。

② 肉色乳白,有大量浆汁,粉质洁白,手捏细腻,有黏性为好。若肉质呈棕色,浆汁少,粉质呈褐色或赤色,手捏粗糙,无黏性的不能做种。

③ 种苓个体稍大,近圆形,与料筒接触的蒂口小,而不选体积过大或过小、畸形或与料筒接触蒂口大的茯苓做种。

④ 从木引上长出的第一代苓,由于生长时间短,有时体积虽小,但其皮色、浆汁、粉质均好,也可作种苓使用。

木引是老产区苓农用于扩大种源、复壮菌丝的一种菌种。制备方法如下:在栽培接种前2个月左右,选择质地松泡、直径4 cm左右的料筒为培养料,肉引接种,接种量为培养料的1/15。待菌丝长满培养料后,挖出即为木引。优质的木引表面呈灰黄色,质稍松泡,茯苓气味浓,无杂菌感染。用木引栽培茯苓产量较低,但可复壮菌种,老产区仍在广泛应用。

虽然菌种来源分肉引种、木引种和菌引种等,但是肉引种和木引种目前一般不采用。菌引种即人工分离扩制的纯茯苓菌种,用它接种栽培易成功,且产量高。茯苓人工纯菌种的栽培种一般用松木片制作。检查菌种质量时,取出木片种1片,要求菌丝生长洁白,木片呈淡黄色腐状,无杂菌感染,用力掰木片时能将其折断或木片边都剥得动。若将木片表面菌层刮去,25 ℃下20～24小时能恢复,不能再用;若木片弄不断,剥不动,说明菌丝无分解能力,也不能使用。

(7)接种:地温20～30 ℃最适宜,选晴天接种。

① 挖窖:在畦面顺坡挖长60～80 cm,宽深各30 cm的苓窖,窖底与山坡面平行,底土挖松6～10 cm,撒白蚁药并盖一层薄土,每亩(1亩=667 m²)挖300～500个窖。

② 放段木:把干燥、径粗相近的段木排放于窖内,每窖3～5根,每根15～20 kg,分1～2层排放,且皮部彼此靠紧,四周用土固定。

③ 接种:分顺排法、聚排法和打洞法。

a.顺排法:将木片菌种,由上而下一片连着一片,放在两根段木之间的去皮部,段木接触菌种的去皮面在接种前应再削一刀,露出新鲜木质,以利于菌丝定植生长,排放菌种后,上面再压1～2根新削的段木。

b.聚排法:将木片菌种集中放在离段木上部20 cm处的削面上,然后压上1根段木,每瓶菌种接50 kg段木或每空窖接6～8片菌种,并加少许木屑种,空隙处填松木片,使之紧密结合。单根稍粗的段木可用斧头劈成两半,将木片菌种夹在离段木端6 cm左右处。

c.打洞法:离段木一端15 cm处,以斧或凿子打1个洞穴,口径为3～5 cm,深入木质部6～

10 cm,然后填入菌种压紧,若洞穴太大,可塞入一些松木片,洞口用木板紧封死。段木下窝时,接种洞穴应向一边倾斜,但不能趋向窖底,接种量为每50 kg段木用种1瓶。打洞接种可防止白蚁危害,出苓率高。

④ 覆土。接种后立即用土把段木四周填实,要松紧适中,再把平整的土覆盖在穴上,厚达3～6 cm为宜,有条件时可在窖上盖薄膜3～5天,防雨水渗入影响菌丝生长。

2. 树桩栽培

利用砍伐后的树桩代替松木栽培茯苓是一种新技术。这种方法省工省料,产量比段木栽培提高20%,结苓时间可延长2～3年。

(1)选桩:一般选用头一年冬天或次年春天砍伐的树桩,要求树皮未脱落,树桩宜粗,直径至少在12 cm以上,无虫蛀、腐烂,忌松脂多的树桩,新伐的树桩也可接种。

(2)选场:选坐北朝南、阳光充足、微酸性土、质地疏松、排水良好处进行栽培。

(3)整桩:清除树桩周围2 m范围内的杂草、灌木,深挖50 cm左右,捡去草根、树根、石块,将树桩露出地面离桩1 m以外的树根砍去,根也去皮留筋,任其干燥,土中避开根撒白蚁粉。

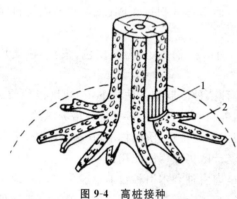

图 9-4　高桩接种
1—木片菌种;2—覆土

(4)接种:5—6月进行,直径30～35 cm的树桩,在2～3条粗根上各接入半瓶。

① 高桩接种:高而细的树桩,在树桩一侧与树干交接处锯1个长12 cm、深入树桩5～6 cm的缺口,把木片菌种竖放入缺口内,捆紧,用湿草纸包住,并覆土(见图9-4)。

② 矮桩接种:矮粗的树桩采用根接,即在粗侧根近树桩一头的侧面削去树皮,将晒干引种用的细小支根靠在去皮侧根和小支根上用松木片覆盖。

(5)覆土:高桩接种后覆土高于菌种4～7 cm,树桩上部可露出地面,呈馒头状。

(6)管理:开好排水沟,防止苓场积水。树根易发生白蚁,应常检查,勤防治。一般接种5～6个月后开始结苓,若苓块外露要及时培土。松脂少的嫩树桩,1年可采收;老的大树桩需2年才能采收。

3. 速生栽培

人工创造茯苓生长发育最佳的环境条件,缩短生产周期,提高产量,其方法与段木栽培相似。

(1)选场整地:参照段木栽培法。

(2)备料:阴山肥沃土质松林中,选15～20年生、直径15 cm左右、含纤维多油脂少的松木,秋末冬初砍伐,削皮风干,次年3月将松木搬移至苓场,锯成长50 cm的段木。

(3)播种:清明前后选晴天,边截断、削新面边播种,每窖用段木25 kg左右,用木片菌种半瓶,接种方法与段木栽培相同。

(4)苓场管理:因接种时间早,处于低温多雨季节,因此接种覆土后,畦上覆地膜,夜间地膜上加草帘,增温防雨,促使菌丝迅速定植生长。进入温度、湿度适宜茯苓生长的季节后,需遮阳降温,窖温保持24～27 ℃,窖内土壤含水量控制在50%～60%,7月份以后开始结苓,这时应人为增大昼夜温差,协调好温度、湿度与通风换气之间的关系,注意培土管理,促进菌核迅速生长,10月底至11月初茯苓成熟,段木养分已基本被分解利用,即可采收。

速生栽培法工序繁琐,但能有效地缩短生产周期,提高产量。

4. 松木屑栽培

采用松木屑,仿照香菇袋栽法栽培茯苓,达到节约木材、利用废料、增加产出的目的。

(1) 菌袋要求:选用低压聚乙烯或聚丙烯膜制袋。

(2) 培养基配制:松木屑78%、料糠20%、石膏粉1%、红糖1%,料水比1∶1.2,上述原料按常规加水充分拌匀。

(3) 装袋灭菌:将筒膜一端扎紧,用手工或装袋机装料,扎口后常压100℃灭菌10小时,取出充分冷却。

(4) 接种培养:从菌袋两端接入菌种,也可在料袋同侧打孔接种后贴上胶布,24~26℃下培养20~25天,菌丝长满袋,即可脱袋进行栽培管理。

(5) 栽培方法:顺坡度在畦上挖长35~40 cm、宽35 cm、深30 cm的苓窖,依段木栽培法撒白蚁粉,每窖内排放5根菌棒,上覆25~30 cm厚的土层,保持土壤含水量为55%左右,控温22~30℃,20~25天后土壤湿度提高到60%,温度降到18~22℃,下窖约1个月开始生长菌核,待茯苓成熟后采收。此法成功率高、周期短、见效快,每千克松木屑可产鲜菌核500 g。

(四) 苓场管理技术

(1) 清场护窖:清理接种后的杂物,开好作业道和排水沟,沟深超过窖底,以免窖内积水而烂窖。

(2) 成活检查:清晨去苓场观察,凡窖面干燥表明接种后已成活,凡窖面湿润则表明未成活,因为成活后菌丝呼吸强,释放热量,使表土干燥,也可挖穴检查,凡菌丝未传引的应补种。

(3) 培土填缝:覆土易遭雨水冲刷使段木外露,因此雨后注意检查培土。进入结苓期,苓块生长迅速,致使地面龟裂,也需及时培土填缝,否则易发生烂苓。

(4) 调控水分:下雨窖内积水时,可将苓窝下端挖开,露出段木,日晒半天再覆土。如遇干旱,需培土保水,久旱无雨时应设法灌水抗旱,方法是先用锄头在窝面中央挖个小坑,将水灌进坑内,然后培土,灌水宜早晚进行。实践证明,这是秋旱夺高产的有力措施。

(5) 病虫害防治:茯苓的主要病害是腐烂病,多发生在茯苓生长旺盛时期,染病的茯苓一旦有黄色黏液流出,就失去了药用价值。发生腐烂病的主要原因是排水不良和收获太晚。因此,为了防止腐烂病的发生,在挖窖时,底部要平整而略有倾斜,使之不积水,段木不要埋得太深,排水沟要挖深。一旦发现此病,就要提前采收。

白蚁是茯苓生产中的主要虫害,轻者"蚕食"菌丝引起减产,严重时白蚁经过3~5天相互传染,颗粒无收,因此,接种后1~2个月要经常检查,一旦发现白蚁要全部消灭。

(6) 防兽害:防止野猪拱窖、盗食和毁坏苓场。牛、羊等家畜也应禁止进入苓场。

(五) 采收与产品加工

茯苓全年均可采挖,一般在7—9月,挖后去泥土、堆积,以草垫覆盖,使内部水分渗出,取出置通风处阴干,反复数次,直至干燥,即为"茯苓个";在稍干、表面起皱时,削取外皮,称为"茯苓皮";中心部分切成块、片,称为"茯苓块"与"茯苓片",带棕红色或淡红色部分切成的片块称为"赤茯苓",近白色部分切成的片块称为"白茯苓"。带松根者称为"茯神"。

1. 采收

(1) 采收时期:从播种到成熟一般需要8~10个月,栽培期的长短和气温、土温及段木粗细有关。温度高,菌丝生长和结苓快。段木细,生长也快,反之则慢。采收时应先采收南面温暖的地段,然后逐渐采收低温地段。

(2)采收标准:段木变为棕褐色,一捏即碎,苓块皮色呈黄褐色,白色则太嫩,黑褐色则太老,苓块与段木相连接的苓蒂已松脱,同时,地面不再龟裂,说明苓块已不再长大,应及时采收。

(3)采收方法:若成熟期不一致,可采大留小,成熟期一致的则全部采收。采收时,距苓窖0.5 m处把土扒开,由坡下向上或由上向下逐窝采收,不遗漏,对于质地仍硬的段木,可将大苓采下,小苓连同段木重新埋放于苓窖内,仍可结苓。

2. 产品加工

(1)发汗:鲜苓含水量为40%～50%,需自然去水使之松软,不可烘烤或暴晒。先在不通风的房间铺上稻草,把起窖后的茯苓除泥沙,分层堆叠,上盖稻草,每隔2～3天,将茯苓翻身一次,翻身时应慢慢转动,不能一次就上下对翻,共翻3～4次后,改为单层晾干,然后再次堆叠,如此反复数次,至表面呈暗褐色,表皮皱起,有鸡皮状裂纹即可。

(2)切制:将苓皮削去,用平口刀把内部白色的苓肉与近处的红褐色苓肉分开,削时尽量不带苓肉,然后按不同规格切成所需的大小和形状,切时握刀要紧,应同时向前向下用力,切成块、片状。

(3)干燥:将切好的苓块或苓片平放摊晒,雨天则以文火烘焙,次日翻面再晒至七八成干,收回后让其回潮,稍压平后复晒或风干即成商品。成品要求干透、无霉、无泥、无杂物、无虫蛀,折干率约50%。

项目三 天麻栽培

码 9-4　码 9-5　码 9-6　码 9-7
天麻栽培1　天麻栽培2　天麻栽培3　天麻栽培4

一、重要价值

天麻(*Gastrodia elata* Bl.)为名贵的兰科药用植物。入药已有2000余年的历史,历代本草都将之列为上品。天麻主要以地下块茎入药,主治高血压、头痛眩晕、口眼歪斜、肢体麻木、小儿惊厥等症。药理试验结果证明,天麻有镇静和镇痛作用。天麻注射液对三叉神经痛、血管神经性头痛、脑血管病头痛、中毒性多发神经炎等疾病的有效率达90%;在新兴的航天医学上,将天麻用于高空飞行人员的脑保健药,能显著减轻头晕,增强视神经的分辨能力。天麻还具有降低血压、减慢心率、增进脑血流量与冠脉流量,提高心肌耐缺氧能力,增加心输出量与心肌营养,舒张外周血管及降低血管阻力等作用。此外,还发现天麻素具有增加大鼠学习记忆能力的作用,天麻多糖能提高机体免疫功能,具有美容护肤等功效。新作用、新用途不断被发现,为进一步综合开发利用提供了有力的依据,并使商业化生产成为可能。

天麻是名贵中药材,中国特产。天麻炖鸡补体虚,常食天麻粥或将鲜天麻像山药、土豆那样炒食或煮食、炖食,可增强免疫功能。世界大多数国家不产天麻,只有从中国进口,因而给天麻栽培带来了巨大商机。

野生天麻分布在我国的云南、贵州、四川、西藏、陕西、甘肃、青海、湖北、湖南、江西、安徽、浙江、福建、台湾、河北、河南、山东、辽宁、吉林、黑龙江等省(自治区)的部分高山地带;俄罗斯的西伯利亚地区、朝鲜的北部、日本的北海道及其北部、印度等也有分布。

贵州是我国天麻的主要产区之一,全省有 40 多个县有野生天麻分布。因贵州的气候、土壤、植被等环境条件非常适宜天麻的生长,所以产出的天麻质优价高。

天麻适宜覆土栽培,生长不需阳光,从种到收不施肥、不锄草、不喷农药,只需注意温度(地下 10 cm 的温度 15～28 ℃)和湿度(50%～65%)的人工调控加适宜管理就能正常生长,因而不与农作物争地、争肥、争营养,是种植业项目中回报率最高的"懒汉黄金产业"。无论山区平原、乡村城市、室内室外、田间地头或者阳台、楼道、窑洞、地道、防空洞及荒山林地,都可人工种植,也可工厂化、现代化、规范化、产业化种植。

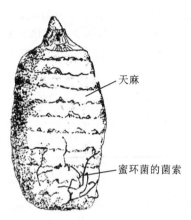

天麻

蜜环菌的菌索

图 9-5　天麻与蜜环菌

二、天麻与蜜环菌的关系

天麻在植物学中隶属植物门被子植物亚门单子叶植物纲兰科天麻属。天麻为多年生草本植物,但是无根、无绿色叶片,不能进行光合作用制造营养,而是与蜜环菌共生,依靠蜜环菌为其生长提供营养(见图 9-5)。

(一)天麻的生物学特性

1. 天麻的繁殖方式和生活史

天麻的生活史比较复杂,能够进行无性繁殖和有性繁殖。天麻在自然生长状态下能进行有性繁殖,具有兰科植物的特性,可以抽薹接穗,开花结果,产生种子。

天麻是一种既没有根系,又没有绿色叶片的高等植物。它的营养器官高度退化,在种子发芽期间,胚根停止生长,胚突破种皮后,首先形成的是原球茎;继之形成初生营养茎,并形成一至数个短的侧枝;在主轴和侧枝的顶端形成地下块茎。叶退化成膜质鳞片,不能进行光合作用,除抽薹开花期外,整个生长期中 85% 的时间以块茎的形态潜居地下,块茎成为全部生长发育和无性繁殖等生理机能的唯一个体。块茎的生长依靠蜜环菌(真菌)供给营养,是一种典型的异养型植物。

(1)有性繁殖:以箭麻作种栽,使其抽薹、开花、结果,并采用蒴果内的成熟种子繁殖后代,称为天麻的有性繁殖。

天麻种子成熟后借助流水或风力传播,在适宜条件下便萌发成新的个体。根据栽培试验,5—6 月份播种,播种后 2 个月种子陆续萌发,当年形成原生球茎,次年春由原生球茎分生出初生球茎,第三年春由初生球茎分生出次生球茎,并逐渐增大成为具花茎芽的箭麻,第四年春箭麻抽薹开花结果,种子成熟后又开始新的一代。在通常条件下,由种子萌发到形成箭麻约需两年半的时间,到新一代种子的形成约需 3 年的时间。而通常采用的是无性繁殖法,因为播种的是仔麻,所以从播种至形成箭麻的时间要比采用有性繁殖法短得多,但依所用种麻的大小而有所差别,一般播种大白麻 1 年就能形成箭麻,播种小白麻需要 2 年,播种米麻需要 3～4 年。在自然条件下天麻种子虽可萌发,但萌发率极低。关于天麻种子的萌发条件,目前的研究报道尚不一致。研究认为,天麻种子是借助于一种菌的活动而萌发的,并鉴定出这种菌为口蘑科小菇属的紫萁小菇。

天麻的有性繁殖就是利用天麻开花结果形成的种子作为种源播种,进行天麻栽培。采用这种方法可以大大增加天麻的繁殖系数。以一枚箭麻结果 30 个,每果含种子 2 万粒,播种后出苗率 30%计,繁殖一代苗数就可以增加 20 多万倍,这就从根本上解决了扩大天麻生产而种源缺乏的问题,而且有性繁殖也为天麻的杂交育种和种性复壮提供了条件。

(2)无性繁殖:人工栽培天麻可以进行无性繁殖,即蜜环菌加木屑或木棒加天麻麻种进行快繁法。天麻由小长大的过程主要分为以下几步。

① 选种麻:应选新鲜完整、无病害、无冻伤腐烂的白麻或米麻做种麻。每年 10 月至次年 5 月为种植期。第二年 4 月地温回升(10～15 ℃),天麻开始生长时(6～8 ℃开始生长)蜜环菌已能供给天麻营养。

② 固定菌床下种栽培:先挖土坑成地窖或菌床,将蜜环菌菌种接种在木棒上培养形成菌材,把菌材用木屑或枝叶、泥土等填充物覆盖。播种时,使菌材两边下侧扒开露出,在菌材两边的下侧每隔 13 cm 紧贴菌材顺放 1 个麻种,菌材两端各放 1 个,每根菌材放麻种 8～10 个。麻种放好后,在两根菌材间加放新鲜木段根,然后填充覆盖物(如麻栎树叶、稻壳、沙、腐殖土等)直至看不见菌材。第一层栽好后,按上述方法再栽培第二层,上下层菌材间覆土 7 cm,再盖一层树叶,然后坑穴覆土 10～20 cm。

③ 管理:经常检查坑穴内的温度、湿度。进冬季前加厚盖,并加盖树叶防冻;夏季坑穴上加盖树叶、树枝,适当浇水,降低坑穴内温度。雨季清沟排水,防止雨水冲刷;旱季要适当浇水,以保持土壤湿润。春、秋季应增强光照,增加坑穴温度,以利于天麻生长。

2.天麻的形态特征

天麻别名离母、鬼督邮、神草、独摇芝、合离草、定风草、赤箭芝、还筒子。在贵州天麻产区人们称之为山萝卜、水洋芋。本属约 25 种,产于亚洲、非洲及大洋洲,我国有两种。通常供药用的天麻为 *Gastrodia elata* Bl。

天麻整个生育过程无根、无叶、全身无叶绿素,自身不能制造养料和独立生存,必须依靠蜜环菌提供营养才能进行生长繁殖。

(1)地下部分为块茎,长椭圆形。根据块茎的形体大小、作用、生长成熟度,将其分为箭麻、白麻、米麻。

① 箭麻:指成熟的天麻块茎。大小为 3～5 cm×8～20 cm,重 50～500 g,黄棕色或土黄色,肉质坚实、含水量低,供药用。顶芽红色或紫红色。

② 白麻:指未成熟的天麻块茎。重量、成熟度不如箭麻,白色或淡黄色,含水量高。顶芽淡粉色或白色,多用于种麻。50 g 以上的也可加工供药用。

③ 米麻:由天麻有性繁殖的种子发芽形成,或由箭麻、白麻的芽眼处分生而成(即像土豆块上发出的小芽一样)。重不足 5 g,体型和颜色与白麻相似。用于扩大繁殖天麻(即种麻)。

(2)天麻的地上部分叫花葶或地上茎,由箭麻发育而出(见图 9-6)。

当春季气温回升到 15 ℃,箭麻由顶芽抽葶出土,花葶高 50～150 cm,直立、圆柱状。花葶上部有花穗,花的中央有雄蕊和雌蕊合生的蕊柱。

开花授粉成功后,子房发育膨大成淡褐色的果实,每果内含有 3 万～5 万粒种子,种子细小如粉末,在显微镜下

图 9-6　天麻的地上部分(花葶)

才能看到其形状为月牙形或纺锤形。

3. 天麻对环境条件的要求

(1) 温度:天麻喜欢生活在冬暖夏凉的环境中,并且不同的生长阶段对温度有不同要求。秋天气温低于12 ℃时,生长停止,进入休眠期(50天左右)。春天气温为16~18 ℃时,天麻开始生长,25 ℃左右最适宜生长。4—5月份,当气温升到15~20 ℃,箭麻开始抽薹开花,6月份气温升至22~25 ℃时果实成熟。从箭麻抽薹到果实成熟需要45~60天。

(2) 湿度:天麻生长喜湿。一般要求空气湿度为80%,土壤含水量为40%~60%。

(3) 光照:地下生长时不需光线;地上生长(抽薹开花阶段)时需一定的散射光,遮阳度以60%为好。

(4) 氧气:天麻生长需一定氧气,栽培室应有通风孔;栽培覆土通透性要好,一般用砂壤土箱栽或地窖栽培。

(二) 天麻伴生菌——蜜环菌的生物学特性

蜜环菌又称小蜜环菌、蜜色环菌、蜜蘑、榛蘑、栎蘑、根索蘑,在真菌分类学上属于真菌门担子菌亚门层菌纲无隔担子菌亚纲伞菌目口蘑科蜜环菌属。蜜环菌是一种木腐菌,其子实体可食用。

1. 形态特征

(1) 营养体:包括菌丝体和菌索,作用是分解基质,吸收营养和水分。

菌丝体是一种纤细的丝状物。纯培养的菌丝为黄白色,绒毛状,在显微镜下观察,为一根根无色透明的细丝,有分隔。菌丝体在木材上生长的初期,呈白色珊瑚状,肉眼可见。

许多菌丝扭结形成菌丝束,同时由菌丝分泌出一种胶状黏液,经氧气氧化而形成一层韧膜包住菌丝束,并有很多分叉,使之状似植物的须根,称为菌索。在培养基上,初期为白色,后逐渐变为棕褐色,坚韧不易拉断。菌索的颜色一般为棕红色,老化的菌索为黑褐色或黑色。因此,根据鞘的颜色不同,可以区分菌索的生活力。

(2) 子实体:蜜环菌的子实体为菇类,由菌盖和菌柄构成,肉质,伞状。菌盖圆形,直径为3~12 cm,盖表面土黄色,菌肉白色。菌柄细长,圆柱形,菌柄中上端有一双层膜质菌环,故称为蜜环菌。孢子椭圆形。

2. 蜜环菌生长条件

(1) 温度:菌丝生长温度为6~30 ℃,最适温度为20~25 ℃。子实体生长温度为18~25 ℃,最适温度为20~22 ℃。

(2) 湿度:要求有较高湿度,培养基的含水量为70%左右,在不影响透气性的情况下,湿度越高,菌索生长越快。因此,培养蜜环菌用枝条做培养基,通常采用半液体培养菌种。

(3) 酸碱:适宜在偏酸的环境中生长,适宜pH为5~6。

(4) 氧气:蜜环菌为好氧性真菌,所以在培养菌棒和伴栽天麻过程中,须选择透气性好的土壤。

蜜环菌是一种能发光的真菌,在氧气充足时,生长旺盛的菌丝体能发出较强的荧光,25 ℃时发光最强。

(5) 光照:菌丝生长不需光(所以伴生天麻不需光),子实体形成和发育需散射光。

天麻的人工栽培必须有蜜环菌相伴,而蜜环菌又以树木为主要营养来源,这样就必须分离出蜜环菌纯菌种,再培养出长有大量蜜环菌的树段(称为菌棒或菌材),才能进行天麻栽培。

3. 蜜环菌的菌种分离

(1) 利用菌索分离:在无菌箱内,将菌索剪成 0.6 cm 的小段,在 0.1‰ $HgCl_2$(升汞)溶液里消毒 30 秒后,用无菌水冲洗 2~3 次,用镊子接到灭好菌的斜面培养基上,再用接种铲将菌索按入培养基内部。在 22~25 ℃下培养,10~12 天可萌发出菌丝,15 天左右在培养基内部长出菌索,初期为白色,后逐渐变为棕红色至黑褐色。经检查无杂菌感染即可作为母种。

(2) 利用菌枝、菌棒分离:选蜜环菌棒,截取 10 cm 长一段,削去表皮,放入无菌箱消毒(KMnO4 加甲醛蒸气消毒),然后用解剖刀在菌棒上劈取粗为 3 mm×3 mm 的小木条(比火柴棒稍粗),用剪刀剪成 0.6 mm 长的小块,放到 0.1‰升汞溶液里消毒 50 秒后,取出用无菌水洗 2~3 遍,接到斜面培养基上培养。方法与要求同上。

(3) 利用天麻块茎分离:选缠有较多菌索的天麻,清洗干净后用刀切断;用解剖刀和镊子(经酒精灯消毒)从断面挑取表皮内 2 mm 处的块茎肉约米粒大小,接到斜面培养基上培养。方法与要求同上。

4. 蜜环菌母种扩大繁殖

上述三种方法所得到的未感染的优质试管母种均可用于生产,但由于数量少,还必须扩大繁殖。方法与其他母种扩管相同。

5. 原种制备(主要介绍固体原种)

(1) 配方:枝条 50 kg、锯末 7.5 kg、麦麸 5 kg、玉米粉 1.5 kg、蔗糖(葡萄糖更好)0.5 kg、NH_4NO_3 50 kg。

(2) 制作方法(按配方称量加入):选直径为 1 cm 左右的阔叶树枝,截成 2 cm 小段,把枝条放入蔗糖水溶液煮沸,吸收水分和糖分,捞起,沥去多余水,把多余的水将锯末、麦麸、玉米面调湿、拌匀,平均分为两份,一份装入罐头瓶内,料厚为 2 cm,再加清水,装量为瓶高的 1/5,另一份拌入枝条内,尽量使锯末、麦麸等辅料粘到树枝上,然后装入上述瓶中,每瓶装量为瓶容量的 4/5,扎紧瓶口,灭菌。

(3) 接种(无菌箱内进行):一支试管分为 4 份,用接种钩将菌索一同接入 4 个瓶中。20~25 ℃下培养,40~50 天瓶中长满菌索,即为原种。

6. 栽培种的制备

(1) 材料和方法:基本上同原种。

蜜环菌的栽培种也称菌枝。

制法:选择直径为 2 cm、长 6 cm 的树枝,枝条截断时,斜面尽量大一些,并用小刀在枝条上砍一些小鱼鳞口,以便蜜环菌尽快侵入。枝条、锯末、麦麸的处理及装瓶方法同原种(注意:此枝条长,都要直立于瓶中,枝条之间要有空隙,有松动感)。灭菌后无菌接种。制作时间为 5—6 月份。

(2) 接种培养:将发好菌的原种菌枝接入瓶中间的枝条空隙内,每瓶接 2~3 段。20~25 ℃下培养 45 天,菌索长满瓶。栽培种主要用于培养菌棒。

(3) 菌棒的培养:7—8 月份进行。

① 树种的选择:选择阔叶树木,以木质坚硬、树皮不易腐烂脱落为好。如法桐、梨树、桃树、苹果树等。

② 树材处理:由于蜜环菌可以在活的植物体上定植生长,一边砍伐一边下窖即可。砍伐后截成 50 cm 长的树段,直径为 5~7 cm,超过 7 cm 的应使用斧子将它劈成 2~3 块。每个树

段上均砍 2～3 个鱼鳞口,间距为 5～7 cm,深度到木质部。

③菌棒的培养方法:

a. 室外窖培法:窖深 30～40 cm,宽 50～60 cm,长度不限,一般以每窖排 100～120 根树段为宜。窖挖好后,把窖底土层翻松,铺平,然后铺一层豆秸或玉米秸。铺好后上面一根挨一根排放树段,第一层树段排满后,将砂和锯末按 1∶1 混合后作填料,把树段间的缝隙填实、填平。第二层树段和培养好的菌棒相间排放,树段与菌枝要紧密相挨。排好后仍用锯末与砂的混合物填平,再用第二层方式排放第三层。一般 5～6 层。全部排好后,用上述填充料覆盖 3 cm 厚,然后用挖出的土把窖填成龟背形,且略高于地面。周围要有排水沟。

b. 堆培法:在室内、山洞、地道、防空洞等处的水泥地面,采用堆培法培养菌棒。用砖垒池,方法同上。

三、天麻栽培技术

天麻在人工栽培条件下连续两三代以后就会产生生理退化,产量剧减,箭麻变得又长又细,一级品率下降。采用有性繁殖,增殖倍数高,可防止退化,增强抗逆性。选择有性杂交的后代进行无性繁殖,繁殖系数高,增重快,是无性繁殖的优良种麻,也是防止天麻退化的极好方法。

在自然界繁衍过程中天麻产生了许多变异现象,形成变异个体及不同的分布,将其分为 4 个变异种,即红天麻、绿天麻、乌天麻、黄天麻。

(一)天麻的有性栽培

1. 繁殖种子

繁殖种子的第一步是准备好箭麻。采收天麻时要选择完整无病的 100 g 以上的箭麻。选择时特别要注意箭麻顶芽周围是否有深褐色的斑块以及芽基部是否有深棕色的痕迹,这都是带病的象征。如果箭麻要留作繁殖种子用,冬季前采收时间宜晚不宜早。过早采收,箭麻前端的表皮还未老化,采收时容易受伤,虽然肉眼看起来还是好的,实际上它已有病菌侵入,越冬以后,病害就逐渐表现出来。天冷以后采收的箭麻,如在外表上看来是好的,一般不易产生病害。因此,繁殖种子用的箭麻,最好在 2 月下旬采挖,2 月底至 3 月上旬种植。

(1)种植箭麻:箭麻越冬以后,4 月份气温达到 15 ℃左右可抽薹露土,不同类型的天麻出土时间相差很大,原产地海拔较高的出土较晚,箭麻的抽薹、开花及结果不需要蜜环菌,也与光没有关系,唯一的需要是保持必要的水分,所以栽种箭麻是很简单的。如果数量少,可用木箱、花盆栽种,芽头向上,盖上沙子、锯末或细砂土均可,这样可以随便移动,防止刮风的伤害,放在室内或室外都行。如果数量较大,可在地面挖 15 cm 左右深的坑栽种,上面再覆盖约 5 cm 厚的砂土、沙子或锯末即可,以防止倒伏并保持温度。此时的管理主要是防止干旱和刮风。箭麻之间的排列距离应在 10 cm 以上,否则授粉时操作不便。

(2)授粉和采种:天麻花期持续时间较长,一般在 4、5 月份。花葶上开花顺序是由下而上。每天开花时间并不固定,白天和晚上都可能开花;在自然界是靠滑胸泥蜂来授粉,人工授粉并不只限于上午 10 时左右,一天 24 小时都可授粉。每朵花开后 24 小时以内授粉都是有效的,但是,我们提倡及早授粉。人工授粉具体操作方法是左手固定花托,右手持小镊子或长针轻轻伸入花颈,当见到冠状帽顶起,淡黄色的花粉块松散时,便可取下冠状帽,将花粉夹放到异花朵,或不同品种的花朵底部有黏液的雌蕊柱头上,即达到了授粉的目的。给天麻人工授粉时应注意：①必须注意花粉成熟的时间，花粉成熟时才能进行人工授粉；②也可用大针挑放花粉，但不要刺破花底部的子房；③必须采用异株异花授粉，这样产生的种子生命力强，繁殖系数高，后代的抗病力和抗寒性强；④在雌蕊柱头上有黏液时进行人工授粉最为合适。

天麻花授粉之后，子房逐渐膨大，一周后蒴果变色，种子逐渐成熟。果子成熟后，果上的几条缝就会裂开，这时种子就会从缝隙中流出，因种子细小，流出后就会随风吹走。所以种子成熟期要勤观察。只要看到有果实裂开小缝，就要将它和相邻的2~3个果实同时剪下，放在盘中摊开，使其自然干裂后，将种子从果实中抖出来，不要密闭，以防生霉。

2. 菌及树叶的准备

进行有性繁殖时必须同时具备种子萌发菌和蜜环菌。

(1) 优质天麻共生萌发菌——紫萁小菇菌种。要求菌丝洁白、生长粗壮紧密、菌龄3个月左右。

(2) 优质蜜环菌菌材一般在冬末春初培育，播种时，要求蜜环菌生长良好，菌索健壮、均匀，未感染杂菌。

(3) 选择阔叶树落叶，以板栗、尖栗、青杠树落叶为好，在冬季晴天收集保管。在播种使用前10天，用清水洒湿堆集，薄膜覆盖润透。

3. 播种技术

种子收获后，宜及早播种。播种时将萌发菌菌叶撕开，将种子均匀地撒在菌叶上，一边撒一边翻动菌叶，每袋菌叶拌入相当于10~20个果子的种子量，每袋菌叶可播1 m²(一层)，面积在0.5 m²以下的窝子用一袋菌叶就行。然后将拌有种子的菌叶进行播种。天麻种子直接撒在菌叶上的好处是使种子早接菌多接菌。

播种穴可用小树干、木板或砖围成90 cm²的箱池，规模栽培时可制模具。首先在穴底部铺10 cm厚粗沙砾，再铺10 cm厚河沙，把浸过水的树叶撒一层并拍平，然后把拌有天麻种子的萌发菌碎叶片均匀地撒在树叶层上，在该播种层上码放7根木段，然后把蜜环菌菌种摆放在鱼鳞口处及木段两端，再把小木节在棒间斜形摆放，以引导蜜环菌上棒。上述工序完成后，轻轻盖约5 cm厚河沙，然后采用同样方法播第二层(也可以单层播)，最上层覆盖20 cm厚河沙并拍平。

4. 后期管理

天麻穴播种后首先进行遮阳保护，可使用遮光率为80%的遮阳网覆盖顶层及四周，也可用枝叶盖围，给麻穴创造一个阴凉的环境，便于蜜环菌的生长及安全越夏。据测试，遮阳良好的室外，夏季麻穴与地表温度一般不超过30 ℃，通风良好的室内麻穴与地表温度不超过26 ℃。其次是保湿问题，接种后沙基含水量为55%左右，有利于两菌及麻种的生长，实践中播种后一周左右，可在麻穴周围的材料砖、木板及人行道上喷水，也可给穴表沙层喷少量水，1个月后可在穴表沙层重喷水。同时栽培场所要通风良好，特别是室内栽培必须定期通风，对防止菌材感染，促进麻种萌发生长及夏季降温会起到良好的调节作用。

5. 采收

天麻在播种当年，只能发育成小白头麻和米麻。11月份进入第一次休眠期，这时的小白头麻长势好的可以挖出作为无性繁殖栽培用种，长势一般的应留在畦内，到次年11月份进入第二次休眠期时，开始收获天麻。收获时要轻取轻放，不要损伤天麻，尤其不要损伤移栽用的白麻和米麻。收获的天麻要及时加工，防止腐烂。

（二）天麻的无性栽培

1. 栽培季节

天麻一般从 10 月份开始到次年的 3 月份都可以进行栽培。但应在 10—11 月份当温度降至 14 ℃以下时，天麻进入 50 天左右的休眠期，而蜜环菌进入缓慢生长期（要适当降低水分，使蜜环菌缓慢生长。否则，天麻在休眠期不能分解溶菌素，而蜜环菌菌丝深入天麻内部，吸收营养，会使天麻变空腐烂）。封冻前和解冻后这段时间内，有利于蜜环菌与天麻结合，使二者建立共生关系。当天麻开始萌动时（春季温度升到 16～18 ℃时），能及时得到蜜环菌所提供的充足营养，从而促进天麻的无性繁殖和生长。

2. 种麻的选择

在天麻的无性栽培中，多采用白麻和米麻作为种麻，它们生命力强、繁殖率高、增重快。

选种原则：无病斑、体型饱满、芽头浑圆（见图 9-7），麻体姜黄色为最佳。

3. 栽培方法

（1）室外窖栽法：一般在 10—11 月份，选择遮阳好、土质肥沃疏松的地方挖窖。

① 挖窖的要求：窖深 30～40 cm，宽 45～60 cm，长 80～100 cm。窖地要挖松，底层铺 2～3 cm 厚玉米秸。基本方法同菌棒培养。

② 菌材（没有长蜜环菌的树段）、菌棒（已长蜜环菌的树段）及种麻的排放见图 9-8。

图 9-7 天麻体顶芽

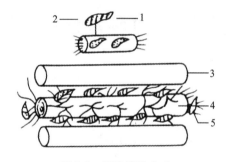

图 9-8 天麻接种方式

1—顶芽；2—脐部；3—新段木；4—菌材；5—种麻

（2）箱栽法：在室内、地道等场所，为充分利用空间可进行箱式立体栽培。

用木条或木板做成箱子（长 60 cm、宽 50 cm、高 35 cm 的简易木箱）。进行箱栽时所用填充料、覆盖物及菌棒、菌材和种麻的排放与窖栽相同。一箱箱栽好后，可把箱与箱摞在一起，但在每层箱之间要用树段垫起，以利于透气。

4. 管理

种植天麻，栽培是基础，管理是关键。一是夏季要求场地凉爽，避免阳光直射，室外栽培要做好遮阳；二是水分要适当，长期存水易烂麻，过干则又不能生长，一般 15～20 天浇一次水，夏季天气炎热应增加浇水次数；三是冬季寒冷时要在天麻窖上多盖些枝叶、稻草、麦秸，用以保温。

5. 采收与加工

天麻的生产周期为 8～12 个月，即一年一收。收获时间最好在 11 月份，此时天麻进入休眠期，天麻的质量好、药效高。

收获后的天麻应及时加工，以防腐烂、变质，影响商品价值和药效。常用的加工方法有沙炒法和蒸煮法。

箭麻、大白麻加工药用;小白麻、米麻留作种用,随采随种,避免贮藏不好受损。加工方法是将箭麻、大白麻洗去泥土,浸入水中,用石块磨去粗皮,并用水洗净后放于沸水中煮13分钟左右,取出一个麻体对光照看,若见半透明无实心即可。煮好后用炭火或煤火烘干,温度由低至高,逐渐升到70~80 ℃,以便麻体内的水分迅速蒸发,干至七成时,边烘边整形,使之成为圆形,待干后即为成品。

四、天麻退化原因及防治

(1)多代无性繁殖,会导致产量明显下降,甚至失收。应发展有性繁殖或有性繁殖与无性繁殖交替进行,不断更新麻种,也可采挖野生球茎做种。

(2)蜜环菌衰退,即菌索分支能力弱,生长慢,扁形,易断等,使天麻得不到足够的营养而减产。采取孢子分离或菌索分离更新蜜环菌,或在野生天麻地区培养菌材用于栽培。

(3)同窖连栽,造成病虫危害和蜜环菌分泌物积累而致使栽培失败。生产中应每年换窖,若同窖栽培则必须换土,最好异地栽培。

(4)密集深层栽培,造成缺氧而减产。改深层栽培为浅层栽培;填充、覆盖物应疏松,种麻排放菌材四周,特别是菌材两端蜜环菌菌索多的地方。

项目四　竹荪栽培

一、重要价值

竹荪(*Dictyophora*)是世界上珍贵的食用兼药用菌之一,被誉为"菌中皇后""真菌之花""素菜之王",历史上列为宫廷贡品,近代作为国宴名菜。它营养丰富,蛋白质含量较高,可消化率达72.73%,还含有多种无机盐及维生素,对高血压、肥胖症、肝炎、细菌性肠炎、流感等有一定疗效。

图9-9　长裙竹荪

人工栽培的竹荪有短裙竹荪(*D. duplicata*)、长裙竹荪(*D. indusiata*)(见图9-9)。近年来,我国食用菌工作者驯化栽培成功了两个新种,即红托竹荪(*D. rubrovolvata*)和刺托竹荪(*D. echino volvata*)。黄裙竹荪有毒,不宜食用。

竹荪菇形如美女着裙,但并非无瑕,其菇顶部有一块暗绿色而微臭的孢子液,因而又叫臭角菌;因其子实体未开伞时为蛋形,还叫蛇蛋菇;此外,还有竹参、竹菌、竹姑娘、面纱菌、网纱菇、蘑菇女皇、虚无僧菌(日本)等俗名。这些名称均与竹荪发生的环境或形状有关。在生物分类学上,竹荪属于担子菌亚门腹菌纲鬼笔目鬼笔科竹荪属。该属有许多种类,已被描述的竹荪有近10种。

二、生物学特性

(一)形态特征

竹荪又名竹参,因自然生长在有大量竹子残体和腐殖质的竹林中而得名。竹荪品种不同,性状相异。例如,长裙竹荪菌丝生长快,个体大,产量高,是较好的栽培品种;短裙竹荪菌丝生长较长裙竹荪慢,因此栽培时生产周期较长。

商品竹荪是经脱水加工而成的干品,仅保留可食的菌柄和菌裙两部分。完整的竹荪子实体包括菌盖、菌柄、菌裙和菌托等几部分(见图 9-10)。

图 9-10 竹荪子实体形态图

(1)菌盖:钟形,白色或略带土色,高 2~4 cm,表面有不规则的多角形凹陷。顶端平,有圆形或椭圆形小孔。子实层附着在菌盖的凹陷表面,孢子着生在其中,暗绿色或黄绿色,初期肉质,暴露在空气中后,迅速液化为黏稠状物,散发出浓烈的腥味,可引诱昆虫来吸食,以此传播孢子。孢子柱状,大小为 3~4 μm×2~3 μm,无色透明,表面光滑。

(2)菌托:菌蕾破裂后的残留部分,下面与深入土壤内的菌索相连,上面支撑着菌柄。蛋形菌托呈鞘状,三层。外面一层为外菌膜,中间为白色的胶质体,里面一层为内菌膜。

(3)菌柄:柱状,白色,中空,多孔,海绵质,脆嫩,是商品食用部分之一。

(4)菌裙:菌盖与菌柄之间撒下的白色网状组织。下垂如裙,因此称为菌裙,它是主要商品食用部分。菌裙长 4~20 cm 或更长,多数为白色,也有黄色的(黄裙竹荪)。

竹荪子实体是生长在地上的繁殖器官,地下还有菌丝体和菌索。菌索的形成表明菌丝体内已积累了足够的养料,并达到了生理成熟。此时生长条件适宜,许多菌索便交织扭结在一起,菌索顶端逐渐膨大形成原基,进而长大成菌蕾,俗称菌球、菌蛋等。

在自然条件下,菌蕾生在离地表 1~2 cm 处的腐殖土层中,由菌索顶端逐渐膨大而形成,初期米粒状,白色。米粒状的白色菌球继续长大,经过一段时间,可发育成鸡蛋大或更大的卵形球。菌蕾表面初期有刺毛,后期刺毛消失,呈粉红色、褐色或污白色。菌蕾内部是竹荪子实体的幼体,随温度的变化,菌蕾开裂伸出子实体的时间也长短不一,人工栽培大约为 20 天,气温低时可长达 60 天以上。

菌蕾形成是一个连续的过程,按其特征可划分为 6 个时期。

(1)原基分化期:菌索生理成熟,顶端膨大,分化成瘤状小菌蕾。

(2)球形期:瘤状菌蕾膨大成球形菌体,内部器官已分化完善。表面有刺毛,白色,顶端出现细小裂纹。

(3)卵形期:球形菌蕾顶部突起,裂纹增多,刺毛退掉,形似鸡蛋,表面产生色素。

(4)破口期:菌蕾达到生理成熟后,当外界空气相对湿度达 85% 以上,基质含水量为 70% 左右时,菌柄即可撑破菌蕾外菌膜。此时在菌蕾顶部出现一裂口,裂口由细变宽,露出黏稠状透明胶体。透过胶质物可见白色内菌膜,继而可见菌盖顶部孔口。此期常发生在清晨 5—8 时。

(5)菌柄伸长期:菌柄迅速伸长,菌盖露出,菌裙逐渐张开。

(6)成型期:菌柄停止伸长,菌裙张开达到最大限度,子实体即成型。

(二)生活习性及生活史

1. 生活习性

竹荪之名与竹类有关，由此带给人以误解，以为竹荪只能在竹林内生长。其实不然，疏松而富含腐殖质的竹林下的落叶层、盘根错节的庞大竹林地下根系，固然为竹荪的生长繁育创造了良好条件，但阔叶树混交林，热带经济作物中的橡胶林、芭蕉园，亚热带地区的草地乃至茅草屋顶上，也能成为竹荪的栖身之所。竹荪如多数腐生真菌一样，只要条件合适，也能在腐熟的稻草、麦秸、玉米秆、甘蔗渣、棉籽壳等农作物秸秆上生长。

野生竹荪在我国主要分布在吉林、河北、河南、陕西、四川、湖北、湖南、浙江、江苏、福建、云南、贵州等省。大多位于海拔200～3000 m的温热亚高山区。但在河南博爱的竹林中，海拔仅100～150 m，也有大量长裙竹荪生长。发生时间为每年的4—11月，但以6—9月为集中发生期。竹荪一般在雨后2～3天内大量发生。在一天当中，一般早上5—7时破球而出，9—10时菌裙开张度达最大，孢子成熟。

2. 生活史

成熟的竹荪顶端菌盖有凹陷的、具有暗绿色或黄绿色孢子液的盖帽，孢子着生在其中，在适宜的生活条件下，竹荪的孢子萌发出菌丝，菌丝体由无数管状细胞交织而成，菌丝体呈蛛网状，开始萌发出来的菌丝是单核菌丝，这种菌丝质配后形成双核菌丝，粗线状。

双核菌丝进一步发育便成了组织化的索状菌丝，即三次菌丝。竹荪菌丝初期白色，经过较长时间培养以后，便具有不同程度的粉红色、淡紫色或黄褐色，这些色素受到变温、光照、机械刺激或干燥脱水后更为明显，色素也是鉴别竹荪菌种的主要依据。

在适宜的条件下，伸长到地表面的索状菌丝的尖端逐步膨大成白色小球，这就是竹荪子实体原基，经过40～60天，这些原基中的少数处于生长优势的部分便继续长大成鸡蛋或鸭蛋大的卵形菌蕾，破土分化成子实体。成熟的子实体顶端产生孢子，从而完成其生活周期。

(三)生长发育条件

(1)营养：竹荪是一种腐生性真菌，对营养物质没有专一性，与一般腐生性真菌的要求大致相同，其营养包括碳源、氮源、无机盐和维生素。碳源主要由木质素、纤维素、半纤维素等提供，生产中常利用竹鞭、竹叶、竹枝、阔叶树木块、木屑、玉米秸、玉米芯、豆秸、麦秸等作为培养料来栽培竹荪。一般情况下，培养料中常添加少量的尿素、豆饼、麸皮、米糠、畜禽粪等作为氮源。在配制培养基时，也常加入适量的磷酸二氢钾、硫酸钙、硫酸镁等来满足竹荪生长发育对无机盐的需要。维生素类物质在马铃薯、麸皮和米糠等植物性原料中含量丰富，一般不必另行添加。

(2)温度：大部分竹荪品种(长裙竹荪和短裙竹荪)属中温型菌类，菌丝生长的温度为8～30 ℃，适宜温度为15～28 ℃，高于30 ℃或低于8 ℃时，菌丝生长缓慢，甚至停止生长。子实体形成温度在16～25 ℃，最适温度为22 ℃。在适温范围内，子实体的生长速度随温度的升高而加快。引种时，须了解品种的温型，根据当地的气候条件适时安排生产季节。

(3)水分：竹荪生长发育所需的水分主要来自基质。营养生长期，培养基含水量以60%～65%为宜。进入子实体发育期，培养基含水量和土壤含水量要提高到70%～75%，以利于养分的吸收和转运。同时，空气相对湿度对竹荪的生长发育也有很大影响。一般来说，竹荪在营养生长阶段，空气相对湿度以维持在65%～75%为宜。当进入生殖生长阶段，空气湿度要提高到80%；菌蕾成熟至破口期，空气湿度要提高到85%；破口到菌柄伸长期，空气湿度应在

90%左右;菌裙张开期,空气湿度应达到95%以上,这时如果空气湿度低,菌裙就难以张开,黏结在一起而失去商品价值。

(4)空气:竹荪属好氧菌,因此,无论是菌丝生长发育,还是菌球生长、子实体发育,环境空气必须清新。否则,二氧化碳浓度过高,不仅菌丝生长缓慢,而且影响子实体的正常发育。但也必须注意,在竹荪撒裙时,要避免风吹,否则会出现畸形。

(5)光照:竹荪菌丝生长发育不需要光线,遇光后菌丝发红且易衰老。在自然界中,竹荪生长在郁闭度达90%左右的竹林和森林地上。这说明菌球生长及子实体成熟均不需要强光照,因此,人工栽培竹荪场所的光照强度应控制在15~200 lx,并注意避免阳光直射。

(6)土壤及酸碱度:在自然界中,竹荪的生长离不开土壤,人工栽培竹荪时,一定要在培养料面上覆3~5 cm厚的土层才能诱导竹荪菌球发生。竹荪菌丝生长的土壤或培养料要求偏酸,其酸碱度为pH 4.6~6.0。

(四)菌种分离制作

1. 母种制作

培养基配方如下。

(1)豆芽(黄豆)500 g、琼脂20 g、蛋白胨5 g、白糖20 g、磷酸二氢钾2 g、硫酸镁1.5 g、碳酸钙1 g、维生素B_1 0.5 g、水1000 mL,pH 5.5。

(2)竹屑300 g、琼脂20 g、蛋白胨3 g、白糖20 g、磷酸二氢钾2 g、硫酸镁1.5 g、碳酸钙1 g、维生素B_1 0.5 g、水1000 mL,pH 5.5。

具体操作与其他母种相同,0.1~0.15 MPa灭菌30分钟,冷却后待余水干即可接种。分离方法:在无菌条件下,将竹蛋切开取中心组织部分约黄豆大一块,放入斜面培养基上恒温培养,待菌丝长满斜面即为母种。

2. 原种制作

培养基配方如下。

(1)牛粪60%、竹屑30%、麦麸5%、壤土1%、石膏1%、白糖1%、磷酸二氢钾0.5%、硫酸镁0.5%、过磷酸钙1%,pH 5.5,含水量65%。

(2)竹屑71%、木屑20%、麦麸5%、壤土1%、石膏1%、过磷酸钙1%、磷酸二氢钾0.5%、硫酸镁0.5%,含水量65%,pH 5.5。

在无菌条件下,每支母种可接原种3~5瓶,放入无光、恒温条件下约60天,菌丝可长满瓶。

3. 栽培种制作

竹荪栽培种的原料与原种相同,菌丝一般50~60天才能长满瓶。若在自然常温条件下,大约需半年时间才能长满瓶。

三、竹荪栽培模式及管理技术

(一)与林间或农作物间套种竹荪栽培技术

在树林或竹林下,利用竹木加工后的废竹、木屑,农副产物(如甘蔗渣、作物秸秆)等进行竹荪栽培。这种方法具有应用范围广、投资省、用工少、管理方便、成本低、效益好等优点,是在广大农村的竹区、林区栽培竹荪行之有效的方法。

由于林间,无论是竹林或树林,特别是老年林,其地下根交错盘踞,因砍伐或自然死亡等多种原因,地下埋藏了不少腐根,这些腐根是竹荪生长所需的营养物质。在林间播种,菌丝不仅在投料的地方生长,而且蔓延到其他有养料的地方。野外林间或农作物间套种竹荪,只要场地选择恰当,一般不需要搭棚遮阳。因此,野外林间空地或农作物间套种竹荪是最经济、最常用的栽培方法。

1. 栽培原料选择

现行栽培竹荪的原料分为四大类。一是竹类,包括各种竹子的秆、枝、叶、竹头、竹根、竹器加工厂的废竹屑;二是树木类,包括杂木片、树枝、叶以及工厂下脚料的碎屑;三是秸秆类,包括豆秆、黄麻秆、谷壳、油菜秆、玉米芯、棉秆、棉籽壳、高粱秆、葵花子秆、壳等;四是野草类,包括芦苇、菅、芒萁、斑茅等。上述原料晒干备用。

2. 生产季节安排

竹荪栽培一般分春、秋两季,以春播为宜。我国南北气温不同,应把握两点:一是播种期气温不超过 28 ℃,适于菌丝生长发育;二是播种后 2~3 个月为菌蕾发育期,气温不低于 10 ℃,使菌蕾健康发育成子实体。南方各省竹荪套种农作物,通常春播,惊蛰开始铺料播种,清明开始套种农作物;北方适当推迟。播种后 60~70 天养菌,进入夏季 5－9 月间出菇,10 月结束,生产周期为 7 个月左右。

3. 场地畦床整理

利用竹林竹园,苹果、柑橘、葡萄、桃、梨等果园内的空间地,山场树木以及高秆农作物空间地套种竹荪。要求平地或缓坡地,近水源,含有腐殖质的砂壤土。播种前 7~10 天清理场地残物或杂草,翻土晒白。果树上可喷波尔多液杀灭病虫害。一般果树间距 3 m×3 m,中间空地作为栽培竹荪畦床。畦宽 60~80 cm,人行道间距为 30 cm,整地土块不可太碎,以利于通气,竹、树或高秆农作物旁留 40~50 cm 为作业道(见图 9-11)。

(a) 竹荪与高秆作物套种　　　　　　　(b) 竹荪在树林中套种

图 9-11　竹荪套种

4. 播种覆土养菌

播种前将培养料浸水,控制含水量为 60%~70%,拌料或提前发酵备用。播种采取一层料一层种,菌种点播与撒播均可。每平方米畦床铺放培养料 10 kg,菌种 5 瓶,做到一边铺料一边播种,然后在畦床上覆盖地膜。播种后 15~20 天,一般不需喷水,最好每天揭膜通风 30 分钟,后期增加通风次数。春天雨水多,挖好排水沟,沟要比畦深 30 cm;菌丝生长温度为 23~26 ℃。播种后在畦床表面覆盖一层 3 cm 厚的腐殖土,腐殖土的含水量以 18% 为宜。覆土后再用竹叶或芦苇切成小段,铺盖表面,并在畦床上罩好薄膜,防止雨水淋浸。若采用农作物套种方式,套种品种有黄豆、脾豆、高粱、玉米、辣椒、黄瓜、向日葵等高秆或藤蔓作物。当竹荪播种覆土后 15～20 天,就可在畦旁挖穴播种作物种子,按间隔 50～60 cm 套种一棵。

5. 出菇科学管理

播种后正常温度下培育 25～33 天,菌丝爬上料面,可将畦床上盖膜去掉。菌丝经过培养不断增殖,吸收大量养分后形成菌索,并爬上料面,由营养生长转入生殖生长,很快出现菇蕾,并破球形成子实体。此时正值林果树和套种的农作物枝叶茂盛时期,起到遮阳作用。出菇期培养料内含水量以 60% 为宜,覆土含水量不低于 20%,空气相对湿度以 85% 为好。菇蕾生长期,除阴雨天气外,每天早晚各喷水一次,保持相对湿度不低于 9%。菇蕾长大逐渐出现顶端凸起,继之在短时间内破球,尽快抽柄撒裙形成子实体。竹荪栽培十分讲究喷水,具体要求"四看":一看盖面物,竹叶或秆、草变干时,就要喷水;二看覆土,覆土发白,要多喷、勤喷;三看菌蕾,菌蕾小时轻喷、雾喷,菌蕾大时多喷、重喷;四看天气,晴天、干燥天蒸发量大要多喷,阴雨天不喷。这样才能长好蕾,出好菇,朵形美。

6. 采收加工包装

竹荪播种后可长菇 4～5 潮。子实体成熟都在每天上午 12 时前,当菌裙撒至离菌柄下端 4～5 cm 时就要采摘。采后及时送往工厂脱水烘干。干品返潮力极强,可用双层塑料袋包装,并扎牢袋口。作为商品出口和国内市场零售的,则需采用小塑料袋包装,每袋有 25 g、50 g、100 g、300 g 不同规格,外包装采用双楞牛皮纸箱。

(二) 拱棚畦床栽培

1. 栽培场地

选择排灌方便的砂壤土林地,在郁闭度达 80%～90% 的林下做畦,畦深 15～20 cm,宽 40～50 cm,南北走向,长度随投料多少和场地而定。

2. 铺料播种

选干燥无霉的原料,浸透水或发酵处理后(含水量达 65% 左右),捞出进畦铺料播种,一层麦秸一层菌种,共二层料、二层种。上层菌种占总播种量的 2/3,播种量为每 5 kg 麦秸用 750 mL 装的菌种 1 瓶。第二层种播后,在上面再少放些浸过水的麦秸。培养料要压实,并高于地面 2 cm。

3. 季节安排

在华北地区,4—7 月均可播种竹荪。4 月播种,6—7 月采收;5 月播种,7—8 月采收;6 月播种,8—9 月采收;7 月播种,9—10 月采收。在江淮地区,5—6 月播种,7—9 月采收。

4. 发菌管理

(1) 覆土:播种后立即覆 3～4 cm 厚的土层,覆土颗粒不要过粗或过细,要求干净肥沃。播种后 20 天左右,当竹荪菌丝穿出土层表面后,可再覆土 1 次,厚 1～2 cm。

(2) 遮阳:播种后当菌丝透出表层覆土,在畦面上搭一小拱棚,棚高 30～50 cm,宽依畦宽而定。棚上用草苫或旧麻袋等覆盖,既防风又遮阳。

(3) 保水:保持栽培料含水量和覆土层的含水量稳定,过干或过湿均影响菌丝生长。在无雨天气,要注意每隔 3～5 天喷水 1 次,保持覆土及培养料的湿度。降雨时,要注意排水,为防水淹,要在畦边挖一排水沟。雨天小拱棚上要用薄膜覆盖。长裙竹荪菌丝在自然温度下经 40～50 天可生长透出覆土层。从播种到菌索末端膨大形成颗粒状的菌球,需 60～65 天。

(4) 菌球期:在 6—9 月自然温度条件下,菌丝生长正常,在土壤表面的菌索尖端发生菌球。初呈米粒状,3～5 天长成黄豆大小,呈乳白色,表面光滑。再经 2～4 天,有花生米大小,菌球表面开始出现菌索状刺毛,呈灰白色。再过 4~6 天,可长至核桃大或鸡蛋大,至 16 天左右刺毛伸长后消退,菌球呈淡灰色或灰褐色,光线强时,菌球色较重,光线弱时较淡。当菌球不再增大时,表明已经成熟。

(5)成熟期:菌球从形成到成熟开裂,需经 21~23 天。此期须重点搞好湿度管理。一方面,要适当喷水,使基质含水量由 65% 提高到 75%;另一方面,保证菌球生长的小环境空气相对湿度达 80% 以上。与此同时,还要给予弱光刺激,每天揭开拱棚上覆盖物 1 小时,如遇刮风天气,盖严棚膜,防止菌球风干。

成熟菌球在 22~26 ℃、空气相对湿度达 85%~95% 时,即可开裂。初始菌球顶端破裂,菌盖、菌柄依次从中挤出。当菌柄伸出后,从菌柄和菌盖之间吐出菌裙。

5. 采收加工

当菌裙张开度达最大时,应立即采收。采收时将整个子实体从菌托下方采下,摘去菌盖和菌托,菌裙、菌柄要保持完整,放在干净的竹筛子(垫白布也可)或白纱网上晒干或烘干。摆放时注意菌裙要展开,菌柄放直,以获得整齐、美观的商品。干燥的时间越短,竹荪的颜色越鲜,光泽度越好。干燥的方法常为晒干和电热烘干。烘干的竹荪较脆,经回潮后变软方可包装。

(三)室内床架栽培

广东省科学院微生物研究所对短裙竹荪的生物学特性进行了比较深入的研究,并总结出短裙竹荪纯种栽培技术,一般生物学效率达 70% 以上。其技术要点简介如下。

1. 栽培季节

在广东地区的自然气温条件下,每年可以栽培 2 次。上半年为 2 月至 3 月上旬种植,3 月下旬至 4 月中旬可分化现蕾,5 月至 6 月中旬可以采收。下半年为 8 月上旬至 9 月上旬种植,9 月下旬至 10 月中旬可分化现蕾,11—12 月可以采收。如果室内有控温设备,则可常年栽培。

在菇房内用竹、木等原材料搭建床架。床架以四层为宜,层距 50 cm,床宽 100 cm,长度依菇房情况而定,菇架之间相距约 70 cm,最好南北向排列,以利于通风。

2. 菌袋制备

生产菌袋的培养料配方为甘蔗渣或木屑 72.8%、麸皮 25%、蔗糖和碳酸钙各 1%、磷酸二氢钾和硫酸镁各 0.1%,含水量用甘蔗渣时为 65%~70%,用木屑时为 60%~65%,pH 6.0。采用常规制备方法。菌丝满袋时间,甘蔗渣培养料为 111 天,木屑为 90 天。

3. 覆土准备

土壤为疏松、富含有机质、偏酸性的壤土或砂壤土,一般可用肥沃的菜园土。竹叶要新鲜、干燥、不霉烂,1 m² 菇床用干竹叶约 1 kg。使用前土壤和竹叶要消毒,按 1 m³ 土壤或竹叶用 1%~1.5% 的福尔马林加 0.3%~0.5% 的杀虫药混合液 25 L,边喷药边拌料,拌匀后覆盖薄膜,土壤覆膜 4~5 天,竹叶覆膜 1~2 天,然后掀开薄膜让药物挥发 1~2 天方可使用。

4. 压块种植

将发好菌的栽培料挖出,放入 35 cm×25 cm×6 cm 或 40 cm×30 cm×6 cm 的木框中压块,不要压得太紧,以免损伤菌丝,成型后脱框包膜保温,在 20~28 ℃ 下培养 7~10 天,菌丝即可恢复生长并联结成菌砖块。若用聚丙烯薄膜袋培养,则不必压块,待菌丝长满料袋后脱去薄膜即可,但厚度仍以 6 cm 为宜。菌块培养好后进行种植。在菇床上垫好薄膜,先铺 2 cm 厚的土,再铺 2 cm 厚的新鲜干竹叶,然后放上菌块,菌块间隔 5~7 cm,最后盖 2 cm 厚的干竹叶和 2~4 cm 厚的土。

5. 出菇前管理

接种后每天向菇床喷雾状水,保持覆土层含水量为 15%～20%、基质含水量为 60%～65%。基质和土层太湿时,通气不良,菌丝大量爬到表土,造成徒长;太干则菌丝长不到土层表面,在土层中分化,菌蕾也少。菇房空气湿度最好保持在 75%～85%,不宜过低或过高。菇房还应通风良好,光线充足。

6. 出菇后管理

出菇后喷雾状水要远离菇床,以防雾点落下冲伤小蕾。菇房空气湿度保持在 85%～95%。气温低时要加温,可利用中午气温高时适当开窗通气;气温高时可通风降温。原基形成后,每隔 10 天喷 1 次营养液(磷酸二氢钾 1 g、硫酸镁 1 g、维生素 B_1 10 mg、葡萄糖或蔗糖 5 g、水 1 000 mL),共喷 3～4 次,用量为 500～1 000 mL/m²,喷后轻喷 1 次清水,可提高产量和质量。

上半年种植因气温较低(14～20 ℃),50～60 天才出现原基,整个周期为 110～130 天;下半年种植气温高(23～30 ℃),30～40 天便可出现原基,周期仅 100～110 天。

(四)竹林坑窝栽培

1. 栽培料处理

栽培竹荪用的原料主要有腐干竹、废竹块、竹园下处于腐解或半腐解状态下的竹叶、竹器加工厂的废竹屑、木屑、甘蔗渣、麦皮,有条件的地方也可以玉米秆、果树枝杈等农副秸秆与竹料混合使用。覆土用菜园土或耕作土。

栽培前将原料在阳光下摊晒 3～4 天,大块劈成小块或粉碎。然后用 1%～3% 的石灰水浸泡 5～6 天,捞起用清水冲洗,稍晾干待用。

2. 整理填料接种

在各种竹林里,选择排水便利且近水源的林地,按每亩 180～200 个窝打窝,在空地上最好在腐竹头边,挖 15～20 cm 深、长×宽为 50 cm×35 cm 的坑,每坑投料 1～1.5 kg,每亩投干料 200～300 kg,挖好后就地取一些腐竹叶垫底,然后铺料撒种,如此播 2～3 层,再盖竹叶,稍踩紧,最上面用挖坑出来的土覆盖;晴天土壤干燥时,应浇透水(雨后栽培不用浇水)。一般雨后播种菌丝复活较好,在竹林里栽培时,将菌种夹在废竹块内,则菌丝生长效果好(见图 9-12)。另外,在竹叶上撒些木屑效果也较好。

图 9-12　竹林栽培竹荪

3. 后期管理

野外林间栽培竹荪,只要场地选择恰当,一般不需要搭棚遮阳。土壤湿润也不必浇水。春秋季节若遇干旱,则需在菇床及竹头、坑边附近适当浇水以补充水分。越冬后的菌丝待气温回升后,开始向四周蔓延伸展,形成菌索,在 3—4 月份,菌索尖端形成小菌蕾,在菌蕾形成时,需经常浇水。此阶段若严重缺水,则菌蕾会因分化不成而死亡,即使形成菌蕾,也张不了裙;若浇水过多,则菌丝徒长,幼菌蕾到成熟时便全破口,病菌易侵入,导致菌蕾死亡。一般在雨水较多的 6—8 月份,是竹荪大量出现撒裙的时候,要注意及时采收。

四、竹荪的采收与加工

竹荪的商品部分一般指菌裙和菌柄。菌裙、菌柄的完整性和颜色的洁白程度直接影响到竹荪的产品质量。这就要求在采收和加工过程中要特别注意。

(一)采收时期

菌蕾破壳开伞至成熟为 2.5～7 小时,一般 12～48 小时即倒地死亡。因此,从竹荪开伞到菌裙向下延伸,当菌托、孢子中的胶质开始自溶时(子实体成熟)即可采收。实际采收应在竹荪生长发育过程中的成型期进行。因为成型期的竹荪子实体菌柄伸长到最大高度,菌裙网完全张开达到最大粗度,产孢体(菌盖上黑褐色孢子液组织)尚未自溶,所以这时采收的竹荪子实体具有很好的形态完整性,菌体洁白。否则,过早采收,菌裙、菌柄尚未完全伸长展开,干制后个体小,商品价值低;过迟采收,菌裙、菌柄萎缩、倒伏,而且孢体自溶沿菌裙、菌柄下流,污染菌裙、菌柄,严重影响产品的色泽。

(二)采摘方法

采摘时,用一只手扶住菌托,另一只手用小刀将菌托下的菌索切断,轻轻取出,放入瓷盘和篮子内。决不要用手扯,因为菌裙、菌柄很脆嫩,极易折断,采摘时应轻拿轻放。采收后,将菌盖和菌托及时剥掉,保留菌裙、菌柄。去掉菌托表面上的泥土,菌盖可在清水中浸洗除掉表面上的孢体,再进行干制。若菌裙、菌柄已被污染但不严重,则应及时用清水或干净湿纱布去污即可。然后,将洁白的竹荪子实体一只一只地插到晒架的竹签上进行日晒或烘烤。商品要求完整、洁白、干燥。

(三)产品分级与贮存

1. 产品分级

(1)一级:长 18 cm 以上,柄宽 4 cm,白色、完整。

(2)二级:长 15～17 cm,柄宽 3 cm,白色、完整。

(3)三级:长 10～14 cm,柄宽 2 cm,白色稍黄,略有破碎。

(4)四级等外品:长 10 cm 以下,色黄,有破碎。

2. 贮存

烘干后的竹荪按等级用食品塑料袋包装,每小扎 25～50 g,两端用线扎紧。每 600 g 装 1 小袋,袋内放入用棉布包裹的变色硅胶 5 g 吸潮。每两小袋再装 1 中袋,4 中袋装 1 纸箱,其内衬上 1～2 层防潮纸,后用胶纸封箱口,以免受潮变色,长期保存时室温不要超过 20 ℃,最好贮存于低温干燥场所。

码 9-8　　　　码 9-9
羊肚菌栽培 1　　羊肚菌栽培 2

项目五　羊肚菌栽培

一、重要价值

羊肚菌是世界上最名贵的真菌之一,既是宴席上的珍品,又是久负盛名的良药。它功能齐全,香味独特,食疗效果显著。

羊肚菌子实体含有丰富的营养成分。它含蛋白质 22.06％、脂肪 3.82％、糖类 40％,脂肪中不饱和脂肪酸与饱和脂肪酸之比为 5∶3,对人体有益的亚油酸占脂肪酸总量的 56.0％。干样中氨基酸总量达19.57％,人体必需的 8 种氨基酸齐全,此外,它还含钙、锌等多种矿物质和微量元素以及维生素 B_1、B_2 等。

菌丝体同样具有很高的营养价值。子实体中氨基酸种类在菌丝体中均存在,必需氨基酸达到氨基酸总量的 44.14％,与子实体的水平(41.40％)相当。菌丝体中也含有多种矿物质与维生素。

羊肚菌的特殊风味来源于其中的顺-3-氨基酸,α-氨基异丁酸和 2,4-二氨基异丁酸等稀有氨基酸。研究发现添加乙醇胺、尿素、NH_4Cl 等含氮化合物可促进上述风味物质的合成。气相色谱分析表明羊肚菌的挥发性香气成分主要为 1-辛烯 -3-醇和沉香醇。另外,从羊肚菌中还分离出 1,5-D-脱水果糖,它是吡喃酮抗生素的前体。

羊肚菌含有抗心血管疾病及抗癌药理活性的多种微量元素。此外,羊肚菌还显示出较强的纤维素酶、谷氨酰转肽酶活性。

羊肚菌美味可口,功效独特。传统医学认为,羊肚菌性平,味甘,能益肠胃,化痰理气。中医验方:羊肚菌干品 60 g 煮食喝汤,日服 2 次,治消化不良、痰多气短。现代医学研究表明,羊肚菌具有增强机体免疫力、抗疲劳、抗病毒、抑制肿瘤等诸多作用。

综上所述,羊肚菌营养丰富,含有多种具有抗病毒、抗肿瘤等效果的活性物质,在食品、保健品、医药、化妆品等领域有着广阔的应用前景。现阶段在继续攻克其栽培难关的同时,应抓好菌丝体的开发,搞系列化产品,满足市场要求。另外,还要加强对其生理活性物质的研究,进一步明确其功效特性,以此带动羊肚菌的开发利用向纵深方向发展。

二、生长条件及生物学特性

(一) 生长条件

羊肚菌常生长在以栎树、杨树、桦树为主的阔叶林下腐殖土中,在田边、溪边、山坡果园及火烧地也有发现。一般 3—5 月大量发生,对海拔高低无特殊要求。

(1) 温度、湿度:菌丝生长最适温度为 18～22 ℃,孢子萌发适宜温度为 15～18 ℃。昼夜温差大,有利于子实体的形成。羊肚菌适宜在土壤湿润的环境中生长,子实体大量发生时,要求土壤含水量为 40％～50％,空气相对湿度为 80％～90％。

(2) 酸碱度:羊肚菌生长土壤最适宜 pH 为 7.0～7.9,pH 降至 4.5 以下或高于 9.0 以上时菌丝停止生长。

(3) 光照:光线过强会抑制菌丝生长,菌丝在暗处或微光条件下生长很快,但适度的散射光对子实体的形成有促进作用。

(4) 空气:菌丝生长阶段对空气要求不严,子实体形成阶段对空气十分敏感,二氧化碳浓度超过 0.3％时,子实体瘦弱甚至畸形。

(二) 生物学特性

羊肚菌(*Morchella esculenta* L.)又名美味羊肚菌,俗称羊雀菌、包谷菌等,属子囊菌亚门盘菌纲盘菌目羊肚菌科羊肚菌属。本属除美味羊肚菌外,常见的还有圆锥羊肚菌(*M. conica*)、粗腿羊肚菌(*M. crassipes*)、黑脉羊肚菌(*M. anqusticeps*)和小羊肚菌(*M. deliciose*)等。

羊肚菌菌盖呈不规则圆形或长圆形(见图9-13、图9-14),长4～16 cm,宽4～6 cm,表面形成许多凹坑,似羊肚,呈淡黄褐色。菌柄呈白色,长5～7 cm,粗2～2.5 cm,有浅纵沟,基部稍膨大。子囊200～320 $\mu m \times 18$～22 μm,子囊孢子8个,单行排列,呈宽椭圆形,20～24 $\mu m \times$ 15～25 μm,侧丝顶端膨大。

图9-13　鲜羊肚菌

图9-14　干羊肚菌

(三) 人工栽培关键技术

菌丝的生长和菌核的形成是羊肚菌子实体产生的关键环节,目前也是人工栽培难以把握的技术环节。湿度和温度对子实体生长是关键,温度应低于多数食用菌。以下为关键技术参考值。

(1) 菌种管理:培养温度21～24 ℃,时间10～14 天,二氧化碳浓度大于0.5%,新鲜空气交换每小时0～1次。

(2) 菌核形成:培养温度16～21 ℃,相对湿度90%～100%,时间20～30天,二氧化碳浓度大于0.5%。新鲜空气交换每小时0～1次,黑暗环境。

(3) 原基形成:初始温度4.4～10 ℃,相对湿度85%～95%,时间10～12天,二氧化碳浓度小于0.5%,新鲜空气变换每小时2～4次,光线200～800 lx。

(4) 子实体发育:温度4.4～16 ℃,相对湿度85%～95%,时间10～20 天,二氧化碳浓度小于0.5%,新鲜空气交换每小时2～4次,光线200～800 lx。

三、驯化栽培工艺简介

(一) 仿生栽培方法

工艺流程为母种制作→原种制作→栽培种制作→发菌培养→菌核培养→出菇管理→产品采收。栽培种配方为小麦粒81%、麸皮18%、石膏1%,水料比为1∶1,占总量30%的混合草炭土(草炭土与木材灰质量比为96∶4);菌核培养是将发菌培养完成的菌丝发满塑料容器,温度调到16～18 ℃,避光,空气湿度调至90%～95%,培养时间25天。

(二) 室外阳畦大棚栽培

1. 栽培前大田处理

羊肚菌在100～3500 m的海拔都可生长。栽培场地可选择接茬的水稻田、旱田、林地、果园、荒地等,无病虫害的最佳。中原地区可以进行"羊肚菌栽培—水稻种植"稻田地连作。就近有干净的地下水源、自然流水或库堰水,保证栽培期间用水。地块背风向阳,不在风口上。

栽培前土地要翻耕杀虫,用石灰和广谱杀虫药进行杀虫灭菌处理。主要流程:

土壤旋耕(除杂草)→撒石灰(喷洒杀虫药)→暴晒→整理地畦

石灰用量为每亩 50～75 kg。经大田处理后即可作畦。根据田地的形状,纵或横的方向作畦,一般畦宽 100～120 cm、高 20～30 cm,走道宽 30 cm。作畦后,搭建遮阳大棚或小拱棚。遮阳大棚高 2 m,长 10～30 m 不限。遮阳棚根据栽培地区的海拔高低和播种时的气温选择性覆盖遮阳网和薄膜,高海拔地区,建议于春节后气温回升时覆盖,以防大雪压垮。

2. 播种

播种方式有穴播、撒播、行播等,多采用撒播,撒播即将菌种均匀撒于畦面上,然后用土覆盖,覆土厚约 3 cm。菌种用量为每亩 250～500 袋。播种后,马上进行覆膜,使用黑色的地膜直接平铺覆盖,或者搭起小拱棚覆盖,以保温、保水和抑制杂草生长。

3. 排放营养袋

羊肚菌栽培过程中,二次营养的加入是栽培成功的关键,目前排入的方式是以麦粒、谷壳、棉籽壳以及木屑为原料,按一定的比例装袋灭菌后放置于大田。营养袋的配方是:麦粒 40%,谷壳 20%,草粉 20%,麸皮 10%,腐殖土 5%。每亩放置 500～1000 袋,每袋间隔 20～30 cm。

一般播种后 10～15 天,当菌床上长满像白霜一样的分生孢子时,开始排放营养袋。放置时将营养袋的一侧打满孔,打满孔的一面朝下平放在菌床表面,稍用力压实。营养袋放置后,在温度适宜的情况下,15 天左右菌丝就会长满菌袋,40～45 天后,袋内麦粒的营养被羊肚菌菌丝耗尽,麦粒由饱满变瘪,此时可移开营养袋,也可以不移开营养袋伴随出菇。

4. 培育发菌和出菇管理

整个菌丝生长过程中要做到雨后及时排水,干旱时及时补水,保持地表的土粒不发白,使土壤湿度保持在 20%～25%。土壤太干,菌丝生长缓慢;土壤太湿,则缺乏空气,菌丝无法生长,导致绝收或者减产。如果立春前长期少雨,可喷 1～2 次催菇水。若有杂草,须及时清理。

当春季气温回升到 8～15 ℃,依据地畦湿度喷水保湿。调节空气湿度至 85%～90%,土壤含水量至 65%～75%,增加散射光照射,早晚各通风 1 次,时间 30～60 分钟,进行催菇处理。出菇期间细致管理,保持适宜的温度、通风供氧和湿度是栽培成功获得高产的关键(见图 9-15)。

图 9-15 高产羊肚菌

(三) 室内栽培

在室内可调控温度、湿度、光照、空气的条件下进行栽培。以 30%～40% 的植物有机物加入 15%～20% 的辅助营养物质,混入 40%～55% 的泥土构成培养基质,含水量为 60%～65%,经过 100～150 ℃灭菌后,在无菌条件下接入羊肚菌纯菌种,经过控温、控湿、控光、发菌培养至出菌采收。

项目六　蛹虫草栽培

码 9-10　　　码 9-11　　　码 9-12
蛹虫草 1　　蛹虫草 2　　蛹虫草 3

一、重要价值

蛹虫草(*Cordyceps militaris*)又称为北冬虫夏草、北虫草、蛹草,是菌虫结合的药用真菌,蛹虫草属于真菌门子囊菌纲肉座菌目麦角菌科虫草属。它是现代珍稀中草药,蛹虫草与野生冬虫夏草的组成相近,营养齐全,具有重要的滋补价值,可与人参、鹿茸相媲美,特别是其活性成分虫草酸仆-甘露醇、虫草素-脱氧腺苷、虫草多糖的含量明显高于冬虫夏草,其中虫草素、腺嘌呤的含量则比冬虫夏草高 3 倍左右。国内外近年来研究表明,虫草素具有抑制病毒、抗肿瘤等作用。

蛹虫草的蛋白质、糖、脂肪略低于冬虫夏草,而氨基酸的含量除胱氨酸之外,均高于野生冬虫夏草。特别是苏氨酸、缬氨酸、异亮氨酸、苯丙氨酸、亮氨酸、赖氨酸、色氨酸的含量分别为冬虫夏草的 6.2、5.3、5.1、4.9、3.8、5.2、11.6 倍。另外维生素 B_1、B_6、E、A、B_{12} 及矿物质 Fe、Cu、Zn、Mo、Se 的含量也高于野生冬虫夏草,蛹虫草的含硒量也很高,比高硒抗癌中药黄芪的含硒量高 12 倍。

蛹虫草味甘,性平,有益肝肾、补精髓、止血化痰的功效。蛹虫草能益肾补阳,用于治疗肾阳不足、眩晕耳鸣、健忘不寐、腰膝酸软、阳痿早泄等。蛹虫草能止血化痰,它既补肾阳,又益肺阴,对肺肾不足、久咳虚喘、痨咳痰血者有较好的疗效。

人工栽培的蛹虫草具有耐缺氧、抗疲劳、抗衰老作用,特别是具有明显的增强非特异性免疫系统功能的作用,能增强巨噬细胞的吞噬功能,促进抗体形成,并能明显抑制 S_{180} 艾氏腹水瘤,同时对化疗药物环磷酰胺具有增效和降低毒性的作用。

二、生物学特性

蛹虫草是指蛹虫草真菌寄生在磷翅目夜蛾科昆虫的蛹(幼虫)体上形成的蛹(幼虫)与子座的复合体。蛹虫草的形态分为菌丝体和子座两部分。

图 9-16　蛹虫草的子座

(1)菌丝体:蛹虫草的菌丝是一种子囊菌,它的无性型为蛹草拟青霉。其菌体成熟后可形成子囊孢子,孢子散发后随风传播,孢子落在适宜的虫体上,便开始萌发形成菌丝体。

(2)子座:子座单生或数个一起从寄生蛹体的头部或节部长出,颜色为橘黄色或橘红色(见图 9-16),全长 2～8 cm,蛹体颜色为紫色,长 1.5～2 cm,圆柱形或扁形,一般不分支,顶部稍宽,头部呈棒状。

三、生活条件

1. 营养

蛹虫草属兼性腐生菌。野生蛹虫草以蚕蛾科、舟蛾科、天蛾科、尺蛾科、枯叶蛾科等鳞翅目昆虫蛹为营养,人工栽培时可利用碳源、氮源、矿质元素作为营养。

蛹虫草可利用的主要碳源是葡萄糖、麦芽糖、蔗糖、淀粉、果胶等,尤其以单糖或小分子双糖的利用效果为佳。碳源中以甘露醇为最好,培养的菌丝生长最健壮。

蛹虫草能利用的氮类物质是有机态氮和无机态氮,有机态氮的种类较多,如蛋白胨、豆饼粉、酵母膏等。人工栽培蛹虫草时需加入一定量的动物蛋白,以蚕蛹粉、蛋清为最佳。

蛹虫草菌丝及其子座生长需要矿质元素,因此,生产时常加磷酸二氢钾、硫酸镁等。

蛹虫草栽培时添加适量的生长素有刺激和促进蛹虫草菌丝生长、提高产量的作用,因此,生产时应适量添加维生素 B_1、B_6、B_{12}等。

适宜的碳氮比是蛹虫草人工栽培的必需条件,合适的碳氮比为(3~4):1。碳氮化过高或过低将导致菌丝生长缓慢、感染严重、气生菌丝过旺,难以发生子座,即便有子座分化,其产品的数量和质量也不佳。

2. 温度

蛹虫草属中低温变温结实性菌类。温度是蛹虫草生长发育环境因素中最重要的因素之一。在蛹虫草的不同生长发育阶段都有最适温度。菌丝生长温度为 6~30 ℃,最适生长温度为 18~22 ℃,低于 6 ℃时极少生长,高于 30 ℃时停止生长,甚至死亡。子实体生长温度为 10~25 ℃,最适生长温度为 16~23 ℃。原基分化时需较大温差刺激,一般应保持 5~10 ℃的温差。在实际生产时控制温度常为发菌时 16~19 ℃,出草时 18~20 ℃,长草时 20~21 ℃。试验证明,蛹虫草在 10~20 ℃下变温培养需要 30~45 天才能出草,而在 19 ℃恒温条件下培养,仅需要 15~25 天就出草。因此栽培时,尤其是菌丝生长期间要避免高温,以减少细菌或真菌的感染。

3. 水分和湿度

蛹虫草生长所需的水分绝大部分来自于培养基,培养基含水量过高或过低均不利于菌丝生长,培养基含水量要求为 58%~65%,低于 55%时,菌丝生长缓慢,高于 65%时,培养基易酸败。在第一批子实体采收后,培养基含水量会下降到 45%~50%,此时若不及时补充水分将影响第二批子实体的生长,甚至不出第二批子实体,因此在转潮期应补足水分,结合补充营养,通常用营养液进行补水。

空气相对湿度对蛹虫草的产量和质量影响较大,尤其是在中后期,空气相对湿度在 85%以上,可延迟蛹虫草的衰老时间,大大提高产量,即使在 95%以上的湿度条件下,蛹虫草也能正常生长。菌丝体培养阶段的空气相对湿度应保持在 65%左右,而子实体生长期间,要求空气相对湿度达到 80%~90%。

4. 空气

蛹虫草是好气性菌类。菌丝和子座发育均需要清新的空气。尤其子座发生期应增大通气量,若二氧化碳积累过多,则子座不能正常分化或出现密度大、子座纤细、畸形,因此在生产时要注意通风换气。

5. 光照

蛹虫草是喜光性菌类。孢子萌发和菌丝生长不需要光线,光照会使培养基颜色加深,易形成气生菌丝,并使菌丝提早形成菌被。在菌丝成熟由白色转成橘黄色,即原基形成时,需要一定的光照,此时要保持 100~200 lx 的光照刺激,每天光照时间要达到 10 小时以上,生产时夜间可用日光灯作为光源,当光照为每天 8~16 小时时,蛹虫草子座的产量较高,光线过弱,原基分化困难,出草少,子实体呈淡黄色,产品质量低。

6. 酸碱度

蛹虫草适应酸性环境,菌丝生长阶段要求 pH 5~8,最适 pH 5.4~6.8。由于高温灭菌及菌丝生长会产生酸类物质,使培养基 pH 下降,因此在配制培养基时要将 pH 调高至 7~8,同时添加 0.1%~0.2%的磷酸二氢钾或磷酸氢二钾等缓冲物质,以减缓培养过程中 pH 的急剧变化对菌丝生长的影响。

四、栽培管理技术

蛹虫草人工栽培主要有蚕蛹培养基栽培和大米(小麦)培养基栽培。目前大规模生产蛹虫草以大米(小麦)培养基栽培方式为主。

栽培工艺流程:菌种制备→栽培季节的确定→培养料的选择→培养基配制、装瓶→灭菌→冷却→接种→培养→转色管理→子座生长期→采收加工。

1. 菌种制备

选用菌丝洁白、适应性强、见光后转色和出草快、性状稳定的速生高产优质菌种,是获得栽培成功和高产的关键。

与其他食(药)用菌相比,蛹虫草菌种极易退化,因此正确的选种、保种与用种非常重要。具体做法:一是不用 3 代以上的母种进行扩制;二是保种时不宜用营养丰富的培养基,保种与生产要轮换使用不同配方的培养基;三是长期保藏的菌种需转管复壮后才可使用。

蛹虫草人工培养大多数用液体菌种接种,常用的液体菌种培养基 1000 mL 配方如下。

(1)葡萄糖 2%、蛋白胨 0.4%、牛肉膏 0.4%、磷酸二氢钾 0.4%、硫酸镁 0.4%、维生素 B₁微量,pH 6.5~7。

(2)玉米粉 2%、葡萄糖 2%、蛋白胨 1%、酵母粉 0.5%、硫酸镁 0.05%,pH 6.5~7。玉米粉加水煮沸 10 分钟,过滤取滤液,加入其他成分。

(3)马铃薯 20%、奶粉 0.5%、葡萄糖 2%、磷酸二氢钾 0.2%,pH 6.5~7。马铃薯去皮切块后加水煮沸 10~15 分钟,过滤取滤液,加入其他成分。

(4)葡萄糖 1%、蛋白胨 1%、蚕蛹粉 1%、奶粉 1.2%、磷酸二氢钾 0.15%、磷酸氢钠 0.1%,pH 6.5~7。

将配制好的培养基装入三角瓶内,一般 500 mL 的三角瓶装量为 100~200 mL,塞上瓶塞,在 0.1~0.15 MPa (121~125 ℃)下灭菌 20~30 分钟,冷却后在无菌条件下接入母种,每支母种接 6~8 瓶,接种后先静置培养 24 小时,再置于摇床上振荡培养,摇床转速为 120 r/min,培养温度为恒温 19 ℃,3~5 天后即可使用。优质液体菌种的标准为培养液澄清,棕色,无混浊,培养液中有大量均匀的菌丝球,有浓浓的香味。

2. 栽培季节的确定

根据蛹虫草对温度的要求,可分春、秋两季栽培。适宜的播种时间由两个条件决定,一是播种期当地旬平均气温不超过 22 ℃;二是从播种时往后推 1 个月为出草期,当地旬平均气温不低于 15 ℃。春播一般安排在 4 月上旬播种,秋播在 8 月上旬播种。立秋过后,气温由高转低,昼夜温差过大,正好有利于出草,是栽培的最佳季节。

3. 培养料的选择

蛹虫草人工栽培可选用大米或小麦等作为栽培主料,大米以粗糙籼米为最佳,因其含的支链淀粉较少,灭菌后通气性较好,有利于菌丝的生长。选用的大米、小麦要求新鲜无霉变、无虫蛀。

4. 培养基配制与装瓶

蛹虫草人工栽培培养基配方有多种,具体如下。

(1)籼米 35 g、蚕蛹粉 1 g、营养液 45 mL。

营养液组分:葡萄糖 10 g、蛋白胨 10 g、磷酸二氢钾 2 g、硫酸镁 1 g、柠檬酸铵 1 g、维生素 B$_1$ 10 mg,捣碎,补充水至 1000 mL,pH 7;马铃薯 200 g,煮汁去渣,滤液内加入蔗糖 20 g、奶粉 15～20 g、磷酸二氢钾 2 g、硫酸镁 1 g,补充水分至 1000 mL,pH 7～8;葡萄糖 10 g、蛋白胨 10 g、磷酸二氢钾 2 g、柠檬酸铵 1 g、硫酸镁 0.5 g、维生素 B$_1$ 10 mg,补充水至 1000 mL。

(2)籼米 70%、蚕蛹粉 23%、蔗糖 5%、蛋白胨 1.5%、酵母粉 0.5%、维生素 B$_1$ 微量。

(3)籼米 89%、玉米(碎粒)10%、酵母粉 0.5%、蛋白胨 0.2%、KH$_2$PO$_4$ 0.1%、MgSO$_4$ 0.05%,蚕蛹粉、蔗糖、维生素 B$_1$ 适量。

(4)小麦 93.6%、蔗糖 5%、磷酸二氢钾 0.5%、硫酸镁 0.1%、酵母粉 0.5%、蛋白胨 0.3%。

(5)高粱 45%、玉米渣 40%、小米 10%、蔗糖 2%、蛋白胨 2%、酵母粉 0.8%、磷酸二氢钾 0.1%、硫酸镁 0.1%。

用罐头瓶、塑料瓶(耐高温高压)作为栽培容器,每瓶装主料 30～40 g。在制作培养基时要注意以下几个方面,一是主料与营养液的比例要适当,不能太干或太湿,适宜的含水量为 57%～65%;二是培养基 pH 严格控制在 5.5～7.2 之间;三是主料与营养液在灭菌前的浸泡时间不能太长,一般不能超过 5 小时,否则会发生培养基发酵和糖化,影响前期的转色和出草;四是培养基采用常压灭菌时必须在 3 小时以内使灶内温度达到 100 ℃,否则培养基容易酸化变质,影响产量。

5. 灭菌

配制好的培养基应及时彻底灭菌,采用高压蒸汽灭菌时为 40～60 分钟,常压蒸汽灭菌时为 8～10 小时。灭菌后的培养基要求上下湿度一致,米粒间有空隙,不能黏稠成糊状。

6. 冷却接种

灭菌结束后取出冷却,移入接种室,当培养基冷却到 30 ℃以下时,在无菌条件下接种,每瓶接种液体菌种 10 mL 或固体菌种 10 g。栽培过程中为防止杂菌感染,可适当增加接种量,以利于菌丝加快生长,迅速占领料面。接种完后即移入消毒和防虫处理的培养室内培养。

7. 菌丝培养

在接种后的 3 周内,要进行遮光培养。接种后最初将温度保持在 16 ℃恒温培养,以减少杂菌感染,当菌丝生长至培养基 1/2～2/3 时,可将温度升至 19～21 ℃,室内要保持黑暗、通风,空气相对湿度控制在 65% 左右。经 15～20 天菌丝可发满瓶。

8. 子座培养

菌丝长满后,由白色逐渐转成橘黄色时,表明菌丝营养生长已经完成,此时菌丝已成熟,可增加光照,同时给予 10 ℃左右的温差刺激,促进转色和诱导原基形成。当培养基表面和四周有橘黄色色素出现,开始分泌黄色水珠,并伴有大小不一的圆丘状橘黄色隆起物时,则表示子座开始形成。此时室内温度保持在 18~23 ℃,空气相对湿度保持在 80%~90%。湿度太大则容易产生气生菌丝,对子座生长不利;湿度太低则容易使培养基失水而影响产量。在子座形成之后,应根据蛹虫草有明显趋光性的特点,结合实际情况适当调整光源方向,保证受光均匀,避免光线不均匀造成子实体扭曲或一边倒,整个培养期间要适当通风,但不可揭掉封口塑料薄膜,可在薄膜上用针穿刺小孔,以利于气体交换。

9. 采收加工

一般从播种到子囊成熟需要 40 天左右,菌丝扭结到子座成熟需要 20 天左右,每瓶可生长子座 5~100 支,但只有 5 支左右商品性状最好,生物学效率在 30% 左右。

当子座呈橘红色或橘黄色棒状,高度达 5~8 cm,头部出现龟裂状花纹,表面可见黄色粉末状物时,应及时采收。若采收过迟,则子座枯萎或倒苗腐烂。采收时,用无菌弯头手术镊将子座从培养基轻摘下即可。

子座采收后,应及时将根部整理干净,晒干或于低温下烘干。然后用适量的黄酒喷雾使其回软,整理平直后扎成小捆,并包装出售。采用罐头瓶熟料栽培的方法,一瓶可出干品 2~3 g。

10. 转潮管理

子座采收后应停水 3~4 天,然后将 5~10 mL 无菌营养液注入培养基内,再扎薄膜放到适温下遮光培养,使菌丝恢复生长。待形成菌团后再进行光照等处理,使原基、子座再次发生,一般 10~20 天后可生长第二批子座。

11. 蛹虫草人工栽培过程中常出现的异常情况及解决措施

(1)菌丝体表面出现菌皮。

菌皮形成的主要原因是转色条件控制得不好,造成转色期过长。菌皮严重影响产量和品质。措施如下。

① 温度:白天控制在 20 ℃,夜里控制在 15 ℃,每天保持 5 ℃温差刺激。转色阶段温度不得低于 14 ℃,否则不能形成子座。

② 光照:每天光照 12 小时左右,光照强度以 200 lx 左右为宜,白天充分利用自然散射光,晚上用日光灯补光。

③ 湿度:培养室内空气相对湿度控制在 65%。

④ 通风:适当通风换气,两天 1 次,每次 30 分钟。

经过上述管理,3 天后菌丝开始转色,6~7 天后,菌丝全部转为橘黄色。

(2)接种后菌种不萌发或发菌慢。

菌种不萌发或发菌慢的原因:培养基受杂菌感染,腐臭发黏;使用固体种接种,操作不熟练,造成菌种块灼伤或死种,或使用液体种接种,悬浮液中菌丝含量不足或杂菌感染所致;培养温度处于菌体正常生长温度的下限,接种块在低温下愈合慢,生长迟缓。

措施如下。①确保培养料的灭菌效果,灭菌结束,不要急于出锅,待压力表指针至零后,再冷却一段时间,以防止高温出锅料内外空气交换。料瓶冷却后要及时接入菌种。将接种后培养基感染严重、已腐臭发黏的培养瓶挑出后,远离培养场地,将感染料深埋,以防杂菌扩散。②严格无菌操作,熟练运用操作技术。对确认不萌发又未感染杂菌的料瓶重新接种。③接种培养后,若环境温度偏低,培养室要辅以加温措施,保持 15~18 ℃,以加快菌种定殖萌发,迅速占领料面。

（3）菌丝长满料面后，向深处吃料困难。

原因：灭菌前，培养料未经预湿吸水，灭菌后料内上部较干，下部为粥状；在配制培养基时，加水太多，造成灭菌后培养料黏结太紧，透气性差。

措施如下。①培养料装瓶后，不要急于装锅，可先浸泡 2～3 小时，待培养料上下均匀吸水后，再进锅灭菌。②重新配制培养基。

（4）菌丝长势很好，但不转色，不分化子座。

原因如下。①配料中氮素偏高，导致在培养过程中，菌丝徒长结被，影响转色。②培养室光线布置不匀，使处于弱光下的菌体转色淡，处于黑暗中的菌体完全不转色。③在培养室环境温度低于 12 ℃时，菌体难以转色。④使用长期连续转管及常温下贮存时间超长的菌种，其母本变异，接种培养后，不转色，不分化子座。

措施如下。①采用科学配方，配料中严格掌握各成分的组合比例。对因配方不合理造成碳氮比失调所形成的料面结被现象，弃去表层菌被，适量补加低浓度含碳营养液，10 天左右可分化子座。②调整培养室光照强度至 150～200 lx，使培养瓶受光均匀，不存死角。③进入生殖、生长期管理后，要及时调整室内培养温度至 18～23 ℃，结合通风，促其转色。④定期对菌种进行有性繁殖，认真做好育种、选种工作。

（5）菌体正常转色后，就是不出草或出草稀疏。

原因如下。①栽培季节选择不当，菌体转色后，遇连续低温或高温的环境条件，使成熟的菌体转入生殖生长后，在高于或低于原基分化温度的情况下，由于基内营养的不断输送供给，而在表层形成坚硬的菌核，在周围形成爬壁菌索。②在培养室光照超强、通风较差的情况下，原基分化密集，生长缓慢相互粘连。③使用劣质菌种，种性较差。

措施如下。①根据当地的气候特点，选好栽培季节，早春低温下播种，培养室辅以加温措施，保持在 15 ℃以上；秋季播种避开高温期，在白天气温稳定在 28 ℃以下时播种，使培养室温度在 26 ℃以下。对转色后不出草的菌瓶，弃去表层菌核，适量补加营养液，调整室温为 15～21 ℃，待菌丝恢复生长后，拉大昼夜温差，短期内即会形成子座。②加强对培养室的通风增氧，保持培养室相对湿度 80%～85%，5～6 天可恢复子座的正常生长形态。③使用优质高产的适龄优质种投产。

项目七　白参菌（裂褶菌）栽培

一、重要价值

裂褶菌又名白参菌，是一种著名食用、药用大型真菌，质嫩味美，香味浓郁，其子实体富含 17 种氨基酸，其中必需氨基酸 7 种，脂肪含量低，属于高蛋白质、低脂肪的天然保健食品，是近几年热推栽培的优良品种之一。

子实体及菌丝体中的天门冬氨酸和谷氨酸等鲜味氨基酸赋予了白参菌鲜美的口味，缬氨酸和亮氨酸可促进正常生长，修复组织，调节血糖，并给身体提供能量，赖氨酸和精氨酸能促进儿童生长和发育。因此，从氨基酸的组成和含量来看，白参菌是高氨基酸含量的食用菌佳品，其菌丝与子实体氨基酸含量相当,具有丰富的营养价值,通过菌丝的优化发酵,可获得重要的氨基酸。

白参菌是一种具有较高药用价值的大型真菌,其性平,味甘,具有滋补强壮、扶正固本和镇静作用,可治疗神经衰弱、精神不振、头昏耳鸣和出虚汗等症。裂褶菌富含裂褶菌多糖(schizophyllan,SPG),具有抗肿瘤、免疫调节及解除运动疲劳等作用。目前裂褶菌多糖的相关研究涉及抑菌、抗炎、保湿功效以及新型生物絮凝剂材料等方面,研究发现裂褶菌多糖还具有显著的抑菌、抗氧化等作用。近年来随着裂褶菌驯化、栽培及深加工技术的发展,被广泛应用在高档食品、医药和化妆品等领域。

二、生态环境及生物学特性

(一)生态环境

白参菌是典型的木腐菌,多发生于阔叶树及针叶树的腐木、树桩和枯枝上,也可发生在枯死的禾本科植物、竹类或野草上,野生裂褶菌子实体散生、群生或簇生,短柄或无柄侧生,从背后一点附着于基物上。白参菌广泛分布在亚洲、欧洲、美洲等,在热带、亚热带杂木林下常见分布。我国野生裂褶菌主要分布在安徽、河南、黑龙江、云南等省。

(二)生物学特性

1. 形态特征

裂褶菌(*Schizophyllum commune*),属于真菌门(Eumycophyta)担子菌纲(Basidiomycetes)伞菌目(Agaricales)裂褶菌科(Schizophyllaceae)裂褶菌属(*Schizophyllum*),别名白参菌、白蕈、白腐树花、鸡冠菌、小柴菇、天花菌、鸡毛菌、雪莲菌、八担柴。裂褶菌子实体小,覆瓦状散生或丛生,扇形或肾形(见图9-17、图9-18);鲜裂褶菌,无柄或短柄,菌盖宽1~3 cm,盖面密生绒毛、白色至浅灰色;盖缘内卷,有条纹、多瓣裂,干时卷缩;菌褶狭窄,从基部辐射而出,呈白色、灰白色、淡肉色或粉紫色,有的沿褶缘纵裂向外反卷;孢子短杆状,孢子群体颜色灰白色。

图 9-17　鲜白参菌

图 9-18　干白参菌

2. 营养及环境条件

(1)营养:白参菌能利用多种碳源,如单糖、双糖、低聚糖、淀粉、纤维素、半纤维素、木质素等。营养生长阶段的最适碳源为果胶和可溶性淀粉,生殖生长阶段最适碳源为果胶和蔗糖。裂褶菌菌丝生长能利用多种氮源,如黄豆粉、米糠、麦麸、蛋白胨、酵母膏、氨基酸等,无机氮源有铵态氮、硫酸铵等。除碳、氮外,白参菌生长还需要矿质元素,其中磷、镁、钾三种尤为重要,磷为核酸和能量代谢所必需,没有磷,碳和氮就不能被很好地吸收。

(2) 温度:白参菌的菌丝体适宜温度为 22～28 ℃,子实体生长适宜温度为 18～23 ℃,其子实体生长发育所需温度比菌丝体低。菌丝在 15 ℃ 以下或 33 ℃ 以上生长缓慢,5 ℃ 以下或 36 ℃ 以上停止生长,40 ℃ 以上很快死亡。

(3) 水分:人工栽培培养料含水量一般控制在 60%～65%,发菌期间空气相对湿度宜为 65%～70%,子实体生长阶段宜为 80%～95%。湿度高,子实体生长发育快;湿度低原基易干枯死亡,子实体生长发育慢。

(4) 酸碱度:白参菌喜欢略偏酸性的环境生长,适宜 pH 5～6。由于菌丝生长会分解培养料,产生酸性中间代谢产物,使 pH 下降,在配置培养料时必须加适当的石膏粉或石灰粉调节 pH。液体培养时,常用少量的磷酸二氢钾缓冲液来稳定 pH。

(5) 光照:白参菌菌丝生长阶段不需光照,一般避光培养,严防阳光直射。子实体生长发育阶段需要一定强度的散射光,适宜的散射光照射能促进原基分化和子实体形成。

(6) 空气:白参菌是好氧型真菌,子实体发育期间需要足够的氧气,二氧化碳浓度太高,会抑制子实体生长,造成菇体畸形。

三、驯化栽培工艺简介

(一) 驯化栽培状况

20 世纪 80 年代,上海市农业科学院食用菌研究所首次驯化栽培裂褶菌获得成功;2006 年,在福建省古田县裂褶菌(白参菌)实现商业化栽培。近年来,随着人们对白参菌药用价值研究的不断深入,其市场需求量也越来越大,白参菌商业化栽培也渐渐兴起。

(二) 菌种繁育

1. 母种繁育

配方:去皮马铃薯 200 g、葡萄糖 18～20 g、琼脂 18～20 g、水 1000 mL。制备方法:将马铃薯去皮,洗净,切成薄片,加水 800 mL,水沸腾维持 10 分钟,过滤,滤液中加入琼脂,煮至全部融化,缓慢加入葡萄糖,边加边搅拌至融化,加水定容至 1000 mL,分装于试管中,塞上硅胶塞。灭菌:将配制的母种培养基以及用牛皮纸包裹好的接种用具置高压灭菌锅内,压力 1.05 kg/cm²,121 ℃ 灭菌 30 分钟,趁热摆放于斜面,冷却后于超净台上将母种转管,25 ℃ 培养备用。母种扩繁:严格按照无菌操作规程在超净工作台内进行,接种前用酒精擦拭手掌,并将接种工具在酒精灯火焰上消毒。取米粒大小的菌丝块进行接种,接种后把试管塞拧紧放进生化培养箱中,26 ℃ 恒温培养 6 天备用。

2. 原种繁育

配方:棉籽壳 40%,杂木屑 40%,麦麸 19%,石膏 1%(含水量 65%)。拌料分装:按照配方比例称料,先将干料搅拌均匀,然后逐步加水继续搅拌,至培养基含水量达到要求时,即可分装。原种用无色的 750 mL 玻璃菌种瓶作为菌种容器。灭菌:采用高压灭菌,即将配制的原种培养基置高压灭菌锅内,压力 1.05 kg/cm²,温度 121 ℃ 灭菌 2 小时,冷却后备用。原种接种:在超净工作台内,按照无菌操作法,挑取长宽各 1.5 cm 左右的优质母种菌丝块,移植于原种培养基上端中央。26 ℃ 恒温培养 20 天备用。

3. 栽培种繁育

配方:棉籽壳 40%,杂木屑 50%,麦麸 9%,石膏 1%(含水量 65%)。拌料分装:按照配方比例称料,先将干料搅拌均匀,然后逐步加水继续搅拌,至培养基含水量达到要求时,即可分装。栽培种用 17 cm×33 cm×0.055 mm(长度×宽度×厚度)的聚丙烯袋,作为菌种容器。灭菌:采用高压灭菌。即将配制的原种培养基置高压灭菌锅内,压力 1.05 kg/cm²,温度 121 ℃灭菌 2 小时,冷却后备用。栽培种接种:在超净工作台内,按照无菌操作法进行,接种前用酒精擦拭手掌,并将接种勺在酒精灯火焰上消毒,从原种中移取鸡蛋黄大小的菌块到栽培种培养基中,并及时盖好无棉盖体。接种后的栽培种移入空调培养室进行培养,温度控制在 26 ℃,空气相对湿度为 60%~70%。接种 3 天后检查杂菌感染和菌丝生长情况。发现菌袋被杂菌感染,及时剔出。

(三) 栽培方法

1. 菌棒制作

常用栽培料配方:①杂木屑 70%,玉米芯 20%,麦麸 9%,石膏粉 1%;②杂木屑 50%,大豆秸秆 30%,稻草 19%,石膏粉 1%。高压灭菌用 17 cm×33 cm×0.055 mm 的聚丙烯栽培袋,压力 1.05 kg/cm²,温度 121 ℃灭菌 2 小时。常压灭菌选用 17 cm×55 cm×0.055 mm 的聚乙烯袋,100 ℃维持 16 小时以上,冷却后按无菌操作接种栽培种。

2. 发菌管理

发菌管理期温度控制在 20~27 ℃范围内,湿度控制在 60%~70%之间,每天早晚各通风一次,每次通风 0.5 小时。发菌 5 天后检查菌袋感染情况,及时挑出感染菌袋。发菌 12 天后进行翻袋,防止菌袋温度过高出现搔菌情况。

3. 出菇管理

开袋时间:发菌 25 天左右,菌丝长满整袋,出现颗粒状或块状原基时就可以开袋。

催蕾:温度保持 22~23 ℃,空气相对湿度保持 80%~90%;每天早、晚各通风 0.5 小时,2~3 天后原基发育成菇蕾。

子实体生长期:菇蕾出现后,温度保持 22~23 ℃,空气相对湿度保持 80%~90%;每天早、中、晚各通风 0.5 小时,2~3 天后进入子实体快速生长期。小子实体再经过 2~3 天培养发育成成熟子实体,成熟子实体灰白色,上有绒毛,子实体扇形或肾形,菌盖具多数裂瓣(见图 9-19)。

采收:白参菌的子实体菌盖表面变成灰白色,具多数裂瓣,菌盖不再增大就可采收,采收时可用小刀从基部整丛割掉。采收后及时清理残菇,间歇 3~5 天后,就可诱导第二潮菇。

图 9-19 白参菌袋料栽培

项目八　桑黄栽培

一、重要价值

桑黄与灵芝相似,都为药用菌的中药材。近年来,随着桑黄具有抗肿瘤活性的报道,桑黄的用量日益扩大,特别是韩、日对我国野生资源掠夺式的收购,野生桑黄资源的储备越来越少。为了解决上述日益增长的供需矛盾,满足医药行业对桑黄的需求,近年来我们进行了桑黄的人工栽培技术探索。

桑黄的药用价值类似灵芝,但因驯化栽培较晚,推广栽培少而倍显珍稀,目前在东北、云南以采集野生为主。野生桑黄以生长在桑树朽木上的为优,人工栽培选用桑树木屑栽培为优。根据现代医学界的研究证实,桑黄含有一定的药效和生物活性成分,可提高机体的免疫力,具有抗病、抗肿瘤等保健功效。具有滋补强身、利尿补血、益气安神、养肝解毒、抗寒抗菌等保健功效。而且对于神经衰弱、失眠、眩晕、慢性肝炎、肾炎、风湿性关节炎、高胆固醇、高血糖等慢性病也有一定疗效。

二、桑黄的生物学特征

桑黄属于担子菌纲多孔菌目多孔菌科木层孔菌属真菌。野生桑黄以生长在桑树朽木上为佳,东北桦树林、桑树林里生长的桑黄最优。

(一)桑黄的形态特征

桑黄是由菌丝体和子实体组成。菌丝体白色浓密,黏稠呈菌皮状。子实体为木栓质,菌盖扇形,盖宽3～20 cm。幼时黄色,成熟时变红色,皮壳有光泽,呈棕褐色而无光,有环状轮纹和辐射皱纹。菌柄侧生,极短或无柄(见图9-20)。

图9-20　桑黄子实体

(二)桑黄的繁殖方式及生活史

桑黄在自然界是以有性繁殖为主:产生有性孢子→担孢子→菌丝体→子实体。
桑黄目前没有收集孢子入药,散孢子较少。

(三) 桑黄的生长条件

(1) 营养:属于木腐菌,营养物质以木屑为主料。

(2) 温度:中高温型,适宜温度为23~28 ℃为宜。

(3) 湿度:出菇期环境湿度要求在80%~90%。

(4) 光照:属于强光照型,出桑黄时需要强光照射。

(5) 空气:需要氧气才能旺盛生长。

(6) 酸碱度:培养基质为微酸性。

三、桑黄高产栽培技术

(一) 栽培季节的选择

桑黄属于高温结实性菌类。桑黄子实体柄原基分化的最低温度为18 ℃,最适温度为28 ℃,适宜春夏早秋栽培。例如:袋料接种后要培养40~65天,才能达到生理成熟;短段木接种后要培养60~75天才能达到生理成熟,随后入畦覆土,再经历30~45天,桑黄才会露出原基长成子实体(见图9-21)。所以栽培安排上应再向前倒推90~105天进行。

图 9-21　短段木袋料(熟料栽培桑黄)

(二) 常用配方

(1) 杂木屑78%,麸皮20%,白糖1%,石膏1%。

(2) 杂木屑73%,麸皮20%,玉米粉5%,白糖1%,石膏1%。

(3) 杂木屑39%,棉花壳39%,麸皮20%,白糖1%,石膏1%。含水量均在60%左右。

形成木屑的树种的选择,杨树、桦树、柞树、桑树等阔叶树均为栽培桑黄的良好树种,但桑树上生长的桑黄子实体入药最佳,因为桑树自身也是中药材的一种,桑黄在利用桑树上的营养进行生长发育时,可以吸收桑树中的有效成分,这就是桑树桑黄好于其他树种栽培桑黄的原因。

(三) 栽培工艺流程

1. 栽培工艺流程

培养料配制→装瓶或袋→灭菌→接种→发菌培养→室内或大棚准备→不覆土模式高产管理→采收与加工。

2. 桑黄棒的制备

选用17~25 cm×40~45 cm的耐高压菌种袋,将锯好的木段,用水浸泡后,装入耐高压菌种袋中,细的枝丫材扎成直径 16～24 cm 的把,扎实,以免刺破菌种袋;粗木段直接装入耐高压塑料袋中,木段的两头填充一些麦麸和木屑的混合物,这样既利于发菌,又可避免木段断面的木刺刺破菌种袋。然后进行灭菌、接种。

3. 管理技术

(1) 发菌管理:菌袋搬入通风干燥的培养室或温棚内培养,保持室温 22～25 ℃,待菌丝长满袋后解开袋口。桑黄不易与其他药用菌、食用菌同室发菌,由于药用菌、食用菌均为好气菌,而桑黄生活力弱,生长慢,与其他菌同室发菌,无法与其他菌竞争培养室中的氧气,造成生长速度减慢,易染杂菌。

(2) 出菇管理:桑黄的出菇管理与灵芝等药用真菌基本一致,重点是温度、水分、通气和光照的调控管理。但具体管理上又存在差异。由于桑黄生活力比较弱,生长慢,因此管理上应细心、认真,做到随时出现问题随时解决。

①温度:影响桑黄生长发育的重要环境因子,它对桑黄的影响较大。主要影响桑黄体扇片的分化。保持 25～33 ℃,低于 20 ℃高于 35 ℃,子实体生长不良;桑黄属于高温型药用真菌,其出菇温度在 25～30 ℃,温度低于 25 ℃,高于 30 ℃子实体生长缓慢甚至停止。子实体最佳生长期在春秋两季,夏季需要人工控制温度,子实体方可正常生长。变温处理,如昼夜温差的刺激利于子实体的发生和生长。

②水分和湿度:桑黄对基质水分含量和环境湿度要求不同,适合桑黄菌丝体生长的含水量通常在 60%左右,长桑黄期要求环境湿度在 80%～90%;桑黄子实体的形成需要高湿的条件,土壤湿度达 50%～60%,空气湿度达 90%以上,有利于子实体的形成和生长。甚至将桑黄棒的一头泡在水上,桑黄棒顶部照样有桑黄子实体形成和生长。看天气变化喷水保持棚内空间相对湿度在 80%～90%。

③通风与供氧:桑黄与其他药用真菌一样,通气是子实体形成的重要环节,氧气不足子实体生长受到抑制,子实体颜色由亮黄色变暗黄色。每天通风换气至少 2 次以上,早晚各 1 次,特殊情况还应具体分析。如棚内温度过高,除喷雾降温外,还可以强制通风的方式降温。氧气和二氧化碳的变化反映通气与供氧状态,通风换气可改变二者的含量。桑黄和灵芝皆为需氧菌。在菌丝体生长阶段和子实体阶段都需要氧气,培养过程注意适当通风,并注意温度及湿度的协同变化;定时注意通风,保持空气新鲜。

④光照:桑黄在菌丝体生长阶段和子实体阶段需要的光照不同,在菌丝体生长阶段不需要光照,桑黄在菌棒发菌阶段,应在黑暗条件下进行,有光,菌丝很快变黄老化。但桑黄出菇生长需要足够的散射光,但要避免阳光直射。室内或大棚的光照强度适宜,光照太强,一方面子实体的形成受到抑制;另一方面,棚内温度升高,也抑制子实体的生长。一般棚内光的透射率以10%左右为佳。

⑤pH:桑黄喜欢微酸性环境,菌丝体生长的适宜酸碱度为 pH 5.5～6.5,在拌料时注意调节。

4. 采收与干制

(1) 桑黄的采收:待桑黄外边层浅黄色的生长层变为深色即可采收,干制后备存销售。

(2) 注意事项:在进行桑黄栽培中发现,夏季高温季节,桑黄生长停止。为了提高桑黄的产量,早春、晚秋季节,将遮阳网放在棚内,既可遮阳,又利于棚内温度提高;菌棒发菌快,做到增产、增收。夏季高温季节,将遮阳网放在棚外或撤销薄膜,降温散热为主,在遮阳的同时起到降温的作用。

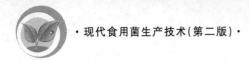

思 考 题

1. 灵芝的生物学特征有哪些？
2. 灵芝的代料栽培步骤有哪些？关键步骤是什么？
3. 灵芝栽培管理应注意什么？
4. 什么是发菌期？
5. 灵芝代料栽培有什么优点？
6. 灵芝袋栽的技术要点有哪些？
7. 灵芝后期怎样管理？
8. 收集灵芝孢子粉时应注意什么？
9. 天麻的生物学特征有哪些？
10. 天麻的栽培步骤有哪些？关键步骤是什么？
11. 茯苓栽培管理应注意什么？
12. 为什么松木屑可以栽培茯苓？
13. 竹荪的生物学特征有哪些？
14. 竹荪栽培的关键步骤是什么？
15. 竹荪栽培管理应注意什么？
16. 蛹虫草生长发育需要的条件是什么？
17. 蛹虫草人工栽培的技术关键是什么？
18. 蛹虫草栽培中会有哪些异常情况？如何解决？
19. 羊肚菌子实体生长期有什么特点？
20. 羊肚菌目前人工栽培有什么关键环节？怎样处理？

学习情境十

近年推广的珍稀菌培养

项目一 茶薪菇栽培

一、重要价值

茶薪菇（*Agrocybe cylindracea*）别名茶树菇、杨树菇，隶属于担子菌亚门层菌纲伞菌目粪锈伞科田头菇属（田蘑属）。茶薪菇是我国发现的新种，首次记载于《真菌试验》1972 年第 1 期，命名人为我国著名食用菌专家黄年来。茶薪菇的形态与杨树菇（*Agrocybe aegerita*）的子实体极为相似，但茶薪菇仅自然生长于油茶树（*Camellia oleifera*）上，菇柄实而脆，有特别的香味，其品质和风味明显优于杨树菇。茶薪菇营养丰富，蛋白质含量高达 19.55%。所含蛋白质中有 18 种氨基酸，其中含量最高的是蛋氨酸，占 2.49%，其次为谷氨酸、天冬氨酸、异亮氨酸、甘氨酸和丙氨酸。总氨基酸含量为 16.86%。人体必需的 8 种氨基酸含量齐全，并且有丰富的 B 族维生素和钾、钠、钙、镁、铁、锌等矿质元素。中医认为，该菇性甘温、无毒，有健脾止泻的功效，并且有抗衰老、降低胆固醇、防癌和抗癌的特殊作用。

二、茶薪菇的生物学特性

1. 生态习性

野生茶薪菇主要发现于福建和江西交界处的武夷山区。福建省主产地在建宁、泰宁、宁化、光泽、长泰、大田等县；江西省主产地在黎川、广昌等县。茶薪菇的自然分布与油茶树的分布有关，野生茶薪菇大部分生长在油茶林腐朽的老树枯干上、树根上及其周围。

图 10-1　茶薪菇子实体

2. 形态特征

子实体单生，双生或丛生，菌盖直径 5～10 cm，表面平滑，初暗红褐色，有浅皱纹，菌肉（除表面和菌柄基部之外）白色，有纤维状条纹，中实（见图 10-1）。成熟期菌柄变硬，菌柄附暗淡黏状物，菌环残留在菌柄上或附于菌盖边缘自动脱落。

内表面常长满孢子而呈锈褐色,孢子呈椭圆形,淡褐色。

菌盖初生,后逐平展,中浅,褐色,边缘较淡。菌肉白色,肥厚。菌褶与菌柄成直生或不明显隔生,初褐色,后浅褐色。菌柄中实,长 4～12 cm,淡黄褐色。菌环白色,膜质,上位着生。孢子卵形至椭圆形。

3. 生长发育条件

(1)营养:茶薪菇为木腐菌,因其无虫漆酶活性,利用木质素能力弱,但蛋白酶活性强,利用蛋白质能力强。代料栽培时,在木屑、棉籽壳、秸秆粉、甘蔗渣等主料中,添加有机氮如麸皮、米糠、玉米粉、黄豆饼粉等,有利于提高鲜菇的产量和质量。

(2)温度:茶薪菇与杨树菇所需温度相近,为中温性菌类,出菇时不需要变温刺激。菌丝在 5～34 ℃下均能生长,最适生长温度为 24～26 ℃,32 ℃时菌丝尚有微量生长,超过 34 ℃菌丝不再生长,但不会死亡。子实体形成温度为 13～28 ℃,最适温度为 18～24 ℃。子实体发育期适当拉大昼夜温差,即给以适当的温差刺激,更有利于其子实体的发育。

(3)湿度:培养料含水量以 65％左右为宜,在这种湿度条件下菌丝生长快,偏干或偏湿均不利于菌丝生长。发菌期空气相对湿度不能超过 70％,湿度大易发生杂菌感染,子实体生长期,要求空气相对湿度较高,以 85％～90％为宜。

(4)空气:茶薪菇为好氧性真菌,菌丝生长阶段也需要一定的氧气,因此发菌环境要经常通风换气,但要注意不能因通风换气而使温度波动过大。现原基时需氧量大,要多通风换气,但子实体分化后要控制通风量和通风方法,培养室空气要新鲜,而袋口膜内二氧化碳含量稍高,有利于菇柄伸长,从而可提高菇的质量和产量,这种现象类同于金针菇。

(5)光照:菌丝生长期不需要光照。子实体有明显的趋光性,没有光刺激则不会现原基,现原基后没有散射光子实体也不能分化,在微弱的光下,子实体呈灰白色,所以在子实体生长阶段,培养室要有较强的散射光(500 lx 左右)。

(6)酸碱度:茶薪菇喜在弱酸性环境中生长,pH 4～6.5 时菌丝均能生长,最适 pH 5～6。栽培时可采用自然 pH。

三、茶薪菇栽培管理技术

袋式栽培法可充分利用空间,生产管理比较方便。

1. 培养料配方

(1)以木屑为主料的培养料配方:木屑 38％、棉籽壳 35％、麦麸 15％、玉米粉 6％、茶子饼粉 4％、石膏 1％、红糖 0.5％、磷酸二氢钾 0.4％、硫酸镁 0.1％。

(2)以棉籽壳为主料的培养料配方:木屑 9％、棉籽壳 75％、麦麸 15％、硫酸钙 1％。

采用大型常压灭菌锅,每锅可装 3000 袋左右。每生产 3000 袋需用以下原辅料、生产材料和消毒药剂。原辅料:木屑 600 kg、棉籽壳 500 kg、麦麸或米糠 230 kg、玉米粉 90 kg、茶子饼粉 60 kg、石膏 15 kg、红糖 8 kg、磷酸二氢钾 6 kg、硫酸镁 1.5 kg。

生产材料:17 cm×33 cm 塑料袋 3000 只、扎绳 1 匹。

2. 配料装袋

为防止培养料在配制后堆放时间过长而变质,从配料到装袋灭菌,其时间以不超过 4 小时为宜。每次拌料 2500～3000 kg,装 2500～3000 袋。在气温较高的季节配料时,可用 1％～2％的石灰拌料。

3. 灭菌接种

装料后的料袋应及时进行灭菌。通常采用高压灭菌,每框装约 10000 袋。待料袋温度降到 60 ℃以下时,趁热搬运到接种室内,待料温冷却到 28 ℃以下时接种。接种按无菌要求操作,一般每瓶原种接种 50 袋。

4. 发菌管理

接种后将菌袋移入栽培室(棚)内堆放发菌,袋口两端向外,行与行之间留操作道。堆高根据栽培季节而定,春栽堆 10～12 层,秋栽只能堆 5～8 层,以利于保持或调节堆内温度。为有利于菌丝健壮生长,应根据不同发菌阶段进行管理。

(1)发菌前期(接种后 15 天内):接种后 2～3 天,菌种块就可萌发,并开始吃料,然后菌丝向四周辐射生长,占满料面,这段时间约需 15 天。此阶段菌丝处于恢复和萌发阶段,故料温一般比室温低 1～2 ℃,空气温度宜在 27 ℃左右,使袋内料温处于菌丝生长的最佳温度。如果冬天或早春气温低,可用薄膜加盖菌袋,使堆温升高,以满足菌丝生长需求。

(2)发菌中后期(接种后 15～60 天):菌袋中的菌丝封口后,继续向培养料内深入,当菌丝生长越过菌袋长度的 50％时,由于菌丝生长旺盛,呼吸加强,代谢活跃,自身产生热量,可保持温度在 25 ℃左右,过高时应解开袋口补充氧气,使二氧化碳气体排出。此时如管理跟不上,料温比室温高 4～5 ℃,易出现烧菌或缺氧窒息现象。

(3)发菌后期(接种后 40～60 天):解开袋口增氧后,菌丝旺盛生长,浓密而白,菌丝量急剧增大,呼吸强度旺盛,对培养料的分解和转化活性增强,菌丝体内营养积累增多。此阶段温度宜在 23～24 ℃,特别注意防止高温。如室温达 27 ℃,料温就会超过 30 ℃,容易导致菌丝发黄变红,受到严重损伤,甚至发生"烧菌",菌袋变软,培养料酸臭。因此必须注意疏袋散热,以控制堆温,降低料温。

5. 菇棚准备

可利用空闲房屋作出菇室,也可搭建简易菇棚。采用室外菇棚可以充分利用空闲地扩大栽培面积,增加产量,节约成本,提高经济效益。菇棚的自然条件要符合茶薪菇的"野性"。可利用自然温度、适宜的温度、湿度和充足适当的光照、氧气等生态优势条件。还可通过揭盖大棚上的薄膜和草帘,调控生态条件,以充分利用太阳光能,节省能源,改善保温、保湿性能,加大昼夜温差,增加光线和氧气,更加有利于茶薪菇的生长发育。

6. 催蕾管理

(1)菌袋排场:适时开袋排场,是生产成功和提高产量的关键。开袋时间要根据以下条件来决定。

① 生理成熟:营养物质的积累与酶解有关。茶薪菇菌丝体依靠自身合成各种氧化酶。菌丝生长初期,酶的活性较低。菌丝体经过 30～50 天生长,胞内酶合成达高峰期,也是胞外酶量达到最大的时期。只有当酶的活性达到有利于对木质素分解的程度时,才可能在菌丝内积累足够的营养物质,促进菌丝达到生理成熟,从而进入生殖生长阶段。根据生产实践,当菌袋重比初装时减少了 10％～15％时,表明菌丝已成熟,培养料已适当降解,积累了足够的营养,正向生殖生长转化。

② 菌龄:从接种之日算起,正常发菌培养的时间称为菌龄。茶薪菇菌丝达到生理成熟一般需要 60 天。由于培养时间的温度会影响菌龄的长短,因而在生产上可以将茶薪菇的有效积温作为生理成熟的指标。4 ℃和 31 ℃分别为茶薪菇丝停止生长的温度下限和上限,因此把 4 ℃以上、30 ℃以下作为茶薪菇的有效积温区。据杨月明等(2001)的报道,茶薪菇的有效积温

为 1600~1800 ℃。菌袋栽培由于培养料颗料细小,培养料质地疏松,有效积温要求较低,一般为 1000~1200 ℃。茶薪菇有效积温＝(每日平均温度－4 ℃)×培养天数。

③ 菌袋色泽:这也是反映菌丝是否达到生理成熟的一种标志。如果菌袋内长满白色菌丝,长势旺盛浓密,气生菌丝呈棉绒状,菌袋口出现棕褐色斑或吐黄水,将引起转色。

(2) 转色管理。开袋之后,断面菌丝受到光线刺激,供氧充足,就会分泌色素吐黄水,使菌袋表面菌丝渐渐转化成褐色,随着时间的延长,菌丝体褐化和菌丝体颜色的加深,袋口周围表面的菌丝会形成一层棕褐色菌皮。这层菌皮对菌袋内菌丝有保护作用,能防止菌袋水分蒸发,提高对不良环境的抵御能力,加强菌袋的抗震动能力,保护菌袋不受杂菌感染并有利于原基的形成。转色正常的菌皮呈棕褐色和锈褐色,且具光泽,出菇正常,子实体产量高,品质优良。

转色是一个复杂的生理过程,为了促进菌袋正常转色,在开袋后 3~5 天,要保持室温在23~24 ℃,并加强通风,提高菇棚内相对湿度,促使打开的袋口迅速转色。

(3) 催蕾。在褐色菌皮形成的同时,茶薪菇子实体原基也随之开始形成。变温刺激是促进原基形成的重要措施,温差越大,形成的原基就越多。其方法是结合菌袋转色,连续 3~7 天拉大温差,白天关闭门窗,晚上 10 时后开窗,使昼夜温差拉大到 8~10 ℃,直到菌袋表面出现许多白色的粒状物,说明已经诱发原基,并将分化为菇蕾。除变温刺激外,还必须注意创造阶段性的干湿差和间隙光照条件,并采用搔菌及拍击等方法进行刺激。干湿交替,是指喷水后结合通风,使菌袋干湿交替。菌袋转色菌皮未形成前通风时间不宜过长,以免菌袋失水。菌袋开袋过早,应注意保水、保湿。光照越充足,通风越好,则转色过程越短,转包越好。光照刺激可在必要时,将棚顶的遮阳物拨开或打开门窗,使较强光线照射菇床。处理 3~5 天后,菌袋面上出现细小的晶粒,并有细水珠出现,再过 2~4 天,在袋面会出现密集的菇蕾原基。原基的形成是生殖生长的开始,随着原基生长,分化出菌盖和菌柄,标志着菇蕾的形成。

在催蕾过程中,若培养料水分含量或环境相对湿度低,或者气温较高,已分化的原基就会萎缩死亡。因此,在自然气温偏高时,不要急于催蕾。若原基已开始形成,则可采取降温措施,并注意保湿和调节干湿差。在开袋管理过程中,若给予过多的震动刺激,尤其是当菌袋上面1/3 部位的菌丝体受到震动刺激时,会过早地形成子实体,造成小蕾、密蕾,从而降低产品的质量和产量。

7. 出菇管理

茶薪菇在开袋催蕾之后,分秋、春两季出菇。由于秋、春气候不同,故在管理上有所不同。

(1) 秋菇管理。秋季出菇期间,自然气温逐渐从 28 ℃ 以上降到 10 ℃ 左右(10月份常出现小高温天气),空气干燥,昼夜温差越来越小,于 12 月底进入低温期。前期气温偏高,因而保湿、补充新鲜空气及防治杂菌是秋菇期管理重点。中秋后气温渐凉,温差拉大,应利用温差,保湿、增氧、增加光照,以促进出菇。后期气温较低,管理的主要工作是增温、保温和保湿。菌袋转色后 7~8 天,第一潮菇开始形成。此时,应注意通风换气、保温和增湿,可采用喷雾调湿、覆盖薄膜保湿的措施来实现。当气温降到 23 ℃ 左右时,每天早、中、晚各通风一次;当气温降到18~23 ℃ 时,每天早、晚各通风一次;当气温降到 23 ℃ 以下时,可每天通风一次,每次约半小时,尽可能维持菇房内空气相对湿度在 90% 左右,减少菌袋失水。菌袋含水量若低于 65%,则可通过喷雾保湿来减少菌袋水的蒸发量。每天喷水的次数取决于菇房(棚)的空气相对湿度,空气相对湿度约 70% 时,每天喷水 2~3 次;约 80% 时,每天喷水 2 次;大于 85% 时,则不宜喷水。

(2) 采菇后管理。当茶薪菇子实体的菇盖即将平展,菌环尚未脱落时就要及时采收。因茶薪菇质较脆,柄易折断,盖易碰碎,所以采收时应用手抓住基部轻轻拔下,同时要防止周围幼菇受损伤。

第一潮菇采收后,应立即清理菇场,剔除残留在袋内的菇脚、老根和死菇,防止菇脚腐烂和杂菌侵入,并停止喷水 7～10 天,增加通风次数,延长通风时间,降低菌袋表面湿度,使菌丝迅速恢复生长、积蓄养分,以供第二潮菇生长。

当菌袋采菇后留下的凹陷处菌丝发白时,白天进行喷水,关紧门窗提高温度,晚上通风干燥,拉大温差和干湿差,每天喷水 1～3 次。在具体实施时,可以灵活掌握,还可以利用气温的周期变化,适时地通过 3～5 天干湿交替,冷热刺激,促使第二潮原基和菇蕾形成。第二潮菇发生在 10 月末至 11 月份。这时,南方气温为 18 ℃左右,正符合茶薪菇子实体生长发育的要求。喷水是促进第二潮菇发生的主要措施,以满足出菇对水分的需要。

第三潮秋菇的形成,由气候变化、开袋时间及第二潮菇的管理情况而定。如开袋早、天气暖和,第三潮菇也能优质高产。第三潮菇以保温、保湿为主,养菌复壮。秋菇一般采收 2～3潮。根据秋菇出菇情况及菌袋出菇后的重量情况,给菌袋注水或浸水,增加菌袋的含水量使菌丝复壮。如果冬末保温好,还可收 1～2 潮菇。也可越冬至次年春季继续出菇。

项目二 白灵菇栽培

码 10-1　　　码 10-2　　　码 10-3
白灵菇栽培 1　白灵菇栽培 2　白灵菇栽培 3

一、重要价值

白灵菇(*Pleurotus nebrodensis*)又称为白灵侧耳、白阿魏蘑。隶属真菌门担子菌亚门层菌纲伞菌目侧耳科侧耳属,系原产于南欧、北非、中亚内陆地区一种品质极优的大型肉质伞菌。我国仅分布于新疆干旱的沙漠地区。白灵菇子实体色泽洁白、个体大、品质优良、风味独特,具有较高的食用及保健价值。据分析,白灵菇蛋白质含量高达 14.7%,含 17 种氨基酸,尤其是人体所必需的氨基酸含量占总氨基酸含量的 43.4%。此外,还富含食用纤维、真菌多糖、维生素和微量元素等。据报道,白灵菇具有抗病毒、抗肿瘤的疗效,并有降低人体胆固醇含量、防止动脉硬化等功效,可调节人体生理平衡,增强人体免疫力,故享有"西天白灵芝""天山神菇"之美誉,是一种珍稀的天然保健食品,深受国内外消费者的青睐,为当前出口看好的品种,开发前景广阔。

二、生物学特性

白灵菇子实体呈单生或丛生。显蕾时菌盖近球形,后展开成掌形或中央稍为下陷的歪漏斗状,色白,直径 5～15 cm(见图 10-2)。开伞后菌盖边缘内卷,菌肉白色、肥厚,中部厚达 3～6 cm,向菇盖边缘渐减薄。菌褶密集,长短不一,近延生,奶油色至淡黄白色。菌柄偏心生至近中生,其长度因菌株而异,上下等粗或上粗下细,表面光滑、色白。孢子印白色。

(1)营养:在自然界白灵菇主要见于伞形科大型草本植物,如刺芹、阿魏、绵毛芹等植物。实验结果表明,白灵菇是一种腐生菌,也兼有寄生的特性。经过不断的栽培驯化,许多富含木质素、纤维素和半纤维素的农副产品均可用来栽培白灵菇。

(2)温度:白灵菇系中低温型食用菌。菌丝生长温度为 3～32 ℃,最适温度为 25～28 ℃,

(a)

(b)

图 10-2　白灵菇子实体

超过 35 ℃则菌丝停止生长。菇蕾分化的适宜温度为 0～13 ℃，子实体发育温度为 5～18 ℃，而以 7～13 ℃为最适温度。

（3）水分：白灵菇菌丝生长阶段培养料含水量以 60%～65% 为宜。子实体形成及其正常发育的空气相对湿度为 85%～95%。由于白灵菇个体大，菌肉厚，故其抗旱能力比其他食用菌强。

（4）光照：白灵菇菌丝生长时不需要光照，但原基形成则需要一定的散射光。子实体需较强光照，在 300～1000 lx 光照条件下才发育正常，若光线过弱，则菇柄徒长，菌盖小且畸形。

（5）空气：白灵菇菌丝生长与子实体发育均需要新鲜空气，尤其是长菇阶段，因代谢旺盛、呼吸强度大，如果菇房通风不良，当二氧化碳浓度超过 0.5% 时，则易产生畸形菇。

（6）酸碱度：菌丝能在 pH 为 5～11 的基质上生长，但最适 pH 为 5.5～6.5。

三、栽培管理技术

1. 栽培季节

白灵菇系中低温型菌类。在自然气候条件下，秋季接种，冬、春季出菇，则产量高、质量好。厦门地区的适宜接种期可选择在 9 月下旬到 10 月底，从 12 月下旬至次年 3 月中旬均可顺利出菇。有制冷设备的空调菇房可周年栽培。

2. 栽培场所

栽培场所因地制宜，专业菇房、普通民房和塑料大棚等都可使用。无论采用哪种菇房均要求能保温保湿、通风透光，同时栽培场所的环境要洁净，水质纯净无污染。

3. 菌种

（1）品种选择：根据白灵菇的菇体形态，有两种基本类型的菌株可供选择，一种是手掌形、短菌柄的或无柄的；另一种是漏斗形、长菌柄的。从目前国内外市场对白灵菇的需求看，手掌形的白灵菇最为畅销，售价也较高；漏斗形的白灵菇则栽培周期相应较短。栽培者可根据自身的目标市场和栽培条件严格进行品种选择，方能增产、增效。

（2）菌种制作：母种采用 PDA 或 PSA 培养基，菌丝培养温度为 25 ℃，菌龄为 10～15 天。原种可用棉籽壳、木屑、麸皮培养基培养，培养基含水量为 62%～63%，用 750 mL 广口瓶装料，每瓶装干料 200 g。经高压灭菌后接种，25 ℃下培养，经 60 天后瓶内长满菌丝即可。

4. 栽培袋制备

（1）栽培料配制。供栽培白灵菇的原料较广，适合栽培的主料有阔叶树的木屑、棉籽壳、甘蔗渣和玉米芯等,辅料有麸皮、玉米粉、黄豆粉、碳酸钙、过磷酸钙、钙镁磷肥和酵母粉等。无论采用哪种原料,务必要求新鲜、干燥、无霉变。如原料陈旧、潮湿、已霉变则很容易致使栽培失败。培养料配方如下。

配方Ⅰ:棉籽壳 68%、麦皮 20%、甘蔗渣 10%、白糖 1%、碳酸钙 1%,料水比为 1:(1.3~1.4)。配方Ⅱ:木屑 78%、麦皮 20%、白糖 1%、碳酸钙 1%,料水比为 1:1.3。

(2)装袋灭菌。栽培白灵菇多选用 17 cm×36 cm×0.005 cm 的聚丙烯塑料袋培养。每袋装干料 500 g,袋内装料松紧要适中,太紧密则通气性差,太松弛装料少,而产量低。装料用的袋用直径 20 mm、一端削尖的木棍打孔,后套上塑料套环,塞上棉花进行高压或常压灭菌。高压灭菌时保持压力 0.15 MPa 灭菌 2 小时。常压灭菌时 100 ℃持续 12 小时,灭火后再闷 4 小时,待料温降至 60 ℃以下时,灭菌结束。

5. 接种

将灭菌后的栽培袋降温至 30 ℃以下,即在无菌条件下接种。接种最好选择夜间或清晨进行,这有利于提高接种成功率。接种时分别在料面上和孔穴内各植入蚕豆大小的菌种一块,植入料面的菌种块可稍大些,这有利于菌丝迅速萌发布满料面,从而降低感染率。在一般情况下,一瓶菌种可接种 25 个栽培袋。

6. 菌丝培养

接种后的菌袋应及时移入预先消毒灭菌好的发菌室内避光培养,室内温度应控制在 20~25 ℃,空气相对湿度在 70%以下,并注意经常通风换气,以保持空气新鲜。培养过程注意观察菌丝长势,及时剔除感染了杂菌的袋子。一般培养 45 天左右,菌丝即可长满袋。

7. 后熟培养

当白灵菇菌丝长满袋后,不能立即出菇,因为此时菌丝稀疏,菌袋松软,必须进行菌丝后熟处理,即在温度 20~25 ℃、空气相对湿度 70%~75%、通风透气良好的环境下,再继续培养 30~40 天,使菌丝长得致密、洁白、粗壮,菌袋结实坚硬,以累积充足养分,达到生理成熟后才能出菇。在后熟培养后期,需要 200~300 lx 的散射光照射,以促进菌丝扭结。

8. 出菇管理

经后熟培养后,即进入出菇管理期。此时出菇场地宜选择塑料温室大棚,采用墙式栽培出菇。管理工作主要分为搔菌、催蕾和育菇等三个阶段。

(1)搔菌:为促进菌丝更好地发育及定位出菇,可采取"搔菌增氧"措施。具体操作方法:将棉花塞拔出,用小耙刮掉老菌块或轻轻搔去料面中央的菌皮,直径 2~3 cm,其他位置不要搔动,以免菌丝恢复生长较难且现蕾过多。搔菌后将棉花塞轻轻塞上,以保持良好的通气性,且不会使料面干燥。搔菌期间,棚内应注意保湿,控制室温 15~20 ℃,并尽量缩小温差,促使搔菌处的菌丝 3~5 天内恢复生长。

(2)催蕾:当搔菌处的菌丝恢复生长后即可催蕾。催蕾室要求 300~1000 lx 散射光,保持相对湿度 85%左右。白灵菇属于不严格的变温结实性菌类,没有温差刺激也能出菇,但出菇慢,且不整齐。因此,为了克服上述弊病,在催蕾期间应予以 10 ℃左右的昼夜温差刺激。具体操作方法:白天在菌袋上覆盖塑料薄膜,温度控制在 15~18 ℃,当夜间气温下降时则揭开薄膜,将室温降至 5~8 ℃。同时,室内要通风透气,这样 10~12 天原基即可形成。

(3)育菇:原基形成后,菇室温度应控制在 5~18 ℃,以 7~13 ℃为宜,空气相对湿度在 85%~95%,增强光照强度达到 1000 lx 左右。当菇蕾长到黄豆大小时,可除去棉花塞及套环;长至蚕豆大小时,则撑开袋口疏蕾,弃弱留强,一般每袋保留 1~2 个壮实、形态好的菇蕾;

当菇蕾长到乒乓球大小时,可剪口育菇,即将塑料袋上端沿料面剪弃,让菇蕾和料面露出,以便为菇体提供足够的生长空间和接触新鲜空气。同时应适当加大通风换气量,气候干燥时,可采用空间喷雾,或朝地面泼水增湿,但切勿直接向菇体喷水,以保证子实体的正常发育。

9. 采收加工

白灵菇采收应遵循先熟先采的原则。采收太早,子实体未充分发育,品质欠佳,并影响产量;采收太迟,子实体易老化,直接影响其贮藏与保鲜。采收时要轻采、轻拿、轻装,尽可能减少机械损伤。从原基形成到采收需要 15 天左右,一般采收一潮菇,生物学效率平均可达 60% 左右。白灵菇个体大、肉质肥厚致密、含水量较低、保鲜期长,耐远距离冷藏运输,特别适宜鲜销。同时因白灵菇不易变色,而适合于切片烘干、盐渍及制罐加工等,并可深加工成各种料理、饮料添加剂或营养保健品。

项目三　鸡腿菇栽培

一、重要价值

鸡腿菇也叫鸡腿蘑(*Coprinus comatus*),别名为毛头鬼伞。鸡腿菇隶属于担子菌亚门层菌纲伞菌目鬼伞科鬼伞属。

鸡腿菇是世界性分布的一种食药兼用性菌,因其形状类似鸡腿,肉质肉味似鸡丝而得名,成为人工栽培中的新品种(见图 10-3)。

图 10-3　鸡腿菇的形态

据分析测定,每 100 g 鸡腿菇干品中,含蛋白质 25.4 g、脂肪 3.3 g、总糖 58.8 g(其中糖类 51.5 g)、纤维素 7.3 g、灰分 12.5 g。鸡腿菇含有 20 种氨基酸,总量 17.2%,人体必需氨基酸全都具备,每 100 g 干菇中还含钾 1661.93 mg、钠 34.01 mg、钙 106.70 mg、镁 191.47 mg、磷 634.14 mg,并含铁、铜、锰、锌、钼、钴等元素,其性平味甘滑,具有清神益智、清心安神、益脾胃、助消化、增加食欲等功能。鸡腿菇提取物含有抗癌活性物质和治疗糖尿病的有效成分,长期食用对降低血糖有较好疗效,尤其对治疗痔疮效果明显。

鸡腿菇集营养、保健、食疗于一身,具有高蛋白质、低脂肪的优良特性,且色、香、味、形俱佳,菇体洁白,炒、炖、煲汤久煮不烂,口感滑嫩,清香味美,产品在国内外市场十分畅销,鸡腿菇栽培粗放、产量较高,制成干菇或罐头均受欢迎。该菇国内市场正在逐渐扩大,市场呈旺销态势,目前在日本等国已大面积栽培,它将成为食用菌界后起之秀,是一种具有较大开发潜力的好品种。

二、生物学特性

1. 形态特征

鸡腿菇由菌丝体和子实体两部分组成。菌丝无色透明,绒毛状菌丝组成菌丝体,它是鸡腿菇分解和摄取养分的营养器官,上部像鸡腿一样的子实体是人们食用的部分,也是鸡腿菇的繁殖器官,鸡腿菇子实体单生或丛生,高 4～10 cm。菌盖初期圆柱状,紧贴菌柄,后期菌盖边缘逐渐脱离菌柄,呈钟形,最后完全开伞,菌盖白色,初期光滑,后期表皮开裂形成鳞片,初期为白色,后渐变为淡锈色,成熟时鳞片上翘翻卷,菌肉白色,菌柄白色,粗壮中空或中松,有弹性、具丝状光泽,基部膨大,向上渐细,长 5～20 cm,粗 1～3 cm。菌环白色,易上下移动,脆薄易脱落。菌褶稠密,与菌柄离生,初呈白色,开伞后渐由粉红色转为黑褐色。孢子黑褐色、光滑、椭圆形。一般菇体开伞后变为黑色,为孢子颜色。

2. 生态习性

夏秋雨后生于田野、果园中。世界上各国均有分布。我国主产于北方各省。

3. 鸡腿菇生长发育条件

(1)温度。

鸡腿菇是一种中温偏高性菌类,菌丝生长温度范围为 3～35 ℃,最适温度为 22～26 ℃,35 ℃以上菌丝停止生长,40 ℃时菌丝变枯死亡。子实体的形成需温差刺激,温差范围为 5～10 ℃。子实体分化温度为 10～20 ℃,子实体生长温度范围为 10～30 ℃,以 15～24 ℃为最适宜,在此温度范围内,温度低时子实体发育慢,个头大,温度高时生长快,20 ℃以上菌柄易伸长容易开伞,所以人工栽培时应使温度控制在 15～24 ℃为最好。过高或过低菌丝生长速度均减缓。孢子萌发适宜温度为 22～26 ℃,在温度为 24 ℃左右时萌发最快。菌丝耐低温能力强,-10 ℃不会冻死。在适温范围内,温度低子实体生长慢,但菇体粗壮肥大,结实,质量好,贮存期长;温度高子实体生长加快,菌柄伸长,菌盖小而薄,菇质较差,极易开伞自溶。

(2)营养。

由于鸡腿菇是草腐生大型真菌,所以粪草、棉籽壳等均可作为鸡腿菇的氮源与碳源,并且还具有必需的维生素。

在纯培养中,常采用葡萄糖和果糖等作为主要碳源,蛋白胨和酵母膏等作为主要氮源;在栽培时,则利用作物秸秆、棉籽壳、玉米穗、杂草、出菇废料、畜粪等作为碳源,麸皮、米糠、玉米面、豆饼粉、尿素等作为氮源。无机盐包括磷、钾、钙、镁、硫等主要元素和铁、铜、锌、硼、钼等微量元素,其中以磷、钾、镁三元素最为重要。配制培养基(料)时,常添加的无机盐有磷酸二氢钾、磷酸氢二钾、硫酸镁、石膏(硫酸钙)、过磷酸钙、碳酸钙等。所选原料要因地制宜。如选用枯枝腐叶、枯草、稻草、麦秸、玉米芯等木质素含量较低的材料,同时添加富含氮的麸皮、米糠即可满足其对营养的要求。

(3)湿度与水分。

根据栽培方式,其含水量控制也不尽相同。袋栽时要求含水量较低,而床栽时含水量要高一些,培养料含水量为 60%～70%,空气相对湿度在菌丝生长阶段为 80%,发菌期间空气相对湿度为 75%左右,出菇时空气相对湿度为 85%～90%,低于 60%时菌盖表面鳞片反卷,超过 95%时菌盖易得斑点病。

(4)空气。

鸡腿菇也是好氧性真菌,充足的新鲜空气是菌丝迅速生长、子实体正常发育的必备条件,因此,无论在养菌过程中还是出菇过程中都要经常通风换气,使氧气充足,满足菌丝、子实体对氧气的需求,同时排除生理过程中产生的废气(CO_2、氨气等)。

(5)光线。

菌丝生长期间不需要光线,但子实体形成时需要一定程度的散射光,100～500 lx 的光照便可达到其要求。在这样的光照下,鸡腿菇出菇快,品质好,产量高,不易感染杂菌,商品价值高。

（6）pH。

鸡腿菇生长同样需要适宜的 pH，而且随着其生长，培养料内的 pH 会降低，因此拌料时 pH 最好稍高一点才有利于其生长，一般情况下调整 pH 7.0～7.5 为宜。

（7）覆土。

鸡腿菇是覆土结实菇类，即使菌丝长好，达到生理成熟，如果不进行覆土，就不会形成子实体，一般情况下选含腐殖质多的土壤加上颗粒物混匀。覆土用的泥土要求土质疏松，干湿适宜，中性偏碱，无虫卵。然后用 0.2% 的福尔马林和 0.2% 的高锰酸钾溶液喷洒后闷堆 3～4 天，以杀死土壤中的部分害虫和杂菌。覆土的含水量以握之成团、放手即散为度。覆土厚度一般为 2～5 cm，土粒大小以直径 0.5～2 cm 为宜。

只有掌握好鸡腿菇生长所要求的生态环境条件，才能更好地保证人工栽培获得成功，才能保证产出优质、高产的菇品。

三、栽培管理技术

（一）栽培季节

鸡腿菇属中温偏高型食用菌，子实体生长发育的最适温度是 15～24 ℃，适宜春、秋两季栽培。人工栽培时，在没有增温、降温条件，纯粹利用自然气温的情况下，一般安排在 2—6 月份、8—12 月份出菇。夏季温度高，子实体保存时间较短，一般不宜栽培，但如果有降温条件，且能及时鲜销或加工，也可栽培。一般选择山洞、地下室等处栽培，其气温较低，适合鸡腿菇生长。也可利用与高秆作物（粮食、蔬菜等）及果树、树林等套种遮阳降温栽培。冬季如有加温条件，也可栽培，尤其采用日光温室等冬暖式大棚栽培，棚内温度较高，适宜出菇，采收后外界气温低，可抑制菇体继续成熟老化，从而可解决短期保鲜难题，具有重要推广价值。总之，只要能满足鸡腿菇生长发育所需的条件，一年四季均可栽培。从提高经济效益的角度考虑，反季节栽培优点更多，可以在增加少量投资的情况下，获取更高的销售收入。

（二）优良菌株介绍

目前国内栽培的鸡腿菇品种有 20 多个，有的是从国外引进的，大部分是对本地野生种驯化培育的。现推广面积较大的品种是 CC168 菌株和 CC173 菌株。

1. CC168 菌株

菌丝体生长温度范围为 10～35 ℃，最适温度为 20～30 ℃，子实体生长温度范围为 8～30 ℃，最适温度为 12～25 ℃。该菌株发菌快，菌丝致密、洁白，子实体单生，一般个体重 20～50 g，最大 400 g，个体圆整，鳞片少，乳白色，不易开伞，适宜加工销售。生物学转化率为 107%～150%。由日本引入。

2. CC173 菌株

菌丝体生长温度范围为 10～35 ℃，最适温度为 20～30 ℃，子实体生长温度范围为 8～30 ℃，最适温度为 12～22 ℃。该菌株菌丝生长快，浓密，洁白，子实体丛生，但易开伞，菌柄较长，脆嫩，无纤维化，每丛重 0.5～1 kg，最大丛重达 5 kg，适宜鲜销。生物学转化率为 110%～150%。产地浙江。

3. CC944 菌株

菌丝体生长温度范围为 20～25 ℃，子实体生长温度范围为 16～25 ℃。菌丝生长快，旺盛,浓密,边缘整齐,生势好,菇体较大,柄粗,丛生。生物学转化率为90%。产地江苏。

4. CC988菌株

菌丝体生长温度范围为2～33 ℃,子实体生长温度范围为4～27 ℃。菇体白色丛生,鳞片少,菌柄中等长,味美,适应性强,转潮快。生物学转化率为130%。产地山东。

(三)菌种制作

1. 母种转管

母种培养基为PDA或CPDA。鸡腿菇母种培养温度为22～25 ℃。

2. 原种制作

(1)培养基。

① 发酵棉籽壳90%、麸皮8%、石灰2%,料水比为1:(1.1～1.2)。

② 发酵棉籽壳80%、麸皮10%、玉米粉8%、石灰2%,料水比为1:(1.1～1.2)。

③ 麦粒100份,麸皮、石灰、石膏粉分别为麦粒重的4%、3%、0.5%。

(2)培养基配制和分装。

①、②培养基配制方法:先将石灰溶于1.1～1.2倍的培养基量的水中,然后将培养基主辅干料先均匀拌和,再加入石灰水拌匀。培养料拌好后,应立即装瓶。

麦粒培养基配制方法:先将石灰溶于水中,麦粒投放石灰清液中浸泡,要求麦粒吸足水分,透心有弹性。浸泡时间应视气温高低而定,气温高时浸泡时间短些,气温低时浸泡时间长些,夏季浸泡时间约为24小时,冬季约为48小时。浸泡结束后,将麦粒捞出,沥至无水滴,摊开麦粒撒上麸皮和石膏粉,均匀拌匀,在拌料中千万不能破损麦粒。每瓶装麦粒(干重)180 g左右。

灭菌、冷却、接种、培养过程参照前文菌种生产技术有关内容。

3. 栽培种制作方法

与原种相同。

(四)栽培基本设施要求

栽培基本设施包括原料场地及处理场所,灭菌、接种设施,发菌培养室和出菇房或大棚等。

1. 出菇房设置要求

出菇房可用空闲民房或采用普通的建筑材料建造,墙面用黄沙水泥粉刷,粉刷层要求厚一些,要求抹紧抹光,地面为水泥地坪;菇房地面积30 m² 左右,长8 m,宽3.8 m;屋内距地面3 m以上处,用泡沫塑料板保温材料吊平顶,起保温保湿作用。一般民房宽度为3.8 m,只能设置一大一小两排床架,床架可用33角钢或木材制作,中间大床架宽1.2 m,一面边墙的小床架宽0.8 m,床面共4层,可用竹片铺床面,底层床距地面30 cm,顶层距吊顶1.2 m左右,床面间距55～60 cm;走道宽70 cm左右;菇房配置2匹家用空调1台,安装在中间走道一头的墙上方;中间走道的另一头设置上下通风窗(50 cm×80 cm),下窗底边距地面10 cm,上下窗间距1 m,另一条走道也需开通气窗。为了便于操作,菇房可对开两个门,要求门窗关闭时密封性好,并设置纱门窗,通风时防止虫害侵入。

2. 环境卫生及消毒

环境卫生是食用菌栽培的重要保障,应该时刻保持环境清洁卫生,做到清洁生产。一潮菇栽培结束后,应及时将废料清理出菇房,要将出菇房清洗干净,待床面竹片晾干后,用克霉灵药剂将竹片正反面、地面、墙壁全部喷湿,然后用气雾消毒剂进行消毒灭菌,最好采用生石灰、臭氧消毒方法,此法安全、可靠、彻底。

(五) 几种栽培模式介绍

鸡腿菇的栽培料处理有多种方法,可以用生料、熟料、半熟料、发酵料等多种方式栽培,其中发酵料较好,因为易操作,成本低,栽培时可在室内栽培,也可在室外栽培,可以袋栽、箱栽、床栽或者畦栽培。

1. 发酵料栽培技术

(1) 培养料配制:1 m² 可投料 30~40 kg。配方为:①玉米芯 350 kg、棉籽壳 150 kg、麸皮 40 kg、玉米面 30 kg、过磷酸钙 10 kg、生石膏粉 10 kg、鲜石灰粉 15 kg、尿素 2 kg、硼锌铁镁肥 1 kg、多菌灵 0.5 kg、水 800~850 kg。

在室内外拌料均可。首先把玉米芯碎成花生米大小,摊开,将棉籽壳、麸皮、玉米面均匀洒上,把用筛均匀筛过的过磷酸钙、石膏粉、石灰粉干翻 2 遍。尿素、硼锌铁镁肥、多菌灵全部溶于水中,拌匀,然后把水全部均匀泼在料上,边泼边翻,翻匀为止,含水量以手用力握有 3~4 滴水滴下为宜。

图 10-4 翻堆

(2) 培养料发酵:把料堆成高 1 m,宽 1.5 m,长不限,不盖塑料膜,料上每 30 cm 用直径 5 cm 木棒打孔至料底,第 2 天翻堆 1 次,冬季气温过低,可用塑料壶装开水埋料中间增温,待温度升至 60 ℃时(不超过 65 ℃,温度过高时,可降低料堆高度)保持 10 小时,翻堆,再保持 10 小时,翻堆时每 500 kg 料用 150 kg 敌百虫加水 15 kg 喷雾杀虫,然后把温度降到 50 ℃左右,保持 1 昼夜,培养料颜色变成黑褐色,有香味,待料温降至 30 ℃以下装袋,发酵料若偏干,可加多菌灵水,手用力握含水而不滴为宜(见图 10-4)。

夏季发料或发酵栽培场地种过或正在栽培其他食用菌时,为避免菇蝇等危害,第二次翻料时按常规法喷 0.1% 敌杀死或者其他杀虫剂,盖好塑料布闷 12 小时。

栽培时可用地畦栽培法,也可用袋栽法。

(3) 地畦栽培法。

发酵料地畦栽培工艺:配料预湿→建堆发酵(6—4—3—2 天翻堆)→铺畦床播种→覆土调水→搭拱棚保温发菌→再覆土调水→出菇管理→采收。

① 选址建畦:选择背风向阳,土质、排水良好处挖地栽池,池深 20~25 cm,宽 1 m,两边挖排、送水沟,深 35 cm,宽 40 cm,投料前一天喷洒 2% 石灰水,或撒石灰。

② 投料接种:将发酵好的培养料降温到 20 ℃以下,在池内先铺一层厚 5~6 cm 的料,用木板稍拍平后撒一层菌种,然后再铺料,再放菌种,一般是三层料四层菌种,整个菌料层厚度为 16~18 cm,每平方米用菌种量为 2~6 袋,最上面一层菌种要与料紧密相接,接种后用木板稍加压实料面,再用直径手指粗的木棍(前头削成尖状)均匀地扎 10 个左右的通气孔(扎到地面),菌种表面铺上 1 cm 粗土粒(土粒直径 0.8~1.2 cm,事先用石灰水预湿)。

③ 搭棚保温、保湿:接种后在地栽池上扣个塑料小棚,从棚中间最高处到料面有 40~50 cm 高,有利于防风保湿。塑料棚上再盖草帘子,防止阳光直射,小棚内温度过高。养菌期间小棚内温度保持在 20~25 ℃,空气相对湿度保持 60% 左右,土粒表面过干时,可稍喷点石灰水,但一定不要让水流入料里,也可以向地栽池两边的水沟里放水,通过土壤渗透保持棚内相对湿

度。为保持棚内温度，又避免阳光直射,地栽池挖成南北走向,上午草苫子向东垂直照射阳光,下午向西。鸡腿菇菌丝生长需要有充分的新鲜空气,接种 10 天后可在太阳落山时,打开小棚两头通风一次,半小时,以后每隔 1~2 天通风一次,大约 20 天菌丝就可以长到底。当菌丝进入料 2/3 时,在接种后 12~15 天,再覆一层土,土粒稍细,也用石灰水预湿,整个覆土层厚度以 3~5 cm 为好,保温条件好的薄些,反之,则要厚些。

④ 出菇管理:一般覆土后 20 天左右就可以出菇,虽然在 8~30 ℃ 范围内都能出菇,但以 12~18 ℃ 出菇为好,温度低,子实体生长慢,但菌盖大而厚,菌柄短结实,鲜菇便于贮存。两次性覆土就从最后一次覆土算起,在覆土后 5~6 天开始,注意降低棚内温度,保持 17~25 ℃ 为好。降温办法:全盖草帘子,地栽池两边内灌水,夜间温度降到 20 ℃ 以下时,掀开小棚两头,通风换气,棚内空气相对湿度要保持在 85%~90%,地栽时土壤水分向外蒸发比较容易保持,棚内空气相对湿度在 80% 以下时应浇水提湿。

认真调制覆土,鸡腿菇的特点是不管菌丝长得多么好,没有土壤便不能出菇,所以覆土是鸡腿菇栽培的一个很重要环节。要选择地表 10 cm 以下的土壤,其次是要将取来的土壤晒干打碎,使直径在 1 cm 左右的土粒占一半,分别用 1% 的石灰水和 0.1% 的多菌灵处理土壤。

⑤ 适时采收:鸡腿菇子实体成熟快,必须在菇蕾期,菌环刚刚松动,钟形菌盖上出现卷毛状鳞片时采收。当菌环松动或脱后采收,鸡腿菇体很容易发生褐变,菌褶甚至会自溶,失去食用价值和商品价值,因此要及时采收。

(4) 袋栽法。

发酵料袋料栽培工艺:配料预湿→建堆发酵(6—4—3—2 天翻堆)→装袋播种→发菌管理→搭棚入棚→脱袋覆土→浇水调水→出菇管理→采收。

① 装袋与发菌:塑料袋宽 22~24 cm,长 45 cm,单面厚 0.015 cm,菌种袋表面先用多菌灵水擦洗一遍。把菌种瓣成枣样大小备用。装袋时先扎好一头,装 1 cm 厚料,均匀播一层菌种 (6~7 块),继续装料,边装边压料,装至一半高时靠外圈撒一层菌种,再装料至袋口时撒一层菌种,盖 1 cm 厚的料,压实,可以三层料四层菌,可适当调节,为促进菌丝萌发,接完菌后,扎口越紧越好。

发菌时,将装好的菌袋及时放在消毒的菇房内培养,越暗越好,通风干燥,空气新鲜,袋内温度掌握在 24~26 ℃,最高不超过 28 ℃,每 3~4 天翻堆 1 次,中间的翻到边上,边上的翻到中间,使之受热均匀,生长一致,采取码堆或者井字形堆积发菌,菌丝入料 2 cm 后要稍稍松开袋口,并在菌丝后用铁丝扎孔透气,30 天左右菌丝可发满袋。

② 搭棚入棚、脱袋覆土:在棚内把地整平,再做成宽 100~150 cm、深 10~20 cm、长不限的地畦。喷洒 3% 石灰水和 0.2% 高锰酸钾溶液,对场地进行杀虫、杀菌。畦底和畦帮均匀撒一层石灰粉。把发满菌或接近发满菌的菌袋用石灰水(或多菌灵水)擦洗菌袋外表,再剥去塑料袋。将脱袋的菌筒从中间截成两段,截面朝下竖排在畦中,菌棒间隙 2~3 cm,用挖出的土填满袋缝,浇透水后的菌棒表面覆盖已处理好的消毒土 3~4 cm 厚,整平料面,覆膜保温、保湿。

③ 覆土的选择与处理。

a. 土壤选择:选用含有一定腐殖质、透气性好、蓄水力强的土壤为覆土材料。取大田耕作层以下或林地地表 20 cm 以下土质,暴晒 2~3 天后拍碎过粗筛。在土中加入 1.5% 生石灰粉、1% 碳酸钙。

b. 土壤消毒:100 m² 需土 3.5 m³,杀菌。把土堆积成长堆,用薄膜覆盖 24~28 小时,闷堆杀虫、杀菌备用。将处理过的土粒调水至手握成团、落地即散。

④ 出菇期管理:覆土后要保持土层湿润,适当通风,棚内温度控制在20 ℃左右,一般覆土后10～15天菌丝基本发满,这时用竹片撑起弓棚,以便控制温度、湿度、空气、光线。

a.大棚内定期通风的同时,每天掀动小棚薄膜通风1次。给予一定的温差刺激和散射光。温度控制在16～22 ℃。

b.大棚内和小弓棚内的空气相对湿度始终保持在85％～95％,湿度偏低时可喷雾状水。

c.覆土后20天左右,床面现原基,管理要以增湿、通风为主,特别是子实体生长阶段,要常喷雾状水、常通风,保持较高的湿度和充足的氧气,以满足其生长的需要。

⑤ 及时采收:一般现蕾7～10天,在菌环尚未松动脱落、菌盖未开伞时及时采收,采收后用小刀削去基部泥土和杂质。

采收头潮菇后,清理床面,补水喷水、养菌,促蕾出菇,一般每潮菇间隔10～15天,可连续采收5～6潮菇,管理得好,50 kg干料可收鲜菇100 kg左右。

⑥ 转潮管理:选床面无菇和转潮期间,喷洒0.5％石灰水和肥水,以补足养分,控制菌床酸化。

2. 熟料栽培技术

熟料栽培工艺:备料(备种)→培养料发酵→灭菌→接种→发菌期管理→覆土→出菇期管理→采收。

(1)培养料配方。

鸡腿菇是草腐菌,秸秆、棉籽壳、废棉等都是鸡腿菇的培养材料,但要求先发酵腐熟,且发酵的质量与其产量有直接关系。另外,栽培草菇、金针菇、白灵菇的下脚废料也可作为鸡腿菇的培养料,而且不需要发酵,直接打碎就可装袋。培养料配方如下。

① 棉籽壳(腐熟料)78％、麸皮20％、石膏1％、石灰1％,料水比1∶(1.1～1.2)。

② 废菌糠50％、棉籽壳30％、麸皮18％、石膏1％、石灰1％,料水比1∶(1.1～1.2)。

③ 棉籽壳20％、玉米芯55％、稻草(或豆秸、玉米秸)10％、麦麸(或玉米粉)10％、尿素1％、石灰2.5％、磷肥1.5％,料水比1∶(1.1～1.2)。

④ 菇类废料66％、稻草(或豆秸)30％、磷肥0.5％、尿素0.3％、多菌灵0.2％、石灰3％,料水比1∶(1.1～1.2)。

⑤ 稻草粉(腐熟料)78％、麸皮18％、尿素1％、过磷酸钙1％、石膏1％、石灰1％,料水比1∶(1.1～1.2)。

(2)栽培料发酵。

先将棉籽壳、稻草粉或废棉充分预湿透,然后建堆发酵,堆宽1.5 m,高1.5 m,长度不限。共翻堆3次,程式为5—4—3。翻堆时要充分耙松打碎,翻堆后要在料堆腰部打通气洞,通气洞间距40 cm,防止料堆发生厌气。发酵好的料应显深咖啡色,有特殊的菌香味。

(3)装袋、灭菌、冷却、接种。

采用20 cm×45 cm的塑料筒,将筒袋一头用塑料丝扎紧,然后从另一头装进培养料,要求袋料松紧适度,即两头紧、中间松、袋壁紧、袋心松,料装好后扎紧袋口。灭菌方法与原种要求相同,由于菌袋较大,灭菌的时间应适当延长,否则灭菌不彻底。灭菌的菌袋放到接种室冷却至28 ℃,接种前须用臭氧发生器进行消毒灭菌,20分钟以后即可在接种室进行开放式接种。菌袋两头接种,并放置无菌棉塞扎好,以利于菌袋内外气体交换。

(4)发菌期管理。

① 菌袋叠放:将接好种的菌袋堆放在灭过菌、干净、暗光的培养房内。高温季节发菌,菌袋作井字形排列。温度低时,菌袋可重叠排列,但不易叠得太高,以避免重压而影响菌丝生长(见图10-5)。

图 10-5　熟料栽培鸡腿菇

② 培养管理:菌袋初进培养房2~3天内,尚未产生料温,培养房的温度可设置在23~25℃;3天以后,由于菌丝生长,菌袋开始产生热量,要勤观察,防止烧菌,应逐步将室温下调至20~18℃;接种7天后是菌袋产生热量最多的时候,原则上要求两层菌袋之间的温度不能超过26℃;接种10天后,料温自行下降,此时可将培养房温度上调到23~25℃。发菌期间要保持培养房空气新鲜,以利于菌丝生长,特别在料温升高阶段,会产生大量废气,所以要重视培养房的通风换气。夏季气温高,可在早晚气温较低的时候进行通风换气,一般通风15分钟;冬季选在中午气温较高时进行通风。室内空气相对湿度控制在65%左右。发菌期间,注意及时翻菌袋堆,检查菌袋内菌丝生长情况,发现有杂菌感染时,应及时进行处理;翻菌袋堆时,注意调整菌袋上、下、内、外的位置,以利于各袋菌丝均匀地接触空气,促进菌丝均衡生长。

(5) 出菇管理。

① 脱袋:夏季一般20多天菌丝长满菌袋,春、秋季25天菌丝长满菌袋。一般发菌满袋后2~3天就可脱去塑料袋进行覆土栽培,也可延长1~2个星期后脱袋,但此间不可受高温影响,否则会影响菇的产量和品质;如果在冬季自然温度条件下,发菌满袋后过1~2个月也不受影响,鸡腿菇菌丝耐寒性较好,−3℃冻不死。由于鸡腿菇的菌丝具有较强的抗衰老能力和不沾土不出菇的特性,栽培菌袋长好后,可以在低温、干燥、干净、光线较暗的菌种房内进行贮藏,待栽培生产时,再移入出菇房或出菇棚内覆土出菇。

② 床架排袋:出菇房或出菇棚内搭建床架,在其上铺垫地膜,将脱去塑料袋的菌棒截成两截,截面向下排列在床面上,要求平整,菌棒之间留有空隙(3~5 cm),便于填土。

③ 覆土管理:覆土可用菜园土、稻田土,一般表层土不用。取土前在土层表面撒1%尿素,土翻好后撒1%石灰,然后将土捣碎,并与石灰拌匀。土粒大小不等,大的2~3 cm,小的细如豆粒。覆土要求是土质疏松、通气性好、具有一定肥力的土壤,须进行杀虫灭菌处理。覆土不可过干或过湿,要求将覆土的湿度调至以手握成团、触之即散为宜。如果覆土过干,上床后难以调水,土粒中心湿不透;如果覆土过湿,菌棒之间空隙难以填满,容易引起低部位结菇,俗称"穿堂菇",对产量影响很大。因此,覆上土后要用短齿耙进行耙梳,使菌棒之间的空隙填满土,再在菌棒上面覆盖一层土,厚度2~3 cm。菇床的菌棒四周用潮湿的覆土抹上,在抹边之前用

水将四边的菌棒淋一下,抹边的覆土不要抹得太紧太光,只要抹上不掉就行。

④ 调湿发菌:当覆好土抹好边后,就要进行调水。一次性调重水,调至大土粒中心湿透,然后闭窗发菌。温度为 25 ℃。一般 10～15 天形成子实体原基,20～25 天就可开始采收。当天气干燥时,如冬季菇房空气湿度偏低,可在发菌前期床面加盖地膜,最好是无纺布,以便保持适宜的湿度。如果床面湿度过高,可在调水后 10 天原基形成前,在床面上撒一层干细土。细土要过筛,以黄豆大为好。

⑤ 温度调节:在子实体原基形成前,菇房保持恒温 25 ℃;当原基形成时,就应将室温逐渐下调 2～3 ℃;当子实体全面形成时,室温控制在 20～22 ℃。随着子实体不断长大,温度逐渐下调。子实体 1 cm 时,温度调至 18～20 ℃,18 ℃为最宜。温度高,菇肉松,品质差。待第一潮菇大部分采摘后,又可将温度逐步调高;当第二潮菇的子实体原基形成时,再按上述要求逐步下调温度。

(6) 采收与加工。

① 采收期:鸡腿菇的子实体长至圆柱形、菌高 8～12 cm、菌盖直径 2～3 cm、菌盖与菌环未分离或刚显松时,是最适宜的采收时间。这时的菇体味道鲜,形态美,菇的质量好。若不及时采收,子实体成熟后,菌盖边缘由白色变为浅粉红色,进而开伞产生大量黑色的孢子,菌褶很快自溶成墨汁状,仅留下菌柄,便完全失去了商品价值。鸡腿菇生长到钟形期后,成熟非常快,所以应特别注意及时分次采收。采收旺季,每天早、中、晚各采收一次。

② 采收方法:采大留小,不带幼菇,不连根拔起,不伤土层菌丝。采收时,应一手按住基部的培养料,一手握住子实体轻轻转动。丛生的菇,由于菇丛很大,其个体成熟度不一,为避免采收时伤害幼菇,可以先将部分应采收的个体用刀子从子实体基部切下,防止带动其他菇体而造成死菇。

四、保鲜和盐渍加工简介

鸡腿菇子实体采收后,用刀削去基部泥土,整理干净直接进入市场鲜销,或进行保鲜或盐渍加工。

(一) 鸡腿菇保鲜技术简介

采用物理、生化方法对鲜菇进行处理,使其代谢活动降低到适宜程度,保持较鲜状态,延长其货架寿命。常用保鲜方法如下。

(1) 气调保鲜法:气调保鲜的主要因素是温度、氧气、二氧化碳,其较适宜参数是温度 1 ℃,氧气 2%～4%,二氧化碳 5%～8%,在此状态下能降低菇体呼吸强度,减少耗氧量,抑制氧化酶活性,使鲜菇货架寿命延长。气调保鲜分机械式和自发式两种。机械式气调保鲜是利用抽真空,补充二氧化碳或氮气,以降低氧气含量。自发式气调保鲜是利用鸡腿菇自身的呼吸作用,使氧气浓度下降,二氧化碳浓度上升。

(2) 低温保鲜法:低温可以抑制鲜菇体内酶的活性,降低呼吸代谢,并且抑制其他微生物的活动。其做法是,鸡腿菇采摘后,尽快预冷存放于温度 0～3 ℃、空气相对湿度 90%～95%的稳定环境中,达到保鲜目的。

(3) 焦亚硫酸盐保鲜法:将菇体浸没在 0.05%～0.1%的焦亚硫酸钠溶液中 2～5 分钟,捞起沥干残液,装入容器,阴凉存放。也可向菇体直接喷洒 0.15%的焦亚硫酸钠溶液,要求喷洒均匀。若在焦亚硫酸钠溶液中加入浓度为 0.01%的鸟嘌呤或 6-苯基腺嘌呤,则保鲜效果更好。

（4）食盐保鲜法：用 0.6％～0.8％的食盐水浸泡鲜菇 20～30 分钟，捞起沥干，装入容器贮藏。可延长货架寿命 3～5 天。

（二）鸡腿菇盐渍技术简介

鸡腿菇最常用的盐渍加工工艺流程：鲜菇修整→护色→漂洗→杀青→冷却→盐渍→包装→外运。

（1）修整：待鸡腿菇长至圆柱形或钟形，颜色由浅变深，菌盖与菌环未分离时采摘。采摘后除去病菇、虫菇与老菇，用工具削去基部培养料和泥土。

（2）护色与漂洗：用 0.05％的焦亚硫酸钠溶液冲洗鲜菇，并放于护色液（0.15％焦亚硫酸钠加 0.1％柠檬酸）中浸 5 分钟（时间不要过长），之后用流水漂洗干净。或先用 0.6％的精盐水洗去菇体的泥屑杂质，再用 0.1％柠檬酸液（pH 为 4.5）漂洗。

（3）杀青：其目的是杀死菇体细胞，抑制酶活性，防止后熟与开伞；迫使菇内水分排出，利于盐分渗入。向不锈钢锅或铝锅内加入 5％盐水或 0.1％柠檬酸水，沸腾后放菇煮 7～10 分钟。合格的杀青菇菇心无白色，放入冷水中沉底。杀青不彻底将会变色、腐烂。

（4）冷却：杀青后立即用自来水或井水流水冷却，冷却要快速、彻底，否则易变褐发臭。

（5）盐渍：按水、盐 10∶4 的比例置于杀青锅中烧开，加盐至不能溶解，盐水浓度为 23°Bé，过滤后即为饱和食盐水；按柠檬酸 50％、偏磷酸钠 42％、明矾 8％的比例混匀并溶于水后即为调酸剂，配好备用。

盐渍容器要洗刷干净，将冷却菇控水称重，按每 100 kg 加 25～30 kg 盐的比例逐层盐渍：先在缸底放一层保底盐，接着放一层菇，依次直至满缸，并盖一层封顶盐，上面铺打密孔的薄膜，其上再加一层盐，最后加饱和食盐水和调酸剂，漫过封顶盐，用柠檬酸调节 pH 至 3～3.5。缸口加竹片盖帘，压上鹅卵石使菇完全浸入盐水，盖好缸盖。盐渍过程中要经常用波美计测量，当盐渍液浓度下降到 15°Bé 以下时，就要立即倒缸，把菇捞出，移入另外盛有饱和食盐水的缸中，加封顶盐、压石、封盖。

盐渍过程中要严防杂物等落入，如盐渍菇冒泡、上涨，是杀青不彻底、冷却不彻底、加盐不足或气温过高四种原因造成的，一旦发现，及时倒缸。一般盐渍 10～15 天，盐水浓度保持 20～22°Bé 时，即可装桶外运销售。

（6）包装：装桶外运时，将菇从盐渍缸内捞出、控水、称重。外运时一般用国际标准的塑料桶分装。清洁桶内，套上软包装，加 1 kg 保底盐，装上菇，晃动敦实，加足饱和食盐水，并用调酸剂调 pH 3.5 左右，加上 1 kg 封口盐，扎紧袋口，盖好内盖，拧紧外盖。

成品菇在运输途中会有一定失重，故应在 50 kg 标准桶内多装 1.5 kg 盐渍菇。

项目四　杏鲍菇栽培

码 10-4　杏鲍菇栽培 1　　　码 10-5　杏鲍菇栽培 2

一、重要价值

杏鲍菇（*Pleurotus eryngii*）又叫雪茸、刺芹侧耳等，属担子菌纲伞菌目侧耳科侧耳属。杏

鲍菇为刺茸侧耳的一个变种。

杏鲍菇的菌肉肥厚细嫩,营养丰富,味美质鲜,保鲜期长,因具有杏仁的香味和鲍鱼的风味而得名,既有很高的营养价值,也有多种医用和保健功能,属高档和珍稀菌类。

杏鲍菇是味道最好的菇类之一,被誉为"平菇王"。子实体内含 18 种氨基酸及部分矿质元素等对人体有益的营养成分,且其呈味物质十分丰富,有令人食后不忘的杏仁味。杏鲍菇不但味美,其保健功能十分显著,有益气、杀虫和美容作用,可促进人体对脂类物质的消化吸收和胆固醇的溶解,对肿瘤也有一定的预防和抑制作用,是一种具有药用功能的理想的保健食品,备受消费者青睐;加之较高的耐贮、耐运性,使其保鲜性能及货架寿命大大延长,也是受市场和商家欢迎的重要原因之一。

二、生物学特性

(一)形态特征

图 10-6 杏鲍菇的形态

菌丝体:菌丝浓白,有锁状联合,抗杂力较强,菌丝生长速度比白灵菇快,出菇也早。子实体:单生或群生,子实体由菌盖、菌褶和菌柄三部分组成,呈保龄球状或哑铃状,见图 10-6。

菌盖宽 2～12 cm,幼时长圆形,淡灰褐色,后长成圆形或扁形,成熟时形成中间下凹漏斗状,表面平滑,有丝状光泽,颜色为浅棕色或浅黄白色,中间和周围有放射状墨绿色细纹。菌盖边缘幼时内卷,成熟后平展呈波状。菌肉白色,具杏仁香味。菌褶向下延长,密集,乳白色,边缘及两侧平滑,具有小菌褶。菌柄侧生或中生,长 2～8 cm,粗 0.5～3 cm,中实,肉质白色,长球茎状,脆嫩可口。孢子近纺锤形,平滑,大小为 8.5～12.5 μm×5～6 μm,孢子印白色。

(二)生态习性

杏鲍菇广泛分布于德、意、法、捷、匈及印度、巴基斯坦等国,在我国主要分布在新疆、青海、四川北部,多生长在干旱草原和沙漠中的刺茸、叶拉瑟草和沙参植物上。大多着生于朽死的刺芹、阿魏等植物根部及四周土层中,有一定寄生性。因野生杏鲍菇多生长在刺芹植物的茎根上,故推测可能与其着生基质中有某种成分驱避害虫使其得到有效保护有关。杏鲍菇有多种生态型,经人工驯化,利用农林产品下脚料,我国各地都可栽培出品质优良的杏鲍菇。

(三)杏鲍菇生长发育条件

1. 营养条件

营养条件包括碳源、氮源、无机盐和维生素类物质。杏鲍菇是一种木腐菌,它的菌丝分解纤维素和木质素等复杂碳水化合物能力比较强,可分解利用木屑、棉籽壳、玉米芯、甘蔗渣、稻草和麦草等农副产品下脚料作为碳源。以蛋白胨、酵母粉、豆粉、麸皮等为氮源。所需无机盐和维生素类物质也可从农副产品原料中获得,不需另外添加。

(1)碳源:杏鲍菇的栽培原料较丰富,大部分农副产品均可利用,以木屑、棉籽壳、玉米芯、甘蔗渣、豆秆等农作物秸秆为主,以葡萄糖和蔗糖为辅。在目前生产中以前三种原料使用较多,原料必须新鲜、无霉变。

(2)氮源:杏鲍菇是一种喜欢氮素的菇类,氮源比例高有利于提高产量。生产中以麸皮、玉米芯、米糠和棉子壳为主,辅以蛋白胨、酵母粉。在秋冬季栽培可适量加大氮素含量,增加分化。在添加氮源时,原料一定要新鲜,因为陈米糠或麸皮含有亚油酸,能抑制菌丝生长。

(3)矿质元素:杏鲍菇生长过程中,不仅需要碳源和氮源,还需要石灰质及 Ca、P、K 等微量元素。适当加入石膏、石灰、磷酸二氢钾、磷酸氢二钾等物质可促进菌丝生长,提高菇产品质量。

2. 温度

杏鲍菇属于中低温菌类,尤其是子实体生长的适宜温度范围较窄。因此,在生长上选择适宜的出菇季节和品种是栽培成功关键之一。杏鲍菇菌丝生长的温度范围为 8～30 ℃,最适生长温度为 20～25 ℃。超过 30 ℃或低于 8 ℃时菌丝生长缓慢,易感染杂菌,超过 35 ℃时菌丝停止生长,造成死亡。发菌期的温度掌握在 15～27 ℃,同时,发菌中期,袋内温度比室温要高2～4 ℃,在管理时以袋内温度为准。原基形成的温度范围为 8～20 ℃,最适温度为 12～15℃。子实体生长发育的温度范围为 10～20 ℃。子实体形成期,温度低,菇生长慢,粗大,但失水多,易结球;温度高于 18 ℃时,子实体生长快,细长,菇体组织松软,品质差。在子实体生长过程中,因其属恒温结实的菇类,在原基形成期给一定温差外,生长期尽量给予恒温管理。

3. 湿度

杏鲍菇比较耐旱,在杏鲍菇出菇阶段不宜往菇体上喷水,因此,菌袋的含水量多少对产量有直接影响。在菌丝生长阶段,培养料含水量以 60%～65% 为宜。在低温季节制袋可提高含水量到 70% 左右,空气相对湿度在 60% 左右。出菇阶段,原基形成期间,适宜的空气相对湿度为 90%～95%;子实体生长发育阶段,适宜空气相对湿度为 80%～90%;在采收前,将空气相对湿度控制在 75%～80%。

4. 空气

菌丝体生长或子实体生长都需要氧气,但菌丝生长阶段稍高的二氧化碳浓度对菌丝影响不大,而原基形成和子实体生长要求有充足的氧气,环境通气良好,空气清新有利于菌盖生长。若要培养柄粗肉厚的子实体,还要适当控制通气量,提高二氧化碳浓度。

5. 光线

菌丝生长不需光,在黑暗或弱光下菌丝生长良好。原基形成和子实体生长要求一定的散射光,适宜的光照强度为 500～1000 lx。

6. 酸碱度

菌丝喜欢偏酸性环境,在 pH 4～8 范围内均能生长,以 pH 5～6 为最适宜。但在调制培养料时,pH 可调至 7.5～8,随着培养料的发酵或灭菌,pH 将下降至最适范围。

三、栽培技术要点

(一)栽培季节安排

根据出菇时要求的温度和当地气候特点确定适宜的栽培时期。杏鲍菇原基形成的温度为 10～18 ℃,依此温度向前推 40～45 天便为栽培的最佳期。一般长江以北分秋、春两季栽培,秋栽在 8 月下旬至 10 月上中旬,春栽在 3—4 月份。有控温条件时,可周年栽培。

(二)栽培方法

目前大面积栽培均采用塑料袋栽培方法,在袋式栽培法中有床架式出菇、床畦覆土出菇等形式。

1. 培养料的选择与配制

栽培杏鲍菇的主料是棉籽壳、玉米芯、木屑、甘蔗渣、豆秸及食用菌废料等。辅料为麸皮、玉米粉、碳酸钙、石膏、石灰等。所有原料应新鲜,无霉变、无虫蛀。

培养基配方仅介绍几种,供参考选择。

（1）棉籽壳 40%、木屑 38%、麸皮 20%、碳酸钙 2%。

（2）玉米芯 46%、棉籽壳 40%、麸皮 6%、玉米粉 6%、糖和石膏各 1%。

（3）木屑 30%、棉籽壳 28%、菌糠 20%、麸皮 15%、玉米粉 5%、糖和石膏各 1%。

（4）杂木屑 60%、棉籽壳 20%、麸皮 18%、白糖和碳酸钙各 1%。

（5）稻草或麦秸 57%、棉籽壳 10%、木屑 13%、麸皮 10%、玉米粉 8%、白糖和石膏各 1%。

（6）甘蔗渣 78%、麸皮 12%、玉米粉 8%、白糖和石膏各 1%。

（7）棉籽壳 90%、玉米粉 3%、麸皮 5%、白糖和石膏各 1%。

（8）豆秆 46%、棉籽壳 35%、麸皮 15%、玉米粉 2%、碳酸钙和白糖各 1%。

以上配方中含水量均为 60%~65%,pH 7.5~8.0(用石灰水调)。

在调制培养料时,凡有棉籽壳的培养料都要先将棉籽壳加水润湿,然后与其他料一起拌匀,因为棉籽壳不易吸收水分。将易溶于水的物料先溶解在水内,再拌入料内,水要逐步加入,边拌料边加水,反复拌数遍,达到无结块,无白心,含水量一致。拌好的料可及时装袋灭菌,也可将拌好的料先堆积发酵后,再装袋灭菌。

2. 装袋或装瓶

将拌好的料或发酵好的料装入塑料袋中达到松紧适中,上下一致。袋的规格多用 16 cm×35 cm 或 17 cm×35 cm。用装袋机或装瓶机效率更高。

3. 灭菌

装好的袋要及时灭菌,不可久放。采用高压灭菌时,0.147 MPa 维持 2 小时,常压灭菌时,当锅内温度达 100 ℃时,维持 10~16 小时。

4. 接种

灭菌后的料袋转运至接种室或干净场所冷却,待袋温降至 30 ℃以下时接种。接种量为 10%。一般每瓶(500 mL 或 750 mL)菌种可接 10~12 袋或 15~18 袋。并且菌种要尽量取块接入,减少细碎型菌种,以加速萌发,尽快让菌丝覆盖料面,最大限度地降低感染率,提高发菌成功率。

5. 培养

启用培养室前应执行严格消毒工作,门窗及通风孔均封装高密度窗纱,以防虫类进入接种后的菌袋。移入后,置培养架上码 3~5 层,不可过高。尤其气温高于 30 ℃时更应注意。严防发菌期间菌袋产热,冬季发菌则相反,应尽量使室温升高并维持稳定。一般应调控温度在 15~30 ℃范围,最佳 25 ℃,空气相对湿度 70% 左右,并有少量通风。尽管杏鲍菇菌丝可耐受较高浓度二氧化碳,但仍以较新鲜空气对菌丝发育有利。此外,密闭培养室使菌袋在黑暗条件下发菌,既是菌丝的生理需求,同时也是预防害虫进入的有效措施之一。一般在 24~26 ℃条件下发菌,25~30 天菌丝可长满袋。

6. 开袋搔菌催蕾

菌丝长满袋,后熟时间的长短直接影响出菇率、转化率、菇体畸形率和产量的高低。菌丝长满袋后,必须再经过 30~40 天的培养,使菌丝粗壮、洁白、浓密,可达到生理成熟。由营养生长转入生殖生长,并积累足够的养分,才能开袋出菇,应使出菇率达到 90%～94%,转化率达到 97% 左右,畸形菇率降低到最低程度。控制温度在 12～15 ℃,空气相对湿度在 85%～90% 条件下打开袋口,搔去袋口料面老菌种块和老菌皮,但不撑开袋口,以便保持袋口料面湿度。当原基已在袋口形成,并出现 1～2 cm 小菇蕾时,撑开袋口或剪掉袋口薄膜,剔菇时每袋留 2～3 个菇蕾,让其生长发育。

7. **出菇管理**

(1) 幼蕾阶段:幼蕾体微性弱,需较严格、稳定的环境条件,此阶段可将棚温稳定在 10～18 ℃、棚湿 90%～95%,光照强度 500～700 lx,以及少量通风,保持棚内较凉爽、高湿度、弱光照及清新的空气,3～5 天,幼蕾分化为幼菇,即可见子实体基本形状。

(2) 幼菇阶段:子实体幼时尽管较蕾期个体大,但其抵抗外界不利因素的能力仍然较弱,此阶段仍需保持较稳定的温、水、气等条件,为促其加快生长速度并提高健壮程度,可适当增加光照强度至 800 lx,但随着光照的提高,子实体色泽将趋深,故需掌握适度。经 3 天左右,即转入成菇期。

幼蕾及幼菇阶段是发生萎缩死亡的主要阶段,其主要原因是温度偏高,尤其是秋栽的第一潮菇和春栽的第二潮菇,处于温度较高的大气环境中,管理中稍有疏忽或措施不当、管理不及时等,就会令棚温急剧上升,一旦达到或超过 22 ℃,幼蕾即大批发黄、萎缩,继而死亡。因此,严格控制棚温,是杏鲍菇菇期管理的重要任务,所以根据其生物学特性,严格、有效地调控各项条件,正确处理温、气、水、光之间的矛盾,使子实体各阶段均处于较适宜的环境中,最大限度地降低死亡率,已成为菇期管理工作优劣的评判标准。

(3) 成菇阶段:为获得高质量的子实体,此阶段应创造条件进一步降低棚温至 15 ℃ 左右,控制棚湿 90% 左右,光照强度减至 500 lx,尽量加大通风,但勿使强风尤其温差较大的风吹拂子实体;风力较强时,可在门窗及通风孔处挂棉纱布并喷湿,或缩小进风口等,以控制热风、干风、强风的进入,既保证棚内空气清新,又可协调气、温、水之间的关系,将使子实体处于较适宜条件下,从而健康、正常地生长。

(4) 采收及采后管理。

采收:当子实体基本长大,基部隆起但不松软、菌盖基本平展并中央下凹、边缘稍有下内卷,但尚未弹射孢子时,即可及时采收,此时大约八成熟。如生产批量较大时,可在七成熟时采收。采收的子实体应及时切除基部所带基料等杂物,码放整齐以防菌盖破碎,并及时送往保温库进行分级、整理及包装,或及时送往加工厂进行加工处理,不得久置于常温下,以防菌盖裂口、基部切割处变色而影响产品质量。

(三) 后期覆土增产管理

将发好的菌袋或出菇两潮的菌袋脱去薄膜竖立于床畦内(畦深 20 cm),菌筒间隔 2 cm,空间用发酵料或细土填平,菌筒表面覆 1.5～2 cm 厚的细土,喷雾润湿土壤,上盖湿稻草或麦草保湿。加强通风,并给予一定的散射光。覆土后因保湿性好,菇体肥大,肉厚质嫩,产量高,能提高栽培的生物学转化率。

覆土的作用如下。

(1) 减少气温对培养料温度的影响,调节及保持培养料的含水量。

(2) 因土壤中含有营养物质,能提高培养料的营养,提高杏鲍菇产量。

(3) 土壤中所含的臭味假单胞杆菌,能吸收菌丝体生长所产生的乙烯、丙酮等挥发性物质,能刺激和诱导原基分化形成。

(4) 土壤具有支撑菇体和调节培养料酸碱性的作用。

覆土材料及处理:覆土材料要含有丰富的腐殖质。通气性良好,并经过消毒处理,可取菜园地 20 cm 以下的潮土(以草炭土为最好)100 kg,加草木灰 6 kg,氮、磷、钾复合肥 1 kg,发酵好的干鸡粪 3 kg。消毒的方法是:生石灰 2 kg,充分混合均匀,堆闷 12 小时,然后摊晾 6~8 小时备用。其他管理同上。

(四) 杏鲍菇的保鲜、干制加工技术

鲜销:杏鲍菇与一般菇类相比保存时间较长,一般在 4 ℃冰箱中放置 20 天不会变质,10 ℃时可放置 5~10 天,15~20 ℃时可保存 2~5 天不会发生变质,所以秋冬季采收的杏鲍菇以鲜销为主。

杏鲍菇进行干制加工,整菇或切片进行晒干或烘干加工,其干制品香气浓郁,耐贮藏。

项目五　滑菇栽培

一、重要价值

滑菇[*Pholiota nameko*(T. Ito)S. Ito et Imai],又称为滑子蘑、光帽鳞伞、珍珠菇、光帽黄伞等,隶属于伞菌目球盖菇科鳞伞属。滑菇人工栽培始于日本,20 世纪 70 年代我国引种栽培。目前主要分布在辽宁、吉林、黑龙江、北京、山西等地。

滑菇质嫩味美,营养丰富,据分析:每 100 g 滑菇干物质中含粗蛋白 20.8 g,脂肪 4.2 g,糖类 66.7 g,灰分 8.3 g。菌盖表面所分泌的黏多糖具有抑制肿瘤的作用,并对增进人体的脑力和体质均有益处。滑菇的热水提取物对于移植小白鼠皮下的肉瘤 S-180 有强烈的抑制作用,抑制率为 86.5%,完全萎缩率为 30%,对艾氏腹水癌的抑制率为 70%,还可预防葡萄球菌、大肠杆菌、肺炎杆菌、结核杆菌的感染。因此,滑菇颇受国内外消费者青睐。

二、生物学特性

(一) 形态特征

滑菇由菌丝体和子实体组成。

(1) 菌丝体:滑菇菌丝呈绒毛状,稠密,爬壁能力强。初期为白色,后变淡黄色。在适温条件下,一般 8~10 天即可长满试管。滑菇双核菌丝经扭结而组织化,形成近球形的原基,在条件适宜时发育成子实体。

(2) 子实体:滑菇子实体丛生,个体较小,开伞前菌盖直径 1~3 cm,开伞后菌盖直径 3~8 cm。菌盖黄褐色,很黏,半球形至扁球形,菌褶较密,直生。菌柄长 3~7 cm,近圆柱形或向下渐粗,纤维质,菌环以上为白色至浅黄色,菌环以下同盖色,近光滑、黏,内部实心至空心(见图 10-7)。菌环膜质,生于菌柄上部,黏性,易脱落。

(二) 生活条件

(1) 营养:滑菇属木腐菌。人工栽培常采用阔叶树木屑或某些针叶树(不能单独使用,必要时可加 20％左右)作为主要的碳素营养,添加一定量的麸皮或米糠作为氮素营养和维生素营养的补充。添加石膏粉或碳酸钙等补充无机盐养分。代料栽培也可选棉籽壳、玉米芯、豆秸等农副产品下脚料。

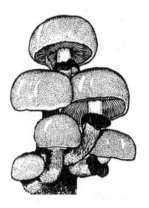

图 10-7 滑菇

(2)温度:滑菇属低温变温结实性菌类。菌丝生长温度为 5～30 ℃,最适温度为 20～25 ℃,超过 32 ℃菌丝停止生长,35 ℃以上死亡;子实体生长的温度为 6～20 ℃,最适温度为 15 ℃左右。昼夜如能形成 7～12 ℃的温差,有利于原基的产生。高于 20 ℃时子实体分化较少,菌柄细,菌盖小,开伞早,低于 5 ℃时子实体生长得非常缓慢,基本上不生长。

(3)水分和湿度:滑菇是喜湿性菌类。在菌丝体生长阶段培养料的适宜含水量为 60％～65％,空气相对湿度为 60％～70％;子实体生长阶段培养料的适宜含水量为 70％～73％,空气相对湿度为 90％左右。空气相对湿度会影响产量,但培养料表面积水又会导致烂菇,且容易滋生霉菌。因此,在菌蕾形成阶段,不要直接向料表面喷水,可逐渐加大空气相对湿度。

(4)光照:滑菇菌丝体生长阶段不需要光线,因此要避光发菌;子实体分化和生长发育阶段必须有一定的散射光,300～800 lx 的光照强度可促进子实体的形成。

(5)空气:滑菇是好气性菌类。菌丝、子实体生长均需要大量的氧气。因此,滑菇栽培室中如果通风不良或培养料的通透性差时,菌丝出现老化现象,严重时菌丝出现自溶,培养料松散,菌块解体;出菇期间通风不良,菇蕾生长缓慢,菇盖小,菇柄细长,易开伞,甚至不出菇。因此在栽培管理中,加强通风换气至关重要。

(6)酸碱度:滑菇是喜弱酸性菌类,适宜 pH 为 5～6.5,pH 大于 7.0 生长受阻,大于 8.0 时停止生长。生产中正常调制的培养料酸碱度基本上符合滑菇生长发育的要求,一般不需要调整。

三、栽培管理技术

滑菇人工栽培可分为段木栽培和代料栽培。段木栽培方法近年来很少采用。目前主要采用代料栽培。代料栽培按栽培方式又可分为压块栽培、袋栽、瓶栽、箱栽等。现以推广面积较大的半熟料块栽和熟料袋栽为例介绍滑菇人工栽培技术。

(一)半熟料块栽

滑菇半熟料块栽是指栽培滑菇的培养料拌料后用常压蒸锅蒸散料 2～3 小时,然后压块播种、发菌出菇的一种栽培方法。这种栽培方法采用早春低温播种,经过春、夏两季发菌,使菌块达到生理成熟,9—11 月份出菇。这种栽培方法生产工艺简单,操作方便,容易在广大农村普及推广,是我国滑菇主产区的主要生产模式。

工艺流程:准备工作→半熟料制作→压块播种→发菌管理→越夏管理→出菇管理→采收。

1. 准备工作

(1)搭建菇棚。小规模生产时,可以在房屋前后的田园或空地上搭建简易菇棚。使用前要收拾干净,地面撒石灰。菇棚内设置床架,进行多层次栽培。

(2)备种。菌种的准备要计算好时间及数量,选择好适宜的品种,以保证栽培时使用优质的适龄菌种。

（3）备料。滑菇主要生产原料是阔叶树木屑，在木屑资源贫乏地区，可将粉碎后的玉米芯、豆秸与木屑混合使用。所有的培养料都应在生产前备足。

（4）准备托帘、木框、压料板、活动托板、塑料薄膜等。托帘是承托菌块的秸秆帘，可用玉米秆或高粱秆制作。帘的规格为 61 cm×36 cm，用 2 根坚硬的枝条穿插固定，1 个托帘需要 7～8 段玉米秆或高粱秆。生产多少菌块就准备多少托帘。在制作托帘时应注意，无论用哪种材料，做成的托帘均要求光滑无刺，以免扎破塑料膜；木框是制作菌块的模子，规格为 60 cm× 35 cm×8 cm，准备 2～3 个即可。制作木框的木板要求内外光滑，厚度 2 cm 左右；活动托板与托帘大小相同即可。塑料薄膜是包菌块用的，可选用聚乙烯塑料薄膜，裁成 130 cm×120 cm 大小，膜厚 0.02 mm。

2. 播种时间

滑菇的半熟料块栽，播种的气温以 1～5 ℃为宜，因为滑菇菌丝发育的起点温度为 5 ℃，全国各地区可根据当地的气候条件确定适宜的播种时间。在东北多是春季播种，秋冬收获，一年一个生长周期，如牡丹江地区的栽培时间以 3 月中下旬为宜。此时日平均温度较低（一般在 1～2 ℃），低温接菌易控制杂菌感染，提高接种成功率，接种后气温升高，菌丝在 4～8 ℃生长繁殖，外界气温升高至 10 ℃以上时，菌丝已基本封面，可抑制杂菌感染。

3. 培养料的选择

滑菇生产中的原料是以硬杂木屑为主，或和棉籽壳、玉米芯、豆秆粉等混配栽培。使用前将玉米芯粉碎成玉米粒大小的颗粒状。木屑使用前要过筛，或拣去大木柴棒，以免装袋时刺破料袋。麸皮、米糠、石膏等可作为滑菇栽培的辅助原料。原料要求新鲜、无结块、无霉变。滑菇栽培的配方很多，应因地而异，选择合适的主料，现将生产中常用的配方介绍如下。

（1）木屑 87%、米糠 10%、玉米粉 2%、石膏 1%。

（2）木屑 40%、棉籽壳 40%、玉米粉 10%、米糠 8%、石灰 2%。

（3）木屑 40%、玉米芯 40%、玉米粉 10%、米糠 8%、石灰 2%。

（4）木屑 40%、玉米芯 20%、豆秆粉 20%、玉米粉 10%、麸皮 8%、石灰 2%。

4. 半熟料制作

按比例称取原料。为了达到混拌均匀，先将比例小的原料混拌均匀，再将其与比例大的原料进一步混拌，干料拌均匀后，再拌水，培养料的含水量以 55%～60%为宜（含水量测定方法是用手紧握培养料成团不松散，指缝间有水印而不下滴为宜）。料拌好后准备蒸料。

蒸料时，锅上放入帘子，往锅内注水，水面距帘 20 cm，帘上铺放编织袋或麻袋片，用旺火把水烧开，然后往帘上撒培养料。首先撒上一层约 5 cm 厚的料，随着蒸汽的上升，哪里冒蒸汽就往哪里撒料，即见汽撒料，一直撒到离锅口 10 cm 处为止。撒料时要"勤撒、少撒、匀撒"，不可一次撒料过厚，造成上汽不均匀，产生"夹生料"。最后用厚塑料薄膜和帆布封锅顶盖，外边用绳捆绑结实。上大汽后，塑料膜鼓起，呈馒头状，这时开始计时（锅内料温为 100 ℃），保持 2～3 小时，停火后再闷 2 小时后出锅。

5. 出锅压块

出料前 30 分钟，对出料室、所用工具、托帘及操作人员的衣服用配好的 2%～3%来苏儿溶液进行喷雾消毒。出料压块一般需 4 人操作，1 人出料，用锹从锅内挖出蒸过的培养料，2 人包块，1 人搬运。在托帘上依次放上活动托板、木框，再将浸泡消毒后的薄膜铺在木框模具内，趁热快速将蒸好的料铺在塑料膜上，用压料板压平，料的厚度为 5.5 cm，特别注意框内四角要压实,以防塌边,用薄膜将料块包紧,随即抽出活动托板、撤下木框,用托帘承托料块,送到消毒后的接种室中,每5～10个码放一垛,冷却到28 ℃播种。

6. 播种

播种时将栽培种袋打开,挖弃袋内表面一层老菌丝,把菌块掏出,放在消毒过的盆中,掰成玉米粒大小备用。揭开料包薄膜,迅速将菌种均匀撒在培养料表面,每块播种1/4袋栽培种(17 cm×33 cm菌种袋),稍压实,立即包严。压块和播种时揭膜的时间是播种成败的关键。播种时,一般以3人相互配合为宜,1人搬料块、1人揭膜、1人播种。应做到动作准确迅速,同时要尽量减少挖出的菌种在空间滞留的时间,随挖随接。

接种结束后,将菌块搬到室外堆垛发菌或直接搬到菇棚内上架发菌。接种后的菌块最好采用室外堆积发菌方式,不但节省空间,而且白天室外阳光充足,气温较高,有利于菌丝生长。堆积发菌时,地面用木杆或砖垫起,每5～7块堆成一垛,垛与垛之间留10 cm间隙,以利于空气流通,上面及四周盖20 cm厚的稻草,以利于前期低温时增温、保暖,后期防止阳光直射,堆放期间要防止畜、禽及老鼠为害。

7. 发菌与越夏管理

(1)发菌管理:一般播种后,初期外界温度在1～3 ℃,达不到菌丝生长的最低温度要求,此时要以保温为主,尽量不使菌块结冰。室外堆积5～7天,菌种开始变白;经过10天左右,菌块上的白色菌丝开始向料内生长。大约30天培养料表面可长满菌丝并开始向料内穿透;发菌期间,不要向菌块喷水,要注意通风换气,防止烧料。一般在4月末进棚上架,高温提前到来时应早上架,气温较低的年份可晚上架,一般当堆内温度达10～12 ℃时应及时进棚上架,防止高温烧菌。

菌块搬入菇棚上架后,管理的重点是发菌管理。随着气温逐渐升高,菌丝生长更加旺盛,必须加强培养场所的通风,每隔1～2天就应给菇房通风,同时简易菇房顶部要盖上遮阳物,以防阳光暴晒,菇房内温度骤然上升。这个阶段是杂菌感染的多发期,因此要经常检查菌块,如果个别菌块发现杂菌感染,可将其移到阴凉、通风的地方继续培养。在接种后40天左右应上下调换一下位置。

随着外界气温的不断升高,菌丝逐渐布满整个料面,此时应适当提松塑料膜,通风换气,以利于菌丝生长,经50～60天,菌丝便遍布整个菌块。正常情况下,经过60～70天菌块上菌丝转色形成蜡质层。

蜡质层形成的好坏对产量结果影响很大。正常的蜡质层有橘黄色和红褐色之分,厚度在0.5～0.8 mm,蜡质层对块内菌丝起保护作用,既防止水分蒸发,又防止外部害虫和杂菌的侵入。形成良好的蜡质层,也是菌丝健壮和高产的重要标志。

(2)越夏管理:滑菇菌丝培养后能否安全越夏是生产成败的关键。越夏管理的主要任务是控制菇房的温度,加大菇房的遮阳程度,防止阳光直射菇房而导致温度升高。这个时期应将菇房温度控制在26 ℃以下,如果超过26 ℃,在加强通风、遮阳的同时可采取喷冷水降温的措施。因为滑菇不耐高温,特别是处于老熟休眠阶段的菌丝,超过30 ℃连续4小时就会受到伤害。菇棚的门窗需要用玉米秸串成的遮阳帘或草帘遮光。进入出菇管理前夕,应对所有菌块检查一遍,如果有整块感染了杂菌,应及时拣出,对于局部感染的菌块可移出菇房与正常生长的菌块分开,单独进行管理。

8. 出菇管理

靠自然温度养菌,要到立秋后,气温降到15℃才能出菇。黑龙江省在9月份开始出菇,辽宁省则从9月下旬至10月上旬出菇。出菇前需要如下管理。

(1)揭膜划面:将料包的塑料膜揭开,将菌块表面的蜡质层划破进行搔菌处理,刺激菌块进入出菇期。

在揭膜前,首先要清扫菇房,喷3%的来苏儿溶液消毒防虫,喷药30分钟后揭膜,底膜不动,菌盘四边膜揭到底,以利于边缘出菇。

划料面时用有刃的金属工具每隔4 cm划一道,深度根据表面蜡质层厚薄而定。对于较厚的锈红色蜡质层划面以1 cm深为宜。较薄、发白的蜡质层要轻划,菌块表面未形成蜡质层的可不划。通过揭膜和搔菌处理,使菌块内部得到新鲜的空气,能够促进菌丝扭结,形成原基。

(2)水分管理:蜡质层划好后,管理的重点是水分管理。滑菇是喜湿耐水的菌类,出菇期间空气相对湿度为90%~95%才能出菇整齐,产量高。因此,应抓住水分管理的几个关键环节。

第一环节是轻喷划面水。划面7~10天内喷水要轻,保持培养料表面湿润即可。

第二环节是狠打扭结水。在滑菇的水分管理中,打扭结水是最重要的环节,此时气温已下降至20℃以下。每天早、午、晚及夜间各喷一次水,喷水量要大,使菌块含水量增加到70%左右,即用手按菌块有水溢出,并见指纹,同时要保持空气相对湿度为90%~95%,棚内地面也要经常洒水,保持潮湿状态。当菌块吸收到适宜的水分后,即在表面出现小米粒状的菇蕾,此时就不要再往菌块上喷水,以免菇蕾窒息死亡。但要将空气相对湿度调节到90%~95%。

图10-8 鲜嫩的滑菇

第三环节是控制转潮水。滑菇每次采收后,要控制两天不喷水,但要保持菌块表面不干,使菌丝体积累贮备营养。

在正常情况下,打包划面喷水后30天左右,菌丝即可开始扭结,菌块表面出现白色原基,逐渐形成黄色的幼菇,再经过7~8天的生长即可采收。

9. 采收

一般在菌膜即将开裂之前,在菇盖直径达2~3 cm,菇盖呈橙红色半球形,表面油润光滑,质地鲜嫩时采收为好(见图10-8)。大面积栽培时,菇盖直径达到商品规格标准的上限与下限之间为采收适期。

(二)熟料袋栽

滑菇的熟料袋栽是指培养料配制装袋后经高温灭菌,再进行播种、发菌、出菇的一种栽培方法。它与滑菇半熟料块栽方法相比较,其最大优点是一年四季均可以进行栽培,只要出菇场所环境条件适宜,可全年出菇,满足市场的需求。

1. 菌袋制作

(1)培养料配方和配制方法:与上述半熟料块栽方法中有关内容相同,可以参考。

(2)装袋灭菌:可采用手工装袋或机械装袋,机械装袋工效较高,且能保证松紧均匀。滑菇栽培多采用17~22 cm×40~55 cm×0.04 cm的聚乙烯塑料袋(适合常压蒸汽灭菌),每袋装 0.6～1 kg 干料,装完袋后,要及时装锅灭菌。料袋装锅最好采用周转筐装袋,这样气流自由流通,无死角,灭菌彻底。灭菌方法有高压蒸汽灭菌和常压蒸汽灭菌两种,生产上常采用常压蒸汽灭菌。

生产中一些栽培户往往在灭菌上麻痹大意,造成灭菌不彻底,使杂菌感染严重,导致栽培失败。因此,常压蒸汽灭菌必须注意以下几点。

① 灭菌开始时火力要猛,要求在 3～4 小时内将锅烧开,以免造成培养料酸败。

② 在锅内中间料温达到 100 ℃时开始计时,要灭菌 10 小时以上才彻底。

③ 防治烧干锅,在灭菌之前,锅内要加足水,料袋装锅后,锅要盖严。

④ 防止锅内存在灭菌死角,锅内袋与锅四周留有间隙,锅底着火部位要均匀。

⑤ 一定要根据锅内的产汽量来决定灭菌量,千万不要小锅多装料。

灭菌后,待锅内温度降至 60 ℃以下时方能出锅。要将菌袋放在经过消毒、干净、通风、宽敞的场所,井字形排列,使之冷却,同时晾干料袋表面的水分。

2. 冷却接种

袋温降至 25 ℃以下时,即可接种,接种室的温度在 5 ℃以下时,可以采用开放式接菌,一般感染率不会高于 1%,如果温度上升至 10～15 ℃,可以采用接种帐接菌,否则会增加感染率。接种前 1～2 天对接种帐进行消毒灭菌。首先,地面撒石灰,然后用菇保 1 号等气雾消毒剂对空间消毒。接种时必须严格按无菌操作规程进行。

3. 发菌管理

接种后,菌袋要放入发菌室。发菌室在使用之前也要进行消毒灭菌,其方法和上述接种室的消毒灭菌方法相同。现在,很多菇农将接种室与发菌室合为一体,即接种后菌袋就在接种室内发菌,这样就减少搬运造成的杂菌感染。目前袋栽滑菇一般利用自然温度培养菌丝,摆成 9 层高的菌墙,养菌期间,菌墙之间的距离可以小些,一般采用双墙紧靠的方式,因为前期温度比较低,菌丝萌发较慢,这样有利于保温。

发菌室温度控制在 20～25 ℃,菌袋内温度不得超过 25 ℃;空气相对湿度控制在 60%～65%,过干或过湿对发菌不利;始终保持通风良好,以便于进行气体交换;要求黑暗。养菌期间注意老鼠为害。

温度上升至 5 ℃以上时,菌丝开始萌发。黑龙江省牡丹江地区,一般 3 月 10 日开始接菌,4 月 20 日前接菌结束,5 月 30 日前后,菌丝长满袋,当菌丝长满袋后,可以进行转色,此时温度较高,菌丝代谢旺盛,应加强通风,湿度以自然湿度为好,不用进行特意的增湿,也不用进行特别的管理,6 月下旬开始转色,7 月初转色完毕。

4. 出菇管理

当室温降至 13～15 ℃时,应将塑料袋袋口剪去,露出培养基,培养 2～3 天,进行喷水增湿,空气相对湿度保持在 85%～90%,经常进行通风换气,散射光以能阅读报纸为宜,诱发出菇。

5. 采收

采收标准及方法同半熟料块栽。如果条件适宜,可采收 3 潮菇。每潮菇采收后,要停水一周,让菌丝恢复生长,待原基出现后再进行出菇管理。

项目六　真姬菇栽培

一、重要价值

真姬菇($Hypsizigus\ marmoreus$(Peck)Bigelow),又名玉蕈、斑蕈、假松茸、胶玉蘑等,因具有独特的蟹香味,又称为蟹味菇。隶属于担子菌亚门伞菌目白蘑科玉蕈属。20 世纪 70 年代在日本长野开始栽培,20 世纪 80 年代中期引入我国,90 年代开始规模化栽培,主要在山西、河北、河南、山东、福建等地。以鲜菇和盐渍菇出口日本、韩国等地。

真姬菇质地脆嫩、口味鲜美、营养丰富。据分析,每 100 g 鲜菇中含粗蛋白 3.22 g、粗纤维 1.68 g、粗脂肪 0.08 g,含磷 130 mg、铁 14.67 mg、锌 6.73 mg、钙 7.00 mg、钾 316.9 mg、钠 49.20 mg,另外还含有维生素 B_1 0.64 mg、维生素 B_2 5.84 mg、维生素 B_6 186.99 mg、维生素 C 13.86 mg,同时含有 17 种氨基酸,其中 7 种为人体必需氨基酸。同时真姬菇具有提高免疫力、抗癌、防癌、预防衰老、延长寿命的功效。这也是近几年真姬菇风靡美国、日本等发达国家及国内市场的主要原因。

二、生物学特性

(一) 形态特征

真姬菇由菌丝体和子实体组成。

(1) 菌丝体:菌丝色白、浓密,气生菌丝长势旺盛,具较强的爬壁能力,老化后气生菌丝贴壁、倒伏,呈浅土灰色。适宜的条件下,接种后 10 天左右即可长满斜面;培养温度过高或过低时,在菌丝尖端易产生分生孢子,出现若干个白色、放射状、圆形菌落,菌丝纤细,气生菌丝稀疏,爬壁能力较弱,使质量降低。

图 10-9　真姬菇

(2) 子实体:子实体中小型,丛生,每丛 15～30 株不等(见图 10-9),二潮菇子实体常零星、单生,数量较少。菌盖直径多为 2～5 cm,肥厚,长有大理石花纹,幼时半球形,后渐平展,菌盖颜色由深褐色、褐色、浅褐色变为黄褐色。菌柄长 4～8 cm,粗 0.5～3 cm,中生,圆柱形,中实,肉质,白色或灰白色。真姬菇有苦味型和甜味型两类菌株,苦味型有微苦口味,甜味型是相对于苦味型而言的。东南亚国家多喜苦味型品种,日本则要甜味型品种。

(二) 生活条件

(1) 营养:真姬菇属木腐菌。需要的营养物质有碳源、氮源、无机盐和维生素四大类。生产实践中栽培真姬菇的原料主要以棉籽壳、木屑、玉米芯、作物秸秆等各种农作物的下脚料作为碳源,以米糠、麸皮、大豆粉、玉米粉等为氮源,适当加入磷、钾、镁、钙等矿质元素及一些缓冲物质。试验证实,用玉米秆、玉米芯粉与木屑各占一半的培养基主料栽培真姬菇,产量高。

(2) 水分:真姬菇属于喜湿性菌类。培养料适宜含水量为 65% 左右,如低于 45%,菌丝生长迟缓、稀疏纤细、易发黄衰老,高于 75％时,菌丝生长困难,生长极慢,严重者生长停滞,菌丝体生长空气相对湿度以 60％～65％为好;子实体发育期要求空气相对湿度为 85％～95％,低于 80％时,子实体生长缓慢,瘦小易干枯,高于 95％时菌盖易变色、腐烂。

（3）温度:真姬菇属变温结实性菇类,对温度条件的要求较为苛刻。其菌丝生长温度范围为 5～30 ℃,温度达 35 ℃以上或低于 4 ℃时菌丝停止生长,最适宜温度为 22～24 ℃,但长成的菌丝体具备较强的抗高温能力,气温在 30～35 ℃时可正常生长,经过高温阶段可提高结菇能力;真姬菇原基分化温度范围为 8～22 ℃,最适温度为 12～16 ℃,低于 8 ℃或高于 22 ℃时很难使其分化;子实体发育期最适温度为 13～18 ℃;8 ℃左右的温差有利于原基的分化及子实体的生长。

（4）通气:真姬菇属于好气性菌类,其菌丝生长阶段尤其是子实体生长阶段需要大量的新鲜空气。菌丝生长阶段,培养袋内二氧化碳浓度不能超过 0.4％;子实体分化发育阶段二氧化碳浓度应控制在 0.1％以下,最佳浓度为 0.05％左右,人进入菇棚感觉空气清新、无明显食用菌气味为佳。

（5）光照:同大多数食用菌一样,真姬菇发菌期间不需要光照,黑暗环境中生长菌丝洁白、粗壮、抗衰老能力强,菌丝扭结成原基及分化则需一定的散射光。光照适宜时,菇体色泽正常、形态周正、斑纹清晰、菌柄挺拔。实际生产中,可在大棚上覆一层较薄的草帘。

（6）酸碱度:真姬菇菌丝体在 pH 为 5～8 范围之内均能生长,最适 pH 为 6.0 左右。实际生产中,可将培养料的 pH 调高到 8.0 左右,偏碱性的条件可在一定程度上防止或抑制杂菌感染和促进菌丝的后熟。

三、栽培管理技术

真姬菇人工栽培主要有瓶栽法和袋栽法两种。瓶栽法主要应用于工厂化栽培,有保持水分及便于机械化操作等优点;袋栽法装料多、省工、适合自然条件。现以熟料袋栽为例,介绍真姬菇人工栽培技术。

工艺流程为:准备工作→培养料制作→装袋灭菌→冷却接种→发菌管理→出菇管理→采收及潮间管理。

1. 准备工作

（1）菇场:应选择地势高、远离污染源、平坦开阔的空旷场地建菇场。要求环境洁净,排水方便,有水源,交通方便,通风良好,无污染源。

一般棚为东西走向,宽 6 m,长度不限,可挖 0.8～1 m,南北墙高 0.4 m,棚中间高度不小于 2.4 m。棚顶要加厚,可用草苦加杂草、麦秸或其他材料覆盖,以起到保温、保湿作用;老菇棚应晒棚、更换架杆,棚膜和棚内彻底消毒。棚内消毒应铲去 3～5 cm 厚表土,然后用多甲溶液(多菌灵、甲醛、水比例为 1∶2∶100)对棚内进行地毯式喷洒,墙体、边角、立柱、通风孔等应喷洒药剂,不留任何死角,也可用菇保一号或甲醛加高锰酸钾熏蒸消毒。小规模生产,可以在房前屋后的空地上搭建简易菇棚。

（2）备种:菌种的准备要计算好时间及数量,选择好适宜的品种,以保证栽培时使用优质的适龄菌种。

（3）备料:真姬菇的主要生产原料是棉籽壳、木屑、玉米芯、豆秸、棉秆粉等农副产品下脚料,辅料是米糠或麸皮、玉米粉等,所有的培养料都应在生产前备足。

2. 栽培季节

实际生产中,可根据当地气温规律,合理安排出菇季节,使出菇期温度在 8～22 ℃。真姬菇菌丝体和子实体的生长发育进程缓慢,人工栽培过程中,整个制种、栽培的不同培养阶段所需时间如下。

(1)菌种:母种培养 18～20 天,原种 35～40 天,栽培种 35～40 天。

(2)袋栽:发菌 40～45 天,后熟培养 50～80 天,出菇期 30～45 天。从菌种准备到采收完毕,整个栽培周期为 140～180 天,比一般菇生长时间长。特别是在菌丝体长满后,还要在特定条件下培养 40 天以上,才能达到生理成熟。人工栽培时应根据当地气候条件和真姬菇生长发育期较长的特点来安排栽培季节。我国南方省份一般在 9 月气温稳定在 28 ℃ 以下时制菌袋,9—11 月发菌及后熟培养,11—12 月气温在 20 ℃ 以下时出菇。山东、河南、河北等地区一般在 8 月下旬开始制菌袋,8—10 月发菌,11 月中下旬至 12 月中下旬出菇。甘肃、宁夏等省份一般在 5 月以前接种,6 月中旬制菌袋,7—9 月发菌及后熟培养,9 月下旬至 10 月下旬出菇。东北地区则更早。如利用冷库栽培,则可周年生产。

3. 培养料制作

(1)配方:真姬菇栽培原料应因地而异,选择适合的主料。现将生产中常用的配方介绍如下。

① 木屑 79%、米糠或麸皮 18%、糖 1%、石膏粉 1%、石灰 1%。

② 棉籽壳 98%、石膏粉 1%、石灰 1%。

③ 棉籽壳 48%、木屑 35%、麸皮 10%、玉米粉 5%、石灰 1%、石膏粉 1%。

④ 棉籽壳 46%、玉米芯 30%、麸皮 16%、玉米粉 5%、石膏粉 1.5%、石灰 1.5%。

⑤ 玉米芯 80%、麸皮 12%、玉米粉 5%、石膏粉 1.5%、石灰 1.5%。

⑥ 玉米芯 40%、木屑 40%、麸皮 12%、玉米粉 5%、石膏粉 1.5%、石灰 1.5%。

(2)拌料:按比例称取原料进行拌料。木屑使用前需要过筛,以免装袋时刺破料袋。由于木屑吸水较慢,拌料时可以提前将木屑拌水吸湿,至木屑吸透水无白心。麸皮和米糠要求新鲜、无结块、无霉变。棉籽壳要求新鲜、无霉烂,使用前(特别是陈年棉籽壳)一定要暴晒。玉米芯、豆秸使用前要晒 1～2 天,再粉碎成黄豆大小。配料前,干燥的玉米芯、豆秸要加水预湿(一般每 100 kg 玉米芯加水 150～180 kg)。

可采用人工拌料或机械拌料。人工拌料时,选择水泥地面拌料为好。为了达到混拌均匀,先将比例小的原料混拌均匀,再将其与比例大的原料进一步混拌,干拌均匀后,再拌水,培养料的含水量以 55%～60% 为宜(含水量测定方法是用手紧握培养料成团不松散,指缝间有水印而不下滴为宜);机械拌料时,先将主料倒入料斗,辅料拌匀后撒在主料表面,干拌 2～3 分钟后,按比例加水,加水量可用水表来定量。加水后再拌 3～5 分钟即可。

4. 装袋与灭菌

一般可选用 17 cm×30～33 cm×0.04 cm 的聚乙烯或聚丙烯折角塑料袋,每袋装干料约 500 g。该种塑料袋可排放在栽培架上直立出菇。长出的子实体形态周正,个头均匀,粗细适中,商品价值较高。装料时,尽量采取机械作业。也可人工操作,当料装至袋长的 70% 左右时,袋口套颈圈、加棉塞后(或其他封口方式)即可进行灭菌。在装料及灭菌过程中,要轻拿轻放,必要时在排放的袋堆的底部垫报纸,以免薄膜破损。

装袋后要及时进行灭菌。可采用常压灭菌,也可用高压灭菌。常压灭菌一般为 100 ℃,保持 10 小时左右。高压灭菌一般压力为 0.118～0.147 MPa,保持 1.5～2 小时。

5. 冷却与接种

袋温降至 25 ℃ 以下时,即可接种,可以采用接种帐等接种场所接菌。但因真姬菇菌丝生长速度慢,抵抗感染能力偏低,因此,应较一般菇类的接种操作要求更严格。接种前 1~2 天对接种帐进行消毒灭菌。首先,地面撒石灰,然后用菇保 1 号等气雾消毒剂对空间消毒。接种方法同常规操作,接种时必须严格按无菌操作规程进行。

6. 发菌管理

(1)菌丝培养:接种后将菌袋搬入预先消毒的培养室培养。现在,很多菇农将接种室与发菌室合为一体,即接种后菌袋就在接种室内发菌,这样就减少搬运造成的杂菌感染。发菌室对环境的要求是温度控制在 20~25 ℃。当气温超过 30 ℃ 时,注意采取措施进行降温,空气相对湿度保持 65%~70%,过低的湿度往往使菌袋失水严重,影响出菇。湿度过高时易染杂菌,因此应注意每天通风 2~3 次,暗光培养。气候条件适宜时,也可置于室外空地上发菌。一般发菌 50 天左右,菌丝即可长满袋。

(2)菌丝后熟培养:真姬菇菌丝发满袋后,因菌丝未达到生理成熟,所以尚无结菇能力,仍需要继续培养,称为"二次发菌"阶段。该阶段的管理是真姬菇和其他菇类不同的地方。后熟培养阶段是真姬菇能否顺利出菇及影响产量、质量的重要环节。后熟培养的操作很简单,菌袋可在原地不动。其他条件可同前期发菌阶段。控制相对湿度在 75% 左右,通风量较前稍加大,可适当增加光线及温差刺激,以提高后熟效果,缩短培养期。一般 50 天左右菌丝体即可达生理成熟。其标志:菌袋菌丝由洁白转为土黄色;菌柱由于失水而收缩,但菌柱四周与塑料薄膜贴合较紧,呈凹凸不平的皱缩状;无病虫害。

菌丝后熟培养结束后,如仍处于高温季节而不适宜出菇,可将菌袋进行简单的存放或转入越夏处理。存放条件以阴凉、通风、闭光、无虫害为最佳。可在人防工事、地下室等场所存放,待气候适宜时即可进行出菇管理。

7. 出菇管理

(1)搔菌:各地可根据出菇时间的长短、温度的高低等条件,确定真姬菇搔菌的方式及其力度。如时间充裕,可提前进行搔菌,该时间内温度偏高,此时搔菌可采用重搔的方式,方法是将袋口打开,用工具将接种块去掉,并将表面基料刮去 0.2~0.3 cm,然后通过培养使其重新长出一层气生菌丝。其优点是出菇整齐一致,个体均匀,便于管理。如时间偏晚,可用硬毛刷将袋口表面菌丝破坏,但不去掉接种块。若搔菌时气温已稳定在 10~20 ℃,很适合出菇,打开袋口前,将袋口按在地面上轻揉 1~2 圈,使表面菌丝稍受损伤,然后打开并拉直袋口,使其直接出菇。

(2)注水:搔菌后,可往袋口内灌注清水 200~300 g,两头出菇的菌袋可直接浸入水池中,令其自行吸水,约 2 小时后,将多余的清水倒出,或将菌袋从水池中捞出重新码放。该工序可对菌袋进行有效刺激,并能补充发菌过程中失去的水分,可增加出菇的整齐度和数量。

(3)催蕾:催蕾分化时应严格控制菇棚温度在 12~16 ℃,最佳为 15 ℃ 左右;适当光照;保持空气清新、湿润,空气相对湿度为 90%~95%,约一周后袋口料面便可长出一层浅白色气生菌丝,并形成一层菌膜。这时,调控 8 ℃ 左右的昼夜温差,数日内菌膜逐渐由白色变为浅土灰色,标志着原基即将形成。3~5 天后,灰色菌膜表面将会出现细密的原基,并逐渐分化为菇蕾,便进入育菇管理阶段。

(4)育菇管理:菇蕾形成后,控制菇房温度为 13~18 ℃,空气相对湿度为 85%~90%,每日通风 3~4 次,控制二氧化碳浓度在 0.1% 以下,光照强度为 200~500 lx。子实体生长中、后期,拉起袋口,适当提高菇房二氧化碳浓度,以刺激菌柄的伸长,保持菇盖 1.5～3 cm。在子实体生长中,若菇房空气相对湿度低于 80%,可在空中喷水或地面洒水,但不能直接向子实体喷水。10～15 天后菇蕾即可发育成商品菇。

8. 采收及潮间管理

当子实体长至八成熟时,应及时采收。采收的标准:菌盖上大理石斑纹清晰,色泽正常,形态周正,菌盖直径 1.5～3 cm,柄长 4～8 cm,粗细均匀。

真姬菇的生物学转化率可达 75%～85%,产量主要集中在第一潮。若第一潮出菇少,可进行第二潮菇的管理。具体做法:第一潮菇采收后,及时清除袋内死菇、菇柄及料面菌皮,稍拧紧袋口,提高料温,降低湿度,加大通风,遮光,使菌袋重新进入养菌的环境中,待袋口料面重现气生菌丝时,可重复前述管理。

项目七　秀珍菇栽培

码 10-6　秀珍菇栽培 1　　码 10-7　秀珍菇栽培 2

一、重要价值

秀珍菇(*Pleurotus geesteranus* Singer)也称为袖珍菇、小平菇、印度鲍鱼菇等,隶属于担子菌亚门伞菌目侧耳科侧耳属。秀珍菇肉质脆嫩、鲜美可口、纤维含量少,富含蛋白质、脂肪、真菌多糖、维生素和微量元素,秀珍菇的蛋白质含量接近肉类,比一般蔬菜高 3～6 倍,并含有 17 种以上氨基酸,其中含有人体必需的 8 种氨基酸,更为可贵的是,秀珍菇含有人体自身不能制造,而素食中通常又缺乏的苏氨酸、赖氨酸、亮氨酸等。秀珍菇不仅营养丰富,而且多食秀珍菇可降低人体胆固醇和血脂。因此,近年来深受国内外消费者欢迎。

二、生物学特性

(一) 形态特征

图 10-10　秀珍菇

秀珍菇由菌丝体和子实体组成。

(1) 菌丝体:秀珍菇菌丝洁白、粗壮,气生菌丝发达。在菌丝生长过程中,显微镜下能明显地观察到菌丝的锁状联合。菌丝抗杂菌能力强,达到生理成熟阶段,条件适宜时,形成子实体。

(2) 子实体:秀珍菇子实体多数为丛生(见图 10-10),少数为单生。外形及颜色与平菇或凤尾菇相似。菌盖浅灰白至深灰,半圆形、圆形、扇形、肾形,完全展开后贝壳形或漏斗状,菌盖多为 3～4 cm;菌褶较密、白色、延生;菌柄侧生、偏生或近中生,白色,柄长 2～10 cm,柄粗 0.4～3 cm,上粗下细,基部无绒毛;成熟后的子实体中至大型。

(二) 生活条件

(1) 营养:秀珍菇属木腐菌类。秀珍菇菌丝分解纤维素和半纤维素的能力很强。因此,栽培秀珍菇的原料来源很广,常以棉籽壳、杂木屑、玉米芯、甘蔗渣及多种农业和加工产品的下脚料为主料。辅料有麸皮、米糠、玉米粉等,在栽培料中适当加入过磷酸钙、碳酸钙、石膏等矿物质有助于菌丝的生长和产量的提高。

(2)温度:秀珍菇为低温型变温结实性菌类。菌丝生长温度范围较广,在8~35 ℃均能生长,最佳温度为24~27 ℃;子实体形成温度为10~25 ℃,以15~20 ℃为最好。出菇温度为8~28 ℃,最适温度为12~20 ℃。在适温范围内,昼夜温差5~8 ℃能促进子实体分化,增加产量,提高品质。

(3)湿度:秀珍菇是喜湿性菌类。菌丝生长阶段,培养料含水量应控制在65%~70%,比其他食用菌所要求的含水量要高,空气相对湿度控制在65%左右;出菇阶段空气相对湿度应调高到85%~95%,若湿度过低,子实体变小,严重时会引起原基萎缩,菇蕾死亡。

(4)空气:秀珍菇是好气性真菌。在其生长发育的全过程,都要经常通风换气,以保持空气新鲜,促进秀珍菇的正常生长发育。

(5)光照:菌丝体生长阶段不需要光线,因此要避光发菌;子实体分化和生长发育阶段必须有一定的散射光,300~800 lx的光照强度可促进子实体的形成。

(6)酸碱度:秀珍菇生长发育喜欢偏酸性的环境。最适酸碱度为pH 5.5~6.5。

三、栽培管理技术

秀珍菇人工栽培方式又可分为瓶栽、袋栽、箱栽、畦栽等。现以推广较好的熟料袋栽为例,介绍秀珍菇人工栽培技术。

工艺流程为:准备工作→培养料制作→装袋灭菌→冷却接种→发菌管理→出菇管理→采收→转潮管理。

1. 准备工作

(1)场地选择:秀珍菇栽培室可以利用一般民房,也可在庭院内搭简易栽培棚,有条件的可以建造专用栽培室。要求地势稍高,靠近水源,通风良好,彻底消毒。我国菇农一般将发菌室兼做出菇室,如果将二者分开,即采用二区制栽培,可增加栽培批次。栽培室要能够密闭,利于保温和消毒,提高秀珍菇产量和质量。栽培室在每次使用前3~5天须进行杀虫、消毒。

(2)备种:菌种的准备要计算好时间和数量,选择好适宜的品种,以保证栽培时使用优质的适龄菌种。栽培种发满后应该菌丝洁白、均匀、健壮,无杂菌感染。

(3)备料:因地制宜地选择棉籽壳、木屑、玉米芯、豆秸等农副产品的下脚料。所有的培养料都应在生产前备足。

2. 播种时间

秀珍菇栽培季节的选择应依据出菇温度和当地自然气候条件而定。气温稳定在8 ℃以上时可以栽培。根据北方气候特点,秀珍菇栽培一般安排在春、秋两季生产,春季为4—5月,秋季为9—10月。南北气候有别,可根据出菇适温适当提前或推迟20天。

3. 培养料制作

(1)配方:秀珍菇栽培材料十分广泛,几乎所有用来栽培平菇的材料都可用来栽培秀珍菇。棉籽壳、木屑、玉米芯、各种秸秆等都是培养秀珍菇较好的材料。秀珍菇喜高氮营养,因此,在培养料中要适当添加麸皮、米糠、玉米等有机氮源。现将生产中常用的配方介绍如下。

① 棉籽壳85%、米糠(或麸皮)10%、白糖1%、石灰3%、石膏粉1%。

② 棉籽壳55%、木屑40%、黄豆粉2%、石膏粉2%、过磷酸钙1%。

③ 棉籽壳 49%、木屑 49%、白糖 1%、石膏粉 1%。

④ 棉籽壳 30%、玉米芯 48%、麸皮 20%、白糖 1%、石膏粉 1%。

⑤ 木屑 77%、米糠(或麸皮)20%、白糖 1%、石膏粉 1%、石灰 1%。

⑥ 木屑 38%、玉米芯 40%、麸皮 20%、白糖 1%、石膏粉 1%。

⑦ 豆秸 46%、木屑 32%、麸皮 20%、石膏粉 1%、白糖 1%。

(2)拌料:按比例称取原料进行拌料,按料水比 1:(1.2~1.4)加水,充分搅拌均匀,堆闷 2 小时后即可使用。拌料时应注意以下几点。第一,拌料时,为了达到混拌均匀,先将比例少的原料混拌均匀,再将其与比例大的原料进一步混拌,干料拌匀后,再拌水。第二,含水量要适宜,拌料可在水泥地面或塑料薄膜上进行,以防止水分流失。手握拌好的培养料,以指缝间有水渗出但不滴下为宜。第三,木屑使用前需要过筛,以免装袋时刺破料袋。第四,玉米芯、豆秸使用前要晒 1~2 天,再粉碎成黄豆大小。拌料前,干燥的玉米芯、豆秸要加水预湿(一般每 100 kg 玉米芯加水 150~180 kg),再加入其他辅料,充分拌匀。

4. 装袋灭菌

选用 17 cm×33 cm×0.05 cm 规格的高密度聚乙烯或聚丙烯塑料袋,每袋装干料 450 g,装料应均匀一致、松紧适度,以培养料紧贴袋壁为度。装完料袋,将料面压平,用线扎口或其他封口方式封口,然后放入灭菌器内灭菌。

一般采用常压灭菌,可用土灶烧火,也可以用锅炉蒸汽灭菌池。将做好的料袋用筐盛装入灭菌灶或池内,用帆布、薄膜覆盖扎好,烧火加温至覆盖物隆起,在此期间应注意排冷气。当覆盖物隆起,灶内温度逐步升至 100 ℃时,保持 12~14 小时,灭菌时间到则停止烧火,1~2 小时后温度降到 50~60 ℃揭覆盖物,否则会使料袋的扎绳冲脱和料袋破裂,降低灭菌效果。

5. 冷却接种

将灭菌后的料袋搬入经过消毒杀虫、洁净的培养场地,摆放时先铺垫地膜,将料袋摆放于地膜上让其冷却,待料袋料温降至 28 ℃以下后即可接种。首先,将接种场地及料袋用薄膜封围成密闭空间(接种帐),用烟雾消毒剂消毒后进入接种。接种前菌种外袋表面先用克霉灵或多菌灵药液清洗 1 遍再使用,手和接种工具等用 75% 的酒精消毒,全面消毒后再进行操作。将菌种袋打开,挖弃袋内表面一层老菌丝,把菌块掏出,放在消毒过的盆中,掰成玉米粒大小备用。每袋菌种(17 cm×33 cm)接单头料袋 30~35 袋。接种时打开袋口,迅速将菌种均匀地撒在培养料表面,形成一薄层。然后将袋口套上塑料环。

6. 发菌管理

接种后将菌袋放置于发菌室或大棚内,冬春季气温低,可将菌袋紧密排放,有利于保温,晚春季节气温高,菌袋分开排放,2~3 层高,以利于散热降温,并要加强通风。发菌期控制温度 23~27 ℃,空气相对湿度低于 65%,做到经常通风换气,保持空气新鲜,避光发菌,一般 30 天左右菌丝可发满袋。注意,发菌期间应每隔 7~10 天检查一次,发现有杂菌应立即捡出,以防蔓延。

7. 出菇管理

秀珍菇菌丝长满袋后再继续培养 5~7 天,使菌丝达到生理成熟并积累养分便可出菇,具体管理办法如下。

(1)控制温度。保持在 15~25 ℃,出菇品质最好。

(2)水分管理。秀珍菇各生长阶段对水分的要求有所不同。催蕾时,采取空间喷雾,维持空气相对湿度 90%,保持料面湿润,促进菇蕾形成。随着子实体的发育,菇长至 1 cm 以上时可以向空间和菇体上同时喷水,最好喷雾状水,做到细喷和勤喷,空间相对湿度为 85%～95%,此时,切忌向菇蕾直接喷水,否则菇蕾易变黄、萎缩死亡。每潮菇采收后都要清理料面,同时停止喷水,让菇房和料面干燥 3～5 天,以利于菌丝恢复,减少病虫害的发生。

(3)通风。通风时间及通风量应结合温度灵活控制,高温季节夜间多通风,尽可能降低菇房温度。

(4)光照。原基分化和子实体生长需要光线刺激,栽培场所适当给予散射光,光线以人在房内、棚内能看清报纸的一般字体为宜。

8. 采收

秀珍菇栽培一般在现蕾后 3～4 天,当秀珍菇子实体的菌盖已开展,边缘内卷,菇盖直径为 2～4 cm 时即可采收,优质商品鲜菇的标准是菌盖直径 2.5～3.5 cm,菇柄长 4～5 cm。

9. 转潮管理

每潮菇采收结束后,都要清理出菇口的料面残柄及死菇,3～5 天不喷水,让菌丝恢复生长,再进入下一潮菇的管理,一般 10～12 天采一次。秀珍菇可采收 5～7 潮菇,生物学转化率可达 80%～100%。一个栽培周期为 3～4 个月。

项目八　大球盖菇(赤松茸)栽培

码 10-8
赤松茸栽培 1

码 10-9
赤松茸栽培 2

一、重要价值

大球盖菇(*Stropharla rugoso-annulat a-farlow apud Murrill*)又名赤松茸、皱环盖菇、皱球盖菇、酒红球盖菇,隶属于担子菌亚门层菌纲伞菌目球盖菌属,是欧美各国人工栽培的珍稀名贵食用菌新品种,也是联合国粮农组织(FAO)向发展中国家推荐的,在国际市场上畅销的十大菇种之一。其菇鲜品色泽艳丽,肉质脆嫩滑爽,味道清香鲜美,营养丰富,富含蛋白质、糖类、矿物质、维生素及 17 种氨基酸,含人体必需的 8 种氨基酸,且具有较高的药用价值,有预防冠心病、促进消化等功效。该菇口感好,干菇浓香,是珍稀菇类的后起之秀,颇受消费者青睐。

二、生物学特性

(一)形态特征

子实体单生、丛生或群生,中等至较大,单个菇团可达数公斤重(见图 10-11)。菌盖近半球形,后扁平,直径 5～45 cm,菌盖肉质,湿润时表面稍有黏性。细嫩子实体初为白色,常有乳头状小突起,随着子实体逐渐长大,菌盖渐变红褐色至葡萄酒红褐色或暗褐色,老熟后褪为褐色至灰褐色。有的菌盖上有纤维状鳞片,随着子实体的生长成熟而逐渐消失。菌盖边缘内卷,常附有菌幕残片。菌肉肥厚,色白。菌褶直生,排列密集,初为污白色,后变成灰白色,随菌盖平展,逐渐变成褐色或紫黑色。菌柄近圆柱形,靠近基部稍膨大,柄长 5～20 cm,柄粗 0.5～4

图 10-11　大球盖菇子实体

cm,菌环膜质,较厚或双层,位于柄的中上部,白色或近白色,上面有粗糙条纹,深裂成若干片段,裂片先端略向上卷,易脱落,在老熟的子实体上常消失。

(二)生态习性

大球盖菇从春至秋生于林中、林缘的草地上或路旁、园地、垃圾场、木屑堆或牧场的牛马粪堆上。人工栽培除了7—9月未见出菇外,其他月份均可长菇,但以10月下旬至12月初和次年3—4月上旬出菇多,生长快。野生大球盖菇在青藏高原上生长于阔叶林下的落叶层上,在攀西地区生长于针阔混交林中。

(三)分布

大球盖菇在自然界中分布于欧洲、北美洲、亚洲等地。在欧洲国家,如波兰、德国、荷兰、捷克等均有栽培。我国野生大球盖菇分布于云南、四川、西藏、吉林等地。

(四)生活条件

(1)水分:大球盖菇菌丝及子实体生长不可缺少的因子。基质中含水量的高低与菌丝的生长及长菇量有直接的关系,菌丝在基质含水量65%～80%的情况下能正常生长,最适宜含水量为70%～75%。培养料中含水量过高,菌丝生长不良,表现为稀、细弱,甚至还会使原来生长的菌丝萎缩。在实际栽培过程中,常可发现由于菌床被雨淋后,基质中含水量过高而严重影响发菌,虽然出菇,但产量不高。子实体发生阶段一般要求环境相对湿度在85%以上,以95%左右为宜。菌丝从营养生长阶段转入生殖生长阶段必须提高空气的相对湿度,方可刺激出菇,否则菌丝虽生长健壮,但出菇不理想。

(2)营养:营养物质是大球盖菇的生命活动的物质基础,也是获得高产的根本保证。大球盖菇对营养的要求以糖类和含氮物质为主。碳源有葡萄糖、蔗糖、纤维素、木质素等,氮源有氨基酸、蛋白胨等。此外,还需微量的无机盐类。实际栽培结果表明,稻草、麦秸、木屑等可作为培养料,能够满足大球盖菇生长所需的碳源。栽培其他蘑菇所采用的粪草料以及棉籽壳反而不太适合大球盖菇的栽培。麸皮、米糠不仅是氮素营养和维生素来源,也是早期辅助的碳素营养源。

(3)温度:控制大球盖菇菌丝生长和子实体形成的一个重要因素。

① 菌丝体生长阶段。大球盖菇菌丝生长适温范围是5～36 ℃,最适生长温度是24～28 ℃,在10 ℃以下和32 ℃以上生长速度迅速下降,超过36 ℃菌丝停止生长,高温延续时间长会造成菌丝死亡。在低温下菌丝生长缓慢,但不影响其生活力。

② 子实体生长阶段。大球盖菇子实体形成所需的温度范围是4～30 ℃,原基形成的最适温度为12～25 ℃。在此温度范围内,温度越高,子实体的生长速度越快,朵形较小,易开伞;而在较低的温度下,子实体发育缓慢,朵形较大,柄粗且肥,质优,不易开伞。子实体在生长过程中,遇到霜雪天气,只要采取一定的防冻措施,菇蕾就能存活。当气温越过30 ℃时,子实体原基难以形成。

(4)光线:大球盖菇菌丝的生长可以完全不要光线,但散射光对于实体的形成有促进作用。在实际栽培时,栽培场所选半阴的环境,栽培效果更佳。主要表现在两个方面:一是产量高;二是菇的色泽艳丽,菇体健壮,这可能是因为太阳光提高了地温,并通过水蒸气的蒸发促进基质中的空气交换以满足菌丝和子实体对营养、温度、空气、水分等的要求。但是,如果较长时间的太阳直射造成空气湿度降低,会使正在迅速生长而接近采收期的菇体龟裂,影响商品的外观。

(5) 空气:大球盖菇属于好气性真菌,新鲜空气是保证正常生长发育的重要环境之一。在菌丝生长阶段,对通气要求不敏感,空气中的二氧化碳浓度为 $0.5\%\sim1\%$;而在子实体生长发育阶段,要求空气的二氧化碳浓度要低于 0.15%。当空气不流通、氧气不足时,菌丝生长和子实体的发育均会受到抑制,特别是在子实体大量发生时,更应注意场地的通风,只有保证场地的空气新鲜,才有可能优质高产。

(6) pH:大球盖菇在 pH $4.5\sim9$ 均能生长,但以 pH $5\sim7$ 的微酸性环境较适宜。在 pH 较高的培养基中,前期菌丝生长缓慢,但在菌丝新陈代谢的过程中,会产生有机酸,而使培养基中的 pH 下降。菌丝在稻草培养基自然 pH 条件下可正常生长。

(7) 土壤:大球盖菇菌丝营养生长阶段,在没有土壤的环境能正常生长,但覆土可以促进子实体的形成。不覆土,虽也能长菇,但时间明显延长,这和覆盖层中的微生物有关。覆盖的土壤要求含有腐殖质,质地松软,具有较高的持水率。覆土以园林中的土壤为宜,切忌用砂土和黏土。土壤的 pH 以 $5.7\sim6.0$ 为宜。

三、栽培管理技术

通过近年来的引种试验推广证明,大球盖菇具有非常广阔的发展前景。首先,栽培技术简便粗放,可直接采用生料栽培,具有很强的抗杂能力,容易获得成功;其次,栽培原料来源丰富,它可生长在各种秸秆培养料上(如稻草、麦秸、亚麻秆等)。在我国广大农村,可以当作处理秸秆的一种主要措施。栽培后的废料可直接还田,改良土壤,增加肥力,再次,大球盖菇抗逆性强,适应温度范围广,可在 $4\sim30$ ℃范围出菇,由于适种时间长,有利于调整在其他食用菌或蔬菜淡季时上市。最后,大球盖菇由于产量高,生产成本低,营养丰富,作为新产品投放市场,很容易被广大消费者所接受。

(一)菌种制作

大球盖菇菌种生产方法和蘑菇、草菇菌种生产方法基本相同,可用组织分离法和孢子分离法获得纯菌种。

1. 母种培养基

(1)麦芽糖酵母琼脂培养基:大豆蛋白胨(豆胨)1 g、酵母 2 g、麦芽糖 20 g、琼脂 20 g,加水至 1000 mL。

(2)马铃薯葡萄糖酵母培养基:马铃薯 300 g(加水 1500 mL,煮 20 分钟,用滤汁)、酵母 2 g、豆胨 1 g、葡萄糖 10 g、琼脂 20 g,加水至 1000 mL。

(3)燕麦粉麦芽糖酵母琼脂培养基:燕麦粉 80 g、麦芽糖 10 g、酵母 2 g、琼脂 20 g,加水至 1000 mL。

上述三种配方中如果不加琼脂,即可作为液体培养基。以上培养基需按常规配制、分装、灭菌、接种和培养。

2. 原种和栽培种培养基

(1)小麦秆或裸麦秆,切碎(长 $2\sim3$ cm),泡湿,装瓶,高压灭菌后备用。

(2)小麦、裸麦、高粱、玉米、小米等谷粒浸泡,煮透至没有白心但表皮不破,加 2% 碳酸钙,装瓶,高压灭菌后备用。

(3)木屑和小木片各 40%,麸皮 20%,制作栽培种培养基。

还可用平菇或金针菇下脚料作培养基重新灭菌后备用。

3. 接种

可以用培养 3～4 天的液体菌种接种。若用固体菌种必须加大接种量,接种量最小 10％,最好 15％～20％。

4. 培养

接种后,把菌种瓶或袋放在 20～28 ℃培养室中培养。大球盖菇菌丝生长几天后,菌丝生长速度会逐渐缓慢,加速菌丝生长的方法是搅拌。用液体菌种接种的无菌麦粒培养基,每隔 3～7 天摇瓶一次,把菌丝摇断,可以刺激菌丝再生,能保证菌丝生长旺盛。

(二) 栽培生产

1. 栽培材料

大球盖菇可利用农作物的秸秆原料,不加任何有机肥,菌丝就能正常生长并出菇。如果在秸秆中加入氮肥、磷肥或钾肥,大球盖菇的菌丝生长反而很差。木屑、厩肥、树叶、干草栽培大球盖菇的效果不理想。作物秸秆可以是稻草、小麦秆、大麦秆、黑麦秆、亚麻秆等。早稻草和晚稻草均可利用,但晚稻草生育期长,草秆的质地较粗硬,用于栽培大球盖菇,产菇期较长,产量也较高。稻草质量的优劣,对大球盖菇的产量有直接影响。适宜栽培大球盖菇的稻草应是干的、新鲜的。贮存较长时间的稻草,由于微生物作用可能已部分被分解,并隐藏有螨、线虫、跳虫、霉菌等,会严重影响产量,不适宜用来栽培。清洁、新鲜、干燥的秸秆,不利于各种霉菌和害虫的生长,因而在这种培养料上大球盖菇菌丝生长很快,鲜菇产量很高。实验证明,大球盖菇在新鲜的秸秆上,每平方米可产菇 12 kg,而使用上一年的 秸秆每平方米只产鲜菇 5 kg,而生长在陈腐的秸秆上每平方米只产鲜菇 1 kg。

2. 栽培方式

大球盖菇可以在菇房中进行地床栽培、箱式栽培和床架栽培,适合集约化生产。目前德国、波兰、美国主要在室外(花园、果园)采用阳畦进行粗放式裸地或保护地栽培。在我国也多以室外生料栽培为主,因为不需要特殊设备,制作简便,且易管理,栽培成本低,经济效益好。

3. 栽培季节

栽培季节根据大球盖菇的生物学特性和当地气候、栽培设施等条件而定。在中欧各国,大球盖菇是从 5 月中旬至 6 月中旬开始栽培。在我国华北地区,如用塑料大棚保护,除短暂的严冬和酷暑外,几乎全年都可安排生产。在较温暖的地区可利用冬闲田,采用保护棚的措施栽培。播种期安排在 11 月中下旬至 12 月初,使其出菇的高峰期处于春节前后,或按市场需求调整播种期,使其出菇高峰期处于蔬菜淡季或其他食用菌上市时少的季节。

4. 栽培场所

室外栽培是目前栽培大球盖菇的主要方法。温暖、避风、遮阴的地方可以提供适合大球盖菇生长的小气候,半荫蔽的地方更适合大球盖菇生长,但持续荫蔽(如大树下的树荫)会严重影响大球盖菇的生长发育。

栽培场的选择:①宜选择近水源,而排水方便的地方。因栽培中使用的大量稻草需要浸湿,整个管理过程中需要喷水保湿,都需要有水源。但场地在多雨的时候不可积水,以保证大球盖菇的正常生长。②在土质肥沃、向阳,而又有部分遮阴的场所。大球盖菇喜生长在半遮阴的环境,切忌选择低洼和过于阴湿的场地。

适地适栽可以得到较好的经济效益,或者稍加改造,创造条件满足大球盖菇生长发育的要求。例如,在柑橘、板栗、园林或冬闲田里进行立体种植,果菌、林菌结合,合理利用光能资源。

果树、园林树木为大球盖菇创造了遮阴保湿的生态环境,绿色植物光合作用释放出的氧气又极大地满足了大球盖菇的好气特性,而大球盖菇排出的二氧化碳又增强了果树的光合作用,它们既有营养物质的互补,又有气体交换的良性循环,有明显的经济、生态和社会效益。

5. 整地作畦

首先在栽培场四周开好排水沟,主要是防止雨后积水,整地作畦的具体做法是先把表层的土壤取一部分堆放在旁边,供以后覆土用,然后把地整成垄形,中间稍高,两侧稍低,畦高 10～15 cm,宽 90 cm,长 150 cm,畦与畦间距 40 cm。

若在园林里栽培,可根据园里的地形因地制宜直接在畦上建菇床,为不影响树木生长,可不翻土,将菇床建在两棵树的中间或稍靠近畦和一侧,以便果园管理。

以冬闲田进行塑料大棚栽培,为创造大球盖菇的半遮光的生态环境,可在顶部加上一层塑料遮阳网,或者利用蔓生作物(如豌豆、秋黄瓜、丝瓜等)适当遮光,也可以另加草帘等创造半遮光、保湿、保温的环境。根据气温的变化以及出菇的情况进行通风管理。

6. 浸草预堆

(1) 稻草浸水:在建堆前稻草必须先吸足水分,把净水引入水沟或水池中,将稻草直接放入水中浸泡,边浸草边踩草,浸水时间一般为 2 天左右。不同品种的稻草,浸草时间略有差别。质地较柔软的早稻草,浸草的时间可短些,36～40 小时;晚稻草质地较坚实,浸草时间需长些,大约 48 小时。稻草浸水的主要目的,一是让稻草充分吸足水分,二是降低基质中的 pH,三是使其变软以便于操作,且使稻草堆得更紧。采用水池浸草,每天需换水 1～2 次。除直接浸泡外,也可采用喷淋的方式使稻草吸收水分。具体做法是把稻草放在地面上,每天喷水 2～3 次,并连续喷水 6～10 天。如果数量多,还必须翻动数次,使稻草吸水均匀。短、散的稻草可以采用袋或筐装起来浸泡或喷淋。

对于浸泡过或淋透了的稻草,自然沥干 12～24 小时,让其含水量达 70%～75%。可以用手抽取有代表性的稻草一把,将其拧紧,若草中有水滴渗出,而水滴是断线的,表明含水量适度;如果水滴连续不断线,表明含水量过高,可延长其沥干时间。若拧紧后尚无水渗出,则表明含水量偏低,必须补足水分再建堆。

(2) 预发酵:在白天气温高于 23 ℃以上时,为防止建堆后草堆发酵、温度升高而影响菌丝的生长,需要进行预发酵。在夏末秋初季节播种时,最好进行预发酵。具体做法是将浸泡过的稻草放在较平坦的地面上,堆成宽 1.5～2 m、高 1～1.5 m 的长度不限的草堆,要堆结实,隔三天翻一次堆,再过 2～3 天即可移至人栽培场建堆播种。

7. 建堆播种

建堆时堆制菌床最重要是把秸秆压平踏实。草料厚度视发菌期温度而定,一般为 35 cm,最厚不得超过 50 cm,也不要小于 20 cm。每平方米用干草量 30～40 kg,用种量 600～700 g。堆草时每一层堆放的草离边约 10 cm,一般堆三层,每层厚约 10～15 cm,菌种掰成鸽蛋大小,撒播在草料之间。

8. 播种后管理

建畦播种完毕后,在草堆面上加覆盖物,覆盖物可选用遮草布(地布)、旧麻袋、无纺布、草帘等。旧麻袋因保湿性强,且便于操作,效果最好,一般用单层即可。大面积栽培亦可用草帘覆盖。

草堆上的覆盖物,应经常保持湿润,防止草堆干燥。将旧麻袋在清水中浸透,捞出沥去多余水分后覆盖在草堆上。用作覆盖的草帘,既不宜稀疏,也不宜太厚,以喷水于草帘上时多余的水分不会渗入料内为度。若用无纺布,因其质量轻,易被风掀起,可用小石块压边。

(1)发菌期的管理。

① 温度、湿度的调控是栽培管理的中心环节。大球盖菇在菌丝生长阶段要求料温 10~25 ℃,培养料的含水量 70%~75%,空气相对湿度 85%~90%。在播种时,应根据实际情况采取相应调控措施,保持其适宜的温度、湿度指标,创造有利的环境促进菌丝恢复和生长。

② 覆土。播种后 30 天左右,菌丝接近长满培养料,这时可在堆表覆土。有时表面培养料偏干,看不见菌丝爬上草堆表面,可以轻轻挖开料面,检查中、下层料中菌丝,若相邻的两个接种穴菌丝已快接近,这时就可以覆土了。具体的覆土时间还应结合不同季节及不同气候条件区别对待。早春建堆播种,若遇多雨,可待菌丝接近长透料后再覆土;秋季建堆播种,气候较干燥,可适当提前覆土,或者分两次覆土,即第一次可在建堆时少量覆土,仅覆盖在堆上面,且尚可见到部分稻草,第二次覆土待菌丝接近透料时进行。

菇床覆土一方面可促进菌丝的扭结,另一方面对保湿保温也起积极作用。一般情况下,大球盖菇菌丝在纯培养的条件下,尽管培养料中菌丝繁殖很旺盛,但很难形成子实体,或者需经过相当长时间后,才会出现少量子实体。但覆盖合适的泥土并满足其适宜的温度、湿度,子实体可较快形成。

覆盖土壤的质量对大球盖菇的产量有很大的影响。覆土材料要求肥沃、疏松、能够持水,排除培养料中产生的二氧化碳和其他气体。腐殖土具有保护性质,有团粒结构,适合作覆土材料。国外认为,50% 的腐殖土加 50% 泥炭土,pH 5.7 可作为标准的覆土材料。实际栽培时多就地取材,选用质地疏松的田园壤土。这种土壤土质松软,具有较高持水率,含有丰富的腐殖质,pH 5.5~6.5。森林土壤也适合做覆土材料。碱性、黏重、缺乏腐殖质、团粒结构差或持水率差的砂壤土、黏土或单纯的泥炭不适合做覆土材料。

把预先准备好的壤土铺洒在菌床上,厚度 2~4 cm,最多不要超过 5 cm,每平方米菌床约需 0.05 m³ 土。覆土后必须调整覆土层湿度,要求土壤的持水率达 36%~37%。土壤持水率的简便测试方法是用手捏土粒,土粒变扁但不破碎,也不粘手,就表示含水量适宜。

覆土后较干的菌床可喷水,要求雾滴细些,使水湿润覆土层而不进入料内。正常情况下,覆土后 2~3 天就能见到菌丝爬上覆土层,覆土后主要的工作是调节好覆土层的湿度。为了防止内湿外干,最好采用喷湿上层的覆盖物。喷水量要根据场地的干湿程度、天气的情况灵活掌握。只要菌床内含水量适宜,也可间隔 1~2 天或更长时间不喷水。菌床内部的含水量也不宜过高,否则会导致菌丝衰退。

(2)子实体形成期间的管理。

菌丝长满且覆土后,即逐渐转入生殖生长阶段。一般覆土后 15~20 天就出菇。此阶段的管理是大球盖菇栽培的一个关键时期,工作重点是保湿及加强通风透气。

大球盖菇出菇阶段空气的相对湿度为 90%~95%。气候干燥时,要注意菇床的保湿,通常是保持覆盖物及覆土层呈湿润状态。若采用麻袋片覆盖,只要将其浸透清水,去除多余的水分后再覆盖到菌床上,一般每天处理 1~2 次;若采用草帘覆盖,可用喷雾的方法保湿。掀开覆盖物时,结合检查覆土层的干湿情况。若覆土层干燥发白,必须适当喷水,使之达到湿润状态。喷水切不可过量,多余的水流入料内会影响菌床出菇。另外,还要抽查堆内的含水量情况,要求菌丝吃透草料后,稻草变成淡黄色,用手捏紧培养料,培养料既松软,又湿润,有时还稍有水滴出现,这是正常现象。倘有霉烂状或挤压后水珠连续不断即是含水量过高,应及时采取下述补救措施,否则将前功尽弃。

① 停止喷水,掀去覆盖物,加强通气,促进菌床中水分的蒸发,使覆盖物、覆土层呈较干燥的状态,待堆内含水量下降时,才采取轻喷的方法,促使其出菇。

② 开沟排水,尽量降低地下水位。

③ 从菌床的面上或近地面的侧面上打数个洞,促进菌床内的空气流通。加强通风透光,每天在喷水和掀去覆盖物的同时,使其直接接受自然光照。通气的好坏也会影响菇的质量和产量。在菌床上有大量子实体发生时,更要注意通风,特别是采用塑料大棚栽培,需增加通风量,延长通风时间,有时可长达1～2小时。而在柑橘园栽培,空气新鲜,可不必增加通风次数。场地通风良好,长出的菇,菇柄短,菇体结实健壮,产量高。

大球盖菇出菇的适宜温度为 12～25 ℃,当温度低于 4 ℃或超过 30 ℃均不长菇。为了调节适宜的出菇温度,在出菇期间可通过调节光照时间、喷水时间、场地的通风程度等使环境温度处于较理想的范围。长菇期间,若遇到霜冻,一要注意加厚草被,盖好小菇蕾,二是要少喷水或不喷水,防止直接受冻害。在闽粤地区,只要盖好草被,再加上地温的保护,其菇蕾可安全度过,但是如果让菇蕾直接裸露,气温低于 0 ℃,菇蕾受到干冷风,特别是西北风袭击,可造成冻害。采用保护棚栽培,即使是连续低温,一般均不会造成冻害。深秋或冬季播种建堆,菌丝生长显得很缓慢,但霜冻低温对菌丝体来说,并不产生冻害,可以安全过冬。

出菇期用水、通气、采菇等常需翻动覆盖物,在管理过程中要轻拿轻放,特别是床面上有大量菇蕾发生时,可用竹片使覆盖物稍隆起,防止碰伤小菇蕾。

9. 采收与加工

(1) 采收应以没有开伞的为佳。当子实体的菌褶尚未破裂,菌盖呈钟形时为采收期,最迟应在菌盖内卷,菌褶呈灰白色时采收,若等到成熟,菌褶转变成暗紫灰色或黑褐色,菌盖平展时才采收就会降低商品价值。不同成熟度的菇,其品质、口感差异甚大。

大球盖菇比一般食用菌个头大,一般食用菌朵重约 10 g,而大球盖菇朵重 60 g 左右,最重的可达 2500 g,直径 5～40 cm。应根据成熟度、市场需求及时采收。子实体从现蕾,即露出白点到成熟需 5～10 天,随温度不同而表现差异。在低温时生长速度缓慢,而菇体肥厚,不易开伞。相反在高温时,表现形朵型小,易开伞。整个生长期可收三潮菇,一般以第二潮的产量最高。每潮菇相间 15～25 天。在福建省的自然条件下,从 1 月中下旬至次年的 5 月底或 6 月初均可出菇,而其出菇最适宜的季节在 10 月下旬至 12 月上旬和 3—4 月。

(2) 达到标准采收时,用拇指、食指和中指抓住菇体的下部,轻轻扭转一下,松动后再向上拔起。注意避免松动周围的小菇蕾。采收菇后,菌床上留下的洞口要及时补平,清除留在菌床上的残菇,以免腐烂后招引虫害而危害健康的菇。采下来的菇,应切去带泥的菇脚,进行低温保鲜。

(3) 鲜售:采收的鲜菇去除残留的泥土和污物,剔除病菇、虫菇,放入竹筐或塑料筐,尽快运往销售点鲜售。鲜菇放在通风阴凉处,避免菌盖表面长出绒毛状气生菌丝而影响美观。鲜菇在 2～5 ℃温度下保鲜 2～3 天,时间长了,品质下降。

(4) 干制:可参照蘑菇和草菇的脱水法,采用人工机械脱水的方法。或者把鲜菇经杀青后,排放于竹筛上,进入脱水机内脱水,使含水量达 11%～13%。杀青、脱水后干燥的大球盖菇,香味浓,口感好,开伞菇采用此法加工,可提高质量。也可采用焙烤脱水,40 ℃烘烤至七八成干后再升温至 50～60 ℃,直至菇体足干,冷却后及时装入塑料食品袋,防止干菇回潮、发霉变质。

(5)盐渍:可以参照盐水蘑菇加工工艺,采用盐渍的方法加工大球盖菇。大球盖菇菇体一般较大,杀青需 8～12 分钟,以菇体熟而不烂为度,视菇体大小灵活掌握。通常熟菇置冷水中会下沉,而生菇上浮。按照一层盐一层菇装缸,上压重物再加盖。盐水一定要没过菇体。盐水浓度为波美 22 度。

(6)制罐:有关专家认为此菇适于加工制罐,可参照蘑菇的加工方法进行。大球盖菇菇体大小差异较大,应挑选其中优质、大小较适中的作为原料。

10.病虫害防治

大球盖菇抗性强,易栽培。据栽培的实践及近年来推广的情况来看,尚未发生严重危害大球盖菇生长的病害。但在出菇前,偶尔也会见到一些杂菌,如鬼伞、盘菌、裸盖菇等竞争性杂菌,其中以鬼伞多见。大球盖菇在栽培过程中,较常见的害虫有螨类、跳虫、菇蚊、蚂蚁、蛞蝓等。现将主要防治措施分述如下。

(1)鬼伞的防治措施。

鬼伞常在菌丝生长不良的菌床上或使用质量差的稻草作培养料栽培时发生。若栽培时发现鬼伞,需及时拔除并烧毁或深埋,以防止消耗料内养分和扩展蔓延。

① 稻草要求新鲜干燥,栽培前让其在烈日下暴晒 2～3 天,利用阳光杀灭鬼伞及其他杂菌孢子。

② 栽培过程中掌握好培养料的含水量,以利于菌丝健壮生长,让其菌丝占绝对优势。

③ 鬼伞与大球盖菇同属于蕈菌,生长在同一环境中,将其彻底消灭难度大,在菌床上若发现其子实体时,应及早拔除。

(2)常见虫害的防治措施。

① 选好场地,严禁在白蚁多的地方进行栽培,场地最好不要多年连作,以免造成害虫滋生。

② 在栽培过程中,菌床周围放蘸有 0.5% 的敌敌畏棉球可驱避螨类、跳虫、菇蚊等害虫。也可以在菌床上放报纸、废布并蘸上糖液,或放新鲜烤香的猪骨头或油饼粉等诱杀螨类。对于跳虫,可用蜂蜜 1 份、水 10 份和 90% 的敌百虫 2 份混合进行诱杀。

③ 栽培场或草堆里发现蚁巢要及时撒药杀灭。若是红蚂蚁,可用蚁净粉撒放在有蚁路的地方,蚂蚁食后,能整巢死亡,效果甚佳。若是白蚂蚁,可采用白蚁粉 1～3 g 喷入蚁巢,经5～7天即可见效。

④ 蛞蝓喜生在阴暗潮湿环境,因而应选择地势较高,排灌方便,荫闭度在 50%～70% 的栽培场。对蛞蝓的防治,可利用其晴伏雨出的规律,进行人工捕杀,也可在场地四周喷 10% 食盐水来驱赶蛞蝓。

⑤ 在室外栽培场,老鼠常会在草堆做窝,破坏菌床,伤害菌丝及菇蕾。早期可采用断粮的办法或者采取诱杀的办法。还可把鼠血滴在栽培场的四周及菌床边,让其他老鼠见了逃离。

大球盖菇抗性强,栽培前期认真控制好温度和水分,使菌丝生长健壮、旺盛,占领优势,以抑制其他杂菌滋生。

项目九　灰树花栽培

一、重要价值

灰树花(*Grifola frondosa*)原发生于栗树根部,其子实体形似盛开的莲花,扇形菌盖重重叠叠,因而称为灰树花、栗蘑,日本人认为灰树花形同舞女穿的舞裙,故名"舞茸"。属于担子菌亚门的多孔菌科,正式名叫贝叶多孔菌(《真菌的名词和名称》)。别名还有千佛菌(四川)、重菇(福建)、莲花菌等。灰树花有独特香气和口感,营养丰富,不仅是宴席上的珍品,还具有保健和药用价值,是珍贵的食药两用菌。

我国20世纪80年代初开始对灰树花进行人工驯化栽培。1985年迁西县科技人员充分考察了当地野生灰树花的生育条件,利用当地野生灰树花进行人工驯化栽培,于1992年创造了"灰树花仿野生栽培法"。该法采用地沟小拱棚,菌棒覆土仿野生条件出菇,灰树花叶片分化好,单株大(最重达16 kg),生物转化率最高可达128.5%。迁西县的灰树花仿野生栽培技术,适合我国的低成本生产模式,产品风味质量上乘,相对产值高,收益较大,是食药用菌中发展前景好的新品种、新方法。近年来该栽培方法已推广到河北太行山区、山西、山东、江苏、安徽、陕西、辽宁等地。此外,浙江庆元县,福建、湖北等省也有灰树花的规模化栽培,主要是塑料大棚内的床架式袋栽,采2~3潮菇,生物学转化率一般为60%~80%。

灰树花食味清香,肉质脆嫩,味如鸡丝,脆似玉兰,鲜美可口。食用方法多种多样,可炒、烧、涮、炖,可做汤、做馅、冷拼,凉拌质地脆嫩,炒食清香可口,烧、炖具有"一泡即用,长煮仍脆"的特点,做汤风味尤佳,是宴席上不可多得的佳肴。日本盛行以灰树花鲜品涮火锅。干品发泡后,仍具有独特风味,因此灰树花在日本是送礼佳品,销量仅次于香菇和金针菇,居第三位。

我国栽培灰树花的资源丰富,各种阔叶树修剪的枝丫与棉产区的棉籽壳均可做栽培原料。随着栽培技术的不断进步,将有许多新的原料如玉米芯等农业秸秆也可用于栽培灰树花,因此发展前景广阔。灰树花(栗蘑)不论鲜品、干品、软包装罐头或盐渍品在国内外市场上都是备受消费者青睐的高档食品。

二、生物学特性

(一) 形态结构

1. 菌丝与菌核

灰树花的形态分为菌丝体和子实体两大部分,可食用的部分就是灰树花的子实体,也称为菇体。灰树花菌丝体和子实体均是由无数菌丝交织而成的。

灰树花菌丝在越冬或遇不良环境时能形成菌核,菌核直径5~15 cm,菌核的外层由菌丝密集交织形成,呈黑褐色。菌核内部由密集的菌丝、土壤砂粒和基质组成。菌核既是越冬的休眠器官,又是营养贮藏器官,野生灰树花的世代就是由菌核延续的。因此野生灰树花在同一个地点能连年生长。

2. 子实体

它是灰树花的繁殖器官,一个成熟的灰树花子实体由多个菌盖组成,重叠成覆瓦状,是群生体(见图10-12)。

(1)菌盖：灰树花菌盖肉质，呈扇形或匙形，直径2～8 cm，厚2～7 mm。灰白色至灰黑色（菌盖颜色与品种及光照强度有关），有放射状条纹，边缘薄，内卷。幼嫩时，菌盖外缘有一轮2～8 mm的白边，是菌盖的生长点，子实体成熟后白边消失。当子实体幼嫩时，菌盖背面为白色。子实体成熟后，菌盖背面出现蜂窝状多孔的子实层，菌孔长1～4 mm，1 cm² 有菌孔20～32个，管孔白色，呈多角形。菌孔侧壁着生子实层，能产生担孢子。灰树花孢子印白色，在显微镜下观察，孢子卵形，光滑。

(2)菌柄：菌柄多分枝，侧生，扁圆柱形，中实，灰白色，肉质（与菌盖同质）。成熟时，菌孔延生到菌柄。

图10-12 灰树花子实体的形态

(二)生态习性

野生灰树花发生于夏、秋之间的栗树根部周围，以及栎、栲等阔叶树的树干及木桩周围。野生灰树花在我国分布于河北、黑龙江、吉林、四川、云南、广西、福建等省（自治区），另外在日本、欧洲、北美等地有分布。野生灰树花发生的环境，多数都长有杂草，杂草主要有乌拉草、莎草、狗尾草、热草及艾叶草等。白天若是晴天，灰树花生长不显著，但颜色深香味大。在阴雨天和夜间，灰树花长得快，但颜色浅香味差。野生灰树花生长的土质，多为含有腐叶和腐烂根毛的砂土，砂粒细的如面粉，粗的为花生米至板栗大小的石块。砂土的含水量为20%～25%，pH为6.5。

采下野生灰树花之后顺基部往下挖，与子实体相连的是菌索，在地下15～40 cm的区域内，菌索纵横交错地与多个菌核相连。菌索和菌核都是由白色的菌丝与砂土、石块组合而成的混合体，质地硬而脆，菌索是直径为2.0～3.5 cm的条状物，菌核是直径为5～20 cm的块状物。再剥开附有菌核的树皮观看，在韧皮部布满了白色的菌丝束，长有菌丝束的树皮组织是坏死的，但湿度很大。在木质部表面，有一块近圆形的白腐部分，直径为6～8 cm，长满了菌丝束，菌丝束通向木质部的内部。由此可以表明灰树花是木材白腐菌，栗树木质部的白腐现象是灰树花菌丝侵蚀而形成的，菌丝对活栗树有危害作用。

菌索是野生灰树花的营养运输线，菌核是野生灰树花度过不良环境的营养贮存体。野生灰树花能连续若干年从同一栗树根部周围发生，其原因就是它有地下菌核。灰树花菌丝把其分解木质部得到的养分源不断地通过菌索输往菌核，在菌核内贮存了大量的养分，当外界条件适宜时，子实体靠这些养分得以生长。

（三）生活史

灰树花的生活史与其他担子菌的类似，由担孢子萌发形成单核菌丝体，经质配形成双核菌丝，最后形成原基，再形成子实体（见图 10-13）。

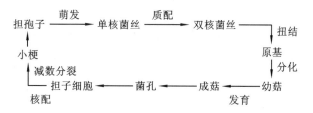

图 10-13　灰树花的生活史

（四）生长条件

灰树花菌丝生长最适温度为 24～27 ℃，子实体生长最适温度为 18～23 ℃。菌丝生长的环境相对湿度以 65％ 为宜，子实体发生的最适湿度为 90％。灰树花属好氧型真菌，无论菌丝还是子实体发育都需要新鲜空气，特别是子实体发育阶段要求保持经常对流通风，室内一般难以满足，因而出菇多在通风较好的室外进行。菌丝生长对光照要求不严格，子实体生长要求较强的散射光和稀疏的直射光，光照不足色泽浅，风味淡，品质差，并影响产量。灰树花生长的最适 pH 为 5.5～6.5（见表 10-1）。

表 10-1　灰树花生长的环境条件

条件＼阶段	菌丝生长阶段		原基分化	菇体生长阶段	
	范围	适宜		范围	适宜
温度/℃	5～32	20～25	18～22	10～25	18～23
湿度/（％）	60～70		80～90	80～95	85～95
光照/lx	50		200	200～500	
氧气	少		多	多	
二氧化碳	多		少	少	
pH	5.5～6.5				

三、灰树花栽培技术

对于一般的灰树花生产者而言，引种是快捷可靠的办法，但需要选择优良品种。

（一）选择优种

不同来源的灰树花菌株，其菌丝生长表现出较大差异，表明它们的遗传性状不同。不同株系不仅有形态差别，在原基形成所需日数和产量上也有差异，尤其是原基形成所需日数与产量有直接关系，原基形成越早产量越高。迁西县所用的灰树花菌种是该县食用菌研究所选育的，已筛选出迁西 1 号、迁西 2 号等优良品种。该品种适合仿野生条件栽培，特点是菇形大、色泽深、产率高。

（二）灰树花母种制备

灰树花母种适宜的培养基为 PDA 综合培养基和谷粒培养基。

（1）PDA 综合培养基：

① 去皮马铃薯 100 g、麸皮 30 g、葡萄糖 20 g、琼脂 20 g、磷酸二氢钾 0.5 g、磷酸氢二钾 0.1 g、硫酸镁 0.5 g、蛋白胨 2 g、水 1000 mL。

② 去皮马铃薯 100 g、玉米粉 30 g、葡萄糖 20 g、琼脂 20 g、磷酸二氢钾 0.5 g、磷酸氢二钾 0.1 g、硫酸镁 0.5 g、蛋白胨 2 g、水 1000 mL。

（2）谷粒培养基：谷粒（小麦、大麦、高粱、玉米、稻谷等）98％、石膏 1％、糖 1％，水适量。

按常规方法制作，分离和转扩均在无菌操作下进行，要注意母种菌龄，及时转为原种和栽培种。

（三）原种和栽培种制备

灰树花原种长好后供扩接栽培种袋。

在阔叶树木屑中添加 20％～30％经过处理（参见营养条件）的针叶树木屑，对灰树花产量影响不大。木屑要过孔径 5 mm 筛，清除杂物及尖刺木片，以免穿破料袋。灰树花发菌需要较多的氧气，木屑的粒径大小对通气有影响，因此在细木屑中添加 30％左右的粗木屑（玉米粒大小）。辅料以麸皮和玉米粉搭配使用较好，麸皮与玉米粉的比例为 1∶2。此外，新培养料中混入 20％～30％出过灰树花的旧菌糠，有 5％～10％增产效果。这可能是旧菌糠含有某些促进灰树花增产的因子，有待于进一步研究。在培养料中添加 10％～20％的果园土也可促进出菇。

根据灰树花的适宜出菇期确定菌袋生产期。华北地区一般在 4 月脱袋栽培，需在 3 月份制备原种袋。如果生产量大，发菌室不够用，也可提前到 10 月利用秋温发菌，灰树花菌丝耐寒。原种袋的生产程序如下。

1. 配方

（1）传统配方：阔叶树木屑（粗细＝1∶3）75％、麸皮玉米粉 1∶2 混合物 23％、白糖 1％、石膏粉 1％，含水量调至 60％～63％，pH 5.5～6.5。

（2）加棉籽壳：阔叶树木屑 50％、棉籽壳 30％、麸皮玉米粉 1∶2 混合物 18％、白糖 1％、石膏粉 1％，含水量调至 60％～63％，pH 5.5～6.5。

（3）加玉米芯：阔叶树木屑 50％、玉米芯（粗粒）30％、麸皮玉米粉 1∶2 混合物 18％、白糖 1％、石膏粉 1％，含水量调至 60％～63％，pH 5.5～6.5。

（4）加果园土：阔叶树木屑 50％、玉米芯（粗粒）20％、麸皮玉米粉 1∶2 混合物 20％、果园表土 10％，含水量调至 60％～63％，pH 5.5～6.5。

（5）加粟蘑残料：阔叶树木屑 50％、灰树花残料（干重）30％、麸皮玉米粉 1∶2 混合物 18％、白糖 1％、石膏粉 1％，含水量调至 60％～63％，pH 5.5～6.5。

（6）加针叶树木屑：阔叶树木屑 50％、针叶树木屑（已处理）30％、麸皮玉米粉 1∶2 混合物 18％、白糖 1％、石膏粉 1％，含水量调至 60％～63％，pH 5.5～6.5。

（7）短枝条综合培养基：以长 2～3 cm，直径 1.5～2.5 cm 的短枝条为主料，占总量的 90％，拌入 10％辅料配制而成。辅料配方以棉籽壳 49％、木屑 39％、麸皮或米糠 10％、石膏 1％、白糖 1％，含水量为 60％左右为宜。

注：短枝条以阔叶树枝条为宜。

（8）谷粒培养基：谷粒（小麦、大麦、高粱、玉米、稻谷等）98％、石膏 1％、糖 1％，水适量。

2. 配料

确定配方后，将木屑、棉籽壳等主料称好，混在一起搅拌均匀，再将麸皮、玉米粉、白糖、石膏等辅料随水拌入料中,料水比为 1:(1.2～1.3),即含水量要求达到 65% 左右。拌好料后堆闷 1 小时左右,用手抓一把料用力紧握,指缝有水渗出但不滴下为适。培养料的含水量要特别注意,合适与否对菌袋发菌的成功率有重要影响。含水量适宜,菌丝生长健壮,现蕾早,出菇快。料过湿则缺氧发菌慢,过干则出菇困难产量低。必须强调拌料均匀,不能有干料团,否则灭菌不彻底而发生杂菌。

3. 栽培种制备

拌料→装袋→灭菌→接种→培养,操作基本与原种生产相同。

4. 检查

菌种袋感染大致有以下几种类型。

(1) 袋口料面染菌及其原因:菌袋接种后 3～7 天,袋口料面常出现杂菌,且感染的速度较快,杂菌种类以木霉、毛霉为最多。感染原因:一是原种本身带有杂菌;二是接种操作不当;三是棉塞潮湿发霉,杂菌孢子从袋口部位侵入。

(2) 菌种袋周身或底部感染:这类感染面积小,零散发生。细致检查可以发现感染区的袋壁有破损或微孔,杂菌以孔为中心,向周围辐射。多因菌袋运输方法不当造成菌袋破损,或因塑料袋质量不合格,高温灭菌造成大范围的破损。另外,有时菌袋没有微孔现象,也出现斑状的感染区,并伴有酸臭味,这是灭菌不彻底引起的细菌或酵母菌感染。

(3) 菌丝干枯发黄、生长缓慢或停滞:菌袋中下部出现黄色粉末状杂菌感染,多在发菌阶段的后期发生。这种情况多是发菌室内温度过高,超过 29 ℃ 或多日维持在 26 ℃ 左右,空气干热抑制了菌丝正常生长,使菌丝老化而感染杂菌。

此外,还有各种各样杂菌感染的情况,要及时检查,具体分析,查找原因,提出处理意见。

5. 菌种袋标准

在发菌条件适宜的情况下,小袋经 25～30 天、大袋经 40～50 天发满菌,菌袋口处有不规则突起或灰树花原基,菌袋周身白色,基本上没有杂菌感染,手握较硬,略有弹性。

(四) 几种栽培模式简介

1. 袋料室内或室外大棚栽培

这是代料栽培的常见模式,主要原料是棉籽壳、木屑、作物秸秆等,又可分为袋料室内出菇、袋料室外大棚出菇等方式。

(1) 培养料配方:

① 栗木屑 70%、麸皮 20%、生土 8%、石膏 1%、白糖 1%。

② 栗木屑 50%、棉籽壳 40%、生土 8%、石膏和白糖各 1%。

③ 棉籽壳 40%、板栗苞屑 40%、麸皮 8%、石膏和白糖各 1%、砂壤土或壤土 10%。

各配方加 105%～110% 水拌料,使含水量达 55%～57%。湿度过大,子实体形成时渗出棕色液体太多,易导致子实体腐烂。按常规操作加水拌料。

(2) 装袋:选用耐高温的聚乙烯或聚丙烯塑料袋。可购买成品袋,也可购进筒料,裁割成标准长度,袋的一端用蜡烛烧熔密封或用细纤维绑扎。购买塑料袋时,必须选用正规厂家的产品,并且进行过试验之后,达到技术要求,确实没有质量问题时,才可以大批量装袋生产,千万不可图省钱,购买质量差的再生塑料。装袋操作如下。

① 将料面按平压实。手拿菌袋稍用力,松手后指印应能恢复,表面平滑无褶。

② 套塑料环。一头接种的菌袋使用。套环的目的,一是接种时方便,二是棉塞较粗,有利

于菌袋内外气体交换,促进菌丝生长。套袋时环的小口朝上,大口朝下,塑料袋由下向上穿出,袋口向环外侧翻转,用大拇指在塑料环中间扭转一周,使塑料袋紧贴于套环内壁,这样便于接种。棉塞上盖纸防湿,用皮筋扎紧。装好的菌袋要轻拿轻放,袋口向上,不能乱堆挤压,以防菌袋变形或脱塞。

(3)灭菌:灰树花要求熟料栽培,即培养料装袋后必须经灭菌才能接种(详见灭菌设备)。

(4)接种(参见原种制备):接种量一般为每袋接入菌种 15～20 g,一瓶容量 500 mL 的原种,一般可接 20～30 个栽培袋。

(5)培养:操作基本与原种生产相同,但由于栽培袋生产量大,必须保证培养室空气新鲜。实践表明,灰树花是一种强好氧的菇类,因此通风换气是灰树花发菌过程中一个不可忽视的环节。发菌室如果单独强调保温而透气不良,则菌丝生长速度缓慢,颜色发黄,生长线平齐,表现干枯,易感染杂菌。因此,必须强调通风换气。此外,还要注意保湿,在温度较高,通风大的情况下,发菌室过度干燥,易引起培养料失水,影响菌丝的正常生长。因此,要随时注意培养室内空气相对湿度的调节,一般要求培养室内空气湿度达到 50%～60%。

(6)出菇管理:床架立体袋式栽培:浙江省庆元县的灰树花栽培技术不同于河北省迁西县的仿野生栽培,采用大棚内的床架立体式袋栽,不覆土出菇,菇体洁净,出二潮菇,生物学转化率一般为 60%左右。其生产工艺如下。

① 开袋:菌袋在 23 ℃左右培养 50～60 天,培养基表面菌丝隆起,此时将培养温度降到 20～22 ℃,同时给予较强的光照,6～10 天后袋内出现灰黑色原基。待原基发育,个头稍大即可拔掉棉塞和套环,用塑料绳扎紧袋口,将多余的塑料剪掉,用刀片在扎口两侧的培养基顶面轻划两个 X 形割口。如果菌袋中的原基已顶到棉塞,则保留套环,以便让菇体从袋口长出。

② 上架:将处理好的菌袋转移到光线充足、湿度 80%以上、温度 16～20 ℃的大棚内上架床,为利于灰树花菇体伸展,袋与袋间隔 3 cm,1 m² 架床摆 60～70 袋。

③ 管理:灰树花耗氧量大,因此大棚的通气孔要长期开启使空气对流。气窗口最好有纱网,以防蝇虫侵害。此阶段管理技术的关键,就是如何调节通气与保湿之间的矛盾。天气晴干时,每天早、中、晚各喷水 1 次,湿度保持在 90%以上,温度为 16～20 ℃。刮大风时,可暂闭窗口保湿保温。

④ 出菇:菌袋进棚上架 10～15 天后,灰黑色的小菇体逐渐伸出菌袋,初期似脑状皱褶,分泌黄色液滴。此时如擦掉液滴,则幼菇停止发育。菇体渐成珊瑚形,进而发育成扇形菌盖,呈覆瓦状重叠。随着菇体的长大,菌盖表面颜色由深灰黑色渐变成浅灰色,菌盖背面的白色子实层形成,菌孔显现。菇体长大后与料面的角度变小,逐渐平展。过熟的菇体,其扇形菌盖向下垂卷,弹射孢子,菌盖色泽变白。

无覆土栽培的灰树花菇体由于无土层支撑,菌柄较长且菇形较小,但其基部洁净。要想增大菇体,则需增大菌袋培养料重量,日本工厂化栽培所用的菌床,含干料 1 kg,比我国迁西县及庆元县的菌袋重 1 倍。

⑤ 采菇:菌袋入菇房 20～25 天之后,菇体八成熟就可采摘,要成熟一朵采摘一朵。采摘的标准如前述。头潮菇 200 g 左右,转化率为 30%～40%。经适当管理,菌袋可出二潮菇,总转化率一般为 60%～70%。

2. 小棚仿野生脱袋覆土栽培

灰树花小棚仿野生脱袋覆土栽培是迁西县在室内袋式栽培的基础上发展起来的,又称拱棚小畦栽培,它解决了室内袋栽朵形小、畸形菇多、不易转潮、风味差等问题,1 个产季能出 3～

5 潮菇,产率突破了 100%,最高可达 128.5%。

灰树花仿野生栽培技术要点如下。

(1)季节:灰树花属中高温食药用菌,各地须根据灰树花的生长特性及当地的气候条件安排生产。

迁西县位于河北省东北部,是燕山余脉延伸的半山区,属于大陆性季风气候,四季分明。年平均气温 10~11 ℃,最高气温 40 ℃,最低气温−25 ℃。年均降水量 650 mm,7~9 月的降水量约为全年的 90%。当地盛产板栗,每当栗花谢落,雨季来临时,在栗树下到处可见灰白色、像卷心菜那样大的灰树花。仿野生栽培灰树花的适宜出菇期在 5 月上旬至 10 月上旬,迁西县此期日平均气温 15 ℃,最高气温 22 ℃。灰树花脱袋入土栽培的时间掌握在 4 月份,此期气温明显回升,5 cm 地温达 10 ℃左右。菌块入地后,菌丝萌发生长,菌块间逐渐连接为一体,这样不仅有利于出大朵菇,而且能提高抗杂菌能力。头潮菇朵大,产量高,质量好,可占总产量的 40%。

不能过早入地栽培,否则因地温低,菌丝长时间不萌发。若此阶段过早上大水或返冻,菌块表面会形成一层黄皮,即使气温回升,菌丝再萌发也困难,菌块间连接不好,迟迟不能出菇,或形成畸形的小老菇,从而造成减产或栽培失败。

脱袋入地的时间较迟(5 月中旬以后),虽然出菇较快,菇蕾多,但由于菌块间未充分连接,营养不能集中,所以难以形成大朵菇,产量低,头潮菇的转化率一般不足 10%。入地栽培晚至 7~8 月,不但由于气温高杂菌滋生严重,而且第三潮菇出不完即气候转凉停止生长,需第二年继续管理出菇,使生产周期延长,影响效益,所以一般从春分到夏至(4 月初至 6 月底前)都可以进行栽培,但以早春栽培最为合适。

(2)场地:除盐碱地外,一般土地均可作为栽培灰树花的场地,但是在不同土壤环境条件下,栽培灰树花的产量差异很大。栽培场地要求水源充足、交通方便、通风良好、离圈、厕、垃圾堆较远,地势偏高,向阳不积水,土壤以壤土、黄砂土为好,土质须持水性好并具团粒结构,壤土为好,纯砂土效果差。选腐殖质含量低、弱酸性土壤(pH 5.5~6.5)、非耕作的生地较好。

(3)挖畦:在选好的场地内,挖成东西走向的小畦,长 2.5~3 m,过长不便管理且通风不好。畦宽 45 cm 或 55 cm、深 25~30 cm,畦间距 60~80 cm,畦的行间距 80~100 cm,可做人行道,也有排水功能。在畦四周筑成 15 cm 宽、高 10 cm 的土埂,以便挡水。深层土堆放一边做覆土用。畦做好后暴晒 2~3 天,病虫害少的场地也可边挖边埋菌块。栽培前一天,将畦灌一次大水,灌水多少视土壤墒情而定,干旱和保墒能力差的土壤,应灌满畦为止,反之少灌一些。水渗后在畦内撒少许石灰(以地见白就行)。石灰不宜过多,否则影响土壤的酸碱度。撒石灰的目的是增加钙质和消毒。同时撒一些敌百虫粉以防虫害,也可配成 500 倍稀释液喷洒。然后向畦内回填 2~3 cm 浮土,以便栽菌块时填平。

(4)脱袋:灰树花菌丝长满菌袋后,开始在料表面形成菌皮,并逐渐隆起,这时必须增加培养室内的光照强度,适当将菌袋整理排放得稀疏一些,以免相互遮挡光线。在 18~22 ℃培养并光照刺激 15~20 天之后,培养基表面的隆起开始变成灰黑色,表面有脑状皱褶,还会分泌出淡黄色的水滴,这就是灰树花的原基。菌袋一旦发菌成熟,开袋必须及时,太早或太迟均会影响子实体的形成和产量。在搬动菌袋和开袋操作时,都应轻拿轻放,切勿抛摔,不能损伤袋中灰树花的原基。

脱袋入畦要选在晴天无风的早晚进行,边排袋,边覆土,边浇水,边遮阳,防止菌块长时间暴露在阳光下。脱袋时将手、小刀和搬运菌块的筐用 2%来苏儿或 1%高锰酸钾水溶液消毒,将菌袋的棉塞、套环取下,用锋利的小刀将塑料袋纵向划开(注意不要伤及原基),去掉外面的塑料袋,取出里面的菌块。

(5)覆土:畦表面先垫一层 2 cm 左右的细砂或砂土,将脱袋后的菌块单层直立摆于畦内,菌块与菌块间留有 2 cm 间隙,每平方米可排放 50～60 个菌块,上面平齐以便覆土。在菌块间隙中填入干净且湿润的砂土,尽可能将菌块间隙填满。覆土分两次进行,第一次覆土厚 1.5 cm,以刚好覆盖住隆起的原基为度。浇第一次水时要在畦面上喷洒,将覆土湿透、沉实,切忌灌大水使菌块浮起。等水渗后进行第二次覆土,进一步将菌块间空隙填满并保持菌块上覆土厚 1.5 cm 左右。覆土完毕后,要及时调节覆土的水分,调水时应用喷雾器均匀喷水,掌握"少量多次"的原则,必须在 2 天之内将覆土层调节到适宜的湿度,即用手握土粒成团、不粘手为度。

(6)护帮搭棚:菌块覆土后 7～10 天将拱棚做好。做拱棚时,修好畦四周的排水沟,在畦四周筑成土埂,然后用薄膜或编织袋将土帮包好,先用铁钩在菌块与土帮之间划出深约 2 cm 的沟,将薄膜或编织袋的下缘用土掩实,上缘用土压在排水沟内侧。包土帮的作用是防止灰树花侧面沾有泥土。然后,将畦面平好,在畦面上浇一次轻水,当有露出土表的菌块时,要重新填土补平。然后畦面放上一层栗子大小的石子,间距 3～5 cm,避免灰树花因其菇柄短而沾上泥土;也可在土层表面均匀盖上一层阔叶树的叶子,或用 5 cm 长的稻草段覆盖,厚度为 0.5～1 cm。树叶或稻草既可以保持土层表面的湿度,又能避免灰树花沾上泥土。

在每个畦的表面上,都要做一个略大于畦的小栅。小栅可分拱形和坡形,高度 20～30 cm,栅的支架可用木条或木棍,木条间隔 40～50 cm 并固定好。也可将竹片两端插在畦南北两侧土埂上成拱形。拱棚上面放好塑料布,塑料布的南面一端可以用土压实固定,北面不固定,便于通风换气、浇水观察等方面的管理,塑料布放好后,随即将事先准备的草帘子压在小栅上面,畦的两端要长期留有通风孔。这样的拱棚既避免阳光照射,又有背阴散射光。

(7)出菇管理:要想获得高产优质的灰树花菇体,管理是关键。可以说是三分栽七分管,因此,必须根据灰树花生理特性,做到科学管理。栽培季节和出菇时间的不同,对温、湿、光、气四大要素的管理方法也不相同,但大致可分为两个阶段。

① 出菇前阶段:指菌块覆土后至原基出土之前这段时间。根据放菌块时间不同可分为 15 天至 30 天或 60 天,时间不等,一般早春 3 月份放的菌块,需要 50～60 天时间,4 月至 5 月现蕾出菇。5 月份以后放的菌块,10～15 天就可现蕾出菇。不论是什么时间排放菌块,最初的主要问题是水分,按规程排放好菌块后,早春一般 10 天内不能放大水。根据土质保水性能不同,可每日或几日适当喷水,保持地表不干燥,拱棚内空气相对湿度 60%～70%,10 天以后可适当增加上水量,每天上水 1～2 次,使棚内空气相对湿度提高到 70%～80%。预测在将要出菇现蕾前 7～10 天,要进一步增加水量,使地表保持相当湿润,棚内空气相对湿度达到 85%～90%。其次,早春栽培气温低,可采用增温管理方法,增加局部地温,促进早出菇。适当少量通风,此时可不必考虑光照的强弱问题。

棚的两端留有 10～15 cm 的通风口,有风时盖严,即有风防风,无风通风,保持棚内空气新鲜。此期若管理不当往往会出现以下情况。

a. 覆土表面出现杂菌感染。如绿霉、毛霉和根霉等杂菌,主要是通风不良、遮阳不及时或覆土中杂质过多引起。

b. 菌袋表面形成褐色菌皮,菌块连接不好。主要是栽培过早而又过勤过早地上大水,使菌块长时间处于低温、冰水刺激而不能萌发引起的。栽培较早时,因气温低、水分散失较少,应减少上水次数,或减少遮阳厚度,夜晚增加保温,使畦内温度达到菌丝萌发所需的温度。

c. 菌块失水,表面出现杂菌感染。主要是土壤含水量过低,栽培时水没有湿透,菌块周围有干土引起的。栽培前畦内要灌水,栽培后覆土要用水润透,不能允许有干土存在。

② 出菇阶段:如果 4 月底以前脱袋栽培,5 月中旬以前达不到出菇温度,一般都要到 5 月中下旬才能出菇,头潮菇朵大、质好。在 6、7 月份脱袋栽培的,一般 15～20 天即可出菇,但是第一潮菇产量较低。有的第 7 天就可出菇,是袋内原基直接生长形成的,朵型较小。按前述管理,一般经过 25～85 天就可出菇,出菇的早晚主要取决于温度的高低,另外与覆土的厚薄、畦的深度有关。温度高、覆土薄、畦浅出菇早,相反则出菇晚。

气温在 15～20 ℃,经过 10～15 天的培养,灰黑色的小菇蕾就会长出覆土层,初期成团,如脑状皱褶并分泌黄色小水珠。这些水珠与灰树花分化有关,水珠下面有小孔,随着原基生长增大,小孔增大形成凹陷。没水珠的地方凸起,形成类似大脑沟回状结构,凸起的尖端为生长点,能继续生长、分裂使凸起进一步伸长,形成分支,形似珊瑚,并开始出现朵片的雏形。有的分支还能再分支,形成树枝状,最后在分支末端分化形成菌盖,菌盖边缘为生长点,使菌盖进一步伸长进而发育成一朵多分支的灰树花。

原基形成以后,要增加畦内湿度,加强通风,增强光照和适当调控温度,创造灰树花生长发育所需的最佳条件,达到高产优质的目的。其管理要点如下。

a. 增加湿度。出菇时菌块的含水量为 65%～70%,畦内空气湿度要升到 85%～95%,每天向畦内上 3～4 次水,上水次数和水量视天气和菇棚情况而定,晴天多上,阴雨天少上,甚至不上。大风天气多上,无风天气少上。保湿好的菇棚少上,保湿差的菇棚勤上水。温度低时少上,温度高时多上,保持菇棚湿度。原基刚形成至分化前,不能直接向原基上浇水,更不能用水淹没,可用喷雾器喷或向原基周围洒水增加湿度,一般需要 3～5 天。灰树花分化以后,每天可浇一次水,让水从畦的一端刚好能流到另一端,注意不要积水,更不要淹没灰树花,浇水时不要激起泥土。对保湿能力差的棚或空气特别干燥时(如遇干热风),可在畦内挂上湿麻袋或湿草把等增加湿度,以抵御干热风的袭击。采菇前 1～2 天,不要直接向菇体上淋水,只能向周围洒水,以保证其适宜的含水量,提高商品价值。菌袋含水量低于 40% 或空气相对湿度长期小于50% 时,原基不能长出地面,形成角质化的黄色硬块。原基上的水珠若多次被水冲掉,则原基不再分化或从四周再形成新原基发育成畸形菇。

b. 加强通风。原基形成以后对氧气需求量增加,要加大通风量,减少畦内二氧化碳含量。通风和保湿是相互矛盾的,为了解决这个矛盾,须结合水分管理进行通风,通风一般选在无风的早、晚温度较低时进行,在上水的间隙将北侧薄膜掀起,通风 0.5～1 小时,通风时要用水淋湿灰树花,对刚形成的原基要避开通风口,通风在其他部位进行。除定时通风外,在棚的两端要留有永久性的通风口,在干旱季节,通风口要用湿草把遮上,使畦内既透气又保湿。通风不良影响灰树花分化,轻者形成空心菇,即蘑菇中央的分支不分化,不能形成菌盖,只是四周分化形成菌盖;重者由于二氧化碳含量过高抑制分化,造成溃烂死亡。

c. 适当光照。原基形成不需要光,但原基形成以后需要较强的散射光,因此在畦的南面加盖草帘,使阳光不能直射畦内,散射光从阴面塑料膜射入。光照强,灰树花菌盖颜色深、香味浓。

光照异常易导致的现象有三类。一是长柄菇。由于光线太暗,分支形成较少,长成无菌盖或菌盖扁长的长柄菇,且颜色浅,无香味。预防措施是原基形成后,使畦内散射光达到能阅读书报的强度。二是白色菇。由于光线较暗,虽然能分化,但菌盖颜色浅或呈白色,蘑菇香味小。

可在光线不太强的早、晚,掀起草帘光照20~60分钟,每天1~2次,光照时用水淋湿灰树花,直至灰树花颜色较深为止。三是黄斑菇。由于遮光措施差或建畦时方向不正确,使阳光直射畦内,形成灼伤菇。原基阶段,轻者出现黄水珠影响分化,严重者,水珠被晒干,形成黄褐斑,不再分化。已分化的子实体,轻者被晒蔫,影响生长,重者被灼伤形成焦黄色,停止生长。

d. 适宜控温。灰树花从现原基到采菇的时间随温度高低而异:气温16~24 ℃,一般在18~25天采菇;气温18~26 ℃,一般在15~20天采菇;气温22~30 ℃,一般在12~16天采菇。在灰树花菇体发育期,畦内温度超过25 ℃时,就要通过加厚遮阳物、上水和通风等措施降温。畦内温度处于30 ℃以上时很难形成原基。

以上四个方面是相互协调统一的,任何一方面达不到要求,都可能使栽培失败,造成经济损失。

(8)采摘:灰树花从现原基到采菇的时间,在其他条件相同的情况下,随温度的不同而有所不同。但这不是绝对的,应根据子实体生长状况来定,一般八成熟就可采摘,成熟一朵采摘一朵。采摘的标准如下。

① 观察生长点。灰树花生长过程中若光线充足,则菌盖颜色深,能观察到菌盖外沿有一轮小白边,即菌盖的生长点。当生长点变暗界线不明显,边缘稍向内卷时即可采摘。对于管理不当而菌盖颜色浅白者或白色变种,不应参照此标准。

② 观察菌孔。灰树花幼嫩时,菌盖背面白色光滑,成熟时背面形成子实层,出现菌孔。灰树花采摘以刚形成菌孔、菌孔深度不超过1 mm、尚未释放孢子、菇体达到七八成熟时为采摘最佳时期。实践表明,适时采收,灰树花香味浓,肉质脆嫩,有一定韧性,商品价值高。过迟采收,菌孔伸长散发孢子,灰树花木质化且变脆,口感差,易破碎,商品价值降低,菇潮数减少。过早采收,影响产量。

③ 采摘方法。采收前两天应停止向菇体喷水,准备好盛放灰树花的塑料筐和小刀。采收时,不要损伤菌盖,保证菇体完整。为减少破损率,可用手托住菇体的底面,用力向一侧抬起菇根即断,不留残叶,不损伤周围的原基和幼菇。采收后,用小刀将菇体上沾有的泥土或杂质去掉,以免污染其他菇体,轻放入筐。采摘后捡净碎菇片,清理好畦面。畦内2~3天不要浇水,让菌丝恢复生长。3天后上一次重水,继续按出菇前的方法管理,过15~30天出下潮菇,但也有潮次不明显连续不断出菇的情况。

3. 双棚栽培

用遮阳网搭建成大荫棚,内设小拱棚,这种栽培模式适合规模化生产。其优点是造成七成阴三成阳的小气候环境,适合灰树花的生长发育。由于无草帘遮阳,烂草、虫害及黄水菇减少,灰树花质量高且管理方便,土地使用率高,每亩地可栽培3万~3.5万袋。1999年迁西县龚氏三兄弟建的遮阳网大棚覆盖了6亩地,网下是一个个小拱棚,自动滴灌系统使棚内温度、湿度适宜,一朵朵灰树花如盛开的白色莲花。一棚栽培了18万菌袋,第一潮菇就收回了投资,整个生产周期收入达20万元。

(1)建荫棚:根据灰树花所需的野生环境搭建荫棚。选择直径为10 cm以上的竹、木作柱,柱高2.5~3 m,埋深0.5 m,沿菇场四周每隔3~4 m立一柱,柱最好立在排水沟中,便于人行和操作管理,柱顶端或叉形或纵剖半圆形,便于固定横梁。然后把粗8 cm以上的横梁放于柱顶,再用铁丝扎紧,上面以木棍或竹竿为经纬,横架于横梁上,用铁丝扎牢。用遮阳率95%的遮阳网遮阳,可在柱的顶端用8号铁丝东西、南北拉紧固定立柱,然后将遮阳网固定在铁丝上,网距地 1.9~2 m。菇场周围用玉米秸等围成墙篱,达到防风、保湿、防禽畜入内的要求。也可以在场地四周栽种瓜果等蔓生作物,既遮阳又收瓜果,一举两得。

(2)挖畦:畦为东西向,畦宽 80 cm,深 8 cm,畦床内畦间沟宽 40 cm。排水沟的深度、宽度应根据土质、坡度、地势高低、地下水位高低而定,要求达到排灌两便,雨季不积水。

(3)排菌:将灰树花菌袋脱袋,摆入畦床内,菌棒露出地面 1/3,然后将挖坑土覆到灰树花菌棒上面,四周也须用土遮严,将它铺成高于地面 5~6 cm、宽 80 cm 的菇床。

(4)建小拱棚:菇床上用 8 号铁丝或竹片每间隔 1.5 m 架一半圆拱,高 30 cm 左右,两端插在畦两侧的土埂上,用长竹片将拱架横拉固定,覆盖薄膜形成小空间,每隔 3~4 m 留 20 cm 的通风口,这样有利于保温、保湿、防雨、防风。

(5)管理:出菇前盖好薄膜保湿,每隔 10~15 天上一次重水。出菇后,上水采用雾化微喷,晴天揭开薄膜,每隔 2~3 小时喷雾一次,温度高时,间隔时间可短些,喷雾时间一般 10~20 分钟,具体取决于土壤含水量及空气湿度。夜间和阴雨天罩好薄膜,停止喷水,防止雨水溅起泥土,沾污灰树花。

常见的菇体异常现象及产生原因如下。

① 原基枯黄。由于环境干燥,光线太强(阳光直射),温度过高,使原基分泌的水珠消失,变得枯黄不能分化,形成木质化的斑块。

② 小菇、密菇。由于栽培较晚,气温适宜,栽培后很快出菇,菌块尚未连成一体。或由于栽培过早管理不当,使菌块周围形成黄色菌皮,菌块不能充分连接,温度适宜后出菇迟,菇体小而密,且易老化。

③ 出菇慢。栽培时覆土过厚(超 3 cm)或畦挖得太深,将使出菇推迟 20~35 天。

④ 菌块发霉。遇上高温天气,若通风不良,就会引起覆土或菌块局部霉害。栽培后上水不及时,或菌块周围有干土,水未润透,使表面菌丝失水死亡发生霉害。

4. 暖棚反季栽培

鲜灰树花很受市场欢迎,但每年 10 月至次年 5 月是小畦拱棚栽培的淡季,为解决生产受北方季节限制的问题,可利用暖棚在晚秋及初春栽培灰树花,此期鲜菇上市价格高,经济效益较好。

(1)菌袋生产:选用中温型(出菇温度 16~22 ℃)、易分化、朵型中等的菌种。8 月生产菌袋,9 月栽培,10—11 月出菇。菌袋的生产工艺如前所述,但须注意以下问题。

① 8 月份气温较高,培养料易发酵变酸,影响菌丝生长,因此要求从拌料至灭菌的时间不得超过 4 小时。为减少感染机会,可适当减少麸皮和糖的用量。

② 菌秆袋灭菌后,冷却要充分,确保菌袋料温降至 30 ℃ 以下方可进行接种,防止高温烧死菌种。

③ 发菌管理的重点是降温通风,湿度控制在 70% 以下,以防棉塞发霉。

④ 也可 10 月生产菌袋,此期环境中杂菌少,发菌成功率较高。菌袋在 0 ℃ 以下过冬,次年 3 月入棚覆土栽培,4—5 月出菇。

(2)栽培管理:菌丝长满袋 10 天后即可脱袋栽培,此时菌袋不能长时间存放,否则在袋内会形成大量原基,消耗养分。

栽培前棚内灌一次透水,水渗后南北向作畦,畦深 10~15 cm,宽 45~120 cm,长短视棚宽而定。畦做好后,洒少许石灰和敌百虫粉以杀死地下害虫、杂菌。然后回填 2~3 cm 细土,按前述方法进行脱袋覆土栽培。在畦上做拱,覆膜保湿。大棚扣膜、覆盖草帘,温度控制在 25 ℃

以下。由于 10 月上旬气温较适宜,栽培后 7 天左右即可出菇。采完一潮菇后,待气温降至 20 ℃以下时,温度高时少揭草帘,多通风。温度低时,多揭草帘提温,少通风,以保持 15～20 ℃ 的原基分化温度,15～25 天后即可出下一潮菇,一般在 11 月可采两潮菇。

(五) 灰树花的保鲜贮运及加工技术简介

1. 保鲜贮运

鲜灰树花应贮放在密闭的箱内或筐内,每朵灰树花单层排放,尽量不要堆得过高,造成挤压。需要密集排放时,应使菇盖面朝下,菇根面朝上。灰树花贮藏温度以 4～10 ℃ 为宜,温度过高,鲜菇继续生长因而老化。贮运时切勿挤压、碰撞和颠簸。

2. 灰树花干制加工

灰树花的干制可以用晒干或烘干的方法来进行。在烘干时,要注意温度由低向高逐渐进行。起始温度一般为 40 ℃,每隔 4 小时将温度升高 5 ℃ 左右,最后用 60 ℃ 的温度将子实体烘干。

为了较快地烘干子实体,可以将子实体分成单片后进行。灰树花子实体的含水量相对较低(一般为 80％～90％),烘干方式较好。烘干后的灰树花香味较浓,比晒干的好。

灰树花的干品较容易吸潮,由于其香味浓郁又营养丰富,比较容易出现虫蛀或发霉现象。所以干品最好用双层塑料袋密封保存,并放在干燥的地方,有条件的可以放在冷库中贮藏。

3. 灰树花盐渍

灰树花的盐渍加工与其他食用菌的盐渍加工方法一样。由于灰树花的子实体朵形较大,因而在煮之前,要用小刀将子实体分成单片的扇形菌盖,煮透后冷却,用盐或饱和盐水盐渍。在盐渍时要注意经常倒缸,更换盐水或加盐,直到腌透为止(盐水浓度不再下降)。

腌好后可以转入塑料桶中。在桶中要加足饱和盐水,并加入封口盐,盖上内外盖,然后放入温度较低的仓库中贮存。

项目十 榆黄蘑栽培

码 10-10 榆黄蘑 1 　　　码 10-11 榆黄蘑 2

一、重要价值

榆黄蘑(*Pleurotus citrinopileatus* Sing)又名金顶侧耳、玉皇蘑、黄蘑,属担子菌纲伞菌目侧耳科侧耳属的一种木腐菌。因常见腐生于榆树枯枝上而得名,是我国北方杂木林中一种常见美味食用菌。

自榆黄蘑驯化栽培成功以来,已有季节性批量栽培,以鲜菇供应市场。市场上也有干品销售。目前菌种筛选有所开展,栽培方法如平菇一样有多种方式。近年来的生化研究发现,榆黄蘑的子实体含有较丰富的 β-葡聚糖,具有良好的抗肿瘤和提高人体免疫力的作用,受到食品、医药部门的重视,常作为保健食品和别具风味的食品添加剂进行开发。干品近年批量出口。

现代营养分析表明,榆黄蘑营养丰富,含蛋白质、维生素和矿物质等多种营养成分,其中氨基酸含量尤为丰富,且必需氨基酸含量高,属高营养、低热量食品。长期食用,有降低血压、降低胆固醇含量的功能,具有滋补的功效,可治虚弱萎症(肌萎)、痢疾等,是老年人心血管疾病患者和肥胖症患者的理想保健食品。

榆黄蘑脆嫩细腻,香甜可口,是美味食用菌之一,因色泽金黄、艳丽美观而受消费者青睐。

二、生物学特性

(一)榆黄蘑的形态特征

榆黄蘑菌丝体浓白色,类似平菇,子实体成覆瓦状丛生或单生(见图10-14)。菌盖基部下凹呈喇叭状或漏斗形,边缘平展或波浪状,为鲜黄色,老熟时近白色,直径 2～13 cm,菌肉、菌褶白色,褶长短不一,柄偏生,白色,有菌香味,可口;菌柄白色至淡黄色,基部相连,长1.5～11.5 cm,粗0.4～2.0 cm。孢子印白色,孢子圆柱形,无色,光滑,(6.8～9.86) μm ×(3.4～4.1) μm,遗传特性属异宗配合。

图10-14　榆黄蘑形态结构

(二)生长条件

1. 营养

榆黄蘑为木腐性食用菌,与平菇一样,具有较强的纤维素、木质素分解能力,栽培时需要丰富的碳源和氮源,特别是氮源丰富时,菌丝粗壮洁白、生长速度快,子实体产量高。

榆黄蘑是腐生性真菌。生长发育过程中,需要的主要营养物质是有机态碳,如木质素、纤维素、半纤维素及淀粉、糖等。这些物质存在于木材、稻草、麦秸、玉米芯、棉花子壳、豆秸、葵花子壳等各种农副产品中,利用天然培养料,碳素营养能得到满足。氮源主要是天然培养料中的蛋白质,菌丝中所含的蛋白酶使其分解成为氨基酸后再吸收利用。尿素、铵盐和硝酸盐等也是榆黄蘑的氮素来源,能被菌丝直接吸收。

营养生长阶段要求培养料提供的碳氮比为20:1,生殖生长阶段为40:1。

榆、栎、槐、桐杨、柳等阔叶木屑,棉秆、玉米秸、豆秸等农副产品都能满足其对碳源的需求,同时,生产中往往加入玉米粉、麦麸、饼肥等含氮物质,以提供榆黄蘑生长发育所必需的氮源。此外,榆黄蘑生长发育还需要一定量的矿质元素和微量的生物活性物质。一般在培养料中添加磷肥、磷酸二氢钾等来满足榆黄蘑对矿质元素的需求,微量元素和生物活性物质则很少添加,因培养料和水中的含量已基本能满足其生长发育需要。

对于它生长所需的磷、镁、硫、钙、钾、铁等和维生素,天然培养基内的含量基本可满足需要。

2. 温度

榆黄蘑是一种中高温型且广温型的食用菌,菌丝生长温度为6～32 ℃,适宜温度为22～26 ℃,34 ℃时生长受抑制;子实体形成的温度范围为16～30 ℃,适宜温度为20～28 ℃;适宜空气相对湿度85%～90%;适宜pH为5～7,pH大于7.5、小于4时菌丝生长缓慢。

3. 湿度

菌丝培养料含水量以60%～65%为宜。空气相对湿度在子实体形成阶段要求为90%～95%,生长阶段以85%～90%为宜。

4. 光照

菌丝生长阶段不需要光线,黑暗条件下菌丝生长速度更快,在强光照射下,生长速度降低40%。由营养生长转入生殖生长,即进入光敏感阶段。子实体形成和发育需散射光,子实体生长有趋光性。一般来说,子实体正常发育需要的光照强度为 200～1000 lx,原基分化更低一些。一般培养室的日照散射光下,菌丝能正常扭结出菇。光照强度太大(超过 2500 lx),子实体原基不易形成,或形成后,菌柄粗短,菌盖不易展开。栽培时,菌丝长透培养料后,应给予散射光刺激,促进原基分化。

5. 空气

榆黄蘑属好气性菌类,菌丝生长阶段二氧化碳对菌丝生长有促进作用。随着菌丝的生长,袋中二氧化碳浓度含量逐渐上升,能刺激菌丝生长,所以菌丝生长阶段,对空气要求不甚严格。原基形成需要适量的二氧化碳才能使菇蕾生长正常。出菇期需要加强通风换气,二氧化碳浓度超过 0.3% 会降低产量和品质。

6. pH

菌丝生长阶段 pH 范围为 4～8,最适 pH 为 6.5,pH 在 4 以下、8 以上时出菇困难,出菇时最适 pH 为 6.0～6.5,在 pH 5.8～6.2 范围内菌丝生长适宜。在配制培养基时,需将 pH 调高一点,达到 6.2～7.0(菌丝生长过程中,代谢产生有机酸);按照通常配方配制的培养料,其自然酸碱度基本满足菌丝生产要求,无须测试调节。

三、栽培管理技术

榆黄蘑可采用生料栽培,也可采用发酵料栽培。生料栽培较发酵料栽培工艺简单,便于操作,但前提是必须使用新鲜洁净的棉籽壳作培养料,且不可添加麦麸、玉米粉、饼肥粉等辅料。除此之外的料和配方必须采用发酵料栽培。其生料和发酵料的栽培工艺和要点与平菇基本相同。栽培时要注意的是榆黄蘑出菇温度较高,低于 20 ℃ 时虽可形成原基,但很难分化。子实体发育阶段要保证温度在 20 ℃ 以上,最好为 22～26 ℃。

(一) 栽培季节

榆黄蘑出菇最适温度为 22 ℃,从制袋接种到出菇需 50～60 天,根据榆黄蘑生长发育过程中对外界条件的需求,在一般情况下,分春、秋两季生产,春季 3—4 月栽培,秋季 9—10 月栽培。根据各地不同的气候特点,合理安排生产,有控温设备的可随时播种,常年生产。中原、江南地区栽培安排在春季 2—3 月制袋,4—5 月出菇;秋季 8—9 月制袋,9—11 月出菇。

榆黄蘑出菇温度偏高,多处于夏初夏末,自然界虫源较多,榆黄蘑自身又有特殊的清香味,极易招致蚊蝇类昆虫危害。因此,栽培场地的灭虫处理和防虫网的安装特别重要,栽培过程中要加以注意。

(二) 菌种制作

根据栽培季节,选用相应类型的品种,母种培养基用马铃薯、葡萄糖培养基即可。原种、栽培种最好用谷粒菌种,也可用棉籽壳培养基、木屑培养基。

(1) 母种采用 PDA 培养基,置于恒温箱培养 10～13 天,能长满试管;原种栽培种可用普通木屑麸皮培养基,或棉籽壳添加麦麸培养基,也可用麦粒做培养基。

(2) 原种和栽培种配方如下。

① 麦粒 67%、木屑 30%、碳酸钙 3%,含水量 50%～55%。

② 木屑 78%、麸皮 20%、石膏粉 1%、蔗糖 1%,含水量 55%。

③ 棉籽壳 78%、麦麸 20%、石膏粉 1%、蔗糖 1%,含水量 60%。

原种和栽培种袋制作与平菇栽培袋的相似,选择 17 cm×35 cm×0.005 cm 的低压聚乙烯或高压聚丙烯塑料袋均可。拌料装袋、灭菌、接种按常规进行。一般原种、栽培种在 25 ℃下培养 30～35 天可以长满瓶。

(三) 栽培操作

榆黄蘑常用袋料熟料栽培,其工艺流程如下:备料→制备培养料→装袋→灭菌→接种→菌丝培养→覆土栽培→出菇管理→采收加工。

(1) 栽培场所。干净、通风的房间或蘑菇棚均可用于栽培,床架以坐北朝南排列。

(2) 原料配方如下。

① 棉籽壳 85％、麸皮 12％、糖 2％、石膏 1％。

② 碎玉米芯或豆秸 80％、麸皮 10％、玉米面 9％、石膏 1％。

③ 杂木屑 80％、麸皮 18％、石膏 1％、糖 1％。

④ 玉米芯 78％、玉米粉 20％、石膏粉 1％、过磷酸钙 1％,含水量 60％～65％,pH 6.0～6.5。

⑤ 棉籽壳 50％、杂木屑 30％、麸皮 18％、蔗糖 1％、碳酸钙 1％,含水量 60％～65％,pH 6.0～6.5。

(3) 菌袋制作:榆黄蘑生长适温为 20～25 ℃,属中温型食用菌。可在春末秋初种植。选无霉变的棉籽壳或玉米芯,在阳光下暴晒 2～3 天后,加适当比例的水、石膏粉及石灰粉拌匀,闷 30～40 分钟(玉米芯提前用 1％的石灰水堆闷 1 小时)。料的相对湿度为 60％～65％。高压灭菌 125 ℃保持 2.5 小时或常压灭菌 100 ℃保持 10 小时,冷却到 25 ℃。

(4) 发菌管理。在无菌条件下接入菌种。接种后,在室温 23～25 ℃、相对湿度 70％以下的培养室中培养,保持室内黑暗清洁,经常通风换气,通风不宜过大,料温 25～27 ℃时生长最好。经过 30～35 天培养即可满袋,搔菌后转入出菇房。

(5) 出菇管理:菌丝长满袋后,解开袋口或拔出袋口棉塞后,竖直排放于床架上,再维持 3～7 天,即可进行出菇管理。菇房温度保持在 15～20 ℃,空气相对湿度 85％～95％,拉大温差,增加光照及通风,注意通风换气并给予一定的散射光刺激,约一周后,菌蕾就会大量出现。出菇期间在栽培场所地面、空间增加喷雾 2～3 次,并注意通风,保持空气新鲜,榆黄蘑从显蕾到采收一般需 8～15 天。

(6) 采收及管理:子实体菌盖边缘平展或呈小波浪状时,或菇盖呈漏斗状、孢子尚未弹射时为采收期,产量高,质量好(见图 10-15)。采收前一天应停止喷水,适当减少菇体所含的游离水,有利于延长鲜菇的货架寿命和提高烘干后的菇体品质。采收前 1 天停止喷水。采收时一手摁住培养料面,另一手将子实体拧下,或用刀将子实体于菌柄基部切下即可。清理料面,弃去被感染的菌袋,调节好菇房的温度、湿度、通风、光线,经 10～15 天,又可长出第二潮菇。由于第一潮菇采完后,菌袋已明显变轻,应及时补充菌袋水分或营养液,提高第二潮和第三潮菇的产量和质量。管理得当,可收 3～4 潮菇。

图 10-15 优质榆黄蘑

根据市场需求,要及时采收,采下的鲜菇用小刀切去根部,人工分成一、二级。鲜菇鲜销同其他菇类似,适宜低温保藏以延长货架期。在此不作详细介绍。

(7) 盐渍:按级别在 10％的盐水中煮沸杀青 6～10 分钟,捞出倒入冷水冷却 3 分钟,再在

25%的盐水中腌制,菇水比为1:1,波美比重23°Bé,经15天按级别装桶,同时再加饱和盐水,并加入由柠檬酸、偏磷酸钠、明矾按5:4.2:0.8组成的调酸剂,防止滋生腐败菌。

四、玉米秸栽培榆黄蘑

现在农村玉米秸资源十分丰富,将其作原料栽培榆黄蘑,一方面能解决棉籽壳日渐紧缺、价高影响榆黄蘑生产的问题,另一方面,又能解决农民焚烧秸秆污染环境问题,使玉米秸大幅度转化增值。但玉米秸栽培榆黄蘑,常规方法产量低,菇质差。下面介绍一种较成功的栽培方法。

1. 原料处理

(1)配方:必须选用无霉变的干或鲜玉米秸,剔除雨淋变质的部分,铡成3~5 cm的小段。配方如下:玉米秸(折干)90 kg、麦麸(或玉米面、细糠)10 kg、生石灰4~6 kg、过磷酸钙2 kg、尿素0.7~1 kg、草木灰3~5 kg、多菌灵0.2 kg、土50 kg,喷甲醛500 mL,堆闷12小时杀菌。

(2)发酵:除多菌灵及土外,将其他原料混匀,按每100 kg干料加水150~200 kg拌匀,堆积成宽1~1.5 m,高1 m,长不限的堆,堆料宜松不宜实。堆上每50 cm向内扎一个直径为4~5 cm的孔直至料中心以便透气,用洁净的塑料薄膜盖好让其自然发酵。当料中心温度达到60 ℃以上时,保持12~24小时,翻料。翻拌均匀后照原样堆好继续发酵。再次达到60 ℃以上时,保持12~24小时。当玉米秸软化呈淡褐色,上面布满白色放线菌时,闻之有淡淡的菌香味,料堆体积显著缩小,即为发酵成功。这时,再次将料拌匀,同时喷洒多菌灵溶液。

(3)拌土:将处理好的土撒开晾一下,让甲醛气味挥发掉。按每100 kg玉米秸加土50 kg拌匀。

(4)料框:用木板做成长1 m、宽0.6 m、高0.5 m的外框一只。外框最好做成能灵活开启的活动框。另做一只长0.6 m、宽0.2 m、高0.5 m的木框(内框)。

2. 压块播种

选洁净的场所消毒。地下铺干净薄膜,放好内、外两层框。先撒一层菌种(靠边多撒些),把拌好的料均匀地放进框内压实,厚度约10 cm时撒一层菌种(靠内、外框处多撒些),再放料压实撒菌种,这样依次装满木框。最上面适量多撒些菌种,盖少量料,压实。先取下内框,然后取下外框,成为一个草箱。用塑料薄膜盖好,每块用干料17.5~20 kg,用菌种4 kg左右。

3. 发菌管理

(1)发菌棚保持干燥通风,每天揭膜通风一次,每次3~5分钟,并抖掉塑料膜上的水珠。

(2)发菌期间控制培养料温度,一般控制在20~30 ℃,最好在25 ℃左右。

(3)发菌棚应定期消毒,可撒石灰,或喷洒甲醛、2%来苏儿或500倍多菌灵水溶液。同时注意预防虫害、鼠害。

(4)避免阳光直射菌块,培养20天左右,白色菌丝布满料块后,就到了出菇阶段。

4. 出菇管理

(1)菇棚内用较肥沃的砂壤土做成宽60 cm、高5~10 cm、行距80 cm的土埂。将两个菌块上下对齐成一块,摆放到土埂上,也可以靠在一起摆放。

(2)将菌块中间的洞用甲醛处理过的湿砂壤土填满,用1%尿素水浇透。

(3)往墙壁、空中喷水,往地面洒水,保持空气湿度85%~95%。

(4)增加光照,加强通风,保持有充足的氧气。

(5)现蕾后管理同常规管理。

近年来许多地方推广此生产技术,均表现为发菌快(10～20天即长满菌丝)、产量高(生物学效率达100%)、易管理和成本低。高产原因如下。

(1)由于其发菌阶段培养料接触空气面积较大,氧气充足,发菌迅速,菌龄短,菌丝一直处于旺盛生长的状态,为子实体生长积累了充足的养分。

(2)菌块中间填土并灌水后,土壤里的水分和养分能源源不断地供应给菌丝,提高了对基质的转化率。

项目十一　巴西蘑菇栽培

码 10-12　姬松茸 1　　　码 10-13　姬松茸 2

一、重要价值

巴西蘑菇又名姬松茸、小松菇,属担子菌亚门层菌纲伞菌目蘑菇(黑伞)科蘑菇(黑伞)属,原产于巴西、秘鲁。美国加利福尼亚州南部和佛罗里达州海边草地上也有分布。我国于1992年引进,目前福建省有较多栽培。

巴西蘑菇盖嫩、柄脆,口感极好,具杏仁味,鲜美可口,是食药兼用的珍稀食用菌。新鲜子实体含水分85%～87%,每100 g干菇中含粗蛋白质40%～45%,糖类38%～45%,纤维质6%～8%,粗灰分5%～7%,粗脂肪3%～4%,是一种含糖类和蛋白质非常丰富的食用菌。蛋白质组成中包括18种氨基酸,其中人体必需的8种氨基酸齐全,还含有多种维生素和麦角甾醇,其多糖含量为食用菌之首,提取物对肿瘤,特别是腹水瘤、痔疮、心血管病等具有神奇的功效,并因其较高的食用价值、药用价值,深受美食、保健和医学、药学界的极大关注。

二、生物学特性

(一)形态特征及生态习性

巴西蘑菇是一种夏秋季发生在有畜粪的草地上的腐生菌,要求高温、潮湿和通风的环境条件。

巴西蘑菇由菌丝体和子实体两部分组成。菌丝绒毛状,白色,气生菌丝旺盛,爬壁强,菌丝直径5～6 μm。菌丝有初生菌丝和次生菌丝两种。孢子萌发后产生菌丝,菌丝不断生长发育,菌丝之间相互连接,呈蛛网状,菌丝无锁状联合。

图 10-16　巴西蘑菇

子实体单生、丛生或群生,伞状,由菌盖、菌褶、菌柄和菌环等组成(见图10-16)。菌盖直径2～5 cm,最大的达到15 cm,原基呈乳白色,菌盖初时为浅褐色,扁半球形,逐渐成馒头形,最后平展,顶部中央平坦,表面有淡褐色至栗色的纤维状鳞片,成熟后呈棕褐色,有纤维状鳞片,盖缘有菌幕的碎片。菌盖中心的菌肉厚达11 nm,边缘的菌肉薄,菌肉白色,受伤后变橙黄色。菌褶离生,密集,从白色转肉色,后变为黑褐色。菌柄圆柱状,中实,长4～14 cm,直径1～3 cm,上下等粗或基部膨大,表面近白色,手摸后变为近黄色。菌环以上最初有粉状至棉屑状小鳞片,后脱落成平滑状,中空,菌环大,上位,膜质,初白色,后微褐色,膜下有带褐色棉屑状的附属物。

（二）生活条件

（1）营养：巴西蘑菇主要以分解利用农作物秸秆，如稻草、玉米秆、麦秸、棉籽壳、甘蔗渣和木屑等作为碳源，巴西蘑菇能利用蔗糖、葡萄糖，而不能利用可溶性淀粉。豆饼、花生饼、玉米粉、麸皮、畜禽粪和尿素、硫酸铵等作氮源，巴西蘑菇能利用硫酸铵，浓度为 0.3% 左右，也可利用硝酸铵，但不能利用蛋白胨。

（2）温度：巴西蘑菇属于中高温型菌类。菌丝生长温度为 10~37 ℃，最适温度为 23~28 ℃。子实体发育温度为 18~28 ℃，最适温度为 20~26 ℃，低于 15 ℃ 或高于 33 ℃时几乎不能现蕾形成子实体。

（3）水分：巴西蘑菇菌丝在含水率 65%~70% 的培养料中能正常生长。最适培养料含水量为 55%~60%，料水比为 1：(1.3~1.4)，覆土层最适含水量为 60%~65%，子实体发生时菇房空气相对湿度以 75%~85% 为宜。

（4）光线：菌丝生长不需要光线，但阳光能间接影响培养料的温度。少量的散射光有利于子实体的形成。

（5）空气：巴西蘑菇是一种好氧性真菌，菌丝生长和子实体生长发育都需要充足的新鲜空气。

（6）酸碱度：培养料的 pH 在 4.5~8 范围内皆可生长，最适 pH 为 6.5~7.5。不同品种适宜 pH 稍有差异。

三、栽培管理技术

巴西蘑菇与双孢蘑菇同属于粪草腐生性菌类，其栽培方法与双孢蘑菇相似。

1. 菇房菇棚的设置及栽培季节

巴西蘑菇的菇房可以是现代化菇房、塑料大棚、简易塑料棚和空闲房屋。巴西蘑菇一年有两个栽培季节，即春秋两季，当自然温度稳定在 20~25 ℃时为出菇初期，此期向前推 50 天左右即为播种期。根据巴西蘑菇生长的温度、湿度及当地的气候条件灵活掌握。一般春栽在3—4 月播种，5—7 月采收；秋栽在 9—10 月播种，11—12 月采收。

2. 培养料选择与配方设计

巴西蘑菇栽培可就地取材，充分利用当地成本低的资源进行栽培配方设计，巴西蘑菇栽培以甘蔗渣为原料最为合适。也可用稻草、麦秆、棉籽壳、茅草、芦苇和玉米秆等原料进行栽培，辅以牛粪、马粪、禽粪或少量化肥。

巴西蘑菇生长发育的高产优质培养料配方如下。

（1）甘蔗渣 80%、牛粪 15.5%、石膏粉 2%、尿素 0.5%、石灰粉 2%。

（2）稻草 80%、牛粪 13.4%、石膏粉 3%、石灰粉 3%、尿素 0.6%。

（3）玉米秆(或麦秸)80%、牛粪 14.6%、石膏粉 3%、石灰粉 1%、饼肥 1%、尿素 0.4% 或硫酸铵 0.8%。

（4）稻草 31%、甘蔗渣 15%、木刨花 12%、棉籽壳 4%、菜籽饼 1.5%、麸皮 4%、干牛粪 22%、尿素 0.4%、复合肥 0.5%、沸石粉 6.7%、过磷酸钙 1.1%、生石灰 1.8%。

（5）茭白叶(秆)32%、稻草 16%、豆秸 10%、麸皮 5%、牛粪 26%、尿素 0.5%、复合肥 0.6%、过磷酸钙 1.1%、沸石粉 7%、生石灰 1.8%。

（6）稻草 85%、菜籽饼 4%、麸皮 2%、复合肥 1.6%、尿素 0.8%、过磷酸钙 1.6%、石膏

2.8%、生石灰 2.2%。

3. 培养料堆制发酵

巴西蘑菇的建堆发酵与双孢蘑菇一样。将稻草、秸秆等或甘蔗渣浸透水后与畜禽粪等分层铺撒,均匀建堆,一般建堆上宽 1.2 m,下宽 1.5 m,高 1.3 m。堆料的第二天下午要测温,量 50 cm 以内的温度。正常情况下在堆料的第一至第二天,料温会升到 60～70 ℃。如果达不到 60 ℃,查明原因,赶快采取补救措施。堆料 5～7 天后,堆温就会下降,此时应翻堆。翻堆非常重要,是制作均匀、完全成熟、高质量的培养料的保证,是巴西蘑菇产量高低的先决条件。翻堆的目的是改善料层的空气条件,散发堆内的废气,调整料堆的水分,同时添加化肥和石膏粉,改善发酵条件,让微生物继续生长繁殖,更好地促使堆温回升,加速粪草分解,达到均匀腐熟。为了使堆料发酵均匀,翻堆时应把中间培养料翻到外面,把外层培养料堆进中间,需要把草抖松,真正做到里翻外、上翻下。第一次翻堆时加入尿素、硫酸铵等化肥并充分搅拌均匀,在微生物的作用下,通过发酵变成适合巴西蘑菇的氮源。翻堆的次数一般为 5～6 次,间隔时间为 7、6、5、4、3 天。由于前期草粪料生,料堆松,堆温下降慢,翻堆时间间隔要大些,后期草粪料熟,料堆坚实,通气差,堆温下降快,所以翻堆时间间隔要小些。在地面堆料,还应根据天气、草料堆温等具体情况灵活掌握。同时用菌种做吃料试验,若菌种能在培养料上正常萌发,第五次翻堆后,即可在菇房进料播种。培养料腐熟的标准,发酵后培养料以达到棕褐色、手拉纤维易断为度。堆制发酵后培养料含水量为 60%～75%,手握培养料用力挤时,指缝有 2～3 滴水即为含水量适宜。将 pH 调至 7.5。

4. 培养料的上架

将发酵成熟的培养料均匀地、不松不紧地铺入菇床或畦床,厚度以 20 cm 为宜,每平方米投干料 20 kg 左右。培养料上床后,关闭菇房的出入口、通风口,然后用甲醛加高锰酸钾熏蒸(每立方米空间用甲醛 10 mL、高锰酸钾 5 g)或用硫黄熏蒸 24 小时,排除菇房或畦内的药味后,待料温降至 28 ℃时播种。

5. 播种及管理

将菌种均匀地撒于培养料表面,播种量为每平方米面积 750 mL 的菌种,再盖上一层进房时预先留下的培养料,厚度以看不到菌种为度。播种后用木板轻轻压实,使之与料紧贴,以利于菌种萌发、定植。注意保温保湿,3 天后当菌丝发白并向料上生长时,适当增加通风量。播种后 6～8 天,菌丝基本封面,此时需逐渐加大通风量,促使菌丝整齐往下吃料,菇房相对湿度宜控制在 80% 左右。露地栽培,播种后要在畦面两边用竹木条扦插成弯弓形,然后覆盖塑料膜,使其在小气候中发育生长。菇床罩膜内温度以不超过 30 ℃ 为宜,过高则应揭膜散温,并保持相对湿度不低于 85%。

6. 覆土

覆土是栽培上非常重要的一环,覆土土质的好坏直接影响产量和质量。播种后 20 天左右,菌丝长到整个培养料的 2/3 时开始覆土。一般采用田底土、肥田土或红壤土。覆土前 3 天,覆土材料用甲醛喷雾消毒,并用膜覆盖 24 小时,以杀死害虫和杂菌。用石灰水调 pH 至 7.2～7.5,含水量为 60%～65%,一般以手捏可成团,松开一抖即可松散为宜。覆土厚度 3～4 cm,均匀覆在床面上。

7. 出菇管理

通常播种后 40 天左右,快的只需 30 天左右,即开始现蕾。当菇床土面涌现白色粒状菇蕾后大约 3 天,菇蕾即生长发育至直径 2～3 cm,此时应停止喷水,避免造成死菇和畸形菇。此时要消耗大量的氧气,出菇期应注意菇房的通风换气。在通风的同时注意菇床土层的湿度,确保菇房内空气湿度在 85%～95%。床面喷水应以间歇喷为主,轻喷为辅,坚持一潮菇喷 1 次重水的原则,处理好喷水、通风、保湿三者的关系,以达到高产、稳产、优质。

巴西蘑菇采收后,菌床上的土坑要及时补上,将菌床上遗留残根碎片清除干净,以防止腐烂后感染和发生虫害,继续保温保湿管理,还能收 2～3 潮菇。

8. 采收与加工

巴西蘑菇以菌盖尚未开伞,表面淡黄色,有纤维状鳞片,菌幕尚未破裂时采收为宜。若过熟采收,菌褶会变黑,降低商品价值。采收后的鲜菇可通过保鲜、盐渍、脱水、烘干等方法加工销售,或根据客户要求加工和包装。

9. 病虫防治

近两年来,巴西蘑菇病虫害常有发生,给菇农造成不少损失。巴西蘑菇种植中最常见的几种病原菌有棉絮状霉菌、胡桃肉状菌、白色石膏霉以及鬼伞类杂菌等。其中,以胡桃肉状菌的危害性最为严重,它生长迅速、传染快,极难根治,被称为"巴西蘑菇的癌症",该病原菌属土壤真菌,通常存活于土壤及有机物中,其病原孢子多随覆土、培养料而进入菇棚。它与巴西蘑菇争夺养分,抑制菌丝生长,严重时可使巴西蘑菇绝收。此病一旦发生,极难根治。

防治措施如下。①搞好菇棚环境卫生,及时清除废料,并用 1000 倍咪鲜胺喷洒菇棚、菇架。②取用覆土时,尽量远离菇棚,取地表 30 cm 以下的深层土,并用药物消毒处理,将覆土晒干后,加入适量的药液,拌匀,用薄膜覆盖堆闷 24 小时以上,然后摊开,散尽药味后覆土即可进棚,以彻底杀灭潜在的杂菌孢子。③培养料堆制时不宜过熟、过湿,并要进行二次发酵,料要偏碱性。④播种后将菇房温度控制在 18 ℃左右,可抑制其子囊孢子萌发。⑤一旦发生此病虫害,应立即停止喷水,加大通风,局部感染时,应及时小心地将覆土和培养料完全挖除,并在周围喷洒 1∶100 的疣霉净(效果显著)。⑥挖出的病料要烧毁或深埋,万万不可乱丢,以防风力将其病原孢子吹进菇棚,而产生大面积感染。

项目十二 黑皮鸡枞栽培技术

鸡枞有些品种的野生习性和白蚁共生,尚无法实现人工种植,而黑皮鸡枞是腐生,经过多年种植研究终于在 2006 年栽培成功,经过十多年的努力发展,黑皮鸡枞的种植技术已经相当成熟,并正在快速向规模化、工厂化种植发展。

一、重要价值

黑皮鸡枞具有很高的食用和药用价值,其口感独特、肉质细嫩,富含蛋白质、氨基酸、维生素、微量元素,食药两用,营养丰富,备受人们青睐,是食药用菌中的上品。

黑皮鸡枞不仅含有丰富的氨基酸、维生素和醇类物质及多种生物酶,还含有多酚、多糖、黄酮等多种生物活性成分,这些活性成分常被用在镇痛消炎、提高免疫力、修复损伤器官及调节身体机能等方面,也是中国传统的药用真菌之一。

二、生物学特性

黑皮鸡枞(*Oudemansiella raphanipies*)隶属于担子亚门层菌纲伞菌目白蘑科,又名长根菇、长寿菇。它是长根菇的一个变种,该菌具有较高的食用和药用价值,是目前推广栽培的珍稀药用真菌的优良品种。

人工培养黑皮鸡枞的菌丝浓密,粗壮,洁白,匍匐型。子实体中等至大型。菌盖宽3~5.5 cm,幼时圆锥形至钟形并逐渐伸展,顶部显著凸起呈斗笠形,灰褐色或褐色至浅土黄色,长老后辐射状开裂,有时边缘翻起。菌肉白色,较厚。菌褶白色至乳白色,长老后带黄色,弯生或近离生,稠密,窄,不等长,边缘波状。菌柄较粗壮,长3~15 cm,粗0.7~2.4 cm,白色或同菌盖色,内实,基部膨大,具有褐色至黑褐色的细长假根,根长可达20 cm(见图10-17)。

图10-17 带根和削根的黑皮鸡枞

三、生活条件

黑皮鸡枞系土生木腐菌,土壤腐殖质是它良好的营养物质。人工培养时要求培养料含水量65%、空气相对湿度85%~95%,黑皮鸡枞适宜中性或微酸性环境中生长,生长环境要求空气新鲜、适度暗散射光。每年初春至秋末可在自然温度适中时,在塑料大棚与日光温室可以栽培一季,冬季棚内或工厂化室内温度保证在25~28 ℃同样出菇很好,可以接茬栽培。

(1)营养:黑皮鸡枞对营养要求不苛刻,可以在木屑、棉籽壳、玉米芯粉等多种原料上生长,一般种植香菇、黑木耳的原料均可栽培黑皮鸡枞。

(2)温度:黑皮鸡枞属高温高湿型木腐菌,菌丝生长适宜温度为18~30 ℃,最佳温度为20~25 ℃,菌龄长、菌丝长满袋一般30~45天,再经30~45天达到生理成熟。子实体分化和生长温度为15~28 ℃,最佳温度为25~28 ℃。

(3)湿度:菌丝适宜的基质含水量65%~70%。出菇则需要85%~95%的环境湿度。

(4)光照:黑皮鸡枞出菇期喜黑暗弱光环境。

(5)通风:二氧气化碳浓度要控制在0.3%以下,通风不良导致黑皮鸡枞菌柄细长,但通风会使温度与湿度降低,注意协调它们之间的变化。

(6)酸碱度:菌丝生长的培养基质pH以6.5~7.2为好。

(7)覆土:黑皮鸡枞是土生木腐菌,覆土可以发挥土壤微生物的活力,覆土后可使子实体发生更多生长更健壮。

四、栽培管理技术

(一)菌种准备

从外地引种或自备制作菌种皆可,需要提前 2～3 个月准备菌种。

(1) 母种制作的配方:马铃薯 PDA 综合培养基。

(2) 原种、栽培种制作的配方:棉籽壳或玉米芯 5%,阔叶树木屑 60%,麦皮 33%,磷酸二氢钾和碳酸钙各 1%,拌料含水量 55%～60%。也可以选用麦粒加木屑的综合培养基。

(二)栽培工艺流程

1. 黑皮鸡枞地畦栽培工艺流程

土壤旋耕→喷洒杀虫药(撒生石灰粉)→暴晒→整理地畦→搭棚→接种→覆土→发菌管理→出菇管理。

2. 黑皮鸡枞工厂化层架栽培工艺流程

覆土处理→喷洒杀虫药(撒生石灰粉)→暴晒

大棚床架→畦床整理→接种→覆土→发菌管理→出菇管理

(三)栽培季节

黑皮鸡枞属于中高温型食用菌,适宜在秋季制作栽培袋,春、夏季栽培出菇。分为春栽和秋栽,春栽于 2—3 月制作栽培袋,4—5 月地温稳定在 20 ℃以上栽培袋下田,进行出菇管理。秋栽于 7—8 月制作栽培袋,9—10 月地温降至 28 ℃以下进入出菇管理。

(四)场地选择

工厂化或设施大棚都应选择周边环境卫生、给排水方便、通风良好、交通便利、无污染源、土地坚实的场所;菇房设计布局应根据生产流程、栽培工艺等,结合地形、自然环境和交通条件等进行菇场的总体设计安排;栽培床架不宜过高过宽,以操作方便为原则。

1. 大棚设施栽培

大棚应选择坐北朝南,栽培场地应选择土壤肥沃、排灌方便、无白蚁等害虫危害的地块,土壤以砂壤土或耕作土壤为宜,最好是菜园土,栽培场地上方用密度 85%遮阳网搭建荫棚。

2. 室内工厂化栽培

菇房宜坐北朝南,每座菇房面积为 10 m(长)×7.7 m(宽),层架式栽培,设 5 层 3 排,每层面积约 45 m² 左右,每座菇房栽培面积约 225 m²。每排架宽 1.5 m,层间距 60 cm,底层距离地面 30 cm,顶层离房顶 1 m,菇床两边及中间设 80 cm 走道,便于操作。

(五)栽培种配方

(1) 棉籽壳 30%、麸皮 20%、阔叶树木屑 48%、磷酸二氢钾和碳酸钙各 1%、含水量 68%。

(2) 棉籽壳 78%、麸皮 20%、糖和碳酸钙各 1%、含水量 60%～65%。

(3) 木屑 29%、玉米芯 29%、麦麸 20%、玉米粉 10%、豆粕 10%、$CaCO_3$ 1%、石灰 1%、水 65%,木屑、玉米芯预湿发酵半个月。

(4) 棉籽壳 35%、玉米芯 18%、木屑 18%、麦麸 20%、玉米粉 5%、豆粕 3%、石灰 1%、水 65%。

(5) 木屑 30%、棉籽壳 45%、麸皮 22%、蔗糖 1.5%、CaCO₃ 1%、MgSO₄ 0.5%、水 65%、pH 4.5。

（六）制菌袋

选用规格为 32.5 cm×18 cm×0.03 cm 的聚乙烯袋装料，装袋机装料松紧适度，菌袋及时放入灭菌锅灭菌，采用常压灭菌，温度升至 100 ℃后，保持 15 小时左右，再焖 2 小时出锅。高压灭菌 1.5 MPa(121 ℃保持 6～7 小时)。灭菌结束待料包温度降至常温后，移至消毒好的接种室进行无菌操作接种。之后将所有菌袋统一移入培养室进行避光通风培养，菌丝生长阶段，最适宜温度范围为 25～28 ℃，空气相对湿度为 60%～65%，黑皮鸡枞菌龄长，菌丝长满袋需 30～45 天，再经 35～45 天后熟培养，培养基表面出现黑褐色菌皮或组织时，表明菌丝已生理成熟，可进入出菇管理阶段。

（七）出菇管理

1. 大棚栽培

将栽培地整理成宽 1～1.3 m、长度视田块而定的畦面，清理表土做成 20～30 cm 人行走道，畦底撒些石灰，晴天播种，将成熟的菌袋剥去薄膜后整齐摆放至畦中，每袋间距 2 cm，然后覆土 3～4 cm(覆土前应先将土暴晒或消毒处理)。

2. 工厂化栽培

菌筒培养 40～50 天，菌丝走满袋后，把菌筒移入栽培房开袋，每层先铺 1 层致密编织袋，再铺 1 层砂壤土，然后把开好袋的菌筒整齐地摆放在层架上。在覆土前 3 天将覆土材料(砂壤土)用石灰粉拌匀消毒，含水量为 60%～65%，用薄膜覆盖密闭 24 小时后掀开进行搅拌，调节 pH 7.0～7.5，拌匀即可覆土，覆土厚度 2.5～3.0 cm。覆土后喷水，覆土含水量以手捏成团、落地即散为宜。菇房内温度控制在 23～28 ℃，温度过低要加温，温度过高要通风降温，菇棚要求通风换气并给予散射光刺激出菇。

在温度 23～27 ℃，湿度 60%～70%，通气良好的条件下，覆土后 7～10 天，菌包即会转成红褐色的菌膜，此后管理重点是调节好棚内温度、湿度及通风换气，保持覆土湿润。若覆土层偏干，早晚应喷水保湿。转色后 10～15 天有许多小菇蕾冒出土层，此时要增加喷水次数，喷雾状水保湿，再过 3～7 天即可采收(见图 10-18)。

图 10-18 旺盛生长的黑皮鸡枞

（八）采收及加工

当黑皮鸡枞的子实体菌柄长到 8～9 cm 时则达到采摘标准,用右手的拇指与中指捏住菌柄往上旋拧提拔,然后根对根放入筐内,再集中削根分级以达到销售标准。一般每 6 小时采摘一次,注意采大留小。

及时削根整理子实体,清理干净符合商品要求。规模化栽培采收后,要及时做保鲜、盐渍菇或罐头加工。

附:管理注意事项

1. 黑皮鸡枞是中高温的品种,种植黑皮鸡枞时一定要将环境温度控制在 25～28 ℃,使其快速生长。

2. 当温度偏高时,可将大棚或菇房通风设备打开,为黑皮鸡枞换气供氧 2 个小时,避免出现生长不良现象。

3. 黑皮鸡枞出菇生长快,要及时采收和加工销售,以提高经济效益。

项目十三 黄伞栽培

一、重要价值

黄伞(*Pnoliota adiposa* Quel)又名柳蘑、黄蘑,多脂鳞伞,为担子菌纲伞菌目球盖科鳞伞属。原为野生食用菌,8—10 月生于杨、柳、桦等的倒木或枯枝上,有时也生于针叶树树干上。我国河北、山西、吉林、浙江、河南、西藏、广西、甘肃、青海、陕西、新疆、四川、云南等地林区均有分布。黄伞菇盖滑嫩爽口,可与牛肝菌相媲美;菌柄清脆、幼嫩、美味,是一种风味独特、别具一格的珍稀菇类。其子实体富含蛋白质、脂肪和糖类,以及多种维生素和无机盐,对人体健康十分有益,尤其是子实体表面的一层黏液,经生化分析证明是一种核酸,有益于人体精力、脑力的恢复;子实体通过有机溶剂提取的多糖体,对小鼠肉瘤和艾氏腹水癌的抑制率达 80%～90%;此外还可预防葡萄球菌、大肠杆菌、肺炎杆菌和结核杆菌的感染。因此黄伞是一种"可荤可素、药膳同功"的珍品,在日本很受欢迎,在国内成为都市酒楼菜馆的时尚佳肴,深受青睐。

二、生物学特性

黄伞子实体单生或丛生,菌盖直径 5～12 cm,初期半球形边缘常内卷,后渐平展,有一层黏液;盖面金黄色至黄褐色,附有褐色近似平状的鳞片,中央较密(见图 10-19)。菌肉白色或淡黄色,菌褶直生密集,浅黄色至锈褐色,直生或近弯生,稍密。菌柄纤维质长 5～15 cm,粗 1～3 cm,圆柱形,有白色或褐色反卷的鳞片,稍黏,下部常弯曲。菌环淡黄色,毛状,膜质,生于菌柄上部,易脱落。孢子椭圆形,光滑,锈色,7.5～10 μm×5～6.5 μm。菌丝初期白色,逐渐浓密,生理成熟时分泌黄褐色色素。

黄伞属木腐性菌类,纤维类、半纤素、木质素和淀粉是其主要碳源。其生活习性为中温偏低和变温结实型。

(1)营养:黄伞对原料选择不严格,多种农作物下脚料,如玉米芯、木屑、稻草都可栽培,辅料以玉米面最好,其次为麸皮,米糠较差。

(2)温度:黄伞菌丝生长的温度为 23～28 ℃,最适温度为 27 ℃。子实体在 13～34 ℃ 形成,最适温度在 15～18 ℃。

(3)通风:黄伞在菌丝生长阶段和子实体生长阶段都需要充足的氧气,尤其在出菇阶段,良好的通风可使子实体肥大、色艳,从而提高产量。

图 10-19 黄伞子实体

(4)光照:发菌阶段不需光照,出菇需要弱光照射。

(5)水分和湿度:培养料含水量以 60％～65％ 为宜,发菌阶段空气相对湿度要在 70％ 以下,出菇阶段则提高到 85％～90％。

(6)酸碱度:黄伞酸碱度范围为 pH 4.5～8,最适酸碱度为 pH 5.5～6.5。

三、栽培管理技术

黄伞以秋栽为主,一般当最高气温下降至 23 ℃ 以下、最低气温在 13 ℃ 以上时即是出菇的适宜季节。考虑到袋栽黄伞菌丝生长需要 40～50 天的时间,因此,出菇季节再往前推 45 天左右,即为播种时间,各级菌种制作相应提前进行。

(一)栽培配方

黄伞代料栽培的主要原料有木屑、棉籽壳等,辅料包括麸皮、米糠、玉米粉、豆饼粉、黄豆粉、石膏、碳酸钙、生石灰、白糖或红糖等。常见栽培配方如下。

(1)棉籽壳 40％、木屑 40％、麦麸 10％、玉米粉 8％、蔗糖 1％、熟石膏 1％,料水比为 1：1.2。

(2)木屑 78％、玉米粉 20％、蔗糖 1％、石膏 1％,料水比为 1：1.2。

(3)棉籽壳 80％、麸皮 18％、糖 1％、石膏 1％,料水比 1：1.2。

(4)木屑 80％、麸皮 18％、糖 1％、石膏 1％,料水比 1：1.2。

黄伞是一种腐生性极强的木腐菌,其菌丝在绝大多数培养料中都能健壮生长,并且菌丝洁白浓密,粗壮有力,与平菇菌丝的生长和健壮度极相似,这是其主料栽培成功的基础,从而也为高产奠定了一定基础。以上配方中,主料以棉籽壳为最好,辅料以麸皮为好。

(二)配料

在加水前,应该将一些难溶于水的组分如木屑、棉籽壳、麸皮或米糠、玉米粉或豆饼粉等干拌均匀。糖可溶于水中拌入。石膏虽然难溶于水,但干拌会导致粉尘飞扬,因此也可溶入水中加入。

黄伞代料栽培要求培养料 pH 为 5.5～6.5。一般情况下,各配方培养料拌好后,其 pH 已合乎要求,不需另外调节。如果 pH 离要求有差距,偏酸时用适量石灰乳上清液调节;偏碱时可用过磷酸钙或稀醋酸、稀草酸等调节。料堆各部分酸碱度应一致。测量培养料的酸碱度可用精密 pH 试纸。测量时,手抓一把培养料,撕一小段试纸混入料中,手紧握培养料,使水进入试纸中。将试纸颜色与标准色比较,即可得知培养料的 pH。培养料的含水量也可通过手握来估计:抓一把培养料,手握时如果指缝中有水渗出但不滴下,表示培养料的含水量为 55％～60％,含水量合适。

(三) 灭菌

料袋可采用筒袋,两头开口,用线绳先扎一头,装袋后再扎另一头,灭菌后两头接种;也可采用折角袋,从一端装料,用线绳捆扎或颈圈、棉塞和报纸(或牛皮纸)封口,灭菌后一端接种。手工装袋时,边装料边用手压,注意不要撑破料袋。装料稍压实,松紧一致,以免以后周身出菇。做到外紧内松、上紧下松最好。料面尽量平整。

灭菌可采用常压蒸汽灭菌,也可采用高压蒸汽灭菌。高压蒸汽灭菌时,最好使用聚丙烯塑料袋。常压蒸汽灭菌,100 ℃保持 16～18 小时;高压蒸汽灭菌,0.15 MPa 保持 2.5～3.0 小时。注意灭菌锅内料袋排放不要太满、太紧密,使蒸汽通畅。常压灭菌要大火攻头,尽快使锅体下部温度达到 100 ℃;文火保持灶内温度不下落,补水时加大火,做到水不落滚;保温结束,如果不急于出锅,可以闷上一段时间。高压灭菌,一定要排净锅内的冷空气。排气时要缓慢操作,以免引起料袋涨破或起皱、封口脱落等。保温结束,也可闷上一段时间,但料袋出锅时,温度最好仍在 60 ℃以上。

为了防止培养料变酸,拌料、装袋、装锅灭菌、升温等要尽快进行,争取在 8 小时内完成以上操作。

(四) 接种

接种最好在接种箱中进行。接种箱要求封闭严密,操作方便。料袋进箱前,用消毒药液仔细擦洗接种箱桌面和内壁。料袋出锅后,趁热搬运至接种箱内,将待使用的菌种(以每瓶接种 20 袋计算)、大镊子、酒精棉球、酒精灯、火柴等也拿进接种箱。取一瓷碗或烧杯等器皿,倒入适量甲醛,接种箱封闭前,称取甲醛 1/2 重量的高锰酸钾与甲醛混合反应,对接种箱进行熏蒸消毒。也可采用其他消毒方法。甲醛熏蒸 30 分钟以上后可进行接种操作。操作人员将手洗净,剪短指甲,手经过袖筒伸进箱内,用酒精棉球擦拭手及手腕,重点是指尖和指缝。点燃酒精灯,用酒精棉球擦拭菌种瓶壁,在火焰上方拔去菌种瓶棉塞;灼烧镊子,待镊子冷却后将菌种表面的老接种块、小菇蕾、气生菌丝扒掉,开始接种。如果是袋装菌种,用酒精棉球擦拭袋口外壁,在火焰上方解开封口绳或封口报纸(或牛皮纸)及棉塞等,其他操作同瓶装菌种。

(五) 发菌管理

发菌期间的管理,就是要使室内的温度、湿度、通风换气等环境因子相互协调。发菌期间,对菌袋或菌瓶要轻拿轻放。发菌室门口可使用石灰封门。发菌室禁止随便出入,闲杂人员不得进入,最好备有一套专门服装和鞋子,以供进入室内时穿用。发菌室周围不要堆积污染源,杂菌感染袋或瓶及时处理,以免造成杂菌孢子积累,为感染杂菌埋下隐患。黄伞菌丝经过 40～50 天后,可以完全发满。其菌丝发满的时间主要取决于环境温度的高低、菌种质量的好坏、接种量的大小、培养料的类别和质量、菌袋的大小及装料的虚实程度等因素。

与其他大规模栽培的食用菌相比,黄伞菌丝耐低温。高温条件下,易遭受杂菌感染。因而一定要严格管理,确保黄伞菌丝健康、快速生长。

1. 发菌室要严格消毒处理

在发菌室使用前一周左右将室内打扫干净,房间周围也要清除垃圾等污染源。使用前 4 天,用硫黄熏蒸一次。菌瓶和折角菌袋进室后,要立放于床架上或地面,菌丝定植覆面后,改为卧放,每次检查后转动菌瓶或菌袋,使水分均匀,对于用线扎口两端接种的菌袋,要平放于床架或地面。密封门窗,使菌丝萌发定植。如果接种后外界温度高于 32 ℃,可于早晚通风降温,以避免烧菌。接种后 7 天,打开发菌室门窗,进行彻底通风换气,逐袋检查。检查菌丝萌发情况,将不萌发的菌袋集中在一起,统一重新接种;对杂菌感染较轻的菌袋(因菌种带杂菌引起的感染除外),可封闭注射消毒药液治疗;杂菌感染较重的菌袋或因菌种带杂菌而引起的感染,可深埋或烧毁。常选用的消毒药液有70%酒精、浓石灰水、克霉灵等消毒药剂。从杂菌菌落以外1 cm处下针,用注射器注射药液,封闭杂菌菌落及其周围空白培养料,注射后用透明胶布将针眼封闭。检查处理后向室内喷洒1%～2%过氧乙酸消毒药液。以后每隔7～10天对菌袋全面检查一次,及时处理感染杂菌及其他发菌异常情况,每次检查后,均需要向室内喷洒消毒药液和杀虫杀螨药液。

2. 温度控制

菌袋进室后,菌袋温度低于室内温度,可保持室温28～30 ℃,袋(瓶)温26～28 ℃,以利于菌种萌发定植。第一次检查后,袋(瓶)温度开始升高,但仍稍低于室温,可保持室温26～28 ℃,袋(瓶)温25～28 ℃,菌丝开始快速生长。接种后20天,袋(瓶)温度已略高于室温,可保持室温23～25 ℃,袋(瓶)温25～28 ℃,菌丝进入旺盛生长期。菌丝完全发满后,降低室温至20 ℃左右,使菌丝积聚营养,以便进入生殖生长期(出菇期)。

3. 光线条件

黄伞菌丝生长不需要光线。菌丝生长期间,要保持发菌室内黑暗,可有微弱的散射光,但不能有直射光。过强的光线会加速菌丝的老化,使菌丝细弱,造成早现蕾,浪费营养,而黑暗条件下,菌丝生长浓白粗壮。发菌室要设置门帘和窗帘,以遮蔽阳光。菌丝完全发满后,可将门帘和窗帘去掉,增加室内散射光照,以刺激菌丝扭结,进入生殖生长阶段。

4. 通风换气管理

黄伞是好气性较强的菌类,适当加强通风换气,不仅有利于菌丝的健壮生长,提高抗杂菌能力,还有利于菌丝彻底分解培养料,为高产打下基础。发菌室要经常通风换气,保持室内空气新鲜。如果通风不勤,或长时间通风不彻底,造成室内长时间郁闷,同时温度较高,就有可能造成杂菌泛滥,菌袋大批报废。通风换气时,也不可通风过猛。发菌室内可保持1～2个小通气孔,经常性地注入新鲜空气,外界风大时换气要小心,避免外界大风强烈灌入。外界温度较低时,可于中午通风换气;外界温度较高时,可于早晚通风换气。

5. 湿度要求

发菌室内部要保持干燥,一般说来,空气相对湿度不要超过70%。室内过于潮湿时,杂菌孢子易于萌发,杂菌感染的机会就大些。同时,室内过于潮湿,氧气供应不足,可造成菌丝生长减慢,菌丝细弱,颜色变浅。如果室内过于潮湿,可通过加强通风换气、室内墙角放置生石灰块除潮等办法解决。

6. 其他注意事项

黄伞菌丝在偏低温度下生长较慢,如果发菌期间遇到了较长时间的低温天气,而菌丝也已经吃料较多,可采取刺孔的方法刺激菌丝生长。具体操作如下:取一针锥或挑针,经灼烧或酒精棉球擦拭消毒,在菌丝生长菌落以内(离菌丝生长圈1 cm左右),用针斜向菌种方向刺孔,孔深1 cm左右,每袋刺孔10个左右。每次刺孔后会造成菌丝快速生长,产生较多的热量,使发菌室内温度升高,因此要加强通风换气,或者经常翻堆,使室内温度不超过30 ℃,以免烧菌。另外,刺孔时要注意,杂菌感染区不能刺孔,菌丝长不到的地方不能刺孔。含水量多的菌袋可多刺孔,以使袋内水分散发,降低菌袋含水量。每次刺孔后最好往室内空气中喷洒一次消毒药液,并经常保持空气新鲜,以避免杂菌感染。

(六)出菇管理要点

(1)当子实体长至4～5 cm高时,菇房内空气相对湿度的控制非常重要,此时应将空气相对湿度控制在85%～90%。如果超过90%,料面上将会有大量的原基形成,从而造成大批幼菇死亡,如果勉强将大菇采下,原基就会全部死亡,而且顶部易滋生绿霉、木霉、菇蚊、线虫等,浪费营养又增加病虫害。如果空气相对湿度小于80%,原基形成于袋壁或菌种块边上,原基形成少且易死亡。室内空气相对湿度的维持主要靠地面保持潮湿并有少量积水,每天往空气中喷水雾等方法来实现。

(2)保持温度在15～18 ℃。温度高,子实体生长较快,但朵小肉薄;温度稍低,子实体生长缓慢,但朵大、肉厚,品质好。如果室内气温较高,应将袋口的套袋放松,以免袋内温度过高,造成幼菇腐烂或萎缩。

(3)适量通风换气。室内的空气流动不可过分强烈,通风过量,会导致菌盖过早开伞,降低商品价值。应使床面小区保持一定浓度的二氧化碳,从而抑制菌盖开张,加速菌柄生长,提高商品价值。对折角袋,将袋口拉直,使袋内局部二氧化碳浓度增大;对两端接种的菌袋,头潮菇最好一端出菇,另一端仍用线绳扎紧,当小菇蕾生长整齐后,可在袋口套一个扁宽稍大的塑料袋或者纸筒,以遮光、保湿,提高局部二氧化碳浓度。

(4)增加散射光照(光强300～500 lx)。一定的散射光照可使子实体粗壮,色泽加深,提高商品质量。

(5)黄伞采收:黄伞原基生成后,首先形成1～3 cm长的黄色、覆有褐色鳞片的指状子实体,3～5天后,指状子实体变长变粗,分化成菌柄和扁球状菌盖,以后几天菌柄不再伸长。菌盖迅速增长,原基形成后9～11天,当菌幕即将破裂时采收。头潮采收后,应消除料表残余菇脚和枯萎幼菇,使菌丝复壮,积累营养3～5天后,再拉大温差刺激出菇。

思 考 题

1. 试述茶薪菇的生物学特性。
2. 怎样进行茶薪菇的出菇管理?
3. 怎样进行茶薪菇工厂化栽培管理?
4. 简述白灵菇的营养价值。
5. 白灵菇栽培的管理关键环节有哪些?
6. 怎样进行白灵菇工厂化栽培管理?
7. 简述鸡腿菇的生物学特性。
8. 怎样进行鸡腿菇的出菇管理?
9. 简述杏鲍菇的生物学特性。
10. 怎样进行杏鲍菇的出菇管理? 具体有哪些关键技术?
11. 滑菇半熟料是如何制作的?
12. 滑菇发菌期的管理要点是什么?
13. 如何做好滑菇的安全越夏工作?
14. 滑菇子实体生长期的管理要点是什么? 应怎样进行通风和喷水?
15. 试述真姬菇的营养价值和药用价值。

16. 真姬菇为什么有"二次发菌"阶段？具体操作方法有哪些？

17. 试述真姬菇菌丝生理成熟的标志。

18. 真姬菇子实体生长期的管理要点是什么？如何管理？

19. 简述秀珍菇生产工艺流程及关键步骤。

20. 试述秀珍菇的营养价值和药用价值。

21. 最好的大球盖菇的栽培原料是什么？怎样处理？

22. 大球盖菇出菇期的管理要点是什么？

23. 熟料袋栽灰树花的步骤有哪些？

24. 灰树花的出菇管理技术要点有哪些？

25. 灰树花栽培模式有哪些？

26. 试述榆黄蘑的生物学特性。

27. 榆黄蘑的栽培管理应注意什么？

28. 巴西蘑菇的生活条件是什么？栽培前景如何？

29. 简述巴西蘑菇栽培管理要点。

30. 巴西蘑菇培养料发酵的技术要点是什么？

31. 试述黑皮鸡枞的生物学特性。

32. 试述黑皮鸡枞的栽培管理技术。

33. 试述黑皮鸡枞的出菇管理。

34. 试述黄伞的生物学特性。

35. 怎样进行黄伞的出菇管理？

学习情境十一

有价值野生菌的驯化简介

项目一 冬虫夏草

一、重要价值

冬虫夏草（*Ophiocordyceps sinensis*），隶属于线虫草科（Ophiocordycipitaceae）线虫草属（*Ophio-cordyceps*），是冬虫夏草菌寄生于蝙蝠蛾科（Hepial-idae）幼虫并形成菌核和子座的虫菌复合体。广义上的虫草有很多种类，据统计全球有 3000 多个种类，国内有约 60 种，如冬虫夏草、亚香棒虫草、凉山虫草、新疆虫草、分枝虫草、霍克虫草、蛹虫草等。广义上的虫草品种如此之多，但有药用保健价值的只有一种，即冬虫夏草。它生长在海拔 3000～5000 m 的青藏高原地域，产区内海拔高、气温低、自然环境恶劣，虫草真菌对寄主的选择十分专注，迄今没有发现除寄生于蝙蝠蛾幼虫以外的任何幼虫，因而冬虫夏草是中国青藏高原独有的药材。通常所说的虫草是指狭义上的虫草，即冬虫夏草。

冬虫夏草内的化学成分复杂，其水分为 10.84%，粗蛋白为 25.32%，粗纤维为 18.55%，糖类为28.9%，灰分为 4.1%，脂肪为 8.4%。脂肪中，不饱和脂肪酸占 82.8%。从虫草中还分离出 D-甘露醇、尿嘧啶、腺嘌呤、腺嘌呤核苷、蕈糖、麦角甾醇、麦角甾醇过氧化物和胆甾醇软脂酸酯，以及具有抑菌、抗病毒、抗癌作用的虫草菌素。

冬虫夏草具有补肺益肾、止血化痰的功效，用于久咳虚喘、劳嗽咯血、阳痿遗精、腰膝酸痛的治疗。《本草从新》记载，冬虫夏草"保肺益肾，止血化痰，已劳嗽"。《药性考》记载："秘精益气，专补命门。"与冬虫夏草补肺益肾功效相关的药理作用为性激素样作用、调节机体免疫功能、平喘、保护肾脏功能、增强造血功能、延缓衰老作用等。冬虫夏草还具有保肝、抑制器官移植排斥反应、抑制红斑狼疮、降血糖、抗肿瘤等作用。

（一）药理作用

1. 增强机体免疫调节功能

虫草具有促进 T 淋巴细胞和 B 淋巴细胞增殖作用，明显抑制小鼠脾细胞对刀豆蛋白 A 和细菌脂多糖的反应，减少小鼠特异抗体分泌细胞数，降低同种异型抗原诱导的迟发型超敏反应及混合淋巴细胞反应。来源于虫草的新型免疫抑制剂 FTR720 能直接作用于淋巴细胞,表现免疫抑制效果,可抑制器官移植等的排斥反应。

2. 抗肿瘤作用

现已知肿瘤细胞的生长繁殖需要大量的腺苷,而虫草素以其结构与腺苷相似的特征,通过识别错误,代替腺苷参与肿瘤细胞的生长繁殖,从而抑制肿瘤细胞的生长。冬虫夏草能杀伤 K562 肿瘤细胞,抑制 LK 细胞活性;冬虫夏草的水提取液在 5 g/kg 剂量时能明显抑制小鼠 5180 和 Lewis 细胞的生长。

3. 抗炎、抗菌、抗病毒作用

人工发酵虫草菌丝体的水提液对小鼠,天然虫草对大鼠都具有明显的抗炎作用,虫草中的虫草素具有明显的抑菌作用。虫草发酵液中含有耐热的广谱性抗菌物质,能够拮抗革兰阴性菌及阳性菌、芽孢菌和非芽孢菌、链霉菌,对酵母及丝状真菌则没有抗菌活性。

4. 抗疲劳、耐缺氧、益智作用

研究表明,天然冬虫夏草、虫草菌丝体培养液对小鼠均有较好的抗疲劳、高空耐缺氧及益智作用。

(二) 临床应用

1. 呼吸系统疾病

对咳嗽无力、气短气喘、恶风自汗、神疲乏力等"肺虚症"有明显的治疗作用,对肺结核、哮喘、肺气肿也有良好的辅助治疗作用。

2. 肾科疾病

对腰膝酸软、遗精早泄、夜尿频等"肾虚症"及"肺、肾两虚症"有良好的辅助治疗作用。

3. 心血管疾病

对冠心病有稳定的治疗作用,对动脉血管有明显抑制胶原性血小板聚集作用,抑制率为 13.39%～48.5%,类抗血栓药物。

4. 肝炎及肝硬化

能直接改善肝脏功能,对肝硬化的防治有重要的价值。

5. 血液病

对原发性血小板缺乏性紫癜有很好的辅助治疗作用,对白血病有一定的改善症状及减缓恶性程度的作用。

6. 抗肿瘤

对肿瘤患者的相关症状改善有显著效果,并可降低其病症的恶性程度,延长存活期,改善生存质量。有升高白细胞的作用,可维持放疗、化疗的正常进行。

二、生态环境及生物学特性

(一) 生态环境

1. 地理分布

冬虫夏草主要分布在我国的青藏高原,主产自青海和西藏,以青海的产量最多,其次为西藏的北部,此外,四川西部、云南西北部、甘肃南部和尼泊尔也有少量分布。一般把产于藏民居住区的称为"藏草",质较优,藏语称为"牙扎衮布";把产于非藏民居住区的统称为"川草",质较次。青海省玉树地区的囊谦县和曲麻莱县所产之虫草个大、色黄、气浓,为全省所产虫草中之极品。

2. 生态环境

冬虫夏草产于我国青藏高原及其边缘地带,一般生长在海拔 3000~5000 m 的气候高寒、土壤潮湿、土层较厚且含一定有机质的树林草甸上和草坪上。这些地区常年平均温度低,无霜期短,夏季雨水多,土层肥厚,主要建群植物为莎草科蒿草属和苔草属、蓼科蓼属植物(如珠芽蓼、圆穗蓼、拳参、尼泊尔蓼、肾叶山蓼)和百合科植物川贝母等,有些地区还间有生长某些高山矮灌木,如蔷薇科的金露梅、杜鹃花科头花杜鹃等。由于土质的缘故,生长在树林草甸上的冬虫夏草颜色以暗黄棕色或褐色为主,生长在草坪上的冬虫夏草则以黄棕色为主。前者多产自四川、云南、甘肃,后者多产自西藏、青海,其中以西藏那曲和青海玉树所产冬虫夏草质量最佳。

(二) 生物学特性

虫草菌的子实体是指延伸于寄主昆虫体外的、由菌丝反复扭结和分化后形成的、肉眼可以识别的繁殖器官(见图 11-1、图 11-2)。其中又往往把长有有性的子囊壳的子实体统称为子座。虫草属的子座产生于昆虫、蜘蛛或大团囊菌属(*Elaphomyces*)有产囊结构的种的紧密菌丝体团块之中。子座单生,稀分支,由昆虫头部与虫体平行生出,紫褐色、咖啡色至深褐色。全长 5~7 cm。柄的长短据虫体埋入土中的深度而异,一般长 4~5 cm,粗 2~2.5 mm。头部长棒形,长 3~4 cm,阔 5 mm。尖端具 1.5~3 mm 的不孕顶部。髓部白色,子囊壳生于子座的表面或微凹陷;子囊壳腔圆锥形或长卵形。子囊细长,(240~248)μm×(12~16)μm。子囊孢子长线形,(160~477)μm×(5~6.5)μm,具多数横隔。通过子座而得以支撑并由此得到其生长发育所必不可少的营养物质。

图 11-1　鲜冬虫夏草

图 11-2　干冬虫夏草

冬虫夏草寄生于蝙蝠蛾(*Hepialus armoricanus* Oberthur)的幼虫体上。我国西南高山带的阔孢虫草(*Cordyceps crassispora* Zang)是生于白马蝙蝠蛾(*Hepialus baimaensis* Liang)幼虫上的虫草,用途与本种均称上品。无性阶段较易于培养。

每当盛夏,在海拔 3000 m 以上的高原草甸上,体小身花的成年蝙蝠蛾便将千千万万个虫卵产在地上,经一个月左右孵化后蛾卵变成小虫,再钻进湿润、疏松的土壤里,吸食植物根茎的营养,逐步将身体养得洁白瘦削。土层里有一种球形的虫草真菌子囊孢子,当虫草蝙蝠蛾幼虫遭到孢子侵袭后,便钻进土中浅层,孢子在幼虫体内生长,幼虫的内脏就一点点消失,最后幼虫头朝上尾朝下而死去,这时虫体变成了一个充溢菌丝的躯壳,埋藏在土层里,这就是"冬虫"。

经过一个冬天,到第二年春夏季,菌丝又开始生长,从死去幼虫的口或头部长出一根紫红色的小草,高 2～5 cm,顶端有菠萝状的囊壳,这就是"夏草"。这样,幼虫躯壳与长出的小草共同组成了一个完好的"冬虫夏草"。

三、驯化栽培工艺简介

下面介绍虫草的基本栽培过程。

(一) 工艺流程

菌种分离、纯化、复壮、保存→昆虫选取与培育→接种→管理。

(二) 栽培条件

虫草的人工驯化栽培主要是准备菌种和昆虫两个条件。

(1)菌种:虫草的栽培首先要有优良的纯菌种,一是要早熟、高产,主要目的是缩短生产周期,降低成本;二是要感染力强,要求菌种有较强的生命力,成活率达 95% 以上,能对昆虫迅速感染,尽快得病死亡;三是适应范围广,特别是对环境温度变化和其他杂菌感染有一定的抵抗能力。

(2)昆虫:主要利用蝙蝠蛾幼虫作为冬虫夏草的寄生,幼虫必须是活的,个体大、肥胖的较好,数量多少根据自己的栽培决定。一般每平方米需幼虫 1 kg、母种一支、细砂土 50 kg。

(3)环境:虫草的人工栽培无论海拔高低都可以,关键取决于温度。冬虫夏草是一种中、低温型菌类,菌丝生长繁殖温度是 5～32 ℃,最适宜温度是 12～18 ℃,菌核和子座形成以 10～25 ℃为宜。

(4)栽培季节:利用自然气温一年可栽培两季,即春季 3—5 月,秋季 9—11 月。若在室内人工控温,一年四季均可栽培,而且可缩短生长期。

(三) 栽培方法

虫草的栽培方式很多,可进行室内外瓶栽、箱栽、床栽、露地栽培等方式,根据自己的条件选择。无论哪种栽培方式,在栽培前都必须先培养菌虫,使昆虫在入土之前感染上带病毒性的菌液,到入土时已重病在身不会乱爬,有利于早死快出,生长均匀。

菌虫培养方法是将已制好的液体菌种用喷雾器喷在幼虫身上,见湿为止,每天喷 2 次,3 天后这种受菌液侵害的幼虫出现行动迟缓,处于昏迷状态,即可进行栽培。

(1)瓶栽:适合家庭栽培。将普通罐头瓶洗净后,在瓶内先垫一层 2.5～3 cm 的细砂土,土质含水量为 60%,然后将感染菌液的幼虫放在上面,每瓶放两只为宜,要求两只幼虫不要靠拢,腹面向下,上面再盖 3 cm 厚细砂土,稍压平表面。为了保持湿润,再用塑料薄膜封口,放入室内外适宜的温度下进行管理,避免阳光直射。

(2)箱栽:也适合家庭栽培,可利用大、小木箱,塑料盆进行栽培。木箱底部和四周要有塑料薄膜,防止水分散失,先将细砂土铺 5～7 cm 厚,再均匀地放入菌虫,菌虫之间相隔 2～3 cm,上面再盖 3～5 cm 厚砂土,表面用塑料薄膜保湿。为了节约场地,还可将木箱重叠起来。

(3)床栽:床栽是进行大批生产的发展方式,这种方式一般适合于室内,可充分利用室内空间进行层架栽培,节约场地。床架宽 100 cm,长根据房间设计,采用竹、木制作,每层四边高 12 cm 用于挡土,栽培时先铺一层塑料薄膜,再倒 5～7 cm 厚细砂土拍平,放入菌虫,距离按箱栽,上面盖 3～5 cm 厚砂土,然后覆盖塑料薄膜。

（4）露地栽：指室外栽培，关键要选好场地，要避免阳光直射和雨水冲刷，要做到能遮阳，能排水，能防旱，能防人畜踩踏。栽培方法包括平地式与畦式两种方法。平地式栽培是将一般平地、坡地、荒地铲除表土砂(深 15 cm，宽 100 cm，长不限)，然后填上 5 cm 厚的砂土，按上述方法放入菌虫，再盖 5~7 cm 厚细砂土，外用塑料薄膜覆盖，四周应有排水沟，上面应有树林或荫棚遮阳。

（5）畦式栽培：畦式栽培可避免阳光和高温的问题，适宜广大农村栽培。畦宽 100 cm，深 50 cm，长不限，四周同样能排水，栽培时在畦底部先铺 5 cm 厚的细砂土，再按上述方法放入菌虫，然后又盖 5 cm 厚细砂土，最后覆盖塑料薄膜。畦旁用竹拱弓，上盖草帘遮阳和降温。

（四）管理技术

虫草栽培后的管理技术非常简单，主要是温度、湿度、光照、空气方面的管理。

（1）温度：虫草对温度的要求比较宽，一般是先低后高，但宁愿过低生长慢，不能过高受影响。菌丝生长以 12~18 ℃为好，温度低，长势慢，但杂菌少成活率高。虫草一般在 -40 ℃都冻不死，但高于 40 ℃就会死亡，在后期子座生长阶段 20~25 ℃下有利于生长。

（2）湿度：湿度管理是冬虫夏草生长发育的关键，虫体内的营养和湿度基本能满足它的生长要求，它不需要外来的营养和水分，只需要外界保持虫体本身不干燥，因此随时保持砂土湿润，含水量以 60%为宜，如果干燥可喷少量的清水保持相应的湿润。

（3）光照：虫草栽培不需很强的光照，以避光为好，后期子座发育时以散光为好，但不能让太阳直晒，特别是室外栽培应采用林荫、人工搭荫棚、草帘覆盖等方式遮阳。

（4）空气：虫草菌丝生长阶段不需要很多空气，特别是在子座快要出地时应立即揭去塑料薄膜、增加空气供给，以利于子座的生长，并保持空气相对湿度 75%~95%，出土后 10~20 天就趋成熟。

项目二　金耳

一、重要价值

金耳，属于担子菌门银耳纲银耳目耳包革科耳包革属，新鲜时呈金黄色或橙黄色，又名黄金银耳、黄木耳、脑形银耳等。

金耳因其颜色金黄，又称黄木耳，又因其形似人脑，又称脑耳。金耳含有丰富脂肪、蛋白质、糖类、维生素、胶质和磷、硫、锰、铁、镁、钙、钾等微量元素，是一种营养滋补品，并可作为药用。金耳的滋补营养价值优于银耳、黑木耳等胶质菌类，是一种理想的高级筵席佳肴和保健佳品。金耳不但营养丰富，而且具很高的保健和药用价值。

据《中国药用真菌》所载，金耳性温中带寒，味甘，能化痰、止咳、定喘、调气、平肝肠，主治肺热、痰多、感冒咳嗽、气喘、高血压等。金耳主要用于制作各种素菜。用金耳烹制的素菜具有特殊的色、香、味，是宴席上不可多得的佳肴。金耳富含胶质，用冰糖炖食，不仅滑嫩爽口，还有清心补脑的保健作用。金耳还能提高机体代谢机能，抑制肿瘤细胞的生长；调节机体代谢机能，改善机体营养状况，提高机体血红蛋白和血浆的含量；提高机体抗衰老、抗缺氧能力，降血脂、降胆固醇；促进肝脏脂代谢，防止脂肪在肝脏积累，提高肝脏解毒功能。经常食用可有效防病健身,延缓衰老。

二、生态学及生物学特性

(一) 生态学特性

金耳夏、秋季生于高山栎等阔叶树腐木上,有时也生长于冷杉腐木上,与硬革菌(*Stereum*)等有寄生或共生关系。金耳分布于我国西藏、云南、四川、甘肃等地区,为我国特有种。在西藏东南部及其他产区,群众有采食习惯,现已人工培养。

金耳的自然生长和发生都离不开其耳友菌粗毛硬革菌,这种菌不但一直伴随着金耳菌丝的生长,而且还与金耳的菌丝共同组织化发育为金耳子实体。没有粗毛硬革菌,金耳就不能正常生长和发育。因此,通过子实体组织分离得到的菌种也不是金耳一种菌丝,而是金耳和粗毛硬革菌两种菌体的混合体。

(二) 生物学特性

金耳(*Tremella aurantialba* Bandoni et Zang)又称黄木耳、茂若色尔布(藏语)、金黄银耳、黄耳、脑耳,是云南野菜中常见的野生菌类(见图 11-3、图 11-4)。子实体中等至较大,呈脑状或瓣裂状,基部着生于树木上,大小为 8~15 cm×7~11 cm。新鲜时金黄色或橙黄色,干后坚硬,浸泡后可复原状。金耳菌丝有锁状联合。担子圆形至卵圆,纵裂为四,上担子长达 125 μm,下担子阔约 10 μm。分生孢子梗瓶状,具簇生的芽殖分生孢子。分生孢子圆形或椭圆形,大小为 3~5 μm×2~3 μm。

(三) 人工培养情况

用段木培养和装袋培养已获成功。在段木上生长适宜温度为 20~25 ℃。培养基上的菌丝以 25 ℃为宜。在 5 ℃的低温下,金耳原基也能继续生长。

图 11-3 干金耳

图 11-4 鲜金耳

三、驯化栽培工艺简介

(一) 营养

金耳分解木质纤维素类的能力极弱,只能利用单糖或较简单糖类碳源,而对木质纤维素的利用则依靠粗毛硬革菌菌丝的分解。壳斗科的树种、桐、楮、栲都是金耳栽培的很好树种,袋料栽培中阔叶树木屑中加入一定量的麦麸、米糠、玉米粉和石膏等,可获较高的产量。

(二) 温度

菌丝体生长适温为 23~25 ℃,子实体为 15~20 ℃。

(三) 湿度

段木栽培的适宜含水量以50%左右为宜,袋料栽培的基质含水量以55%～65%为宜。子实体生长发育以空气相对湿度85%～95%为最佳。子实体的抗旱能力较强,给予一定的干湿差,可使子实体生长健壮,出干率高。

(四) 光照和通风

菌丝生长不需要光,子实体形成必须有光诱导。子实体发育需要良好的通风,通风不良则子实体色泽暗淡,适当的通风、充足的氧气才能使金耳形成自然的橙黄和橙红色素。

(五) 酸碱度

以pH 5.8～6.2时生长最好。

(六) 母种生产

菌种制作金耳的母种斜面上应有两种菌丝。一种是粗毛硬革菌菌丝,生长初期疏松,呈棉毛状,白色,很快转为黄色或橙黄色,最后呈厚毡状,故菌龄较长的母种很难切割。粗毛硬革菌的菌丝生长很快,斜面上占据面较大的都是粗毛硬革菌菌丝。另一种是金耳菌丝,生长初期细而短,透明无色,平伏于培养基表面,极少有竖立的气生菌丝,当与粗毛硬革菌菌丝生长在一起时,可以长成短而密的气生菌丝,白色或淡黄色。金耳菌丝在斜面上生长很慢,仅限于局部。用于接种原种时,必须用有白色和淡黄色的菌丝团接种才能成功。

(七) 原种和栽培种生产

原种和栽培种培养基用阔叶树木屑78%、麦麸或细米糠20%、糖1%、碳酸钙1%,含水量为55%～60%。按常规方法装瓶、灭菌。接入母种后,于22～25℃培养,一般25～30天长满瓶。培养的菌种有两种结果:一种是两种菌丝的生长都很正常,金耳菌丝生长旺盛,粗毛硬革菌菌丝虽布满全瓶,但很纤弱,在这样的瓶内,经35～45天,培养基上方(大多在近瓶壁处)出现扭结,逐渐形成小颗粒状胶质子实体原基,有的则可发育成较大的脑状子实体,这类原种可供栽培用。另一类是在菌种瓶内只长浓密的粗毛硬革菌菌丝,常分泌黄色液体,后期在瓶壁形成浅盘状粗毛硬革菌子实体,这样的菌种不能用于生产。按同样的方法生产栽培种,接种时必须夹取金耳原种子实体一小块和下方的培养料少许,同时接入栽培种的料面,培养一段时间,就会在培养基上方出现金耳的原基,粗毛硬革菌菌丝也不断深入培养料中。此时应降温至15℃,开门窗通风,抑制粗毛硬革菌菌丝生长,促使金耳原基长大。

(八) 栽培季节

金耳栽培季节可安排在日平均气温稳定在15～20℃的季节进行,每年可安排2～3个生产周期,以秋、冬、春三季为宜,在10月至次年4月,生产周期为50～70天,北方地区可周年栽培。

(九) 栽培方式

金耳有段木栽培和袋料栽培两种生产方式。

1. 段木栽培

段木栽培的场地选择、段木处理、接种、发菌、排场和起架出耳的方法与黑木耳相同,不同之处及注意事项如下。

(1) 段木含水量要求高于香菇和黑木耳,因此砍伐后要注意切勿干燥过度,有的树种含水量较低,砍伐剃枝后可立即接种。

（2）接种时以自然温度（15～20 ℃）为最适,接种期较黑木耳要晚些。

（3）采收后干制以自然晾干为好,切忌炭火烘熏。

2. 袋料栽培

金耳的袋料栽培为塑料瓶栽或袋栽。栽培工艺程序为配料装袋、灭菌、接种、发菌和出耳。但是栽培能否获得成功和产量的高低取决于以下关键因素,栽培中需特别处理。

（1）必须选择有子实体的母种或原种,每袋的接种物必须带有一定大小的子实体块。

（2）培养菌丝阶段要采用控温、控湿措施,调节金耳和粗毛硬革菌之间的关系,以使金耳菌丝旺盛生长,积累足够的养分,以利于出耳。具体温度、湿度的调控如下:接种后在20～23 ℃下培养至菌丝长至料深 3/4,然后降温至 15～20 ℃,抑制粗毛硬革菌的生长,刺激金耳子实体原基的形成。

（3）原基形成后,要进行干湿调整,光照充足,以利于子实体健壮、色泽鲜艳,成为优质产品（见图 11-5）。

图 11-5　金耳袋料栽培

3. 注意事项

要求勤观察、勤记录,有问题早处理,对感染袋要选择阴凉干燥、避光、通风、清洁处隔离培养。对栽培袋一般 15 天左右倒垛一次,要求上下、内外、前后大交换,不能倒垛过勤。整个养菌过程要求避光、通风,空气相对湿度为 60％～65％。

（十）保存菌种

菌种是重要的食用菌生产资料,必须很好地保藏,做到不死亡、不衰退、不被杂菌感染。保存菌种的基本原理是使菌丝的生理代谢活动尽量降低。通常采用的手段是低温、干燥和减少氧气供应。

（1）母种的低温保存:一种常用且最简单的保存方法。将要保存的菌种移接到适宜的斜面培养基上。为减少培养基水分蒸发,延长保存时间,可将琼脂用量增加到2.5％,再加入0.2％磷酸二氢钾、磷酸氢二钾、碳酸钙等缓冲剂。将要保存的菌种放入 4 ℃的冰箱内保存,每隔 3～4 个月转管一次。

（2）原种和栽培种的短期保存:原种和栽培种一般应按计划生产,长好后及时使用,不宜长期保存,只能短期保存。栽培种体积大、数量多,不可能在冰箱内大量保存。要保存的原种必须菌丝粗壮,活力强,封口严密,无杂菌感染;要保存的栽培种必须菌丝粗壮,没有感染或出黄水现象。把挑出的符合保存标准的原种和栽培种放入保存室内,保存室应该干净、凉爽、干燥、黑暗,以降低其生命活动,减少变异退化,温度以 5～10 ℃为宜,不要超过 15 ℃,这样的条件下栽培种可保存 1～2 个月。

项目三　榆耳

榆耳,隶属于担子菌亚门层菌纲非褶菌目挂钟菌科胶韧革菌属,俗称"肉蘑""肉灵芝",野生,主要分布在我国东北地区,是著名的食药用真菌。

一、重要价值

榆耳营养丰富,味道鲜美,质地如海参,口感脆嫩,兼具药效。榆耳含粗蛋白 13.65%、糖类 75.7%、粗脂肪 0.35%、灰分 10.3%,还含有丰富的维生素,如硫胺素、烟酸、抗坏血酸和核黄素等,可以参与机体的氧化还原反应,调节机体的代谢机能。此外,榆耳中还含有钾、钙、镁、锌等人体必需的矿质元素。经常食用榆耳,能增强体质。

榆耳还具有一定的药用价值。中国民间早已发现榆耳可以用来治疗腹泻。榆耳与鸡蛋同煮或炒食,可以治疗白痢,与红枣水煮食用则可以用来治红痢,疗效良好,食用 1~2 片即可痊愈。实验证明,榆耳能抑制痢疾杆菌、金黄色葡萄球菌、大肠杆菌、绿脓杆菌、橙黄八叠球菌和枯草杆菌等病原菌的生长,其中以抑制痢疾杆菌效果最为显著。

二、生态环境及生物学特性

(一)生态环境

榆耳自然分布于中国的东北三省。其主要产地在辽宁的新宾、本溪、铁岭、清原、抚顺,吉林的抚松、长白、通化、浑江、安图和黑龙江东部地区,新疆有少量分布。日本的北海道、本州也有分布。

榆耳主要腐生在家榆(小叶榆)和春榆的枯死树干、伐桩和树洞中。特别是在成年榆树砍伐后的树桩上,其顶部干枯而死,但下部仍然存活,形成了良好的遮阳条件,榆耳子实体多发生在枯死和正在枯死部分的结合部位上。此外,榆耳也常生长在粗大榆树的树洞中。在湿度较高、光线较暗的山沟、地边、沟塘和半山坡上,每年 8 月中下旬至 9 月,榆耳子实体大量发生,常可采到。

(二)生物学特性

1. 形态特征

榆耳子实体胶质、柔软,中型,单生或覆瓦状叠生,无柄或有极短的柄(见图 11-6)。菌盖初期近球形,渐平展,呈半圆形、扇形或盘状,边缘内卷,直径 2~13 cm,厚3~10 mm。表面浅黄色、浅橘黄色至桃红色,被松软而厚的绒毛。菌肉粉红色至淡褐色,晶莹明亮。孢子无色,卵形至椭圆形。榆耳新鲜时柔软,干后强烈收缩成软骨质,坚硬,色泽变深为深褐色。

图 11-6 榆耳子实体

2. 生长发育所需要的环境条件

(1)营养。

榆耳为木腐菌,虽天然生于家榆和春榆的枯死和半枯死的树干、树桩或树蔸上,但它不是寄生菌,而是腐生菌,具有弱寄生性。榆耳虽自然发生于枯树上,但主要分解利用纤维素和半纤维素,并没有分解木质素的酶系统,分解木质素的能力很微弱。此外,榆耳能很好地分解利用葡萄糖、糊精和可溶性淀粉等碳源。所以在实际栽培中,通常选用那些富含纤维素和淀粉而含木质素较低的纤维材料,如棉籽壳和废棉等,其中棉籽壳的生物学效率为 80%~150%,废棉在 120%以上。也可选用玉米芯、豆秸和花生壳作为栽培原料。硬杂木屑栽培榆耳的产量最低。

榆耳能很好地分解利用有机氮,如豆饼粉、麦麸、米糠、酵母粉、蛋白胨等氮源,利用无机氮的能力较差,不能利用尿素和硫酸铵。因而培养基添加有机氮源效果较好。培养基氮的浓度以 $0.4\sim0.5$ g/L 为最佳,适宜碳氮比为(24~30):1。此外,培养基中须加入硫酸镁、磷酸二氢钾、硫酸钙等无机盐作为辅助营养。

(2)水分。

榆耳菌丝在基质含水量为 $40\%\sim75\%$ 的条件下都能生长,但以 $60\%\sim65\%$ 时生长最佳。接种前基质含水量高于 70% 时,菌丝生长缓慢;含水量低于 55% 时,菌丝虽然可以生长,但是难以分化子实体原基。

榆耳是胶质菌,出耳阶段环境湿度不应保持恒定,而以干、湿交替为好。在干、湿交替环境中耳片伸展比在恒湿条件下更为有利,同时干、湿交替环境还可以预防出耳期的杂菌侵染。

子实体生长和发育阶段,空气相对湿度要求达到 $85\%\sim90\%$。如果空气相对湿度低,则原基生长发育缓慢。当空气相对湿度低于 80% 时,原基不易分化,已经分化的原基则生长变慢;低于 70% 时,原基不分化,已经分化的原基干枯死亡。

(3)温度。

榆耳属低温结实性菌类。菌丝生长温度范围为 $5\sim30$ ℃,适温范围为 $22\sim27$ ℃,以 25 ℃最为适宜。当温度在 15 ℃以下时,生长缓慢;当温度在 10 ℃以下时,菌丝需经 12 天才开始萌动;当温度在 30 ℃以上时,菌丝细弱,但生长速度快;当温度在 35 ℃以上,菌丝停止生长并死亡。榆耳菌丝的致死温度低于大多数食用菌,为 40 ℃。有的菌株可耐 37 ℃高温,经 14 天菌丝仍不死亡。子实体原基形成的温度范围为 $5\sim26$ ℃,以 $10\sim22$ ℃为适宜。原基分化的最适温度为 $18\sim22$ ℃。子实体发育速度在适温范围内随温度增高而加快。此外,营养生长阶段的温度也影响榆耳子实体原基的形成。不同温度下培养的菌丝体,原基出现率和出现时间会因温度的不同而有差别。在 25 ℃下进行发菌,对原基的形成最为有利。在 30 ℃下培养物不容易形成原基。

(4)光照。

榆耳菌丝在有散射光和无光的条件下均能生长,但菌丝长势和速度会有显著差异。菌丝在黑暗条件下生长快而粗壮,可见光对菌丝的生长有强烈的抑制作用。光照对菌丝生长的抑制强度与光照度成正相关关系,强光照能强烈抑制菌丝萌发,使菌丝生长前端的分支减少,菌丝稀疏,气生菌丝几乎完全消失。因此,在发菌阶段,最好将榆耳置于黑暗或弱光照下培养。

需要特别指出的是,光对子实体的形成和发育有良好的促进作用。在完全黑暗的条件下,不能形成子实体原基。据试验,菌丝体在培养基内长满后,在黑暗条件下处理 30 天,一直未见原基出现。生产上可利用这一特性来贮藏栽培种。光照可以诱导子实体原基的形成,其中以弱散射光的效果最好,光照度过强会抑制子实体的形成。榆耳菌丝对光照极为敏感,菌丝体在培养基内长满后,每天偶尔有几次几分钟的 $20\sim60$ lx 的光照刺激,就足以诱导子实体原基的形成。或者每天给予 $6\sim8$ 小时 15 lx 的光照,也能较快形成子实体。此外,光照对子实体的色素形成和积累至关重要,散射光照和强光照下生长的子实体色深,耳片厚,暗光照下生长的子实体色浅。但过强的光照也会抑制子实体原基的形成。

(5)通风。

榆耳属好气性菌类,通风在出耳期较发菌期更加重要,特别是子实体形成和分化期,需要供给充足的氧气。培养室内通风良好,氧气充足,可以加速原基分化展片;当培养室通风不良,室内二氧化碳浓度过高时,原基不能正常分化,易出现耳根霉烂或形成菜花状的畸形子实体。

(6) 酸碱度。

榆耳喜微酸性环境。菌丝在 pH 为 4～9 的培养基上均能生长。榆耳菌丝在 pH 为 5.5～7.0 时,生长差异并不显著,最适 pH 为 5.5～6.0。

在不同酸碱度条件下,菌丝生长量显著不同。在 pH 为 3 时,菌丝不能萌发;在 pH 为 4 时,接种 6 天才能萌发;在 pH 为 5～9 时,接种 48 小时即可萌发。

3. 子实体的分化发育

子实体的形成大致要经历菌丝扭结期、原基形成期、原基膨大期、耳片分化伸展期和成熟期等几个发育阶段。

(1) 菌丝扭结期。培养基表面的菌丝变浓、加厚,继而菌丝扭结成为白色菌丝团。

(2) 原基形成期。白色菌丝团组织化,出现浅黄褐色、形状不规则的突起,即子实体原基。子实体原基上常伴有黄褐色水珠出现。从菌丝团出现到原基形成一般需经历 2～4 天。

(3) 原基膨大期。原基形成后,不断膨大并连接成片,表面凹凸不平,呈脑状。此阶段一般需经历 3～12 天。

(4) 耳片分化伸展期。原基充分膨大后,可从任何一个部位分化出片状耳片并不断伸展。当耳片生长到直径为 7～15 cm 时,边缘卷曲变薄,就不再伸展了。耳片伸展期一般为 7～15 天。

(5) 成熟期。耳片边缘卷曲时,标志子实体完全成熟,并开始释放孢子。

需要指出的是,榆耳的不同菌株,菌丝萌发的快慢、生长速度、菌落表面颜色和气生菌丝的多少等方面并不完全相同,子实体形态也存在一定差异。

三、驯化栽培工艺简介

(一) 驯化栽培状况

我国在 20 世纪 80 年代开始进行人工驯化栽培,对榆耳的生物学特性、菌种分离和人工驯化栽培进行了大量深入的研究,并已经取得成熟的栽培经验。根据榆耳的生物学特性,只要每年地区温度达到 10～30 ℃,并可以连续保持 70 天以上的,都可以进行榆耳栽培。另外,栽培榆耳所需的主要原材料为玉米芯和硬杂木屑,栽培场所为温室、大棚或各种房屋,所以适宜栽培区域为具有林木资源和农作物资源的地区,如平原玉米主产区和林木资源丰富的山区和半山区。目前,中国榆耳的人工栽培产地主要在北方。

(二) 菌种培养

1. 菌种分离

菌种分离采用组织分离法或基质分离法。采集野生或人工栽培子实体作为分离材料,用耳片进行组织分离。将耳片用 75% 酒精或 0.1% 升汞溶液(升汞 1 g,盐酸 2.5 mL,混合后加无菌水至 1000 mL)按常规进行表面消毒后,用无菌镊子将耳片撕开,用接种针从剖面挖取一小块菌肉组织,接种在斜面培养基的中部,在 25 ℃下进行恒温培养。白色菌丝 10 天左右即在培养基斜面长满。选菌丝洁白、粗壮、长势良好的试管,再进行 1 次纯化培养,即可获得纯菌种。

2. 原种和栽培种培养

按常规配制培养基,调整含水量至 65% 左右,装瓶,灭菌备用。原种也可采用谷粒(小麦、玉米等)培养基。在 23～25 ℃下进行遮光培养。每支母种接种 4～6 瓶原种,30～40 天在瓶内长满。每瓶原种接种 50～60 瓶栽培种,20～30 天长满(棉籽壳和玉米芯培养基约 20 天长满菌丝,木屑培养基约 30 天长满菌丝)。培养好的菌种菌丝必须浓白、粗壮,菌龄不宜太长,可在黑暗下短期保存。

(三) 栽培方法

1. 栽培容器

榆耳通常在室内、大棚、温室或阳畦等栽培场所进行熟料袋栽、瓶栽,目前在北方较常采用的是塑料大棚床架袋栽法。袋栽一般选择 17 cm×33 cm 的低压聚乙烯折角袋或者料筒。一般折角袋采用袋口接种,袋壁划口出耳;料筒则采用两头接种,两头出耳。袋栽的生物学效率高于瓶栽。如有条件,也可采用段木栽培,子实体品质更好。

2. 栽培季节和场所设施

我国北方地区以春季和秋季两季栽培为宜,具体时间应根据当地气象条件而定。春季栽培以 2 月上旬至 3 月中旬为接种期,一般当地气温稳定在 10 ℃以上时就可接种,3 月上旬至 6 月底为出耳期。秋季栽培以 8 月上旬至 9 月中旬为接种期,在当地气温低于 30 ℃时播种,9 月上旬至 12 月中下旬为出耳期。南方地区气候温暖,从 9 月中下旬至次年 2 月底均适于接种,出耳期在 10 月中下旬至次年 4 月底。生产周期通常只需 65～75 天,低温发菌需 100～120 天。

榆耳的栽培场所与大多数食用菌相同,菇房、塑料大棚和各型温室等均可用于栽培榆耳。根据榆耳的生物学特性,栽培场所应具有良好的遮光和防高温设施,并且有水源和电源,交通便利。

3. 培养料配方

常用的配方如下。

(1) 棉籽壳或废棉 99％、石膏 0.8％、过磷酸钙 0.2％。

(2) 玉米芯 84％、麦麸 14％、石膏 1.3％、石灰 0.5％、过磷酸钙 0.2％。

(3) 豆秸 84％、麦麸 15％、石膏 1％。

(4) 豆秸 30％、棉籽壳 29％、稻草 25％、麦麸 15％、石膏 1％。

(5) 木屑 40％、废棉 40％、麦麸或米糠 16.5％、蔗糖 1.5％、石膏 2％。

(6) 木屑 78％、麦麸 20％、糖 1％、石膏 1％。

4. 装袋、灭菌、接种

榆耳为熟料袋栽,不可用生料和发酵料栽培。按照选好的原辅料配方称量,加水拌和均匀,堆闷 1～2 小时,使水分充分吸透。调 pH 为 6.5～7.5(灭菌前),含水量为 60％～65％,料水比约为 1：1.5。用装袋机或人工装袋。

榆耳菌丝萌发比其他食用菌慢,对杂菌抗性差,尤其是对绿色木霉,所以栽培榆耳时一般采用熟料灭菌方式。先把栽培袋合理排放在灭菌锅内,中间留一定空隙,以保证蒸汽流畅,培养基受热均匀,避免出现灭菌死角。栽培袋装好后,通常采用常压灭菌,要求在 4～6 小时内温度升至 100 ℃,并保持 10～12 小时。如为高压灭菌,则要求在 0.138 MPa 下保持 1.5 小时或 0.12 MPa 下保持 2 小时。

灭菌后,自然冷却 2 小时趁热搬出,摆放在干燥通风处或接种室内床架上冷却。待料温冷却至 30 ℃以下时接种。接种时,拔去菌种瓶口棉塞,用接种钩去掉原种表面菌膜,用 25 cm 长医用镊子在菌种瓶内取菌种,迅速移入袋内,然后迅速封好袋口。

5. 发菌管理

接种后,将菌袋搬入培养室内上堆。发菌期间,室温应控制在22～26 ℃,初期切忌温度过高。自然气温较高时,要适当采取降温措施。发菌室的门窗需挂上遮光帘,使菌丝处于完全黑暗条件下培养。发菌室空气相对湿度要控制在70%左右,南方地区春季多雨季节,要注意通风排潮。25～35 天后菌丝在袋内长满。取下发菌室的遮光帘,使菌袋处于散射光照射下再培养2～3 天。

6. 出菇管理

当菌袋内菌丝长满后给予一定的光照刺激即可出耳。根据榆耳生长发育的生理要求,对各个发育阶段进行差异化管理。

(1)原基形成阶段:菌丝满袋后的1～2 天,将室温调节到17～22 ℃,并给予15～100 lx 的光照。7～10 天后,培养基表面出现乳白色的不规则凸起物,即为原基。

(2)耳片分化阶段:原基膨大至高1～1.5 cm,直径约3 cm 以后,表面凹凸不平日渐明显,当出现片状的雏形时,即表明原基已得到充分发育,将进入分化期。保持温度14～16 ℃,空气相对湿度85%～95%,2～3 天即可见耳片明显增多。

(3)耳片生长阶段:原基分化后,为加快耳片生长展开,应加强温度管理。耳片形成至长3 cm 左右阶段,温度应保持在15～18 ℃;当耳片超过3 cm 时,温度应保持在14～20 ℃,但以控制在18 ℃左右最为适宜。此外,水分管理也是榆耳高产优质的重要保证,水分不足则耳片质量差,产量低。为保持耳片的湿润,每天应喷水4～5 次。当耳片长到4 cm 时,培养料出现收缩现象,适当控制用水量,防止水分灌入袋内,培养料出现厌氧发酵而酸败。在展片期间为提高产品的色泽,还要给予适量光照。

7. 采收和养菌

采收和再生耳的管理技术是获取高产的重要一环。从原基出现到子实体成熟一般需20～25 天。当菌盖边缘出现波状并变薄时,表明子实体已发育成熟,要及时采收。用消毒刀片沿耳根将菌盖割下,留下耳基以利于再生。第一潮产量占总产量的50%左右。榆耳采收后,耳根不可喷水,并将耳根的创口暴露于空气中,待2～3 天后,耳基稍见收边、创面不黏时,将袋口松扎养菌,直到创面萌生一层白绒状的菌丝层后,才能根据情况补水或喷水。补水后4～7 天,从创口的平面上长出新的子实体。第二潮子实体发育较快,占总产量的30%左右,从耳基表面愈合、组织化耳片雏形的出现,至子实体发育成熟需7～15 天。榆耳袋栽一般可采收3～4潮,第三、四潮耳占总产量的20%左右。由于第二潮及以后各潮的子实体都是在第一潮的耳基上形成的,一旦形成便是耳片,因而第二潮以后的子实体采收方法是摘取。第一潮耳片最为肥大,质量最好。袋栽的整个生产周期为90～100 天。由于榆耳内含的卟啉类物可致某些过敏反应,所以不适宜鲜食,采收后要及时晾晒,直至干透。

思 考 题

1. 试述冬虫夏草的营养价值和药用价值。
2. 冬虫夏草目前的人工栽培状况如何?
3. 试述冬虫夏草与蝙蝠蛾的幼虫的关系。

学习情境十二

现代食用菌周年生产与工厂化栽培

项目一　食用菌菌种周年生产

一、食用菌菌种周年生产的意义

食用菌是一种高蛋白质、低脂肪,富含维生素、多种酶类和无机盐、各种多糖的高级食品,具有极高的营养价值和保健价值。随着人民生活水平的不断提高,食用菌产品的营养和保健价值越来越受到消费者的青睐,对食用菌产品的需求量也越来越大,但由于受到食用菌品种及栽培地的环境等因素的限制,市场上的食用菌产品有时会供应不足。为解决这一问题,现在食用菌栽培中通常提倡周年生产。进行食用菌周年生产,产品均衡上市,一直是食用菌生产者追求的目标。而实现食用菌周年生产的决定性因素便是菌种的周年生产。食用菌菌种周年生产就是根据所制订好的不同温型的食用菌或同一品种不同菌株的周年生产计划,适时进行菌种的生产。

二、食用菌菌种周年生产的优化安排

在制订周年生产计划时,应首先以本地气温为依据,划好温期。所谓温期,就是某些食用菌的适宜生长温度范围,一般以某一地区近 10 年的气象资料和食用菌不同温型的生物学特性为依据,将全年的气温划分为若干个温期,然后将不同温型的食用菌对号入座,再安排周年生产。

食用菌周年生产栽培最主要的影响因素是温度,在栽培过程中一般以自然气温为主。而利用自然温度进行品种搭配周年生产食用菌,制种和栽培季节都会发生一定的变化。在安排制种与栽培季节时应考虑以下原则。

(1)必须进行适宜制种期的试验,确定本地区的制种期。各级菌种期的确立,应以当地栽培出菇期为准,向前推算时间。

(2)充分利用自然温度,培养菌种,栽培出菇,尽可能地不采用人工加温或降温措施。

(3)把握最为适宜的菌龄,既要防止菌龄过老,造成菌种生命力衰退,养分过多消耗,出菇后劲不足;又要防止菌龄过短,不能及时整齐地出菇而延误生产季节。

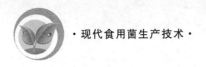

(4)按各品种制种和栽培的不同要求,建立操作程序技术规范,为周年生产提供高质量的菌种。

项目二　食用菌栽培周年生产

一、食用菌周年栽培的意义及条件

近年来,食用菌周年栽培规模日益扩大,技术也日臻完善,已成为食用菌栽培中不可缺少的主要方式之一。食用菌周年栽培又称四季栽培,是指在一定设施条件下,以自然气温为主,人工控制为辅,实现不同温型、多种食用菌组合换潮,或一种食用菌连作,多复种、高密度、高效益的生产方式。

食用菌周年栽培可充分利用本地自然资源和栽培设施,不仅为栽培者增加了经济效益,而且在调节食用菌市场周年供应、满足消费需求等方面也起到了巨大的作用。另外,食用菌周年栽培主要是根据当地温度的周年变化来安排与之相适应的不同温型的食用菌,因此,不需要消耗大量的能源,有利于可持续发展。

我国的食用菌周年生产,是以低能耗、高产值为目标,努力实现产品供应淡季不淡,达到周年均衡供应,以增强我国食用菌产品在国际市场上的竞争力,满足国内外消费者日益增长的需求,特别是对新鲜食用菌的需求。

二、食用菌周年生产建立优化模式的基本原则

进行食用菌多品种搭配周年生产,必须做到对时间和空间利用的高密度,栽培管理的高水平,投入产出的高效率。因此,建立食用菌周年生产优化潮口模式必须遵循以下五个原则。

(1)提高复种指数。选择生长周期短、出菇集中的品种,以利于潮口衔接,从而提高复种指数。

(2)提高空间利用率。利用室内床架栽培及室外立体栽培优势,提高单位空间利用率。

(3)科学组合栽培模式、控制病虫害。根据食用菌不同种类、不同品种生长发育对环境温度的要求不同,区分栽培类型,科学组合栽培模式,使这些品种在同一空间的不同季节生产。在建立潮口模式时,对病虫害的发生要有自然的制约机制。

(4)选定栽培制度和方式要有利于就地取材。食用菌的栽培制度可分为单区制和双区制。栽培的单区制是指制种(或播种后的发菌)和栽培出菇在同一个菇房;栽培的双区制是指制种或播种后的发菌是在一间培养室,栽培出菇是在另一间菇房,即温室培养菌种,棚内出菇。而栽培方式指的是袋栽还是块栽,是阳畦栽还是床架栽培。栽培方式的选择,首先要求简便、省力、高产优质,还要考虑菇类、季节、地区的不同,具体情况具体选择。考虑品种组合时,必须选择适应性强,能综合利用城乡工农业、林副业副产品资源的品种,就地取材,节约成本。

(5)有利于淡季供应。适应市场销售需要,特别是对补充蔬菜淡季供应发挥作用的食用菌要重点组织生产。

项目三　食用菌周年生产模式简介

食用菌的周年生产模式以季节气温变化为依据,选择抗逆性强、优质高产良种,合理搭配,科学管理,实现四季产菇。将高密度、高复种、高效益贯穿于全过程,为发展规模经营、集约化生产服务。在实际中,根据地区气候特点(尤其是温度变化特点)和食用菌种类生物学特性的不同,食用菌周年生产有多种搭配和组合模式。下面介绍几种比较有代表性的生产模式,各地可根据不同气候特点和市场需求进行选择。

一、单种食用菌周年生产技术

平菇在我国绝大部分地区都能很好地生长,且为目前我国商品化栽培的主要食用菌品种,下文以平菇为例介绍单种食用菌周年生产技术。

平菇是中温型变温结实性食用菌,进行平菇周年生产一定要选择不同温型品种,尽量与自然条件相结合,除此之外,还应因地制宜创造条件,如冬季室内加温栽培、早春阳畦栽培、夏季地道或地下室栽培等,这样基本可做到周年生产。

(一) 菌株的组合模式

1. 低温型菌株

美味侧耳、糙皮侧耳、黔平1号、黔平2号,一般在9月下旬至10月上旬播种,次年4月中旬结束,收获3~6潮菇。此类平菇在5~20℃下子实体均能正常生长,特别是低温期栽培,虫害和杂菌少,菌盖厚,产量高,效益好,生物学转化率为91.5%~146.3%。

2. 中温型菌株

凤尾菇、佛罗里达侧耳、中蔬10号、华丽平菇等,秋季栽培,在8月下旬至9月上旬播种,次年4月中旬结束,可收获4~6潮菇;早春栽培,在3月上中旬播种,6月中旬结束,可收3~5潮菇。子实体在22~25℃下可以顺利形成,在25℃以上菇形小、菌盖薄、品质差。此类平菇的优点是出菇早,周期短,上市早,效益较好,生物学转化率为72.5%~91.6%。

3. 高温型菌株

如"侧5"和"HP1",可于6—9月播种。此类平菇夏栽时菌丝能正常生长,25~30℃下可以正常形成子实体。由于在较高温度下栽培,杂菌多,虫害严重,管理较为困难,产量不是很高,生物学转化率为52.5%~76.1%。

(二) 栽培方式选择

1. 室内袋栽

以2—3月和9—10月为宜。出菇期为4—5月和10—11月,此时温度适宜,可采用发酵料或熟料栽培,栽培技术同常规栽培。

2. 室外阳畦栽培

可选在4月上旬播种,5—6月出菇,阳畦选在背风向阳的平坦地方,5月中旬至6月份应在阳畦上搭架覆盖草帘遮阳,并选择高温平菇品种栽培。平时采用常规管理措施。

3. 地道或地下室栽培

地道或地下室内有冬暖夏凉的特点,常年温度在8~28℃。可选在6月份栽培,7—8月

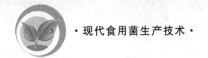

份出菇。注意在出菇期适当增加光线,同时应搞好通风换气。由于地道及地下室常年湿度较大,出菇期可少喷或不喷水。

4. 室内加温栽培

可选在 11—12 月、1—2 月寒冷季节栽培,可因地制宜采取各种加温措施,如采用火炉、土暖气、地下火道、火墙等进行加温。

二、两种以上食用菌组合周年生产技术

两种以上食用菌组合周年生产技术主要是结合当地的自然气候特点,将不同温型、不同品种的两种或两种以上食用菌组合换潮,以实现食用菌周年生产。

(一)香菇、竹荪组合周年生产技术

1. 栽培季节

竹荪栽培分春、秋两季,在长江中、下游地区可安排在早春和秋季(10 月上旬左右)。香菇可于 8 月底之前接种并于室内培养,至 10 月上旬进行脱袋排场及转色管理。或在秋季安排竹荪栽培,在香菇脱袋之前全部播种完毕。

2. 菌种选择

在组合中,竹荪只能选择较耐高温的棘托竹荪和长裙竹荪,香菇宜选择中温型或中温偏低型菌株,以便于次年 5 月上旬之前香菇采收完成,刚好与竹荪衔接,此时正好进入竹荪子实体生长的最佳时期。

3. 栽培管理技术要点

在周年生产的组合中,竹荪按常规铺料、播种和管理。在秋末香菇脱袋排场前后应注意以下问题。

(1)香菇排场前,在竹荪畦床中间适当加厚覆土,并形成龟背形,然后在畦床上每隔一段距离横向铺一条宽为 12 cm 左右的薄膜,再把香菇菌筒排放在薄膜上。盖薄膜的目的是防止向香菇菌筒喷水时水直接喷入畦床而导致畦床内竹荪菌丝水分过重,并有利于多余水分排入畦外沟中。人行道旁的排水沟应低于畦床底层竹荪培养料,这样即使有水渗入畦床内也会流入排水沟而不影响竹荪菌丝的生长。

(2)次年 5 月香菇采收完成后,及时将出过菇的香菇废菌筒进行处理,并对畦床覆土进行松土透气(最好换新土),再铺上 2～3 cm 覆土,当菇床表面有菌丝长出时,可灌水一次,以淹没畦床为宜,保持一昼夜时间。

(3)当夏季气温达 30 ℃以上,应适当加厚荫棚覆盖物,少盖薄膜,并将覆土去掉一部分,裸露部分竹荪培养料,铺上一层竹叶或树叶,防止直接喷水造成覆土板结而影响气体交换,同时可以起到保温、遮光的作用。其余采用常规管理措施。

(二)菇耳组合周年生产技术

1. 场地选择

可选择周围通风透光、清洁、近水源的房前屋后的空闲场地或菜地、稻田等,也可与高秆作物或棚架蔬菜套种。场所选好后深翻一次,用 5% 石灰水消毒,若为空闲田地则需搭建菇棚。

2. 菇耳周年潮口安排

主要是掌握本地气温周年变化特点,采用不同温型食用菌种类,合理安排潮口,具体可根据自身技术条件和市场需求情况,有以下几种安排:平菇－毛木耳－草菇－平菇;毛木耳－草

菇－双孢蘑菇;毛木耳－草菇－香菇;平菇－毛木耳－草菇－双孢蘑菇。

3. 栽培方式和方法

(1) 平菇:用熟料袋栽,塑料袋采用 15～20 cm×50～55 cm,按常规配料、装袋、灭菌、冷却、接种、发菌,菌丝满袋达生理成熟后按潮口安排要求及时脱袋排场,后覆土 2～3 cm,再覆盖薄膜,进行保温保湿管理。

(2) 毛木耳:采用熟料袋栽,菌袋需在脱袋前 1～2 个月完成。采用 15 cm×15 cm 或 12 cm×28 cm 聚乙烯塑料袋,按常规配料、装袋、灭菌、冷却、接种、发菌,发菌后及时脱袋排放覆土(与平菇相同),最后覆盖一薄层稻草,进行保温保湿管理。

(3) 草菇:用稻草发酵料波浪式栽培,播种前 7 天配好料,按堆高 1 m、宽 1.2 m 建堆发酵,中间翻堆 1 次,发酵好的培养料 pH 为 8～9,菌种用量为料重的 15%,每平方米铺料约 12 kg,播种后覆盖薄膜,发菌 3 天后覆土(同平菇)。其他采用常规管理措施。

(4) 香菇、双孢蘑菇:按常规栽培方式进行栽培。采用此栽培模式时应采用专门发菌室进行平菇、毛木耳、香菇的发菌,以利于延长出菇期和提高产量;注意在菇耳换潮前,清除前潮栽培废料,并及时消毒以防病虫害的发生。

项目四　适合工厂化栽培食用菌简介

一、工厂化栽培发展前景

(一) 前景及优势

食用菌工厂化栽培,是指运用工业化的理念,通过机械化操作和自动化控制来完成整个生产过程。

食用菌工厂化生产是最具现代农业特征的产业化生产方式,它是采用工业化的技术手段,在环境可控的设施条件下,组织高效率的机械化、自动化、流水化作业,实现食用菌的规模化、集约化、标准化和周年化生产,是我国食用菌产业的发展方向。

1. 工厂化设施栽培是社会发展的要求

长期以来,食用菌栽培均为季节性传统小农手工作坊式栽培。菇农必须承担自然灾害、市场价格变化、技术失误、误购劣质菌种等诸多风险,出售的仅是初级产品,无多大的利润空间。

现代农业生产逐步向“精品农业”发展。食用菌工厂化设施栽培属于“精品农业”范畴,生产的产品主要是反季节品种,消费对象是超市、酒楼、宾馆,面对着的是中高档消费群体。为了保证连续周年供应,只能走工厂化设施栽培的道路。同时,随着社会经济发展,特别是农副产品极丰富的社会里,百姓对品质要求逐步提高,只有品质好才能够激发起民众的购买欲望。近年来随着老百姓生活水平的提高、生活节奏的加快,日益提高的营养、保健意识导致对小包装的需求日益增加。所谓的品质,不再停留在简单的鲜菇外观形态上,而是在内在的质量上,表现在其风味和口感上,显得尤其重要,特别是绝对不能有农药残留。熟料栽培原本就不喷农药,只不过各地传统小农手工作坊式栽培,只注意到栽培产量,连最起码的防虫网都舍不得投入,往往忽视物理防治为先的原则,简陋生产,粗放管理,追求的仅是短期的经济效益,造成病虫害的日益严重,导致减产。因此,季节性传统小农手工作坊式栽培所生产出来的鲜菇很难符

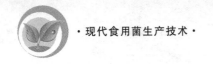

合市场对品质日益苛刻的要求。

2. 食用菌干鲜菇需求比例在变化

随着改革开放,人们生活水平有了明显提高,城市里超市、中高级餐馆林立。随着城市生活节奏加快,老百姓对商品要求是简单加工后就能够食用,因此,市场上鲜菇比例大幅度上升。鲜菇包装已出现托盘包装、软包装、真空包装,以此提高商品外观的档次,吸引市民购买。

3. 工厂化生产食用菌的优势

工厂化设施栽培可以像生产工业产品一样在完全可控的环境下按批量和规格生产,可实现全年不间断生产,保障市场全年干菇和鲜菇供应。

中国的食用菌工厂化生产之路,是绿色、生态、优质、高效农业的必然要求,也是我国食用菌产业从大到强的必由之路。同时更是抓住机遇,扩大规模,提高产能,提升品质,扩大市场份额,提升行业国内外竞争力的必由之路。与传统的食用菌栽培方式相比较,工厂化生产食用菌的优势十分明显。

(1)不受季节和气候因素的限制。生产条件不受外界自然条件影响,工厂可提供最适宜食用菌生长的条件,外观、品质远远优于一般大棚栽培形式生产的食用菌产品。

(2)采用生物转化技术,以纯物理的方式生产,生产过程不需要使用任何农药。

(3)生产原材料主要采用玉米芯、米糠、啤酒糟等低价值的农业下脚料,而且生产剩余的废料还可以作为饲料和有机肥使用,既满足了人们对食用菌日益增长的需求,又保护了森林资源和生态环境,实现可持续发展。

(4)生产效率高,规模化、自动化、工业化生产方式带来的高效率是传统生产方式无法比拟的,整个生产过程中,大大节省了劳动力成本。

近10年来,我国食用菌工厂化生产发展十分迅速,除了发展较早的上海、北京、广东地区继续保持领先外,江苏、福建、山东、江西、四川、湖南、河南、河北及东北等地区也后来居上,成为食用菌工厂化生产的主要基地。

食用菌工厂化生产配套的设备生产企业发展也十分迅速,目前生产的设备包括全自动灭菌设备、整套生产流水线、液体菌种设备、空气调节设备、加湿设备、净化设备和控制系统,为食用菌工厂化生产的发展奠定了基础。但是国内食用菌生产设备整体上与日本、韩国还有差距,需要不断加以改进和完善。

(二)投资和效益的关系

食用菌工厂设施化生产一次性投入资金较大,使不少人望而却步。所以要对此有一个清楚的认识。因为这涉及长期投资效益和短期投资效益的关系。工厂化生产企业所采购的各种机械设备表面上看一次性投入很大,但只要经过仔细的核算,会使其生产成本大大降低。

工厂化设施栽培的效益在于管理。常言道:管理出效益。认真、有效、透明的管理是工厂化栽培的核心。

(1)根据当地的环境气候条件加强管理。能够根据所欲栽培菌类的生物学特性进行判断:当地气候条件是否适合菌类的生长及适宜生育期的长短,生产费用的高低,栽培场周围地理小环境对工厂化设施栽培菌类的影响等。规模栽培具体选场考虑的因素有很多:交通运输成本的比较;水源流量、水质的考虑;电力设施容量;栽培季节菇场的风向;台风、暴雨对菇棚影响程度的估计;地下水位、土层的厚薄对菇棚内湿度的影响;周围植被与栽培场所的方位与日照长短的关系;栽培区是否易被晒场污染;废料去除与再利用的关系;菇场建筑物与周围环境的协调性等。栽培场所的选择应多方面详细考虑,比较多方案后再决定。如对于定位为跨省鲜菇销售的工厂化设施栽培的菇耳场,最理想是将菇场设在国道旁,可以减少长途运输的费用,长年累月是一项可观节支。

(2)制订完善的规章制度实行规范化管理。工厂化生产食用菌产业前景广阔。工厂化生产食用菌应向规模化经营发展,从分工专业化、生产机械化、加工标准化、经营管理企业化等方面加以规范,实现高科技含量、高卫生标准,创造世界名牌。此外,开发多品种的产品和高科技的食用菌提取物也是重要的突破口。

工厂化设施栽培企业应先将制度制定完善,根据制度办事,增加透明度。在竞争力方面具有优势,交易成本最低。在市场经济条件下,人的责任心和心态不一,工厂化设施栽培投资金额较大,在具体操作过程牵涉到多方面协调的问题,根据各人长处,合理分工,各司其职,既要互相通气,又要相互信任。经营透明度是核心。

(3)提高资金使用效率,加强成本节约管理。管理就是要节省不必要开支,想方设法降低生产成本,从节约中创效益。但也不能够为了节省而忽视菇体发育过程所必需的基本设备购置和条件控制。

对于周年规模栽培来说,资金使用进出频繁,如要提高资金运筹水平,就得考虑原辅材料囤积数量和运输成本、人工劳务成本等问题。企业在运行过程中诸如此类问题很多,都得围绕如何提高资金使用效率做文章,还要注意资金回收的安全性。

(4)懂工艺善经营,加强生产技术管理。工厂化设施栽培企业能否成功受市场、资金、技术、管理等要素所影响,在很大程度上管理是决定性因素。法人代表要努力使自己从外行变成内行,做个"明白人",才能够有的放矢地进行管理。管理中应抓住彻底灭菌和规范化接种的关键。降低感染率是企业的工艺核心所在。有的企业将工人计件工资压得很低,迫使操作工人追求接种数量,忽视规范化接种,导致成品率下降。应将工资分解成计件工资和质量工资两部分,完善奖惩制度。食用菌生产是纯培养,并非像手表组装那样是无生命的东西。手表组装的每一道工序均可进行质量检验,并能及时反馈并得到纠正,而食用菌生产需要经过数天时间的培养,才能发现问题,但此时已造成损失。

如何使熟练员工能够安心从事本职工作,也是一门大学问,熟练员工是企业创造财富的源泉,他们在长期工作中积累的经验和熟练程度是企业创造效益的无形资产。对于操作工既要管,对他们的疾苦也要关心,采用人性化管理,企业才会出效益。

(三)管理控制关键及难点分析

食用菌的工厂化栽培是跨行业、跨学科,技术性和专业性很强的项目,包含微生物、机械、制冷、自动控制等专业技术。食用菌工厂化栽培与传统的季节栽培具有本质的区别。食用菌工厂化栽培的基本理念是一致、整齐、周转快。为了尽可能地实现工厂化栽培的基本理念,必须有先进的设备(包括配套的机制和控制系统),适合的菌株、配方以及配套的栽培工艺。因此与传统的季节栽培相比较,设施条件、菌株、配方和栽培工艺构成了工厂化栽培的四大要素。

各要素之间相互影响,只有良好的设施配套以及与设施相适应的菌株和配方,结合相适应的栽培工艺,才能保证工厂化栽培的成功,发挥工厂化栽培的最大效益。

1. 设施条件

设施条件包括与栽培工艺相配的各种机械和调控设备。设施的好坏直接影响栽培的成功。这里主要指培养房和出菇房环境控制设备。控制设备主要包括温度控制系统、通风控制系统和空气湿度的控制系统。

（1）温度控制系统：温度是影响食用菌生长的最主要因素之一。不同的品种对温度要求不同。不同地理位置、气候条件、制冷机组温度也不同。创造适宜不同阶段要求的最佳温度是食用菌栽培的关键。所以保证食用菌不同阶段要求的温度且能够自由调控温度是设施的最基本要求。

① 制冷量的确定：菌丝生长最旺盛的时候培养料发热所需制冷量；最大通风量时所消耗的制冷量（包括水蒸气热量）；墙体的散热量。选择压缩机制冷量时在计算所得制冷量总和外加 30% 左右。

② 蒸发器的选择：库房里的温度调整是通过蒸发器的热交换来完成的，只有达到一定的蒸发面积（热交换面积）和单位时间内一定的热交换风量，才能确保库房温度自由调整。从制冷的角度上说，食用菌生产的培养房及出菇房均属高温冷库。由于环境的湿度较大，为了防止蒸发器结霜，特别是库温要求较低的时候，其蒸发温度低于 0 ℃，蒸发器铝翅片片距要求加大。一般情况下 1 匹（2500 W）制冷量配蒸发面积 8～17 m²，蒸发温度 4～8 ℃，蒸发器风机风量要求 150～220 m³·h⁻¹·kW⁻¹。冷风机蒸发温度与房温的温差越小，库房湿度越大。蒸发面积越大，风机风量越大，蒸发温度与房温温差越小，冷风机蒸发温度每提高 1 ℃，制冷量增加 4%。为了提高单位时间内换热量，必须相应增加蒸发面积和风机风量。

③ 冷凝器配套：在南方一般用水冷凝器，在北方一般用风冷凝器。冷凝器的选择是根据当地平均气温而确定的。冷凝温度的高低影响整个制冷机组的制冷量，降低冷凝温度可以适当增加制冷量。所以适当加大冷凝器，可以降低冷凝温度，从而增加制冷量。经验是根据压缩机制冷量，冷凝器向上增大 1 级（约 5 匹），比如制冷量 20 匹压缩机配 25 匹冷凝器。冷凝器中每匹要求 3 m 长铜管，才能保证足够的冷却能力。

④ 库房温度设置：库房温度设置以中心温度为准，上下至少有 3 ℃的温差。否则当夏天外界气温过高时冷机频繁启动，不仅增加了启动消耗电量，而且空气湿度下降，增加保湿难度。因为不同温度空气的持水能力不同，持水能力随气温的升高而增加。虽然就室内而言，温度降低时减少了空气持水率，空气相对湿度增加。但是温度提高时，空气持水率增加，菇体表面与空气湿度差增大，菇体表面向空气蒸发加快，从而使菇体水分散发加快。

（2）通风控制系统：包括新鲜空气交换和内循环系统。不同品种、同品种不同菌株要求不同。

① 新鲜空气交换：主要有两种方式。一种方式是连续通风，保持库内二氧化碳浓度维持在一定水平，连续地保持一定量的新鲜空气交换；另一种方式为定时通风，保持二氧化碳浓度不超过规定要求，定时且短时间内将房内气体交换彻底。连续通风的控制可以通过调整风机转速和风门大小来进行；定时通风的控制根据库房空间大小、风机风量大小及不同品种对通风的要求来确定通风的时间，通风的间隔时间根据品种要求和不同生长阶段而定。通风量根据品种不同和不同生长阶段而定。风机大小和型号也根据品种、库房规格、通风要求而定。只有确定了风机，再根据库房规格和该品种对氧的要求才能确定通风的具体时间，并非传统的所谓"一天通风几次，一次多少时间"。

② 内循环：为了保持库房温度和氧均匀一致，必须有足够的内循环来保证。内循环时间及风量根据不同品种、库房床架的设计和规格、不同生长阶段确定的。常见方式有两种：一种是定时内循环方式，另一种是连续内循环方式。其控制方式同新鲜空气交换相同。

（3）湿度控制系统：不同品种、不同生长阶段对环境的湿度要求不同，一般来说，菌丝生长阶段要求湿度较低,出菇阶段要求空气湿度较高。出菇阶段空气湿度要求不得超过95%,因为菇体生长所需的养分、水分都是通过蒸腾拉动作用来运输的,增加空气湿度只是为了防止菇体蒸发造成失水过快。只有菇体表面与空气有一定湿度差时,菇体才有足够的蒸腾作用,否则抑制了养分和水分的运输,阻止了菇体的生长,造成死菇或发生病害。一般用高压喷雾和超声波喷雾加湿,可以连接湿度探头进行自动控制。

2. 菌株

适合设施栽培的菌株与传统季节栽培菌株具有较大的差别。菌株设施栽培要求如下:菌丝生长速度较快,抗性强;菌丝吸收转化营养快,产量集中在第一潮菇;适宜在较高浓度CO_2环境下生长。

为了缩短菌丝生长周期,加快周转率,培育在设施中菌丝生产速度快且健壮的菌株,是设施化栽培菌株选育的基本目标。

(1)不同品种、不同菌株在自然季节栽培和设施栽培条件下表现的性状是不一样的,其分解转化木质素、纤维素和利用氮源的能力也不一样,选育出在设施中分解转化能力较强的菌株,是提高生物学转化率最有效的方法。

设施栽培是通过设施对环境的调控来创造最适合食用菌生长的环境条件(温度、氧、湿度)。因为在高温季制冷、通风、空气湿度的保持是相互矛盾的,设施栽培就是通过设施的控制系统来调控达到适合该品种生长环境的平衡点,不同菌株的这个平衡点是不同的。如果该菌株能适合较高二氧化碳浓度生长,则可减少菇房空气与外界空气的交换,从而减少温度、通风和湿度之间的矛盾。所以在菌株选择和选育上选出适合较高二氧化碳浓度下生长的菌株是设施化栽培菌株选择的方向。

(2)适合工厂化设施栽培的菌类:目前能进行商业性栽培的菌类仅十余种。工厂化设施栽培可细分为在适宜生产季节内进行工厂化设施栽培,和利用制冷和加热设施在近似库房内进行周年循环工厂化设施栽培。前者受自然气候所牵制而后者是全天候生产。国内进行季节性集约化栽培尝试,目前主要集中在双孢蘑菇、金针菇、鸡腿菇、滑菇、草菇、猴头菇、秀珍菇、杏鲍菇、蟹味菇、茶薪菇和白灵菇上,因为这些菌类出菇的"同步性"较好,且生产周期相对较短。进行周年企业化栽培,工艺较为成熟的菌类也仅有金针菇,其他菌类主要是很难在近似密闭的栽培环境内,做到温度、湿度、通风、光照和菌类发育各要素之间的协调。灰树花、银耳已进入生产研发阶段,不久将有企业生产,产品将投放市场,其中工厂化生产历史最长、工艺技术最成熟的是双孢蘑菇,其次是金针菇、真姬菇(蟹味菇)。

不少人认为食用菌栽培很容易,可以遍地推广,但这仅是对小规模栽培而言的。不能认为对某一菌类了解很透彻,就可以胜任另一菌类的规模栽培,这还要有一个再认识的过程。小规模栽培和工厂化设施栽培是截然不同的。小试再好,在大规模栽培过程中还会遇到难以预料的问题。对于工厂化设施栽培特别是周年栽培,不仅要掌握栽培工艺,还要了解设备使用的原理、运转过程的操作和维修,能够根据天气变化、设施内菇体发育的状况及时对设备进行调整,出现故障能正确判断及临时应急处理。要在生产实践中不断去发现新问题,及时予以解决。

3. 配方

很多工厂化栽培的失败往往是配方不合理引起的。配方的不合理,不仅加长了周转期,而且严重影响了菌丝生长的一致性,造成菌包、菌龄不一致,出菇不整齐。不同品种、不同菌株具有不同的最适宜配方;同一菌株对不同材料的分解吸收具有选择性。在选择配方组合时除了充分考虑配方的营养性状外,在设施栽培中还应该充分考虑其物理性状,即通气性和保水性。

这样既能保证菌丝生长充分的营养,又能保证充足的氧气和水分,加快菌丝生长,缩短生长周期。

传统季节栽培的配方要求后劲充足,菌丝对于配方中的营养吸收转化较慢,往往要好几潮菇才能将配方中的营养完全转化吸收。而设施栽培配方要求是菌丝生长速度快,尽量缩短生长周期;营养充足且能够被菌丝一次性充分吸收转化,第一潮菇产量能占总产量的80%以上;物理性状良好,能最大限度地让菌丝生长均匀整齐。为了缩短周期,充分提高设备的利用率和周转率,寻找适合该菌株生长的最适配方是设施化栽培增加效益最行之有效的途径。

4. 优良的栽培工艺

栽培工艺包括装袋、灭菌、菌种、接种、周转运输、培养方式、出菇方式、培养房及出菇房的设计和规格、环境因子调控、病虫害预防及相关配套机械设备等。

(1)装袋:对于装袋时培养料的松紧度和装袋规格的选择,不同品种要求是不同的。装袋时力求松紧度和装袋规格均匀一致,这是保证菌丝生长速度一致的基础。

(2)灭菌:灭菌方式的选择,特别是操作性,是影响灭菌成品率的关键。因为灭菌是一刻都不能松懈的,只有保证连续、足够的蒸汽量或蒸汽压力才能保证灭菌彻底,灭菌操作人员要求有极强的责任心。灭菌操作性强可以减少灭菌人员的疏忽,从而减少灭菌风险。

(3)菌种:为了保证菌丝生长周期和菌龄一致,菌种类型的选择是很关键的。液体菌种、颗粒菌种、枝条菌种和棉籽壳木屑菌种因接种方式不同而选择方式不同。

(4)接种方式:有传统经典的接种箱接种和无菌室接种方式,其方式的确定根据规模、品种而定。

(5)周转运输:工厂化栽培中装袋、灭菌、接种等过程,利用周转筐周转是最基本要求之一。整个生产过程尽量减少人为接触菌包,这是检验工厂化程度的重要指标之一。现在很多工厂已经发展到培养和出菇均用周转筐进行。

(6)培养和出菇方式:有墙式和层架式两种,方式的选择也因品种不同而异。

(7)培养房、出菇房设计及规格:根据设计的规模(日产量)、不同的品种、当地的气候条件和场地的地形、风向而定。

(8)环境因子的调控:温度、氧气、水分、光线等生长因子的调控方式和调控方法,因设施配备、库房设计和品种的不同而不同。探究最适合的调控方法来满足不同生长阶段菌株对环境的要求,是一个细致的工作。

(9)病虫害预防:以预防为主,综合防治。通过选育抗病、生长快、适应设施栽培的菌株,配合良好的配方,培育强壮的菌丝来增强抗病性,同时结合物理防治和对环境的农艺防治。

(10)机械设备:包括拌料、装袋、灭菌、运输周转、喷雾加湿机械等配套机械。

工厂化栽培是所有工艺细节的总和,哪个细节出问题都有可能带来灭顶之灾,每出现一个问题一定有某个或多个细节出问题。所有的工艺细节都要充分考虑其操作性,操作性不强则容易在操作中出现细节问题。当然,技术主管也必须是对微生物、机械、制冷、自动控制等专业知识熟悉的综合型人才,这是工厂化栽培成功的保证。

总之,食用菌工厂化设施栽培是现阶段社会发展的需要,是一项新生的事物,牵涉到多学科知识及各方面的问题。发展食用菌工厂化要立足国情,实事求是,科学发展。企业要吸收生长基地的菇农,并将其转化为产业工人,要建立一整套标准化生产管理体系,这就需要我们不断地去分析、创新、解决各方面的问题,才能规避风险,获得长期可观的经济效益。

二、工厂化栽培品种简介

（一）金针菇工厂化生产

1. 品种类型

人工栽培的金针菇类型，按出菇的快慢、早晚分为早生型和晚生型；按发生的温度可分为低温型和偏高温型；按子实体发生的多少，可以分为细密型（多柄）和粗稀型（少柄）。

（1）三明1号菌株：栽培普遍。该菌具有以下优良性状：菌丝生长快，7天可满管，25～30天菌丝可长满瓶或袋。出菇快，30多天即可出菇；栽培周期短，70～80天便可完成整个栽培周期。产量高，生物学效率可达70%～100%。质量好，菌柄粗细均匀，色泽淡，人体所需的8种氨基酸含量占氨基酸总量的44.5%，高于一般菇类。适温宽，3～21℃下均可出菇。抗逆性强，病菇与畸形菇少。

（2）浓色品系007、008：幼菇菌盖淡黄色至黄褐色，菌柄上部色淡，为白色至浅黄色，下部色深，为金黄色至暗褐色，密被褐色短绒毛。抗逆性强，接种后菌丝吃料快，出菇早，产量较高。菇蕾生长期间只需微弱散射光（5～10 lx），菇体颜色随光照增强而加深。浓色品系金针菇菌盖软滑，菌柄脆嫩，香味浓郁，适于生产鲜菇内销。

（3）白色品系F21：浙江省江山市微生物研究所菌株。出菇整齐，每丛200株左右，柄长15～23 cm，菌盖内卷，不易开伞。白色品系对光线不敏感，即使栽培环境有较强的散射光，子实体仍是通体洁白，有光泽，适合制罐或盐渍加工出口。

白色品系金针菇菌丝生长较慢，抗逆性差，抗杂能力弱。瓶、袋栽培时，菌丝不易长透培养料。出菇期间对二氧化碳耐受力弱。在通气不良的环境中，菇蕾发生虽多，但成菇数量少，且菇柄易扭曲、畸形或腐心。这种现象在后期尤其严重，故生产中常只收前两潮菇，所以产量较低。白色品系金针菇菇体洁白，适合于加工成出口商品。因其味淡，内销有时不及浓色品系金针菇受欢迎。

（4）金杂19：福建省三明市真菌研究所选育，菇体白色至浅黄色，下部黄色至浅褐色，菌丝生长温度3～30℃，最适温度22～24℃，子实体形成温度3～18℃，最适温度13～15℃，生物学效率80%～120%。

（5）苏金6号：江苏省微生物研究所选育。菇体白色、浅黄色至黄色，菌丝最适生长温度22～24℃，子实体形成温度3～20℃，最适温度13～15℃，生物学效率80%～120%。

（6）FU088：河北省微生物研究所引进选育。菇体纯白色，不易开伞，菌丝生长温度3～30℃，最适温度22～24℃，子实体形成温度3～18℃，最适温度12℃左右，生物学效率60%～80%。

（7）FV57：甘肃省农业科学院蔬菜研究所选育出的优质、高产的品种，具有高产、优质、生物学效率高的特点。据测定，生物学效率高达83%。

2. 工艺流程

原料配制→拌料、装袋→灭菌、冷却→接种→培养＋催蕾→抑制→套袋→抑蕾→发育→采收→包装运输。

3. 设施与设备

（1）设施：金针菇工厂化生产需要专门的厂房设施，常见的由砖木或钢结构聚氨酯保温板建成，保温、保湿。按照生产工艺，通常将生产厂房分隔为拌料室、装袋室、灭菌室、冷却室、接种室、培养室、出菇室、包装室和冷库等。

拌料室主要放置搅拌机和送料带。因为培养料搅拌会产生大量粉尘,所以需与其他房间隔离并安装除尘装置,避免污染环境。装袋室是手工装料的主要场所,要求较宽敞,主要放置装袋机、周转筐、周转小车。灭菌室主要放置灭菌锅,是杀菌的主要场所,要求有良好的通风环境。灭菌完毕后培养料在冷却室内冷却。冷却室要求密闭性好,除安装制冷设备外,还要配置空气净化系统,安装紫外灭菌灯等。接种室主要放置常规单人接种箱,要求室内空气洁净,接种时空气流动小,接种室地面要进行防尘处理,避风口安装空气净化系统,室内安装紫外线灯、自净器等。接种完毕,将菌袋置于培养室内发菌培养。培养期间不仅需要适宜的温度、氧气、湿度,而且菌丝生长会产生大量呼吸热及二氧化碳,所以培养室内需安装制冷设备及通风设备。出菇室是金针菇子实体形成、生长的场所,要搭床架,床架层数依据出菇室高度而定,通常为 7～8 层,并需有调温、调湿、通风及光照装置。包装室是产品采收后计量包装的场所,为保证产品洁净,地面需作防尘处理,并需配置降温设备,以保持产品包装时温度的恒定,避免高温影响产品质量。产品包装后置于冷库保藏,金针菇的保藏温度常控制在 2～3 ℃,以延长产品的货架期。

(2) 机械设备:工厂化生产各个阶段需要不同的生产设备,生产设备的配置根据生产规模而定。设备配置不足,将影响产量;设备配置过剩,会造成浪费。金针菇再生法工厂化生产需配置的主要设备如下。①搅拌机及送料带:搅拌机用于拌匀、拌湿培养料,常用搅拌机为低速内置螺旋形飞轮的专用搅拌机。因培养料搅拌时需加水,所以搅拌机上方要排布水管,水管上均匀排布出水孔,各出水孔间隔 10 cm 左右。培养料均匀搅拌至适宜含水量后由送料带将料送出。②灭菌锅:灭菌锅有高压灭菌锅和常压灭菌锅两种。高压灭菌锅具有灭菌彻底、灭菌时间短的优点,但是造价较高;常压灭菌锅造价低廉,但灭菌时间长,部分耐高温的细菌难以彻底被杀灭。工厂化生产大多选用高压灭菌锅。③周转筐:用于盛放制作好的栽培袋。④周转小车:用于承放和转移周转筐。周转小车用于将盛满栽培袋的周转筐推进灭菌室,灭菌后又将周转筐拉到冷却室冷却。⑤接种箱:接种箱通常为传统常规木质结构,采用单人式,安装有冷光源(日光灯)。⑥加湿器:出菇阶段要有相应的湿度,所以出菇室需要安装加湿器。生产上常用超声波加湿器。⑦包装机:有袋装、盒装、真空及非真空包装机等,根据产品包装要求,选择包装机类型。

4. 原料配方

(1) 棉籽壳 100 kg、麦麸 20 kg、玉米面 5 kg、石膏粉 2 kg、过磷酸钙 1 kg、白糖 1 kg。

(2) 玉米芯(粉碎)75 kg、麦麸 20 kg、玉米面 3.5 kg、石膏粉 2 kg、黄豆面 1.5 kg、过磷酸钙 1 kg、白糖 1 kg。

高粱壳、锯末、花生壳、豆秆、玉米秆、油菜秆等大多数农作物秸秆粉碎后均可代替配方中的玉米芯,但无论选用何种原料,都要求新鲜、干净、无霉变。

按比例称量好各原料,除白糖需加水溶化外,其余均应拌匀。加水充分搅拌并使含水量达到 65% 左右,再闷 2～4 小时,即可装袋或瓶。

5. 装袋灭菌

同常规操作。

6. 接种培菌

同常规操作。

7. 出菇管理

袋栽金针菇的出菇方式多种多样,归纳起来有五种:①满袋装料,套袋出菇;②满袋装料,套袋倒卧出菇;③半袋装料,盖纸站立出菇;④半袋装料,披膜倒卧出菇;⑤中间装料,倒卧两头披膜出菇。

发菌的栽培袋或瓶出菇期的管理必须控制好温度、湿度、光照、二氧化碳浓度这四个因素,培育优质菇。

(1)温度:控制在6~8℃。

(2)湿度:空气相对湿度为85%~90%。

(3)光照:极弱光,光源位置不能改变,否则子实体散乱。

(4)二氧化碳:浓度达0.11%~0.15%可促使菌柄伸长,超过1%抑制菌盖发育,达到3%抑制菌盖生长而不抑制菌柄生长,达到5%就不会形成子实体。通过控制通风量维持高二氧化碳浓度。一般在10~15℃下,进入速生期5~7天菇柄可从3 cm长到12~15 cm,10天后可长到15~20 cm,这时可根据加工鲜销标准适时采收。

(二)杏鲍菇工厂化生产

1. 品种类型

目前栽培较多的菌种类型中,有形似保龄球瓶状、棍棒状(圆柱状)、大盖状等三种类型供选择。其特点如下。

(1)棍棒状类型:子实体白色,菌柄棍棒状,直径3~5 cm,均匀,个大,组织致密,脆嫩,口感好,具杏仁香味,保质期长,适合出口,价格高。但出菇速度较保龄球瓶状类型慢,产量较低。

(2)保龄球瓶状类型:子实体白色,菌柄中间膨大,上下较小,形似保龄球瓶状,个体较大,产量较棍棒状类型高。但组织疏松,海绵质,脆度差,口感欠佳,保质期短,适合内销。

(3)大盖状类型:子实体盖大、柄细。菌丝粗壮,抗病力强,出蕾早,出菇密而整齐,菇质结实,产量高,杏仁香味浓,目前是出口、内销、盐渍、加工的主要品种。

2. 工艺流程

原料配制→拌料、装袋→灭菌、冷却→接种→培养+催蕾→抑制→套袋→抑蕾→发育→采收→包装运输。

3. 设施设备

与金针菇类似。

4. 原料配方

原料混合搅拌,栽培主料有木屑、玉米芯、棉籽壳、甘蔗渣,营养物质有米糠、麸皮、玉米粉和少量的石灰、石膏等。在工厂化生产的配方中营养物质所占比率比常规栽培的要高,一般要占总量的30%~40%,以尽可能提高第一潮菇产量。

基本配方如下:①棉籽壳30%、玉米芯36%、麸皮30%、玉米粉3%、碳酸钙1%,含水量64%~66%;②木屑33%、玉米芯30%、米糠22%、麸皮11%、玉米粉3%、碳酸钙1%,含水量64%~66%。

通过搅拌使原料在最短的时间内吸取大量的水分,提高培养料自身的蓄水能力,并使物料混合均匀。同时快速完成装瓶和灭菌,避免微生物大量繁殖致使培养料发酵酸败,改变其理化性质,影响发菌速度和产品产量。

5. 装瓶(或装袋)

将混合均匀的原料均匀地装入专用塑料瓶中,并完成打孔和压盖。目前国内使用的栽培

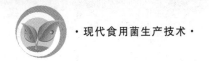

瓶有 850 mL 和 1100 mL 两种规格,塑料瓶栽培杏鲍菇的,产量为 130～150 g。

6. 灭菌

一般采用全自动高压灭菌锅,提高灭菌效率和灭菌效果。通过灭菌使培养料中的微生物(含孢子)全部被杀死,使培养料处于无菌的状态,同时培养料经过高温高压后,一些大分子物质如纤维素、半纤维素等部分降解,有利于菌丝的分解与吸收。

7. 冷却

采用较多的是二级冷却。灭菌结束后,用灭菌车拉至冷却一室(预冷室),通过净化至 1 万级的自然新风将菌瓶温度降至 50％以下,冷却约 2 小时,起到节能的作用。然后移至冷却二室,通过冷风机强制制冷至 20 ℃以下。

8. 接种

大多数采用固体自动接种机,液体接种机也在一些企业使用。接种室需保持充分洁净,将 1 万级净化新风引入接种室,并使室内形成正压,防止外界气流进入。在接种区域通过层流罩净化处理,局部达到 100 万级,保证接种的成品率。

9. 培养

接种后将培养瓶放置在垫仓板上,移至清洁及控温、控湿、控气的培养室中。培养室应保持适宜的温度、湿度和二氧化碳浓度。杏鲍菇的培养时间在 30～35 天。如果使用液体菌种,培养时间将缩短 7～10 天。后熟培养很重要,试验表明,杏鲍菇菌丝长满后,进行后熟培养 10 天,有利于提高产量和质量。

10. 搔菌

瓶栽食用菌必须经过搔菌过程,使表面菌丝断裂,菌丝重新形成,缩短出菇时间,提高出菇整齐度。杏鲍菇搔菌时必须去除瓶口表面的菌种块,为了控制原基数量,不需要注水处理。当前生产上一般在瓶栽时进行搔菌,搔菌厚度为 10 mm。袋栽时一般不进行搔菌。

11. 催蕾

杏鲍菇催蕾是获得优质高产的关键之一。催蕾室必须满足适宜的温度、光照、湿度、通风等原基形成条件。

杏鲍菇属中温品种,催蕾菇房内保持气温 12～16 ℃,空气相对湿度 85％～95％,光照强度 50～200 lx,注意通风,二氧化碳浓度在 0.1％以下,催蕾 3～7 天,刺激原基的形成。当袋内形成许多细小菇蕾时,开袋口进行出菇管理。此时相对湿度要略低。对于杏鲍菇,为了减少细菌感染,采用干、湿交替方法。也有先开袋口覆无纺布或薄膜进行催蕾。空调能及时降温(升温),确保在适宜温度下形成原基,灯光必须合理设置和开启,诱导原基形成和控制正常的原基数量,催蕾时要保持较高的环境湿度,室内必须保持一定的气流循环,使不同方位的气流均匀一致,减少上、下层温差,促使原基同步形成和正常生长。

12. 育菇

育菇室内保持气温 15～18 ℃,空气相对湿度 85％～90％,光照强度 50～500 lx,二氧化碳浓度在 0.2％以下。当菇蕾长到花生米大小时,及时用锋利的小刀疏去畸形菇和过密菇蕾,一般每袋留 2～3 个健壮菇蕾(见图 12-1)。

13. 采收包装

子实体生长至七八分成熟时即可采收。杏鲍菇削根后一般采用 2.5 kg 的大包装,通过自动化机械包装,以延长保鲜时间。包装后入 2～4 ℃冷库贮存备售。

14. 病虫害防治

病虫害防治主要是细菌、绿霉、木霉及菇蝇的防治。通常低温时病虫害不易发生,加强通风和进行温度调控可预防。如发现细菌、绿霉、木霉感染,要及时把菌袋取出后室外深埋;对菇蝇可利用电光灯、粘虫板进行诱杀,并结合用斑潜灵 2000 倍至 2500 倍液喷雾。

图 12-1　杏鲍菇工厂化生产

(三) 双孢蘑菇工厂化生产

双孢蘑菇工厂化生产经过 60 年的发展,已发展成为专业化分工,机械化、自动化作业和智能化控制的高度发达的蘑菇工业。培养料由专业化堆肥公司生产,覆土由专业化覆土公司提供,菇场从堆肥公司和覆土公司购买培养料和覆土栽培出菇。

1. 品种类型

目前栽培的双孢蘑菇品种按菇体大小可分为大粒型、中粒型和小粒型;按子实体发生温度可分为高温型、中温型和低温型,按子实体颜色可分为白色、棕色和奶油色三种。白色双孢蘑菇因颇受市场欢迎,在世界各地广泛栽培;棕色双孢蘑菇因其抗逆性强、产量高、不易褐变等优点,栽培面积正在迅速扩大;奶油色双孢蘑菇仅在少数国家有局限性种植。我国常见的栽培品种有 As2796、As3303、浙农 1 号、176、156 等。

2. 培养料生产系统

蘑菇培养料由大规模集中堆制发酵公司生产,每周生产 1000 吨以上。以小麦草和禽粪为主要原料,一般经过一次发酵和二次发酵。近年来,一次发酵已从室外翻堆发酵法转向更利于质量控制的室内通气发酵法,培养料二次发酵在集中发酵隧道内进行,经二次发酵的培养料销售给各地的菇场播种出菇。最近几年,英国、荷兰等国家采用三次发酵,即在隧道内进行集中播种发菌,经集中发菌培养,长满菌丝的培养料压块后销售给菇场,大大缩短了栽培周期。

国内工厂化培养料的配方与堆制发酵如下所述。

(1) 配方比例:一般每 100 m² 菇床需用新鲜干麦秸 1250～1500 kg、干牛粪 400～600 kg、过磷酸钙 50 kg、尿素 15 kg、石膏粉和生石灰粉各 25 kg。

(2) 堆制发酵:堆制时间一般掌握在 8 月上旬为宜,分为前发酵和后发酵,需 25～30 天。

① 预堆:先将麦秸用清水充分浸湿后捞出,堆成一个宽 2～2.5 m、高 1.3～1.5 m、长度不限的大堆,预堆 2～3 天。同时将牛粪加入适量的水调湿后碾碎堆起备用。

② 建堆:先在料场上铺一层厚 15～20 cm、宽 1.8～2 m、长度不限的麦秸,然后撒上一层 3～4 cm 厚的牛粪,再按上述的准备量按比例撒入磷肥和尿素,逐层堆高到 1.3～1.5 m。但从第二层开始要适量加水,而且每层麦秸铺上后均要踏实。

③ 翻堆:翻堆一般应进行 4 次。在建堆后 6～7 天进行第一次翻堆,同时加入石膏粉和石灰粉。此后隔 5～6 天、4～5 天、3～4 天各翻堆一次。每次翻堆应注意上下、里外对调位置,堆起后要加盖草帘或塑料膜,防止料堆直接受日晒、雨淋。

④ 进棚后发酵:在棚内菇床上将前发酵的培养料均匀地铺到菇床上,通入热蒸汽,密闭大棚或关闭菇房门窗,使棚内或菇房内温度达 58～62 ℃,维持 4～6 小时,相当于巴氏消毒进一步杀死杂菌、害虫及虫卵,然后打开门窗通风换气降温。

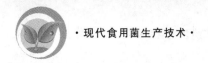

（3）发酵标准：堆制全过程大约需 25 天。发酵应达到如下标准：培养料的水分控制在 65%～70%（手紧握麦秸有水滴浸出而不下落），外观呈深咖啡色，无粪臭和氨气味，麦秸平扁柔软易折断，草粪混合均匀，松散，细碎，无结块。

3. 播种

当料温降到 28 ℃以下时即可播种，每平方米用 500 mL 自制菌种一瓶。将菌种均匀地撒在料面上，轻轻压实打平，使菌种沉入料内 2 cm 左右为宜。

4. 播后覆土

播种后 3 天内适当关闭门窗，保持空气湿度在 80%左右，以促使菌种萌发。注意棚内温度不能超过 30 ℃，否则应在夜间适当通风降温。播种后 15 天左右，当菌丝基本长满料层时进行覆土。覆土方法：选择吸水性好，具有团粒结构、孔隙多、湿不黏、干不散的土壤为佳，每 100 m² 菇床约需 2.5 m³ 的土，土内拌入占总量 1.5%～2%的石灰粉，然后用 5%的甲醛水溶液将土湿透。待土壤手抓不黏、抓起成团、落地就散时进行覆盖，覆土厚度为 2.5～3.5 cm。

5. 覆土后的管理

覆土后调节水分，使土层含水量保持在 20%左右。覆土后的空间湿度应保持在 80%～90%，温度在 13～20 ℃（最佳温度为 15～18 ℃）。应视土层干湿状况适时喷水，严格控制温度、湿度是双孢蘑菇优质高产的关键。

6. 栽培出菇系统

在欧洲和澳大利亚，机械化操作的床栽系统已代替了劳动密集型塑料袋栽和箱栽系统。如爱尔兰，10 年前普遍应用袋栽系统，现在大多已被采用机械化进料和覆土的床栽系统所代替。

栽培菇房普遍采用电脑控制系统调控温度、湿度和二氧化碳浓度等环境条件，能很好地控制蘑菇产量和质量。

7. 双孢蘑菇空调出菇房栽培床架设计要点

双孢蘑菇空调出菇房内大多采用层架式栽培，出菇床架一般采用热镀锌型钢或铝合金型材。每间出菇房内安装两排或四排出菇架，出菇架每层间距 600 mm，一般不超过 6 层。每层床面的宽度一般在 1200～1500 mm。料层厚度为 180～230 mm，出菇床架要有一定承重能力，每平方米栽培面积的培养料重量一般在 80～120 kg。菇床架的侧面要便于采菇和通风。

8. 双孢蘑菇空调出菇房的空气调节系统设计要点

空调出菇房的空气调节系统是一年四季内保证鲜菇产量和质量的重要设施，关系到出菇房是否能实现四季出菇，稳产高产。双孢蘑菇空调出菇房的空气调节系统包括温度调节系统、湿度调节系统、二氧化碳浓度调节系统及净化控制系统。温度调节、湿度调节、二氧化碳浓度调节是既相互独立又相互制约的三因素。菇房的空调系统要在保证净化控制的前提下，能够有效调节菇房内的温度、湿度、二氧化碳浓度，满足栽培双孢蘑菇的工艺控制要求。设计双孢蘑菇出菇房的空调系统时，主要是根据出菇房的大小、保温情况和栽培面积来确定空调系统的制冷量、制热量和通风能力。其中，栽培面积和单位产量是确定出菇房空调系统负荷的重要参数。一般要求出菇房的温度在 15～28 ℃范围内可调；相对湿度在 70%～98%范围内可调；二氧化碳浓度在 0.08%～0.5%范围内可调，培养菌丝阶段一般不用主动控制二氧化碳浓度。

9. 采收

当蘑菇长到直径 2～4 cm 时应及时采收或按商品要求采收，若采收过晚会使品质变劣，并且抑制下批小菇的生长。采摘时,用手指捏住菇盖,轻轻转动采下,用小刀切去带泥根部,注意切口要平整。采收后在空穴处及时补上土填平,并喷施 1％葡萄糖、0.5％磷酸二氢钾等营养液,以促进小菇生长,提高产量和品质。

双孢蘑菇鲜食最佳,不宜久放,工厂化规模种植时,可做成罐头,出口创汇。大规模工厂化生产双孢蘑菇时,必须考虑深加工问题,否则,产品积压变质,就会造成损失。

(四) 秀珍菇工厂化生产

秀珍菇得名于其秀气而珍贵,其子实体单生或丛生,朵小形美,菇盖直径小于 3 cm,菇柄长小于 6 cm。秀珍菇质地脆嫩、清甜爽口、味道鲜美,富含蛋白质、真菌多糖等保健成分。

目前,秀珍菇在有些地方已经成为食用菌主栽品种之一,栽培前景与效益良好。通过冷库低温处理,秀珍菇可进行周年栽培。

1. 品种选择

目前主栽品种大多是源于我国台湾的秀珍菇系列品种,如秀 57、杭农 1 号、864 菌株、农秀1 号及秀珍菇 1、2、3、4、5 号等。其栽培特性与产品品质均有一定的差异,栽培者应根据市场需要,选用适宜的品种。一般要选可适宜冷库处理出菇、单生菇多、转潮快及品质好的品种。目前发现,有的品种在引进多年后出现退化,表现为出菇期推迟,低温处理后出菇不齐,甚至不出菇。因此,引种后一定要进行小规模试种,否则极易造成产品不适销,甚至不出菇等问题。

2. 栽培季节

工厂化栽培时,有完善的设施条件,如菇房有温控条件,栽培场所有冷库等设施,则可周年生产,可以不受季节限制。一般利用自然气候,秀珍菇制包以安排在 2—3 月或 9—10 月为佳,这两个产季,温度较易控制,湿度又不高,制包成功率较高,2—3 月制包时要注意保温,9—10月制包时要注意降温;同时,这两个产季制包,出菇期可遇上秀珍菇栽培适宜的季节。由于秀珍菇是以采收小菇为主,因此,每潮菇子实体生长阶段很短,营养消耗相对较少,而潮次数较多,整个栽培周期拉得较长,可达 6～10 个月。大面积栽培时,一年中制包有 1～2 个产季即可,否则出菇期应避开夏季高温。不然持续高温,气温高于 28 ℃,极易造成不出菇。

3. 培养料配方

培养基一般保持一定的碳氮比(20～30)：1,可以防菌丝徒长,提早出菇,且适宜的培养基可使后期菌包不易萎缩,也不易形成侧生菇。培养基中加入适当的棉籽壳为佳。以下配方可供参考:

(1) 杂木屑 77％、麸皮 20％、石膏粉 1％、碳酸钙 1％、糖 1％;

(2) 棉籽壳 78％、麸皮 20％、石灰粉 1％、糖 1％;

(3) 棉籽壳 39％、木屑 39％、麸皮 20％、糖 1％、石灰粉 1％。

4. 培养管理

秀珍菇培养管理主要是温度处理、水分及湿度控制、通风换气、光照刺激等。

菌袋生理成熟后,搬进菇棚上架排袋或平地墙式重叠。然后拔塞或解绳,敞开袋口让氧气透进袋内。同时采取白天罩膜,午夜揭膜,人为创造 8～12 ℃的温差刺激。有冷库设施的单位,可将菌袋搬进 2～4 ℃的冷库中进行刺激(10～12 小时),然后搬进菇棚叠袋出菇。出菇阶段菇房应给予 300～500 lx 光照,促进原基分化子实体形成。长菇期温度最好控制在 18～22℃。若冬季气温低于 15 ℃则菇蕾难以形成,应加温催蕾,同时做好菇房通风换气,空间相对湿度控制在 85％～95％。防止过湿缺氧,引起杂菌滋生而烂菇。

5. 采收

要即时采收,不留菇柄,即时搔清出菇面;出菇面不能积水,否则易发生霉菌感染。

6. 采后养菌管理

风晾10~15天,让菌丝营养再积累,活力恢复,同时,养菌期间还要适当喷水,以防表面菌丝过干,影响活力。然后再浸水→吸水→低温处理(6~9℃或温差在10~15℃,24小时以上)→控水→进菇房出菇管理→再采收。

(五)蟹味菇(真姬菇)工厂化生产

蟹味菇(真姬菇)栽培有瓶栽和袋栽两种方式。瓶栽方式进行工厂化生产,其基本工艺模式是:配料→装瓶→灭菌→自动化接种→发菌培养→后熟培养→搔菌→催蕾→育菇→采收。

1. 培养料配方

(1)木屑55%、棉籽壳29%、麸皮10%、玉米粉5%、石膏粉1%。

(2)棉籽壳83%、麸皮或玉米粉8%、黄豆粉4%、石灰粉2%、过磷酸钙3%。

(3)棉籽壳80%、玉米芯14%、麸皮5%、石膏粉1%。

以上三种配方可任选一种。

2. 拌料装瓶或菌袋

按配方称量原料,加水拌料。采用拌料机将原料混合均匀,将培养料的含水量调到60%~65%,采用装瓶机或装袋机将培养料装瓶或菌袋,密封瓶口或菌袋口,清理瓶或菌袋表面。

3. 灭菌接种

将料瓶或菌袋装筐或装车,再装入灭菌锅内,进行常压或高压蒸汽灭菌,冷却至室温后按无菌操作规程接种。

4. 发菌管理

接种后将菌袋搬入发菌室内培养。瓶栽采用6行6层式长垛排列,袋栽采用井字形多层式排列。切忌大垛堆积,以免高温烧菌。发菌温度控制在20~23℃,空气相对湿度调至60%~70%,培养室二氧化碳浓度控制在0.4%以下,在黑暗或弱光下发菌。蟹味菇(真姬菇)的菌丝长满料后不会马上扭结成原基,必须在自然条件下越季保存,待贮足营养物质,达到生理成熟后,在适宜温度下才能出菇。菌丝达到生理成熟的标志是颜色由纯白色转为土黄色。

5. 出菇管理

菌袋(瓶)进棚前,先在棚内地上每隔50 cm筑一条22 cm宽、10 cm高的土埂,并向空间喷雾,把空气相对湿度提高到90%~95%,再将菌袋两头在地上轻揉一下,使袋膜与料面分离,再解开袋口,用带锯齿的小铁片搔去料面的厚菌苔,将菌袋分层卧置于土埂上,随即将两头袋口薄膜轻轻拉直自然张口,以使料面处于一个湿润的小气候环境之中,菌袋叠放5~8层高为宜。如果是栽培瓶可上架直立出菇(见图12-2),或将瓶底相对,瓶口朝外双行排放,搔菌后仍要加盖,以保护料面。催蕾期间,保持室温在13~16℃,光照强度500~1000 lx,保持空气新鲜、湿润,二氧化碳浓度0.5%以下,空气

图12-2 蟹味菇(真姬菇)工厂化生产出菇

相对湿度 90％～95％。当针头状菇蕾分化出菇盖时,室温保持在 12～14 ℃,空气相对湿度调至 85％～90％,光照强度 250～500 lx。在这种稍低温、不过湿、光线适宜的条件下培育出的菇肉质脆嫩,菇盖肉厚,菇色好,菇柄粗,质量好,产量高。

6. 采菇

我国栽培的蟹味菇产品主要是小包装鲜销,大规模工厂化生产的以盐渍品出口,对产品的要求是色泽正常,盖径在 1～3.5 cm,3.5 cm 以上的不超过 10％。所以不能待子实体完全成熟时采收,应在每丛中最大一株菇盖直径达 4 cm 左右时整丛采下,这样大部分菇体经加工后符合出口要求。

(六) 白灵菇工厂化生产

1. 栽培品种

白灵菇按菇形分为手掌形、马蹄形,而市场上受欢迎的是手掌形;按出菇温度分为低温型、中温型和高温型,生产上主要是低温型、中温型品种。目前国际市场对菇形的要求为手掌形,菌柄短,可选用天山 2 号、k2 或 k4。国内市场可销售漏斗形、长菌柄的,选用天山 1 号或 k5。其他优良品种有白灵菇 10 号、白灵菇 12 号、白玉 1 号、新优 3 号等。

2. 工艺流程

目前我国工厂化栽培白灵菇已达到较高机械化、自动化程度,已形成高产配套的工艺流程:拌料→装瓶或袋→灭菌→接种→培养→搔菌催蕾→育菇剔菇→出菇→装瓶或袋。

3. 配料装瓶装袋和灭菌

配方:杂木屑 39％、玉米芯 39％、米糠或麸皮 20％、贝壳粉 2％。pH 自然,含水量 62％～65％。木屑先喷水堆积,玉米芯粉碎为直径为 0.3～0.5 cm 的颗粒。机械搅拌装瓶或袋。

装瓶的同时沿瓶中轴打一孔,以利于透气。装瓶时要稍紧一些。然后盖好带有海绵可过滤空气的瓶盖。将瓶或袋装入塑料筐,每筐装 16 瓶或 12 袋,然后装载在灭菌车架上,推入灭菌锅内灭菌,高压 121 ℃灭菌 1.5 小时。

4. 接种与培养

待灭菌锅气压降到零,温度下降到 80 ℃以下,打开灭菌锅,开动空气过滤机,推出灭菌架车进行冷却。待冷却到 30 ℃以下后,将车架推入接种室内,进行表面消毒,在无菌条件下机械接入固体菌种。接种前将菌种瓶上部 3～5 cm 的老化部分除去。接种后推入接种室,24～26 ℃黑暗条件下培养,自动控制温度、湿度。培养过程中要检查 2～3 次,及时拣出感染瓶和未萌发瓶或袋。

5. 后熟培养

据试验,白灵菇菌丝长满后,进行后熟培养 30 天,有利于提高产量和质量。

6. 搔菌与催蕾

菌丝发满瓶后再继续培养 10～30 天,使其达到生理成熟并积累足够的营养,为出菇打下物质基础。此后除去瓶口 1～1.5 cm 厚老化菌丝(即搔菌)。此过程由机械一次性完成,包括开瓶盖、搔菌、冲洗。搔菌的作用是促使出菇齐、快。

当前生产上瓶栽的一般进行搔菌,搔菌厚度为 10 mm。袋栽的一般不进行搔菌。

搔菌后推入出菇室。在摆排的同时用另一个空筐扣在瓶上,然后翻转使瓶口朝下,以利于菌丝的恢复生长,并将湿度调至 90％～95％,温度调为 16～17 ℃,保持空气新鲜。待菌丝恢复生长后,将湿度下调到 80％～85％,使其形成湿度差。增加光照强度至 500～800 lx。这

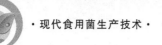

样7～10天即可形成菇蕾。待菇蕾形成后再用一只空盘筐扣在瓶底上并翻转,即使瓶口朝上。将湿度保持在90%～95%,温度为16～17℃,培养子实体。

7. 育菇与剔菇

子实体培养期间要注意通风换气,如果空气不新鲜,二氧化碳浓度过高(超过0.1%),可造成子实体生长不良,甚至畸形。湿度由调湿设备完成,但不可向子实体直接喷水。

育菇室内保持气温15～18℃,空气相对湿度85%～90%,光照强度50～500 lx,注意通风换气。当菇蕾长到花生米大小时,及时用锋利的小刀疏去畸形菇和过密菇蕾,一般每袋留1～2个健壮菇蕾。

图12-3 白灵菇工厂化栽培出菇

8. 采收

采收时期根据客户要求,一般在菌盖平展、弹射孢子前采收。采收应采大留小,分次采收,用锋利小刀收割,不影响小菇。当菇盖基本展开,子实体洁白无黄色时即可采收(见图12-3),采收后修整菇脚,分类包装出售。一般从出菇到采收需10～15天,工厂化栽培只采收一潮,采收结束后及时挖瓶,以备下轮装瓶栽培。挖瓶由机械进行。

9. 注意事项

(1)工厂化栽培配方与搔菌要求:工厂化栽培为了保证质量,只收一潮菇,二潮菇多不符合质量要求。这样在配料上就注重营养物质在一潮菇就基本用完,因此配方很有讲究。如果用料营养物质含量高,不易吸收利用,释放缓慢,势必一潮后用不完,造成损失,成本提高。如果用料营养物质过少则产量低,效益不好。韩国配方一潮菇转化率可达50%左右,配方较合理。

工厂化栽培应尽可能地缩短出菇时间,提高设备利用率,因为工厂化是周年栽培出菇,夏季生产时要降温保证出菇期对温度的要求,如果出菇期长,成本加大,影响效益。

采取搔菌可使同批出菇同步进行,这样不仅出菇快,而且出菇齐,菇蕾形成的数量适中,减少了疏蕾用工,提高了管理效率。韩国采用瓶栽,与塑料袋栽培比较,因瓶较贵,所以一次性投资较大。但从工厂化栽培看,瓶不仅可重复使用,且装料不用套颈圈,很适合机械作业,很省工,另外,瓶的坐立性好,便于机械接种搔菌和摆放管理。挖瓶清除废料也很快。

(2)工厂化生产预防杂菌:工厂化生产只收一潮菇,病虫害相对较少。但在湿度大、温度变化大时,子实体易受假单孢杆菌的侵害,会造成毁灭性的损失,应特别注意加强通风,调节至合适的温度、湿度,保持菇房内良好的环境条件。

(七)猴头菇工厂化生产

1. 品种类型

生产上栽培用猴头菇品种较多,通常选择菌丝洁白、粗壮,子实体出菇早、球心大、组织紧密、颜色洁白的品种。目前栽培的主要品种有C9、H11、H5.28、H401、H801、Hsm。出菇快、产量较高的优良菌株主要有C9、H5.28。

工厂化生产可分为瓶栽与袋栽,用瓶子栽培猴头菇是目前比较普遍应用的一种方法,管理方便,成功率高,质量也好。

猴头菇的栽培间要求结构严实、通风透光、靠近水源和保温保湿性能好。工厂化规模生产最好建立专用栽培房,室内还应有能开关的高、低窗口,以便消毒和通风换气,并装有纱窗,阻隔害虫进入。可安装调温调湿装置和通风换气设备,以创造良好的生活环境,有利于猴头菇的正常生长发育,为高产、稳产、优质打下基础。

栽培架的设置,既有利于充分利用空间,又能保证良好的通风换气和便于操作管理。其排列应与房屋方位垂直,如南北向栽培房,其栽培架应排成东西向,行间朝窗口,避免外面的风直接吹向栽培架。通常采用双行排列或多行排列,每架 5 层,层距 60 cm,架间留走道 60～70 cm。

2. 培养料的配制

常用的配方有以下几种。

(1) 木屑培养料:杂木屑 78％、米糠或麦皮 20％、蔗糖 1％、石膏粉 1％,水适量。

(2) 甘蔗渣培养料:甘蔗渣 78％、米糠或麦皮 20％、黄豆粉 1％、石膏粉 1％,水适量。

(3) 棉籽壳培养料:棉籽壳 78％、米糠或麦皮 20％、蔗糖 1％、石膏粉 1％,水适量。

(4) 酒糟培养料:鲜酒糟 78％、麦皮 10％、米糠 9％、石膏粉 1％、蔗糖 1％、硫酸铵 0.7％、磷酸二氢钾 0.2％、硫酸镁 0.1％,水适量。

(5) 板栗苞壳粉培养料:板栗苞壳粉 50％、玉米芯屑 30％～35％、米糠或麦皮 10％～15％、蔗糖 1％、石膏粉 1％,水适量。

3. 拌料灭菌

按上述各配方的比例称取各原料并混合,加水拌匀。调 pH 至 5.5～6,含水量为 65％～70％。然后装袋或瓶,料装松紧适宜,洗净瓶壁瓶口,封瓶口或袋口,装框、装车,再装入灭菌锅灭菌。

4. 接种

灭菌后待料温降到 28 ℃以下时,将料瓶或袋搬入无菌室或接种箱中,经密闭消毒后,按无菌操作接入菌种,封瓶口或袋口,运入培养室进行发菌。

5. 培养管理

(1) 菌丝培养:接种后立即 25～28 ℃下培养,管理上主要调节好适宜的温度,保持环境干燥和通风,发现杂菌感染及时处理,约经一个月菌丝长满全瓶,再移进栽培室。

(2) 降温催蕾:菌丝长满后及时搬进栽培室,开始竖放在栽培架上,温度控制在 15～20 ℃以内,以低温刺激菌蕾形成。若遇室温过高,可采用空间喷水或早上、夜间开窗通风降温。

(3) 子实体阶段管理:降温催蕾培养一周后,子实体开始形成,应及时拔去棉塞,并将菌瓶或菌袋一排排卧放在栽培架上。温度控制在 22 ℃以下,最高不超过 24 ℃,空气相对湿度保持 85％～95％,如遇气候干燥,可向空间或地面喷水,以增加湿度,促进子实体迅速长大。但不得直接喷水到子实体上,以免子实体吸水过多而霉烂。同时要注意栽培室的良好通风换气。凡子实体呈球状,不分散,刺短,生长迅速正常,说明通气良好。如果子实体生长缓慢或长成珊瑚状,则是通气不良、二氧化碳积累过多造成的,应及时进行通风换气,不然就会影响到猴头菇的产量和质量。

6. 采收

猴头菇采收的最佳时期是子实体七八分成熟,当猴头菇刺长约 0.5 cm,即将产生孢子时采收。采收猴头菇后,清理菌袋菇根和老菌皮,扎紧袋口,继续培养 10 天左右即形成第二批菇。一般管理好可采收 2～3 批菇,生物学转化率达 80％～100％。

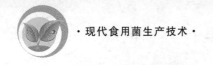

（八）鸡腿菇工厂化生产

1. 品种类型

鸡腿菇品种主要分为单生和丛生两大类,单生品种个体肥大,总产量略低。丛生品种个体较小,总产量较高。市场鲜销一般采用丛生品种。目前我国栽培的常见优良品种有 CC-100、CC-168、CC-974、特白 33 等。

2. 栽培模式

目前对鸡腿菇栽培主要采用生料、熟料或发酵料栽培。应根据当地环境条件和栽培技术,采用最有利的栽培方式。下面主要介绍熟料栽培方法。

3. 培养料配制

鸡腿菇为草腐菌,生产用的主料为作物秸秆、畜禽粪,秸秆要在收割之后,烈日晒干,妥善保管,防止雨淋,栽培前将作物秸秆切成段(长 3～5 cm),畜禽粪要干、粉碎。辅料为麸皮、石膏粉、复合肥、玉米粉等。原料要求新鲜无霉变、洁净、干燥、无异味、无虫蛀、无杂质,总之栽培基质应符合 NY 5099—2002 栽培基质安全技术要求。

（1）培养料配方:

① 小麦秸(或玉米芯)60%、牛粪 25%、玉米粉 3%、麸皮 10%、过磷酸钙 1%、石灰 1%;

② 棉籽壳 60%、玉米芯 30%、麸皮 8%、过磷酸钙 1%、石灰 1%;

③ 棉籽壳 67%、稻草(已粉碎)18%、麸皮 10%、玉米粉 3%、过磷酸钙 1%、石灰 1%。

（2）培养料堆积发酵。

① 培养料预处理:场地方面,选择在周围干净无污染的水泥地面上建堆最好。100 kg 作物秸秆或下脚料加 200 kg 1.5%～3%石灰悬浊液预湿。同时将畜禽粪喷入一定量的水,第 2 天将玉米粉、畜禽粪撒在原料上,将其拌匀。

② 建堆:料堆底部宽 150～170 cm,高 90～100 cm,长度不限,在料堆的中上部用直径为 5～60 m 的圆棒从上到下打 5 排通气道,通气道的距离为 25～30 cm。堆建好后盖草苫或塑料编织袋,起到防日晒、保水分、增温的作用。

③ 翻堆:发酵期间共翻堆 3～4 次,当上部料温达到 60 ℃并维持 12 小时,开始翻堆。把下面的料翻到上面,四边的料翻到中间,中间的翻到外面,将料尽量抖松。麸皮、过磷酸钙等在第 2 次翻堆时加入。

④ 发酵料标准发酵后,培养料呈深棕色,无酸臭味;质地疏松柔软,手握能成团,轻轻抖动就可散开;pH 为 6～7;含水量为 50%～60%,标准为手握培养料,指缝间有水滴渗出,但不滴下。

4. 厂房菇房消毒

菇房内设 4～7 层床架。先将菇房打扫干净,墙壁涂刷石灰水。

5. 装料、灭菌与接种

发酵完成后,摊开料堆晾一晾,用 pH 试纸测量培养料并用稀石灰溶液调 pH 至 8.5,再添加一些辅料,用水调至含水量为 60%～65%,不允许加入任何农药。装袋要均匀,松紧适中,每袋装干料 900 g 左右,装完袋后及时灭菌,灭菌后的基质要求达到无菌状态。灭菌后待冷却至 28 ℃以下时,严格按照无菌操作要求接种。

6. 发菌管理

发菌管理是栽培成败的关键。接种后,将菌包移入发菌室内,发菌期以 23～25 ℃、闭光的环境为最佳,要勤翻堆、勤检查,发菌后期菌包排列要稀疏一些,菌丝发满袋后刺小孔 15～20

个,以利于通气,让菌丝旺盛生长,菌丝长满袋后进行后熟培养10～20天,即可上床覆土出菇。

7. 覆土

覆土材料要求富含腐殖质,一般选择泥炭土、草炭土或塘泥,先用2‰石灰拌匀进行消毒,湿度以20％～40％为宜,即捏紧成团、触之能散的湿润状态。菌丝满袋后在出菇房内将菌包脱袋并打碎,再进行压块,压块后盖上黑膜,等菌丝生长旺盛(8～10天)后进行覆土,土厚3～4 cm,覆土后20 ℃管理,以利于菌丝扭结。

8. 出菇管理

覆土后约经15天开始出菇,出菇期间在管理上应注意以下几个方面。

(1) 水分管理:子实体开始形成阶段,应该少量多次喷水(防止喷水量过大,土壤板结,不利出菇),通过加湿器向空中喷雾来加大空气相对湿度,子实体逐渐长大后,可往培养料喷水,避免向子实体直接喷水。空气相对湿度始终保持在85％～90％,若湿度过大或向子实体直接喷水,会导致菇体腐烂或变黄,产量和品质下降;若湿度过小,则易出现鳞片,开伞早,影响产量品质。

(2) 温度管理:温度维持在18～22 ℃效果好,22 ℃以上时菌柄生长快,易开伞,低于18 ℃应保温少通风,9 ℃以下时菇体易发黄。另外,鸡腿菇子实体形成需要一定的温差刺激,白天温度25 ℃以上,晚上15 ℃以下,覆土后15天就会陆续出菇。

(3) 光照:菇体分化、子实体发育都需要一定的散射光,光线过强会引起菇体变黄、影响品质。适宜的光照强度为70～800 lx。

(4) 合理通风:子实体开始形成阶段应适当通风换气,让空气中积累一定的二氧化碳,可保证菇体洁白、光滑、个头大、柄粗大、不易开伞、不早衰。子实体生长期间每天需通风2～3次,每次30～40分钟,通风时要兼顾温度、湿度两个因素。如低温季节中午通风,高温季节早晚通风,阴雨天通风时间长一些,要避免强风直接吹入菇床影响菇体生长。喷雾加湿后一定要加强通风。

9. 采收

鸡腿菇子实体成熟的速度快,必须在菇蕾期采摘,即菌环刚刚松动、钟形菌盖上出现反卷毛状鳞片时采收。若菌环松动或脱落后采收,子实体在加工过程中会氧化褐变,菌褶甚至会自溶出黑褐色的孢子液而完全失去商品价值。采收一潮菇后,清理干净菇床,用细土将菇坑填平,然后将料面调水至发亮为止。转潮管理使菌丝恢复生长累积营养,促使再次出菇,一般能出3～4潮菇。

10. 病虫害防治

鸡腿菇工厂化栽培的病虫害防治应以防为主。菌丝生长阶段要严防根霉、毛霉等杂菌感染,因此要严把材料关、接种关、卫生关;子实体生长发育阶段要严防菇蝇、菇蚊、螨虫等害虫为害,可将门、通风孔安装纱网,以防害虫侵入。

(九) 茶薪菇工厂化生产

1. 品种类型

目前茶薪菇菌株很多,早期在江西省广昌一带推广的茶薪菇菌株有江西赣州地区菌种保存中心选育的As78、As982等。近几年福建省推广的茶薪菇菌株有三明市真菌研究所选育的茶薪菇1号、茶薪菇3号、茶薪菇5号等菌株。

2. 培养料配方

茶薪菇无虫漆酶活性,利用木质素能力弱,但蛋白酶活性强,利用蛋白质能力强,最适碳氮

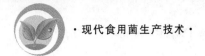

比为 60∶1,栽培料中增加有机氮(如麸皮、米糠、玉米粉、饼肥等)有利于提高产量。因此,各地可根据原料情况,以效益为准则选择配方,参考配方如下:

(1) 棉籽壳 76%、麸皮 15%、玉米粉 5%、糖 1%、过磷酸钙 1%、碳酸钙 1%、石膏粉 1%;

(2) 杂木屑 58%、棉籽壳 20%、麸皮 15%、黄豆粉 5%、糖 1%、石膏粉 1%;

(3) 杂木屑 68%、麸皮 15%、茶子饼粉 15%、糖 1%、石膏粉 1%。

3. 菌袋制作

首先加水拌料,料水比以 1∶1.2 左右为宜。原料要新鲜、无霉变、无虫害,拌料要均匀一致,特别是棉籽壳不能有干粒,否则不能彻底灭菌。然后,选用规格为(15～17)cm×35 cm×0.05 cm 的低压聚乙烯塑料袋,每袋装料干重 350 g 左右,湿重 720～750 g,装料松紧适度,高度 14～15 cm,稍整平表面,及时用编织线扎紧(也可套上颈圈并塞好棉塞),防止水分蒸发散失,然后进行灭菌。茶薪菇抗杂菌能力较弱,灭菌要彻底。制作过程要严防菌袋刺、磨穿孔,以防杂菌感染。

4. 菌袋接种

待料温降至 30 ℃以下即可接种。接种箱或接种室应消毒完全,接种量为每瓶接 30～40 袋,接种后要避光培养。茶薪菇菌丝恢复吃料慢,且易发生杂菌虫害,因此接种后注意培养室清洁、干燥和通风换气,防止高、低温的影响,促进菌丝均匀生长。同时要进行经常性检查,如发现杂菌感染的菌袋,要及时搬出处理,防止扩散蔓延。一般接种后 30～40 天菌丝即可长满菌袋。

5. 出菇管理

在正常情况下,茶薪菇接种后 50 天左右即可出菇。要在夏季出菇的,将菌袋搬入厂房荫棚;要在冬季出菇的,将菌袋搬入泡沫厂房。出菇前要进行催蕾管理,催蕾时菌袋可直立上架排放,也可墙式堆叠排放。然后将棉花塞拔掉或剪去扎口线,拉直袋口排袋催蕾,每平方米排放 80 袋左右。让菌丝由营养生长转入生殖生长。料面颜色也随之转化,初时有黄水,继而变褐色,出现小菇蕾。此期间要加大空气相对湿度,使之保持在 95%～98%,早晚应喷水保湿。光照强度控制在 500～800 lx,温度控制在 18～24 ℃,这样开袋后 10～15 天子实体大量发生。出菇后,必须适当降低空气相对湿度和减少通风,此时栽培空间相对湿度降到 90%～95%,并减少通风次数和时间,以防氧气过多导致早开伞、菌柄短、肉薄。如果菇蕾太密,还可进行疏蕾,每袋 6～8 朵,使朵数适中、长势整齐、朵型好、菇柄粗,提高品质和产量。夏季出菇的要做好降温措施(如棚顶喷水或畦沟排放冷水),在低温季节出菇的可以在泡沫房内加热升温。

6. 采收

从菇蕾到采收一般 5～7 天。当菌盖呈半球形,菌环尚未脱离柄时就要采收。采收第 1 潮菇后,可淋 1 次重水,进行搔菌,扒去料面上发黑的部分,菌袋料面需清理干净,停止喷水 3～5 天,15 天后再将空气湿度提高到 90%以上,促使生长第 2 潮菇,以后按以上管理方法再出第 3 潮菇。采摘 4～5 潮菇后,如袋内基质干枯,可往袋子内补充水分,一次补水 0.1～0.2 kg,1～2 天后要将袋内多余的水倒掉,增加湿度,还可继续长菇。一般每袋可出鲜菇 0.35 kg 以上,生物学效率可高达 100%～120%。采收后的子实体剪去根部及附着的杂质即可上市鲜销,也可烘干,分级包装销售。

7. 病虫害防治

茶薪菇在菌袋制作和栽培管理过程,常常会遭受到杂菌感染和病虫侵入,因此,在栽培过程中,必须加强病虫害的防治。茶薪菇栽培过程中常见的杂菌有绿霉、红色链孢霉、根霉等,其防治措施与香菇栽培一样。常见的虫害是菇蚊、菇蝇的幼虫,由于幼虫体小,肉眼很难看到,它们在培养料内直接取食菌丝体及培养料的养分,造成菌丝退化、菇蕾萎缩的现象,重者绝收,其防治措施有如下几项。①搞好卫生,清除虫源:菇房内外的虫菇、烂菇及菇头、菇根和废弃的培养料、垃圾等要及时清理销毁,铲除害虫的滋生地,防止成虫前来产卵或幼虫羽化成虫飞入菇房产卵孵化,消除虫源,减少虫害。②灯光诱杀:菇蚊、菇蝇的成虫具有趋光性,可用黑光灯或高压静电灭虫灯诱杀。③药剂防治:用5‰锐劲特1500倍液(15 kg水加5‰锐劲特10 mL)直接向菌袋喷雾,锐劲特农药对菇蚊、蚊蝇具有触杀、胃毒及内吸传导作用,幼虫为害严重的,3天后再喷1次。

(十) 滑菇工厂化生产

1. 品种类型

(1) 品种选择:滑菇根据出菇温度的不同分极早生种(出菇适温为7~20 ℃)、早生种(5~15 ℃)、中生种(7~12 ℃)、晚生种(5~10 ℃)。生产者要根据当地气候、栽培方式和目的来选用优良品种。现在主产区的主栽品种主要有早丰112、c1、c2、c3等。

近几年生产使用的品种主要有丹东市林业科学研究所选育的丹滑8号(中早生种)、丹滑9号(中早生种),另有引进品种奥羽2号、奥羽3号(中生种),CTE(早生种),森14(早生种)。

(2) 菌种选择:选用菌种时要求不退化,不混杂,从外观看菌丝洁白、绒毛状,生长致密、均匀、健壮。要求菌龄在50~60天,不老化,不萎缩,无积水现象;选用菌种时应各品种搭配使用,不可使用单一品种,防止出菇过于集中影响产品销售。

滑菇属低温变温结实型菌类,我国北方一般采取春种秋出,半熟料栽培,最好选择气温在8 ℃以下的早春季节,最佳播种期为2月中旬至3月中旬。南方地区适宜的出菇期为11月下旬至次年3月中旬。工厂化种植可以不受季节限制进行周年生产。

现代标准化生产一般采用百叶窗式出菇厂棚,棚高3.5 m,棚内培养架可用木杆、竹竿分层搭设,一般架高1.7~1.8 m,宽0.6 m,底层距地面0.2 m,层架间距0.3~0.4 m,以设七层为宜,中间留0.8 m宽走道。也可用水泥当立柱,拉四条8号铁线为横杆。

2. 常用培养料配方

(1) 木屑77%、麦麸(或米糠)20%、石膏2%、过磷酸钙1%,pH为6.0~6.5,含水量为60%~65%。

(2) 目前推广的配方:木屑84%、麦麸或米糠12%、玉米粉2.5%、石膏1%、石灰0.5%,pH为6.0~6.5,含水量为60%~65%。

(3) 木屑50%、玉米芯粉35%、麦麸14%、石膏1%。

(4) 木屑54%、豆秸粉30%、麦麸15%、石膏1%。

3. 拌料

将培养料按比例称好,搅拌均匀,加水量可根据原料的干湿,使含水量达60%~65%,闷堆30分钟。

4. 装袋或装盘及灭菌

拌好料即可装袋(17 cm×33 cm×0.04~0.05 cm,聚丙烯),每袋装湿料750~800 g,边装边压实,把袋撑起,用2 cm粗的木锥在料面中央向下扎一个接种孔,套上直径为2.5~3 cm的颈圈,靠颈圈上口将袋子口反折下,在颈圈口塞上棉塞。用活动模板框做成料盘,装箱。

（1）盘的规格为 55～60 cm×35 cm×9 cm。

（2）将消毒过(0.1％高锰酸钾溶液)的塑料膜铺在盘或箱内(事先用 0.2％硫酸铜溶液喷洒)。

（3）趁热将料装入盘中,厚 7～8 cm,整平,稍加压实。

高压灭菌 1.5 小时或常压灭菌 8～10 小时。常压灭菌时将加水拌料后的混合物放入蒸锅内进行蒸料。整个蒸料过程应按"见气撒料"的要求进行,撒料完毕,封严锅口后待锅口缝隙冒出大量热气时,持续蒸料2 小时,整个蒸料过程要做到火旺气足,经过蒸料过程培养基的含水率会增加到 62％～63％,这是滑菇栽培的适宜含水率,蒸料完毕,闷锅 50～60 分钟后趁热出锅并包盘,盘的规格为 55～60.35 cm,培养基在盘内压实的厚度为 3.5～4.0 cm,质量为 4.5～5.0 kg。

5. 接种

（1）接种室消毒及准备工作:首先应做好接种室的消毒,每立方米用5～8 g 消毒剂重点消毒,操作者应按操作要求做好接种前的准备工作,用 5％来苏儿喷洒培养盘和一切搬运、接种工具。关闭门窗,防止空气流通。

（2）接种方法:当料温降至 25 ℃左右时,即可按无菌操作要求接种。生产实践证明,接种量适当加大些,菌丝生长迅速,可以防止杂菌早期发生。

6. 发菌管理

（1）菌丝萌发定植期管理:北方滑菇接种一般安排在 2 月中旬至 3 月中旬完成,此时日平均温度在－6～＋5 ℃,未达到菌丝生长所需的最低温度 5 ℃以上,这时需人为升温,如在室外码盘发菌的,夜间应用玉米秸或稻草将菌垛周围围起,促进菌丝定植,并每隔三四天测料温一次。菌块温度高于 12 ℃时,应将菌盘单盘上架摆放。

（2）菌丝扩展封面期管理:定植的菌丝体逐渐变白,并向四周延伸。随着温度提高,菌丝生长加快并向料内生长,但随着温度的升高,杂菌也会蔓延,造成感染,这个阶段应以预防感染为中心,棚内温度控制在 8～12 ℃为宜,要求 5～7 天倒垛一次,加大通风量。

（3）菌丝长满期管理:进入四月中旬,气温升高,菌丝已长满,此时菌丝呼吸加强,需氧量加大,释放热量,需要控温在 18 ℃左右,另外加大通风量。

（4）越夏管理:七八月份高温季节来临,滑菇一般已形成一层黄褐色蜡质层,菌块富有弹性,对不良环境抵抗能力增强,但如温度超过 30 ℃,菌块内菌丝会由于高温及氧气供应不足而死亡。因此,此阶段应加强遮光度,昼夜通风,棚顶上除打开天窗或拔气筒外,更应安装双层遮阳网或喷水降温设施。并且在所有通风口处安装防虫网,防止成虫飞入或幼虫危害,必要时可喷洒低毒无残留的生物农药,如喷洒 20％的溴氰菊酯或氯氰菊酯等。

7. 出菇期管理

8 月中旬气温稳定在 18 ℃左右,滑菇已达到生理成熟,可进行出菇管理。

（1）划菌:菌块的菌膜太厚,不利于出菇,需用竹刀或铁钉在菌块表面划线,纵横划成宽 2 cm 左右的格子。划透菌膜,深浅要适度,一般 1 cm 深即可,划线过深则菌块易断裂。然后平放或立放在架上,喷水,调节室温到 15 ℃左右,促使子实体形成。

（2）温度管理:滑菇属低温型种类,在 10～15 ℃下子实体生长较适宜,高于 20 ℃时子实体形成慢、菇盖小、柄细、肉薄、易开伞。子实体对低温抵抗力强,在 5 ℃左右也能生长,但不旺盛。变温条件下子实体生长极好,产菇多、菇体大、肉质厚、质量好、健壮无杂菌。9 月以后深秋季节,自然温差大,应充分利用自然温差,加强管理,促进多产菇。夜间气温低,出菇室温度不低于 10 ℃。中午气温高,应注意通风,使出菇室温度不高于 20 ℃。

（3）湿度管理:水分是滑菇高产的重要条件之一,为保证滑菇子实体生长发育对水分的需要,应适当地喷水,增加菌块水分(70%左右)和空气湿度(90%左右),每天至少喷水 2 次,施水量应根据室内湿度高低和子实体生长情况决定。空气湿度要保持在 85%～95%,天气干燥,风流过大,可适当增加喷水次数。子实体发生越多,菇体生长越旺盛,代谢能力越大,越需加大施水量。

喷水时的注意事项:菌盘喷水时要用喷雾器细喷、勤喷,使水缓慢通过表面划线渗入菌块,不许喷急水、大水。喷水时,喷雾器的头要高些,防止水冲击菇体。

冬季出菇室采用升温设备,不能在升温前喷水,应在室温上升 2 小时后喷水。

（4）通风的管理:出菇期菌丝体呼吸量增强,需氧量明显增加,因此,需保持室内空气清新。通风时,注意温度、湿度变化,出菇期如自然温度较高,室内通风不好,会造成不出菇或畸形菇增多,此外,温度较高的季节出菇时必须日夜开启通风口和排气孔,使空气对流,保证有足够的氧气供菇体需要。

（5）光照的管理:滑菇子实体生长时需要散射光,菌块不能摆得太密,室内不能太暗,如没有足够的散射光,则菇体色浅,柄细长。

8. 采收

滑菇应掌握在六分成熟、菌盖边缘卷曲时采收,开伞后采收会造成滑菇商品质量下降。采收时用手指捏住菌柄基部,轻轻旋起,使菇体脱离培养基。每采完一潮菇后,及时清除表面残根和老菌皮,停止浇水 3～5 天,让菌丝恢复生长后进入下一潮菇的管理。

思 考 题

1. 试述食用菌工厂化栽培的意义。
2. 工厂化栽培管理与庭院式栽培有什么不同?
3. 工厂化栽培管理与品种特性有关系吗?
4. 怎样根据不同品种的条件需求实现工厂化栽培,并获得高产?
5. 反季节栽培与正常季节栽培有什么不同? 怎样根据不同品种进行调控?
6. 只有工厂化栽培才能实现周年生产吗?
7. 怎样根据不同品种合理安排周年生产?
8. 工厂化栽培怎样进行温度、湿度、通风、光照的控制?
9. 病虫害防治在工厂化栽培管理中怎样进行?
10. 工厂化栽培筹建投资的重点在哪些环节?
11. 怎样实现无公害工厂化栽培?
12. 请你设计一个品种的工厂化栽培,并做出优化预算、效益分析。

学习情境十三

食用菌病虫害无公害防治技术

项目一 认知食用菌病虫害的症状及发生规律

一、认知食用菌病害的症状及发生规律

食用菌病害是指在食用菌生产过程中,由于遭遇极不适应的环境条件或遭受其他生物侵染,食用菌的生长发育受到显著影响,产量或品质降低。

食用菌病害分为病原病害和非病原病害两大类。

病原病害是指食用菌由于受到其他有害微生物寄生而引起的病害,也叫侵染性病害。病原病害具有传染性,也就是说病害的发生是由少到多,由点到面,由发病轻到发病重,具有明显扩张蔓延的特性,也叫作传染性病害,引起食用菌病害的生物称为病源物或杂菌,病源物主要有细菌、放线菌、真菌、病毒。

非病原病害是指由于不适宜的环境条件或不恰当的栽培措施引起,如培养料含水量、pH、空气相对湿度、光线、二氧化碳、农药及生长调节物质等环境因素引起的,这类病不会传染。

(一)菌丝体阶段病原病害的症状及发生规律

食用菌在菌丝体阶段极易发生病害,并有一定的感官症状。

(1)形:在菌丝体阶段,正常生长或旺盛生长的菌丝萌发快、生长快,菌丝生长均匀延伸整齐,多数品种的菌丝粗壮、呈羽毛状或束状。

菌丝体阶段出现病害在形态方面的症状主要表现为菌丝不萌发或萌发后生长慢甚至停止生长,大多是菌丝稀疏、萎缩、老化、退化甚至死亡。固体菌种的菌瓶或菌袋中菌丝干缩、脱壁,有些有黏液或膜状物;液体菌种的菌瓶内有黏液或气泡。

(2)色:食用菌的菌丝体多数是浓白色的(除银耳有香灰菌丝易呈黑灰色,香菇菌丝后期转色以外),感染杂菌的菌丝体可呈不同的颜色,如黑、黄、红、绿、灰等颜色。

(3)味:在菌丝体阶段,正常生长或旺盛生长的菌丝体呈清淡菇香味。发生病害后多数呈腐败酸味、酸臭味。

食用菌制种期、袋料栽培发菌期的病源主要有木霉、链孢霉、青霉、毛霉、曲霉、根霉、链格孢霉、酵母菌、细菌、放线菌等。

1. 木霉的形态特征及发生规律

(1) 形态特征：分生孢子多为球形，孢壁具明显的小疣状突起，菌落外观呈深绿色或蓝绿色。

(2) 发生规律：多年栽培的老菇房、带菌的工具和场所是主要的初侵染源，已发病时所产生的分生孢子可以多次重复侵染，在高温高湿条件下，重复侵染更为频繁。发病率的高低与环境条件关系较大，木霉孢子在温度为 15～30 ℃时萌发率最高，空气相对湿度为 95％的条件下，萌发最快。

2. 链孢霉的形态特征及发生规律

(1) 形态特征：菌丝体疏松，分生孢子卵圆形，红色或橙红色。在培养料表面形成橙红色或粉红色的霉层，特别是棉塞受潮或塑料袋有破洞时，橙红色的霉呈团状或球状长在棉塞外面或塑料袋外，稍受震动，便散发到空气中到处传播。

(2) 发生规律：靠气流传播，传播力极强，是食用菌生产中易感染的杂菌之一。

3. 青霉的形态特征及发生规律

(1) 形态特征：菌丝初期白色，逐渐转变为绿色或蓝色。菌落灰绿色、黄绿色或青绿色，有些分泌有水滴。

(2) 发生规律：通过气流、昆虫及人工喷水等传播。

4. 毛霉的形态特征及发生规律

(1) 形态特征：菌丝白色透明，孢子囊初期无色，后为灰褐色。毛霉广泛存在于土壤、空气、粪便及堆肥上，孢子靠气流或水滴等媒介传播。

(2) 发生规律：毛霉在潮湿的条件下生长迅速，在菌种生产中如果棉花塞受潮，接种后培养室的湿度过高，很容易发生毛霉。

5. 曲霉的形态特征及发生规律

(1) 形态特征：曲霉又分黄曲霉菌、黑曲霉菌、烟曲霉菌。黑曲霉菌落呈黑色，黄曲霉呈黄色至黄绿色，烟曲霉呈蓝绿色至烟绿色。曲霉不仅感染菌种和培养料，而且影响人的健康。

(2) 发生规律：曲霉分布广泛，存在于土壤、空气及各种腐败的有机物上，分生孢子靠气流传播。曲霉菌主要利用淀粉，培养料含淀粉或糖类过多的，容易发生；湿度大、通风不良的情况下也容易发生。

6. 根霉的形态特征及发生规律

(1) 形态特征：初形成时为灰白色或黄白色，成熟后变成黑色。根霉菌落初期为白色，老熟后呈灰褐色或黑色。匍匐菌丝弧形，无色，向四周蔓延。孢子囊刚出现时黄白色，成熟后变成黑色。

(2) 发生规律：根霉经常生活在陈面包或霉烂的谷物、块根和水果上，也存在于粪便、土壤；孢子靠气流传播；喜中温（30 ℃生长最好）、高湿偏酸的条件。培养物中糖类过多时易生长此类杂菌。

7. 链格孢霉的形态特征及发生规律

(1) 形态特征：链格孢霉又称黑霉菌。在基物上生长的菌落，呈黑色或墨绿色的绒状或带粉状。菌丝呈灰色至黑色，生长迅速，扩散快，使受其感染的食用菌无法生长而报废。

(2) 发生规律：链格孢霉大量存在于土壤、空气和作为培养料的各种有机质上。在灭菌不彻底、无菌操作不严格及培养料含水量偏高、温度高的条件下，容易发生。

8. 酵母菌的形态特征及发生规律

（1）形态特征：菌落光滑、湿润，似糨糊状或胶质状，不同种颜色不同，感染后引起培养料发酵变质，散发出酒酸气味，菌丝不能生长。

（2）发生规律：在气温较高、通气条件差、含水量高的培养基上发生率较高。

9. 细菌的形态特征及发生规律

（1）形态特征：菌落形态特征与酵母菌相似，多为白色、无色或黄色，黏液状，感染时常包围食用菌母种接种点，使食用菌菌丝不能扩展。感染后的基质常常散发出一种污秽的恶臭气味，呈现黏湿、色深的特点。

（2）发生规律：灭菌不彻底、无菌操作不严格、环境不清洁是造成细菌感染的主要原因。

10. 放线菌的形态特征及发生规律

（1）形态特征：菌落表面多为紧密的绒状，坚实多皱，生长孢子后呈白色粉末状。该菌侵染基质后，不造成大批感染，只在个别基质上出现白色或近白色的粉状斑点，长出的白色菌丝也很容易与食用菌菌丝相混淆。其区别是感染部位有时会出现溶菌现象，具有独特的农药味或土腥味。

（2）发生规律：菌种及菌筒培养基堆温高时易发生危害。

（二）子实体阶段病原病害的症状及发生规律

子实体阶段发生病害在形、色、味方面都有症状，常见子实体病害症状有变色、斑点、凹陷、软腐、萎缩、畸形等。常见病原病害如下。

（1）细菌性斑点病：金针菇、平菇、双孢蘑菇易发生此病，对生产影响最大。子实体发病后，轻者斑点多，生长不好，质量下降；重者整个子实体变黑腐烂，失去食用菌价值，严重影响鲜菇产量和质量。

① 症状：病斑褐色，发生在菌盖和菌柄上。菌盖上的病斑圆形或椭圆形，也有不规则形，病斑外圈色深，呈深褐色。潮湿时，中央灰白色，有乳白的黏液。气候干燥时，中央部分稍凹陷。菌柄上的病斑呈菱形和长椭圆形，褐色有轮斑。条件适宜时，会迅速扩展，严重时，菌柄和菌盖变成黑褐色，最后腐烂。

② 病原：为假单孢杆菌属，在 PDA 平板上，23～24 ℃，24 小时可形成菌落，48 小时左右可长满平板。在肉汁培养基上菌落呈念珠状生长，单个菌落呈乳白色，近圆形，表面光滑稍隆起，边缘较整齐，大小不一，大的直径 0.3～0.5 cm，小的呈一小点，较透明，不会使肉汁培养基变色，病原菌短杆状，有极生鞭毛，革兰染色阴性。

③ 发生规律：该病害发病是由于品种抗病性差，或栽培多年抗病性下降，气候不适，遇高温、高湿（温度 20 ℃以上，相对湿度高于 95%，二氧化碳浓度高出 0.1%），就会大面积发病。

（2）基腐病：又称软腐病，对双孢蘑菇、金针菇、白灵菇等品种危害较重。该病在子实体发育过程中，菌柄基部中间变黑褐色，逐渐向表皮扩展到整丛株，发展到黑色腐烂，菌柄基部变软，产生倒伏、腐烂。子实体倒伏，停止生长，轻者影响产量和质量，发病严重的绝收。

① 症状：菌盖形成不规则的褐色病斑，然后菌柄基部变软，产生倒伏、腐烂。

② 病原：瓶梗青霉，在马铃薯蔗糖培养基上，菌丝呈白色，粉状，培养基呈红褐色，菌落呈粉红色，孢子梗从气生菌丝上长出，呈对称分叉，分生孢子椭圆形、单细胞、无色。

③ 发生规律：多发生于培养料含水过高，菇房湿度较大，喷雾水分不均匀造成积水，长时间覆盖薄膜，通风不良的室外大棚栽培发病较重。一般 10 ℃左右即可发生，立春后气温上升，

如果湿度大、通风不良,此病普遍发生,并随着气温的升高,发病加重。

(3)猝倒病:又称枯萎病,属于真菌性病害。

① 症状:主要症状是子实体被侵染后,菌柄髓部萎缩变成褐色,菇体变得矮小不再生长。此病发生早期,病菇和健康菇在外形上不易区分,只是菌盖变暗,菇体不再生长,最后变成僵菇。

② 病原:主要是由镰包霉和菜豆镰霉所引起。

③ 发生规律:多发生于培养料含水过高,菇房高温、高湿、通风不良的环境条件下。因为镰包霉可在土壤中长期存活,所以通过土壤传染是主要传染途径,另外通过空气和一些使用器具也可以传染。

(三)非病原病害及其防治

非病原病害又称生理性病害、非侵染性病害。在食用菌菌丝和子实体的生长发育过程中,不良的环境条件可使正常的生长发育受阻,产生各种异常现象,导致减产和品质下降。常见症状如下。

(1)菌丝徒长:有些食用菌,如双孢蘑菇、香菇、平菇、金针菇等常出现菌丝徒长现象,表现为菌丝持续生长,密集成团,结成菌块或组成白色菌皮,难以形成子实体。

主要原因:一是栽培管理不当,如出菇室高温、通风不良、二氧化碳浓度过高等,不利于子实体分化,引起菌丝徒长;二是培养料中含氮量偏高,菌丝进行大量营养生长,不能扭结出菇。

防治方法:培养料不应过熟、过湿,栽培过程中要加强管理,加强菇棚通风,降低二氧化碳浓度,适当降温、降湿,以抑制菌丝生长,促进子实体形成;选择适宜配方,并及时划破或挑去菌皮,多喷水并加大通风以促进原基形成。

(2)菌丝萎缩:菌丝、菇蕾甚至子实体停止生长,逐渐萎缩、变干,最后死亡的现象。

主要原因:一是培养料配制或堆积发酵不当,造成营养缺乏或营养不合理;二是培养料湿度过大,引起缺氧,或培养料湿度过小;三是高温烧菌引起菌丝萎缩;四是虫害,覆土和培养料都能带入害虫,当虫口密度大时,会造成严重危害,使菌丝萎缩死亡。

防治方法:选用长势旺盛的菌种;严格配制和发酵培养料,对覆土进行消毒;合理调节培养料含水量和空气相对湿度,加强通风换气;发菌过程中,尤其是生料栽培时,要严防堆内高温。

(3)子实体畸形:在双孢蘑菇、平菇、香菇、灵芝等的栽培过程中,常常出现子实体形状不规则,如柄长盖小,子实体歪斜,或原基分化不好,柄细长、早开伞,形成猴头菇无菌刺、菜花状,灵芝珊瑚状或鹿角状的畸形子实体。

主要原因:出菇室通风不良,二氧化碳浓度过高,光线不足,温度偏高,覆土颗粒太大,出菇部位低,机械损伤,病毒危害或农药中毒等均能导致子实体畸形。

防治方法:针对上述原因,创造最适宜子实体生长发育的环境条件。

(4)死菇:指在无病虫害情况下,子实体变黄、萎缩、停止生长,最后死亡的现象。

主要原因:出菇过密,营养不足;出菇室持续高温高湿,通风不良,氧气不足;覆土层缺水,幼菇无法生长;采菇或其他管理操作不慎,造成机械损伤;使用农药不当,产生药害等。

防治方法:根据上述原因,采取相应措施,如改善环境条件、正确使用农药等。

二、认知食用菌虫害的症状及发生规律

在食用菌生产过程中以及食用菌干品贮藏期间都会发生虫害,严重影响产量和子实体品质,有效防治各种害虫是保证食用菌栽培高产、优质的重要环节之一。危害食用菌的害虫主要

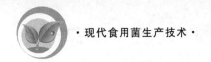

有眼菌蚊、菇蝇、线虫、螨类及软体动物等,应针对害虫发生原因,采取相应的防治措施。

(一)眼菌蚊及其防治

眼菌蚊又名菇蚊、菌蛆等,危害平菇、凤尾菇、双孢蘑菇、草菇、木耳、银耳、香菇、猴头菇等多种食用菌。

1. 形态特征

幼虫蛆状,乳白色,半透明,头部黑色发亮,成熟幼虫体长5~6 mm,幼虫期一般为11~14天,经4~5次蜕皮后化蛹;蛹初为白色,后渐成黑褐色,长2~2.5 mm;成虫为黑褐色小蚊,体长1.8~3.3 mm。

2. 生活习性

眼菌蚊生活史为卵→幼虫→蛹→成虫,成虫雌雄交配,繁殖第二代。该虫适宜生长温度为25~30 ℃,繁殖一代为17天左右,10 ℃以下活动能力下降,幼虫停食不活动。成虫活泼善飞,有趋光性。对蘑菇、平菇、金针菇有很强趋性。成虫活动性强,寿命一般为3~5天;在13~20 ℃下能正常生活和繁殖,菇房内一年可发生多代。每只雌成虫产卵250粒左右,卵产在培养料的表面、缝隙或子实体上,经3~5天即可孵化为幼虫。

3. 危害特点

成虫不直接危害子实体。幼虫蛀食培养料、菌丝体和子实体,造成菌丝萎缩,影响发菌,使菇蕾、幼菇枯萎死亡。幼虫在10 ℃以上开始取食活动,蛀食子实体的菌柄和菌盖,形成许多蛀孔,虫口密度大时,一个菌柄内可有两三百条幼虫,蛀食木耳后出现烂耳。

4. 防治方法

(1)搞好出菇室内外环境卫生:安装纱门、纱窗,防止成虫飞入;及时清除废料,以减少虫源;出菇室使用前要彻底消毒,或用硫黄(5 g/m³)多点烟熏,密闭2天后再用。

(2)培养料处理:培养料需要进行堆积发酵,二次发酵处理后效果更好,以彻底杀死其中的虫卵和幼虫。

(3)人工捕捉:初发时,可进行人工捕捉,集中杀灭。

(4)灯光诱杀:利用眼菌蚊成虫的趋光性和趋味性,在菇房安装黑光灯或白炽灯,灯下置一盆废菇液,盆内加入几滴松节油,引诱并杀死成虫。

(5)药剂防治:不同时期应采用不同的药剂进行防治。出菇前有菌蛆大量发生时,可用0.1%鱼藤精、2.5%溴氰菊酯药液浸过的报纸覆盖培养料进行熏蒸,24小时后揭去;出菇后有菌蛆危害时,用药一定要小心,可喷0.1%鱼藤精或除虫菊酯等低毒农药,此外还应加强通风,调节棚内温度、湿度来恶化害虫生存环境,达到防治目的;在采完一潮菇后,可用0.1%鱼藤精、2.5%溴氰菊酯或20%杀灭菊酯乳剂2000~3000倍液喷洒菇房四壁、棚顶、地面和床架杀虫。

(二)菇蝇及其防治

1. 形态特征

幼虫又称菌蛆、粪蝇,主要取食子实体造成隧道而影响品质,且造成的伤口还很易被病菌感染而腐烂。

2. 防治方法

防治菇蝇在不同时期应采用不同方法。出菇前有菌蛆大量发生时,可用硫黄按0.90 kg/100 m²的量进行熏蒸,同时在每个培养块上再喷0.15 kg的1%氯化钾或氯化钠溶液(可用5％盐水代替)；出菇后有菌蛆为害时,可喷鱼藤精、除虫菌酯、烟碱等低毒农药。烟碱可自制:取0.50 kg烟梗,加水5 kg煮沸后取溶液喷洒。此外,还应加强通风,调节棚内温度、湿度来恶化害虫生存环境,达到防治目的。

(三)食用菌螨类及其防治

1. 形态特征

螨类属于节肢动物门蛛形纲蜱螨目,是食用菌害虫的主要类群之一,统称菌螨,又叫菌虱、菌蜘蛛。螨类个体很小,成螨的体长仅有0.3～0.8 mm,繁殖力极强,一旦侵入,危害极大。菌种制作以及双孢蘑菇、草菇、香菇、平菇、金针菇、猴头菇、黑木耳、银耳等栽培过程中都可能发生螨类危害。

2. 生活习性

螨类个体很小,分散时难发现,需在放大镜或显微镜下观察。螨类喜温暖湿润的环境,在18～30 ℃的栽培场所,湿度大时最容易引起螨类危害。螨类主要通过培养料、菌种或蚊蝇类害虫的传播进入菇房。危害食用菌的螨类很多,其中以蒲螨类和粉螨类的危害最为普遍和严重。

3. 危害特点

螨类可以直接取食菌丝,造成接种后不发菌或发菌后出现"退菌"现象;在子实体生长阶段,菌螨可造成菇蕾死亡,子实体萎缩或成为畸形菇、破残菇,严重时,子实体上上下下全被菌螨覆盖,污损严重,影响产品品质和加工质量;危害干制的菇、耳。它们还会携带病菌,传播病害。

4. 防治方法

(1)环境卫生:培养室及出菇室的环境要卫生,要远离培养料仓库、饲料间和鸡棚等,以杜绝菌螨通过培养料侵入的机会。

培养料发酵处理时,堆温要升高到58～60 ℃,至少维持5小时,提倡进行后发酵处理,可较彻底地杀灭螨类。

(2)菌种检查:要严格检查菌种,避免菌种带螨。可用放大镜检查瓶口周围,如发现菌螨,菌种切不可使用,需用高温杀灭后废弃;其余尚未发现菌螨的菌种,需在播前1～2天用药液熏蒸杀死潜在的菌螨。

(3)发菌期药剂防治:发菌期间,如发现菌丝有萎缩现象,需用放大镜仔细检查,发现菌螨后要及时喷药杀灭,喷药宜在室温较高、菌螨集中在料面时进行。可用克螨特全面喷洒料面、床架、墙壁及地面,密闭熏蒸18小时;如仍有菌螨,需在菇床及其周围再喷一次药,但每次用药量不宜过大,一般不超过450 g/m²,至多喷3次,以免引起药害。双孢蘑菇菇床上一旦发生菌螨,需在覆土前彻底杀灭。

(4)诱杀法防治:菌螨危害较轻时,可利用糖醋液或肉骨头诱杀。螨类对肉香特别敏感,可在菇床上分散放置一些新鲜肉骨头,待菌螨聚集到骨头上后,将骨头投入开水中烫死菌螨,骨头捞起后可继续使用。蘑菇覆土层有菌螨危害时,可用糖醋药液诱杀,即用醋3份、白糖2份、白酒0.5份、农药0.5份、水4份配制而成,混匀后,将纱布在药液内浸透,然后覆盖在覆土层上,待菌螨聚集到纱布上后,放进沸水中杀死;纱布拧干后,再继续使用,逐渐将菌螨全部杀灭。

(5)出菇期防治:子实体生长期不可喷药,危害较轻时,可用诱杀法防治,或在一潮菇采收

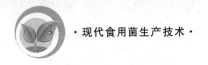

后处理;如菌螨危害严重,可停止出菇管理,用药密闭熏蒸菇房。

(四)食用菌线虫及其防治

线虫属于无脊椎动物门线虫纲,主要危害双孢蘑菇、草菇、木耳、银耳、香菇、平菇等食用菌,严重影响其产量。危害食用菌的线虫种类很多,多数是腐生性线虫,少数半寄生,只有极少数是寄生性的病原线虫,包括噬菌丝茎线虫、堆肥滑刃线虫、小杆线虫。幼虫侵害菌丝体和子实体,开始时菌盖变黑,以后整个子实体全变黑、腐烂并有霉臭味。

1. 形态特征

线虫是一种体形细长(长约 1 mm,粗 0.03～0.09 mm)、两端稍尖的线状小蠕虫,肉眼看不到。虫体多为乳白色,成熟时体壁可呈棕色或褐色。

2. 线虫防治方法

(1)搞好出菇室卫生,并控制好环境条件:消灭各种媒介害虫,防止线虫传播;出菇期间要加强通风,防止菇房闷热、潮湿。

(2)培养料处理:要注意培养料堆制场地的环境卫生,并提高培养料的堆温;培养料还需后发酵处理,以彻底杀死其中的线虫及虫卵;控制好培养料的含水量,防止培养料过湿。用于平菇栽培的生料,可用2％石灰水浸泡24小时杀灭线虫。段木栽培木耳时,可用1％的石灰水(上清液)或5％的盐水喷洒耳木,每隔10天喷一次,或在地面上撒施石灰。覆土材料处理时,最好进行巴氏消毒,也可在使用前一周用药物熏蒸。

(3)使用洁净水源:拌料和管理用水要使用自来水或洁净的井水、河水,防止被线虫污染的水喷到菇床和段木上。

(4)药剂防治:如发现菇床局部受线虫侵害,应先将病区周围划沟,与未发病部分隔离;然后病区停水,使其干燥,也可用1％的醋酸或25％的米醋喷洒。

(五)软体动物及其防治

1. 形态特征

危害食用菌的软体动物主要是蛞蝓,俗称鼻涕虫,属软体动物门蛞蝓科。常见的有野蛞蝓、双线嗜黏液蛞蝓及黄蛞蝓三种。它们身体裸露,无外壳。

2. 生活习性

蛞蝓畏光怕热,白天躲在砖、石块下面及土缝中,黄昏后陆续出来取食为害,天亮前又躲起来。各种食用菌均会受害,以平菇、草菇、双孢蘑菇、香菇、木耳及银耳受害较重。

3. 防治方法

(1)搞好菇房内外的卫生:清除蛞蝓白天躲藏的栖息地;菇房地面或周围撒一层石灰。

(2)菇床保护:在菇床周围撒一圈0.5～1.0 cm厚的石灰粉,以阻止蛞蝓爬入。

(3)人工捕捉:晚上9—10点是蛞蝓集中活动的时间,可进行人工捕捉;可用5％的盐水或5％的碱水滴杀。

(4)毒饵诱杀:可用多聚乙醛300 g、砂糖300 g、敌百虫50 g、豆饼粉400 g,加适量的水拌成颗粒状毒饵,施放在蛞蝓潜伏及活动的场所进行诱杀。

(六)其他害虫

烟灰虫具有灵活的尾部,弹跳自如,体具蜡质,不怕水,常分布在菇床表面或潮湿的阴暗处咬食子实体。伪步行虫、蛀板虫、造桥虫等可用鱼藤精 $500\sim800$ 倍液喷雾，白蚁是南方一大害虫，主要危害茯苓等菌类。挖巢灭蚁是避免或减少白蚁危害的有效方法。另外，还可用臭椿树枝法，即在菇棚周围挖一小沟，把新鲜臭椿树枝均匀地放在沟内，用土盖上，对白蚁有很强的驱避作用。

随着生活水平的提高，人们对食品质量的要求也越来越严格，人们不仅要吃饱、吃好，更要吃出健康。农药残留一直是消费者最关注的食品安全问题之一，再加上食用菌生长速度快，从原基形成到子实体成熟，一般为几天至十几天，所以采用化学防治时一定要慎重。

项目二 食用菌病虫害发生的原因

一、菌种不纯

菌种带杂菌，表现为接种后菌种块上或其周围感染杂菌。此类感染往往成批出现且感染的杂菌种类比较一致。

二、培养基、栽培料灭菌不彻底

1. 料瓶（袋）制作不当

如原材料受潮发霉、培养料含水量过大、装料太满或料袋扎口不紧等。

2. 培养基质灭菌不彻底

表现为瓶壁和袋壁上出现不规则的杂菌群落。往往是由于灭菌时间或压力不够；灭菌时装量过多或摆放不合理；高压灭菌时冷空气没有排净等。

三、接种操作不严格

接种操作时污染，此类污染常分散发生在菌种培养基表面，主要是由于接种场所消毒不彻底，或接种时无菌操作不严格。

四、环境卫生条件差

排水不利、通风不良、水源污浊、与禽舍畜舍等污染源为邻的场所作菌种厂和栽培场地。

五、培养条件管理不协调

（1）培养过程：灭菌时棉塞等封口材料受潮，或培养室环境不卫生、高温高湿等均可导致封口材料受潮而发生感染。

（2）出菇期感染：出菇室环境不卫生，或高温高湿、通风不良，尤其是采完一潮菇后，料面不清理，很容易发生杂菌感染或生理性病害。

（3）破口感染：灭菌操作或运输过程中不小心，使容器破裂或出现微孔；由于鼠害等使菌袋破损而造成感染。

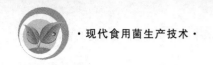

项目三　食用菌病虫害无公害防治技术

农产品现在分为有机、绿色和无公害三个级别,生产有机食品绝对不能使用化学农药,绿色和无公害食品的农药残留要符合各自的要求。目前国内外对农药残留检测标准逐步提高,也就是说,以前合格的产品,现在可能不合格了,所以生产者应尽量不使用或少使用农药。在食用菌病虫害无公害防治中要遵循预防为主,综合防治的原则。

一、合理选场建厂和设计

选择地势较高、通风良好、水源清洁、远离禽畜舍等污染源的场所作菌种厂和栽培场地。搞好培养室和出菇室的环境卫生,改善食用菌生长发育的环境条件。培养室和出菇室用前要严格消毒,培养过程中要加强通风换气,严防高温高湿。

二、严把菌种质量关

栽培用的菌种,不论是瓶装还是袋装菌种,总的要求是高产、优质,菌种生活能力旺盛,纯正无杂,不带病毒、病菌及害虫,具有较强的抗逆性及抗病虫害能力。菌种生产者不出售、栽培者不引进带菌、带毒、带虫的菌种。菌种生产中要及时进行菌种复壮,淘汰老化、退化及劣质菌种,以保证优良菌种的生长活力。

严格检查菌种质量,适当加大接种量。选用无病虫害、生活力强、抗逆性强的优良菌种。定期检查,发现感染及时处理,感染的菌种要立即销毁。对感染轻的栽培袋可用浓石灰水冲洗抑制杂菌,或用75%的乙醇注射感染处,均可控制病菌蔓延;然后,将处理的栽培袋置低温处隔离培养。如杂菌发生严重,可将感染料灭菌后掺入新料中重新利用,也可将其深埋或烧毁,切忌到处乱扔或未经处理就脱袋摊晒。

三、做好栽培管理工作

把好配料加水关。选择新鲜、干燥、无霉变的培养料,生料栽培时,为了抑制杂菌,可加入1%～2%的石灰来提高培养料的碱性;为了降低杂菌基数,用前暴晒2～3天;含水量要适宜,料要拌匀;当天配料要当天分装灭菌,并擦净容器上黏附的培养料;如用发酵料,培养料要充分发酵。

把好消毒灭菌关。培养基质灭菌要彻底,保证灭菌的压力和时间;装量不能太满,容器之间要有孔隙;高压灭菌时排放冷空气要完全。

把好无菌接种关。接种场所消毒要彻底,接种时严格无菌操作。灭完菌的料瓶(袋)应直接进入洁净的冷却室或接种室;接种动作要迅速准确,防止杂菌感染。

把好培养管理关。调节适宜的生长条件,改善调控环境因子,使之生长健壮。

把好及时采收关。按商品优质菇体耳体的要求及时采收,使之处于最佳状态。

四、病虫害综合防治措施

(一) 首选农业(农艺) 防治

(1) 搞好环境卫生,是食用菌病虫害综合防治的重要环节。良好的卫生环境可有效地减少病虫害的发生与蔓延,提高防治效果。搞好菇场的卫生,菇房、场地等与食用菌生产有关的场所应尽量远离垃圾场、厕所、畜禽养殖场。

(2) 搞好栽培期的卫生,在出料后、晒料前、堆料中、进料前后等阶段,菇房、场地及其周围应用石灰水或 800 倍的多菌灵消除杂菌和害虫。在发菌期内,在地面上撒上干石灰粉。食用菌生产中要定期消毒灭菌,食用菌栽培使用的工具都应及时洗净消毒。最后,在出料以后,废弃的培养料应运至远离菇房的地方,并对环境及所有器具进行彻底消毒。

(3) 按食用菌生产的工艺流程,严格控制各个环节。应根据不同的食用菌对其生长发育条件的要求,尽可能对温度、湿度、光线、酸碱度、营养、通气条件等进行科学的管理,使整个环境条件适合食用菌的生长而不利于病虫杂菌的繁殖生长。

(二) 优选物理防治

物理防治是利用昆虫的趋光、趋味、趋某种颜色的特性诱杀害虫。

(1) 灯光诱杀害虫:利用某些害虫的趋光性,在菇房内设置黑光灯诱杀。

(2) 用阻隔法防止害虫的危害:安装纱门、纱窗,在菇房四周的门窗上装网眼较小的尼龙纱网或铁纱网,阻止害虫飞入房内。

(3) 用某种颜色涂胶板诱杀害虫:蓟马对银灰色有喜向特性,在其发生严重的菇(耳)场,设置黄色纸板、银灰色木板涂布粘胶或药液诱杀,可收到较好的效果。

(三) 巧用生物防治

生物防治就是利用害虫致病菌防治食用菌害虫。农业上应用的微生物农药对食用菌上的某些害虫也有较好控制作用。如苏云金杆菌类的生物农药对食用菌的鳞翅目害虫(如星狄夜蛾等)有良好的杀伤作用。田间林间栽培食用菌可以利用蜘蛛、青蛙等防治菌瘿、菌蚜虫。

(四) 慎用化学防治

药物防治要慎重。栽培食用菌时一般不提倡用药剂防治病虫害,只有在迫不得已的情况下才使用药剂,所采用的药剂既要不影响食用菌正常生长发育,又不能含有残毒影响食用。必要时进行药物防治,要选用高效、低毒、低残留的药物。

总之,食用菌病虫害的防治必须贯彻"预防为主,药剂防治为辅"的综合防治的方针。选用抗病、虫品种,保持场地卫生,栽培技术得当(温度、湿度适宜),采用物理(高温、高压、紫外线)灭菌,化学药剂处理(各种杀菌剂和消毒剂的使用)。实行多种防治措施的协调运用,才能起到综合防治的效果。

思 考 题

1. 杂菌与食用菌的形态有什么不同? 怎样观察识别杂菌?

2. 食用菌的病害与虫害发生的条件、症状有什么不同?

3. 食用菌病虫害发生的原因有哪些?

4. 食用菌的病虫害防治的原则是什么?

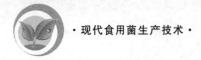

5. 怎样实现无公害病虫害防治？注意事项有哪些？

6. "预防为主"的含义是什么？有哪些环节可以预防控制？

7. 综合防治的主要措施有哪些？要注意什么？

8. 怎样处理生态（农艺）防治与化学防治的关系？

9. 无公害食用菌产品有哪些要求指标？

10. 怎样处理无公害栽培与药物防治的关系？

学习情境十四

食用菌无公害产品的加工技术

项目一　食用菌保鲜技术

食用菌的色、香、味及外观形态是其商品质量的外在指标。食用菌以其营养价值高、味道鲜美、热量低和具保健作用而被人们视为食品中的珍品,素有"山珍佳肴"之称。但是如果贮藏保鲜不善,极易造成外观形态损伤,营养价值和食用价值降低甚至腐烂变质,造成浪费和损失。所以重视食用菌贮藏保鲜,确保食用菌食用安全,对满足人民生活需求具有重要意义。

一、食用菌保鲜的原理

食用菌保鲜的原理是根据食用菌采后生理变化的特点,采用适当的物理、化学或综合方法,抑制后熟过程,降低代谢强度,防止微生物侵害,使其新鲜品质不发生明显的变化,减少失重,保持其营养和商品价值,以延长贮藏期或货架期。

新鲜食用菌含水量高,组织柔嫩,在采摘、运输、装卸和贮藏过程中极易造成损伤,引起腐烂变质。因此,研究食用菌的贮藏保鲜很有必要。采收后的食用菌子实体如贮藏不当,很快会发生老熟、褐变、开伞、失水、失重、萎缩、软化、液化、腐烂和产生异味等现象。在贮藏过程中,失重率越低,硬度降低越小,开伞率越低,液化出水程度越轻,异味越轻,腐烂越少,则保鲜效果越好。此外,颜色也是一项重要的品质指标,褐变程度越轻,保鲜效果越好(见图14-1)。

图14-1　保鲜的香菇

二、影响食用菌保鲜的因素

(一) 失水对耐贮性的影响

新鲜食用菌含水量通常高达 $85\% \sim 90\%$。由于菌体一般缺乏明显的表面保护构造,因而在贮藏中水分极易通过蒸腾和呼吸作用而损耗。食用菌失水速度取决于菇体形态结构、贮藏温度及空气相对湿度等。一般在干燥、高温、气流大、气压低的环境下失水快,开伞菇比未开伞的失水快。菌体失水的结果是菌体失重、失鲜,表现为外观收缩起皱、变形、质地变硬,进而影

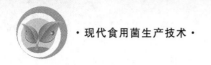

响组织结构、色泽和风味,使商品价值降低。随着水分蒸发的加剧而导致微生物的危害,造成菌体的腐烂变质,因而减弱了菌体的耐贮性。

(二)呼吸代谢对耐贮性的影响

食用菌采收后生理生化变化直接或间接与呼吸作用有关。菌体的呼吸代谢,一方面因消耗基质而失重、变味,放出呼吸热,使贮藏环境温度升高;另一方面为采后有机体提供能量和物质基础,使生命得以延续。食用菌呼吸代谢的最大特点是呼吸强度大,其呼吸强度可以是果蔬的数倍乃至数十倍。而呼吸强度与贮藏期限有着密切的关系,影响呼吸强度的因素很多。诸如:①随种类和品种特性而异,一般热带菇类呼吸强度较大;②与子实体的成熟度有关,通常在孢子成熟开伞前后要出现呼吸高峰,因此,必须在开伞前采摘贮藏保鲜;③温度是影响呼吸强度的最重要的环境因素,高温不仅增加菌体的呼吸量,而且增加无氧呼吸的比例,促进基质的损耗和菌体的劣化,另一方面,贮温过低易发生冷害,故食用菌一般较适宜的贮温为 5 ℃;④与果蔬一样,适当提高二氧化碳浓度,降低氧浓度,可抑制食用菌的呼吸作用,但氧浓度过低或二氧化碳浓度过高都会对食用菌产生生理危害;⑤菌体组织机械损伤会促进其呼吸作用,因此在采收和贮运过程中要轻拿轻放,注意保持菌体的完整性;⑥在食用菌成熟过程中要释放出乙烯气体,同时乙烯的积累会促使菌体成熟和衰老。采摘后,随着乙烯释放量的增加,菌幕破裂,菌褶由粉红色变为棕色时,乙烯释放量最大,菌体呼吸旺盛。因此控制乙烯的释放,可以延缓衰老,从而达到保鲜的目的。

(三)贮藏期间的褐变和自然氧化

食用菌贮藏过程中易发生褐变,这不仅影响菌体的外观,而且影响其风味和营养价值。褐变依起因有酶促褐变和非酶促褐变(自动氧化)。

(1)酶促褐变:在食用菌中多酚氧化酶极易与酪氨酸和蛋白质发生作用,使之被氧化生成黑色素,导致食用菌褐变。许多新鲜的食用菌,如蘑菇、金针菇、香菇、草菇等,其子实体中多酚氧化酶活性较高,加之菇体富含酪氨酸和含酪氨酸的蛋白质,在有氧条件下极易引起褐变。为抑制酶促褐变,可通过降低贮藏环境中氧的浓度或降低多酚氧化酶活性来控制酶促褐变的发生。由于多酚氧化酶作用的最适条件是 15 ℃,pH 4.5～7.0,所以调节环境温度到 45 ℃以上,pH 降到 2 以下或上升到 11 以上时多酚氧化酶即失活,从而抑制了酶促褐变。另外,用氧化剂、焦亚硫酸钠等化学药物处理及调节贮藏环境气体组分,也能抑制多酚氧化酶的活性,减缓酶促褐变。

(2)自动氧化:新鲜食用菌在贮藏期间,菇体内的糖类和脂肪类物质等会自动氧化。糖类氧化后,出现变色(常为褐色或棕色),产生异味。脂类氧化,除产生异味和变色外,还会产生有毒物质。

(四)微生物侵染

食用菌常因微生物病菌侵染而引起菌体软化腐败,产生异味,甚至产生有毒物质。如蘑菇常见病害有褐腐病、褐斑病、锈斑病等,平菇常受到毒霉、木霉菌及细菌等侵染。此外,菇蝇、菌螨等害虫也严重地影响菇的质量,食用菌即使在低温下,仍会受到低温菌的感染。干燥环境可降低菌体的含水量,减少微生物活动造成的腐败。但环境干燥、湿度低不仅使菌体失重、萎蔫,品质下降,而且易发生脂肪氧化,所以贮藏环境应保持适宜低温和较高的相对湿度。

三、食用菌贮藏的基本原则

(一) 及时、合理采收以提高保鲜性能

食用菌质量的好坏将直接影响其贮藏与保鲜。采收的食用菌应是:菌体完整,色泽鲜亮,无病虫害,无杂质异物,无畸形破损,菌盖光滑,菌体无斑点锈渍,菌表无机械损伤,菌柄无空心,具有食用菌特殊香味。其采收过程应遵循三条原则:①按商品菇要求采收;②先采密后采疏;③凡不符合上述标准的菌都应及时剔除或修整。

(二) 加强防腐工作,严防微生物侵染

食用菌腐烂的主要原因是微生物侵染、生理性病害及采收后运输中的机械损伤。所以在采收前后均应加强对微生物的防治,否则在采收前微生物侵入食用菌,在采收后由于环境改变,食用菌抵抗力减弱,致使微生物活动泛滥。在采收时动作要轻柔,以减少机械损伤,做好贮运场所和用具的清洁消毒。应用防腐剂降低微生物的侵染力。

(三) 减少营养物质损耗,保持食用菌固有的品质和风味

食用菌采收后,仍有生命活动,呼吸作用强烈,不断消耗菌体内的营养物质,其颜色、重量、品质、香味都会发生变化。为此,在食用菌贮运过程中,必须采取措施,有效地抑制其呼吸作用和酶活动,保持食用菌优良品质,减少物质消耗。

(四) 提高食用菌耐贮性

食用菌质量好坏直接影响耐贮性,影响食用菌质量的因素有菌种、栽培技术、操作损伤和贮藏环境等。其中菌种和栽培技术是关系到食用菌耐贮性的内在因素。因此必须从菌种入手,选择耐贮质优的品种,采用先进的栽培技术,以充分利用食用菌固有特性,做好保鲜工作。

四、常用的食用菌贮藏保鲜方法

(一) 贮前处理

食用菌采收后,必须除去残留的培养基质与感染物,剔除有病虫害及霉变的个体,特别应注意避免采收及处理过程中的机械伤害,不使菌体表面保护层受到破坏。采后尽快进行分级、包装、预冷处理,使菌体迅速降温至贮温附近。

(二) 选择适宜的贮藏方法

食用菌主要采用以下几种贮藏保鲜方式。

1. 低温贮藏

低温贮藏是食用菌常用的贮藏保鲜方式。低温可抑制酶活性,降低生理代谢活动,减小呼吸强度,抑制各种微生物的活动。其方式主要包括以下几种。

(1) 冰藏:通过采集天然冻结的冰,建造冰窖进行低温贮藏。

(2) 机械冷藏:在冷库内利用机械制冷系统的作用,使冷库内的温度降低以达到保鲜的目的。

下面介绍食用菌的冷库贮藏技术。

① 收水:将鲜菇摊放在太阳下晒(或置于烘房,在 30～35 ℃下烘烤至三成干),以增加菇体塑性,改善菇体贮藏后的外观性状。

② 预冷:对于刚收水的菇体,其温度比冷库高,进库前需将这些热量排除,减少制冷系统

负荷。可采用真空冷却。

③ 冷库温度：各种食用菌适宜冷藏温度不同，一般为 0～8 ℃，在这一温度下贮存 72 小时，菇体虽略变小，但质地仍较硬，未开伞，无异味。

④ 冷库湿度：为了维持新鲜菇体的膨胀状态，防止萎蔫，冷库需维持较高的相对湿度，一般为 80％，通过库房地面洒水或开启冷藏的增湿设备来保持。

⑤ 冷库通风：冷库常配有鼓风机、风扇等通风设备，使空气分布均匀。

⑥ 空气洗涤：菇体通过呼吸释放的二氧化碳可用氢氧化钠溶液吸收。

⑦ 货架低温：可采用鼓风制冷技术，由抽风机把经过冷库冷却的低温高湿空气送到货架上，用穿孔塑料周转盒盛载鲜菇，使贮存至销售过程均保持特定的低温状态。

2. 气调贮藏

(1) 气调冷藏库。

① 普通气调贮藏：根据气体成分分析，可开(关)通风机，控制氧气量，开(关)二氧化碳洗涤器，控制二氧化碳量。用这种方式降低氧气量和增加二氧化碳量较慢，冷库气密性要求高，但所需费用低。

② 充氮式机械气调贮藏：在氮气发生器中，用某些燃料(如酒精)和空气混合燃烧，燃烧后的空气经净化，剩下的主要是氮气，并混有少量的氧气，还有燃烧生成的二氧化碳。用这种方法降低氧气浓度，增加二氧化碳浓度，达到气调贮藏的目的。这种方式对冷藏库的气密性要求低，但所需费用较高。

③ 再循环式机械气调贮藏：将库内空气引入燃烧装置，把氧气变成二氧化碳，当二氧化碳浓度达到要求时，开启二氧化碳洗涤器，当氧气浓度达到要求时便停止燃烧。

(2) 薄膜封闭气调贮藏。

① 垛封法：将鲜菇放在通气的塑料筐内，四周留空隙码放成垛，垛四周用聚乙烯薄膜封闭，利用菇体的呼吸作用降低氧气浓度，增加二氧化碳浓度，达到气调贮藏的目的。在垛底撒放适量的消石灰以吸收过量的二氧化碳，以免对菇体造成毒害。

② 袋封法：将鲜菇装在聚乙烯塑料薄膜袋内，扎紧袋口，放在贮藏货架上，可采用真空包装法，即通过挤压或抽空，排出袋内空气后包装，如再配合冷藏，保鲜效果更好。目前，日本的金针菇保鲜常采用这一方法。也可采用定期调气或打开袋口放风，换气后再封闭。有的采用较薄的袋，本身就有一定的透气性，达到自然气调。目前国内食用菌保鲜贮藏常采用这种方式。

③ 硅窗自动调气：利用硅橡胶窗调节气体，维持袋内高二氧化碳低氧气环境，抑制呼吸，同时也不会引起二氧化碳毒害，是一种较理想的气调方法。

3. 辐射贮藏

用 ^{60}Co(^{137}Cs)的 γ 射线或用经加速的、能量低于 10 MeV 的电子来处理鲜菇，使机体细胞中水分子与生物化学活性物质电离或处于激发态，直接或间接抑制核酸合成，钝化酶分子，引起胶体状态变化，从而减慢菇体生长开伞与其他代谢反应，抑制褐变并增加持水力，同时，抑制或杀死腐败微生物和病原菌。

优点：辐射贮藏与化学贮藏相比，无化学残留；与低温贮藏相比，可节约能源。辐射贮藏效果好，而且可连续作业，易于进行自动化生产。其保鲜效果与照射剂量、温度有关，因此，适当的剂量并结合冷藏效果更好。由于辐射保鲜安全，1984 年我国批准了蘑菇辐照商业化应用。蘑菇用 γ 射线 $5×10^4$～$7×10^4$ R(伦琴)，于常温下 6 天破幕(对照为 1～2 天)，低温下可保存

30 天。草菇用 γ 射线 1.0×10^5 R 处理后贮于 13～14 ℃ 4 天,其肉色、硬度、开伞度与正常鲜菇相近。

4. 负离子贮藏

空气中负离子可抑制菇体生化代谢过程,还能净化空气。负离子发生器在产生负离子的同时还产生臭氧。臭氧具有强氧化力,有杀菌和抑制机体活性的作用,臭氧遇到有机体会分解,不聚集。负离子与空气中正离子结合则消失,不残留有害物质。因此,负离子对菇体有良好的保鲜作用,其成本低,操作简便。将鲜菇装袋,每天用负离子处理 1～2 次,每次 20～30 分钟,负离子浓度为 1×10^5 个/m^3,能较好地延长鲜菇的货架期。

5. 化学贮藏

(1) 盐水处理:将鲜菇放入 0.6% 盐水内浸泡 10 分钟后装袋,在 10～25 ℃ 下经 4～6 小时蘑菇变成亮白色,可保持 3～5 天。

(2) 稀酸保鲜:用 0.05% 盐酸浸泡菇体,使其 pH 降到 6 以下,抑制了酶活性,并可抑制腐败微生物的生长而保鲜。

(3) 激素处理:用 0.01% 的 6-氨基嘌呤浸泡鲜菇 10～15 分钟后沥干,装袋保鲜。

(4) 比仑处理:用 0.001%～0.1% 比仑水溶液浸泡鲜菇 10 分钟后沥干,装袋,在 5～22 ℃ 下,蘑菇可保鲜 8 天。

(5) 焦亚硫酸钠处理:先用 0.01% 焦亚硫酸钠水溶液漂洗菇体 3～5 分钟,再用 0.1%～0.5% 焦亚硫酸钠水溶液浸泡 30 分钟,捞出后装袋,在 10～15 ℃ 下可保持洁白,保鲜效果好。

(6) 防腐剂:如 10～20 mg/L 山梨酸钾、苯甲酸钠,20 mg/L 亚硫酸氢钠,10 mg/L 苯莱特,5～10 mg/L 特克多、多菌灵、托布津等。

(7) 护色剂:常用 0.02%～0.05% 抗坏血酸、0.05%～0.1% 硫代硫酸钠溶液浸泡 10～20 分钟;用 0.001%～0.1% 二甲氨基琥珀酰胺酸浸泡 10 分钟,捞起沥干后放入消毒塑料袋中密封,在 4 ℃ 下可保持 6～8 天不变色。

五、几种新鲜食用菌子实体的贮藏保鲜技术

(一) 平菇

平菇贮藏适宜温度为 0～5 ℃,气体成分为氧气 1%～3%,二氧化碳 4%～5%,空气相对湿度为 85%～90%。将新鲜无损伤(八九成熟)的平菇子实体在沸水中或蒸汽中处理 4～8 分钟,然后放到 1% 柠檬酸溶液内迅速冷却,用塑料袋装好,放在冷库中贮藏。也可将塑料袋放冰箱中贮藏,可保持 3～5 天。

平菇用 γ 射线辐射处理,适宜剂量为 500～1000 Cy。

盐渍平菇是目前采用较多的长期保存法。其具体方法是:将采下的鲜菇放入冷开水中浸泡 20 分钟,捞起后按 50 kg 平菇加 12 kg 食盐的比例装缸,装一层平菇撒一层食盐,装满后灌冷盐水至缸口,再按鲜菇千分之一的比例加入柠檬酸,浸泡 7 天后翻缸一次,约经 2 周即可分装。

(二) 香菇

一般在八成熟时,即菌膜已破,菌盖尚未完全开展,尚有少许内卷,菌褶已全部伸长并由白色转为黄褐色时,为香菇最适采收期。

香菇贮藏以 0～5 ℃ 为宜,气体成分为氧气 2%～3%,二氧化碳 10%～13%,最适宜的空

气相对湿度为 80%～90%,若湿度过低,香菇水分过度散失,会导致菇体收缩而降低保鲜效果。

香菇采后含水量高、质脆,贮藏中易破损,菇盖呈水渍状。采后修剪后放于 30～35 ℃下,使其失水 20%～30%,手捏菇盖不粘即可。

冷冻保鲜法:将采收的鲜菇,剪去菇蒂,装入塑料袋中,扎好口,放冰箱内 4 ℃下保鲜 5～40 天。也可在－60～－50 ℃下速冻贮藏。

抽气小包装贮藏:收水后,一般定量(5～10 kg/袋)装入聚乙烯塑料袋中,抽尽袋内空气,扎紧袋口于泡沫箱中贮运。

(三)双孢蘑菇

1. 贮藏特性

双孢蘑菇的含水量很高,易失水导致耐贮性降低。同时它们代谢旺盛,要在 5 ℃下存放,温度过低时又容易发生冷害。不同生长期采收的双孢蘑菇的呼吸强度不同,而且双胞蘑菇开伞后很容易衰老,不耐贮,要在开伞前采收,并要及时冷却。双孢蘑菇另一个贮藏特性是容易褐变,减少机械伤和气调贮藏对减少褐变的作用明显。

贮藏温度以 0～3 ℃为宜,空气相对湿度以 85%～95%为宜。在 4%的氧气下贮藏 4 天,氧气对菇盖的生长有明显的刺激作用,造成双孢蘑菇开伞。当氧气浓度降低到 1%以下时,对开伞和呼吸都有明显的抑制作用。二氧化碳对双孢蘑菇呼吸和生长的影响也很明显,当二氧化碳浓度为 5%时,虽能抑制菌盖扩展,也刺激了菌柄伸长,只要二氧化碳浓度大于 5%就可基本抑制菇柄和菇盖的生长。

2. 采收及贮前处理

适时采收的双孢蘑菇,品质好,产量高。采收过早,菌盖未充分长大,产量低;采收过迟,菇易开伞,菌褶变褐,品质下降。

采收适宜期是菌盖充分长大但未开伞时。一般子实体长到 3.5～4 cm 就可采收。

正确的采收方法是:手捏菇柄轻轻旋转,连根采下;也可用小刀轻轻割下大菇,采收时要做到轻采快削,不留机械伤,菇根不带泥,采收工具采前要消毒处理,注意不要伤及小菇。

蘑菇采后及时降温对保鲜效果影响很大,一般可先在预冷库中预冷。可将筐平放在预冷库的地面上,不要堆码,上面可不加覆盖。蘑菇在短时间内进行降温处理,对菇体失水影响不大。但要求预冷库的制冷量大,使蘑菇能在短时间内降到 6 ℃。

3. 贮藏方法

(1)低温贮藏:将双孢蘑菇采收后迅速进行预冷,预冷后及时入库贮藏,贮藏温度以 0～3 ℃为宜,相对湿度以 85%～95%为宜。

(2)气调贮藏:采用塑料袋包装是常用的简便方法。气调对贮藏效果的影响很明显,多采用小包装方法。

用气调贮藏方法可将双孢蘑菇保鲜 10 天以上,将双孢蘑菇放在 0.03 mm 厚的聚乙烯袋中,每袋放 0.5 kg 左右,将袋口密封。如向袋内冲入氮气和二氧化碳,效果反而不好。条件允许时,可对袋内气体成分进行监测,掌握的气体成分范围是氧气浓度为 2%～5%,二氧化碳浓度为 10%～15%,必要时换气。

(3)冷冻保鲜法:将采收后的双孢蘑菇剪去菌柄,用冷水洗净后,放入 0.5%柠檬酸溶液中漂洗 10 分钟,捞出后沥去水分,装入塑料袋内,扎紧袋口,放在－30～0 ℃处可贮藏 5～10 天。

（四）草菇

草菇贮藏适温为 15～20 ℃，5～10 ℃时易出水软化，10 ℃以下易发生冷害。贮藏相对湿度以 90％～95％为宜。

采收时，一手按住菇体生长部位的培养料，另一手抓住菇体基部，轻轻地成簇取下。单生草菇，采大留小，也可用小刀从菇体基部割下。

冷冻保鲜法：在木箱内垫一块塑料薄膜，在膜上放 5 cm 厚的碎冰块，盖上小竹帘，中部放一袋冰（用塑料袋装），然后在箱内放草菇（七八成满），将四周薄膜向内折叠，盖在草菇上，上边再盖一层薄膜，并以冰层（5 cm 厚）覆盖，最后加一个木盖。在木箱的四周最好加一层塑料泡沫板，减少箱内外热交换，这样可明显减少开伞率。

其他贮藏方法：利用打孔的纸塑复合袋进行自发气调，在 15～20 ℃ 下贮藏草菇，可达 72 小时。

^{60}Co γ 射线照射：草菇，在室温（22～24 ℃）下用 1500 Cy 剂量辐射处理后，在 13～14 ℃ 下贮藏 4 天，菇肉黄白色，开伞率为 31.3％，而未处理草菇菇肉已完全变褐，开伞率为 100％。

（五）金针菇

金针菇宜在菌盖内卷未平展、柄长 13～15 cm，柄白色或奶黄色时采收。采收时一手压住瓶或袋，另一手握住菇丛，从根拔下，清除根部培养料。

采收前收水方法为：采前 2 天将菇体覆盖物揭开，空气湿度降至 75％～80％。

采后收水方法为：在 2～4 ℃ 摊开，保持库内空气相对湿度为 70％，收水达手捏菇盖不粘手为宜，切记不能在阳光下晒或烤房烘，否则易褐变。

金针菇最佳贮藏温度为 2～4 ℃，空气相对湿度为 85％～90％。

（六）鸡腿菇

1. 采收分级

用于保鲜出口的鸡腿菇的采收适宜期为菇蕾期，即在菌盖紧包菌柄、菌环尚未松动或刚刚松动、菇体六七成熟时采收。特大型 ECO5 鸡腿菇的采收高度为 15～20 cm，普通品种的采收高度为 8～15 cm。采收时按菇大小分开放置，轻拿轻放，菇脚用不锈钢刀切削整齐、干净。要求无泥土、无杂质、无破损，菇朵含水量在 90％以下。

2. 脱水降温

方法有如下几种。

（1）冷风脱水法：将鸡腿菇摊开，用冷风机吹风，使鸡腿菇含水量达标。

（2）晒烘脱水法：先将鲜鸡腿菇摊开晾晒一下，手摸稍干后再用烘烤机烘烤，使其含水量达到海运鲜菇的要求，切忌烘烤得过干。

（3）低温干燥脱水法：在库内放置除湿机，降低库内湿度，再打开制冷机的风机，使鸡腿菇低温干燥至含水量达标。

3. 包装分箱

按菇体大小分别装入塑料托盘内，每盒净重 500 g，密封盒口，放入冷藏纸箱内。也可采用保鲜袋盛装，每袋装菇 5 kg 或 10 kg，抽去袋内空气，扎紧袋口。放入泡沫箱内，泡沫箱外再套纸箱，密封箱口。

4. 调运外销

包装好的鸡腿菇要及时组织出口调运。不能及时外调的包装菇应放在冷库内或放在 0 ℃

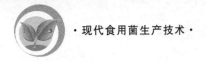

左右的低温环境,存放时间一般不能超过3天,否则菇体颜色变深,菇柄切口发黑,品质下降,影响销售。

(七)白灵菇、杏鲍菇

白灵菇、杏鲍菇以其耐贮运而备受人们青睐。首先应按商品要求采收,其适宜贮藏温度为2～4 ℃,气体成分为氧气1%～3%,二氧化碳4%～5%;空气相对湿度为85%～90%,用0.025 mm厚聚乙烯袋或0.03 mm厚聚丙烯袋小包装效果极好,装量:0.25～0.5 kg/袋。虽然这两种菇具有耐一定浓度二氧化碳的能力,但若保鲜时间过长,二氧化碳积累浓度过高,也会影响鲜菇风味。

项目二 干制加工技术

一、食用菌干制的原理

干制是指脱出一定量的水分,而尽量保存食用菌原有营养保健成分及风味的加工方法。我国生产的食用菌,无论是在国内市场流通,还是出口,往往以干制品或盐渍品为主。

食用菌干制的原理是通过干燥将食用菌中的水分减少而将可溶性物质的浓度增高到微生物不能利用的程度,同时,食用菌本身所含酶的活性也受到抑制,产品能够长期保存。

二、影响食用菌干制的因素

影响食用菌干制的因素包括干燥介质的温度、干燥介质的湿度、气流循环的速度、食用菌种类和状态、原料的装载量、大气压力等。

(一)在干燥过程中,菇体内的水分是一种动态平衡状态

(1)当所含水分超过平衡水分的菇体与干热空气接触时,水分开始向外界环境和菇表扩散,直至内外含水量一致时,水分的运动才停止。

(2)促使水分蒸发的另一动力是菇体内外的温度差。水分借助温度梯度沿热流反方向移动而蒸发。

(二)影响干燥的因素

(1)干燥介质的温度:通常菇体的干燥,是把预热的空气作为干燥介质。

(2)干燥介质的相对湿度:在温度不变时,干燥介质(空气)的湿度越低,菇体干燥的速度越快。

(3)气流速度:气流速度越大,干燥速度越快,反之则越慢。

(4)原料的装载量和菇体的大小:菇体的大小和装载量影响干燥速度。

(5)大气压力:目前已发展了减压干燥法(真空干燥)。

三、常用的干制方法

食用菌常用的干制方法有自然干制和人工干制两类。在干制过程中,干燥速度的快慢对干制品的质量起着决定性影响。干燥速度越快,产品质量越好。

（一）自然干制（晒干）

利用太阳光为热源进行干燥,适用于竹荪、银耳、金针菇、猴头菇、香菇等品种,是我国食用菌最古老的干制加工方法之一,也是最简单、实用、成本低的方法,但是易受天气的影响。

晒干加工时将菌体平铺在竹制晒帘、竹席、农膜、彩条膜上(最好向南倾斜),相互不重叠,冬季需加大晒帘倾斜角度以增加阳光的照射。鲜菌摊晒时,宜轻翻轻动,以防破损,一般要2~3天才能晒干。这种方法适用于小规模培育场的生产加工。

（二）人工干制（烘烤）

人工干制用烘箱、烘笼、烘房,或用炭火、热风、电热以及红外线等热源进行烘烤,使菌体脱水干燥。此法干制速度快,质量好,适用于大规模加工产品。目前人工干制按热作用方式可分为:①热气对流式干燥;②热辐射式干燥;③电磁感应式干燥。我国现在大量使用的有直线升温式烘房、回火升温式烘房以及热风脱水烘干机、蒸汽脱水烘干机、红外线脱水烘干机等设备。

人工干制是利用烘房或烘干设备使菇体干燥,根据生产规模或投资能力确定干制所需的烘干设备,具体如下。

(1)大型烘干设备:一般每炉次可烘干鲜菇2000~2500 kg,可投资修建大型烘房或购买大型烘干机。

(2)中型烘干设备:每炉次烘烤鲜菇500~1000 kg,可采用塞进式强制通风烘干房。

(3)小型烘干设备:每炉次烘烤鲜菇250 kg左右,可制作简易烘干房。

(4)家用烘干设备:每炉次烘烤20~25 kg,可购置小型烘干机,也可自制小型烘干箱。

四、食用菌干制品的包装、贮存和复水

（一）回软

回软通常称均湿或水分的平衡,其目的是使干制品变软,使水分均匀一致。

回软的方法是在产品干燥后,剔除过湿、过大、过小者以及结块、碎屑,待冷却后,立即堆集起来或放于大木箱中,紧密盖好,使水分达到平衡。

回软期间,箱中过干的制品从尚未干透的制品中吸收水分,于是所有干制品的含水量达到一致,同时产品的质地也稍显疲软。回软所需时间为1~3天。

（二）包装

包装容器有木箱、纸盒、塑料薄膜等,要求能密封、防虫、防潮。为了使干制品包藏得好,也可在包装纸盒或木箱的外壁或内壁涂抹防水材料,如假漆、干酪乳剂、石蜡等以防潮。

装箱时,先在箱底和四壁铺垫一层防潮纸,也可按箱子的规格,用纸做成口袋,放入箱中,然后将制品按规定量装入箱内,以后将箱外的纸头折盖在制品上面,包好后,上口覆平,然后用蜡将口密封,再将盖压上封严。注意封口不得使用糨糊,以防霉烂。

应用真空包装或惰性气体包装,使氧气的含量降低到2%以下,对于提高维生素的稳定性和降低贮藏期的损失有很好的作用。

（三）贮藏

干制原料及干制前的处理与干制品的保存性有很大关系。如烫漂的食用菌比未经烫漂的能更好地保持其色、香、味,在贮藏中的吸湿性更低,经过熏硫处理的比未经熏硫处理的易于保色和避免微生物或害虫的侵染危害。干制品的干燥情况、含水量高低也与保存性有关,在不损

害质量的条件下,制成品愈干燥、含水量愈低,其贮藏效果也越好。食用菌干品含水量一般应控制在 6%～8%。

脱水食用菌贮藏温度最好为 0～2 ℃,不可超过 10 ℃。贮藏环境空气越干燥越好,相对湿度应低于 65%,并应遮蔽阳光。贮藏库要求清洁卫生,通风良好又能密闭,具有防鼠设施。

(四)复水

复水是把脱水食用菌浸在水里,经过相当时间,使它尽可能恢复干制以前的性质(体积、颜色、风味、组织),但不能恢复到原来的重量。

五、几种常见食用菌干制方法简介

(一)黑木耳干制技术

(1)晒干:适合于晴朗天气,选择通风、透光良好的场地搭载晒架,并铺上竹帘或晒席,将已采收的木耳剔去渣质、杂物,薄薄地撒摊在晒席上,在烈日下暴晒 1～2 天,用手轻轻翻动。

(2)烘干:用烘干房或烘干机均可,烘干时将木耳均匀排放在烤筛上,排放厚度不超过 8 cm,烘烤温度先低后高。

(3)分级:烘干后要进行选别分级,并及时包装,包装常用无毒塑料袋。

(二)银耳干制技术

(1)晒干:银耳采收后,先在清水中漂洗干净,再置于通风、透光性好的场地上暴晒,当银耳稍收水后,结合翻耳来修剪耳根。

(2)烘干:用热风干燥银耳时,将经过处理的好的鲜耳排放在烤筛中,放入烘房烤架上进行烘烤。烘烤初期,温度以 40 ℃左右为宜,用鼓风机送风排湿;当耳片六七成干时,将温度升高到 55 ℃左右;待耳片接近干燥,耳根尚未干透时,再将温度下降到 40 ℃左右,直至烘干。

(三)茯苓干制技术

(1)发汗:刷掉茯苓表面的泥沙和杂物,放于干燥、凉爽室内,经 10～15 天待菌核表皮上起皱纹,呈暗褐色即发汗结束,再置于阴凉处至全干。

(2)切片:切片的顺序是"先皱后紧""先小后大"。

(3)干燥:切成片或块后,随即摊在簸箕或晒席里,白天日晒,收回后夜间让其阴凉回潮,第二天翻面再晒,晒 2～3 天后其水分可蒸发掉 70%,当表面出现细微裂纹后,收回放进屋内,将簸箕重叠压放,使苓片(块)回潮,经 1～2 天后,裂口合拢,再稍压平复晒。如果遇上阴天或雨天,可用炭火烘干,烘烤应用无烟火,温度以 50～55 ℃为宜,烘干后堆积起来,使其回潮 5～7 天,再进行第二次烘烤。

(四)天麻干制技术

将分级的天麻洗净,放笼内蒸 10～20 分钟,以蒸至无白心为度,开始烘烤,温度为 50～60 ℃(切忌过高,否则糖心,也不宜低于 45 ℃,否则生霉),使天麻体内水分迅速蒸发,到七八成干时取出,晾干,再继续用火烘至干燥。如是大天麻,可在天麻上用针穿刺,或发现气泡用竹针穿刺放气,使内部水分向外散发,半干时压扁,停火发汗,再在 60 ℃温度下烘 2～3 天,天麻快干时,火力降至 50 ℃,不宜急火,以免烤焦,直至全干即成。若遇晴天,可以采用白天晒,夜晚烤,连续干制,这样加工的天麻,黄白色,半透明,中药上称为"明麻"。

(五)草菇干制技术

(1)晒干:草菇采收后,先在清水中漂洗干净,再置于通风、透光性好的晒席或场地上暴晒。

(2) 烘干:用竹片刀或不锈钢刀将草菇切成相连的两半,切口朝下排列在烤筛上。烘烤开始时温度控制在45 ℃左右,2小时后升高到50 ℃,七八成干时再升到60 ℃,直至烤干。该法烤出的草菇色泽白,香味浓。

(六)金针菇干制技术

(1) 选用菌柄20 cm左右、未开伞、色浅、鲜嫩的金针菇,去除菇脚及杂质后,整齐地排在蒸笼内,蒸10分钟后取出,均匀摆放在烤筛中,放到烤架上进行烘烤,烘烤初期温度不宜过高,以40 ℃左右为宜,待菇体水分减少至半干时,小心地翻动菇体,以免粘贴到烤筛上,然后徐徐增高温度,最高到55 ℃,直至烘干。烘烤过程中,用鼓风机送风排潮。

(2) 将烘干的金针菇整齐地捆成小把,装入塑料食品袋中,密封贮存,食用时用开水泡发,仍不减原有风味。

项目三　盐渍及糖渍加工技术

一、食用菌盐渍加工技术

(一)食用菌盐渍的原理

盐渍的原理主要是:利用食盐溶液的高渗透压使附着在菇体表面的有害微生物细胞内的水分外渗,致使其原生质收缩,质壁分离,导致生理干燥而死亡,从而达到防止蘑菇腐烂变质的目的。

(二)盐渍的工艺流程

鲜菇采收→等级划分→漂洗→杀青→冷却→盐渍→翻缸→补充调整液→装桶。

(三)具体操作要点

1. 选菇

供盐渍的菇,都应适时采收,清除杂质,剔除病虫危害及霉烂个体。蘑菇要求菌盖完整,削去菇脚基部;平菇要把成丛的子实体逐个掰开,淘汰畸形菇;猴头菇和滑菇要求切去老化菌柄。当天采收,当天加工,不能过夜。

应根据需方要求或各类食用菌的通用等级标准,依菌盖直径、柄长、菇形等进行菇体分级。即使需方要求是统菇,也应把大小菇分开。这样在杀青时才能掌握好熟度,以保证杀青质量。

从采收到分级必须时间短,不能挤压,减少菇体破损。

2. 漂洗

(1) 先用0.6%的盐水漂洗,以除去菇体表面泥屑等杂质。

(2) 接着用0.05 mol/L柠檬酸液(pH 4.5)、氯化钙漂洗。若用焦亚硫酸钠漂洗,则应先放在0.02%溶液中漂洗干净,然后置于0.05%溶液中进行漂白护色10分钟。

(3) 漂洗后用清水冲洗3~4次,洗去菇表的焦亚硫酸钠。

3. 杀青

在稀盐水中煮沸杀死菇体细胞的过程称为杀青。杀青要在漂洗后及时进行。

（1）杀青的作用：①抑制酶活性，驱除菇体组织中的空气，破坏酶蛋白，防止褐变，防止菇开伞；②杀死菇体细胞，破坏细胞膜结构，增强细胞透性，排出菇体内水分，使气孔放大，以便盐水很快进入菇体，有利于盐水渗入组织；③软化组织，增加塑性，便于加工。

（2）杀青的方法：使用不锈钢锅或铝锅，加入10％的盐水，水与菇比例为10∶4，火要旺，烧至沸腾，持续7～10分钟，以剖开菇体没有白心，内外均呈淡黄色为度。锅内盐水可连续使用5～6次，但用2～3次后，每次应补充适量食盐。

（3）鉴别杀青生熟有如下几种方法：①菇体熟透时沉入锅底，生的则上浮；②切开菇体，熟的为黄色，生的为白色；③用牙咬试，生的粘牙，熟的脆而不粘牙；④把菇体捞出放入冷水中，若下沉即为熟，若上浮则是生。

4．冷却盐渍

（1）盐渍前先冷却：冷却的作用是终止热处理，若冷却不透，热效应继续作用，会使菇体的色泽、风味、组织结构受到破坏，容易霉烂发臭、变黑。冷却的方法是将杀青后的菇体放入流动的冷水中冷却或用3～4只冷水缸连续轮流冷却，到冷透为止。

（2）装桶：冷却菇装桶或缸中保存，一层盐一层菇，上面盖一层盐，加入适量的水，水以浸到菇体上5 cm为宜。盐渍最终量为50 kg菇加15 kg盐（分次加入）。

（3）注意事项：① 容器要洗刷干净，并用0.5％高锰酸钾溶液消毒后经开水冲洗；② 将杀青分级后沥去水分的菇按每100 kg加25～30 kg食盐的比例逐层盐渍；③ 缸内注入煮沸后冷却的饱和盐水，表面加盖帘，并压上鹅卵石，使菇浸没在盐水内。

5．翻缸

盐渍后3天内必须倒缸一次。以后每5～7天倒缸一次。盐渍过程中要经常用波美比重计测盐水浓度，使其保持在23 °Bé左右，低了就应倒缸。缸口要用纱布和缸盖盖好。

6．装桶

（1）盐渍20天以上即可装桶。装桶前先将盐渍好的菇捞出控尽盐水。

（2）一般用塑料桶分装，出口菇需用外贸部门拨给的专用塑料桶，定量装菇。然后加入新配制的调酸剂至菇面，用精盐封口，排除桶内空气，盖紧内外盖。

（3）再装入统一的加衬纸箱，箱衬要立着用，纸箱上下口用胶条封住，打井字腰。

（4）存放时桶口朝上。注意防潮和防热，包装室严禁放置农药、化学药品及其他无关杂物。

二、食用菌糖渍加工技术

（一）糖渍原理

利用高浓度糖液所产生的高渗透压，析出菇中的大量水分，抑制微生物的生命活动，从而达到长期保藏食用菌的目的。

（二）工艺流程

预煮或灰漂→糖渍→干燥或蜜置→上糖衣。

（三）工艺要点

（1）预煮或灰漂：糖渍前，有些食用菌采用预煮处理，有些则采用灰漂处理，预煮的目的和方法与罐藏相同。灰漂就是把食用菌子实体放在石灰溶液中浸渍，石灰与食用菌组织中的果胶物质作用生成果胶物质的钙盐。这种钙盐具有凝胶能力，使细胞之间相互粘连在一起，子实体变得比较坚硬而清脆耐煮,所以又称硬化。同时细胞已失去活性,细胞膜通透性大增,糖液容易进入细胞,析出细胞内的水分。灰漂用石灰浓度为 $5\%\sim8\%$,灰漂时间为 $8\sim12$ 小时。灰漂后捞出,用清水洗净多余的石灰。

(2)糖渍:糖渍的方法有两种,即糖煮和糖腌。糖煮适用于坚实的原料,糖腌适用于柔软的原料。糖煮的方法南北不同。

南方多用的方法:把已处理的原料先加糖浸渍,糖度约 $38\ °Bé$,$10\sim24$ 小时后过滤,在滤液中加糖或熬去水分以增加糖度,然后倒入经过糖浸渍的原料,再浸渍或煮沸一段时间,捞出沥干。

北方多用的方法:把处理好的原料,直接放入浓度为 60% 左右的糖液中热煮,煮制时间为 $1\sim2$ 小时,中间加砂糖或糖浆 $4\sim6$ 次,以补充糖液浓度,当糖液浓度达到 60% 左右时取出,连同糖液一起放入容器中浸渍 48 小时左右,捞出沥干。

(3)干燥:一般使用烘灶或烘房进行烘干。干燥时,温度维持在 $55\sim60\ ℃$,直至烘干。整个过程要通风排湿 $3\sim5$ 次,并注意调换烘盘位置。烘烤时间为 $12\sim24$ 小时,烘干的终点一般根据经验,以手摸产品表面不粘手为度。

(4)蜜置:有的糖渍蜜饯糖制后不经过干燥手续,而是装入瓶中或缸中,用一定浓度的糖液浸渍蜜置。

(5)上糖衣:如制作糖衣"脯饯",最后一道工序就是上糖衣。方法是将新配制好的过饱和糖液浇在"脯饯"的表面上,或者是将"脯饯"在饱和糖液中浸渍一下,然后取出冷却,糖液就在产品的表面上凝结形成一层晶亮的糖衣薄膜。

三、食用菌盐渍或糖渍的注意事项

常用设施、材料要卫生干净,符合食品质量安全标准。

(1)盐渍或糖渍加工场所:一般选择交通方便、近水源、排水良好、清洁卫生的地区。

(2)加工设施:应设置选菇分级台、漂洗池、杀青锅、冷却槽、盐渍池或盐渍缸、盐库和成品包装库等配套设施、设备且符合卫生标准。

(3)盐渍用具:常备盐渍或糖渍加工工具有不锈钢剪或刀、锅、波美计、pH 试纸、竹编盖、多孔盆、料盒、勺、包装桶等,且要经常清洗消毒。

(4)常用药品、材料:鲜菇、精制盐、焦亚硫酸钠、偏磷酸、柠檬酸、明矾等,应为食用级别,添加量符合食品安全检验标准。

项目四　罐藏加工技术

一、食用菌罐藏的原理

食用菌罐藏是将食用菌的子实体密封在容器里,通过高温杀菌,杀死有害微生物,同时防止外界微生物的再次侵染,以获得食用菌在室温下长期保藏的一种方法。

罐藏食品能较长时间保藏的主要原因:一是罐藏容器是密封的,隔绝了外界的空气和各种微生物;二是密闭在容器内的食用菌产品经过杀菌处理,罐内微生物的营养体全部被杀死,幸存下来的极少数微生物的孢子如果是好气性的,则由于罐内形成一定的真空缺氧条件而无法活动。但是当这些微生物是厌气性的时,罐藏食品仍然有变质的危险。罐藏食品的保藏期限一般为 2 年,更长时间的保藏没有太大意义。

二、影响食用菌罐藏的因素

(一) 食用菌罐头的灭菌程度

食用菌罐藏的目的是延长食用菌的保藏期限,如果灭菌不彻底,杂菌会大量滋生,影响罐头的保藏期限。在灭菌过程中,还要注意保证食用菌的形态、色泽、风味和营养价值不受损害。

(二) 加工过程的排气和密封程度

罐头加工过程中排气的目的:①除去罐头内容物所含的空气,以免金属容器受腐蚀,延长罐头的贮藏寿命;②排气密封后,杀菌时罐体不易破裂或跳盖;③保持一定的真空度,抑制罐内残存微生物的生长;④避免食品氧化变质、变色,保持营养成分不被破坏;⑤排气密封后,保证罐头内部的真空状态,以维持罐头食品的外部特征。若罐头加工过程中排气不完全或容器密封性差,则易引起杂菌侵染,影响罐头食品品质,更有甚者会导致罐藏失败。

三、常用的罐藏工艺

从理论上讲,所有的食用菌都可以加工成罐头,但加工较多的是蘑菇、草菇、金针菇等。食用菌罐藏工艺流程:原料准备→护色装运→漂洗脱硫→漂烫杀青→冷却→修整分级→装罐注汁→排气封罐→杀菌→冷却→质量检验→包装贮藏。

1. 原料准备

按原料要求在原料采收地进行验收,合格产品才可进入工厂。如蘑菇罐头加工时,蘑菇的采收要适时,以菌膜裂开前采摘为最佳,要求蘑菇子实体新鲜无病虫害、色泽自然无褐变、菌盖完整不开伞、菌柄基部切削平整。采收后按不同规格分级,放置时间一般不能超过 12 小时。

2. 护色装运

将选好的子实体立即(0~4 小时)倒入 0.03％硫代硫酸钠溶液中洗去泥沙、杂质,捞出后再放入装有0.06％硫代硫酸钠溶液的蘑菇专用桶中浸泡护色,并以白布或竹帘覆盖,不得使鲜菇露出液面,运往罐头加工厂。

3. 漂洗脱硫

原料菇运回厂后,立即从护色液中捞出,用清水漂洗 45~60 分钟,除尽残留的护色液(国家规定二氧化硫残留不得超过 0.002％)。

4. 漂烫杀青

用夹层锅漂烫时,先将水加热至 80 ℃,再加入 0.1％的柠檬酸,煮沸后按 15 份漂烫液加10 份鲜菇的比例投入原料菇,沸水漂烫时间为 8~10 分钟,以熟透为准,在此过程中要不断去掉上浮的泡沫。熟透后捞出菇体用清水迅速冷却。夹层锅内的漂烫液只能连续使用 3 次。使用连续漂烫机时,柠檬酸的浓度为 0.07％~0.1％,漂烫时间为 5~8 分钟,以菇心熟透为准。漂烫的主要目的是排除子实体中的氧气,破坏子实体中酶的活性及抑制由酶引起的生化反应(如酶促褐变);软化组织,保持菇鲜嫩,增加弹性,减少脆性,便于切片和装罐;提高装罐的净重和保持菇的营养和风味;同时,漂烫有进一步清洗脱硫的作用。

5. 冷却、修整分级

漂烫后迅速冷却。漂烫时要求熟透,冷却时也要求冷透。冷透菇心再按原料规格和产品质量要求严格进行挑选分级和切分修整。修整时将不合格的整菇做碎片处理或切成菇片。

6. 空罐准备

罐头食品生产过程中,装罐前除按食品种类、性质、产品要求及有关规定合理选用容器(种类、形状和大小等)外,因容器在加工、运输和贮藏过程中常附有灰尘、微生物或其他污垢,还必须清洗干净,消毒沥干,以保证容器的清洁卫生,提高罐藏食品杀菌效率。

在小型企业中,容器一般采用人工清洗,大多数先在热水中刷洗,再在沸水中消毒30～60秒。在大型企业中,则用机械清洗,用沸水或高压蒸汽消毒。清洗消毒后的容器应立即装罐,避免再次感染。

7. 装罐注汁

原料菇经修整分级后再洗净一次,沥去水分立即装罐。装罐时原料菇的个体分布、排列要均匀一致。由于成罐头后内容物会减少,因此装罐时应增加规定量的10%～15%。原料菇装罐后加注汤液,汤液一般含有2%～3%的食盐和0.1%的柠檬酸,有的产品还应加入0.1%的抗坏血酸以护色。在配制汤液时,应用含氯化钠99%以上的精盐先配制成盐液,经煮沸、沉淀、过滤后再加入其他成分。

原料装罐有手工操作,也有机械操作,现大多采用机械操作。装罐机和注液机的类型很多,从半自动到全自动,有供特殊原料专用的,也有通用的,还有装罐注液一次完成的。在选择这类机械时,应注意以下事项:装罐量准确、均匀;不会使汤汁或原料沾留在罐口位置,以免影响密封;自动控制,有罐必装,无罐不卸料;设备上的各种管道和食品通道畅通,便于清洗;适用于多种原料和多种罐型的装罐注汁;操作简便,容易控制;与食品接触的部位用不锈钢或其他抗腐蚀的材料制成。

8. 排气密封

原料装罐注液后,在封罐之前要进行排气。

(1)排气方法与设备:食用菌罐藏加工中采用的排气方法有以下三种。①装罐前将原料预热,趁热装罐,趁热封罐,此法可在水浴锅内进行。②原料装罐注液后,加上罐盖(不密封)或不加盖送进排气箱,在通过排气箱的过程中加热升温,使原料中滞留或溶解的气体排出。排气过程中,排气箱中罐头中心温度应达85℃左右。③直接采用真空封罐机封盖。

(2)罐头真空度:罐头真空度就是罐头内外的大气压力差。从安全生产来考虑,对小型罐可以达到较高的真空度(40～50.6 kPa),而对大型罐则应保持较低的真空度(30.4～40 kPa),大罐内真空度过高会造成严重的罐体变形,罐壁受到过大的压力而向内瘪陷。影响罐头真空度的主要因素有如下几项。

① 罐头顶隙:顶隙即罐头顶部的空隙,实际上是罐头内容物与盖子之间的空隙。同样的密封温度,顶隙较大的罐头真空度较高,顶隙小的真空度较低。但超出一定的限度,顶隙内的残留气体太多,真空度反而下降。顶隙一般以5～8 mm为宜。

② 密封温度:加热排气后,罐内温度越高,又能及时密封,则真空度也越高。

③ 气温与气压:气温升高,罐内真空度会相应降低。

④ 海拔:海拔升高,罐内真空度也会下降。

(3)罐头密封:

① 金属罐的密封:用于金属罐的封罐机种类很多,各类食用菌罐头食品加工厂可根据罐

头类型、生产能力、投资能力选用合适的封罐机。目前常见的封罐机主要有半自动封罐机、自动封罐机和真空封罐机。

② 玻璃罐的密封：玻璃罐与铁罐不同，其密封的方法也不同。玻璃罐本身因罐口边缘造型不同、罐盖形状不同，因此密封的方法也多种多样。卷封式玻璃罐封口可采用手扳封罐机，其扳柄顶端装有 1 只滚压轮，玻璃罐由托底盘上升时与罐盖压头吻合，玻璃罐由旋转的压头带动，再在滚压轮推压下将罐盖密合在罐口上。旋转式玻璃罐封罐时可采用手工或旋盖拧紧机。抓式玻璃罐密封时可用蒸汽喷射式抽真空的方式，使罐内顶隙形成一定的真空度，然后用抓式封口机使盖边紧压于罐口下缘而进行密封。

③ 软罐头的密封：软罐头常用的封边方法有高频密封法、热压密封法和脉冲密封法，其中高频密封法仅适用于制造复合薄膜袋或软罐头，因其封边内结合表面上有水或油附着时，就不易相互紧密结合。

9. 食用菌罐头的杀菌和冷却

食用菌罐头杀菌的目的是杀死罐头中的致病菌、产毒菌、腐败菌，并破坏食用菌中的酶，使罐头贮藏两年以上而不变质。但是热力杀菌时必须注意尽可能保存食品品质和营养价值，最好还能做到有利于改善产品品质。常见杀菌技术和设备如图 14-2 所示。

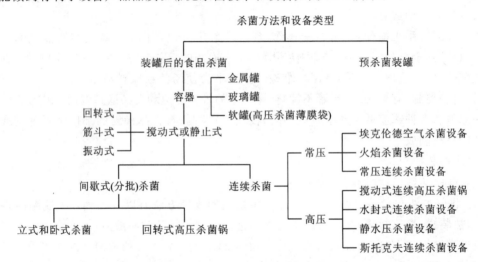

图 14-2　常见杀菌技术和设备

罐头杀菌后应立即冷却，但也不要冷却到过低的温度，一般冷却至 40～50 ℃为止，以便利用余热蒸发罐头表面的水珠，避免罐体锈蚀。实际操作中温度视外界气候条件而定。

10. 食用菌罐头的检验与贮存

（1）罐头检验。

① 检验目的：一是测定罐头杀菌条件是否充分；二是找出罐头败坏的原因。

② 检验内容：一是细菌学检验；二是理化检验；三是感官检验。

③ 检验步骤：入库罐头逐瓶检查，并抽样送检。取样方法：按生产班次抽样，每 3000 罐抽1 罐，每班每个产品不少于 3 罐，分别送检，做感官检验、理化检验和微生物检验（细菌学检验）。细菌学检验步骤如下：杀菌冷却至 50 ℃→擦罐或利用余热干燥容器表面→35～37 ℃，保温培养 5～7 天→逐罐检查。如有胖听，说明杀菌不足，应查明原因，以便纠正。

（2）罐头贮存。

① 贮存方式:罐头在仓库中的贮存有散堆与包装两种形式。

② 贮存管理:罐头在贮存中要避免温度过高或过低,更要避免剧烈的温度变动。库内要有适当的通风换气条件。在贮存期间应经常检查,拣出坏罐,避免感染好罐,减少损失。

四、注意事项

食用菌罐头加工过程中应注意以下问题。

(1)选料:食用菌子实体应适时采收并进行严格的分级挑选,及时进行护色处理,以保证食用菌的形态特征。

(2)加热煮沸(漂烫杀青):为防止煮沸过程中子实体变色,煮沸时容器应选择铝制或不锈钢制品。冷却时应用流水快速冷却,以减少营养与风味损失。

(3)装罐:①净重与固形物重量必须符合标准,净重误差不得超过 3%,且每批净重平均值不能低于标准净重;②按不同的等级分别装罐,绝对不允许各等级混装;③原料菇在罐内的分布、排列要均匀一致,如金针菇一律要求将菌盖朝上,菌柄朝下,稍扭曲于罐中;④鲜菇罐头的汤汁中,配盐量为 2%～3%,另加 0.05%～1%柠檬酸,过滤后装罐;⑤鲜菇罐头注汤汁时一般预留顶隙 5～8 mm。

(4)灭菌、冷却:为了保证食用菌罐头的色、香、味,应采用适宜的灭菌温度和时间及冷却方法。

项目五　食用菌即食食品

随着人民生活水平的不断提高和食物结构的变化,越来越多的慢性病的患病率不断提高,因此,对人体有独特保健功能和营养价值的食用菌食品越来越受到消费者的重视。目前食用菌的消费已从干制品向干鲜并重乃至以鲜为主转变。但由于食用菌食品含水量高、组织脆嫩、采收和贮藏过程中极易造成损伤而引起腐烂、变色,因此,开发出最大限度保持其固有风味和营养成分的即食休闲制品成为食用菌食品研究的重要内容。到目前为止,已研制出许多食用菌类即食食品,如平菇、金针菇饮料,猴头菇口服液,香菇酱,香菇松,茯苓夹饼,银耳茯苓八宝粥等。

一、常见食用菌即食食品及工艺简介

食用菌即食食品虽然开发时间不长,但由于食用菌提供的营养和保健效应,食用菌即食食品越来越受到消费者的青睐。下面简单介绍几种常见食用菌即食食品的加工工艺。

(一)香菇松的加工工艺

1. 基本设备和原辅料

制作香菇松的主要设备包括肉松炒制机、打丝机、擦菇松机、脱水机和塑料袋封口机。制作香菇松的主要原料是香菇菌柄,调味料主要是色拉油或花生油、白糖、精盐、料酒、味精、辛辣料等。

2. 工艺流程

挑选香菇菌柄→浸泡漂洗→加热软化→拣选去杂→打丝→炒制→调味→炒制→搓松→称

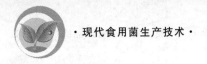

重包装→质量检验。

3．技术要点

（1）香菇菌柄选择：挑选色浅、干燥、无霉变生虫、无木屑残留物的菌柄作为加工香菇松的原料。

（2）浸泡漂洗：将挑选合格的香菇菌柄称重后用水浸泡 5～7 小时。

（3）加热软化：将浸泡漂洗后的菌柄倒入沸水中煮制 20～30 分钟，并不断搅拌，直至菇柄软化为止，捞出沥干水分，并用冷水漂洗。

（4）拣选去杂：剪去含有木屑的部分，搓去菇柄表面的黑色物质。

（5）打丝：将菇柄加工成丝条状。

（6）炒制：用人工炒制或机械炒制，在炒制过程中不断搅拌，将菌柄丝均匀炒干。

（7）调味：按消费者的喜好进行调味处理。

（8）炒制：同前。

（9）搓松：将炒制后的半成品晾冷，搓松。

（10）包装：将香菇松成品定量分装于食品袋中，封口、保存。

（二）金针菇酸奶生产

1．工艺流程

斜面菌种→菌丝体培养→匀浆→过滤→配料→消毒→冷却

乳酸菌母发酵剂→中间发酵剂→工作发酵剂→接种

成品←后发酵←前发酵←分装

2．操作要求

（1）金针菇菌丝体营养液的制备。

配方：马铃薯 200 g、玉米粉 50 g、葡萄糖 30 g、磷酸二氢钾 3 g、硫酸镁 1.5 g、维生素 B_1 4 mg。

操作方法：取金针菇斜面菌种，每支接 6～8 瓶液体培养基装量为 100 mL 的三角瓶（体积 500 mL），于 21～23 ℃下静置培养 72 小时，上摇床，180～190 r/min，冲程 8～10 cm，(23±1)℃培养 4 天后出现菌丝球，继续在摇床上培养，直至菌丝球为培养液的 2/3，发酵液为橙黄色时，下摇床进行磨浆，100 目过滤得滤液。

（2）酸奶发酵剂制备。

制备流程：纯液体菌种的活化→母发酵剂的制备（试管）→中间发酵剂的制备（三角瓶）→工作发酵剂的制备（桶）。

制备方法：母发酵剂、中间发酵剂制备用脱脂牛乳作培养基，工作发酵剂用全脂牛乳作培养基，培养基灭菌条件为脱脂乳 105～115 ℃灭菌 15～20 分钟，全脂乳 90～95 ℃灭菌 5～15 分钟。

（3）配料。

将淡奶粉、金针菇发酵滤液、水按 1∶2∶5 混匀，再加 0.3% 稳定剂、10% 蔗糖。

（4）混合料处理。

将混合好的料液加热至 60 ℃，在 0.15～0.2 MPa 下均质，接着在 90～95 ℃下灭菌 5～15 分钟，立即冷却至 42 ℃，按混合料的 2%～4% 加入工作发酵剂，搅拌后分装，封口，送入发酵室或恒温箱，于 44 ℃发酵至 pH 为 4.6 左右，迅速移至 5 ℃冰柜中进行后发酵，冷藏。

二、影响因素及注意事项

1. 加工方法

食用菌即食食品的加工方法会影响产品的质量、外观及营养价值，因此在加工过程中，应根据食用菌的种类选择适宜的加工方法，尽可能保证食用菌产品本身的营养价值及其特有的风味。

2. 微生物污染

食用菌即食食品如果受到微生物污染，不但会影响产品质量、贮藏等，最重要的是可能影响产品的营养及保健价值，因此在生产、贮藏、运输及销售各个环节中都要防止污染。

项目六　食用菌的深加工技术简介

食用菌的深加工技术是指利用食用菌的菌丝体或子实体作为主要原料，生产食品、饮料、医药调味品等食用功能产品的加工工艺。经过深加工可以提高食用菌产品的利用率、增加经济效益，同时增加食用菌产品的种类。

一、食用、药用菌有效成分提取

食用、药用菌有效成分提取方面近些年来研究最多的是食用菌多糖的提取。食用菌多糖是指由 10 个或 10 个以上的单糖融合而成的化合物，其结构复杂，具有增强机体免疫力、防病治病、抗癌等功效。对食用菌多糖的提取和研究目前已成为食用菌深加工的重要课题之一。

下面以香菇多糖提取为例，简单介绍食用菌多糖的提取方法及操作步骤。

（一）发酵液中胞外多糖的提取

工艺流程：

发酵液 $\xrightarrow{\text{离心}}$ 发酵上清液 $\xrightarrow{\text{浓缩}}$ 上清浓缩液 $\xrightarrow{\text{透析}}$ 透析液 $\xrightarrow{\text{浓缩}}$ 浓缩液 $\xrightarrow{\text{离心}}$ 上清液 $\xrightarrow{\text{乙醇沉淀}}$ 沉淀物 $\xrightarrow[P_2O_5 \text{干燥}]{\text{无水乙醇、丙酮、乙醚洗涤}}$ 胞外粗多糖。

工艺条件如下：

（1）离心沉淀或离心过滤，分离发酵液中的菌丝体和上清液；

（2）上清液在不高于 90 ℃的温度下浓缩至原体积的五分之一；

（3）转移上清浓缩液至透析袋中，于流水中透析至透析液中无还原糖为止；

（4）将透析液浓缩为原来浓缩液体积，离心除去不溶物，将上清液冷却至室温；

（5）加三倍预冷至 5 ℃的 95% 乙醇，5～10 ℃静置 12 小时以上，沉淀粗多糖；

（6）沉淀物分别用无水乙醇、丙酮、乙醚洗涤后真空抽干，然后置于 P_2O_5 干燥器中进一步干燥，得到胞外多糖。

(二) 菌丝体胞内多糖的提取

工艺流程如下：

发酵液 —离心→ 菌丝体 —干燥→ 菌丝体干粉 —抽提→ 抽提液 —浓缩→ 浓缩液 —离心→ 上清液 —透析→

透析液 —浓缩→ 浓缩液 —离心→ 上清液 —乙醇沉淀→ 沉淀物 —无水乙醇、丙酮、乙醚洗涤 / P_2O_5干燥→ 胞内多糖。

工艺条件如下：

(1) 菌丝体 60 ℃干燥，粉碎，过 80 目筛；

(2) 菌丝体干粉水煮抽提 3 次，总水量与干粉质量之比为 (50～100)∶1；

(3) 提取液在不高于 90 ℃的温度下浓缩至原体积的五分之一；

(4) 转移上清浓缩液至透析袋中，于流水中透析至透析液中无还原糖为止；

(5) 将透析液浓缩为原来浓缩液体积，离心除去不溶物，将上清液冷却至室温；

(6) 加三倍预冷至 5 ℃的 95％乙醇，5～10 ℃静置 12 小时以上，沉淀粗多糖；

(7) 沉淀物分别用无水乙醇、丙酮、乙醚洗涤后真空抽干，然后置于 P_2O_5 干燥器中进一步干燥，得到胞内多糖。

二、食用菌保健食品

食用菌具有高蛋白质、低脂肪、低热量、低盐分的特点，正是现代人所注重的"一高三低"型保健食品。著名营养学家斯坦顿于 1984 年对食用菌的营养价值作了全面评价，他认为食用菌集中了食品的一切良好特性，认为食用菌"是未来最为理想的食品之一"。目前市场上出售的食用菌保健食品种类繁多，下面介绍几种食用菌保健食品的加工工艺。

(一) 香菇保健饮料的加工技术

1. 工艺流程

斜面菌种→一级摇瓶菌种→二级种子→三级种子→发酵罐→胶体菇→高压匀浆机→离心机→硅藻土过滤机→滤液→配制→灌装机→灭菌→成品。

2. 操作要点

(1) 原料：大麦、蔗糖、花生粉、磷酸二氢钾等。

(2) 发酵条件：通气搅拌，液体深层发酵，发酵温度为 (25±1) ℃，通气量为 1∶(0.5～1)(L/(L·min))，发酵周期为 72～96 小时。

(3) 菌丝破碎：采用胶体磨及高压匀浆机使细胞内容物释放到发酵液中。

(4) 配制与装罐。

(5) 灭菌：105 ℃，30 分钟。

(二) 食用菌保健茶配方及功能

1. 灵芝茶 (《中国医药报》)

灵芝子实体 10 g，切薄片，沸水冲泡代茶饮，能补中益气，益寿延年，也可治疗高血压等。

2. 香菇茶 (民间验方)

香菇 3 g、草豆蔻 3 g、茶叶 5 g，三者同煎汁，代茶饮，治食欲不振、脘腹胀满。

3. 明天麻茶 ((宋) 孙用和《传家秘宝方》)

川芎 22 g、明天麻 3 g、雨前茶 3 g，加酒煎服，主治头风、头痛。

三、食用菌保健药品

(一)香菇速溶冲剂加工技术

1. 粉碎与浸制

将香菇漂洗干净、烘干、粉碎至豆粒大小,以干菇、糊精、水(质量比为1:1.2:1.5)浸渍,先将糊精放入水中,加热至70~80 ℃,使糊精完全溶解,待温度下降至40 ℃以下时,放入干菇粉,浸渍6~12小时。

2. 过滤与喷雾干燥

将浸渍后的溶液用适当的压力压滤,溶液在50~60 ℃下喷雾干燥。

3. 配料混合

将所得粉剂、干燥精盐、复合鲜味剂按100:15:4的质量比,在干燥状态下混合。

4. 包装

采用适宜的包装容器称重包装。

(二)复方银耳糖浆生产

由银耳分生孢子和灵芝菌丝体经发酵按一定比例混合浓缩后制成糖浆,具有镇咳、平喘、祛痰、扶正固本及提高抗体免疫力的作用。

1. 生产工艺

灵芝发酵全液 2份
银耳孢子发酵全液 1份 —混合→ 混合液 —减压浓缩至相对密度为1.3左右 / 77.3~80 kPa,蒸发温度60~62 ℃→ 浓缩液

—加糖 / 100 ℃,20分钟→ 成品液 —分装→ 成品。

2. 灵芝发酵液配方

玉米粉10%、蔗糖2%、硫酸铵0.2%、酵母粉0.2%、磷酸二氢钾0.01%、豆油适量、pH自然。

3. 银耳孢子培养基

马铃薯8%、白糖2%、玉米粉0.5%、蛋白胨0.4%、硫酸铵0.2%、豆油适量、pH自然。

思 考 题

1. 食用菌保鲜的原理是什么?

2. 影响食用菌保鲜的因素有哪些?

3. 简述常用的保鲜方法及注意事项。

4. 食用菌干制的原理是什么?

5. 影响食用菌干制的因素有哪些?

6. 简述常用的干制方法。

7. 食用菌盐渍的原理是什么?

8. 影响食用菌盐渍的因素有哪些?

9. 简述食用菌盐渍的工艺流程。

10. 常用的罐藏的工艺与盐渍的工艺有什么不同?

11. 罐藏的注意事项有哪些?

12. 开发常见的食用菌即食食品有什么意义?

13. 设计一个食用菌品种即食食品的操作工艺。

14. 食用菌的深加工有何意义?

15. 提取食用、药用菌有效成分时应注意什么?

16. 怎样开发利用食用菌保健食品、药品的价值?

学习情境十五

食用菌产品的营销方略

项目一 食用菌产品营销的重要意义

一、我国食用菌产销现状

随着现代科学技术的发展和人类对菌类知识的增长及人民生活水平的提高，人们的营养保健观念正在发生显著变化。食用菌的美味、营养、保健及经济价值越来越受到人们的重视，所以食用菌生产已发展成与种植业、养殖业并重的农村三大产业之一。

食用菌具有风味独特、营养丰富、味道鲜美的特性，含有多种人体不能合成的必需氨基酸，自古就被视为"山珍"，近现代更是被世界各国誉为"健康食品、功能食品"，其营养、美味和保健价值备受人们青睐。

近20年来，食用菌产业作为我国大农业中的一个重要组成部分，已成为紧随粮、棉、油、菜、果之后的第6类大宗农产品，成为我国农业经济的一项重要产业，在国民经济中起着非常重要的作用。它可以把大量农作物秸秆、畜禽粪便和加工产品下脚料等转化成人类必需的高蛋白质食品，减少对环境的污染，促进经济循环，具有点草成金、化害为利、变废为宝的特点，其生产成本低、周期短、效益高，有着广阔的发展前景。

（一）食用菌生产有着相对明显的经济效益

食用菌产业占地少，单位面积产出高，具有不与农争时、不与人争粮、不与粮争地、不与地争肥的优势。它投资少、风险小、效益好，农民易操作，农户种植食用菌一般占用空闲地搭建简易菇棚，年投入1.5万～2万元，细致管理，当年产值5万～6万元，年纯收入2万～3万元。投入产出比在1∶2左右，为一般农作物的2～4倍，若生产珍稀名优食用菌品种则更高。

（二）食用菌产业有着广阔的国内外销售市场

食用菌是一种绿色食品，适合现代人对膳食结构调整的需求，国内外市场前景一致看好。

首先，近20年来国内食用菌市场的需求直线上升，尤其是长三角、珠三角、环渤海湾等发达地区销量更大，仅上海地区而言，20世纪90年代初，食用菌日消费量不足20吨，现在上海市日均消费各种食用菌100吨左右。这不仅大大丰富了市民的菜篮子，满足了人们对食品安全、卫生、健康的需求，也极大地推动了我国食用菌产业的发展，使我国成为世界上食用菌总产

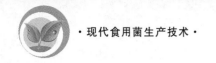

量最高的国家,年生产量占世界总产量的 65％ 左右。

其次,欧美食用菌市场经过多年的普及推广,探索引导,消费者已从过去单一青睐白色菇类(如双孢蘑菇、平菇等),发展为对深色菌菇(如香菇、木耳、灵芝等)也普遍接受,表现为销量逐年上升,品种逐渐丰富。2020 年我国食用菌出口量占世界食用菌贸易量的 60％,占亚洲总出口量的 80％。我国真正成为名副其实的食用菌出口大国。

再次,食用菌是劳动密集型产业,我国农村有大量的剩余劳动力,因而我们的食用菌产品成本相对比较低,在国际市场有着明显的竞争优势,使得传统而古老的菌菇业在新时代焕发出勃勃生机。

二、发挥食用菌产业的效益优势,形成特色食用菌产业

(一) 食用菌生产的经济效益

菌类产品的高蛋白质、低脂肪及种类齐全的氨基酸和丰富的维生素、矿质元素使之成为继植物、动物食品之后的又一优质食品源。随着科学技术的发展和人民生活水平的提高,人们开始追求"回归自然""返璞归真"的新时尚,野生食用菌和大量的真菌产品被看作是天然、营养、多功能、增加机体免疫力的健康食品,被称为"植物性食品的顶峰"。其消费量以每年 5％～8％ 的速度递增,市场前景好。食用菌产业是发展循环经济、建设新农村中经济效益比较高的产业模式。

(二) 食用菌生产的生态效益

注重各种资源的综合开发,是在开发资源的同时促进生态环境的良性循环,即对资源要进行保护性开发利用。我国中西部大部分地区自然生态条件相对恶劣,属于干旱半干旱性气候,土壤沙化严重,不利于一般作物的生长、发育。对这部分地区的土壤改良、培肥地力并提高其生产力水平显得尤为重要。食用菌生产多在简易设施条件下进行,不占用良田,其生产所需要的原料,如锯木屑、玉米芯、豆秸、高粱壳、葵花盘、麦秸、柠条枝及牲畜粪便等农林副产物,廉价易取,这些农业剩余生物资源经过食用菌吸收转化采收子实体后的菌糠,粗纤维含量下降 80％ 左右,氨基酸含量增加 3～4 倍,既可以作饲料,又可以直接还田、培肥地力。这一循环过程无污染物产生,净化了农村生活环境,增加了产品产出量,使生物资源得到多级利用,提高了整个生态系统的生产能力,是发展农业循环经济的有效途径。山区农林牧副产物及下脚料丰富、土地多而贫瘠、劳动力充足,发展食用菌生产在改善人们生存环境的同时延长了农业产业链,是农民利用当地资源优质脱贫致富、发展新农村循环经济的有效途径。

(三) 食用菌生产的社会效益

随着人们生活水平的提高和保健意识的增强,对食品的需求由温饱型转为保健型,食品由谷物食品、高能量的肉蛋奶变为具有营养和保健功能的菌类食品,从而使人们的饮食结构更加合理。

食用菌是高蛋白质低脂肪食品,一般鲜菇的蛋白质含量是 2％～4％,介于果蔬和肉蛋奶之间,且氨基酸含量全面,8 种必需氨基酸的含量占到了 25％～40％,维生素的含量也很丰富,而且富含能够增强人体免疫力的菌多糖,所以说发展食用菌生产可以优化人们的膳食结构,增强人的体质和各种免疫力。更重要的是提高了农业副产品的再次利用率,能够解决农村剩余劳动力的就地安置问题。同时进行菌渣饲料、肥料、菌物营养食品的研究及开发,培植特色食用菌产业,使其成为各地建设环境友好型、资源节约型农业循环经济的新的增长点,为农业增

效、农民增收、农村经济发展的新农村建设作出更大贡献。

随着技术的进步和普及、市场需求的变化,食用菌生产应向品种高档化发展。高档珍稀品种如真姬菇、杏鲍菇、阿魏菇、姬松茸、柳松菇、灰树花等,除其营养价值高于一般菇类外,所具有的疗效是其为国内外消费者所青睐的重要原因。高档珍稀菇类还具有口感好、鲜香诱人的特性,因此,一直供不应求且价格较高。国人自古就有"药食同源"的说法,食药兼用型的菌类产品受到欢迎,是市场发展的必然趋势。因此,高档珍稀菇类开发生产的发展空间很大,先形成基地型商品栽培,再逐渐发展为特色产业化生产,借此提高我国的食用菌产业化水平。

(四)结合自然生态特点,开创食用菌产品的品牌

各地可以因地制宜,创造食用菌产业大发展的环境。在科学规划的基础上,科学合理布局,优化产业结构,提升产品品质。

有些地域,夏季绿树成荫,雨量充沛,气候清凉,完全可以利用此地理优势,发展各类反季节时鲜食用菌,如秀珍菇、双孢蘑菇、香菇、杏鲍菇等,做到"人无我有,人有我优",填补市场空白,以获取最大利润。

有些低海拔丘陵山区,可充分利用荒山废地,以农作物秸秆、废弃枝杈、野草杂棍等为栽培原料,按常规季节种植各类食用菌,如香菇、秀珍菇、木耳、灵芝、双孢蘑菇、杏鲍菇等,以最大限度地降低成本,发挥地方特色优势。

平原地区地势开阔,土地肥沃,水资源充裕,农作物秸秆如稻草、油菜秆、棉秆、棉壳等十分丰富,可就近利用这些秸秆为原料发展草腐类食用菌。夏季可利用高温栽培草菇,秋冬季栽培常规品种,如秀珍菇、杏鲍菇、姬菇、茶薪菇、双孢蘑菇、金针菇等,实现"四季有菇,淡季不淡",以获得季节差价利润。

目前,高档珍稀类品种在南方各大城市的销量增加很快,且售价很高。除了消费水平的提高和高档珍稀菇类的营养保健作用之外,这与人们重视健康和对健康食品的认识程度的提高有直接关系。食用菌尤其是高档珍稀食用菌日渐受市场欢迎,且潜在消费量极大,但科技开发及商品生产严重滞后,远远不能满足日益增长的市场需求。

各地突出发展主打品种,争创地域标志品牌。如"银耳之乡"福建古田的银耳、香菇,"花菇之乡"河南泌阳的花菇及厚菇,河南"西峡香菇""濮阳白灵菇""西平双孢蘑菇",东北"地栽黑木耳",山东"泰安赤灵芝",湖北"宜昌天麻""随州花菇",广西"桑枝榆黄蘑",河北康保"中国口蘑之乡"等。一方面依托当地农村资源的优势,促进食用菌产业化的发展;另一方面,把握食用菌国内外市场信息,实施国际化的农业标准化经营理念、运行机制、生产手段、经营模式,从根本上提升食用菌生产档次。

(五)转变经营理念,开拓"小蘑菇的大市场"

过去"菇香不怕巷子深""自家门前可卖菇"的理念已不适应当前竞争激烈的"大市场"形势。小蘑菇要闯出大市场,赢得大市场,拥有大市场,需要转变经营理念。

农产品品牌化经营在我国刚刚起步,要认识到农产品品牌的促销效应、获利效应、竞争效应、扩张效应,努力改变农产品品牌发展滞后于工业品品牌发展的现状。现在发达国家的农产品是一流的产品、一流的品牌、一流的价格,而我们国家的农产品都是一流的产品、二流的品牌、三流的价格,利润空间的差距可想而知。目前,食用菌企业和农民品牌意识较淡薄,因而从食用菌产业长远发展角度考虑,地方政府要积极为食用菌品牌企业、品牌产品做好宣传,扩大其知名度,增强其可信度,以提高市场占有率。

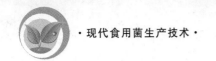

当务之急就是要积极引进和支持有发展潜力的食用菌加工企业扩大生产规模,开展精深加工,开发系列产品,延伸产业链,使之充分发挥在产前、产中、产后服务中的辐射带动作用,提高产品质量档次,靠质量和信誉提高市场占有率,把食用菌产业化经营提高到一个新的水平。

协会或专业合作社应以加工企业、营销大户、种植大户为主体,发挥其在行业管理中的骨干作用,防止出现恶性竞争,并逐步向紧密型组织(如合作社)过渡。同时,积极发展壮大经纪人队伍,通过多种渠道组织他们培训学习,提高素质,增强了解市场、适应市场、开拓市场的能力,在确保产品质量的前提下,兼顾生产和销售各方的利益,积极打造自己的品牌,让品牌小蘑菇真正赢得大市场。

项目二　食用菌国内市场的营销方略

食用菌生产出来之后,绝大部分要成为商品,进入市场营销过程。食用菌生产者要以市场和顾客为中心,按需要组织生产,充分满足顾客物质和精神上的需要,为顾客服务,并且获得利润。因此,生产、经营者不但要关心产品的生产和销售,而且要十分重视售后服务和顾客意见的反馈。这是食用菌生产经营上的现代营销观念,食用菌的市场营销是一门科学,也是一门艺术。它的内容十分广泛,概括地说,主要包括市场研究、市场定位、标准化策略、产品策略、价格策略、分销策略和促销策略等方面。

一、充分开展市场调研,了解市场需求,优化品种结构

食用菌的产业化生产要达到最佳效果,必须调整现有品种结构,否则,将会重新回到季节性生产、单一性生产、单纯性生产的传统模式。

20世纪80年代,福建的古田被誉为"银耳之乡",可谓声名远播,但是,古田人没有沾沾自喜于已经到手的声名,而是继续开拓新的品种和新的市场,利用自身技术、地利及"名气"和人才的综合优势,相继开发出香菇、茶薪菇、金福菇等,在取得极好生产效益与市场效益的同时,仍不放弃银耳生产,并由"内地"生产转向北方地区进行合作性开发生产,其产品经分级或加工后贴上"古田"商标就成为"古田银耳"或"雪耳",销量上升且价格坚挺;北方某些地区如山东的梁山银耳,则由于单一性生产,市场效益较差,至20世纪90年代初即跌入每千克8元的低谷,加之没有相应的其他品种与之配合,销售也是等客上门,故盛极一时的银耳生产也很快萎缩。

变单一性生产为多品种组合,变单纯性生产为栽培、加工一体化,是解决上述问题的有效措施。实行多品种组合,使菇农的生产由季节性生产自然转向周年化生产,提高菇棚等设施的利用率及其单位面积的产出价值,可使生产者的效益得到大幅提高。但在选定品种之前,必须对市场及生产环境进行广泛的调查研究及论证分析,这样才能作出较周密的发展规划,使生产效益得到切实的保证,使产业得以长久发展。

二、明确市场定位

在市场研究的基础上,根据自己的营销目标和食用菌资源条件,选择适当的目标市场,确定市场营销战略,对产品进行市场定位。

市场经济的特色之一是竞争。就食用菌来说,品位低的食用菌占有了价廉的优势;品位高

的食用菌也有品种之争、产地之别、价格及售后服务的差异;就是同一等级的食用菌精品,也有市场占有率的高低、经营水平的优劣、包装的好坏等。因此,必须在目标市场上为自己的产品确定一个适当的市场定位,了解竞争者和消费者两方面的情况,这就需要有强烈的竞争意识、现代营销意识,制定一套科学的营销战略,为自己的食用菌、产地、企业树立形象,提高知名度。通过树立形象,在市场上确定一个适当有利的位置。现简单介绍三种对产品进行市场定位的方式。

(1)针锋相对式定位:当自己生产、经营的食用菌精品比竞争者更好,该市场容量足够容纳这两个竞争者的产品,自己有比较雄厚的实力和更充足的资源时,可采用此法。这就是把产品定位在与竞争者相似的位置上,同竞争者争夺同一市场,平分秋色。

(2)填空补缺式定位:在尚未被占领,而消费者重视的位置,填补市场的空缺。例如,当潜在的市场没有被发现,自己的食用菌精品很容易去占领,或者许多竞争者发现了这一营销机会,但无力占领,这时我们需要足够的实力和信心去占领这个市场。

(3)另辟蹊径式定位:当自己意识到无力与同行业强大竞争者相抗衡从而获得绝对优势地位,可根据自己条件取得相对优势。这就需要宣传自己产品与服务的特色,确立在某些方面的领先地位,成为某一方面的佼佼者,进而取胜。

另外,根据国内市场对食用菌的认知认可程度和消费者对食用菌食品的消费观念,以及各地的经济发展状况、居民的收入水平以及富裕程度等,也可对市场进行定位,可将市场划分为以下三个层次。

(1)高端市场:大型中心城市及沿海发达城市市场。由于经济相对发达,居民收入水平、消费层次较高,一般消费趋势为高档品种和常年消费,如白灵菇、杏鲍菇、杨树菇、茶薪菇、姬松茸等。普通品种中金针菇的白色菌株、中等个头的鸡腿菇、小个头的白色平菇等普通品种,居民的消费量也很大,但要求菇品质量、包装档次等较高,供应要及时、货源有保证。

(2)中端市场:大中城市的普通消费群体注重营养、注重保健的观念及其品位,一般倾向于普通品种的常年消费和高档品种的大量消费,主要品种为白灵菇、杏鲍菇、真姬菇、姬松茸,以及普通品种中的金针菇、猴头菇、香菇、耳类、小平菇、草菇等。此外,各大城市中近年兴起的"蘑菇宴"系列食、菜谱,为食用菌的消费起到很好的促进作用。

(3)低端市场:中小城镇市场。该类市场受经济、文化及消费意识的制约,大多限于消费普通品种如平菇、金针菇(黄色菌株)、草菇、双孢蘑菇以及鸡腿菇和部分杏鲍菇(柱状菌株)、阿魏菇(柱状菌株)等高档品种,白灵菇、杨树菇、姬松茸、灰树花等偶有消费,但无法形成基地型生产,只能作为补充。

三、利用各种媒体,开展广泛宣传攻势,力求声名远扬

由于经济的发展、通信的普及和交通的便利,农产品不会出现紧俏局面了,这是有目共睹的。食用菌尽管是国际性保健食品,但"好酒不怕巷子深"的经营思路远远落后于现代生活,因此,大范围展开宣传对于发展食用菌具有重要意义。

作为产业化生产基地,展开宣传的渠道极多,应着重抓好以下几点。

(1)价值宣传:如以鸡腿菇为主导品种的产业化生产基地,应着重于对鸡腿菇的营养价值尤其是鸡腿菇保健价值的宣传,让人们认识到该品种的疗痔、降血压、降血糖,以及提高人体免疫等作用,再配合对其他辅助品种的宣传,让受众从心中建立起一种很深的印象,从"消费试验"到"消费习惯"。如果仅在某一百万人口的城市中,人均消费量每年增加仅仅是 1 kg 的话,

则可增加1000吨的销售量,该数量是在5万平方米上历时3个月生产出来的,增加的销售量即可使菇农增加收入近百万元。

(2)网上宣传:作为现代宣传渠道,该类宣传的效果显著,网上宣传的速度之快、费用之低、覆盖面之大,是其他各类宣传方式均难以企及的。

网上宣传的注意事项:一是建好基地,网页要经常更新,应突出自己的特色;二是广发信息,信息的提前量要准确、信息内容要真实,切忌弄虚作假。

(3)会议宣传:包括国际性及全国性的学术研讨会、技术交流会、食用菌经贸展销会、贸易洽谈会等,以及地区性的上述各种会议,如各省食用菌协会等组织自行召开的类似会议及年会等。做好会议准备工作,包括文字和图片资料、音像资料、产品样品等,但应注意一定要有自己的特点,并要重点突出这些特点,比如东北地区的黑木耳,其特点是段木栽培、仿野生生长、自然环境、没有内地城镇的污染源等。

(4)媒体宣传:借助于媒体进行产品宣传,是当今社会应用最普遍、受众面最广泛、效果最直接的方式,包括电视、广播、报纸、杂志等。选择适当的时机、组织恰当的宣传材料,包括广告等,可在短期内达到最佳的宣传效果,无数的事实充分证明了媒体宣传的上述优势。

(5)产品宣传:该种方式是采用"事实说话、一目了然"的方式,让受众亲身感受,并与产品的简要说明作立竿见影式的对比。该方式包括产品包装的文字、图案,设立相应的现场让消费者亲自观看或品尝等,也可不拘形式,如派送小包装产品等。

(6)品牌战略:各地可根据地域、产品特色等,形成自己的品牌产品。

四、严格标准把关,以质量求生存

从20世纪沿袭下来的种植方法尤其是在配料、病虫害防治以及产后加工等环节,问题十分突出。因此,严格按照国家相关标准进行基地建设,并强化对菇农"绿色"生产技术的培训,严格质量检测并形成制度,以确保食用菌干、鲜、盐渍等加工品"绿色化"进市场、"绿色化"上餐桌。只有如此,才能使基地生产长久和持续,才能保证食用菌绿色产业的稳固发展。

五、建立销售渠道,充分运用价格策略

农产品生产本身的工艺流程或技术操作并不是主要问题,关键在于销售渠道的畅通与否,而这又取决于销售网络是否建立和健全,食用菌生产同样如此。国内食用菌产业的发展出现波折的原因,除一些人为或自然因素外,销售渠道不够畅通是主要制约条件。如在经历了一个大的市场波谷之后,1998年山东地区双孢蘑菇鲜品千克价涨至5.60元以上,至1999年春季升至6.40元左右,较高的市场价格,促使菇农以及准菇农们准备秋季大上特上,有的地方也将双孢蘑菇栽培作为产业结构调整的首选,在没有市场调查、没有销售网络、没有销售渠道的"三无"前提下,盲目跟风,结果至10月下旬,产出鲜菇后,先以每千克3元的价位上市,支持不了几天,迅速跌至2.4元的低谷。事实说明,销售渠道对于发展生产的重要性,有时比组织生产乃至生产技术更为重要。而销售渠道的建立,说来简单,实则不易,必须从几个方面下手,并经较长时间的培育,才有可能得到稳固和进一步发展。

(1)组建相应的营销队伍,以薄利多销的原则,与各地蔬菜及食用菌市场的营销商建立合作关系。

(2)在大中城市设立办事处、销售点,尽管初期建设费用较高,但长期效益及效应有了保证,不只作为营销的一种形式,其本身还有经营利润。

（3）要在基本成本核算的基础上，坚持薄利多销的原则，较大的利润空间可"诱使"客商云集，先是"产销见面"的原始销售方式，继之形成"集散地"，从而带动生产的进一步发展。

（4）建立相应的加工企业，利用当地的蘑菇原料及人力资源，再利用自己的营销网络及渠道，前期取得了生产利润，中期又取得了加工增值利润，后期再获得销售利润，农民栽培的效益得到了保证，加工企业的工人得到了工资，销售者也有相当的回报，共同获利，共同发展。

（5）市场供求规律是市场经济的基本经济规律之一。当食用菌供给大于需求时，价格下降；当供应小于需求时，价格上涨。只有供给和需求平衡时，价格才会稳定。

在定价时，要综合考虑食用菌的成本、季节变化、市场供求状况、竞争者价格、企业目标利润、应缴纳的税金、贷款利息、费用等，制订一个合理的价格。这个价格会随市场供求状况、服务对象、交易条件等因素的变动而发生变化。可供选择的定价策略有以下几种。

（1）折扣、折让定价策略。为了刺激顾客的购买欲望，鼓励大量购买和旺季购买、提早付款，可以实行折扣和折让价格。主要有现金折扣、数量折扣、季节折扣等。

（2）地区定价策略。食用菌生产、经营者为不同地区的顾客定价，称为地区定价。这是为了灵活地处理食用菌在异地销售时所发生的运输、装卸、仓储、保险等费用支出。具体做法如下。①产地定价，也叫产地交货。卖方负责将商品装运到产地的运输工具上交货，并承担此前的一切风险和费用。交货后一切风险和费用由买方承担。这种定价使远途顾客承担了较高的运费。适宜商品紧俏时使用。②统一交货定价，这种定价没有地区差价，运费按平均运费计算。这种方法有利于争取远方顾客，可在打开销售渠道时采用。③区域定价，这是把销售市场划分为两个或两个以上区域，每个区域定一个价格。对较远区域定较高价格，在销售稳定的情况下常用；免收运费定价，用于打开某地市场，由自己负担部分或全部运费，这可增加销售额，使平均成本降低而补偿部分运费开支，实现市场渗透，在竞争中取胜，可在货源充足时采用。

（3）心理定价策略。包括：①非整数定价，即食用菌零售时采取零头结尾，特别是奇数结尾的形式，以吸引顾客，给消费者的心理信息是定价认真，一丝不苟，增加心理信任感；②整数定价，对食用菌定价批发时采用整数，或在高档次商品零售时采用整数，以维护其在顾客心理上已形成的声誉；③声望定价，在国际市场上有声望的优质商品或为了创出优质商品的声望，可以采用较高的定价技巧，这既可以弥补提供食用菌精品所花费的必要耗费，也有利于满足不同消费层次顾客的心理需要；④单位标价，即在食用菌包装或标签上除标明单价外，还写明一个标准单位的品种、质量、产地等，这种方式便于顾客比较监督，也可获得顾客的信任。

（4）差别定价策略。这是根据交易对象、交易时间、地点等不同定出不同价格，以适应不同顾客的不同需要，扩大销售，增加收益。例如，对老顾客价格可比新顾客定得低些，以鼓励其重复购买。在不同季节实行差别价格，生产淡季可适当高些，生产旺季则适当低些，鼓励中间商、批发商均衡进货，淡季不淡，旺季则可贮备商品。

项目三　食用菌国际市场的营销方略

在我国已经成为 WTO 成员的今天，面对开放度日益扩大的国际农产品市场，在传统贸易壁垒弱化的同时，以环境为主体的"绿色贸易"措施将越来越多地发生作用。我国物流成本较高，贸易便利化亟待推进，出口商品结构不够优化、企业管理水平滞后，制约行业可持续发展。

特别是"入世"后,企业面临更激烈的国际竞争,在国家政策的扶持和引导下,要研究和熟悉世界贸易组织相关规则,通过提高自身的技术和管理水平,不断提高企业竞争力,在更大范围和更深程度上参与国际竞争和合作。

随着关税壁垒及非关税壁垒趋向消失,国家间的贸易更加自由和平等,意味着我国的农产品出口数量更多,价格将逐渐大幅提高,直至与国际市场价格持平,其结果必然是使我们的产品价格上升,生产和经营效益进一步提高。尤其像食用菌这种劳动密集型农产品,其生产效益大幅度提高是市场规律、价值规律的必然反映和结果,从中受益最大的当属我国这样的发展中国家,尤其像我国这样一个人口众多、劳动力过剩、秸秆资源丰富的国家,更是如此。要想抓住机遇,开拓国际市场,应从以下几个方面考虑。

一、了解国外饮食习惯,提高产品针对性

尽管食用菌属国际性健康食品,但不是每个品种在每个国家都时兴食用或畅销,这是因为各个国家居民的生活习惯、风土人情以及媒体宣传不同,各个国家对食用菌品种的爱好不同。比如,西欧国家对双孢蘑菇情有独钟,但对某些野生菌类,如松茸等则不感兴趣。又如西欧国家对块菌青睐有加,尽管价格昂贵,但购者众多,但块菌在日本市场则备受冷落等。综合各种信息如下,仅供参考。

(1) 西欧国家主要消费的人工栽培品种有双孢蘑菇、姬松茸、平菇及部分香菇、滑菇;野生品种或半人工栽培品种如块菌、羊肚菌、鸡油菌、珊瑚菌等珍稀菇类,也较受欢迎。自行栽培品种以双孢蘑菇为主,在这些国家大多为工厂化生产,产量稳定,品质很高,但不能满足市场需求;珍稀品种、野生品种基本依赖进口。

(2) 日本、韩国等亚洲发达国家主要消费的人工栽培品种有香菇、金针菇、姬菇、真姬菇、杏鲍菇等,此外姬松茸、茶薪菇、鲍鱼菇、灰树花等也很受欢迎。日本对香菇的技术研究及开发投入了大量的人力、财力,其生产技术包括菌种生产、人工栽培等技术在世界上处于领先水平。但在2000年前后,为保护本国森林资源,日本立法严禁采伐林木进行菇菌栽培,加之从我国大量进口的香菇等产品价格极其低廉,对其国内的香菇生产形成致命的打击。因此,目前日本的食用菌生产数量较几年前"退步"不少,这实际上给我国的食用菌出口创造了有利的条件。

(3) 南非等国家对食用菌认识较少,就连一般常规品种的平菇、草菇也少有栽培,食用者更是很少,加之经济发展、消费水平等因素的制约,不是我国食用菌产品的出口对象。

(4) 同一国家内的地域性差异也是我国食用菌外销的重要影响因素。如日本对灰树花(舞茸)情有独钟,但这主要集中在北部地区消费,其南部地区对其则兴趣不大。

(5) 食用菌品种的口感同样是外销时的重要考虑因素,如真姬菇,我国从日本引进的菌种大多是具有大理石花纹、无苦味的品种,由此可见,日本消费者喜食无苦味品种。而东南亚地区的消费者则喜欢具有苦味的真姬菇。所以,尽管我国苦味真姬菇被日本客商要货,但大多被转口销往这些国家。

二、尽快建立安全标准及检验体系,提高产品竞争力

近十年来,我国食用菌产业发展较快。但长期以来,我国香菇等食用菌生产、出口在质量、卫生等标准方面还达不到国际市场要求,虽然相关部门相继制定了食用菌质量、卫生和检验标准,形成了初步的标准化体系,但与国外市场要求尚有一定距离,比较优势难以提升为竞争优势。菌种的假冒伪劣、质量退化、供应混乱情况严重,直接影响我国食用菌产业的可持续发展。

我国食用菌生产、出口在国际上具有举足轻重的地位,在国际市场上已占有相当份额。为应对国外市场越来越严格的以产品食用安全为由的技术和"绿色"壁垒,应高度重视参与相关国际标准的制定工作,用国际标准维护自身合理权益。应推行集约化规模栽培,尽快建立安全标准体系和监督检测体系,将标准化渗透到食用菌产业化的全过程,从菌种培育、引进和管理,培养基配制,病虫害防治及栽培规程的源头标准化抓起,逐步在烘干和加工、包装、质量安全、贮藏保鲜和销售环节全面实施标准化管理,形成从育前到市场甚至到餐桌的完整的产品标准化体系,促进我国食用菌产业的健康发展。

三、优化包装设计,考虑综合因素

我国外销食用菌产品的包装,大宗交货多以塑料桶(50 kg)为主,兼之以干品包装的 5 kg 盒装,小批量的还有罐制品的纸箱包装等,总体而言,用"一等产品、二等包装、三等价位"来评价,确实不过分。面对国际市场,我们既要在原来水平基础上生产出更好的产品,更要设计并制作出上档次、符合国际市场要求的包装,以提高我国食用菌产品的竞争力,并同步提高价位水平,让一线生产者及经营者同步提高生产、经营效益。具体说来,应从以下几个方面进行综合考虑。

(1) 实用性:有利于包装操作、长途运输。根据食用菌品种及其特性和运输特点等因素,设计既便于操作,又利于装运集装箱(货柜)的包装。

(2) 美观性:有利于宣传产品,并让外商及国外消费者耳目一新。该项因素应综合考虑包装外观的图案、色彩、文字等因素,既要突出产品特点,又宣传我国企业,但其前提是必须遵守进口国的法律、政策以及民族习惯等,否则,只能适得其反。

(3) 安全性:有利于产品的安全保存,并让消费者安全食用。如食用菌产品的鲜品,需要包装具有一定的通透性,干品的包装应有良好的密封性等。

(4) 环保性:包装材料的选择应根据包装规格及产品流向等因素,综合考虑其环保性,如大规格包装应在符合耐压、抗击等要求的前提下,以多次使用并可回收再生为原则;一次性包装或进入家庭的产品包装,其材料以能降解或回收利用为原则。总之应以环保为前提和准则。

四、接轨国际标准,突破绿色壁垒,提升竞争优势

世贸组织某些成员国为了保护本国农业的发展,有针对性地对进口的我国农产品提出了若干苛刻的标准或条件,并将这类条件以极快的速度用法律的形式固定下来,借以阻挡我国农产品包括食用菌产品的进入。因此,要了解并借鉴国际食品法典中的食用菌标准,针对食用菌进口国的有关进口食用菌产品的标准,在生产、加工、包装等一系列操作过程中,严格按其标准进行,最大限度地保证效益。

目前,扩大我国食用菌出口仍然面临着一些问题。首先,随着国际上对农产品贸易保护措施的不断加强,我国食用菌出口仍将面临各种"壁垒"。在海关口岸使用 DNA 分子检测设备,对我国食用菌对日出口构成严重的潜在威胁,也使我国输日食用菌产品面临着新的"知识产权壁垒"。其次,我国食用菌出口市场过于集中,高度依赖日本、美国等市场,出口风险较大。另外,我国食用菌产品的质量还有待进一步提高。因此,我国虽然从产量、消费和贸易上已成为食用菌产业大国,但与食用菌强国相比还有不小的距离。目前,我国出口的食用菌产品仍以初级产品为主,精深加工的高附加值产品较少,加之缺乏龙头企业,生产和市场脱节,多数企业销售手段和能力不强,低价竞销现象较为突出。这些不足之处严重制约了我国食用菌产品的出

口竞争力。

为了保证出口食用菌产品卫生安全,要继续发挥政府、行业组织和企业的联手互动机制的作用,发挥专家力量,加强横向联系与合作,帮助出口企业不断建立、完善符合国际标准的质量管理和卫生安全控制体系,使其出口食用菌产品的安全性随着技术手段的进步不断提高,突破国外的技术性贸易壁垒。在巩固传统市场的同时,积极组织企业开拓国际新兴市场,并根据国际市场的变化,坚持人工栽培食用菌、野生食用菌和药用菌三者并举,以扩大我国食用菌产品出口。

五、充分发挥行业自律互律机制,加强食用菌产业凝聚力

随着我国加入世贸组织,行业组织的发展空间广阔,企业、行业将越来越多地通过行业组织的力量发展、壮大。

食用菌行业的特点是经营企业多,中小企业多,低价恶性竞争多,国外贸易保护事件多。随着我国加入世贸组织,国家对贸易管理的行政手段将日益减少。同时,农产品将成为国内外重点关注的商品。必须充分发挥行业协调的作用,建立行业自律互律机制,维护进出口经营秩序,维护国家和企业的利益。要让会员企业感受到行业组织协调与不协调不一样,行业组织协调,国家与企业均受益。

六、掌握相关贸易知识

下面介绍一些常用的外销出口交易实施相关名词。

(1)询盘:当产品基本能计算出数量和交货期时,向对方询问该项交易的有关内容和条件。如已完成发菌或已现蕾,根据该批栽培品种的生物特性及栽培、管理等条件,即能够相对准确地计算出产菇数量及交货时间,此时即可询盘;询盘操作应有较明确的对象,主要通过传真和电话进行联系,当然也可上网询盘。由于询盘属信息发布性质的业务联系,故无法律效力。但是,切忌夸海口,拍胸脯,一定要实事求是,否则,将有失信于人的危险。

(2)发盘:接受询盘信息后,有成交意向的客商即可发盘,发盘内容涉及交易品种、规格等级、价格、数量等,属商业行为,因此,发盘对发盘人具有法律效力。

(3)还盘:受盘人(一般是询盘人)或者不同意或者部分不同意发盘的内容,对发盘内容提出修改或有附加条件的表示意见。同样,还盘较之发盘而言,其商业性行为更为具体和明显,因而具有法律约束力。

(4)接受:交易的双方无论接到对方的发盘或还盘后,在有效期内,以声明或行为向对方表示同意成交,即为接受,接受的同时,交易合同即告成立。

(5)合同:合同属法律文件,合同的内容应当尽可能明确、详细、具体,并便于操作,合同一般可分为四个部分。

① 约首:合同的第一部分,内容包括合同名称、合同编号、订立时间、签订地点、双方名称、双方地址等。

② 主体:合同的第二部分,内容主要包括合同涉及的商品名称、品质、规格、等级、数量、包装、单价、总价、结算币种以及交易方式、交货期、保险、货款结算方式、不可抗力的规定、索赔及仲裁等事项。

由于食用菌产品的特殊性,合同主体中还应详细列明品种名称,并注明其学名(拉丁文)及进口国对该品种的认可名称,并须标明品种特征描述,以及菌盖、菌柄的规格及其范围,鲜菇交

易时应注明采收时间及地点,干品则应标明含水率,盐渍品则应标明盐水波美度,以及其他成分含量等。

③ 尾部:合同的第三部分,包括该份合同的实际份数、公证与否、使用的文字和效力,此外,还有双方的签字及盖章等内容。

④ 说明:对合同的上述内容的进一步注明或附加,如外商委托人代表签字时,尚应出具法定代表人的委托书,并在该部分注明,委托书原件由我方装入备忘录保存备查。

(6)走货:走货程序的运作是整个交易中至关重要的一环,必须十分注意,严谨操作,切忌草率从事,给交易留下隐患。主要有下列步骤。

① 租船定舱:严格按合同的起运期,到外轮代理公司订舱位。注意选择手续齐全、信誉良好、服务周全而且价格低的海运公司。

② 报关报检:货物加工完毕,就要及时进行报关报检。有报关员的企业可自行报关,否则应请代理报关。注意,代理报关员应有相应手续并出具委托书,这是必要的手续。

③ 发货:上述过程完成后,即将货物运至港口装船或运至机场装机。发货程序如果操作得好,可节省大笔费用。比如,一般程序是将货物直接运到港口集装箱场地,再装至轮船公司所确认的集装箱或换箱,而换箱操作则须支付大笔费用;如果将轮船公司确认的集装箱从集装箱场地运回企业,在规定的时间内将货物直接装箱后运至港口装船,这样可节约一笔费用。注意要点是装、运时的工序时间一定要计算并衔接好,否则误了船、机期,则损失更大。

④ 保险:在发货装船的同时,要办理保险。所选险种应根据实际情况如气候、运距、运行路线等条件而定。

⑤ 制单:装船完毕,即应准备各种单据如装船提单、保单、装箱清单、产地证书、发票,以及信用证所要求的各种单据,备齐后即可一并发给外商。

(7)结汇:这是最后一个环节,也是该次交易的最终目的。目前我国大多委托其开户银行去运作。大多企业的经验证明,作为一项专业性很强的工作,委托银行办理,较之企业配备专职人员要节省得多。

思 考 题

1. 什么是"绿色壁垒"? 什么是"贸易壁垒"?
2. 我国食用菌产业目前的国内情况如何? 你有什么建议?
3. 我国食用菌产业面临的国际形势如何? 你认为应该采取哪些对策?
4. 浅谈食用菌产品营销的重要意义。
5. 浅谈食用菌的营销策略。
6. 设计你的食用菌的营销方案。

参考文献

[1] 李玉,张劲松. 中国食用菌加工[M]. 北京:中国轻工业出版社,2020.

[2] 李玉,康源春. 中国食用菌生产[M]. 北京:中国科学技术出版社,2020.

[3] 边银丙. 食用菌栽培学[M]. 北京:高等教育出版社,2017.

[4] 张金霞,蔡为明,黄晨阳. 中国食用菌栽培学[M]. 北京:中国农业出版社,2021.

[5] 张金霞,赵永昌. 食用菌种质资源学[M]. 北京:科学出版社,2017.

[6] 申进文. 食用菌生产技术大全[M]. 郑州:河南科学技术出版社,2014.

[7] 边银丙. 食用菌病虫害鉴别与防控[M]. 郑州:中原农民出版社,2016.

[8] 李长田,李玉. 食用菌工厂化栽培学[M]. 北京:科学出版社,2022.

[9] 李玉. 后疫情时代中国食用菌产业的可持续发展[J]. 菌物研究,2021,19(1):1-5.

[10] 张金霞. 我国食用菌种业问题与技术创新的挑战[J]. 食药用菌,2021,29(5):365-368.

[11] 李尽哲,王德芝,马俊义,等. 大别山区域灵芝集约化生产体系及深度开发模式初探[J]. 食用菌,2016,38(5):7-9.

[12] 陈作红,杨祝良,图力古尔,等. 毒蘑菇识别与中毒防治[M]. 北京:科学出版社,2016.

[13] 黄年来,林志彬,陈国良. 中国食药用菌学[M]. 上海:上海科学技术文献出版社,2010.

[14] 李玉,李泰辉,杨祝良,等. 中国大型菌物资源图鉴[M]. 郑州:中原农民出版社,2016.

[15] 李玉,刘淑艳. 菌物学[M]. 北京:科学出版社,2015.

[16] 罗信昌,陈士瑜. 中国菇业大典[M]. 北京:清华大学出版社,2010.

[17] 吕作舟. 食用菌栽培学[M]. 北京:高等教育出版社,2006.

[18] 卯晓岚. 中国大型真菌[M]. 郑州:河南科学技术出版社,2000.

[19] 张金霞. 中国食用菌菌种学[M]. 北京:中国农业出版社,2011.

[20] 常明昌. 食用菌栽培学[M]. 北京:中国农业出版社,2003.

[21] 黄毅. 食用菌栽培[M]. 北京:高等教育出版社,2008.

［22］ 卯晓岚. 中国蕈菌［M］. 北京:科学技术出版社,2009.

［23］ 张瑞华,常明昌. 食用菌栽培［M］. 北京:中国农业出版社,2021.

［24］ 王德芝. 食用药用菌生产技术［M］. 重庆:重庆大学出版社,2015.

［25］ 王贺祥. 食用菌栽培［M］. 北京:中国农业大学出版社,2014.

［26］ 林志彬. 灵芝现代化研究［M］. 北京:北京医科大学出版社,2001.

［27］ 施巧琴,吴松刚. 工业微生物育种［M］. 北京:科学出版社,2010.

［28］ 朱斗锡. 羊肚菌人工栽培研究进展［J］. 中国食用菌,2008(4):3-5.

［29］ 王大莉. 香菇栽培品种 SNP 指纹图谱库的构建［D］. 武汉:华中农业大学,2012.

［30］ 宋金娣,曲绍轩,马林. 食用菌病虫害识别与防治原图图鉴［M］. 北京:中国农业出版社,2013.

［31］ 中国食用菌商务网. http://jishu. mushroommarket. net/201905/15/14277. html

［32］ 中国食用菌协会网. http://www. cefa. com. cn/2017/10/11/10244. html

［33］ 易菇网. http://www. emushroom. net

［34］ 中国食用菌网. http://www. shiyongjun. biz

竹荪(1)　　　　　　竹荪(2)　　　　　　大块菌

香菇　　　　　　滑菇　　　　　　蛹虫草

茶薪菇(1)　　　　　　茶薪菇(2)　　　　　　灰平菇

姬松茸(1)　　　　　　姬松茸(2)　　　　　　金针菇

榆黄蘑(1)　　　　　　榆黄蘑(2)　　　　　　冬虫夏草

白灵菇(1)　　　　　　白灵菇(2)　　　　　　黑木耳

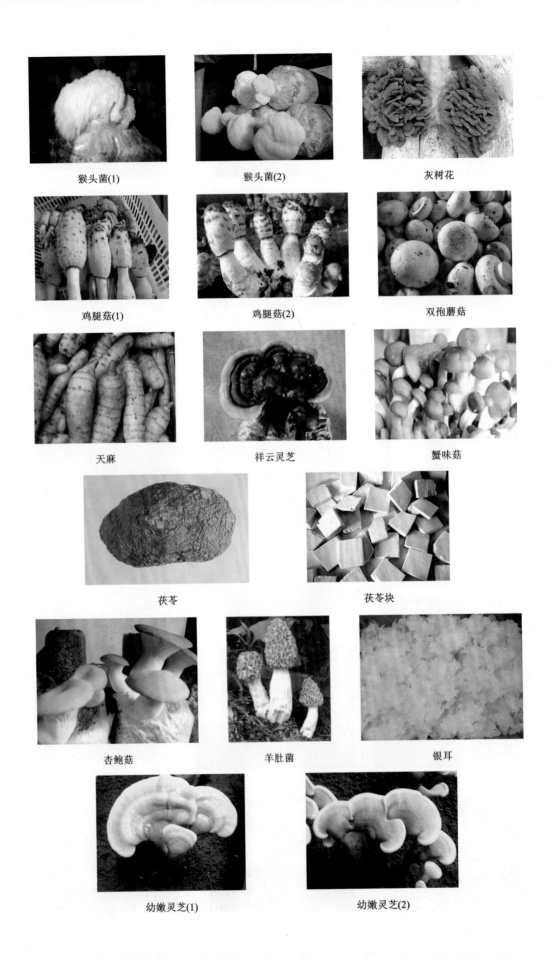

猴头菌(1)　　　　　　猴头菌(2)　　　　　　　　灰树花

鸡腿菇(1)　　　　　　鸡腿菇(2)　　　　　　　双孢蘑菇

天麻　　　　　　　祥云灵芝　　　　　　　蟹味菇

茯苓　　　　　　　　　　　茯苓块

杏鲍菇　　　　　　　羊肚菌　　　　　　　　银耳

幼嫩灵芝(1)　　　　　　　　幼嫩灵芝(2)